LE
BUFFON
DE
BENJAMIN RABIER

CHARAIRE

BIBLIOTHÈQUE NATIONALE
R.F.
IMPRIMÉS

LE BUFFON
DE Benjamin Rabier
PARIS
LIBRAIRIE GARNIER FRÈRES
6, rue des Saints-Pères, 6

LE BUFFON DES FAMILLES

L'HOMME

Sa supériorité sur les Animaux.

L'HOMME ressemble aux animaux par ce qu'il a de matériel, et en voulant le comprendre dans l'énumération de tous les êtres naturels, on est forcé de le mettre dans la classe des animaux ; mais la nature n'a ni classes ni genres, elle ne comprend que des individus ; ces genres et ces classes sont l'ouvrage de notre esprit, ce ne sont que des idées de convention, et, lorsque nous mettons l'homme dans l'une de ces classes, nous ne changeons pas la réalité de son être, nous ne dérogeons point à sa noblesse, nous n'altérons pas sa condition, enfin nous n'ôtons rien à la supériorité de la nature humaine sur celle des brutes ; nous ne faisons que placer l'homme avec ce qui lui ressemble le plus, en donnant à la partie matérielle de son être le premier rang.

En comparant l'homme avec l'animal, on trouvera dans l'un et dans l'autre un corps, une matière organisée, des sens, des chairs et du sang, du mouvement et une infinité de choses semblables ; mais toutes ces ressemblances sont extérieures et ne suffisent pas pour nous faire prononcer que la nature de l'homme est semblable à celle de l'animal. Pour juger de la nature de l'un et de l'autre, il faudrait connaître les qualités intérieures de l'animal aussi bien que nous connaissons les nôtres, et comme il n'est pas possible que nous ayons jamais connaissance de ce qui se passe à l'intérieur de l'animal, comme nous ne saurons jamais de quel ordre, de quelle espèce peuvent être ses sensations relativement à celles de l'homme, nous ne pouvons juger que par les effets ; nous ne pouvons que comparer les résultats des opérations naturelles de l'un et de l'autre.

Voyons donc ces résultats en commençant par avouer toutes les ressemblances particulières, et en n'examinant que les différences, même les plus générales. On conviendra que le plus stupide des hommes suffit pour conduire le plus spirituel des animaux ; il le commande et le fait servir à ses usages, et c'est moins par force et par adresse que par supériorité de nature, et parce qu'il a un projet raisonné, un ordre d'actions et une suite de moyens par lesquels il contraint l'animal à lui obéir, car nous ne voyons pas que les animaux qui sont plus forts et plus adroits commandent aux autres et les fassent servir à leur usage : les plus forts mangent les plus faibles, mais cette action ne suppose qu'un besoin, un appétit, qualités fort différentes de celle qui peut produire une suite d'actions dirigées vers le même but. Si les animaux étaient doués de cette faculté, n'en verrions-nous pas quelques-uns prendre l'empire sur les autres et les obliger à leur chercher la nourriture, à les veiller, à les garder, à les soulager lorsqu'ils sont malades ou blessés? Or, il n'y a parmi tous les animaux aucune marque de subordination, aucune apparence que quelqu'un d'entre eux connaisse ou sente la supériorité de sa nature sur celle des autres ; par conséquent, on doit penser qu'ils sont en effet tous de même nature, et en même temps, on doit conclure que celle de l'homme est non seulement fort au-dessus de celle de l'animal, mais qu'elle est aussi tout à fait différente.

L'homme rend par un signe extérieur ce qui se passe au dedans de lui ; il communique sa pensée par la parole : ce signe est commun à toute l'espèce humaine. L'homme sauvage parle comme l'homme policé, et tous deux parlent naturellement, et parlent pour se faire entendre ; aucun des animaux n'a ce signe de la pensée : ce n'est pas, comme on le croit communément, faute d'organes ; la langue du singe a paru aux anatomistes aussi parfaite que celle de l'homme ; le singe parlerait donc, s'il pensait ; si l'ordre de ses pensées avait quelque chose de commun avec les nôtres, il parlerait notre langue, et en supposant qu'il n'eût que des pensées de singe, il parlerait aux autres singes ; mais on ne les a jamais vus s'entretenir ou discourir ensemble ; ils n'ont donc pas la pensée, même au plus petit degré.

Il est si vrai que ce n'est pas faute d'organes que les animaux ne parlent pas, qu'on en connaît de plusieurs espèces auxquels on apprend à prononcer des mots et même à répéter des phrases assez longues, et peut-être y en aurait-il un grand nombre d'autres auxquels on pourrait, si l'on voulait s'en donner la peine, faire articuler quelques sons ; mais jamais on n'est parvenu à leur faire naître l'idée que ces mots expriment ; ils semblent ne les répéter, ou même ne les articuler que comme un écho ou une machine artificielle les répéterait ou les articulerait : ce ne sont pas les puissances mécaniques ou les organes matériels, mais c'est la puissance intellectuelle, c'est la pensée qui leur manque.

S'ils étaient doués de la puissance de réfléchir, ils seraient capables de quelque espèce de progrès, ils acquerraient plus d'industrie ; les castors d'aujourd'hui bâtiraient avec plus d'art et de solidité que ne bâtissaient les premiers castors, l'abeille perfectionnerait encore tous les jours la cellule qu'elle habite.

D'où peut venir cette uniformité dans tous les ouvrages des animaux? Pourquoi chaque espèce ne fait-elle jamais que la même chose, de la même façon, et pourquoi chaque individu ne la fait-il ni mieux ni plus mal qu'un autre individu? Y a-t-il de plus forte preuve que leurs opérations ne sont que des résultats mécaniques et purement matériels? Car s'ils avaient la moindre étincelle de la lumière qui nous éclaire, on trouverait au moins de la variété si l'on ne voyait pas de la perfection dans leurs ouvrages.

Pourquoi mettons-nous au contraire tant de diversité et de variété dans nos productions et dans nos ouvrages? Pourquoi l'imitation servile nous coûte-t-elle plus qu'un nouveau dessein? C'est parce que notre âme est à nous, qu'elle est indépendante de celle d'un autre, que nous n'avons rien de commun avec notre espèce que la matière de notre corps, et que ce n'est en effet que par les dernières de nos facultés que nous ressemblons aux animaux.

Si les sensations intérieures appartenaient à la matière et dépendaient des organes corporels, ne verrions-nous pas parmi les animaux de même espèce, comme parmi les hommes, des différences marquées dans leurs ouvrages? Ceux qui seraient le mieux organisés ne feraient-ils pas leurs nids, leurs cellules ou leurs coques d'une manière plus solide, plus élégante, plus commode?

Il y a une distance infinie entre les facultés de l'homme et celles du plus parfait animal, preuve évidente que l'homme est d'une différente nature, que seul il fait une classe à part, de laquelle il faut descendre en parcourant un espace infini avant que d'arriver à celle des animaux ; car si l'homme était de l'ordre des animaux, il y aurait dans la nature un certain nombre d'êtres moins parfaits que l'homme et plus parfaits que l'animal, par lesquels on descendrait insensiblement et par nuances de l'homme au singe ; mais cela n'est pas, on passe tout d'un coup de l'être pensant à l'être matériel, de la puissance intellectuelle à la force mécanique, de l'ordre et du dessein au mouvement aveugle, de la réflexion à l'appétit.

En voilà plus qu'il n'en faut pour nous démontrer l'excellence de notre nature, et la distance immense que la bonté du Créateur a mise entre l'homme et la bête. L'homme est un être raisonnable, l'animal est un être sans raison ; et, comme il n'y a point d'êtres intermédiaires entre l'être raisonnable et l'être sans raison, il est évident que l'homme est d'une nature entièrement différente de celle de l'animal, qu'il ne lui ressemble que par l'extérieur, et que le juger par cette ressemblance matérielle, c'est se laisser tromper par l'apparence et fermer volontairement les yeux à la lumière qui doit nous la faire distinguer de la réalité.

Benjamin Rabier

QUADRUPÈDES

Animaux Domestiques.

L'HOMME force les animaux à lui obéir et les fait servir à son usage : un animal domestique est un esclave dont on s'amuse, dont on se sert, dont on abuse, qu'on altère, qu'on dépayse et que l'on dénature ; tandis que l'animal sauvage, n'obéissant qu'à la nature, ne connaît d'autres lois que celles du besoin et de la liberté. L'histoire d'un animal sauvage est donc bornée à un petit nombre de faits émanés de la simple nature, au lieu que l'histoire d'un animal domestique est compliquée de tout ce qui a rapport à l'art que l'on emploie pour l'apprivoiser ou pour le subjuguer.

L'empire de l'homme sur les animaux est un empire légitime qu'aucune révolution ne peut détruire ; c'est l'empire de l'esprit sur la matière, c'est non seulement un droit de la nature, un pouvoir fondé sur des lois inaltérables, mais c'est encore un don de Dieu, par lequel l'homme peut reconnaître à tout instant l'excellence de son être. Car, ce n'est pas parce qu'il est le plus parfait, le plus fort ou le plus adroit des animaux qu'il leur commande : s'il n'était que le premier du même ordre, les seconds se réuniraient pour lui disputer l'empire ; mais c'est par supériorité de nature que l'homme règne et commande : il pense, et dès lors il est maître des êtres qui ne pensent point.

Il est maître des corps bruts, qui ne peuvent opposer à sa volonté qu'une lourde résistance ou qu'une flexible dureté, que sa main sait toujours surmonter et vaincre en les faisant agir les uns contre les autres ; il est maître des végétaux que, par son industrie, il peut augmenter, diminuer, renouveler, dénaturer, détruire ou multiplier à l'infini ; il est maître des animaux, parce que non seulement il a comme eux du mouvement et du sentiment, mais qu'il a de plus la lumière de la pensée, qu'il connaît les fins et les moyens, qu'il sait diriger ses actions, concerter ses opérations, mesurer ses mouvements, vaincre la force par l'esprit, et la vitesse par l'emploi du temps.

Cependant, parmi les animaux, les uns paraissent être plus ou moins familiers, plus ou moins sauvages, plus ou moins doux, plus ou moins féroces. Que l'on compare la docilité et la soumission du chien avec la fierté et la férocité du tigre : l'un paraît être l'ami de l'homme et l'autre son ennemi ; son empire sur les animaux n'est donc pas absolu.

Mais le rayon divin dont l'homme est animé l'ennoblit et l'élève au-dessus de tous les êtres matériels ; cette substance spirituelle, loin d'être sujette à la matière, a le droit de la faire obéir, et quoiqu'elle ne puisse pas commander à la nature entière, elle domine sur les êtres particuliers. Dieu, source unique de toute lumière et de toute intelligence, régit l'univers et les espèces entières avec une puissance infinie : l'homme, qui n'a qu'un rayon de cette intelligence, n'a de même qu'une puissance limitée à de petites portions de matière et n'est maître que des individus.

C'est donc par les talents de l'esprit, et non par la force et par les autres qualités de la matière, que l'homme a su subjuguer les animaux : dans les premiers temps, ils devaient être tous également indépendants ; l'homme, devenu criminel et féroce, était peu propre à les apprivoiser, il a fallu du temps pour les approcher, pour les reconnaître, pour les choisir, pour les dompter ; il a fallu qu'il fût civilisé lui-même pour savoir instruire et commander, et l'empire sur les animaux, comme tous les autres empires, n'a été fondé qu'après la société.

Lorsque avec le temps l'espèce humaine s'est étendue, multipliée, répandue, et qu'à la faveur des arts et de la société l'homme a pu marcher en force pour conquérir l'univers, il a fait reculer peu à peu les bêtes féroces, il a purgé la terre de ces animaux gigantesques dont nous trouvons encore les ossements énormes, il a détruit ou réduit à un petit nombre d'individus les espèces voraces et nuisibles, il a opposé les animaux aux animaux ; et subjuguant les uns par adresse, domptant les autres par la force, ou les écartant par le nombre, et les attaquant tous par des moyens raisonnés, il est parvenu à se mettre en sûreté et à établir un empire qui n'est borné que par les lieux inaccessibles, les solitudes reculées, les sables brûlants, les montagnes glacées, les cavernes obscures qui servent de retraites au petit nombre d'espèces d'animaux indomptables.

LE CHEVAL

La plus noble conquête que l'homme ait jamais faite est celle de ce fier et fougueux animal qui partage avec lui les fatigues de la guerre et la gloire des combats : aussi intrépide que son maître, le cheval voit le péril et l'affronte, il se fait au bruit des armes, il l'aime, il le cherche et s'anime de la même ardeur. Il partage aussi ses plaisirs : à la chasse, aux tournois, à la course, il brille, il étincelle ; mais, docile autant que courageux, il ne se laisse point emporter à son feu, il sait réprimer ses mouvements ; non seulement il fléchit sous la main de celui qui le guide, mais il semble consulter ses désirs, et obéissant toujours aux impressions qu'il en reçoit, il se précipite, se modère ou s'arrête, et n'agit que pour y satisfaire. C'est une créature qui renonce à son être pour n'exister que par la volonté d'un autre, qui sait même la prévenir, qui, par la promptitude et la précision de ses mouvements, l'exprime et l'exécute, qui sent autant qu'on le désire, et ne rend qu'autant qu'on veut ; qui, se livrant sans réserve, ne se refuse à rien, sert de toutes ses forces, s'excède et même meurt pour mieux obéir.

Quelques anciens auteurs parlent des chevaux sauvages, et citent même les lieux où ils se trouvaient ; Hérodote dit que sur les bords de l'Hypanis, en Scythie, il y avait des chevaux sauvages qui étaient blancs, et que dans la partie septentrionale de la Thrace, au delà du Danube, il y en avait d'autres qui avaient le poil long de cinq doigts par tout le corps ; Aristote cite la Syrie, Pline les pays du Nord, Strabon les Alpes et l'Espagne comme des lieux où l'on trouvait des chevaux sauvages. Parmi les modernes, Cardan dit la même chose de l'Écosse et des Orcades, Olaüs de la Moscovie, Dapper de l'île de Chypre, où il y avait, dit-il, des chevaux sauvages qui étaient beaux et qui avaient de la force et de la vitesse ; Struys de l'île de May au cap Vert, où il y avait des chevaux sauvages fort petits ; Léon l'Africain rapporte aussi qu'il y avait des chevaux sauvages dans les déserts de l'Afrique et de l'Arabie, et il assure qu'il a vu lui-même dans les solitudes de Numidie un poulain dont le poil était blanc et la crinière crépue. Marmol confirme ce fait en disant qu'il y en a quelques-uns dans les déserts de l'Arabie et de la Libye, qu'ils sont petits et de couleur cendrée, qu'il y en a aussi de blancs, qu'ils ont la crinière et les crins fort courts et hérissés, et que les chiens ni les chevaux domestiques ne peuvent les atteindre à la course ; on trouve aussi dans les *Lettres édifiantes* qu'à la Chine il y a des chevaux sauvages fort petits. Les chevaux sont naturellement doux et très disposés à se familiariser

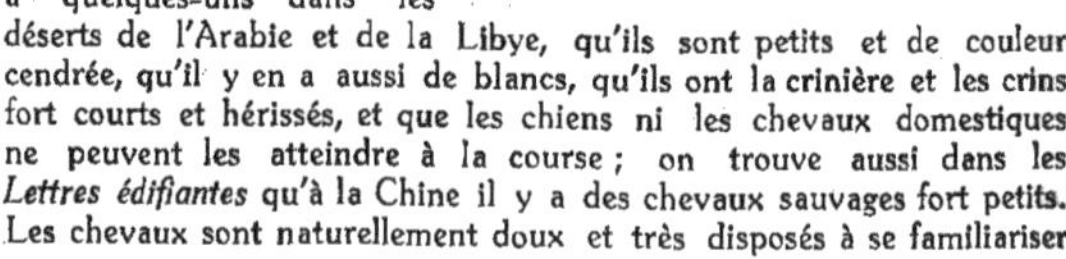

avec l'homme et à s'attacher à lui : aussi n'arrive-t-il jamais qu'aucun d'eux quitte nos maisons pour se retirer dans nos forêts ou dans les déserts ; ils marquent au contraire beaucoup d'empressement pour revenir au gîte, où cependant ils ne trouvent qu'une nourriture grossière, toujours la même, et ordinairement mesurée sur l'économie beaucoup plus que sur leur appétit ; mais la douceur de l'habitude leur tient lieu de ce qu'ils perdent d'ailleurs. Après avoir été excédés de fatigue, le lieu de repos est un lieu de délices ; ils le sentent de loin, ils savent le reconnaître au milieu des plus grandes villes, et semblent préférer en tout l'esclavage à la liberté ; ils se font même une seconde nature des habitudes auxquelles on les a forcés ou soumis, puisqu'on a vu des chevaux, abandonnés dans les bois, hennir continuellement pour se faire entendre, accourir à la voix des hommes, et en même temps maigrir et dépérir en peu de temps, quoiqu'ils eussent abondamment de quoi varier leur nourriture et satisfaire leur appétit.

Le cheval est de tous les animaux celui qui, avec une grande taille, a le plus de proportion et d'élégance dans les parties de son corps ; car en lui comparant les animaux qui sont immédiatement au-dessus et au-dessous, on verra que l'âne est mal fait, que le lion a la tête trop grosse, que le bœuf a des jambes trop minces et trop courtes pour la grosseur de son corps, que le chameau est difforme, et que les plus gros animaux, le rhinocéros et l'éléphant, ne sont pour ainsi dire que des masses informes. Le grand allongement des mâchoires est la principale cause de la différence entre la tête des quadrupèdes et celle de l'homme ; c'est aussi le caractère le plus ignoble de tous. Cependant, quoique les mâchoires du cheval soient fort allongées, il n'a pas comme l'âne un air d'imbécillité, ou de stupidité comme le bœuf ; la régularité des proportions de sa tête lui donne au contraire un air de légèreté qui est bien soutenu par la beauté de son encolure. Le cheval semble vouloir se mettre au-dessus de son état de quadrupède en élevant sa tête ; dans cette noble attitude il regarde l'homme face à face : ses yeux sont vifs et bien ouverts, ses oreilles sont bien faites et d'une juste grandeur, sans être courtes comme celles du taureau, ou trop longues, comme celles de l'âne ; sa crinière accompagne bien sa tête, orne son cou et lui donne un air de force et de fierté ; sa queue traînante et touffue couvre et détermine avantageusement l'extrémité de son corps. Bien différente de la courte queue du cerf, de l'éléphant, etc., et de la queue nue de l'âne, du chameau, du rhinocéros, etc., la queue du cheval est formée par des crins épais et longs qui semblent sortir de la croupe, parce que le tronçon dont ils sortent est fort court ; il ne peut relever sa queue comme le lion, mais elle lui sied mieux quoique abaissée ; et comme il peut la mouvoir de côté, il s'en sert utilement pour chasser les mouches qui l'incommodent ; car quoique sa peau soit très ferme, et qu'elle soit garnie partout d'un poil épais et serré, elle est cependant très sensible.

LE MULET

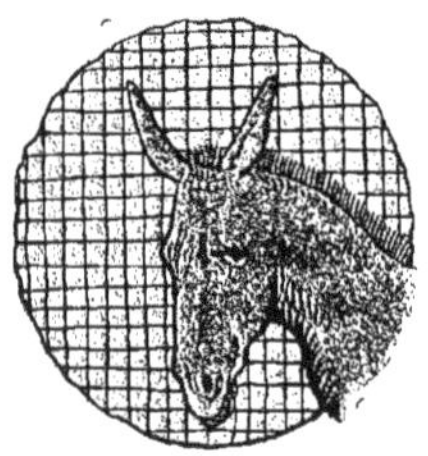

Le mulet supporte mieux la fatigue et la faim que le cheval; il est moins délicat sur le choix des aliments et moins maladif; il a le pied plus sûr et porte mieux les fardeaux; aussi l'emploie-t-on de préférence dans les pays montagneux.

Il est difficile de faire quitter au mulet la route qu'il veut suivre, et plus difficile encore de le faire marcher dans la compagnie des chevaux, pour lesquels il a une aversion extrême. La résistance qu'il oppose s'accroît d'ordinaire sous les coups qu'il reçoit et se change en une colère terrible; alors il se précipite sur l'imprudent qui a voulu le contraindre, et malheur à celui-ci! car, en pareil cas, ainsi que le dit un proverbe provençal : *Il n'y a pas de mulet qui ne tue son conducteur.*

L'Espagne, le Portugal, l'Italie et le midi de la France élèvent beaucoup de mulets qui sont très utiles, grâce à leur vigueur et à la sûreté de leur marche, pour gravir les sentiers les plus escarpés à travers les montagnes. Quoique le mulet aime les pays chauds, il s'habitue aisément aux climats froids. Il vit, comme l'âne, environ trente ans, et n'est utile qu'à quatre ou cinq ans.

Il y a deux sortes de mulets : les uns, issus de l'âne et de la jument, sont les grands mulets; les autres issus du cheval et de l'ânesse, sont les petits, qui diffèrent beaucoup des premiers, et sont bien moins estimés.

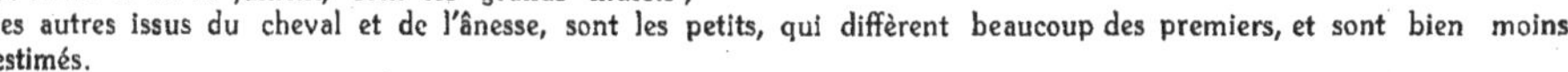

L'ÂNE

A considérer cet animal, même avec des yeux attentifs et dans un assez grand détail, il paraît n'être qu'un cheval dégénéré : la parfaite similitude de conformation dans le cerveau, les poumons, l'estomac, le conduit intestinal, le cœur, le foie, les autres viscères, et la grande ressemblance du corps, des jambes, des pieds et du squelette en entier, semblent fonder cette opinion ; l'on pourrait attribuer les légères différences qui se trouvent entre ces deux animaux à l'influence très ancienne du climat, de la nourriture, et à la succession fortuite de plusieurs générations de petits chevaux sauvages à demi dégénérés, qui peu à peu auraient encore dégénéré davantage. Mais on paraît fondé à croire que ces deux animaux sont chacun d'une espèce aussi ancienne l'une que l'autre, et originairement aussi essentiellement différentes qu'elles le sont aujourd'hui : d'autant plus que l'âne ne laisse pas de différer matériellement du cheval par la petitesse de la taille, la grosseur de la tête, la longueur des oreilles, la dureté de la peau, la nudité de la queue, la forme de la croupe ; par la voix, l'appétit, la manière de boire, etc.

L'âne est donc un âne et n'est point un cheval dégénéré ; il a, comme tous les autres animaux, sa famille, son espèce et son rang ; son sang est pur, et quoique sa noblesse soit moins illustre, elle est tout aussi bonne, tout aussi ancienne que celle du cheval ; pourquoi donc tant de mépris pour cet animal si bon, si patient, si sobre, si utile ? Les hommes mépriseraient-ils jusque dans les animaux ceux qui les servent trop bien et à trop peu de frais ? On donne au cheval de l'éducation, on le soigne, on l'instruit, on l'exerce, tandis que l'âne, abandonné à la grossièreté du dernier des valets, ou à la malice des enfants, bien loin d'acquérir, ne peut que perdre par son éducation ; et s'il n'avait pas un grand fonds de bonnes qualités, il les perdrait, en effet, par la manière dont on le traite : il est le jouet, le plastron des rustres qui le conduisent le bâton à la main, qui le frappent, le surchargent, l'excèdent, sans précaution, sans ménagement ; on ne fait pas attention que l'âne serait par lui-même, et pour nous, le premier, le plus beau, le mieux fait, le plus distingué des animaux si, dans le monde, il n'y avait point de cheval ; il est le second au lieu d'être le premier, et par cela seul, il semble n'être plus rien. Il est de son naturel aussi humble, aussi patient, aussi tranquille que le cheval est fier, ardent, impétueux ; il souffre avec constance, et peut-être avec courage, les châtiments et les coups ; il est sobre et sur la quantité et sur la qualité de la nourriture ; il se contente des herbes les plus dures, les plus désagréables, que le cheval et les autres animaux lui laissent et dédaignent ; il est fort délicat sur l'eau, il ne veut boire que de la plus claire et aux ruisseaux qui lui sont connus ; il boit aussi sobrement qu'il mange, et n'enfonce point du tout son nez dans l'eau par la peur que lui fait, dit-on, l'ombre de ses oreilles. Comme l'on ne prend pas la peine de l'étriller, il se roule souvent sur le gazon, sur les chardons, sur la fougère, et sans se soucier beaucoup de ce qu'on lui fait porter ; il se couche pour se rouler toutes les fois qu'il le peut, et semble par là reprocher à son maître le peu de soin qu'on prend de lui ; car il ne se vautre pas comme le cheval, dans la fange et dans l'eau, il craint même de se mouiller les pieds, et se détourne pour éviter la boue ; aussi a-t-il la jambe plus sèche et plus nette que le cheval ; il est susceptible d'éducation, et l'on en a vu d'assez bien dressés pour faire curiosité de spectacle.

Dans la première jeunesse, il est gai et même assez joli : il a de la légèreté et de la gentillesse ; mais il la perd bientôt, soit par l'âge, soit par les mauvais traitements, et il devient lent, indocile et têtu ; il a pour sa progéniture le plus fort attachement. Pline nous assure que lorsqu'on sépare la mère de son petit, elle passe à travers les flammes pour aller le rejoindre ; il s'attache aussi à son maître, quoiqu'il en soit ordinairement maltraité ; il le sent de loin et le distingue de tous les autres hommes ; il reconnaît aussi les lieux qu'il a coutume d'habiter, les chemins qu'il a fréquentés ; il a les yeux bons, l'odorat admirable, l'oreille excellente, ce qui a encore contribué à le faire mettre au nombre des animaux timides, qui ont tous, à ce qu'on prétend, l'ouïe très fine et les oreilles longues. Lorsqu'on le surcharge, il le marque en inclinant la tête, et baissant les oreilles ; lorsqu'on le tourmente trop, il ouvre la bouche et retire les lèvres d'une manière très désagréable, et qui lui donne l'air moqueur et dérisoire ; si on lui couvre les yeux, il reste immobile ; et lorsqu'il est couché sur le côté, si on lui place la tête de manière que l'œil soit appuyé sur la terre, et qu'on couvre l'autre œil avec une pierre ou un morceau de bois, il restera dans cette situation sans faire un mouvement et sans se secouer pour se relever ; il marche, il trotte et il galope comme le cheval, mais tous ses mouvements sont petits et beaucoup plus lents ; quoiqu'il puisse d'abord courir avec assez de vitesse, il ne peut fournir qu'une petite carrière pendant un petit espace de temps ; et, quelque allure qu'il prenne, si on le presse, il est bientôt rendu.

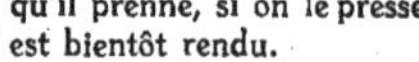

Le cheval hennit, l'âne brait, ce qui se fait par un grand cri très long, très désagréable. L'ânesse a la voix plus claire et plus perçante.

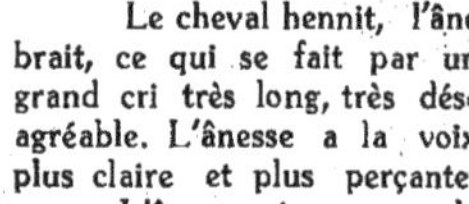

L'âne, qui comme le cheval est trois ou quatre ans à croître, vit aussi comme lui vingt-cinq ou trente ans ; on prétend seulement que les femelles vivent ordinairement plus longtemps que les mâles, parce qu'on excède continuellement les mâles de fatigues et de coups ; ils dorment moins que les chevaux, et ne se couchent pour dormir que quand ils sont excédés.

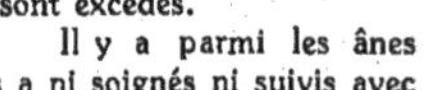

Il y a parmi les ânes différentes races comme parmi les chevaux, mais que l'on connaît moins, parce qu'on ne les a ni soignés ni suivis avec la même attention : seulement on ne peut guère douter que tous ne soient originaires des climats chauds.

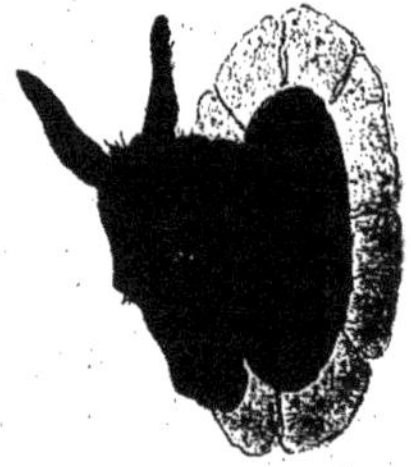

Comme la peau de l'âne est très dure et très élastique, on l'emploie utilement à différents usages : on en fait des cribles, des tambours et de très bons souliers ; on en fait du gros parchemin pour les tablettes de poche, que l'on enduit d'une couche légère de plâtre ; c'est aussi avec le cuir de l'âne que les Orientaux font le sagri, que nous appelons *chagrin*. Il y a apparence que les os, comme la peau de cet animal, sont aussi plus durs que les os des autres animaux, puisque les anciens en faisaient des flûtes, et qu'ils les trouvaient plus sonnants que tous les autres os.

L'âne est peut-être de tous les animaux celui qui, relativement à son volume, peut porter les plus grands poids ; et comme il ne coûte presque rien à nourrir, et qu'il ne demande, pour ainsi dire, aucun soin, il est d'une grande utilité à la campagne, au moulin, etc.

Il peut aussi servir de monture ; toutes ses allures sont douces, et il bronche moins que le cheval ; on le met souvent à la charrue dans les pays où le terrain est léger, et son fumier est un excellent engrais pour les terres fortes et humides.

L'HÉMIONE

Assez semblable au mulet, dont il a la taille et la forme, l'hémione est plus élégant, malgré la longueur de ses oreilles. Il offre les parties antérieures du cheval et les parties postérieures de l'âne.

Les hémiones se trouvent en grand nombre dans les steppes de l'Asie centrale ; ils ne recherchent pas l'abri des forêts, où des obstacles multipliés entraveraient leur course, seul moyen qu'ils aient d'échapper aux bêtes féroces.

Ils marchent toujours en troupes commandées chacune par un chef ; si ce chef découvre ou sent de loin quelque chasseur, il va seul reconnaître le danger, et, dès qu'il s'en est assuré, il donne le signal de la fuite ; il s'enfuit alors suivi de sa troupe, mais si, par malheur, le chef est tué, la troupe n'ayant plus de guide se disperse, et les chasseurs en tuent un assez grand nombre.

Ce n'est que par la ruse qu'on peut prendre l'hémione et encore avec beaucoup de difficulté.

Il reste toujours indomptable, et souvent il se tue lui-même par les efforts qu'il fait pour s'échapper et se soustraire à l'esclavage et à l'obéissance.

A Bombay, on emploie l'hémione comme cheval de selle et de trait.

LE BŒUF

Le bœuf, le mouton et les autres animaux qui paissent l'herbe, non seulement sont les meilleurs, les plus utiles, les plus précieux pour l'homme, puisqu'ils le nourrissent, mais sont encore ceux qui consomment et dépensent le moins ; le bœuf surtout est à cet égard l'animal par excellence, car il rend à la terre tout autant qu'il en tire, et même il améliore le fonds sur lequel il vit, il engraisse son pâturage, au lieu que le cheval et la plupart des animaux amaigrissent en peu d'années les meilleures prairies.

Mais ce ne sont pas là les meilleurs avantages que le bétail procure à l'homme : sans le bœuf, les pauvres et les riches auraient beaucoup de peine à vivre, la terre demeurerait inculte, les champs et même les jardins seraient secs et stériles ; c'est sur lui que roulent tous les travaux de la campagne, il est le domestique le plus utile de la ferme, le soutien du ménage champêtre, il fait toute la force de l'agriculture ; autrefois il faisait toute la richesse des hommes, et aujourd'hui il est encore la base de l'opulence des États, qui ne peuvent se soutenir et fleurir que par la culture des terres et par l'abondance du bétail, puisque ce sont les seuls biens réels.

Le bœuf ne convient pas autant que le cheval, l'âne, le chameau, etc., pour porter des fardeaux, la forme de son dos et de ses reins le démontre ; mais la grosseur de son cou et la largeur de ses épaules indiquent assez qu'il est propre à tirer et à porter le joug : c'est aussi de cette manière qu'il tire le plus avantageusement. Il semble avoir été fait exprès pour la charrue : la masse de son corps, la lenteur de ses mouvements, le peu de hauteur de ses jambes, tout, jusqu'à sa tranquillité et sa patience dans le travail, semble concourir à le rendre propre à la culture des champs, et plus capable qu'aucun autre de vaincre la résistance constante et toujours nouvelle que la terre oppose à ses efforts. Le cheval, quoique peut-être aussi fort que le bœuf, est moins propre à cet ouvrage ; il est trop élevé sur ses jambes, ses mouvements sont trop grands, trop brusques, et d'ailleurs il s'impatiente et se rebute trop aisément ; on lui ôte même toute la légèreté, toute la souplesse de ses mouvements, toute la grâce de son attitude et de sa démarche, lorsqu'on le réduit à ce travail pesant, pour lequel il faut plus de constance que d'ardeur, plus de masse que de vitesse, et plus de poids que de ressort.

Dans les espèces d'animaux dont l'homme a fait des troupeaux et où la multiplication est l'objet principal, la femelle est plus nécessaire, plus utile que le mâle ; le produit de la vache est un bien qui croît et qui se renouvelle à chaque instant ; la chair du veau est une nourriture aussi abondante que saine et délicate, le lait est l'aliment des enfants, le beurre l'assaisonnement de la plupart de nos mets, le fromage la nourriture la plus ordinaire des habitants de la campagne.

On peut aussi faire servir la vache à la charrue, et quoiqu'elle ne soit pas aussi forte que le bœuf, elle ne laisse pas de le remplacer souvent ; mais lorsqu'on veut l'employer à cet usage il faut avoir attention de l'assortir, autant qu'on le peut, avec un bœuf de sa taille et de sa force, ou avec une autre vache, afin de conserver l'égalité du trait et de maintenir le soc en équilibre entre ces deux puissances.

Le cheval mange nuit et jour, lentement, mais presque continuellement ; le bœuf, au contraire, mange vite et prend en assez peu de temps toute la nourriture qu'il lui faut, après quoi il cesse de manger et se couche pour ruminer. Cette différence vient de la différente conformation de l'estomac de ces animaux : le bœuf, dont les deux premiers estomacs ne forment qu'un même sac d'une très grande capacité, peut sans inconvénient prendre à la fois beaucoup d'herbe et le remplir en peu de temps pour ruminer ensuite et digérer à loisir ; le cheval, qui n'a qu'un petit estomac, ne peut y recevoir qu'une petite quantité d'herbe et le remplir successivement à mesure qu'elle s'affaisse et qu'elle passe dans les intestins, où se fait principalement la décomposition de la nourriture.

On prétend que les bœufs qui mangent lentement résistent plus longtemps au travail que ceux qui mangent vite ; que les bœufs des pays élevés et secs sont plus vifs, plus vigoureux et plus sains que ceux des pays bas et humides ; que tous deviennent plus forts lorsqu'on les nourrit de foin sec que quand on ne leur donne que de l'herbe molle ; qu'ils s'accoutument plus difficilement que les chevaux au changement de climat, et que par cette raison l'on ne doit jamais acheter que dans son voisinage des bœufs pour le travail.

En hiver, comme les bœufs ne font rien, il suffira de les nourrir de paille et d'un peu de foin ; mais dans le temps des ouvrages, on leur donnera beaucoup plus de foin que de paille, et même un peu de son ou d'avoine avant de les faire travailler. L'été, si le foin manque, on leur donnera de l'herbe fraîchement coupée, ou bien de jeunes pousses et des feuilles de frêne, d'orme, de chêne, etc., mais en petite quantité.

La grande chaleur incommode ces animaux peut-être plus encore que le grand froid ; il faut pendant l'été les

mener au travail dès la pointe du jour, les ramener à l'étable ou les laisser dans les bois pâturer à l'ombre pendant la grande chaleur, et ne les remettre à l'ouvrage qu'à trois ou quatre heures du soir ; au printemps, en hiver et en automne, on pourra les faire travailler sans interruption depuis huit ou neuf heures du matin jusqu'à cinq ou six heures du soir. Ils ne demandent pas autant de soin que les chevaux ; cependant, si l'on veut les entretenir sains et vigoureux, on ne peut guère se dispenser de les étriller tous les jours, de les laver, de leur graisser la corne des pieds, etc.; il faut aussi les faire boire au moins deux fois par jour ; ils aiment l'eau nette et fraîche, au lieu que le cheval l'aime trouble et tiède.

La nourriture et le soin sont à peu près les mêmes et pour la vache et pour le bœuf ; cependant la vache à lait exige des attentions particulières, tant pour la bien choisir que pour la bien conduire : on dit que les vaches noires sont celles qui donnent le meilleur lait, et que les blanches sont celles qui en donnent le plus ; mais de quelque poil que soit la vache à lait, il faut qu'elle soit en bonne chair, qu'elle ait l'œil vif, la démarche légère, qu'elle soit jeune, et que son lait soit, s'il se peut, abondant et de bonne qualité. On la traira deux fois par jour en été et une fois seulement en hiver ; et si l'on veut augmenter la quantité du lait, il n'y aura qu'à la nourrir avec des aliments plus succulents que l'herbe.

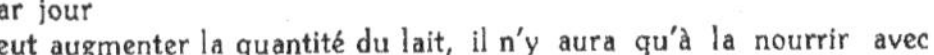

En Irlande, en Angleterre, en Hollande, en Suisse et dans le Nord, on sale et on fume la chair du bœuf en grande quantité, soit pour l'usage de la marine, soit pour l'avantage du commerce ; il sort aussi de ces pays une grande quantité de cuirs : la peau du bœuf et même celle du veau servent, comme l'on sait, à une infinité d'usages ; la graisse aussi est une matière utile, on la mêle avec le suif du mouton ; le fumier du bœuf est le meilleur engrais pour les terres sèches et légères ; la corne de cet animal est le premier vaisseau dans lequel on ait bu, le premier instrument dans lequel on ait soufflé pour augmenter le son, la première matière transparente que l'on ait employée pour faire des vitres, des lanternes, et que l'on ait ramollie, travaillée, moulée pour faire des boîtes, des peignes et mille autres ouvrages.

LA BREBIS

Si l'on fait attention à la faiblesse et à la stupidité de la brebis, si l'on considère en même temps que cet animal sans défense ne peut même trouver son salut dans la fuite, qu'il a pour ennemis tous les animaux carnassiers qui semblent le chercher de préférence et le dévorer par goût, que d'ailleurs cette espèce produit peu, que chaque individu ne vit que peu de temps, etc., on serait tenté d'imaginer que, dès les commencements, la brebis a été confiée à la garde de l'homme, qu'elle a eu besoin de sa protection pour subsister.

Il paraît donc que ce n'est que par notre secours et par nos soins que cette espèce a duré, dure et pourra durer encore ; il paraît qu'elle ne subsisterait pas par elle-même. La brebis est absolument sans ressource et sans défense ; le bélier n'a que de faibles armes, son courage n'est qu'une pétulance inutile pour lui-même et incommode pour les autres ; les moutons sont encore plus timides que les brebis : c'est par crainte qu'ils se rassemblent si souvent en troupeaux, le moindre bruit extraordinaire suffit pour qu'ils se précipitent et se serrent les uns contre les autres, et cette crainte est accompagnée de la plus grande stupidité, car ils ne savent pas fuir le danger.

Ils semblent même ne pas sentir l'incommodité de leur situation ; ils restent où ils se trouvent, à la pluie, à la neige, ils y demeurent opiniâtrement, et pour les obliger à changer de lieu, et à prendre une route, il leur faut un chef qu'on instruit à marcher le premier, et dont ils suivent tous les mouvements pas à pas : ce chef demeurerait lui-même avec le reste du troupeau, sans mouvement, dans la même place, s'il n'était chassé par le berger ou excité par le chien commis à leur garde, lequel sait, en effet, veiller à leur sûreté, les défendre, les diriger, les séparer, les rassembler et leur communiquer les mouvements qui leur manquent.

La brebis ne sait ni fuir, ni s'approcher ; quelque besoin qu'elle ait de secours, elle ne vient point à l'homme aussi volontiers que la chèvre, et ce qui dans ces animaux paraît être le dernier degré de la timidité, ou de l'insensibilité, elle se laisse enlever son agneau sans le défendre, sans s'irriter et sans marquer sa douleur par un cri différent du bêlement ordinaire.

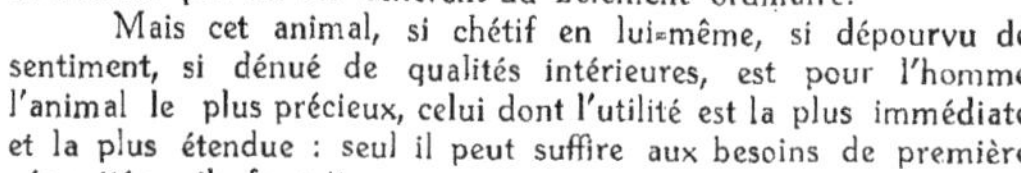

Mais cet animal, si chétif en lui-même, si dépourvu de sentiment, si dénué de qualités intérieures, est pour l'homme l'animal le plus précieux, celui dont l'utilité est la plus immédiate et la plus étendue : seul il peut suffire aux besoins de première nécessité ; il fournit tout à la fois de quoi se nourrir et se vêtir, sans compter les avantages particuliers que l'on sait tirer du suif, du lait, de la peau, et même des boyaux, des os et du fumier de cet animal, auquel il semble que la nature n'ait, pour ainsi dire, rien accordé en propre, rien donné que pour le rendre à l'homme.

La brebis n'a qu'autant d'instinct qu'il en faut pour choisir sa nourriture et pour reconnaître son agneau. L'instinct est d'autant plus sûr qu'il est machinal, et, pour ainsi dire, plus inné : le jeune agneau cherche lui-même dans un nombreux troupeau, trouve et saisit la mamelle de sa mère

sans jamais se méprendre. L'on dit aussi que les moutons sont sensibles aux douceurs du chant, qu'ils paissent avec plus d'assiduité, qu'ils se portent mieux, qu'ils engraissent au son du chalumeau, que la musique a pour eux des attraits ; mais l'on dit encore plus souvent, et avec plus de fondement, qu'elle sert au moins à charmer l'ennui du berger, et que c'est à ce genre de vie oisive et solitaire que l'on doit rapporter l'origine de cet art.

Ces animaux, dont le naturel est si simple, sont aussi d'un tempérament très faible ; ils ne peuvent marcher longtemps, les voyages les affaiblissent et les exténuent ; dès qu'ils courent, ils palpitent et sont bientôt essoufflés ; la grande chaleur, l'ardeur du soleil les incommodent autant que l'humidité, le froid et la neige : ils sont sujets à grand nombre de maladies, dont la plupart sont contagieuses ; la surabondance de la graisse les fait quelquefois mourir, et toujours elle empêche les brebis de produire ; elles mettent bas difficilement, et demandent plus de soin qu'aucun des autres animaux domestiques.

On livre ordinairement au boucher tous les agneaux qui paraissent faibles, et l'on ne garde, pour les élever, que ceux qui sont les plus vigoureux, les plus gros et les plus chargés de laine.

Les agneaux de la première portée ne sont jamais si bons que ceux des portées suivantes : si l'on veut élever ceux qui naissent aux mois d'octobre, novembre, décembre, janvier, février, on les garde à l'étable pendant l'hiver ; on ne les en fait sortir que le soir et le matin pour téter, et on ne les laisse point aller aux champs avant le commencement d'avril ; quelque temps auparavant on leur donne tous les jours un peu d'herbe, afin de les accoutumer peu à peu à cette nouvelle nourriture.

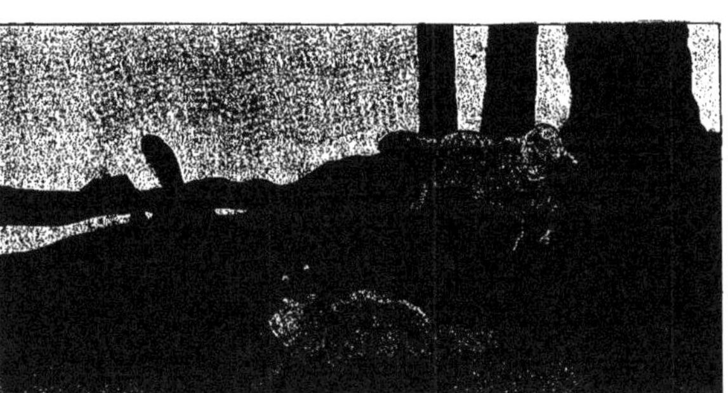

On peut les sevrer à un mois, mais il vaut mieux ne le faire qu'à six semaines ou deux mois : on préfère toujours les agneaux blancs et sans taches aux agneaux noirs ou tachés, la laine blanche se vendant mieux que la laine noire ou mêlée.

Tous les ans on fait la tonte de la laine des moutons, des brebis et des agneaux ; dans les pays chauds, où l'on ne craint pas de mettre l'animal tout à fait à nu, l'on ne coupe pas la laine, mais on l'arrache, et on fait souvent deux récoltes par an ; en France et dans les climats plus froids, on se contente de la couper une fois par an avec de grands ciseaux, et on laisse aux moutons une partie de leur toison, afin de les garantir de l'intempérie du climat.

C'est au mois de mai que se fait cette opération, après les avoir bien lavés, afin de rendre la laine aussi nette qu'elle peut l'être : au mois d'avril il fait encore trop froid, et si l'on attendait les mois de juin et de juillet, la laine ne croîtrait pas assez pendant le reste de l'été pour les garantir du froid pendant l'hiver.

La laine des moutons est ordinairement plus abondante et meilleure que celle des brebis.

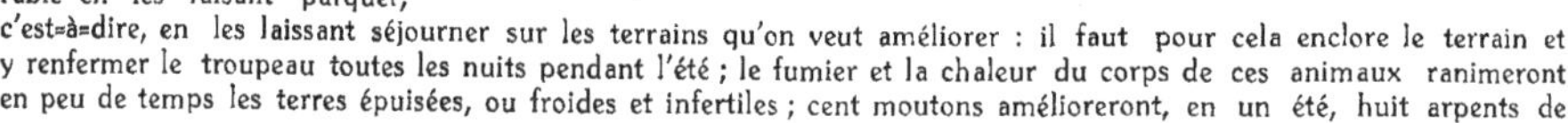

On préfère la laine blanche à la laine grise, à la brune et à la noire, parce qu'à la teinture elle peut prendre toutes sortes de couleurs : pour la qualité, la laine lisse vaut mieux que la laine crépue ; on prétend même que les moutons dont la laine est trop frisée ne se portent pas aussi bien que les autres.

On peut encore tirer des moutons un avantage considérable en les faisant parquer, c'est-à-dire, en les laissant séjourner sur les terrains qu'on veut améliorer : il faut pour cela enclore le terrain et y renfermer le troupeau toutes les nuits pendant l'été ; le fumier et la chaleur du corps de ces animaux ranimeront en peu de temps les terres épuisées, ou froides et infertiles ; cent moutons amélioreront, en un été, huit arpents de terre pour six ans.

Le goût de la chair du mouton, la finesse de la laine, la quantité du suif, et même la grandeur et la grosseur du corps de ces animaux, varient beaucoup suivant les différents pays. Les animaux à longue et large queue, qui sont communs en Afrique et en Asie, et auxquels les voyageurs ont donné le nom de moutons de Barbarie, paraissent être d'une espèce différente de nos moutons, aussi bien que la vigogne et le lama d'Amérique.

Comme la laine blanche est plus estimée que la noire, on détruit presque partout avec soin les agneaux noirs ou tachés ; cependant il y a des endroits où presque toutes les brebis sont noires, et partout on voit souvent naître d'un bélier blanc et d'une brebis blanche des agneaux noirs.

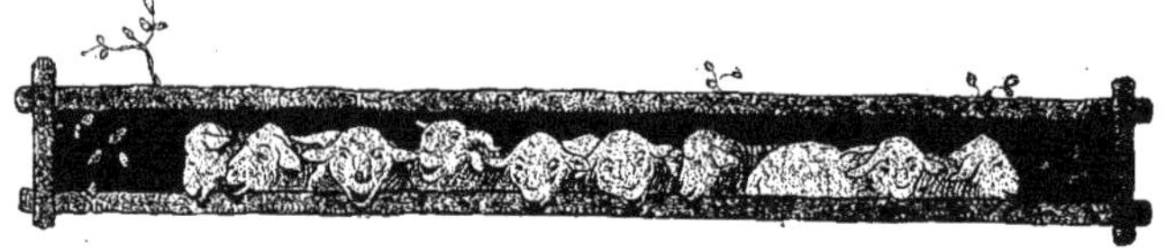

LA CHÈVRE

Si l'espèce de la brebis venait à nous manquer, celle de la chèvre pourrait y suppléer. La chèvre fournit du lait comme la brebis et même en plus grande abondance ; elle donne aussi du suif en quantité ; son poil, quoique plus rude que la laine, sert à faire de très bonnes étoffes ; sa peau vaut mieux que celle du mouton ; la chair du chevreau approche assez de celle de l'agneau, etc. Ces espèces auxiliaires sont plus agrestes, plus robustes que les espèces principales ; l'âne et la chèvre ne demandent pas autant de soin que le cheval et la brebis ; partout ils trouvent à vivre et broutent également les plantes de toute espèce, les herbes grossières, les arbrisseaux chargés d'épines. La chèvre est une espèce distincte, et peut-être encore plus éloignée de celle de la brebis que l'espèce de l'âne ne l'est de celle du cheval.

La chèvre a de sa nature plus de sentiment et de ressource que la brebis ; elle vient à l'homme volontiers, elle se familiarise aisément, elle est sensible aux caresses et capable d'attachement ; elle est aussi plus forte, plus légère, plus agile et moins timide que la brebis ; elle est vive, capricieuse et vagabonde. Ce n'est qu'avec peine qu'on la conduit et qu'on peut la réduire en troupeau ; elle aime à s'écarter dans les solitudes, à grimper sur les lieux escarpés ; à se placer, et même à dormir sur la pointe des rochers et sur le bord des précipices ; elle produit de très bonne heure ; elle est robuste, aisée à nourrir : presque toutes les herbes lui sont bonnes, et il y en a peu qui l'incommodent. Le tempérament, qui dans tous les animaux influe beaucoup sur le naturel, ne paraît cependant pas dans la chèvre différer essentiellement de celui de la brebis. Ces deux espèces d'animaux, dont l'organisation intérieure est presque entièrement semblable, se nourrissent, croissent et multiplient de la même manière, et se ressemblent encore par le caractère des maladies, qui sont les mêmes, à l'exception de quelques-unes auxquelles la chèvre n'est pas sujette ; elle ne craint pas comme la brebis la trop grande chaleur ; elle dort au soleil, et s'expose volontiers à ses rayons les plus vifs sans en être incommodée, et sans que cette ardeur lui cause ni étourdissements ni vertiges ; elle ne s'effraye point des orages, ne s'impatiente pas à la pluie, mais elle paraît être sensible à la rigueur du froid. L'inconstance de son naturel se marque par l'irrégularité de ses actions, elle marche, s'arrête, elle court, elle bondit, elle saute, s'approche, s'éloigne, se montre, se cache ou fuit, comme par caprice et sans autre cause déterminante que celle de la vivacité bizarre de son sentiment intérieur ; et toute la souplesse des organes, tout le nerf du corps suffisent à peine à la pétulance et à la rapidité de ces mouvements, qui lui sont naturels.

On a des preuves que ces animaux sont naturellement amis de l'homme, et que, dans les lieux inhabités, ils ne deviennent point sauvages. En 1698, un vaisseau anglais ayant relâché à l'île de Bonavista, deux nègres se présentèrent à bord et offrirent gratis aux Anglais autant de boucs qu'ils voudraient en emporter. A l'étonnement que le capitaine marqua de cette offre, les nègres répondirent qu'il n'y avait que douze personnes dans toute l'île, que les boucs et les chèvres s'y étaient multipliés jusqu'à devenir incommodes, et que, loin de donner beaucoup de peine à les prendre, ils suivaient les hommes avec une sorte d'obstination, comme les animaux domestiques.

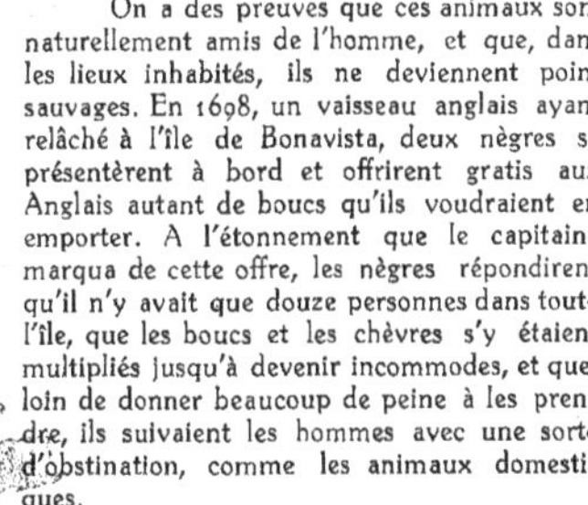

Lorsqu'on conduit les chèvres avec les moutons, elles ne restent pas à leur suite, elles précèdent toujours le troupeau ; il vaut mieux les mener séparément paître sur les collines. Elles aiment les lieux élevés et les montagnes, même les plus escarpées ; elles trouvent autant de nourriture qu'il leur en faut, dans les bruyères, dans les friches, dans les terrains incultes et dans les terres stériles. Il faut les éloigner des endroits cultivés, les empêcher d'entrer dans les blés, dans les vignes, dans les bois ; elles font un grand dégât dans les taillis : les arbres dont elles broutent avec avidité les jeunes pousses et les écorces tendres périssent presque tous. Elles craignent les lieux humides, les prairies marécageuses, les pâturages gras : on en élève rarement dans les pays de plaines, elles s'y portent mal et leur chair est de mauvaise qualité. Dans la plupart des pays chauds, l'on nourrit des chèvres en grande quantité, et on ne leur donne point d'étable : en France, elles périraient si on ne les mettait pas à l'abri pendant l'hiver. On peut se dispenser de leur donner de la litière en été, mais il leur en faut pendant l'hiver ; et comme toute humidité les incommode beaucoup, on ne les laisse pas coucher sur leur fumier et on leur donne souvent de la litière fraîche. On les fait sortir de grand matin pour les mener aux champs; l'herbe chargée de rosée, qui n'est pas bonne pour les moutons, fait grand bien aux chèvres. Comme elles sont indociles et vagabondes, un homme, quelque robuste et quelque agile qu'il soit, n'en peut guère conduire que cinquante. On ne les laisse pas sortir pendant les neiges et les frimas; on les nourrit à l'étable d'herbes et de petites branches d'arbres cueillies en automne, ou de choux, de navets et d'autres légumes. Plus elles mangent, plus la quantité de leur lait augmente ; et pour entretenir ou augmenter encore cette abondance de lait, on les fait beaucoup boire et on leur donne quelquefois du salpêtre ou de l'eau salée. On peut commencer à les traire quinze jours après qu'elles ont mis bas ; elles donnent du lait en quantité pendant quatre à cinq mois, et elles en donnent soir et matin.

La chèvre ne produit ordinairement qu'un chevreau, quelquefois deux, très rarement trois, et jamais plus de quatre ; elle ne produit que depuis l'âge d'un an ou dix-huit mois jusqu'à sept ans. On engraisse les chevreaux de la même manière que l'on engraisse les moutons ; mais, quelque soin qu'on prenne, et quelque nourriture qu'on leur donne, leur chair n'est jamais aussi bonne que celle du mouton, si ce n'est dans les climats très chauds, où la chair du mouton est fade et de mauvais goût. L'odeur forte du bouc ne vient pas de sa chair, mais de sa peau. On ne laisse pas vieillir ces animaux, qui pourraient peut-être vivre dix ou douze ans ; plus ils sont vieux, plus leur chair est mauvaise. Communément les boucs et les chèvres ont des cornes ; cependant il y a, quoique en moindre nombre, des chèvres et des boucs sans cornes. Ils varient aussi beaucoup par la couleur du poil : on dit que les blanches, et celles qui n'ont point de cornes, sont celles qui donnent le plus de lait, et que les noires sont les plus fortes et les plus robustes de toutes. Ces animaux, qui ne coûtent presque rien à nourrir, ne laissent pas de faire un produit assez considérable; on en vend la chair, le suif, le poil et la peau. Leur lait est plus sain et meilleur que celui de la brebis ; il est d'usage dans la médecine, il se caille aisément, et l'on en fait de très bons fromages.

Les chèvres n'ont point de dents incisives à la mâchoire supérieure ; celles de la mâchoire inférieure tombent et se renouvellent dans le même temps et dans le même ordre que celles des brebis : les nœuds des cornes et les dents peuvent indiquer l'âge. Le nombre de dents n'est pas constant dans les chèvres ; elles en ont ordinairement moins que les boucs, qui ont aussi le poil plus rude, la barbe et les cornes plus longues que les chèvres. Ces animaux, comme les bœufs et les moutons, ont quatre estomacs et ruminent : l'espèce en est plus répandue que celle de la brebis.

LE COCHON, LE COCHON DE SIAM ET LE SANGLIER

Nous mettons ensemble le cochon, le cochon de Siam et le sanglier, parce que tous trois ne font qu'une seule et même espèce ; l'un est l'animal sauvage, les deux autres sont l'animal domestique.

De tous les quadrupèdes, le cochon paraît être l'animal le plus brut : les imperfections de la forme semblent influer sur le naturel ; toutes ses habitudes sont grossières, tous ses goûts sont immondes, toutes ses sensations se réduisent à une gourmandise brutale, qui lui fait dévorer indistinctement tout ce qui se présente, et même sa progéniture au moment qu'elle vient de naître. Sa voracité dépend apparemment du besoin continuel qu'il a de remplir la grande capacité de son estomac ; et la grossièreté de ses appétits, de l'hébétation du sens du goût et du toucher. La rudesse du poil, la dureté de la peau, l'épaisseur de la graisse, rendent ces animaux peu sensibles aux coups : l'on a vu des souris se loger sur leur dos et leur manger le lard et la peau sans qu'ils parussent le sentir. Ils ont donc le toucher fort obtus, et le goût aussi grossier que le toucher : les autres sens sont bons. Les chasseurs n'ignorent pas que les sangliers voient, entendent et sentent de fort loin, puisqu'ils sont obligés, pour les surprendre, de les attendre en silence, pendant la nuit, et de se placer au-dessous du vent pour dérober à leur odorat les émanations qui les frappent de loin et toujours assez vivement pour leur faire sur-le-champ rebrousser chemin.

Cette imperfection dans le sens du goût et du toucher est encore augmentée par une maladie qui les rend ladres, c'est-à-dire presque absolument insensibles, et de laquelle il faut peut-être moins chercher la première origine dans la texture de la chair et de la peau de cet animal que dans sa malpropreté naturelle, et dans la corruption qui doit résulter des nourritures infectes dont il se remplit quelquefois ; car le sanglier, qui n'a point de pareilles ordures à dévorer et qui vit ordinairement de grain, de fruits, de glands et de racines, n'est point sujet à cette maladie, non plus que le jeune cochon pendant qu'il tette : on ne la prévient même qu'en tenant le cochon domestique dans une étable propre et en lui donnant abondamment des nourritures saines. Sa chair deviendra même excellente au goût, et le lard ferme et cassant, si on le tient, pendant quinze jours ou trois semaines avant de le tuer, dans une étable pavée et toujours propre, sans litière, en ne lui donnant alors pour toute nourriture que du grain de froment pur et sec, et ne le laissant boire que très peu.

On choisit pour cela un jeune cochon d'un an, en bonne chair et à moitié gras.

La manière ordinaire de les engraisser est de leur donner abondamment de l'orge, du gland, des choux, des légumes cuits et beaucoup d'eau mêlée de son : en deux mois ils sont gras, le lard est abondant et épais, mais sans être bien ferme et bien blanc ; et la chair, quoique bonne, est toujours un peu fade. On peut encore les engraisser avec moins de dépenses dans les campagnes où il y a beaucoup de glands, en les menant dans les forêts pendant l'automne lorsque les glands tombent et que la châtaigne et la faîne quittent leurs enveloppes. Ils mangent également de tous les fruits sauvages et ils engraissent en peu de temps, surtout si le soir, à leur retour, on leur donne de l'eau tiède mêlée d'un peu de son et de farine d'ivraie : cette boisson les fait dormir et augmente tellement leur embonpoint qu'on en a vu ne pouvoir plus marcher ni presque se remuer. Ils engraissent aussi beaucoup plus promptement en automne dans le temps des premiers froids, tant à cause de l'abondance des nourritures que parce qu'alors la transpiration est moindre qu'en été.

On n'attend pas, comme pour le reste du bétail, que le cochon soit âgé pour l'engraisser: plus il vieillit, plus cela est difficile et moins sa chair est bonne.

La durée de la vie du sanglier peut s'étendre jusqu'à vingt-cinq ou trente ans. Aristote dit vingt ans pour les cochons en général. La première portée de la truie n'est pas nombreuse, les petits sont faibles et même imparfaits lorsqu'elle n'a pas un an. La laie, qui ressemble à tous autres égards à la truie, ne porte qu'une fois l'an, apparemment par la disette de nourriture et par la nécessité où elle se trouve d'allaiter et de nourrir pendant longtemps tous les petits qu'elle a produits ; au lieu qu'on ne souffre pas que la truie domestique nourrisse ses petits pendant plus de quinze jours ou trois semaines : on ne lui en laisse alors que huit ou neuf à nourrir, on vend les autres ; à quinze jours ils sont bons à manger.

Ces animaux aiment beaucoup les vers de terre et certaines racines comme celles de la carotte sauvage : c'est pour trouver ces vers et pour couper ces racines qu'ils fouillent la terre avec leur boutoir. Le sanglier, dont la hure est plus longue et plus forte que celle du cochon, fouille plus profondément ; il fouille aussi presque toujours en ligne droite dans le même sillon, au lieu que le cochon fouille çà et là, et plus légèrement. Comme il fait beaucoup de dégâts, il faut l'éloigner des terrains cultivés, et ne le mener que dans les bois et sur les terres qu'on laisse reposer.

Quoique ces animaux soient fort gourmands, ils n'attaquent ni ne dévorent pas, comme les loups, les autres animaux ; cependant ils mangent quelquefois de la chair corrompue : on a vu des sangliers manger de la chair de cheval, et nous avons trouvé dans leur estomac de la peau de chevreuil et des pattes d'oiseaux ; mais c'est peut-être plutôt nécessité qu'instinct. Cependant on ne peut nier qu'ils ne soient avides de sang et de chair sanguinolente et fraîche, puisque les cochons mangent leurs petits, et même des enfants au berceau ; dès qu'ils trouvent quelque chose de succulent, d'humide, de gras ou d'onctueux, ils le lèchent et finissent bientôt par l'avaler. Leur gourmandise est, comme l'on voit, aussi grossière que leur naturel est brutal ; ils n'ont aucun sentiment bien distinct ; les petits reconnaissent à peine leur mère, ou du moins sont fort sujets à se méprendre et à téter la première truie qui leur laisse saisir ses mamelles. La crainte et la nécessité donnent apparemment un peu plus de sentiment et d'instinct aux cochons sauvages ; il semble que les petits soient fidèlement attachés à leur mère, qui paraît être aussi plus attentive à leurs besoins que ne l'est la truie domestique.

On chasse le sanglier à force ouverte avec des chiens, ou bien on le tue par surprise pendant la nuit au clair de la lune : comme il ne fuit que lentement, qu'il laisse une odeur très forte, qu'il se défend contre les chiens et les blesse toujours dangereusement, il ne faut pas le chasser avec les bons chiens courants destinés pour le cerf et le chevreuil. Il ne faut attaquer que les plus vieux sangliers ; on les connaît aisément aux traces : un jeune sanglier de trois ans est difficile à forcer, parce qu'il court très loin sans s'arrêter, au lieu que le sanglier plus âgé ne fuit pas loin, se laisse chasser de près, n'a pas grand'peur des chiens, et s'arrête souvent pour leur faire tête. Le jour, il reste ordinairement dans sa bauge, au plus épais et dans le plus fort du bois ; le soir, à la nuit, il en sort pour chercher sa nourriture : en été, lorsque les grains sont mûrs, il est assez facile de le surprendre dans les blés et dans les avoines où il fréquente toutes les nuits. Il n'y a que la hure qui soit bonne dans un vieux sanglier, au lieu que toute la chair du marcassin, et celle du jeune sanglier qui n'a pas encore un an, est délicate et même assez fine. Celle du verrat, ou cochon domestique mâle, est encore plus mauvaise que celle du sanglier.

Pour peu qu'on ait habité la campagne, on n'ignore pas les profits qu'on tire du cochon ; sa chair se vend à peu près autant que celle du bœuf, le lard se vend au double et même au triple ; le sang, les boyaux, les viscères, les pieds, la langue se préparent et se mangent. Le fumier du cochon est plus froid que celui des autres animaux, et l'on ne doit s'en servir que pour les terres trop chaudes ou trop sèches. La graisse des intestins et de l'épiploon, qui est différente du lard, fait le saindoux et le vieux-oing. La peau a aussi ses usages ; on en fait des cribles, comme l'on fait aussi des vergettes, des brosses, des pinceaux avec les soies. La chair de cet animal prend mieux le sel, le salpêtre, et se conserve salée plus longtemps qu'aucune autre. Ces animaux n'affectent pas de climat particulier ; seulement il paraît que dans les pays froids le sanglier, en devenant animal domestique, a plus dégénéré que dans les pays chauds ; un degré de température suffit pour changer leur couleur ; les cochons sont communément blancs dans nos provinces septentrionales de France et même en Vivarais, tandis que dans la province du Dauphiné, qui est très voisine, ils sont tous noirs ; ceux de Languedoc, de Provence, d'Espagne, d'Italie, des Indes, de la Chine et de l'Amérique sont aussi de la même couleur : le cochon de Siam ressemble plus que le cochon de France au sanglier. Un des signes les plus évidents de la dégénération sont les oreilles ; elles deviennent d'autant plus souples, d'autant plus molles, plus inclinées et plus pendantes, que l'animal est plus altéré, ou, si l'on veut, plus adouci par l'éducation et par l'état de domesticité ; et, en effet, le cochon domestique a les oreilles moins raides, beaucoup plus longues et plus inclinées que le sanglier, qu'on doit regarder comme le modèle de l'espèce.

LE CHIEN

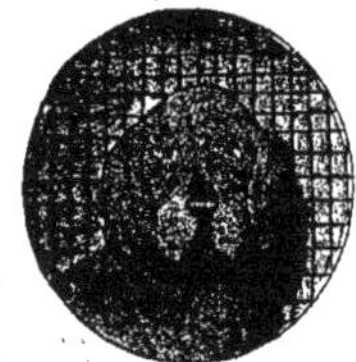

Le chien, indépendamment de la beauté de sa forme, de la vivacité, de la force, de la légèreté, a par excellence toutes les qualités intérieures qui peuvent lui attirer les regards de l'homme. Un naturel ardent, colère, même féroce et sanguinaire, rend le chien sauvage redoutable à tous les animaux, et cède dans le chien domestique aux sentiments les plus doux, au plaisir de s'attacher et au désir de plaire. Il vient en rampant mettre aux pieds de son maître son courage, sa force, ses talents ; il attend ses ordres pour en faire usage, il le consulte, il l'interroge, il le supplie : un coup d'œil suffit, il entend les signes de sa volonté. Sans avoir, comme l'homme, la lumière de la pensée, il a toute la chaleur du sentiment : il a de plus que lui la fidélité, la constance dans ses affections : nulle ambition, nul intérêt, nul désir de vengeance, nulle crainte que celle de déplaire, il est tout zèle, tout ardeur et tout obéissance. Plus sensible au souvenir des bienfaits qu'à celui des outrages, il ne se rebute pas par les mauvais traitements, il les subit, les oublie, ou ne s'en souvient que pour s'attacher davantage ; loin de s'irriter ou de fuir, il s'expose lui-même à de nouvelles épreuves, il lèche cette main, instrument de douleur, qui vient de le frapper, il ne lui oppose que la plainte, et la désarme enfin par la patience et la soumission.

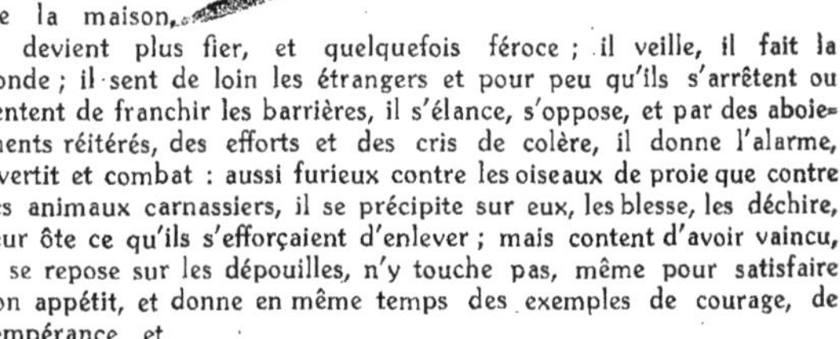

Plus docile que l'homme, plus souple qu'aucun des animaux, non seulement le chien s'instruit en peu de temps, mais même il se conforme aux mouvements, aux manières, à toutes les habitudes de ceux qui lui commandent ; il prend le ton de la maison qu'il habite ; comme les autres domestiques, il est dédaigneux chez les grands et rustre à la campagne : toujours empressé pour son maître et prévenant pour ses seuls amis, il ne fait aucune attention aux gens indifférents et se déclare contre ceux qui par état ne sont faits que pour importuner ; il les connaît aux vêtements, à la voix, à leurs gestes, et les empêche d'approcher. Lorsqu'on lui a confié pendant la nuit la garde de la maison, il devient plus fier, et quelquefois féroce ; il veille, il fait la ronde ; il sent de loin les étrangers et pour peu qu'ils s'arrêtent ou tentent de franchir les barrières, il s'élance, s'oppose, et par des aboiements réitérés, des efforts et des cris de colère, il donne l'alarme, avertit et combat : aussi furieux contre les oiseaux de proie que contre les animaux carnassiers, il se précipite sur eux, les blesse, les déchire, leur ôte ce qu'ils s'efforçaient d'enlever ; mais content d'avoir vaincu, il se repose sur les dépouilles, n'y touche pas, même pour satisfaire son appétit, et donne en même temps des exemples de courage, de tempérance et de fidélité.

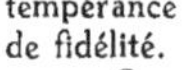

On sentira de quelle importance cette espèce est dans l'ordre de la nature, en supposant un instant qu'elle n'eût jamais existé. Comment l'homme aurait-il pu, sans le secours du chien, conquérir, dompter, réduire en esclavage les autres animaux? Comment pourrait-il encore aujourd'hui découvrir, chasser, détruire les bêtes sauvages et nuisibles ? Pour se mettre en sûreté, et pour se rendre maître de l'univers vivant, il a fallu commencer par se faire un parti parmi les animaux, se concilier avec douceur et par caresses ceux qui se sont trouvés capables de s'attacher et d'obéir, afin de les opposer aux autres : le premier art de l'homme a donc été l'éducation du chien, et le fruit de cet art, la conquête et la possession paisible de la terre.

Le chien, fidèle à l'homme, conservera toujours une portion de l'empire, un degré de supériorité sur les autres animaux ; il leur commande, il règne lui-même à la tête d'un troupeau, il s'y fait mieux entendre que la voix du berger; la sûreté, l'ordre et la discipline sont les fruits de sa vigilance et de son activité ; c'est un peuple qui lui est soumis, qu'il conduit, qu'il protège, et contre lequel il n'emploie jamais la force que pour y maintenir la paix.

Mais c'est surtout à la guerre, c'est contre les animaux ennemis ou indépendants qu'éclate son courage, et que son intelligence se déploie tout entière : les talents naturels se réunissent ici aux qualités acquises. Dès que le bruit des armes se fait entendre, dès que le son du cor ou la voix du chasseur a donné le signal d'une guerre prochaine, brillant d'une ardeur nouvelle, le chien marque sa joie par les plus vifs transports, il annonce par ses mouvements et par ses cris l'impatience de combattre et le désir de vaincre ; marchant ensuite en silence, il cherche à reconnaître le pays, à découvrir, à surprendre l'ennemi dans son fort ; il recherche ses traces, il les suit pas à pas, et par des accents différents, indique le temps, la distance, l'espèce et même l'âge de celui qu'il poursuit.

Le chien, par cette supériorité que donnent l'exercice et l'éducation, par cette finesse de sentiment qui n'appartient qu'à lui, ne perd pas l'objet de sa poursuite ; il démêle les points communs, délie les nœuds du fil tortueux qui seul peut y conduire ; il voit de l'odorat tous les détours du labyrinthe, toutes les fausses routes où l'on a voulu l'égarer ; et, loin d'abandonner l'ennemi pour un indifférent, après avoir triomphé de la ruse, il s'indigne, il redouble d'ardeur, arrive enfin, l'attaque, et, le mettant à mort, étanche dans le sang sa soif et sa haine.

Dans les pays déserts, dans les contrées dépeuplées, il y a des chiens sauvages qui, pour les mœurs, ne diffèrent des loups que par la facilité qu'on trouve à les apprivoiser ; ils se réunissent aussi en plus grandes troupes pour chasser et attaquer en force les sangliers, les taureaux sauvages, et même les lions et les tigres. En Amérique, ces chiens sauvages sont de race anciennement domestique, ils y ont été transportés d'Europe ; et quelques-uns ayant été oubliés ou abandonnés dans ces déserts, s'y sont multipliés au point qu'ils se répandent par troupes dans les contrées habitées, où ils attaquent le bétail et insultent même les hommes : on est donc obligé de les écarter par la force et de les tuer comme les autres bêtes féroces ; et les chiens sont tels, en effet, tant qu'ils ne connaissent pas les hommes : mais lorsqu'on les approche avec douceur, ils s'adoucissent, deviennent bientôt familiers, et demeurent fidèlement attachés à leurs maîtres ; au lieu que le loup, quoique pris jeune et élevé dans les maisons, n'est doux que dans le premier âge, ne perd jamais son goût pour la proie, et se livre tôt ou tard à son penchant pour la rapine et la destruction.

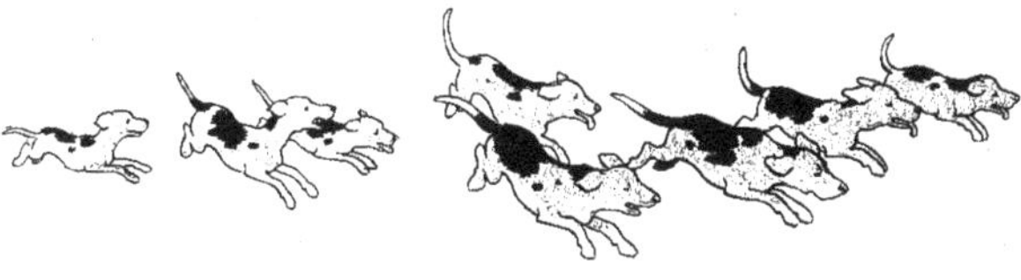

L'on peut dire que le chien est le seul animal dont la fidélité soit à l'épreuve, le seul qui connaisse toujours son maître et les amis de la maison ; le seul qui, lorsqu'il arrive un inconnu, s'en aperçoive ; le seul qui entende son nom et qui reconnaisse la voix domestique ; le seul qui ne se confie point à lui-même : le seul qui, lorsqu'il a perdu son maître et qu'il ne peut le retrouver, l'appelle par ses gémissements ; le seul qui, dans un voyage long qu'il n'aurait fait qu'une fois, se souvienne du chemin et retrouve la route ; le seul enfin dont les talents naturels soient évidents et l'éducation toujours heureuse.

Et de même que, de tous les animaux, le chien est celui dont le naturel est le plus susceptible d'impression, et se modifie le plus aisément par les causes morales, il est aussi de tous celui dont la nature est la plus sujette aux variétés et aux altérations causées par les influences physiques : le tempérament, les facultés, les habitudes du corps varient prodigieusement ; la forme n'est même pas constante : dans le même pays un chien est très différent d'un autre chien, et l'espèce est, pour ainsi dire, toute différente d'elle-même dans les différents climats. De là cette confusion, ce mélange et cette variété de races si nombreuses qu'on ne peut en faire l'énumération ; de là ces différences si marquées pour la grandeur de la taille, la figure du corps, l'allongement du museau, la forme de la tête, la longueur et la direction des oreilles et de la queue, la couleur, la qualité, la quantité du poil, etc.

Mais ce qui est difficile à saisir dans cette nombreuse variété de races différentes, c'est le caractère de la race primitive, de la race originaire, de la race mère de toutes les autres races.

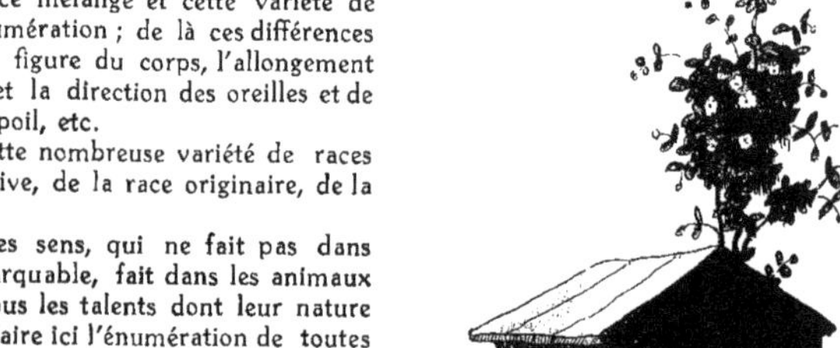

La plus ou moins grande perfection des sens, qui ne fait pas dans l'homme une qualité éminente, ni même remarquable, fait dans les animaux tout leur mérite, et produit, comme cause, tous les talents dont leur nature peut être susceptible. Je n'entreprendrai pas de faire ici l'énumération de toutes les qualités d'un chien de chasse : on sait assez combien l'excellence de l'odorat, jointe à l'éducation, lui donne d'avantage et de supériorité sur les autres animaux.

Le chien, lorsqu'il vient de naître, n'est pas encore entièrement achevé : dans cette espèce, comme dans celles de tous les autres animaux qui produisent en grand nombre, les petits, au moment de leur naissance, ne sont pas aussi parfaits que dans les animaux qui n'en produisent qu'un ou deux. Les chiens naissent communément avec les yeux fermés ; les deux paupières ne sont pas simplement collées, mais adhérentes par une membrane qui se déchire lorsque le muscle de la paupière supérieure est devenu assez fort pour relever et vaincre cet obstacle, et la plupart des chiens n'ont les yeux ouverts qu'au dixième ou douzième jour. Dans ce même temps, les os du crâne ne sont pas achevés, le corps est bouffi, le museau gonflé ; leur forme n'est pas encore bien dessinée ; mais en moins d'un mois ils apprennent à faire usage de tous leurs sens, et prennent ensuite de la force et un prompt accroissement. Au quatrième mois ils perdent quelques-unes de leurs dents, qui, comme dans les autres animaux, sont bientôt remplacées par d'autres qui ne tombent plus : ils ont en tout quarante-deux dents, savoir : six incisives en haut et six en bas, deux canines en haut et deux en bas, quatorze mâchelières en haut et douze en bas.

Les chiennes portent neuf semaines, c'est-à-dire soixante-trois jours, quelquefois soixante-deux ou soixante-et-un, et jamais moins de soixante ; elles produisent six, sept, et quelquefois jusqu'à douze petits ; celles qui sont de la plus grande et de la plus forte taille produisent en plus grand nombre que les petites, qui souvent ne font que quatre ou cinq, et quelquefois qu'un ou deux petits, surtout dans les premières portées, qui sont toujours moins nombreuses que les autres dans tous les animaux.

La durée de la vie est dans le chien, comme dans les autres animaux, proportionnelle au temps de l'accroissement ; il est environ deux ans à croître, il vit aussi sept fois deux ans. L'on peut connaître son âge par les dents, qui dans la jeunesse sont blanches, tranchantes et pointues, et qui, à mesure qu'il vieillit, deviennent noires, mousses et inégales : on le connaît aussi par le poil, car il blanchit sur le museau, sur le front et autour des yeux.

Ces animaux, qui de leur naturel sont très vigilants, très actifs, et qui sont faits pour le plus grand mouvement, deviennent dans nos maisons, par la surcharge de la nourriture, si pesants et si paresseux qu'ils passent toute leur vie à ronfler, dormir et manger. Ce sommeil, presque continuel, est accompagné de rêves, et c'est peut-être une douce manière d'exister ; ils sont naturellement voraces ou gourmands et cependant ils peuvent se passer de nourriture pendant longtemps. Il y a, dans les mémoires de l'Académie des Sciences, l'histoire d'une chienne, qui, ayant été oubliée dans une maison de campagne, a vécu quarante jours sans autre nourriture que l'étoffe ou laine d'un matelas qu'elle avait déchiré. Il paraît que l'eau leur est encore plus nécessaire que la nourriture, ils boivent souvent et abondamment ; on croit même vulgairement que, quand ils manquent d'eau pendant longtemps, ils deviennent enragés. Le chien de berger est la souche de la race : ce chien, transporté dans les climats rigoureux du Nord, s'est enlaidi et rapetissé chez les Lapons, et paraît s'être maintenu et même perfectionné en Islande, en Russie, en Sibérie, dont le climat est un peu moins rigoureux, et où les peuples sont un peu plus civilisés. Ces changements sont arrivés par la seule influence de ces climats, qui n'a pas produit une grande altération dans la forme ; car tous ces chiens ont les oreilles droites, le poil épais et long, l'air sauvage, et ils n'aboient pas aussi fréquemment ni de la même manière que ceux qui, dans des climats plus favorables, se sont perfectionnés davantage. Le chien d'Islande est le seul qui n'ait pas les oreilles entièrement droites, elles sont un peu pliées par leur extrémité : aussi l'Islande est, de tous les pays du Nord, l'un des plus anciennement habités par des hommes à demi civilisés.

Le même chien de berger, transporté dans des climats tempérés et chez des peuples entièrement policés, comme en Angleterre, en France, en Allemagne, aura perdu son air sauvage, ses oreilles droites, son poil rude, épais et long, et sera devenu dogue, chien courant et mâtin, par la seule influence de ces climats. Le mâtin et le dogue ont encore les oreilles en partie droites ; elles ne sont qu'à demi pendantes, et ils ressemblent assez, par leurs mœurs et par leur naturel sanguinaire, au chien duquel ils tirent leur origine. Le chien courant est celui des trois qui s'en éloigne le plus ; les oreilles longues, entièrement pendantes, la douceur, la docilité, et, si on peut dire, la timidité de ce chien, sont autant de preuves de la grande dégénération, ou, si l'on veut, de la grande perfection qu'a produite une longue domesticité, jointe à une éducation soignée et suivie.

Le chien courant, le braque et le basset ne font qu'une seule et même race de chiens ; car l'on a remarqué que, dans la même portée, il se trouve assez souvent des chiens courants, des braques et des bassets.

Le chien courant, transporté en Espagne et en Barbarie, où presque tous les animaux ont le poil fin, long et fourni, sera devenu épagneul et barbet ; le grand et petit épagneuls, qui ne diffèrent que par la taille, transportés en Angleterre, ont changé de couleur du blanc au noir, et sont devenus, par l'influence du climat, grands et petits gredins, auxquels on doit joindre le pyrame, qui n'est qu'un gredin noir comme les autres, mais marqué de feu aux quatre pattes, aux yeux et au museau.

Le mâtin, transporté au Nord, est devenu grand danois, et, transporté au Midi, est devenu lévrier : les grands lévriers viennent du Levant, ceux de taille médiocre, d'Italie ; et ces lévriers d'Italie, transportés en Angleterre, sont

devenus levrons, c'est-à-dire lévriers encore plus petits. Le grand danois, transporté en Irlande, en Ukraine, en Tartarie, en Épire, en Albanie, est devenu chien d'Irlande, et c'est le plus grand de tous les chiens. Le dogue, transporté d'Angleterre en Danemark, est devenu petit danois ; et ce même petit danois, transporté dans les climats chauds, est devenu chien turc.

Le lévrier et le mâtin ont produit le lévrier métis, que l'on appelle aussi lévrier à poil de loup ; ce métis a le museau moins effilé que le franc lévrier, qui est très rare en France.

Le grand danois et le grand épagneul ont produit ensemble le chien de Calabre, qui est un beau chien à longs poils touffus, et plus grand par la taille que les plus gros mâtins.

L'épagneul et le basset produisent un autre chien que l'on appelle burgos.

L'épagneul et le petit danois produisent le chien-lion, qui est maintenant fort rare.

Les chiens à longs poils fins et frisés, que l'on appelle bouffes, et qui sont de la taille des plus grands barbets, viennent du grand épagneul et du barbet.

Le petit barbet vient du petit épagneul et du barbet.

Le dogue produit avec le mâtin un chien métis que l'on appelle dogue de forte race, qui est beaucoup plus gros que le vrai dogue, ou dogue d'Angleterre, et qui tient plus du dogue que du mâtin.

Le doguin vient du dogue d'Angleterre et du petit danois.

Tous ces chiens sont des métis simples, et viennent du mélange de deux races pures ; mais il y a encore d'autres chiens qu'on pourrait appeler doubles métis, parce qu'ils viennent du mélange d'une race pure et d'une race déjà mêlée.

Le roquet est un double métis qui vient du doguin et du petit danois.

Le chien d'Alicante est aussi un double métis, qui vient du doguin et du petit épagneul.

Le chien de Malte, ou bichon, est encore un double métis, qui vient du petit épagneul et du petit barbet.

Enfin il y a des chiens qu'on pourrait appeler triples métis, parce qu'ils viennent du mélange de deux races déjà mêlées toutes deux ; tel est le chien artois, islois, ou quatre-vingts, qui vient du doguin et du roquet ; tels sont encore les chiens que l'on appelle vulgairement chiens des rues qui ressemblent à tous les chiens en général sans ressembler à aucun en particulier, parce qu'ils proviennent du mélange de races déjà plusieurs fois mêlées.

LE CHAT

Le chat est un domestique infidèle qu'on ne garde que par nécessité, pour l'opposer à un autre ennemi domestique encore plus incommode et qu'on ne peut chasser : car nous ne comptons pas les gens qui, ayant du goût pour toutes les bêtes, n'élèvent des chats que pour s'en amuser : l'un est l'usage, l'autre l'abus ; et quoique ces animaux, surtout quand ils sont jeunes, aient de la gentillesse, ils ont en même temps une malice innée, un caractère faux, un naturel pervers, que l'âge augmente encore et que l'éducation ne fait que masquer. De voleurs déterminés ils deviennent seulement, lorsqu'ils sont bien élevés, souples et flatteurs comme les fripons ; ils ont la même adresse, la même subtibilité, le même goût pour faire le mal, le même penchant à la petite rapine ; comme eux, ils savent couvrir leur marche, dissimuler leur dessein, épier les occasions, attendre, choisir, saisir l'instant de faire leur coup, se dérober ensuite au châtiment, fuir et demeurer éloignés jusqu'à ce qu'on les rappelle. Ils prennent aisément des habitudes de société, mais jamais des mœurs : ils n'ont que l'apparence de l'attachement; on le voit à leurs mouvements obliques, à leurs yeux équivoques ; ils ne regardent jamais en face la personne aimée ; soit défiance ou fausseté, ils prennent des détours pour en approcher, pour chercher des caresses, auxquelles ils ne sont sensibles que pour le plaisir qu'elles leur font. Bien différent de cet animal fidèle, dont tous les sentiments se rapportent à la personne de son maître, le chat paraît ne sentir que pour soi, n'aimer que sous condition, ne se prêter au commerce que pour en abuser ; et, par cette convenance de naturel, il est moins incompatible avec l'homme qu'avec le chien, dans lequel tout est sincère.

La forme du corps et le tempérament sont d'accord avec le naturel : le chat est joli, léger, adroit et propre ; il aime ses aises, il cherche les meubles les plus mollets pour s'y reposer et s'ébattre. Les chattes portent cinquante-cinq ou cinquante-six jours ; elles ne produisent pas en aussi grand nombre que les chiennes; les portées ordinaires sont de quatre, de cinq ou de six. Comme les mâles sont sujets à dévorer leur progéniture, les femelles se cachent pour mettre bas, et lorsqu'elles craignent qu'on ne découvre ou qu'on n'enlève leurs petits, elles les transportent dans des trous et d'autres lieux ignorés ou inaccessibles ; et, après les avoir allaités pendant quelques semaines, elles leur apportent des souris, de petits oiseaux, et les accoutument de bonne heure à manger de la chair : mais, par une bizarrerie difficile à comprendre, ces mêmes mères, si soigneuses et si tendres, deviennent quelquefois cruelles, dénaturées et dévorent aussi leurs petits qui leur étaient si chers.

Les jeunes chats sont gais, vifs, jolis, et seraient aussi très propres à amuser les enfants, si les coups de patte n'étaient pas à craindre ; mais leur badinage, quoique toujours agréable et léger, n'est jamais innocent, et bientôt il se tourne en malice habituelle ; et comme ils ne peuvent exercer ces talents avec quelque avantage que sur les plus petits animaux, ils se mettent à l'affût près d'une cage, ils épient les oiseaux, les souris, les rats et deviennent d'eux-mêmes, et sans y être dressés, plus habiles à la chasse que les chiens les mieux instruits. Leur naturel, ennemi de toute contrainte, les rend incapables d'une éducation suivie.

On raconte néanmoins que des moines grecs de l'île de Chypre avaient dressé des chats à chasser, prendre et tuer les serpents dont cette île était infestée ; mais c'était plutôt par le goût général qu'ils ont pour la destruction que par obéissance qu'ils chassaient ; car ils se plaisent à épier, attaquer et détruire assez indifféremment tous les animaux faibles, comme les oiseaux, les jeunes lapins, les levrauts, les rats, les souris, les mulots, les chauves-souris, les taupes, les crapauds, les grenouilles, les lézards et les serpents. Ils n'ont aucune docilité, ils manquent aussi de la finesse de l'odorat, qui, dans le chien, sont deux qualités éminentes ; aussi ne poursuivent-ils pas les animaux qu'ils ne voient plus, ils ne les chassent pas, mais ils les attendent, les attaquent par surprise, et après s'en être joués longtemps, ils les tuent sans aucune nécessité, lors même qu'ils sont le mieux nourris et qu'ils n'ont aucun besoin de cette proie pour satisfaire leur appétit.

La cause physique la plus immédiate de ce penchant qu'ils ont à épier et surprendre les autres animaux vient de l'avantage que leur donne la conformation particulière de leurs yeux. La pupille, dans l'homme, comme dans la plupart des animaux, est capable d'un certain degré de contraction et de dilatation ; elle s'élargit un peu lorsque la lumière manque, et se rétrécit lorsqu'elle devient trop vive. Dans l'œil du chat et des oiseaux de nuit, cette contraction et cette dilatation sont si considérables que la pupille, qui dans l'obscurité est ronde et large, devient au grand jour longue et étroite comme une ligne, et dès lors ces animaux voient mieux la nuit que le jour, comme on le remarque dans les chouettes, les hiboux, etc.

On ne peut pas dire que les chats, quoique habitants de nos maisons, soient des animaux entièrement domestiques ; ceux qui sont le mieux apprivoisés n'en sont pas plus asservis : on peut même dire qu'ils sont entièrement libres ; ils ne font que ce qu'ils veulent, et rien au monde ne serait capable de les retenir un instant de plus dans un lieu dont ils voudraient s'éloigner. D'ailleurs, la plupart sont à demi sauvages, ne connaissent pas leurs maîtres, ne fréquentent que les greniers et les toits, et quelquefois la cuisine et l'office, lorsque la faim les presse. Quoiqu'on en élève plus que de chiens, comme on les rencontre rarement, ils ne font pas sensation pour le nombre ; aussi prennent-ils moins d'attachement pour les personnes que pour les maisons : lorsqu'on les transporte à des distances assez considérables, comme à une lieue ou deux, ils reviennent d'eux-mêmes à leur grenier, et c'est apparemment parce qu'ils en connaissent toutes les retraites à souris, toutes les issues, tous les passages, et que la peine du voyage est moindre que celle qu'il faudrait prendre pour acquérir les mêmes facilités dans un nouveau pays. Ils craignent l'eau, le froid et les mauvaises odeurs ; ils aiment à se tenir au soleil, ils cherchent à se gîter dans les lieux les plus chauds, derrière les cheminées ou dans les fours ; ils aiment aussi les parfums, et se laissent volontiers prendre et caresser par les personnes qui en portent : l'odeur de cette plante que l'on appelle l'*herbe-aux-chats* les remue si fortement et si délicieusement, qu'ils en paraissent transportés de plaisir. On est obligé, pour conserver cette plante dans les jardins, de l'entourer d'un treillage fermé ; les chats la sentent de loin, accourent pour s'y frotter, passent et repassent si souvent par-dessus qu'ils la détruisent en peu de temps.

À quinze ou dix-huit mois, ces animaux ont pris tout leur accroissement ; leur vie ne s'étend guère au delà de neuf ou dix ans ; ils sont cependant très durs, très vivaces, et ont plus de nerf et de ressort que d'autres animaux qui vivent plus longtemps.

Les chats ne peuvent mâcher que lentement et difficilement : leurs dents sont si courtes et si mal posées qu'elles ne leur servent qu'à déchirer et non pas à broyer les aliments : aussi cherchent-ils de préférence les viandes les plus tendres ; ils aiment le poisson et le mangent cuit ou cru ; ils boivent fréquemment ; leur sommeil est léger, et ils dorment moins qu'ils ne font semblant de dormir ; ils marchent légèrement presque toujours en silence et sans faire aucun bruit. Comme ils sont propres, et que leur robe est toujours sèche et lustrée, leur poil s'électrise aisément, et l'on en voit sortir des étincelles dans l'obscurité lorsqu'on les frotte avec la main : leurs yeux brillent aussi dans les ténèbres, à peu près comme les diamants, qui réfléchissent au dehors pendant la nuit la lumière dont ils se sont, pour ainsi dire, imbibés pendant le jour.

Le chat domestique a ordinairement les boyaux beaucoup plus longs que le chat sauvage : cependant le chat sauvage est plus fort et plus gros que le chat domestique ; il a toujours les lèvres noires, les oreilles plus roides, la queue plus grosse et les couleurs constantes. Dans ce climat on ne connaît qu'une espèce de chat sauvage, et il paraît, par le témoignage des voyageurs, que cette espèce se retrouve aussi dans presque tous les climats sans être sujette à de grandes variétés. Un chasseur en porta un, qu'il avait pris dans les bois, à Christophe Colomb : ce chat était d'une grosseur ordinaire, il avait le poil gris brun, la queue très longue et très forte. Il y avait aussi de ces chats

sauvages au Pérou, quoiqu'il n'y en eût point de domestiques ; il y en a au Canada, dans le pays des Illinois, etc. On en a vu dans plusieurs endroits de l'Afrique, comme en Guinée, à la côte d'Or, à Madagascar, où les naturels du pays avaient même des chats domestiques, au cap de Bonne-Espérance, où l'on dit qu'il se trouve aussi des chats sauvages de couleur bleue quoique en petit nombre : ces chats bleus, ou plutôt couleur d'ardoise, se retrouvent en Asie.

LA MANGOUSTE

La mangouste est domestique en Égypte comme le chat l'est en Europe, et elle sert de même à prendre les souris et les rats ; mais son goût pour la proie est encore plus vif, et son instinct plus étendu que celui du chat, car elle chasse également aux oiseaux, aux quadrupèdes, aux serpents, aux lézards, aux insectes, attaque en général tout ce qui lui paraît vivant et se nourrit de toute substance animale. Son courage est égal à la véhémence de son appétit ; elle ne s'effraye ni de la colère des chiens, ni de la malice des chats, et ne redoute pas même la morsure des serpents ; elle les poursuit avec acharnement, les saisit et les tue, quelque venimeux qu'ils soient ; et lorsqu'elle commence à ressentir les impressions de leur venin, elle va chercher des antidotes, et particulièrement une racine que les Indiens ont nommée de son nom, et qu'ils disent être un des plus sûrs et des plus puissants remèdes contre la morsure de la vipère ou de l'aspic ; elle mange les œufs du crocodile comme ceux des poules et des oiseaux, elle tue et mange aussi les petits crocodiles, quoiqu'ils soient déjà très forts peu de temps après qu'ils sont sortis de l'œuf.

La mangouste habite volontiers aux bords des eaux ; dans les inondations elle gagne les terres élevées, et s'approche souvent des lieux habités pour y chercher sa proie ; elle marche sans faire aucun bruit, et selon le besoin elle varie sa démarche ; quelquefois elle porte la tête haute, raccourcit son corps et s'élève sur ses jambes ; d'autres fois elle a l'air de ramper et de s'allonger comme un serpent ; souvent elle s'assied sur ses pieds de derrière, et plus souvent encore elle s'élance comme un trait sur la proie qu'elle veut saisir : elle a les yeux vifs et pleins de feu, la physionomie fine, le corps très agile, les jambes courtes, la queue grosse et très longue, le poil rude et souvent hérissé.

Le mâle et la femelle ont une espèce de poche dans laquelle se filtre une humeur odorante ; on prétend que la mangouste ouvre cette poche pour se rafraîchir lorsqu'elle a trop chaud ; son museau trop pointu et sa gueule étroite l'empêchent de saisir et de mordre les choses un peu grosses, mais elle sait suppléer par agilité, par courage, aux armes et à la force qui lui manquent ; elle étrangle aisément un chat, quoique plus gros et plus fort qu'elle ; souvent elle combat les chiens, et, quelque grands qu'ils soient, elle s'en fait respecter.

Cet animal croît promptement et ne vit pas longtemps ; il se trouve en grand nombre dans toute l'Asie méridionale, et il paraît qu'il se trouve aussi en Afrique, jusqu'au cap de Bonne-Espérance ; mais on ne peut l'élever aisément ni le garder longtemps dans nos climats tempérés, quelque soin qu'on en prenne : le vent l'incommode, le froid le fait mourir ; pour éviter l'un et l'autre, et conserver sa chaleur, il se met en rond et cache sa tête entre ses cuisses. Il a une petite voix douce, une espèce de murmure, et son cri ne devient aigre que lorsqu'on le frappe et qu'on l'irrite.

ANIMAUX SAUVAGES

Quadrumanes.

LE SINGE

De dix-sept espèces auxquelles on peut réduire tous les animaux appelés *singes* dans l'ancien continent, et de douze ou treize auxquelles on a transféré ce nom dans le nouveau, aucune n'est la même.

SINGES DE L'ANCIEN CONTINENT

L'ORANG-OUTANG PONGO

De tous les singes, c'est celui qui ressemble le plus à l'homme ; il dort sur les arbres, et se construit une hutte, un abri contre la pluie et le soleil ; il vit de fruits et ne mange point de chair. Quand les nègres font du feu dans les bois, les pongos viennent s'asseoir autour et se chauffer, mais ils n'ont pas assez d'esprit pour entretenir le feu en y mettant du bois ; ils vont de compagnie, et tuent quelquefois des nègres dans les lieux écartés.

On ne peut les prendre vivants parce qu'ils sont si forts que dix hommes ne suffiraient pas pour en dompter un seul ; on ne peut donc attraper que les petits tout jeunes ; la mère les porte marchant debout, et ils se tiennent attachés à son corps avec les mains et les genoux.

Il y a deux espèces de ces singes très ressemblants à l'homme : le pongo qui est aussi grand et plus gros qu'un homme, et le jocko qui est beaucoup plus petit.

Un pongo enleva un jour un petit nègre qui passa un an entier dans la société de ces animaux ; à son retour, il raconta que les pongos ne lui avaient fait aucun mal.

Ils ont l'instinct de s'asseoir à table comme les hommes; ils mangent de tout sans distinction ; ils se servent du couteau, de la cuiller et de la fourchette pour couper et prendre ce qu'on leur sert sur l'assiette ; ils boivent du vin et d'autres liqueurs.

On apprivoise les pongos ; on leur apprend à marcher sur les pieds de derrière et à se servir des pieds de devant, qui sont à peu près comme des mains, pour faire certains ouvrages et même ceux du ménage, comme rincer des verres, donner à boire, tourner la broche, etc.

Quand les pongos ne trouvent plus de fruits sur les montagnes, ils vont au bord de la mer où ils attrapent des crabes, des huîtres et autres choses semblables.

Il y a une espèce d'huîtres qu'on appelle *taclovo*, qui pèsent plusieurs livres et qui sont souvent ouvertes sur le rivage ; or, le singe craignant que, quand il veut les manger, elles ne lui attrapent la patte en se refermant, jette dans la coquille une pierre qui l'empêche de se fermer, et ensuite il mange l'huître sans crainte.

Ce qui distingue le jocko du pongo, c'est que le pongo marche presque toujours debout sur ses deux pieds de derrière, tandis que le jocko ne prend cette attitude que rarement et lorsqu'il veut monter sur un arbre.

LE PITHÈQUE

Les pithèques ont les pieds, les mains, et, s'il faut ainsi dire, le visage de l'homme, avec beaucoup d'esprit et de malice ; ils vivent d'herbes, de blé et de toutes sortes de fruits qu'ils vont en troupes dérober dans les jardins ou dans les champs ; mais avant qu'ils sortent de leur fort, il y en a un qui monte sur une éminence d'où il découvre toute la campagne, et quand il ne voit paraître personne, il fait signe aux autres par un cri pour les faire sortir, et ne bouge pas de là tant qu'ils sont dehors ; mais, sitôt qu'il voit venir quelqu'un, il jette de grands cris, et, sautant d'arbre en arbre, tous se sauvent dans les montagnes.

C'est une chose admirable que de les voir fuir, car les femelles portent sur leur dos quatre ou cinq petits, et ne laissent pas, malgré cela, de faire de grands sauts de branche en branche ; il s'en prend quantité par diverses inventions, quoiqu'ils soient très fins : quand ils deviennent farouches, ils mordent ; mais, pour peu qu'on les flatte, ils s'apprivoisent aisément ; ceux qui sont apprivoisés font des choses incroyables, imitant l'homme dans tout ce qu'ils voient. Le pithèque marche sur ses deux pieds ; il a environ une coudée, c'est-à-dire tout au plus un pied et demi de hauteur.

LE GIBBON

Le gibbon se tient toujours debout, lors même qu'il marche à quatre pieds, parce que ses bras sont aussi longs que son corps et ses jambes.

Le caractère qui le distingue évidemment des autres singes, c'est la prodigieuse grandeur de ses bras, qui sont aussi longs que le corps et les jambes pris ensemble.

Ce singe est d'un naturel tranquille et de mœurs assez douces ; il se nourrit de fruits et d'amandes ; il craint beaucoup le froid et l'humidité ; il est originaire des Indes orientales.

LE MAGOT

Cet animal est de tous les singes, c'est-à-dire de tous ceux qui n'ont point de queue, celui qui s'accommode le mieux de la température de notre climat.

Il peut avoir deux pieds et demi ou trois pieds de hauteur, lorsqu'il est debout sur ses jambes de derrière ; la femelle est plus petite que le mâle. L'espèce du magot est assez généralement répandue dans tous les climats chauds de l'ancien continent, et on la trouve également en Tartarie, en Arabie, en Éthiopie, au Malabar, en Barbarie, en Mauritanie et jusque dans les terres du cap de Bonne-Espérance.

LE PAPION OU BABOUIN PROPREMENT DIT

Les babouins, qui ne ressemblent plus à l'homme que par les mains, et qui ont une queue, des ongles aigus, de gros museaux, ont l'air de bêtes féroces, et le sont en effet. Ils ne produisent pas dans les pays tempérés ; la femelle ne fait ordinairement qu'un petit qu'elle porte entre ses bras. Quoique méchants et féroces, les babouins ne sont pas du nombre des animaux carnassiers ; ils se nourrissent principalement de fruits, de racines et de grains; ils se réunissent et s'entendent pour piller les jardins ; ils se jettent les fruits de main en main et par-dessus les murs, et font de grands dégâts dans toutes les terres cultivées.

Le *mandrille,* autre espèce de babouin, est d'une laideur désagréable et dégoûtante. On le trouve à la côte d'Or et dans les autres provinces méridionales de l'Afrique ; après l'orang-outang, c'est le plus grand de tous les singes et de tous les babouins.

Le mandrille marche toujours sur deux pieds, il pleure et gémit comme les hommes.

L'*ouanderou* et le *lowando,* autre variété des babouins, lorsqu'ils ne sont pas domptés, sont si méchants qu'on est obligé de les tenir dans une cage de fer, où souvent ils s'agitent avec fureur ; mais lorsqu'on les prend jeunes, on les apprivoise aisément, et ils paraissent même plus susceptibles d'éducation que les autres babouins.

Dans leur état de liberté, ils sont extrêmement sauvages et se tiennent dans les bois.

Le *maimon,* autre babouin, quoique très vif et plein de feu, n'a rien de la pétulance impudente des babouins ; il est doux, traitable et même caressant ; on le trouve à Sumatra ; il souffre avec peine le froid de notre climat

LES GUENONS

De toutes les guenons ou singes à longue queue, le *macaque* est celui qui approche le plus des babouins ; il est d'une laideur hideuse. L'*aigrette,* autre guenon, ainsi appelé parce qu'il a sur le sommet de la tête un épi ou aigrette de poils, a, comme le macaque, les mœurs douces et est assez docile ; mais, indépendamment d'une odeur de fourmi ou de faux musc que ces deux singes répandent autour d'eux, ils sont si malpropres et si affreux lorsqu'ils font la grimace, qu'on ne peut les regarder sans horreur et dégoût.

Le *malbrouck* et le *bonnet chinois,* variétés des guenons, dérobent les fruits et surtout les cannes à sucre; l'un d'eux fait sentinelle sur un arbre, pendant que les autres se chargent du butin ; s'il aperçoit quelqu'un, il crie *houp, houp, houp,* d'une voix claire et distincte ; au moment de l'avis, tous jettent les cannes qu'ils tenaient dans la main gauche, et ils s'enfuient en courant à trois pieds. Ces animaux ne s'apprivoisent qu'à demi, il faut toujours les tenir à la chaîne ; ils ne produisent pas dans leur état de servitude, même dans leur pays ; il faut qu'ils soient en liberté dans leurs bois. Ils cueillent les noix de cocos et savent fort bien en tirer la liqueur pour la boire, et le noyau pour le manger.

La *mone* est la plus commune des guenons ; c'est, avec le magot, l'espèce qui s'accommode le mieux de la température de notre climat. Les guenons sont d'un naturel beaucoup plus doux que les babouins, et d'un caractère moins triste que les singes ; elles sont vives et sans férocité ; la mone, en particulier, est susceptible d'éducation, et même d'un certain attachement pour ceux qui la soignent.

Le *callitriche* ou *singe vert* se trouve au Sénégal aussi bien qu'en Mauritanie et aux îles du Cap-Vert.

Le *moustac* est d'assez petite taille, et c'est le plus joli de tous les singes à longue queue. La *guenon* qu'on appelle *talapoin* est de petite taille et d'une assez jolie figure.

Le *douc* est le dernier des animaux que nous avons appelés *singes, babouins* et *guenons,* sans être précisément d'aucun de ces trois genres : il participe de tous.

SINGES DU NOUVEAU CONTINENT

LES SAPAJOUS ET LES SAGOUINS

Nous connaissons huit sapajous qu'on peut réduire à cinq espèces : l'*ouarine* ou *gouariba* du Brésil ; le *coaïta,* le *sajou* ou *sapajou* proprement dit ; le *saï* appelé le *pleureur,* et le *saïmiri,* qu'on appelle vulgairement le *singe aurore* ou *sapajou orangé* ; c'est le plus petit et le plus joli des sapajous.

Nous connaissons de même six espèces de sagouins : le premier et le plus grand de tous est le *saki,* nommé *singe à queue de renard* ; le second est le *tamarin* ; le troisième est l'*ouistiti* ; le quatrième est le *marikina* ou *petit lion* ; le cinquième est le *pinche,* et le sixième est le *mico,* le plus joli de tous.

L'ouarine, mâle et femelle, sont sauvages et méchants ; on ne peut les apprivoiser ni même les dompter ; ils mordent cruellement ; sans être du nombre des animaux carnassiers et féroces, ils ne laissent pas d'inspirer de la crainte, tant par leur voix effroyable que par leur air d'impudence. Ces animaux produisent ordinairement deux petits ; la mère en porte un sous le bras et l'autre sur le dos.

Le coaïta est, après l'ouarine, le plus grand des sapajous ; par son naturel doux et docile, il diffère beaucoup de l'ouarine qui est indomptable et farouche : ces sapajous sont intelligents et très adroits ; ils vont de compagnie, s'avertissent, s'aident et se secourent. Ils ont l'adresse de casser l'écaille des huîtres pour les manger, et il est certain qu'ils se suspendent les uns au bout des autres, soit pour traverser un ruisseau, soit pour s'élancer d'un arbre à un autre. Ils ne produisent ordinairement qu'un ou deux petits, qu'ils portent toujours sur leur dos ; ils mangent du poisson, des vers et des insectes, mais les fruits sont leur nourriture la plus ordinaire.

Le sajou est très vif, très agile et très plaisant par son adresse et par sa légèreté ; la température de notre climat lui convient assez ; il y subsiste sans peine et pendant quelques années, pourvu qu'on le tienne dans une chambre à feu pendant l'hiver ; ils peuvent même produire, mais chaque portée n'est ici que d'un petit, au lieu que dans leur climat ils en ont souvent deux. Au reste, les sajous sont fantasques dans leurs goûts et dans leurs affections : ils paraissent avoir une forte inclination pour de certaines personnes, et une grande aversion pour d'autres, et cela constamment.

Les saïs ne produisent qu'un ou deux petits ; ils sont doux, dociles et si craintifs, que leur cri ordinaire, qui ressemble à celui du rat, devient un gémissement dès qu'on les menace. Dans ce pays-ci, ils mangent des hannetons et des limaçons, de préférence à tous les autres aliments qu'on peut leur présenter; mais au Brésil, dans leur pays natal, ils vivent principalement de graines et de fruits sauvages qu'ils cueillent sur les arbres où ils demeurent, et d'où ils ne descendent que rarement à terre.

Le saïmiri est assez commun à la Guyane ; par la gentillesse de ses mouvements, par sa petite taille, par la couleur brillante de sa robe, par la grandeur et le feu de ses yeux, par son petit visage arrondi, il a toujours eu la préférence sur les autres sapajous, et c'est, en effet, le plus joli, le plus mignon de tous ; mais il est aussi le plus délicat et le plus difficile à transporter et à conserver.

Le saki, lorsqu'il est adulte, a environ dix-sept pouces de longueur, au lieu que le plus grand des cinq autres sagouins n'en a que neuf ou dix. Le saki est aisé à reconnaître et à distinguer de tous les autres sagouins, de tous les sapajous et de toutes les guenons.

Le tamarin est beaucoup plus petit que le saki, et en diffère par plusieurs caractères, principalement par la queue qui n'est couverte que de poils courts, au lieu que celle du saki est garnie de poils très longs. Le tamarin est remarquable aussi par ses larges oreilles et ses pieds jaunes ; c'est un joli animal, très vif, aisé à apprivoiser, mais si délicat qu'il ne peut résister longtemps à l'intempérie de notre climat.

L'ouistiti est encore plus petit que le tamarin ; il n'a pas un demi-pied de longueur, le corps et la tête compris, et sa queue a plus d'un pied de long. Le plus gros ne pèse guère que six onces, et le plus petit quatre onces et demie ; l'ouistiti se nourrit de biscuits, de fruits, de légumes, d'insectes. Ses petits sont d'abord fort laids ; quand ils sont devenus un peu grands, ils se cramponnent fortement sur le dos ou sur les épaules de leur mère, et, quand elle est lasse de les porter, elle s'en débarrasse en se frottant contre la muraille ; lorsqu'elle les a écartés, le mâle en prend soin sur-le-champ et les laisse grimper sur son dos pour soulager la femelle.

Le marikina a les mêmes manières, la même vivacité et les mêmes inclinations que les autres sagouins, et il paraît être d'un tempérament un peu plus robuste, car il y en a un qui a vécu cinq ou six ans à Paris, avec la seule attention qu'on a eue de le garder pendant l'hiver dans une chambre, où tous les jours on allumait du feu.

Le pinche, quoique fort petit, l'est cependant moins que l'ouistiti ; c'est encore un joli animal et d'une figure très singulière ; sa voix est douce et ressemble plus au chant d'un petit oiseau qu'au cri d'un animal ; il est très délicat, et ce n'est qu'avec de grandes précautions qu'on peut le transporter d'Amérique en Europe.

Le mico est d'une espèce très différente et vraisemblablement beaucoup plus rare que le tamarin, puisque longtemps il a été tout à fait inconnu, quoiqu'il soit très remarquable par le rouge vif qui anime sa face et par la beauté de son poil ; il marche à quatre pieds, et il n'a environ que sept ou huit pouces de longueur en tout.

LES MAKIS

Le nom de *maki* a été donné à plusieurs animaux d'espèces différentes ; nous ne pouvons donc l'employer que comme un terme générique, sous lequel nous comprendrons trois animaux qui se ressemblent assez pour être du même genre, mais qui diffèrent aussi par un nombre de caractères suffisant pour constituer des espèces évidemment différentes. Ces trois animaux ont tous une longue queue, et les pieds conformés comme les singes ; mais leur museau est allongé comme celui d'une fouine. Le premier de ces animaux est le mocock ou mococo, que l'on connaît vulgairement sous le nom de *maki à queue annelée*. Le second est le mongous, appelé vulgairement *maki brun*. Le troisième est le vari, appelé par quelques-uns *maki pie*. Ces trois animaux sont tous originaires de Madagascar, où on les trouve en grand nombre.

Le mococo est un joli animal, d'une physionomie fine, d'une figure élégante et svelte, d'un beau poil toujours propre et lustré ; il est remarquable par la grandeur de ses yeux, par la hauteur de ses jambes de derrière, qui sont beaucoup plus longues que celles de devant, et par sa belle et grande queue qui est toujours relevée, toujours en mouvement, et sur laquelle on compte jusqu'à trente anneaux alternativement noirs et blancs, tous bien distincts et bien séparés les uns des autres : il a les mœurs douces, et quoiqu'il ressemble en beaucoup de choses aux singes, il n'en a ni la malice ni le naturel. Dans son état de liberté il vit en société, et on le trouve à Madagascar par troupes de trente ou quarante; dans celui de captivité, il n'est incommode que par le mouvement prodigieux qu'il se donne. Quoique très vif et très réveillé, il n'est ni méchant ni sauvage, il s'apprivoise assez pour qu'on puisse le laisser aller et venir sans craindre qu'il s'enfuie ; sa démarche est oblique comme celle de tous les animaux qui ont quatre mains au lieu de quatre pieds ; il saute de meilleure grâce et plus légèrement qu'il ne marche ; il est assez silencieux et ne fait entendre sa voix que par un cri court et aigu, qu'il laisse, pour ainsi dire, échapper lorsqu'on le surprend ou qu'on l'irrite. Il dort assis, le museau incliné et appuyé sur sa poitrine ; il n'a pas le corps plus gros qu'un chat.

Le mongous est plus petit que le mococo ; il y a dans l'espèce du mongous plusieurs variétés.

Le vari est plus grand, plus fort et plus sauvage que le mococo ; il est même d'une méchanceté farouche dans son état de liberté. Les voyageurs disent que ces animaux sont furieux comme des tigres, et qu'ils font un tel bruit dans les bois que, s'il y en a deux, il semble qu'il y en ait un cent, et qu'ils sont très difficiles à apprivoiser. En effet la voix du vari tient un peu du rugissement du lion, et elle est effrayante lorsqu'on l'entend pour la première fois.

Les mococos, les mongous et les varis sont du même pays et paraissent être confinés à Madagascar ; ils tiennent des singes par les habitudes essentielles, car, quoiqu'ils mangent quelquefois de la chair et qu'ils se plaisent aussi à épier les oiseaux, ils sont cependant moins carnassiers que frugivores, et ils préfèrent, même dans l'état de domesticité, les fruits, les racines et le pain à la chair cuite ou crue.

LE LORIS

Le loris est un petit animal qui se trouve à Ceylan, et qui est très remarquable par l'élégance de sa figure et la singularité de sa conformation : il est peut-être, de tous les animaux, celui qui a le corps le plus long relativement à sa grosseur. Certains loris ne sont pas plus gros que le poing, et ils sont d'une seule espèce différente des singes ordinaires ; ils ont le front plat, les yeux ronds et grands, jaunes et clairs comme ceux de certains chats ; leur museau est fort pointu et le dedans des oreilles est jaune ; ils n'ont point de queue.

LE TARSIER

Cet animal est très remarquable par la longueur excessive de ses jambes de derrière; les os des pieds, et surtout ceux qui composent la partie supérieure du tarse, sont d'une grandeur démesurée, et c'est de ce caractère très apparent que nous avons tiré son nom. La gerboise a le tarse encore plus long ; elle se trouve en Égypte, en Barbarie et aux Indes orientales. Ces animaux ayant de commun des caractères très singuliers et qui n'appartiennent qu'à eux, il semble qu'on devrait présumer qu'ils sont d'espèces voisines, ou du moins d'espèces produites par le même ciel et la même terre : cependant, en les comparant par d'autres parties, l'on doit non seulement en douter, mais même présumer le contraire. Le tarsier a cinq doigts à tous les pieds ; il a, pour ainsi dire, quatre mains ; la gerboise, au contraire, n'a que quatre doigts et quatre ongles longs et courbés aux pieds de devant, et au lieu du pouce il n'y a qu'un tubercule sans ongle. Mais ce qui l'éloigne encore plus de notre tarsier, c'est qu'elle n'a que trois doigts ou trois ou quatre grands ongles aux pieds de derrière ; cette différence est trop grande pour qu'on puisse regarder ces animaux comme d'espèces voisines, et il ne serait pas impossible qu'ils fussent aussi très éloignés par le climat.

Carnassiers.

Chiroptères.

LA CHAUVE-SOURIS

Un animal qui, comme la chauve-souris, est à demi quadrupède, à demi volatile, et qui n'est en tout ni l'un ni l'autre est, pour ainsi dire, monstre, en ce que, réunissant les attributs de deux genres si différents, il ne ressemble à aucun des modèles que nous offrent les grandes classes de la nature. Il n'est qu'imparfaitement quadrupède, et il est encore plus imparfaitement oiseau. Aussi les chauves-souris cherchent à se cacher, fuient la lumière, n'habitent que les lieux ténébreux, n'en sortent que la nuit, y rentrent au point du jour pour demeurer collées contre les murs. Leur mouvement dans l'air est moins un vol qu'une espèce de voltigement incertain, qu'elles semblent n'exécuter que par effort et d'une manière gauche; elles s'élèvent de terre avec peine, elles ne volent jamais à une grande hauteur, elles ne peuvent qu'imparfaitement précipiter, ralentir, ou même diriger leur vol; elles ne laissent pas de saisir en passant les moucherons, les cousins, et surtout les papillons phalènes qui ne volent que la nuit; elles les avalent, pour ainsi dire, tout entiers.

Les chauves-souris sont de vrais quadrupèdes; elles n'ont rien de commun que le vol avec les oiseaux; elles en diffèrent par tout le reste de la conformation, tant extérieure qu'intérieure; elles produisent, comme les quadrupèdes, leurs petits vivants; enfin elles ont, comme eux, des dents et des mamelles : l'on assure qu'elles ne portent que deux petits, qu'elles les allaitent et les transportent même en volant. C'est en été qu'elles mettent bas, car elles sont engourdies pendant l'hiver : les unes se recouvrent de leurs ailes comme d'un manteau, s'accrochent à la voûte de leur souterrain par les pieds de derrière, et demeurent ainsi suspendues; les autres se collent contre les murs ou se recèlent dans des trous; elles sont toujours en nombre pour se défendre du froid : toutes passent l'hiver sans bouger, sans manger, ne se réveillent qu'au printemps, et se recèlent de nouveau vers la fin de l'automne. Elles supportent plus aisément la diète que le froid, elles peuvent passer plusieurs jours sans manger, et cependant elles sont du nombre des animaux carnassiers; car lorsqu'elles peuvent entrer dans un office, elles s'attachent aux quartiers de lard qui y sont suspendus, et elles mangent aussi de la viande crue ou cuite, fraîche ou corrompue.

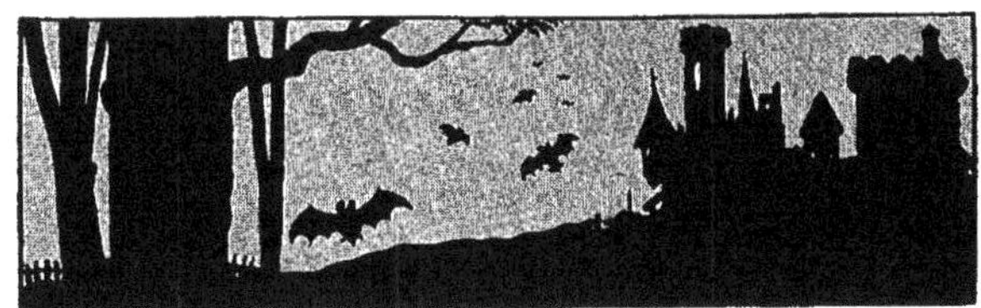

LA ROUSSETTE, LA ROUGETTE ET LE VAMPIRE

La roussette et la rougette nous paraissent faire deux espèces distinctes, mais qui sont si voisines l'une de l'autre et qui se ressemblent à tant d'égards, que nous croyons devoir les présenter ensemble. La seconde ne diffère de la première que par la grandeur du corps et les couleurs du poil ; elles sont toutes deux à peu près des mêmes climats chauds de l'ancien continent ; on les trouve à Madagascar, à l'île de Bourbon, à Ternate, aux Philippines et dans les autres îles de l'archipel Indien, où il paraît qu'elles sont plus communes que dans la terre ferme des continents voisins.

On trouve aussi, dans les pays les plus chauds du nouveau monde, un autre quadrupède volant dont on ne nous a pas transmis le nom américain, et que nous appellerons vampire, parce qu'il suce le sang des hommes et des animaux qui dorment, sans leur causer assez de douleur pour les éveiller : cet animal d'Amérique est d'une espèce différente de celles de la roussette et de la rougette, qui toutes deux ne se trouvent qu'en Afrique et dans l'Asie méridionale. Le vampire est plus petit que la rougette qui est plus petite elle-même que la roussette : le premier, lorsqu'il vole, paraît être de la grosseur d'un pigeon ; la seconde de la grandeur d'un corbeau, et la troisième de celle d'une grosse poule. La rougette et la roussette ont toutes deux la tête assez bien faite, les oreilles courtes, le museau bien arrondi et à peu près de la forme de celui d'un chien.

Le vampire, au contraire, a le museau plus allongé ; il a l'aspect hideux comme les plus laides chauves-souris, la tête informe et surmontée de grandes oreilles fort ouvertes et fort droites ; il a le nez contrefait, les narines en entonnoir, avec une membrane au-dessus qui s'élève en forme de corne ou de crête pointue, et qui augmente de beaucoup la difformité de sa face.

Le vampire est aussi malfaisant que difforme, il inquiète l'homme, et détruit les animaux.

Les roussettes sont des animaux carnassiers, voraces, et qui mangent de tout, car, lorsque la chair ou le poisson leur manque, elles se nourrissent de végétaux et de fruits de toute espèce ; elles boivent le suc des palmiers, et il est aisé de les enivrer et de les prendre en mettant à portée de leur retraite des vases remplis d'eau de palmier, ou de quelque autre liqueur fermentée : elles s'attachent et se suspendent aux arbres avec leurs ongles ; elles vont ordinairement en troupes, et plus la nuit que le jour ; elles fuient les lieux trop fréquentés et demeurent dans les déserts, surtout dans les îles inhabitées.

La chair de ces animaux, surtout lorsqu'ils sont jeunes, n'est pas mauvaise à manger ; les Indiens la trouvent bonne, et ils en comparent le goût à celui de la perdrix ou du lapin.

Les voyageurs de l'Amérique s'accordent à dire que les grandes chauves-souris de ce nouveau continent sucent, sans les éveiller, le sang des hommes et des animaux endormis. Ce n'est qu'avec la langue qu'elles peuvent faire des ouvertures assez subtiles dans la peau pour en tirer du sang et ouvrir les veines sans causer une vive douleur.

Insectivores.

LE HÉRISSON

Le renard sait beaucoup de choses, le hérisson n'en sait qu'une grande, disaient proverbialement les anciens. Il sait se défendre sans combattre, et blesser sans attaquer : n'ayant que peu de force et nulle agilité pour fuir, il a reçu de la nature une armure épineuse, avec la facilité de se resserrer en boule et de présenter de tous côtés des armes défensives, poignantes, et qui rebutent ses ennemis ; plus ils le tourmentent, plus il se hérisse et se resserre. Aussi la plupart des chiens se contentent de l'aboyer et ne se soucient pas de le saisir : cependant il y en a quelques-uns qui trouvent moyen, comme le renard, d'en venir à bout en se piquant les pieds et en se mettant la gueule en sang ; mais il ne craint ni la fouine, ni la marte, ni le putois, ni le furet, ni la belette, ni les oiseaux de proie. La femelle et le mâle sont également couverts d'épines depuis la tête jusqu'à la queue, et il n'y a que le dessous du corps qui soit garni de poils; ils produisent au commencement de l'été. On m'a souvent apporté la mère et les petits au mois de juin : il y en a ordinairement trois ou quatre, et quelquefois cinq ; ils sont blancs dans ce premier temps, et l'on voit seulement sur leur peau la naissance des épines.

Ils vivent de fruits tombés ; ils fouillent la terre avec le nez à une petite profondeur ; ils mangent les hannetons, les scarabées, les grillons, les vers et quelques racines ; ils sont aussi très avides de viande, et la mangent cuite ou crue. A la campagne, on les trouve fréquemment dans les bois, sous les troncs des vieux arbres et aussi dans les fentes de rochers, et surtout dans les monceaux de pierres qu'on amasse dans les champs et dans les vignes. Quoiqu'il y en ait un grand nombre dans nos forêts, nous n'en avons jamais vu sur les arbres ; ils se tiennent toujours au pied dans un creux ou sur la mousse. Ils ne bougent pas tant qu'il est jour, mais ils courent, ou plutôt, ils marchent pendant toute la nuit : ils approchent rarement des habitations, ils préfèrent les lieux élevés et secs, quoiqu'ils se trouvent aussi quelquefois dans les prés. On les prend à la main : ils ne fuient pas, ils ne se défendent ni des pieds ni des dents ; mais ils se mettent en boule dès qu'on les touche, et pour les faire étendre il faut les plonger dans l'eau. Ils dorment pendant l'hiver. Ils ne mangent pas beaucoup, et peuvent se passer assez longtemps de nourriture. Ils ont le sang froid à peu près comme les autres animaux qui dorment en hiver. Leur chair n'est pas bonne à manger, et leur peau, dont on ne fait maintenant aucun usage, servait autrefois de vergette et de frottoir pour sérancer le chanvre.

LA MUSARAIGNE

La musaraigne semble faire une nuance dans l'ordre des petits animaux, et remplir l'intervalle qui se trouve entre le rat et la taupe, qui, se ressemblant par leur petitesse, diffèrent beaucoup par la forme, et sont en tout d'espèces très éloignées. La musaraigne, plus petite encore que la souris, ressemble à la taupe par le museau, ayant le nez beaucoup plus allongé que les mâchoires ; par les yeux qui, quoique un peu plus gros que ceux de la taupe, sont cachés de même et sont beaucoup plus petits que ceux de la souris ; par le nombre des doigts, dont elle a cinq à tous les pieds ; par la queue, par les jambes, surtout celles de derrière qu'elle a plus courtes que la souris ; par les oreilles, et enfin par les dents. Ce très petit animal a une odeur forte qui lui est particulière, et qui répugne aux chats ; ils chassent, ils tuent la musaraigne, mais ils ne la mangent pas comme la souris.

Cet animal habite assez communément, surtout pendant l'hiver, dans les greniers à foin, dans les écuries, dans les granges, dans les cours à fumier ; il mange du grain, des insectes et des chairs pourries : on le trouve aussi fréquemment à la campagne, dans les bois, où il vit de graines ; et il se cache sous la mousse, sous les feuilles, sous les troncs d'arbres, et quelquefois dans les trous abandonnés par les taupes, ou dans d'autres trous plus petits qu'il se pratique lui-même, en fouillant avec les ongles et le museau. La musaraigne produit en grand nombre, autant, dit-on, que la souris, quoique moins fréquemment. Elle a le cri beaucoup plus aigu que la souris, mais elle n'est pas aussi agile à beaucoup près : on la prend aisément parce qu'elle voit et court mal. La couleur ordinaire de la musaraigne est d'un brun mêlé de roux, mais il y en a aussi de cendrées, de presque noires, et toutes sont plus ou moins blanchâtres sous le ventre. Elles sont très communes dans toute l'Europe.

LA MUSARAIGNE D'EAU

Ce qu'on peut assurer au sujet de la musaraigne d'eau, c'est qu'on la prend à la source des fontaines, au lever et au coucher du soleil ; que dans le jour elle reste cachée dans des fentes de rochers ou dans des trous sous terre, le long des petits ruisseaux ; qu'elle met bas au printemps, et qu'ordinairement elle produit neuf petits.

LA TAUPE

La taupe, sans être aveugle, a les yeux si petits, si couverts, qu'elle ne peut faire grand usage du sens de la vue : mais elle a le toucher délicat ; son poil est doux comme la soie ; elle a l'ouïe très fine et de petites mains à cinq doigts, bien différentes de l'extrémité des pieds des autres animaux, et presque semblables aux mains de l'homme ; beaucoup de force pour le volume de son corps, le cuir ferme, un embonpoint constant, les douces habitudes du repos et de la solitude, l'art de se mettre en sûreté, de se faire en un instant un asile, un domicile, la facilité de l'étendre, et d'y trouver, sans en sortir, une abondante subsistance.

Elle ferme l'entrée de sa retraite, n'en sort presque jamais qu'elle n'y soit forcée par l'abondance des pluies d'été, lorsque l'eau la remplit ou lorsque le pied du jardinier en affaisse le dôme ; elle se pratique une voûte en rond dans les prairies, et assez ordinairement un boyau long dans les jardins, parce qu'il y a plus de facilité à diviser et à soulever une terre meuble et cultivée qu'un gazon ferme et tissu de racines ; elle ne demeure ni dans la fange ni dans les terrains durs, trop compacts ou trop pierreux ; il lui faut une terre douce, fournie de racines esculentes, et surtout bien peuplées d'insectes et de vers, dont elle fait sa principale nourriture.

Comme les taupes ne sortent que rarement de leur domicile souterrain, elles ont peu d'ennemis, et échappent aisément aux animaux carnassiers : leur plus grand fléau est le débordement des rivières ; on les voit, dans les inondations, fuir en nombre à la nage, et faire tous leurs efforts pour gagner les terres plus élevées ; mais la plupart périssent aussi bien que leurs petits qui restent dans les trous ; elles ne portent pas longtemps, car on trouve déjà beaucoup de petits au mois de mai ; il y en a ordinairement quatre ou cinq dans chaque portée, et il est assez aisé de distinguer parmi les mottes qu'elles élèvent, celles sous lesquelles elles mettent bas : ces mottes sont faites avec beaucoup d'art, et sont ordinairement plus grosses et plus élevées que les autres.

Le domicile où elles font leurs petits mériterait une description particulière. Il est fait avec une intelligence singulière; elles commencent par pousser, par élever la terre et former une voûte assez élevée ; elles laissent des cloisons, des espèces de piliers de distance en distance; elles pressent et battent la terre, la mêlent avec des racines et des herbes, et la rendent si dure et si solide par-dessous, que l'eau ne peut pénétrer la voûte à cause de sa convexité et de sa solidité ; elles élèvent ensuite un tertre par-dessous, au sommet duquel elles apportent de l'herbe et des feuilles pour faire un lit à leurs petits ; dans cette situation, ils se trouvent au-dessus du niveau du terrain, et par conséquent à l'abri des inondations ordinaires, et en même temps à couvert de la pluie par la voûte qui recouvre le tertre sur lequel ils reposent. Ce tertre est percé tout autour de plusieurs trous en pente qui descendent plus bas et s'étendent de tous côtés, comme autant de routes souterraines par où la mère taupe peut sortir et aller chercher la subsistance nécessaire à ses petits ; ces sentiers souterrains sont fermes et battus, s'étendent à douze ou quinze pas, et partent tous du domicile comme des rayons d'un centre. On y trouve, aussi bien que sous la voûte, des débris d'oignons de colchique, qui sont apparemment la première nourriture qu'elle donne à ses petits.

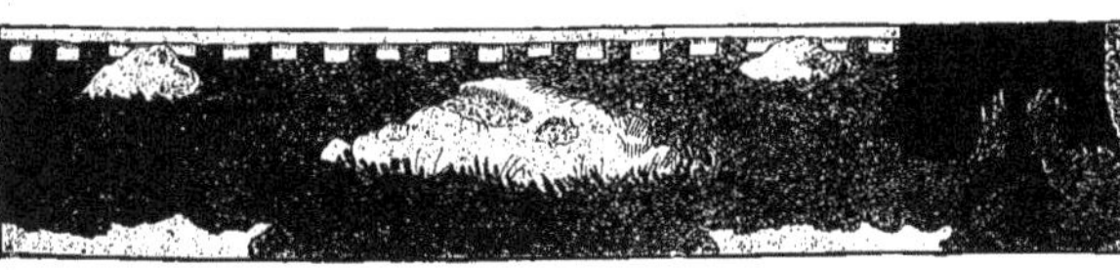

Quelques auteurs ont dit mal à propos que la taupe et le blaireau dormaient sans manger pendant l'hiver entier. Le blaireau sort de son trou en hiver comme en été, pour chercher sa subsistance, et il est aisé de s'en assurer par les traces qu'il laisse sur la neige. La taupe dort si peu pendant tout l'hiver, qu'elle pousse la terre comme en été et que les gens de la campagne disent, comme par proverbe : *Les taupes poussent, le dégel n'est pas loin.* Elles cherchent, à la vérité, les endroits les plus chauds : les jardiniers en prennent souvent autour de leurs couches aux mois de décembre, de janvier et de février.

La taupe ne se trouve guère que dans les pays cultivés ; il n'y en a point dans les déserts arides ni dans les climats froids, où la terre est gelée pendant la plus grande partie de l'année.

LE TANREC ET LE TENDRAC

Les *tanrecs* ou *tendracs* sont de petits animaux des Indes orientales qui ressemblent un peu à notre hérisson, mais qui cependant en diffèrent assez pour constituer des espèces différentes.

Il paraît qu'il y a des tanrecs de deux espèces, ou peut-être de deux races différentes : le premier, qui est à peu près grand comme notre hérisson, a le museau à proportion plus long que le second ; il a aussi les oreilles plus apparentes et beaucoup moins piquantes que le second, auquel nous avons donné le nom de tendrac pour le distinguer du premier. Ce tendrac n'est que de la grandeur d'un gros rat, il a le museau et les oreilles plus courtes que le tanrec : celui-ci est couvert de piquants plus petits, mais aussi nombreux que ceux du hérisson ; le tendrac, au contraire, n'en a que sur la tête, le cou et le garrot ; le reste de son corps est couvert de poil rude assez semblable aux soies du cochon.

Ces petits animaux, qui ont les jambes très courtes, ne peuvent marcher que fort lentement ; ils grognent comme les pourceaux, ils se vautrent comme eux dans la fange, ils aiment l'eau et y séjournent plus longtemps que sur la terre ; on les prend dans les petits canaux d'eau salée et dans les lagunes de la mer. Ils multiplient beaucoup ; ils se creusent des terriers, s'y retirent et s'engourdissent pendant plusieurs mois ; dans cet état de torpeur, leur poil tombe et il renaît après leur réveil. Ils sont ordinairement fort gras, et, quoique leur chair soit fade, longue et mollasse, les Indiens la trouvent de leur goût et en sont même fort friands.

Carnivores Plantigrades.

L'OURS

Il n'y a aucun animal, du moins de ceux qui sont assez généralement connus, sur lequel les auteurs d'histoire naturelle aient autant varié que sur l'ours : leurs incertitudes, et même leurs contradictions sur la nature et les mœurs de cet animal, m'ont paru venir de ce qu'ils n'en ont pas distingué les espèces, et qu'ils rapportent quelquefois de l'une ce qui appartient à l'autre. D'abord il ne faut pas confondre l'ours de terre avec l'ours de mer, appelé communément *ours blanc, ours de la mer Glaciale* : ce sont deux animaux très différents, tant pour la forme du corps que pour les habitudes naturelles ; ensuite il faut distinguer deux espèces dans les ours terrestres, les bruns et les noirs, lesquels n'ayant pas les mêmes inclinations, les mêmes appétits naturels, ne peuvent pas être regardés comme des variétés d'une seule et même espèce, mais doivent être considérés comme deux espèces distinctes et séparées.

On trouve dans les Alpes l'ours brun assez communément, et rarement l'ours noir, qui se trouve au contraire en grand nombre dans les forêts des pays septentrionaux de l'Europe et de l'Amérique. Le brun est féroce et carnassier; le noir n'est pas farouche et refuse constamment de manger de la chair.

L'ours est non seulement sauvage, mais solitaire ; il fuit par instinct toute société, il s'éloigne des lieux où les hommes ont accès, il ne se trouve à son aise que dans les endroits qui appartiennent encore à la vieille nature. Une caverne antique dans les rochers inaccessibles, une grotte formée par le temps dans le tronc d'un vieil arbre, au milieu d'une épaisse forêt, lui servent de domicile ; il se retire seul, y passe une partie de l'hiver sans provisions, sans en sortir pendant plusieurs semaines.

Cependant il n'est point engourdi, ni privé de sentiment, mais comme il est naturellement gras, et qu'il l'est excessivement sur la fin de l'automne, temps auquel il se recèle, cette abondance de graisse lui fait supporter l'abstinence, et il ne sort de sa bauge que lorsqu'il se sent affamé. On prétend que c'est au bout d'environ quarante jours que les mâles sortent de leur retraite, mais que les femelles y restent quatre mois, parce qu'elles y font leurs petits. S'il est vrai que les mâles sortent au bout de quarante jours, pressés par le besoin de prendre de la nourriture, il n'est pas naturel d'imaginer que les femelles ne soient pas encore plus pressées du même besoin après qu'elles ont mis bas, et lorsque, allaitant leurs petits, elles se trouvent doublement épuisées.

La mère a le plus grand soin de ses petits ; elle leur prépare un lit de mousse et d'herbe dans le fond de sa caverne et les allaite jusqu'à ce qu'ils puissent sortir avec elle : elle met bas en hiver, et ses petits commencent à la suivre au printemps. Le mâle et la femelle n'habitent point ensemble ; ils ont chacun leur retraite séparée, et même fort éloignée. Lorsqu'ils ne peuvent trouver une grotte pour se gîter, ils cassent et ramassent du bois pour se faire une loge qu'ils recouvrent d'herbes et de feuilles, au point de la rendre impénétrable à l'eau.

La voix de l'ours est un grondement, un gros murmure, souvent mêlé d'un frémissement de dents qu'il fait surtout entendre lorsqu'on l'irrite ; il est très susceptible de colère et sa colère tient toujours de la fureur et souvent du caprice : quoiqu'il paraisse doux pour son maître, et même obéissant lorsqu'il est apprivoisé, il faut toujours s'en défier, le traiter avec circonspection, et surtout ne pas le frapper au bout du nez. On lui apprend à se tenir debout, à gesticuler, à danser ; il semble même écouter le son des instruments et suivre grossièrement la mesure ; mais, pour lui donner cette espèce d'éducation, il faut le prendre jeune, et le contraindre pendant toute sa vie. L'ours qui a de l'âge ne s'apprivoise ni ne se contraint plus ; il est naturellement intrépide, ou tout au moins indifférent au danger. L'ours sauvage ne se détourne pas de son chemin, ne fuit pas à l'aspect de l'homme ; cependant on prétend que par un coup de sifflet on le surprend, on l'étonne au point qu'il s'arrête et se lève sur les pieds de derrière. C'est le temps qu'il faut prendre pour le tirer et tâcher de le tuer ; car s'il n'est que blessé, il vient de furie se jeter sur le tireur, et, l'embrassant des pattes de devant, il l'étoufferait s'il n'était secouru.

La peau de l'ours est de toutes les fourrures grossières celle qui a le plus de prix, et la quantité d'huile que l'on tire d'un seul ours est fort considérable.

La quantité de graisse dont l'ours est chargé le rend très léger à la nage, aussi traverse=t=il sans fatigue des fleuves et des lacs.

L'ours a les sens de la vue, de l'ouïe et du toucher très bons, quoiqu'il ait l'œil très petit, relativement au volume de son corps, les oreilles courtes, la peau épaisse et le poil fort touffu ; il a l'odorat excellent, et peut=être plus exquis qu'aucun autre animal. Il a les jambes et les bras charnus comme l'homme, l'os du talon court et formant une partie de la plante du pied, cinq orteils opposés au talon dans les pieds de derrière, les os du carpe égaux dans les pieds de devant ; mais le pouce n'est pas séparé, et le plus gros doigt est en dehors de cette espèce de main, au lieu que dans celle de l'homme il est en dedans : ses doigts sont gros, courts et serrés l'un contre l'autre, aux mains comme aux pieds ; les ongles sont noirs, et d'une substance homogène fort dure. Il frappe avec ses poings, comme l'homme avec les siens ; mais ces ressemblances grossières avec l'homme ne rendent l'ours que plus difforme, et ne lui donnent aucune supériorité sur les autres animaux.

L'OURS BLANC

Un animal fameux de nos terres les plus septentrionales, c'est l'ours blanc. On ne peut prononcer affirmativement qu'il soit d'une espèce différente de celle de l'ours ordinaire. Ces animaux varient beaucoup aussi pour la grandeur ; ils vivent assez longtemps, et ils deviennent très gros et très gras dans les endroits où ils ne sont point tourmentés, et où ils trouvent de quoi se nourrir abondamment.

L'ours des mers du Nord vit de poissons ; il ne quitte pas les rivages de la mer, et souvent même il habite en pleine eau sur des glaçons flottants. Mais, lorsqu'il trouve une proie sur terre, il ne se donne pas la peine d'aller chasser en mer ; il dévore les rennes et les autres animaux qu'il peut saisir ; il attaque même les hommes et ne manque pas de déterrer les cadavres.

On a lieu de penser que ces ours de mer sont d'une espèce plus féroce et plus vorace que l'espèce ordinaire de l'ours.

Ils ne peuvent nager que pendant peu de temps ; ils ne sont donc point amphibies.

Tous les ours ont naturellement beaucoup de graisse, et ceux=ci, qui ne vivent que d'animaux chargés d'huile, en ont plus que les autres ; elle est aussi à peu près semblable à celle de la baleine. La chair de ces ours n'est, dit=on, pas mauvaise à manger, et leur peau fournit une fourrure très chaude et très durable.

LE RATON

Le raton est de la grosseur et de la forme d'un petit blaireau ; il a le corps court et épais, le poil roux, long, touffu, noirâtre par la pointe, et gris par-dessous ; la tête comme le renard, mais les oreilles rondes et beaucoup plus courtes ; les yeux grands, d'un vert jaunâtre ; un bandeau noir et transversal au-dessus des yeux ; le museau effilé, le nez un peu retroussé, la lèvre inférieure moins avancée que la supérieure ; les dents comme le chien, six incisives et deux canines en haut et en bas ; la queue touffue, longue au moins comme le corps, marquée par des anneaux alternativement noirs et blancs dans toute son étendue ; les jambes de devant beaucoup plus courtes que celles de derrière, et cinq doigts à tous les pieds, armés d'ongles fermes et aigus, les pieds de derrière portant assez sur le talon pour que l'animal puisse s'élever et soutenir son corps dans une situation inclinée en avant. Il se sert de ses pieds de devant pour porter à sa gueule ; mais comme ses doigts sont peu flexibles, il ne peut, pour ainsi dire, rien saisir d'une seule main ; il se sert des deux à la fois, et les joint ensemble pour prendre ce qu'on lui donne. Quoiqu'il soit gros et trapu, il est cependant fort agile ; ses ongles, pointus comme des épingles, lui donnent la facilité de grimper aisément sur les arbres ; il monte légèrement jusqu'au-dessus de la tige, et court jusqu'à l'extrémité des branches ; il va toujours par sauts, il gambade plutôt qu'il ne marche, et ses mouvements, quoique obliques, sont toujours prompts et légers.

Cet animal est originaire des contrées méridionales de l'Amérique : on ne le trouve pas dans l'ancien continent ; il est au contraire très commun dans le climat chaud de l'Amérique, et surtout à la Jamaïque, où il habite dans les montagnes et en descend pour manger des cannes à sucre. On ne le trouve pas en Canada, ni dans les autres parties septentrionales de ce continent, cependant il ne craint pas excessivement le froid.

LE COATI

Le coati est très différent du raton ; il est de plus petite taille ; il a le corps et le cou beaucoup plus allongés, la tête aussi plus longue, ainsi que le museau, dont la mâchoire supérieure est terminée par une espèce de groin mobile qui déborde d'un pouce ou d'un pouce et demi au delà de l'extrémité de la mâchoire inférieure : ce groin, retroussé en haut, joint au grand allongement des mâchoires, fait paraître le museau courbé et relevé en haut. Le coati a aussi les yeux beaucoup plus petits que le raton, les oreilles encore plus courtes, le poil moins long, plus rude et moins peigné, les jambes plus courtes, les pieds plus longs et plus appuyés sur le talon ; il a, comme le raton, la queue annelée, et cinq doigts à tous les pieds.

Le museau très allongé et le groin mobile en tous sens suffisent pour faire distinguer le coati de tous les autres animaux.

Il a, comme l'ours, une grande facilité à se tenir debout sur les pieds de derrière, qui portent en grande partie sur le talon, lequel même est terminé par de grosses callosités qui semblent le prolonger au dehors, et augmenter l'étendue de l'assiette du pied.

Le coati est sujet à manger sa queue, qui, lorsqu'elle n'a pas été tronquée, est plus longue que son corps ; il la tient ordinairement élevée, la fléchit en tous sens, et la promène avec facilité. Le coati est un animal de proie qui se nourrit de chair et de sang, qui, comme le renard ou la fouine, égorge les petits animaux, les volailles, mange les œufs, cherche les nids des oiseaux ; et c'est probablement par cette conformité de naturel, plutôt que par la ressemblance de la fouine, qu'on a regardé le coati comme une espèce de petit renard.

LE BLAIREAU

Le blaireau est un animal paresseux, défiant, solitaire, qui se retire dans tous les lieux les plus écartés, dans les bois les plus sombres, et s'y creuse une demeure souterraine ; il semble fuir la société, même la lumière, et passe les trois quarts de sa vie dans ce séjour ténébreux, dont il ne sort que pour chercher sa subsistance. Comme il a le corps allongé, les jambes courtes, les ongles, surtout ceux des pieds de devant, très longs et très fermes, il a plus de facilité qu'un autre pour ouvrir la terre, y fouiller, y pénétrer, et jeter derrière lui les déblais de son excavation, qu'il rend tortueuse, oblique, et qu'il pousse quelquefois fort loin. Le blaireau, forcé par le renard à changer de manoir, ne change pas de pays; il ne va qu'à quelque distance travailler sur nouveaux frais à se pratiquer un autre gîte, dont il ne sort que la nuit, dont il ne s'écarte guère, et où il revient dès qu'il sent quelque danger. Il n'a que ce moyen de se mettre en sûreté, car il ne peut échapper par la fuite ; il a les jambes trop courtes pour pouvoir bien courir. Les chiens l'atteignent promptement, lorsqu'ils le surprennent à quelque distance de son trou : cependant, il est rare qu'ils l'arrêtent tout à fait et qu'ils en viennent à bout, à moins qu'on ne les aide. Le blaireau a le poil très épais, les jambes, la mâchoire et les dents très fortes, aussi bien que les ongles ; il se sert de toute sa force, de toute sa résistance et de toutes ses armes en se couchant sur le dos, et il fait aux chiens de profondes blessures. Il a d'ailleurs la vie très dure ; il combat longtemps, se défend courageusement, jusqu'à la dernière extrémité.

Autrefois que ces animaux étaient plus communs qu'ils ne le sont aujourd'hui, on dressait des bassets pour les chasser et les prendre dans leurs terriers. Il n'y a guère que les bassets à jambes torses qui puissent y entrer aisément ; le blaireau se défend en reculant, éboule de la terre, afin d'arrêter ou d'enterrer les chiens. On ne peut le prendre qu'en faisant ouvrir le terrier par-dessus, lorsqu'on juge que les chiens l'ont acculé jusqu'au fond ; on le serre avec des tenailles, et ensuite on le musèle pour l'empêcher de mordre. Les jeunes s'apprivoisent aisément, jouent avec les petits chiens, et suivent comme eux la personne qu'ils connaissent et qui leur donne à manger ; mais ceux que l'on prend vieux demeurent toujours sauvages : ils ne sont ni malfaisants ni gourmands comme le renard et le loup, et cependant ils sont animaux carnassiers ; ils mangent de tout ce qu'on leur offre, de la chair, des œufs, du fromage, du beurre, du pain, du poisson, des fruits, des noix, des graines, des racines, etc., et ils préfèrent la viande crue à tout le reste.

Ils dorment la nuit entière et les trois quarts du jour, sans cependant être sujets à l'engourdissement pendant l'hiver, comme les marmottes ou les loirs. Ce sommeil fréquent fait qu'ils sont toujours gras, quoiqu'ils ne mangent pas beaucoup ; et c'est par la même raison qu'ils supportent aisément la diète, et qu'ils restent souvent dans leur terrier trois ou quatre jours sans en sortir, surtout dans les temps de neige.

Ils tiennent leur domicile propre. Lorsque la femelle est prête à mettre bas, elle coupe de l'herbe, en fait une espèce de fagot qu'elle traîne entre ses jambes jusqu'au fond du terrier, où elle fait un lit commode pour elle et ses petits. C'est en été qu'elle met bas, et la portée est ordinairement de trois ou de quatre. Lorsqu'ils sont un peu grands, elle leur apporte à manger ; elle ne sort que la nuit, va plus au loin que dans les autres temps ; elle déterre les nids de guêpes, en emporte le miel, perce les rabouillères de lapins, prend les jeunes lapereaux, saisit aussi les mulots, les lézards, les serpents, les sauterelles, les œufs des oiseaux, et porte tout à ses petits, qu'elle fait sortir souvent sur le bord du terrier, soit pour les allaiter, soit pour leur donner à manger.

Ces animaux sont naturellement frileux ; ceux qu'on élève dans la maison ne veulent pas quitter le coin du feu, et souvent s'en approchent de si près qu'ils se brûlent les pieds, et ne guérissent pas aisément. Le blaireau a toujours le poil gras et malpropre. Sa chair n'est pas absolument mauvaise à manger, et l'on fait de sa peau des fourrures grossières, des colliers pour les chiens, des couvertures pour les chevaux, etc.

Cette espèce, originaire du climat tempéré de l'Europe, ne s'est guère répandue au delà de l'Espagne, de la France, de l'Italie, de l'Allemagne, de l'Angleterre, de la Pologne et de la Suède, et elle est partout assez rare. Et non seulement il n'y a que peu ou point de variétés dans l'espèce, mais même elle n'approche d'aucune autre. Le blaireau a des caractères tranchés et fort singuliers : les bandes alternatives qu'il a sur la tête, l'espèce de poche qu'il a sous la queue, n'appartiennent qu'à lui, et il a le corps presque blanc par-dessus et presque noir par-dessous, ce qui est tout le contraire des autres animaux, dont le ventre est toujours d'une couleur moins foncée que le dos.

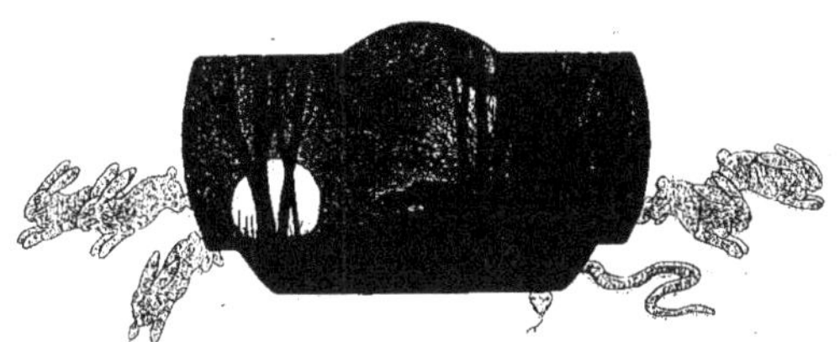

LE GLOUTON

Le glouton du nord a été souvent confondu avec l'hyène du midi, deux animaux qui se ressemblent, en effet, par les habitudes naturelles, mais qui sont très différents.

Le glouton, gros de corps et bas des jambes, est à peu près de la forme d'un blaireau, mais il est une fois plus épais et plus grand ; sa fourrure est une des plus belles et des plus recherchées : on le trouve assez communément en Laponie et dans toutes les terres voisines de la mer du Nord, tant en Europe qu'en Asie ; on le retrouve, sous le nom de *carcajou*, au Canada, et dans les autres parties de l'Amérique la plus septentrionale.

Cet animal est de la grosseur d'un grand chien ; il a les oreilles et la face d'un chat, les pieds et les ongles sont très forts, le poil brun, long et touffu, la queue fournie comme celle du renard, mais plus courte. On dit encore que le glouton a la tête ronde, les dents fortes et aiguës, semblables à celles du loup, le poil noir, le corps large et les pieds courts comme ceux de la loutre.

Le glouton n'a pas les jambes faites pour courir ; il ne peut même marcher que d'un pas lent, mais la ruse supplée à la légèreté qui lui manque : il attend les animaux au passage, il grimpe sur les arbres pour se lancer dessus et les saisir avec avantage ; il se jette sur les élans et sur les rennes, leur entame le corps, et s'y attache si fort avec les griffes et les dents, que rien ne peut l'en séparer ; il continue à leur sucer le sang, à creuser leur plaie, à les dévorer en détail avec le même acharnement, la même avidité, jusqu'à ce qu'il les ait mis à mort. Il est, dit-on, inconcevable combien de temps le glouton peut manger de suite, et combien il peut dévorer de chair en une seule fois.

Le glouton est beaucoup plus vorace qu'aucun de nos animaux de proie, aussi l'a-t-on appelé le *vautour des quadrupèdes*. Plus insatiable, plus dépradateur que le loup, il détruirait tous les autres animaux s'il avait autant d'agilité ; mais il est réduit à se traîner pesamment, et le seul animal qu'il puisse prendre à la course est le castor, duquel il vient très aisément à bout, et dont il attaque quelquefois les cabanes pour le dévorer avec ses petits lorsqu'ils ne peuvent assez tôt gagner l'eau, car le castor le devance à la nage, et le glouton, qui voit échapper sa proie, se jette sur le poisson, et lorsque toute chair vivante vient à lui manquer, il cherche les cadavres, les déterre, les dépèce et les dévore jusqu'aux os.

Quoique cet animal ait de la finesse et mette en œuvre des ruses réfléchies pour se saisir des autres animaux, il semble qu'il n'ait point de sentiment distinct pour sa conservation, pas même l'instinct commun pour son salut, il vient à l'homme ou s'en laisse approcher sans apparence de crainte. Cette indifférence, qui paraît annoncer l'imbécillité, vient peut-être d'une cause très différente ; il est certain que le glouton n'est pas stupide, puisqu'il trouve les moyens de satisfaire à son appétit toujours pressant et plus qu'immodéré ; il ne manque pas de courage, puisqu'il attaque indifféremment tous les animaux qu'il rencontre, et qu'à la vue de l'homme il ne fuit ni ne marque par aucun mouvement le sentiment de la peur spontanée : comme il habite un pays presque désert, qu'il y rencontre très rarement des hommes, qu'il n'y connaît point d'autres ennemis, que toutes les fois qu'il a mesuré ses forces avec les animaux il s'est trouvé supérieur, il marche avec confiance et sans crainte.

Les chiens, même les plus courageux, craignent d'approcher et de combattre le glouton : il se défend des pieds et des dents, et leur fait des blessures mortelles ; mais comme il ne peut échapper par la fuite, les hommes en viennent aisément à bout.

La chair du glouton, comme celle de tous les animaux voraces, est très mauvaise à manger ; on ne le cherche que pour en avoir la peau, qui fait une très bonne et magnifique fourrure.

Carnivores Digitigrades.

LA MARTE

La marte, originaire du Nord, est naturelle à ce climat, et s'y trouve en si grand nombre qu'on est étonné de la quantité de fourrures de cette espèce qu'on y consomme et qu'on en tire. Elle est, au contraire, en petit nombre dans les climats tempérés, et ne se trouve point dans les pays chauds : elle est aussi rare en France que la fouine y est commune. Il n'y en a point du tout en Angleterre, parce qu'il n'y a pas de bois. Elle fuit également les pays habités et les lieux découverts ; elle demeure au fond des forêts, ne se cache point dans les rochers, mais parcourt les bois et grimpe au-dessus des arbres ; elle vit de chasse et détruit une quantité prodigieuse d'oiseaux, dont elle cherche les nids pour en sucer les œufs ; elle prend les écureuils, les mulots, les lérots, etc. ; elle mange aussi du miel comme la fouine et le putois. On ne la trouve pas en pleine campagne, dans les prairies, dans les champs, dans les vignes ; elle ne s'approche jamais des habitations, et elle diffère encore de la fouine par la manière dont elle se fait chasser. Dès que la fouine se sent poursuivie par un chien, elle se soustrait en gagnant promptement son grenier ou son trou : la marte, au contraire, se fait suivre assez longtemps par les chiens, avant de grimper sur un arbre ; elle ne se donne pas la peine de monter jusqu'au-dessus des branches, elle se tient sur la tige, et de là les regarde passer. La trace que la marte laisse sur la neige paraît être celle d'une grande bête, parce qu'elle ne va qu'en sautant et qu'elle marque toujours de deux pieds à la fois ; elle est un peu plus grosse que la fouine, et cependant elle a la tête plus courte ; elle a les jambes plus longues, et court par conséquent plus aisément ; elle a la gorge jaune, au lieu que la fouine l'a blanche ; son poil est aussi bien plus fin, bien plus fourni et moins sujet à tomber ; elle ne prépare pas, comme la fouine, un lit à ses petits : néanmoins elle les loge encore plus commodément. Les écureuils font, comme l'on sait, des nids au-dessus des arbres avec autant d'art que les oiseaux ; lorsque la marte est prête à mettre bas, elle grimpe au nid de l'écureuil, l'en chasse, en élargit l'ouverture, s'en empare et y fait ses petits ; elle se sert aussi des anciens nids de ducs et de buses, et des trous des vieux arbres, dont elle déniche les pics-de-bois et les autres oiseaux. Elle met bas au printemps ; la portée n'est que de deux ou trois ; les petits naissent les yeux fermés, et cependant grandissent en peu de temps ; elle leur apporte bientôt des oiseaux, des œufs, et les mène ensuite à la chasse avec elle. Les oiseaux connaissent si bien leurs ennemis, qu'ils font pour la marte comme pour le renard le même petit cri d'avertissement ; et une preuve

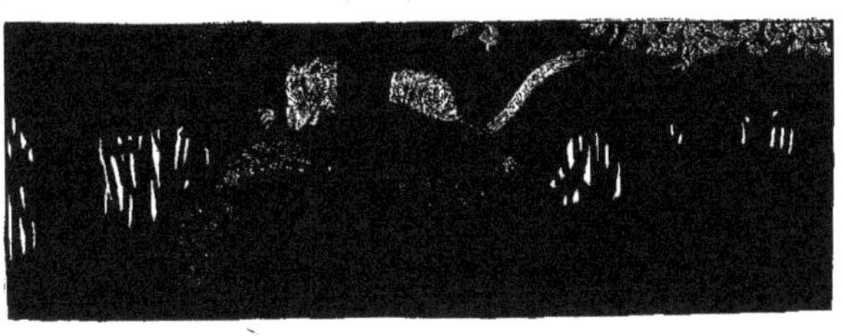

que c'est la haine qui les anime plutôt encore que la crainte, c'est qu'ils les suivent assez loin, et qu'ils font ce cri contre tous les animaux voraces et carnassiers, tels que le loup, le renard, la marte, le chat sauvage, la belette, et jamais contre le cerf, le chevreuil, le lièvre, etc.

Les martes sont aussi communes dans le nord de l'Amérique que dans le nord de l'Europe et de l'Asie : on en apporte beaucoup du Canada ; il y en a dans toute l'étendue des terres septentrionales de l'Amérique jusqu'à la baie d'Hudson, et en Asie, jusqu'au nord du royaume de Tonquin et de l'empire de la Chine. Il ne faut pas la confondre avec la marte zibeline, qui est un autre animal dont la fourrure est bien plus précieuse. La zibeline est noire, la marte n'est que brune et jaune ; la partie de la peau qui est la plus estimée dans la marte est celle qui est la plus brune, et qui s'étend tout le long du dos jusqu'au bout de la queue.

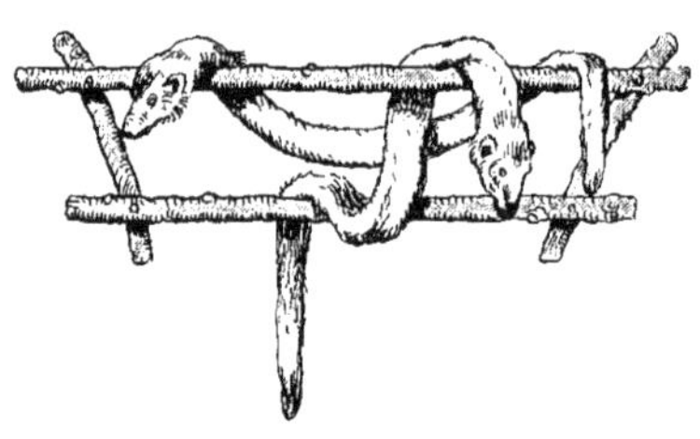

LA FOUINE

La plupart des naturalistes ont écrit que la fouine et la marte étaient des animaux de la même espèce. Mais la fouine diffère de la marte par le naturel et le tempérament, puisque celle-ci fuit les lieux découverts, habite au fond des bois, demeure sur les arbres, ne se trouve en grand nombre que dans les climats froids, au lieu que la fouine s'approche des habitations, s'établit même dans les vieux bâtiments, dans les greniers à foin, dans les trous de murailles ; qu'enfin l'espèce en est généralement répandue en grand nombre dans tous les pays tempérés, et même dans les climats chauds, et qu'elle ne se trouve pas dans les pays du Nord.

La fouine a la physionomie très fine, l'œil vif, le saut léger, les membres souples, le corps flexible, tous les mouvements très prestes ; elle saute et bondit plutôt qu'elle ne marche ; elle grimpe aisément contre les murailles qui ne sont pas bien enduites, entre dans les colombiers, les poulaillers, etc., mange les œufs, les pigeons, les poules, etc., en tue quelquefois un grand nombre et les porte à ses petits ; elle prend aussi les souris, les rats, les taupes, les oiseaux dans leurs nids.

Les fouines, dit-on, portent autant de temps que les chats. On trouve des petits depuis le printemps jusqu'en automne, ce qui doit faire présumer qu'elles produisent plus d'une fois par an ; les plus jeunes ne font que trois ou quatre petits ; les plus âgées en font jusqu'à sept. Elles s'établissent pour mettre bas dans un magasin à foin, dans un trou de muraille, où elles poussent de la paille et des herbes ; quelquefois dans une fente de rocher ou dans un tronc d'arbre, où elles portent de la mousse ; et, lorsqu'on les inquiète elles déménagent et transportent ailleurs leurs petits, qui grandissent assez vite.

Ces animaux ne vivent que huit ou dix ans. Ils ont une odeur de faux musc qui n'est pas absolument désagréable ; leur chair a un peu de cette odeur ; cependant celle de la marte n'est pas mauvaise à manger ; celle de la fouine est plus désagréable, et sa peau est aussi beaucoup moins estimée.

LE PUTOIS

Le putois ressemble beaucoup à la fouine par le tempérament, par le naturel, par les habitudes ou les mœurs, et aussi par la forme du corps. Comme elle, il s'approche des habitations, monte sur les toits, s'établit dans les greniers à foin, dans les granges et dans les lieux peu fréquentés, d'où il ne sort que la nuit pour chercher sa proie. Il se glisse dans les basses-cours, monte aux volières, aux colombiers, où, sans faire autant de bruit que la fouine, il fait plus de dégât; il coupe ou écrase la tête à toutes les volailles, et ensuite il les transporte une à une et en fait magasin; si, comme il arrive souvent, il ne peut les emporter entières, parce que le trou par où il est entré se trouve trop étroit, il leur mange la cervelle et emporte les têtes. Il est aussi fort avide de miel; il attaque les ruches en hiver et force les abeilles à les abandonner. Il ne s'éloigne guère des lieux habités. La femelle reste dans son grenier jusqu'à ce qu'elle ait mis bas et n'emmène ses petits que vers le milieu ou la fin de l'été; elle en fait trois ou quatre et quelquefois cinq, ne les allaite pas longtemps, et les accoutume de bonne heure à sucer du sang et des œufs.

A la ville, ils vivent de proie, et de chasse à la campagne; ils s'établissent, pour passer l'été, dans des terriers de lapins, dans des fentes de rochers, dans des troncs d'arbres creux, d'où ils ne sortent guère que la nuit pour se répandre dans les champs, dans les bois; ils cherchent les nids des perdrix, des alouettes et des cailles; ils grimpent sur les arbres pour prendre ceux des autres oiseaux; ils épient les rats, les taupes, les mulots, et font une guerre continuelle aux lapins, qui ne peuvent leur échapper, parce qu'ils entrent aisément dans leurs trous : une seule famille de putois suffit pour détruire une garenne. Ce serait le moyen le plus simple pour diminuer le nombre des lapins dans les endroits où ils deviennent trop abondants.

Le putois est un peu plus petit que la fouine; il a la queue plus courte, le museau plus pointu, le poil plus épais et plus noir; il a du blanc sur le front, aussi bien qu'aux côtés du nez et autour de la gueule. Il en diffère encore par la voix : la fouine a le cri aigu et assez éclatant; le putois a le cri plus obscur; ils ont tous deux, aussi bien que la marte et l'écu-reuil, un grognement d'un ton grave et colère, qu'ils répètent souvent lorsqu'on les irrite; enfin le putois ne ressemble point à la fouine par l'odeur, qui, loin d'être agréable, est au contraire si fétide qu'on l'a d'abord distingué et dénommé par là. C'est surtout lorsqu'il est échauffé, irrité, qu'il exhale et répand au loin une odeur insupportable. Les chiens ne veulent point manger de sa chair, et sa peau même, quoique bonne, est à vil prix, parce qu'elle ne perd jamais entièrement son odeur naturelle.

Le putois paraît être un animal des pays tempérés : on n'en trouve que peu ou point dans les pays du Nord, et ils sont plus rares que la fouine dans les climats méridionaux. Le puant d'Amérique est un animal différent, et l'espèce du putois paraît être confinée en Europe, depuis l'Italie jusqu'à la Pologne. Il est sûr que ces animaux craignent le froid, puisqu'ils se retirent dans les maisons pour y passer l'hiver, et qu'on ne voit jamais de leurs traces sur la neige, dans les bois ou dans les champs éloignés des maisons, et peut-être aussi craignent-ils la grande chaleur, puisqu'on n'en trouve point dans les pays méridionaux.

LE FURET

Quelques auteurs ont douté si le furet et le putois étaient des animaux d'espèces différentes. Ce doute est peut=être fondé sur ce qu'il y a des furets qui ressemblent aux putois par la couleur du poil : cependant le putois, naturel aux pays tempérés, est un animal sauvage comme la fouine, et le furet, originaire des climats chauds, ne peut subsister en France que comme animal domestique. On ne se sert point du putois, mais du furet, pour la chasse au lapin, parce qu'il s'apprivoise plus aisément, car d'ailleurs il a, comme le putois, l'odeur très forte et très désagréable ; mais ce qui prouve encore mieux que ce sont des animaux différents, c'est qu'ils ne se mêlent point ensemble, et qu'ils diffèrent d'ailleurs par un grand nombre de caractères essentiels. Le furet a le corps plus allongé et plus mince, la tête plus étroite, le museau plus pointu que le putois ; il n'a pas le même instinct pour trouver sa subsistance ; il faut en avoir soin, le nourrir à la maison, du moins dans ces climats ; il ne va pas s'établir à la campagne ni dans les bois ; et ceux que l'on perd dans les trous de lapins, et qui ne reviennent pas, ne se sont pas multipliés dans les champs ni dans les bois ; ils périssent apparemment pendant l'hiver : le furet varie aussi par la couleur du poil comme les autres animaux domestiques, et il est aussi commun dans les pays chauds que le putois y est rare.

La femelle est dans cette espèce sensiblement plus petite que le mâle. On les élève dans des tonneaux ou dans des caisses où on leur fait un lit d'étoupes ; ils dorment presque continuellement : ce sommeil si fréquent ne leur tient lieu de rien ; car, dès qu'ils s'éveillent, ils cherchent à manger ; on les nourrit de son, de pain, de lait, etc. Ils produisent deux fois par an ; les femelles portent six semaines : quelques=unes dévorent leurs petits presque aussitôt qu'elles ont mis bas. Elles font trois portées, lesquelles sont ordinairement de cinq ou six, et quelquefois de sept, huit, et même neuf.

Cet animal est naturellement ennemi mortel du lapin : lorsqu'on présente un lapin, même mort, à un jeune furet qui n'en a jamais vu, il se jette dessus et le mord avec fureur ; s'il est vivant, il le prend par le cou, par le nez, et lui suce le sang ; lorsqu'on le lâche dans les trous des lapins, on le musèle, afin qu'il ne les tue pas dans le fond du terrier, et qu'il les oblige seulement à sortir et à se jeter dans le filet dont on couvre l'entrée. Si on laisse aller le furet sans muselière, on court risque de le perdre, parce qu'après avoir sucé le sang du lapin il s'endort, et la fumée qu'on fait dans le terrier n'est pas toujours un moyen sûr pour le ramener, parce que souvent il y a plusieurs issues, et qu'un terrier communique à d'autres, dans lequel le furet s'engage à mesure que la fumée le gagne. Les enfants se servent aussi du furet pour dénicher des oiseaux ; il entre aisément dans les trous des arbres et des murailles, et il les apporte au dehors.

Le furet, quoique facile à apprivoiser et même assez docile, ne laisse pas d'être fort colère ; il a une mauvaise odeur en tout temps, qui devient bien plus forte lorsqu'il s'échauffe ou qu'on l'irrite ; il a les yeux vifs, le regard enflammé, tous les mouvements très souples, et il est en même temps si vigoureux, qu'il vient aisément à bout d'un lapin qui est au moins quatre fois plus gros que lui.

LA BELETTE

La belette ordinaire est aussi commune dans les pays tempérés et chauds qu'elle est rare dans les climats froids ; l'hermine, au contraire, très abondante dans le Nord, n'est qu'en petit nombre dans les régions tempérées, et ne se trouve point vers le Midi. Ces animaux forment donc deux espèces distinctes et séparées. Ce qui a pu donner lieu de les confondre et de les prendre pour le même animal, c'est que parmi les belettes ordinaires il y en a quelques=unes qui, comme l'hermine, deviennent blanches pendant l'hiver, même dans notre climat ; mais, si ce caractère est commun, elles en ont d'autres qui sont très différents : l'hermine, rousse en été, blanche en hiver, a en tout temps le bout de la queue noir ; la belette, même celle qui blanchit l'hiver, a le bout de la queue jaune ; elle est d'ailleurs sensiblement plus petite et a la queue beaucoup plus courte que l'hermine ; elle ne demeure pas, comme elle, dans les déserts et dans les bois ; elle ne s'écarte guère des habitations. Nous avons eu les deux espèces, et il n'y a nulle apparence que ces animaux, qui diffèrent par le climat, par le tempérament, par le naturel et par la taille, se mêlent ensemble ; il est vrai que, parmi les belettes, il y en a de plus grandes et de plus petites ; mais cette différence ne va guère qu'à un pouce sur la longueur entière du corps ; au lieu que l'hermine est de deux pouces plus longue que la belette la plus grande ; ni l'une ni l'autre ne s'apprivoisent, elles demeurent toujours très sauvages dans les cages de fer où l'on est obligé de les garder ; ni l'une ni l'autre ne veulent manger de miel ; elles n'entrent pas dans les ruches comme le putois et la fouine. La belette et l'hermine, loin de s'apprivoiser, sont si sauvages qu'elles ne veulent pas manger lorsqu'on les regarde ; elles sont dans une agitation continuelle, cherchent toujours à se cacher ; et, si l'on veut les conserver, il faut leur donner un paquet d'étoupes dans lequel elles puissent se fourrer ; elles y traînent tout ce qu'on leur donne, ne mangent guère que la nuit, et laissent pendant deux ou trois jours la viande fraîche se corrompre avant que d'y toucher ; elles passent les trois quarts du jour à dormir ; celles qui sont en liberté attendent aussi la nuit pour chercher leur proie. Lorsqu'une belette peut entrer dans un poulailler, elle n'attaque pas les coqs ou les vieilles poules ; elle choisit les poulettes, les petits poussins, les tue par une seule blessure qu'elle leur fait à la tête, et ensuite les emporte tous, les uns après les autres ; elle casse aussi les œufs et les suce avec une incroyable avidité. En hiver, elle demeure ordinairement dans les greniers, dans les granges ; souvent même elle y reste au printemps pour y faire ses petits dans le foin ou la paille ; pendant tout ce temps, elle fait la guerre, avec encore plus de succès que le chat, aux rats et aux souris, parce qu'ils ne peuvent lui échapper et qu'elle entre après eux dans leurs trous ; elle grimpe aux colombiers, prend les pigeons, les moineaux, etc. En été, elle va à quelque distance des maisons, surtout dans les lieux bas, autour des moulins, le long des ruisseaux, des rivières, se cache dans les buissons pour attraper des oiseaux, et souvent s'établit dans le creux d'un vieux saule pour y faire ses petits ; elle leur prépare un lit avec de l'herbe, de la paille, des feuilles, des étoupes ; elle met bas au printemps ; les portées sont quelquefois de trois et ordinairement de quatre ou de cinq ; les petits naissent les yeux fermés, aussi bien que ceux du putois, de la marte, de la fouine, etc. ; mais en peu de temps ils prennent assez d'accroissement et de force pour suivre leur mère à la chasse ; elle attaque les couleuvres, les rats d'eau, les taupes, les mulots, etc. ; parcourt les prairies, dévore les cailles et leurs œufs. Elle ne marche jamais d'un pas égal, elle ne va qu'en bondissant par petits sauts inégaux et précipités, et lorsqu'elle veut monter sur un arbre, elle fait un bond par lequel elle s'élève tout d'un coup à plusieurs pieds de hauteur ; elle bondit même, lorsqu'elle veut attraper un oiseau. Ces animaux ont, aussi bien que le putois et le furet, l'odeur si forte qu'on ne peut les garder dans une chambre habitée ; ils sentent plus mauvais en été qu'en hiver, et lorsqu'on les poursuit ou qu'on les irrite, ils infectent de loin. Ils marchent toujours en silence, ne donnent jamais de voix qu'on ne les frappe ; ils ont un cri aigre et enroué qui exprime bien le ton de la colère.

L'HERMINE OU LE ROSELET

La belette à queue noire s'appelle hermine et roselet : hermine lorsqu'elle est blanche, roselet lorsqu'elle est rousse ou jaunâtre. Quoique moins commune que la belette ordinaire, on ne laisse pas d'en trouver beaucoup, surtout dans les anciennes forêts, et quelquefois, pendant l'hiver, dans les champs voisins des bois ; il est aisé de la distinguer en tout temps de la belette commune, parce qu'elle a toujours le bout de la queue d'un noir foncé, le bord des oreilles et l'extrémité des pieds blancs.

La peau de cet animal est précieuse ; tout le monde connaît les fourrures d'hermine ; elles sont bien plus belles et d'un blanc plus mat que celles du lapin blanc ; mais elles jaunissent avec le temps, et même les hermines de ce climat ont toujours une légère teinte de jaune.

Les hermines sont très communes dans tout le Nord, surtout en Russie, en Norwège, en Laponie : elles y sont, comme ailleurs, rousses en été et blanches en hiver ; elles se nourrissent de petits-gris et d'une espèce de rats qui est très abondante en Norwège et en Laponie ; les hermines sont rares dans les pays tempérés, et ne se trouvent point dans les pays chauds.

LA ZIBELINE

Les zibelines habitent le bord des fleuves, les lieux ombragés et les bois les plus épais ; elles sautent très agilement d'arbre en arbre, et craignent fort le soleil, qui change, dit-on, en très peu de temps la couleur de leur poil ; on prétend qu'elles se cachent et qu'elles sont engourdies pendant l'hiver ; cependant c'est dans ce temps qu'on les chasse et qu'on les cherche de préférence, parce que leur fourrure est alors bien plus belle et bien meilleure qu'en été ; elles vivent de rats, de poisson, de graines de pin et de fruits sauvages ; on les trouve principalement en Sibérie, et il n'y en a que peu dans les forêts de la Grande Russie, et encore moins en Laponie. Les zibelines les plus noires sont celles qui sont les plus estimées.

La chasse des zibelines se fait par des criminels confinés en Sibérie ou par les soldats qu'on y envoie exprès et qui y demeurent ordinairement plusieurs années ; les uns et les autres sont obligés de fournir une certaine quantité de fourrures à laquelle ils sont taxés ; ils ne tirent qu'à balle seule pour gâter le moins possible la peau de ces animaux, et quelquefois au lieu d'armes à feu ils se servent d'arbalètes et de très petites flèches.

LE PEKAN ET LE VISON

Il y a longtemps que le nom de *pekan* était en usage dans le commerce de la pelleterie du Canada, sans que l'on en connût mieux l'animal auquel il appartient en propre. Il en est du *vison* comme du *pekan :* nous ignorons l'origine de ces deux noms ; nous savons seulement qu'ils appartiennent à deux animaux de l'Amérique septentrionale.

Le pékan ressemble à la marte, et le vison à la fouine. Ils ont la même forme de corps, les mêmes proportions, les mêmes longueurs de queue, la même qualité de poil, le même nombre de dents et d'ongles, le même instinct, les mêmes habitudes naturelles ; seulement ils ont le poil plus brun, plus lustré et plus soyeux.

LES MOUFFETTES

Des quatre espèces de mouffettes, que nous désignerons sous le nom de *coase, conepate, chinche* et *zorille*, les deux dernières appartiennent aux climats les plus chauds de l'Amérique méridionale. Les deux premières sont du climat tempéré de la Nouvelle-Espagne, de la Louisiane, des Illinois, de la Caroline. Ces animaux ont tous à peu près la même figure, le même instinct, la même mauvaise odeur, ne diffèrent, pour ainsi dire, que par les couleurs et la longueur du poil. Le coase est d'une couleur brune assez uniforme, et n'a pas la queue touffue comme les autres. Le conepate a sur un fond de poil noir cinq bandes blanches qui s'étendent de la tête à la queue. Le chinche est blanc sur le dos et noir sur les flancs. Le zorille, qui s'appelle aussi *mapurita*, paraît être d'une espèce plus petite. Tous ces animaux sont à peu près de la même figure et de la même grandeur que le putois d'Europe ; ils lui ressemblent encore par les habitudes naturelles. Le putois est de tous les animaux de ce continent celui qui répand la plus mauvaise odeur ; elle est encore plus exaltée dans les mouffettes.

LA LOUTRE

La loutre est un animal vorace, plus avide de poisson que de chair, qui ne quitte guère le bord des rivières ou des lacs, et qui dépeuple quelquefois les étangs ; elle a plus de facilité qu'un autre pour nager, plus même que le castor, car il n'a des membranes qu'aux pieds de derrière, et il a les doigts séparés dans les pieds de devant, tandis que la loutre a des membranes à tous les pieds ; elle nage presque aussi vite qu'elle marche ; elle ne va point à la mer comme le castor, mais elle parcourt les eaux douces et remonte ou descend les rivières à des distances considérables : souvent elle nage entre deux eaux et y demeure assez longtemps ; elle vient aussi à la surface, afin de respirer. A parler exactement, elle n'est point animal amphibie, c'est-à-dire animal qui peut vivre également dans l'air et dans l'eau ; elle n'est pas conformée pour demeurer dans ce dernier élément, et elle a besoin de respirer à peu près comme tous les autres animaux terrestres : si même il arrive qu'elle s'engage dans une nasse à la poursuite d'un poisson, on la trouve noyée, et l'on voit qu'elle n'a pas eu le temps d'en couper tous les osiers pour en sortir. Elle a les dents comme la fouine, mais plus grosses et plus fortes relativement au volume de son corps. Faute de poissons, d'écrevisses, de grenouilles, de rats d'eau, ou d'autre nourriture, elle coupe les jeunes rameaux et mange l'écorce des arbres aquatiques ; elle mange aussi de l'herbe nouvelle au printemps ; elle ne craint pas plus le froid que l'humidité ; elle met bas au mois de mars ; les portées sont de trois ou quatre.

Ordinairement les jeunes animaux sont jolis, les jeunes loutres sont plus laides que les vieilles. La tête mal faite, les oreilles placées bas, des yeux trop petits et couverts, l'air obscur, les mouvements gauches, toute la figure ignoble, informe, un cri qui paraît machinal, et qu'elles répètent à tout moment, sembleraient annoncer un animal stupide ; cependant la loutre devient industrieuse avec l'âge, au moins assez pour faire la guerre avec grand avantage aux poissons, qui, pour l'instinct et le sentiment, sont très inférieurs aux autres animaux. Les loutres ne creusent point leur domicile elles-mêmes ; elles se gîtent dans le premier trou qui se présente, sous les racines des peupliers, des saules, dans les fentes des rochers, et même dans les piles de bois à flotter ; elles y font aussi leurs petits sur un lit fait de bûchettes et d'herbes ; l'on trouve dans leur gîte des têtes et des arêtes de poisson ; elles changent souvent de lieu ; elles emmènent ou dispersent leurs petits au bout de six semaines ou de deux mois. La loutre est, de son naturel, sauvage et cruelle ; quand elle peut entrer dans un vivier, elle y fait ce que le putois fait dans un poulailler ; elle tue beaucoup plus de poissons qu'elle ne peut en manger, et ensuite elle en emporte un dans sa gueule.

Le poil de la loutre ne mue guère ; sa peau d'hiver est cependant plus brune et se vend plus cher que celle d'été ; elle fait une très bonne fourrure. Sa chair se mange en maigre et a, en effet, un goût de poisson, ou plutôt de marais. Sa retraite est infectée de la mauvaise odeur des débris du poisson qu'elle y laisse pourrir ; elle sent elle-même assez mauvais : les chiens la chassent volontiers et l'atteignent aisément, lorsqu'elle est éloignée de son gîte et de l'eau ; mais quand ils la saisissent, elle se défend, les mord cruellement, et quelquefois avec tant de force et d'acharnement qu'elle leur brise les os des jambes, et qu'il faut la tuer pour la faire démordre. Le castor cependant, qui n'est pas un animal bien fort, chasse la loutre et ne lui permet pas d'habiter sur les bords qu'il fréquente.

Cette espèce, sans être en très grand nombre, est généralement répandue en Europe, depuis la Suède jusqu'à Naples, et se retrouve dans l'Amérique septentrionale ; elle était bien connue des Grecs, et se trouve vraisemblablement dans tous les climats tempérés, surtout dans les lieux où il y a beaucoup d'eau ; car la loutre ne peut habiter ni les sables brûlants ni les déserts arides ; elle fuit également les rivières stériles et les fleuves trop fréquentés.

LA SARICOVIENNE

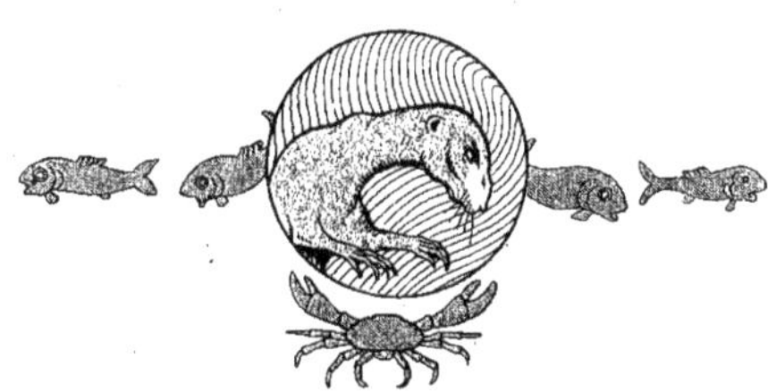

On trouve les saricoviennes ou loutres marines sur les côtes orientales du Kamtschatka et dans les îles voisines ; elles ne sont ni féroces ni farouches, et sont même assez sédentaires dans les lieux qu'elles ont choisis pour demeure. Elles semblent craindre les phoques, ou du moins elles évitent les endroits qu'ils habitent.

Pendant l'hiver, les saricoviennes se tiennent tantôt dans les mers, sur les mers et sur le rivage ; en été, elles entrent dans les fleuves ; durant les jours les plus chauds, elles cherchent, pour se reposer, les lieux frais et ombragés. En sortant de l'eau elles se secouent et se couchent en rond sur la terre comme les chiens ; mais, avant de s'endormir, elles cherchent à reconnaître par l'odorat plutôt que par la vue, qu'elles ont faible et courte, s'il n'y a pas quelques ennemis à craindre dans les environs. Elles ne courent pas très vite ; mais, en revanche, elles nagent avec une très grande célérité.

Le mâle ne s'attache qu'à une seule femelle, avec laquelle il va de compagnie, et qu'il paraît aimer beaucoup, car il ne la quitte ni sur mer ni sur terre. La femelle ne produit qu'un petit à la fois, et très rarement deux, qu'elle porte huit à neuf mois, et qu'elle allaite pendant près d'un an. Elle aime passionnément son petit, et ne cesse de lui prodiguer des soins et des caresses, jouant continuellement avec lui, soit sur la terre, soit dans l'eau.

Ces animaux se nourrissent de crustacés, de coquillages, de polypes et autres poissons mous qu'ils viennent ramasser sur les grèves et sur les rivages fangeux, lorsque la marée est basse ; car ils ne peuvent demeurer assez longtemps sous l'eau pour les prendre au fond de la mer. Ils mangent aussi des poissons à écailles. Ils peuvent se passer de nourriture pendant trois ou quatre jours de suite. Leur chair est meilleure à manger que celle des phoques : celle des petits, qui est très délicate, est assez semblable à la chair de l'agneau, mais la chair des vieux est ordinairement très dure.

On voit souvent au Kamtschatka et dans les îles Kourile arriver les saricoviennes, sur des glaçons poussés par un vent d'Orient. Les chasseurs s'exposent, pour avoir les peaux des saricoviennes, à aller fort au loin sur ces glaçons avec des patins qui ont cinq ou six pieds de long sur huit pouces de large. Ils prennent alors une plus grande quantité de ces animaux qu'en toute autre saison.

La peau des saricoviennes fait une très belle fourrure ; les Chinois les achètent presque toutes ; c'est par cette raison qu'il en vient très peu en Russie. La beauté de ces fourrures varie suivant la saison ; néanmoins ces fourrures ont l'inconvénient d'être épaisses et pesantes. Le poil des saricoviennes n'est pas également noir dans tous les individus ; car il y en a dont la couleur est brunâtre comme celle de la loutre de rivière ; d'autres qui sont de couleur argentée sur la tête ; plusieurs qui ont la tête, le menton et la gorge variés de longs poils très blancs et très doux ; enfin, d'autres qui ont la gorge jaunâtre.

LE LOUP

Le loup est l'un de ces animaux dont l'appétit pour la chair est le plus véhément ; et quoique avec ce goût il ait reçu de la nature les moyens de le satisfaire, qu'elle lui ait donné des armes, de la ruse, de l'agilité, de la force, tout ce qui est nécessaire en un mot pour trouver, attaquer, vaincre, saisir et dévorer sa proie, cependant il meurt souvent de faim, parce que l'homme lui ayant déclaré la guerre, l'ayant même proscrit en mettant sa tête à prix, le force à fuir, à demeurer dans les bois, où il ne trouve que quelques animaux sauvages qui lui échappent par la vitesse de leur course, et qu'il ne peut surprendre que par hasard ou par patience, en les attendant longtemps, et souvent en vain, dans les endroits où ils doivent passer. Il est naturellement grossier et poltron, mais il devient ingénieux par besoin et hardi par nécessité ; pressé par la famine, il brave le danger, il vient attaquer les animaux qui sont sous la garde de l'homme, ceux surtout qu'il peut emporter aisément, comme les agneaux, les petits chiens, les chevreaux ; et lorsque cette maraude lui réussit, il revient souvent à la charge, jusqu'à ce qu'ayant été blessé ou maltraité par les hommes et les chiens, il se recèle pendant le jour dans son fort, n'en sort que la nuit, parcourt la campagne, rôde autour des habitations, ravit les animaux abandonnés, vient attaquer les bergeries, gratte et creuse la terre sous les portes, entre furieux, met tout à mort avant de choisir et d'emporter sa proie. Lorsque ces courses ne lui produisent rien, il retourne au fond des bois, se met en quête, cherche, suit à la piste, chasse, poursuit les animaux sauvages dans l'espérance qu'un autre loup pourra les arrêter, les saisir dans leur fuite, et qu'ils en partageront la dépouille. Enfin, lorsque le besoin est extrême, il s'expose à tout, attaque les femmes et les enfants, se jette même quelquefois sur les hommes, devient furieux par ses excès, qui finissent ordinairement par la rage et la mort.

Le loup, tant à l'extérieur qu'à l'intérieur, ressemble si fort au chien, qu'il paraît modelé sur la même forme ; cependant il n'offre tout au plus que le revers de l'empreinte, et ne présente les mêmes caractères que sous une face entièrement opposée : si la forme est semblable, ce qui en résulte est bien contraire ; le naturel est si différent que, non seulement ils sont incompatibles, mais antipathiques par nature, ennemis par instinct. Si le loup est le plus fort, il déchire, il dévore sa proie ; le chien, au contraire, plus généreux, se contente de la victoire ; il l'abandonne pour servir de pâture aux corbeaux, et même aux autres loups ; car ils s'entre-dévorent, et lorsqu'un loup est grièvement blessé, les autres le suivent au sang, et s'attroupent pour l'achever.

Le chien, même sauvage, n'est pas d'un naturel farouche ; ils s'apprivoise aisément, s'attache et demeure fidèle à son maître. Le loup, pris jeune, se prive, mais ne s'attache point, la nature est plus forte que l'éducation ; il reprend avec l'âge son caractère féroce, et retourne, dès qu'il le peut, à son état sauvage. Les chiens, même les plus grossiers, cherchent la compagnie des autres animaux ; ils sont naturellement portés à les suivre, à les accompagner, et c'est par instinct seul et non par éducation qu'ils savent conduire et garder les troupeaux. Le loup est, au contraire, l'ennemi de toute société, il ne fait pas même compagnie à ceux de son espèce ; lorsqu'on les voit plusieurs ensemble, ce n'est point une société de paix, c'est un attroupement de guerre, qui se fait à grand bruit, avec des hurlements affreux, et qui dénote un projet d'attaquer quelque gros animal, comme un cerf, un bœuf, ou de se défaire de quelque redoutable mâtin. Dès que leur expédition militaire est consommée, ils se séparent et retournent en silence à leur solitude.

Le loup et le chien n'ont jamais été pris pour le même animal que par les nomenclateurs en histoire naturelle qui, ne connaissant la nature que superficiellement, ne la considèrent jamais pour lui donner toute son étendue, mais seulement pour la resserrer et la réduire à leur méthode, toujours fautive et souvent démentie par les faits. Il n'y pas de races intermédiaires entre le chien et la louve ; ils sont d'un naturel tout opposé, d'un tempérament différent ; le loup vit plus longtemps que le chien, les louves ne portent qu'une fois par an, les chiennes portent deux ou trois fois. Ces différences si marquées sont plus que suffisantes pour démontrer que ces animaux sont d'espèces assez éloignées : d'ailleurs, en y regardant de près, on reconnaît aisément, que, même à l'extérieur, le loup diffère du chien par des caractères essentiels et constants : l'aspect de la tête est différent, la forme des os l'est aussi ; le loup a la cavité de l'œil obliquement posée, l'orbite inclinée, les yeux étincelants, brillants pendant la nuit ; il a le hurlement au lieu de l'aboiement, les mouvements différents, la démarche plus égale, plus uniforme, quoique plus prompte et plus précipitée, le corps beaucoup plus fort et bien moins souple, les membres plus fermes, les mâchoires et les dents plus grosses, le poil plus rude et plus fourré.

Lorsque les louves sont prêtes à mettre bas, elles cherchent au fond du bois un fort, un endroit bien fourré, au milieu duquel elles aplanissent un espace assez considérable en coupant, en arrachant les épines avec les dents ; elles y apportent ensuite une grande quantité de mousse, et préparent un lit commode pour leurs petits. Elles en font

ordinairement cinq ou six, quelquefois sept, huit et même neuf, et jamais moins de trois ; ils naissent les yeux fermés comme les chiens ; la mère les allaite pendant quelques semaines et leur apprend bientôt à manger de la chair qu'elle leur prépare en la mâchant. Quelque temps après, elle leur apporte des mulots, des levrauts, des perdrix, des volailles vivantes ; les louveteaux commencent par jouer avec elles et finissent par les étrangler ; la louve ensuite les déplume, les écorche, les déchire et en donne une part à chacun. Ils ne sortent du fort où ils ont pris naissance qu'au bout de six semaines ou deux mois ; ils suivent alors leur mère qui les mène boire dans quelque tronc d'arbre ou à quelque mare voisine ; elle les ramène au gîte ou les oblige à se recéler ailleurs, lorsqu'elle craint quelque danger. Ils la suivent ainsi pendant plusieurs mois. Quand on les attaque, elle les défend de toutes ses forces, et même avec fureur, quoique dans les autres temps elle soit, comme toutes les femelles, plus timide que le mâle ; lorsqu'elle a des petits, elle devient intrépide, semble ne rien craindre pour elle, et s'expose à tout pour les sauver : aussi ne l'abandonnent-ils que quand leur éducation est faite, quand ils se sentent assez forts pour n'avoir plus besoin de secours ; c'est ordinairement à dix mois ou un an, lorsqu'ils ont refait leurs premières dents, qui tombent à six mois, et lorsqu'ils ont acquis de la force, des armes et des talents pour la rapine.

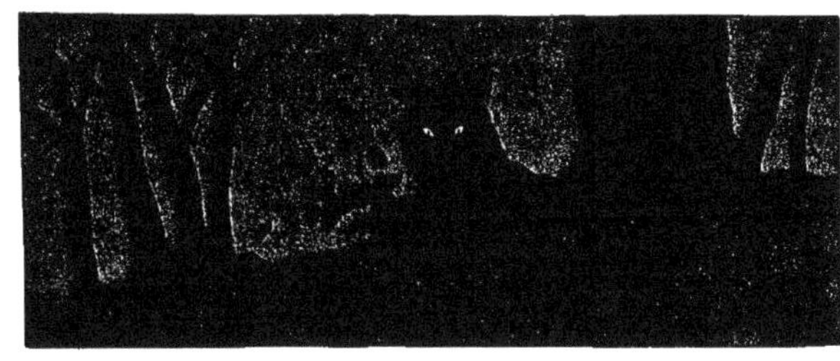

Ces animaux, qui sont deux ou trois ans à croître, vivent quinze ou vingt ans. Les loups blanchissent dans la vieillesse ; ils ont alors toutes les dents usées. Ils dorment lorsqu'ils sont rassasiés ou fatigués, mais plus le jour que la nuit, et toujours d'un sommeil léger ; ils boivent fréquemment, et dans les temps de sécheresse, lorsqu'il n'y a point d'eau dans les ornières ou dans les vieux troncs d'arbres, ils viennent plus d'une fois par jour aux mares et aux ruisseaux. Quoique très voraces, ils supportent aisément la diète ; ils peuvent passer quatre ou cinq jours sans manger, pourvu qu'ils ne manquent pas d'eau.

Le loup a beaucoup de force, surtout dans les parties antérieures du corps, dans les muscles du cou et de la mâchoire. Il porte avec sa gueule un mouton sans le laisser toucher à terre, et court en même temps plus vite que les bergers ; en sorte qu'il n'y a que les chiens qui puissent l'atteindre et lui faire lâcher prise. Il mord cruellement, et toujours avec d'autant plus d'acharnement qu'on lui résiste moins ; car il prend des précautions avec les animaux qui peuvent se défendre. Il craint pour lui et ne se bat que par nécessité, et jamais par un mouvement de courage : lorsqu'on le tire et que la balle lui casse quelque membre, il crie, et cependant lorsqu'on l'achève à coups de bâton il ne se plaint pas comme le chien ; il est plus dur, moins sensible, plus robuste, il marche, court, rôde des jours entiers et des nuits ; il est infatigable, et c'est peut-être de tous les animaux le plus difficile à forcer à la course. Le chien est doux et courageux ; le loup, quoique féroce, est timide. Lorsqu'il tombe dans un piège, il est si fort et si longtemps épouvanté qu'on peut ou le tuer sans qu'il se défende, ou le prendre vivant sans qu'il résiste ; on peut lui mettre un collier, l'enchaîner, le museler, le conduire ensuite partout où l'on veut sans qu'il ose donner le moindre signe de colère ou même de mécontentement. Le loup a les sens très bons ; l'œil, l'oreille et surtout l'odorat ; il sent souvent de plus loin qu'il ne voit ; l'odeur du carnage l'attire de plus d'une lieue ; il sent aussi de loin les animaux vivants, il les chasse même assez longtemps en les suivant aux portées. Lorsqu'il veut sortir du bois, jamais il ne manque de prendre le vent ; il s'arrête sur la lisière, évente de tous côtés, et reçoit ainsi les émanations des corps morts ou vivants que le vent lui apporte de loin. Il préfère la chair vivante à la chair morte, et cependant il dévore les voiries les plus infectes. Il aime la chair humaine, et peut-être, s'il était le plus fort, n'en mangerait-il pas d'autre. On a vu des loups suivre des armées, arriver en nombre à des champs de bataille où l'on n'avait enterré que négligemment les corps, les découvrir, les dévorer avec une insatiable avidité ; et ces mêmes loups, accoutumés à la chair humaine, se jeter ensuite sur les hommes, attaquer

le berger plutôt que le troupeau, dévorer des femmes, emporter des enfants, etc. L'on a appelé ces mauvais loups *loups=garous*, c'est=à=dire loups dont il faut se garer.

On est donc obligé quelquefois d'armer tout un pays pour se défaire des loups.

Dans les campagnes, on fait des battues à force d'hommes et de mâtins, on tend des pièges, on présente des appâts, on fait des fosses, on répand des boulettes empoisonnées ; tout cela n'empêche pas que ces animaux ne soient toujours en même nombre, surtout dans les pays où il y a beaucoup de bois.

La couleur et le poil de ces animaux changent suivant les différents climats, et varient quelquefois dans le même pays. On trouve en France et en Allemagne, outre les loups ordinaires, quelques loups à poil plus épais et tirant sur le jaune. Ces loups, plus sauvages et moins nuisibles que les autres, n'approchent jamais ni des maisons ni des troupeaux, et ne vivent que de chasse et non pas de rapine. Dans les pays du Nord, on en trouve de tout blancs et de tout noirs ; ces derniers sont plus grands et plus forts que les autres. L'espèce commune est très généralement répandue. En Orient, et surtout en Perse, on fait servir les loups à des spectacles pour le peuple ; on les exerce de jeunesse à la danse, ou plutôt à une espèce de lutte contre un grand nombre d'hommes. On achète jusqu'à cinq cents écus un loup bien dressé à la danse ; ce fait prouve qu'au moins, à force de temps et de contrainte, ces animaux sont susceptibles de quelque espèce d'éducation. Tant qu'ils sont jeunes, c'est=à=dire dans la première et la seconde année, ils sont assez dociles ; ils sont même caressants ; et s'ils sont bien nourris, ils ne se jettent ni sur la volaille ni sur les autres animaux ; mais à dix=huit mois ou deux ans ils reviennent à leur naturel ; on est forcé de les enchaîner pour les empêcher de s'enfuir et de faire du mal.

Il n'y a rien de bon dans cet animal que sa peau ; on en fait des fourrures grossières, qui sont chaudes et durables. Sa chair est si mauvaise qu'elle répugne à tous les animaux, et il n'y a que le loup qui mange volontiers du loup. Il exhale une odeur infecte par la gueule. Enfin, désagréable en tout, la mine basse, l'aspect sauvage, la voix effrayante, l'odeur insupportable, le naturel pervers, les mœurs féroces, il est odieux, nuisible de son vivant, inutile après sa mort.

LE RENARD

Le renard est fameux par ses ruses, et mérite en partie sa réputation ; ce que le loup ne fait que par la force, il le fait par adresse, et réussit plus souvent. Sans chercher à combattre les chiens ni les bergers, sans attaquer les troupeaux, sans traîner les cadavres, il est plus sûr de vivre. Il emploie plus d'esprit que de mouvement, ses ressources semblent être en lui=même : ce sont, comme l'on sait, celles qui manquent le moins. Fin autant que circonspect, ingénieux et prudent, même jusqu'à la patience, il varie sa conduite, il a des moyens de réserve qu'il sait n'employer qu'à propos. Il veille de près à sa conservation ; quoique aussi infatigable, et même plus léger que le loup, il ne se fie pas entièrement à la vitesse de sa course ; il sait se mettre en sûreté en se pratiquant un asile où il se retire dans les dangers pressants, où il s'établit, où il élève ses petits : il n'est point animal vagabond, mais animal domicilié.

Le renard tourne tout à son profit ; il se loge au bord des bois, à portée des hameaux ; il écoute le chant des coqs et le cri des volailles ; il les savoure de loin ; il prend habilement son temps, cache son dessein et sa marche, se glisse, se traîne, arrive, et fait rarement des tentatives inutiles. S'il peut franchir les clôtures ou passer par-dessous, il ne perd pas un instant ; il ravage la basse-cour, il y met tout à mort, se retire ensuite lestement en emportant sa proie, qu'il cache sous la mousse, ou porte à son terrier ; il revient quelques moments après en chercher une autre, qu'il emporte et cache de même, mais dans un autre endroit, ensuite une troisième, une quatrième, etc., jusqu'à ce que le jour ou le mouvement dans la maison l'avertisse qu'il faut se retirer et ne plus revenir. Il fait la même manœuvre dans les pipées et dans les boqueteaux où l'on prend les grives et les bécasses au lacet ; il devance le pipeur, va de très grand matin, et souvent plus d'une fois par jour, visiter les lacets, les gluaux, emporte successivement les oiseaux qui se sont empêtrés, les dépose tous en différents endroits, surtout au bord des chemins, dans les ornières, sous de la mousse, sous un genièvre, les y laisse quelquefois deux ou trois jours, et sait parfaitement les retrouver au besoin. Il chasse les jeunes levrauts en plaine, saisit quelquefois les lièvres au gîte, ne les manque jamais lorsqu'ils sont blessés, déterre les lapereaux dans les garennes, découvre les nids de perdrix, de cailles, prend la mère sur les œufs, et détruit une quantité prodigieuse de gibier.

Pour détruire les renards, il est plus commode de tendre des pièges où l'on met de la chair pour appât, un pigeon, une volaille vivante, etc. Le renard est aussi vorace que carnassier ; il mange de tout avec une égale avidité, des œufs, du lait, du fromage, des fruits, et surtout des raisins : lorsque les levrauts et les perdrix lui manquent, il se rabat sur les rats, les mulots, les serpents, les lézards, les crapauds, etc. ; il en détruit un grand nombre : c'est là le seul bien qu'il procure. Il est très avide de miel ; il attaque les abeilles sauvages, les guêpes, les frelons, qui d'abord tâchent de le mettre en fuite, en le perçant de mille coups d'aiguillon ; il se retire, mais c'est en se roulant pour les écraser, et il revient si souvent à la charge qu'il les oblige à abandonner le guêpier ; alors il le déterre et en mange le miel et la cire. Il prend aussi les hérissons, les roule avec ses pieds, et les force à s'étendre. Enfin il mange du poisson, des écrevisses, des hannetons, des sauterelles, etc.

Cet animal ressemble beaucoup au chien, cependant il en diffère par la tête, qu'il a plus grosse à proportion de son corps ; il a aussi les oreilles plus courtes, la queue beaucoup plus grande, le poil plus long et plus touffu, les yeux plus inclinés ; il en diffère encore par une mauvaise odeur très forte qui lui est particulière, et enfin par le caractère le plus essentiel, par le naturel, car il ne s'apprivoise pas aisément, et jamais tout à fait : il languit lorsqu'il n'a pas la liberté, et meurt d'ennui quand on veut le garder en domesticité. Il produit en moindre nombre que la chienne et une seule fois par an ; les portées sont ordinairement de quatre ou cinq, rarement de six, et jamais moins de trois. Lorsque la femelle est pleine, elle se recèle, sort rarement de son terrier, dans lequel elle prépare un lit à ses petits. Lorsqu'elle s'aperçoit que sa retraite est découverte, et qu'en son absence ses petits ont été inquié-

tés, elle les transporte tous les uns après les autres, et va chercher un autre domicile. Ils naissent les yeux fermés ; ils sont, comme les chiens, dix-huit mois ou deux ans à croître, et vivent de même treize ou quatorze ans.

Le renard a les sens aussi bons que le loup, le sentiment plus fin, et l'organe de la voix plus souple et plus parfait. Le loup ne se fait entendre que par des hurlements affreux ; le renard glapit, aboie, et pousse un son triste, semblable au cri du paon ; il a le cri de la douleur, qu'il ne fait jamais entendre qu'au moment où il reçoit un coup de feu qui lui casse quelque membre ; car il ne crie point pour toute autre blessure, et il se laisse tuer à coups de bâton, comme le loup, sans se plaindre, mais toujours en se défendant avec courage. Il mord dangereusement, opiniâtrement, et l'on est obligé de se servir d'un ferrement ou d'un bâton pour le faire démordre. Son glapissement est une espèce d'aboiement qui se fait par des sons semblables et très précipités. C'est ordinairement à la fin de ce glapissement qu'il donne un coup de voix plus fort, plus élevé, et semblable au cri du paon. En hiver, surtout pendant la neige et la gelée, il ne cesse de donner de la voix, et il est au contraire presque muet en été. C'est dans cette saison que son poil tombe et se renouvelle ; l'on fait peu de cas de la peau des jeunes renards, ou des renards pris en été. La chair du renard est moins mauvaise que celle du loup ; les chiens et même les hommes en mangent en automne, surtout lorsqu'il s'est nourri et engraissé de raisins, et sa peau d'hiver fait de bonnes fourrures. Il a le sommeil profond, on l'approche aisément sans l'éveiller : lorsqu'il dort, il se met en rond comme les chiens ; mais lorsqu'il ne fait que se reposer, il étend les jambes de derrière et demeure étendu sur le ventre ; c'est dans cette posture qu'il épie les oiseaux le long des haies. Ils ont pour lui une si grande antipathie que, dès qu'ils l'aperçoivent, ils font un petit cri d'avertissement ; les geais, les merles surtout, le conduisent du haut des arbres, répètent souvent le petit cri d'avis, et le suivent quelquefois à plus de deux ou trois cents pas.

Cette espèce est une des plus sujettes aux influences du climat, et l'on y trouve presque autant de variétés que dans les espèces d'animaux domestiques. La plupart de nos renards sont roux, mais il s'en trouve aussi dont le poil est gris argenté ; tous deux ont le bout de la queue blanc. La fourrure des renards blancs n'est pas fort estimée, parce que le poil tombe aisément ; les gris argentés sont meilleurs : les bleus et les croisés sont recherchés à cause de leur rareté ; mais les noirs sont les plus précieux de tous ; c'est, après la zibeline, la fourrure la plus belle et la plus chère. On en trouve au Spitzberg, en Groenland, en Laponie, en Canada, où il y en a aussi de croisés, et où l'espèce commune est moins rousse qu'en France, et a le poil long et fourni.

LE CHACAL OU ADIVE

Quoique l'espèce du loup soit fort voisine de celle du chien, celle du chacal ne laisse pas de trouver place entre les deux. *Le chacal ou adive est bête entre loup et chien* ; avec la férocité du loup, il a, en effet, un peu de la familiarité du chien ; sa voix est un hurlement mêlé d'aboiements et de gémissements ; il est plus criard que le chien, plus vorace que le loup ; il ne va jamais seul, mais toujours par troupes de vingt, trente ou quarante ; ils se rassemblent chaque jour pour faire la guerre et la chasse ; ils vivent de petits animaux, et se font redouter des plus puissants par le nombre. Ils attaquent toute espèce de bétail ou de volailles presque à la vue des hommes ; ils entrent insolemment et sans marquer de crainte dans les bergeries,

les étables, les écuries, et lorsqu'ils n'y trouvent pas autre chose, ils dévorent le cuir des harnais, des bottes, des souliers, et emportent les lanières qu'ils n'ont pas le temps d'avaler. Faute de proie vivante, ils déterrent les cadavres des animaux et des hommes; on est obligé de battre la terre sur les sépultures, et d'y mêler de grosses épines pour les empêcher de la gratter et fouir ; car une épaisseur de quelques pieds de terre ne suffit par pour les rebuter : ils travaillent plusieurs ensemble, ils accompagnent de cris lugubres cette exhumation, et lorsqu'ils sont une fois accoutumés aux cadavres humains, ils ne cessent de courir les cimetières, de suivre les armées, de s'attacher aux caravanes : ce sont les corbeaux des quadrupèdes, la chair la plus infecte ne les dégoûte pas ; leur appétit est si constant, si véhément, que le cuir le plus sec est encore savoureux, et que toute peau, toute graisse leur est également bonne. Tous les voyageurs se plaignent des cris, des vols et des excès du chacal, qui réunit l'impudence du chien à la bassesse du loup, et qui, participant de la nature des deux, semble n'être qu'un odieux composé de toutes les mauvaises qualités de l'un et de l'autre.

LA CIVETTE ET LE ZIBET

On a appelé ces animaux *chats musqués* ou *chats-civettes* ; cependant ils n'ont rien de commun avec le chat que l'agilité du corps ; ils ressemblent plutôt au renard, surtout par la tête : ils ont la robe marquée de bandes et de taches, ce qui les fait prendre aussi pour de petites panthères par ceux qui ne les ont vus que de loin ; mais ils diffèrent des panthères à tous autres égards. Il y a un animal qu'on appelle la *genette* qui est taché de même, qui a la tête à peu près de la même forme, et qui porte, comme la civette, un sac dans lequel se filtre une humeur odorante. Mais la genette est plus petite que nos civettes ; elle a les jambes beaucoup plus courtes et le corps bien plus mince ; son parfum est très faible et de peu de durée : au contraire, le parfum des civettes est très fort ; celui du zibet est d'une violence extrême et plus vif encore que celui de la civette. Ces liqueurs odorantes sont une humeur épaisse, d'une consistance semblable à celle des pommades, et dont le parfum, quoique très fort, est agréable au sortir même du corps de l'animal.

Il ne faut pas confondre cette matière de civettes avec le musc, qui est une humeur sanguinolente qu'on tire d'un animal tout différent de la civette ou du zibet ; cet animal qui produit le musc est une espèce de chevreuil sans bois, ou de chèvre sans cornes, qui n'a rien de commun avec les civettes que de fournir comme elles un parfum violent. Les civettes (c'est-à-dire la civette et le zibet) sont des animaux des climats les plus chauds de l'ancien continent, et qui n'ont pu passer par le Nord pour aller dans le nouveau, et, dans le fait, il n'y a jamais eu en Amérique d'autres civettes que celles qui y ont été transportées des îles Philippines et des côtes de l'Afrique et de l'Asie ; elles peuvent cependant vivre dans les pays tempérés et même froids, pourvu qu'on les défende avec soin des injures de l'air et qu'on leur donne des aliments succulents et choisis ; on en nourrit un assez grand nombre en Hollande, où l'on fait commerce de leur parfum. La *civette* faite à Amsterdam est préférée par nos commerçants à celle qui vient du Levant ou des Indes, qui est ordinairement moins pure ; celle qu'on tire de Guinée serait la meilleure de toutes, si les Nègres, ainsi que les Indiens et les Levantins, ne la falsifiaient en y mêlant des sucs végétaux, comme du laudanum, du stora et d'autres drogues balsamiques et odoriférantes. Pour recueillir ce parfum, ils mettent l'animal dans une cage étroite où il ne peut se tourner ; ils ouvrent la cage par le bout, tirent l'animal par la queue, le contraignent à demeurer dans cette situation en mettant un bâton à travers les barreaux de la cage, au moyen duquel ils lui gênent les jambes de derrière ; ensuite ils font entrer une petite cuiller dans le sac qui contient le parfum, ils raclent avec soin toutes les parois intérieures de ce petit sac, et mettent la matière qu'ils en tirent dans un vase qu'ils couvrent avec soin. Cette opération se répète deux ou trois fois par semaine : la quantité de l'humeur odorante dépend beaucoup de la qualité de la nourriture et de l'appétit de l'animal ; il en rend d'autant plus qu'il est mieux et plus délicatement nourri.

Le parfum de ces animaux est si fort, qu'il se communique à toutes les parties de leur corps : le poil en est imbu, et la peau pénétrée au point que l'odeur s'en conserve longtemps après leur mort, et que, de leur vivant, l'on ne peut en soutenir la violence, surtout si l'on est enfermé dans le même lieu. Lorsqu'on les échauffe en les irritant, l'odeur s'exhale encore davantage; et si on les tourmente jusqu'à les faire suer, on recueille la sueur, qui est aussi très parfumée, et qui sert à falsifier le vrai parfum, ou du moins à en augmenter le volume.

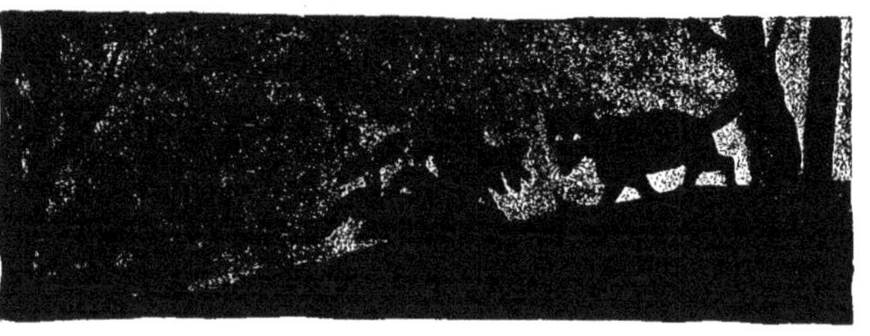

Les civettes sont naturellement farouches, et même un peu féroces : cependant on les apprivoise aisément, au moins assez pour les approcher et les manier sans grand danger : elles ont les dents fortes et tranchantes, mais leurs ongles sont faibles et émoussés ; elles sont agiles et même légères, quoique leur corps soit assez épais ; elles sautent comme les chats, et peuvent aussi courir comme les chiens ; elles vivent de chasse, surprennent et poursuivent les petits animaux, les oiseaux ; elles cherchent, comme les renards, à entrer dans les basses-cours pour emporter les volailles ; leurs yeux brillent la nuit, et il est à croire qu'elles voient dans l'obscurité. Lorsque les animaux leur manquent, elles mangent des racines et des fruits ; elles boivent un peu et n'habitent pas dans les terres humides ; elles se tiennent volontiers dans les sables brûlants et dans les montagnes arides. Elles produisent en assez grand nombre dans leur climat mais quoiqu'elles puissent vivre dans les régions tempérées et qu'elles y rendent, comme dans leur pays natal, leur liqueur parfumée, elles ne peuvent y multiplier ; elles ont la voix plus forte et la langue moins rude que le chat ; leur cri ressemble assez à celui d'un chien en colère.

LA FOSSANE

La fossane est un animal qui a les mœurs de la fouine ; elle mange de la viande et des fruits, mais elle préfère ces derniers, et montre surtout un goût plus décidé pour les bananes. Cet animal est très sauvage, fort difficile à apprivoiser ; et, quoique élevé bien jeune, il conserve toujours un air et un caractère de férocité, ce qui paraît extraordinaire dans un animal qui vit volontiers de fruits.

L'œil de la fossane ne présente qu'un globe noir fort grand comparé à la grosseur de la tête, ce qui donne à cet animal un air méchant.

LE VANSIRE

On a pris cet animal pour un furet, auquel en effet il ressemble à beaucoup d'égards ; cependant il en diffère par des caractères qui nous paraissent suffisants pour en faire une espèce distincte et séparée.

L'animal indiqué sous la dénomination de *belette* ou *furet de Java* pourrait bien être le même animal que le vansire ; c'est au moins, de tous les animaux connus, celui dont il approche le plus.

LA GENETTE

La genette est un plus petit animal que les civettes; elle a le corps allongé, les jambes courtes, le museau pointu, la tête effilée, le poil doux et mollet, d'un gris cendré, brillant et marqué de taches noires, rondes et séparées sur les côtés du corps, mais qui se réunissent de si près sur la partie du dos qu'elles paraissent former des bandes noires continues qui s'étendent tout le long du corps ; elle a aussi sur le cou et le long de l'épine du dos une espèce de crinière, ou de poil plus long, qui forme une bande noire et continue depuis la tête jusqu'à la queue, laquelle est aussi longue que le corps, et marquée de sept ou huit anneaux alternativement noirs et blancs sur toute sa longueur ; les taches noires du cou sont en forme de bandes, et l'on voit au-dessous de chaque œil une marque très apparente. La genette a sous la queue, et dans le même endroit que les civettes, une ouverture ou sac dans lequel se filtre une espèce de parfum, mais faible et dont l'odeur ne se conserve pas : elle est un peu plus grande que la fouine, qui lui ressemble beaucoup par la forme du corps aussi bien que par le naturel et par les habitudes ; seulement il paraît qu'on apprivoise la genette plus aisément. Le nom de *genette* ne vient point des langues anciennes, et n'est probablement qu'un nom nouveau pris de quelque lieu planté de genêt, qui, comme on le sait, est fort commun en Espagne. Les naturalistes prétendent que la genette n'habite que dans les endroits humides et le long des ruisseaux, et qu'on ne la trouve ni sur les montagnes ni dans les terres arides. L'espèce n'en est pas nombreuse, du moins elle n'est pas fort répandue ; il n'y en a point en France ni dans aucune autre province de l'Europe, à l'exception de l'Espagne et de la Turquie. Il lui faut donc un climat chaud pour subsister et se multiplier ; néanmoins il ne paraît pas qu'elle se trouve dans les pays les plus chauds de l'Afrique et des Indes.

La peau de cet animal fait une fourrure légère et très jolie : les manchons de genette ont été fort à la mode et se vendaient fort cher.

LA SURIKATE

Cet animal, originaire d'Afrique, est joli, très vif et très adroit, marchant quelquefois debout, se tenant souvent assis avec le corps très droit, les bras pendants, la tête haute et mouvante sur le cou comme sur un pivot. Il n'est pas si grand qu'un lapin, et ressemble assez par la taille et par le poil à la mangouste ; par le museau, dont la partie supérieure est proéminente et relevée, il approche plus du coati que d'aucun autre animal. Il a aussi un caractère presque unique, puisqu'il n'appartient qu'à lui et à l'hyène : ces deux animaux sont les seuls qui aient également quatre doigts à tous les pieds.

Il mange avec avidité la viande crue, et surtout la chair de poulet ; il cherche à surprendre les jeunes animaux. Il aime aussi beaucoup le poisson et encore plus les œufs : on l'a vu tirer avec ses deux pattes réunies des œufs qu'on venait de mettre dans l'eau pour cuire ; il refuse les fruits et même le pain, à moins qu'on ne l'ait mâché. Ses pattes de devant lui servent, comme à l'écureuil, pour porter à sa gueule ; il lape en buvant comme un chien, et ne boit point d'eau à moins qu'elle ne soit tiède. Il joue avec les chats, et toujours innocemment. Il a deux sortes de voix : l'aboiement d'un jeune chien, lorsqu'il s'ennuie d'être seul ou qu'il entend des bruits extraordinaires, et, au contraire, lorsqu'il est excité par des caresses ou qu'il ressent quelque mouvement de plaisir, il fait un bruit aussi vif et aussi frappé que celui d'une petite crécelle tournée rapidement.

L'HYÈNE

CET animal sauvage et solitaire demeure dans les cavernes des montagnes, dans les fentes des rochers ou dans les tanières qu'il se creuse lui-même sous terre : il est d'un naturel féroce, et, quoique pris tout petit, il ne s'apprivoise pas ; il vit de proie comme le loup, mais il est plus fort et paraît plus hardi. Il attaque quelquefois les hommes, il se jette sur le bétail, suit de près les troupeaux et souvent rompt dans la nuit les portes des étables et les clôtures des bergeries : ses yeux brillent dans l'obscurité, et l'on prétend qu'il voit mieux la nuit que le jour.

Si l'on en croit tous les naturalistes, son cri ressemble aux sanglots d'un homme qui vomirait avec effort, ou plutôt au mugissement du veau.

L'hyène se défend du lion, ne craint pas la panthère, attaque l'once, lequel ne peut lui résister. Lorsque la proie lui manque, elle creuse la terre avec les pieds et en tire par lambeaux les cadavres des animaux et des hommes que, dans le pays qu'elle habite, on enterre également dans les champs. On la trouve dans presque tous les climats chauds de l'Afrique et de l'Asie.

Il y a peu d'animaux sur lesquels on ait fait autant d'histoires absurdes que sur celui-ci. On a dit qu'il savait imiter la voix humaine, retenir le nom des bergers, les appeler, les charmer, les arrêter, les rendre immobiles ; faire en même temps courir les bergères et leur faire oublier leur troupeau, etc.

LE LION

L'EXTÉRIEUR du lion ne dément point ses grandes qualités intérieures ; il a la figure imposante, le regard assuré, la démarche fière, la voix terrible. Sa taille n'est point excessive comme celle de l'éléphant ou du rhinocéros ; elle n'est ni lourde comme celle de l'hippopotame ou du bœuf, ni trop ramassée comme celle de l'hyène ou de l'ours, ni trop allongée ni déformée par des inégalités comme celle du chameau ; mais elle est, au contraire, si bien prise et si bien proportionnée que le corps du lion paraît être le modèle de la force jointe à l'agilité. Aussi solide que nerveux,

n'étant chargé ni de chair ni de graisse, et ne contenant rien de surabondant, il est tout nerf et muscle. Cette grande force musculaire se marque au dehors par les sauts et les bonds prodigieux que le lion fait aisément, par le mouvement brusque de sa queue qui est assez fort pour terrasser un homme, par la facilité avec laquelle il fait mouvoir la peau de sa face et surtout celle de son front, ce qui ajoute beaucoup à la physionomie ou plutôt à l'expression de la fureur, et enfin, par la faculté qu'il a de remuer sa crinière, laquelle non seulement se hérisse, mais se meut et s'agite en tout sens, lorsqu'il est en colère.

La lionne met bas au printemps et ne produit qu'une fois tous les ans ; ce qui indique encore qu'elle est occupée pendant plusieurs mois à soigner et allaiter ses petits, et que par conséquent le temps de leur premier accroissement, pendant lequel ils ont besoin des secours de la mère, est au moins de quelques mois.

Dans ces animaux, toutes les passions, même les plus douces, sont excessives, et l'amour maternel est extrême. La lionne, naturellement moins forte, moins courageuse et plus tranquille que le lion, devient terrible dès qu'elle a des petits ; elle se montre alors avec encore plus de hardiesse que le lion, elle ne connaît point de danger, elle se jette indifféremment sur les hommes et sur les animaux qu'elle rencontre, elle les met à mort, se charge ensuite de sa proie, la porte et la partage à ses lionceaux, auxquels elle apprend de bonne heure à sucer le sang et à déchirer la chair. D'ordinaire elle met bas dans des lieux très écartés et de difficile accès, et lorsqu'elle craint d'être découverte, elle cache ses traces en retournant plusieurs fois sur ses pas, ou bien elle les efface avec sa queue ; quelquefois même, lorsque l'inquiétude est grande, elle transporte ses petits, et quand on veut les lui enlever, elle devient furieuse et les défend jusqu'à la dernière extrémité. On croit que le lion n'a pas l'odorat aussi parfait ni les yeux aussi bons que la plupart des autres animaux de proie : on a remarqué que la grande lumière du soleil paraît l'incommoder, qu'il marche rarement dans le milieu du jour, que c'est pendant la nuit qu'il fait toutes ses courses, que quand il voit des feux allumés autour des troupeaux, il n'en approche guère, etc. On a observé qu'il n'évente pas de loin l'odeur des autres animaux, qu'il ne les chasse qu'à vue et non pas en les suivant à la piste, comme font les chiens et les loups, dont l'odorat est plus fin. On a même donné le nom de *guide* ou de *pourvoyeur du lion* à une espèce de lynx auquel on suppose la vue perçante et l'odorat exquis, et on prétend que ce lynx accompagne ou précède toujours le lion pour lui indiquer sa proie.

Le lion, lorsqu'il a faim, attaque de face tous les animaux qui se présentent ; comme il est très redouté, et que tous cherchent à éviter sa rencontre, il est souvent obligé de se cacher et de les attendre au passage ; il se tapit sur le ventre dans un endroit fourré, d'où il s'élance avec tant de force qu'il les saisit souvent du premier bond. Dans les déserts et les forêts, sa nourriture la plus ordinaire sont les gazelles et les singes, quoiqu'il ne prenne ceux-ci que lorsqu'ils sont à terre, car il ne grimpe pas sur les arbres comme le tigre ou le puma ; il mange beaucoup à la fois et se remplit pour deux ou trois jours ; il a les dents si fortes qu'il brise aisément les os, et il les avale avec la chair. On prétend qu'il supporte longtemps la faim ; comme son tempérament est excessivement chaud, il supporte moins patiemment la soif, et boit toutes les fois qu'il peut trouver de l'eau ; il prend l'eau en lapant comme un chien, mais au lieu que la langue du chien se courbe en dessus pour laper, celle du lion se courbe en dessous, ce qui fait qu'il est longtemps à boire et qu'il perd beaucoup d'eau. Il lui faut quinze livres de chair crue, chaque jour ; il préfère la chair des animaux vivants, de ceux surtout qu'il vient d'égorger ; quoique d'ordinaire, il se nourrisse de chair fraîche, son haleine est très forte.

Le rugissement du lion est si fort, que, quand il se fait entendre par échos, la nuit dans les déserts, il ressemble au bruit du tonnerre ; ce rugissement est sa voix ordinaire, car, quand il est en colère, il a un autre cri qui est court et réitéré subitement, au lieu que le rugissement est un cri prolongé, une espèce de grondement d'un ton grave, mêlé d'un frémissement plus aigu : il rugit cinq ou six fois par jour, et plus souvent lorsqu'il doit tomber de la pluie. Le cri qu'il fait lorsqu'il est en colère est encore plus terrible que le rugissement : alors il se bat les flancs de sa queue, il en bat la terre, il agite sa crinière, fait mouvoir la peau de sa face, remue ses gros sourcils, montre des dents menaçantes, et tire une langue armée de pointes si dures, qu'elle suffit seule pour écorcher la peau et entamer la chair sans le secours des dents ni des ongles, qui sont, après les dents, ses armes les plus cruelles. Il est beaucoup plus fort par la tête, les mâchoires et les jambes de devant que par les parties postérieures du corps ; il voit la nuit comme les chats ; il ne dort pas longtemps et s'éveille facilement, mais c'est mal à propos que l'on a prétendu qu'il dormait les yeux ouverts.

La démarche ordinaire du lion est fière, grave et lente, quoique toujours oblique ; sa course ne se fait pas par des mouvements égaux, mais par sauts et par bonds, et ses mouvements sont si brusques qu'il ne peut s'arrêter à l'instant et qu'il passe presque toujours son but. Lorsqu'il saute sur sa proie, il fait un bond de douze ou quinze pieds, tombe dessus, la saisit avec les pattes de devant, la déchire avec les ongles et ensuite la dévore avec les dents. Tandis qu'il est jeune et qu'il a de la légèreté, il vit du produit de sa chasse, et quitte rarement ses déserts et ses forêts où il trouve assez d'animaux sauvages pour subsister aisément ; mais lorsqu'il devient vieux, pesant et moins propre à l'exercice de la chasse, il s'approche des lieux fréquentés et devient plus dangereux pour l'homme et pour les animaux domestiques ; seulement on a remarqué que lorsqu'il voit des hommes et des animaux ensemble, c'est toujours sur les animaux qu'il se jette et jamais sur les hommes, à moins qu'ils ne le frappent, car alors il reconnaît à merveille celui qui vient de l'offenser, et il quitte sa proie pour se venger. On prétend qu'il préfère la chair du chameau à celle de tous les autres animaux ; il aime aussi beaucoup celle des jeunes éléphants ; ils ne peuvent lui résister lorsque leurs défenses n'ont pas encore poussé et il en vient aisément à bout, à moins que la mère n'arrive à leur secours. L'éléphant, le rhinocéros, le tigre et l'hippopotame sont les seuls animaux qui puissent résister au lion.

Sa peau, quoique d'un tissu ferme et serré, ne résiste point à la balle ni même au javelot ; néanmoins on ne le tue presque jamais d'un seul coup : on le prend souvent par adresse, comme nous prenons les loups, en le faisant tomber dans une fosse profonde qu'on recouvre avec des matières légères, au-dessus desquelles on attache un animal vivant. Le lion devient doux dès qu'il est pris, et, si on profite des premiers moments de sa surprise et de sa honte, on peut l'attacher, le museler et le conduire où l'on veut.

La chair du lion est d'un goût désagréable ou fort ; cependant les Nègres et les Indiens ne la trouvent pas mauvaise et en mangent souvent : la peau, qui faisait autrefois la tunique des héros, sert à ces peuples de manteau et de lit ; ils en gardent aussi la graisse, qui est d'une qualité fort pénétrante, et qui même est de quelque usage dans notre médecine.

LE TIGRE

DANS la classe des animaux carnassiers, le lion est le premier, le tigre est le second ; et comme le premier, même dans un mauvais genre, est toujours le plus grand et souvent le meilleur, le second est ordinairement le plus méchant de tous. Le tigre est bassement féroce, cruel sans justice, c'est-à-dire sans nécessité. Aussi est-il plus à craindre que le lion : celui-ci souvent oublie qu'il est le roi, c'est-à-dire le plus fort de tous les animaux. Le tigre, au contraire, quoique rassasié de chair, semble toujours être altéré de sang ; sa fureur n'a d'autres intervalles que ceux du temps qu'il faut pour dresser des embûches ; il saisit et déchire une nouvelle proie avec la même rage qu'il vient d'exercer, et non pas d'assouvir, en dévorant la première ; il désole le pays qu'il habite, il ne craint ni l'aspect ni les armes de l'homme ; il égorge, dévaste les troupeaux d'animaux domestiques, met à mort toutes les bêtes sauvages, attaque les petits éléphants, les jeunes rhinocéros, et quelquefois même ose braver le lion.

Le tigre, trop long de corps, trop bas sur ses jambes, la tête nue, les yeux hagards, la langue couleur de sang, toujours hors de la gueule, n'a que les caractères de la basse méchanceté et de l'insatiable cruauté ; il n'a pour tout instinct qu'une rage constante, une fureur aveugle qui ne connaît, qui ne distingue rien, et qui lui fait souvent dévorer ses propres enfants et déchirer leur mère lorsqu'elle veut les défendre.

Comme le sang ne fait que l'altérer, il a souvent besoin d'eau pour tempérer l'ardeur qui le consume ; et d'ailleurs il attend auprès des eaux les animaux qui y arrivent, et que la chaleur du climat contraint d'y venir plusieurs fois par jour : c'est là qu'il choisit sa proie, ou plutôt qu'il multiplie ses massacres ; car souvent il abandonne les animaux qu'il vient de mettre à mort pour en égorger d'autres ; il semble qu'il cherche à goûter de leur sang, il le savoure, il s'en enivre, et lorsqu'il leur fend et déchire le corps, c'est pour y plonger la tête et pour sucer à longs traits le sang dont il vient d'ouvrir la source, qui tarit presque toujours avant que sa soif ne s'éteigne.

Cependant, quand il a mis à mort quelques gros animaux comme un cheval, un buffle, il ne les éventre pas sur la place, s'il craint d'y être inquiété ; pour les dépecer à son aise, il les emporte dans le bois, en les traînant avec tant de légèreté, que la vitesse de sa course paraît à peine ralentie par la masse énorme qu'il entraîne. Ceci seul suffirait pour faire juger de sa force ; mais pour en donner une idée plus juste, arrêtons-nous un instant sur les dimensions et les proportions du corps de cet animal terrible. Quelques voyageurs l'ont comparé, pour la grandeur, à un cheval, d'autres à un buffle, d'autres ont seulement dit qu'il était beaucoup plus grand que le lion.

Le tigre est peut-être le seul de tous les animaux dont on ne puisse fléchir le naturel ; ni la force, ni la violence ne peuvent le dompter. Il s'irrite des bons comme des mauvais traitements ; la douce habitude, qui peut tout, ne peut rien sur cette nature de fer ; le temps, loin de l'amollir en tempérant les humeurs féroces, ne fait qu'aigrir le fiel de sa rage ; il déchire la main qui le nourrit comme celle qui le frappe ; il rugit à la vue de tout être vivant ; chaque objet lui paraît une nouvelle proie qu'il dévore d'avance de ses regards avides, qu'il menace par des frémissements affreux mêlés d'un grincement de dents, et vers lequel il s'élance souvent malgré les chaînes et les grilles qui brisent sa fureur sans pouvoir la calmer.

L'espèce du tigre a toujours été plus rare et beaucoup moins répandue que celle du lion ; cependant la tigresse produit, comme la lionne, quatre ou cinq petits. Elle est furieuse en tout temps, mais sa rage devient extrême lorsqu'on les lui ravit ; elle brave tous les périls, elle suit les ravisseurs qui, se trouvant pressés, sont obligés de lui relâcher un de ses petits ; elle s'arrête, le saisit, et l'emporte pour le mettre à l'abri, revient quelques instants après et les poursuit jusqu'aux portes des villes ou jusqu'à leurs vaisseaux : et, lorsqu'elle a perdu tout espoir de recouvrer sa perte, des cris forcenés et lugubres, des hurlements affreux expriment sa douleur cruelle et font encore frémir ceux qui les entendent de loin.

Le tigre fait mouvoir la peau de sa face, grince des dents, frémit, rugit comme fait le lion, mais son rugissement est différent.

La peau de ces animaux est assez estimée, surtout à la Chine ; en Europe, ces peaux, quoique rares, ne sont pas d'un grand prix. On fait beaucoup plus de cas de celles du léopard de Guinée et du Sénégal, que nos fourreurs appellent tigre.

LA PANTHÈRE, L'ONCE ET LE LÉOPARD

Il se trouve encore, en Asie et en Afrique, trois autres espèces d'animaux de ce genre, toutes trois différentes du tigre et toutes différentes entre elles : *la panthère, l'once et le léopard.*

La panthère a l'air féroce, l'œil inquiet, le regard cruel, les mouvements brusques et le cri semblable à celui d'un dogue en colère; elle a même la voix plus forte et plus rauque que le chien irrité ; elle a la langue rude et très rouge, les dents fortes et pointues, les ongles aigus et durs, la peau belle, d'un fauve plus ou moins foncé, semée de taches noires arrondies en anneaux, ou réunies en forme de roses, le poil court, la queue marquée de grandes taches noires au-dessus et d'anneaux noirs et blancs vers l'extrémité. La panthère est de la taille et de la tournure d'un dogue de forte race, mais moins haute de jambes.

L'once s'apprivoise aisément, on le dresse à la chasse et on s'en sert à cet usage en Perse et dans plusieurs autres provinces de l'Asie ; il y a des onces assez petits pour qu'un cavalier puisse les porter en croupe ; ils sont assez doux pour se laisser manier et caresser avec la main. La panthère paraît être d'une nature plus fière et moins flexible : on la dompte plutôt qu'on ne l'apprivoise, jamais elle ne perd en entier son caractère féroce, et, lorsqu'on veut s'en servir pour la chasse, il faut beaucoup de soins pour la dresser, et encore plus de précautions pour la conduire et l'exercer. On la mène sur une charrette enfermée dans une cage, dont on lui ouvre la porte lorsque le gibier paraît ; elle s'élance vers la bête, l'atteint ordinairement en trois ou quatre sauts, la terrasse et l'étrangle : mais, si elle manque son coup, elle devient furieuse et se jette quelquefois sur son maître, qui d'ordinaire prévient ce danger en portant avec lui des morceaux de viande ou des animaux vivants, comme des agneaux, des chevreaux, dont on lui en jette un pour calmer sa fureur.

L'espèce de l'once paraît être plus nombreuse et plus répandue que celle de la panthère : on la trouve très com-

munément en Barbarie, en Arabie et dans toutes les parties méridionales de l'Asie, à l'exception peut-être de l'Égypte ; elle s'est même étendue jusqu'à la Chine. Ce qui fait qu'on se sert de l'once pour la chasse dans les climats chauds de l'Asie, c'est que les chiens y sont très rares ; il n'y a, pour ainsi dire, que ceux qu'on y transporte, et encore perdent-ils en peu de temps leur voix et leur instinct ; d'ailleurs, ni la panthère, ni l'once, ni le léopard ne peuvent souffrir les chiens ; ils semblent les chercher et les attaquer de préférence sur toutes les autres bêtes.

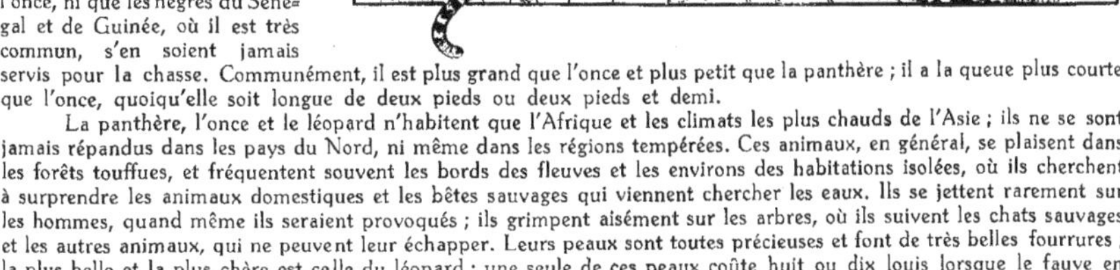

Le léopard a les mêmes mœurs et le même naturel que la panthère ; et je ne vois nulle part qu'on l'ait apprivoisé comme l'once, ni que les nègres du Sénégal et de Guinée, où il est très commun, s'en soient jamais servis pour la chasse. Communément, il est plus grand que l'once et plus petit que la panthère ; il a la queue plus courte que l'once, quoiqu'elle soit longue de deux pieds ou deux pieds et demi.

La panthère, l'once et le léopard n'habitent que l'Afrique et les climats les plus chauds de l'Asie ; ils ne se sont jamais répandus dans les pays du Nord, ni même dans les régions tempérées. Ces animaux, en général, se plaisent dans les forêts touffues, et fréquentent souvent les bords des fleuves et les environs des habitations isolées, où ils cherchent à surprendre les animaux domestiques et les bêtes sauvages qui viennent chercher les eaux. Ils se jettent rarement sur les hommes, quand même ils seraient provoqués ; ils grimpent aisément sur les arbres, où ils suivent les chats sauvages et les autres animaux, qui ne peuvent leur échapper. Leurs peaux sont toutes précieuses et font de très belles fourrures ; la plus belle et la plus chère est celle du léopard ; une seule de ces peaux coûte huit ou dix louis lorsque le fauve en est vif et brillant, et que les taches sont bien noires et bien terminées.

LE JAGUAR

Le jaguar ressemble à l'once par la grandeur du corps, par la forme de la plupart des taches dont sa robe est parsemée, et même par le naturel ; il est moins fier et moins féroce que le léopard et la panthère. Il a le fond du poil d'un beau fauve comme le léopard, et non pas gris comme l'once ; il a la queue plus courte que l'un et l'autre, le poil plus long que la panthère et plus court que l'once. Le jaguar vit de proie comme le tigre ; mais il ne faut pour le faire fuir que lui présenter un tison allumé, et même, lorsqu'il est repu, il perd tout courage et toute vivacité; un chien seul suffit pour lui donner la chasse ; il se ressent en tout de l'indolence du climat du Nouveau-Monde ; il n'est léger, agile, alerte que quand la faim le presse. Le jaguar se trouve au Brésil et dans toutes les contrées méridionales de l'Amérique; il est cependant plus rare à Cayenne que le couguar, qu'on a appelé *tigre rouge*; et le jaguar est maintenant

moins commun au Brésil, qui paraît être son pays natal, qu'il ne l'était autrefois : on a mis sa tête à prix ; on en a beaucoup détruit, et il s'est retiré loin des côtes dans la profondeur des terres.

LE COUGUAR

Le couguar a la taille aussi longue, mais moins étoffée que le jaguar ; il est plus levretté, plus effilé et plus haut sur ses jambes ; il a la tête petite, la queue longue, le poil court et de couleur presque uniforme, d'un roux vif, mêlé de quelques teintes noirâtres, surtout au-dessus du dos ; il a le menton blanchâtre, ainsi que la gorge et toutes les parties inférieures du corps. Quoique plus faible, il est aussi féroce et peut-être plus cruel que le jaguar ; il paraît être encore plus acharné sur sa proie, il la dévore sans la dépecer ; dès qu'il l'a saisie, il l'entame, la suce, la mange de suite et ne la quitte pas qu'il ne soit pleinement rassasié.

Cet animal est assez commun à la Guyane; autrefois on l'a vu arriver à la nage et en nombre dans l'île de Cayenne, pour attaquer et dévaster les troupeaux : c'était dans les commencements un fléau pour la colonie, mais peu à peu on l'a chassé, détruit et relégué loin des habitations. On le trouve au Brésil, au Paraguay, au pays des Amazones.

Le couguar, par la légèreté de son corps et la plus grande longueur de ses jambes, doit mieux courir que le jaguar et grimper aussi plus aisément sur les arbres ; ils sont tous deux également paresseux et poltrons dès qu'ils sont rassasiés ; ils n'attaquent presque jamais les hommes, à moins qu'ils ne les trouvent endormis. Lorsqu'on veut passer la nuit ou s'arrêter dans les bois, il suffit d'allumer du feu pour les empêcher d'approcher. Ils se plaisent à l'ombre dans les grandes forêts ; ils se cachent dans un fort ou même dans un arbre touffu, d'où ils s'élancent sur les animaux qui passent. Ce qu'il y a de mieux dans les couguars, c'est la peau, dont on fait des housses de cheval, et l'on est peu friand de leur chair, qui, d'ordinaire, est maigre et d'un fumet peu agréable.

LE LYNX OU LOUP-CERVIER

Le lynx est un animal plus commun dans les pays froids que dans les pays tempérés et il est au moins très rare dans les pays chauds. Il était à la vérité connu des Grecs et des Latins ; mais cela ne suppose pas qu'il vînt d'Afrique ou des provinces méridionales de l'Asie ; Pline dit au contraire que les premiers qu'on vit à Rome du temps de Pompée avaient été envoyés des Gaules. Maintenant il n'y en a plus en France, si ce n'est peut-être quelques-uns dans les Pyrénées et les Alpes ; mais aussi, sous le nom de Gaules, les Romains comprenaient beaucoup de pays septentrionaux, et d'ailleurs tout le monde sait qu'aujourd'hui la France est bien moins froide que ne l'était la Gaule.

Cet animal habite les climats froids plus volontiers que les pays tempérés ; il est du nombre de ceux qui ont pu passer d'un continent à l'autre par les terres du nord ; aussi l'a-t-on trouvé dans l'Amérique septentrionale. Les voyageurs l'ont indiqué d'une manière à ne s'y pas méprendre, et d'ailleurs on sait que la peau de cet animal fait un objet de commerce de l'Amérique en Europe. Les loups-cerviers de Canada sont seulement plus petits et plus blancs que ceux d'Europe.

Le lynx, dont les anciens ont dit que la vue était assez perçante pour pénétrer les corps opaques, est un animal fabuleux aussi bien que toutes les propriétés qu'on lui attribue. Ce lynx imaginaire n'a d'autre rapport avec le vrai lynx que celui du nom.

Notre lynx ne voit pas à travers les murailles, mais il est vrai qu'il a les yeux brillants, le regard doux, l'air agréable et gai. Il n'a rien du loup qu'une espèce de hurlement, qui, se faisant entendre de loin, a dû tromper les chasseurs et leur faire croire qu'ils entendaient un loup. Cela seul a peut-être suffi pour lui faire donner le nom de *loup*, auquel, pour le distinguer du vrai loup, les chasseurs auront ajouté l'épithète de *cervier*, parce qu'il attaque les cerfs ou plutôt parce que sa peau est variée de taches à peu près comme celles de jeunes cerfs. Le lynx est moins gros que le loup et plus bas sur ses jambes ; il est communément de la grandeur d'un renard. Il ne court pas de suite comme le loup, il marche et saute comme le chat ; il vit de chasse et poursuit son gibier jusqu'à la cime des arbres ; les chats sauvages, les martes, les écureuils ne peuvent lui échapper ; il saisit aussi les oiseaux ; il atteint les cerfs, les chevreuils, les lièvres au passage et s'élance dessus ; il les prend à la gorge, et lorsqu'il s'est rendu maître de sa victime, il en suce le sang et lui ouvre la tête pour manger la cervelle, après quoi souvent il l'abandonne pour en chercher une autre : rarement il retourne à sa première proie, et c'est ce qui a fait dire que, de tous les animaux, le lynx était celui qui avait le moins de mémoire. Son poil change de couleur suivant les climats et la saison ; les fourrures d'hiver sont plus belles, meilleures et plus fournies que celles de l'été : sa chair, comme celle de tous les animaux de proie, n'est pas bonne à manger.

LE CARACAL

Cet animal est commun en Barbarie, en Arabie et dans tous les pays qu'habitent le lion, la panthère et l'once. Comme eux, il vit de proie ; mais étant plus petit et bien plus faible, il a plus de peine à se procurer sa subsistance ; il n'a, pour ainsi dire, que ce que les autres lui laissent, et souvent il est forcé de se contenter de leurs restes : il s'éloigne de la panthère parce qu'elle exerce ses cruautés quand même elle est pleinement rassasiée ; mais il suit le lion qui, dès qu'il est repu, ne fait de mal à personne ; le caracal profite des débris de sa table, et quelquefois même il l'accompagne d'assez près, parce que, grimpant légèrement sur les arbres, il ne craint pas la colère du lion qui ne pourrait l'y suivre comme fait la panthère. C'est par toutes ces raisons que l'on a dit du caracal qu'il était le guide ou pourvoyeur du lion, que celui-ci, dont l'odorat n'est pas fin, s'en servait pour éventer de loin les autres animaux, dont il partageait ensuite avec lui la dépouille. Le caracal est de la grandeur d'un renard, mais il est beaucoup plus féroce et plus fort ; on l'a vu assaillir, déchirer et mettre à mort en peu d'instants un chien d'assez grande taille qui, combattant pour sa vie, se défendait de toutes ses forces : il ne s'apprivoise que très difficilement ; cependant lorsqu'il est pris jeune et ensuite élevé avec soin, on peut le dresser à la chasse qu'il aime naturellement et à laquelle il réussit très bien, pourvu qu'on ait l'attention de ne le jamais lâcher que contre des animaux qui lui soient inférieurs et qui ne puissent lui résister ; autrement il se rebute et refuse le service dès qu'il y a du danger : on s'en sert aux Indes pour prendre les lièvres, les lapins et même les grands oiseaux, qu'il surprend et saisit avec une adresse singulière.

LE SERVAL

Le serval est un animal sauvage et féroce plus gros que le chat sauvage et un peu plus petit que la civette ; il ressemble à la panthère. On le trouve dans les montagnes de l'Inde ; on le voit rarement à terre ; il se tient presque toujours sur les arbres, où il fait son nid et prend les oiseaux, desquels il se nourrit. Il saute aussi légèrement qu'un singe d'un arbre à l'autre, et avec tant d'adresse et d'agilité qu'en un instant il parcourt un grand espace et qu'il ne fait, pour ainsi dire, que paraître et disparaître. Il est d'un naturel féroce ; cependant il fuit à l'aspect de l'homme, à moins qu'on ne l'irrite ; alors il devient furieux ; il s'élance, mord et déchire à peu près comme la panthère.

La captivité, les bons ou les mauvais traitements ne peuvent ni dompter ni adoucir la férocité de cet animal ; il est quatre fois plus gros qu'un chat ; il est vorace et mange les singes, les rats et les autres animaux.

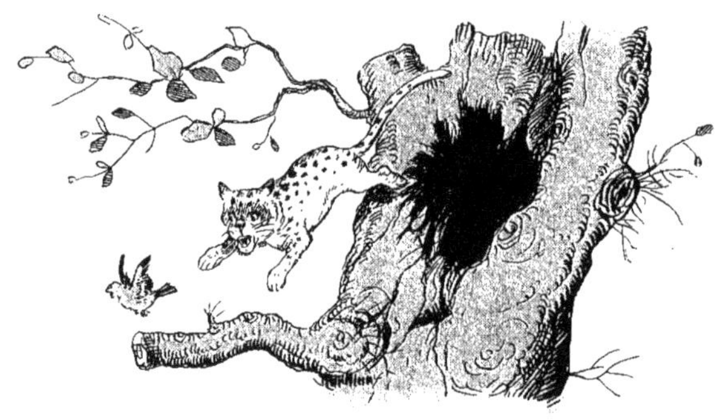

L'OCELOT

L'ocelot est un animal d'Amérique, féroce et carnassier, que l'on doit placer à côté du jaguar, du couguar, ou immédiatement après ; car il en approche pour la grandeur, et leur ressemble par leur naturel et par la figure.

Lorsque l'ocelot a pris son entier accroissement, il a deux pieds et demi de hauteur sur environ quatre pieds de longueur. Cet animal est très vorace, il est en même temps timide ; il attaque rarement les hommes, il craint les chiens, et dès qu'il est poursuivi, il gagne les bois et grimpe sur un arbre ; il y demeure, et même y séjourne pour dormir et pour épier le gibier ou le bétail, sur lequel il s'élance dès qu'il le voit à portée ; il préfère le sang à la chair, et c'est par cette raison qu'il détruit un grand nombre d'animaux, parce qu'au lieu de se rassasier en les dévorant, il ne fait que se désaltérer en leur suçant le sang.

Dans l'état de captivité, il conserve ses mœurs ; rien ne peut adoucir son naturel féroce, rien ne peut calmer ses mouvements inquiets, on est obligé de le tenir toujours en cage.

Ils feraient ensemble, mâle et femelle, comme nos chats domestiques ; il règne entre eux une supériorité singulière de la part du mâle.

Quelque appétit qu'aient ces deux animaux, jamais la femelle ne s'avise de rien prendre que le mâle n'ait sa saturation, et qu'il ne lui envoie les morceaux dont il ne veut plus ; ils ne mangent d'aucune viande cuite ni salée.

Il paraît que ces animaux ne produisent ordinairement que deux petits. Il en est de l'ocelot comme du jaguar, de la panthère, du léopard, du tigre et du lion : tous ces animaux, remarquables par leur grandeur, ne produisent qu'en petit nombre.

LE MARGAY

Le margay est beaucoup plus petit que l'ocelot : il ressemble au chat sauvage et au jaguar ; lorsqu'il a pris son accroissement en entier, il n'est pas tout à fait si grand que la civette ; il est de la grandeur du chat sauvage ; il ne vit que de petit gibier, de volailles ; il est très difficile à apprivoiser, et ne perd même jamais son naturel féroce. C'est un animal très commun à la Guyane, au Brésil et dans toutes les autres provinces de l'Amérique méridionale ; mais l'espèce en est moins commune dans les pays tempérés que dans les climats chauds.

L'ISATIS

La voix de l'isatis tient de l'aboiement du chien et du glapissement du renard. Les marchands qui font commerce de pelleteries distinguent deux sortes d'isatis, les uns blancs et les autres bleus cendrés ; ceux-ci sont les plus estimés et plus ils sont bleus ou bruns, plus ils sont chers.

Le climat des isatis est le Nord, et les terres qu'ils habitent de préférence sont celles des bords de la mer Glaciale et des fleuves qui y tombent ; ils aiment les lieux découverts et ne demeurent pas dans les bois ; on les trouve dans les endroits les plus froids, les plus montueux et les plus nus de la Norwège, de la Laponie, de la Sibérie et même en Islande.

Les Phocacés[1]

Ces mots *phoque, morse,* et *lamantin,* sont plutôt des dénominations génériques que des noms spécifiques ; nous comprenons sous celle de phoque : 1° le *phoca* des anciens ; 2° le phoque commun que nous appelons *veau marin* ; 3° le grand phoque ; 4° le très grand phoque que l'on appelle *lion marin.*

Par le nom de *morse,* nous entendons les animaux que l'on connaît vulgairement sous celui de *vaches marines* ou *bêtes à la grande dent,* dont nous connaissons deux espèces, l'une qui ne se trouve que dans les mers du Nord, et l'autre qui n'habite au contraire que les mers du Midi, à laquelle nous avons donné le nom de *dugon* ; enfin, sous celui de *lamantin,* nous comprenons les animaux qu'on appelle *manati,* bœufs marins à Saint-Domingue, à Cayenne et dans les autres parties de l'Amérique méridionale.

Les phoques et les morses diffèrent des autres animaux par un grand caractère : ils sont les seuls qui puissent vivre également et dans l'air et dans l'eau. Le phoque a les sens aussi bons qu'aucun des quadrupèdes, par conséquent le sentiment aussi vif et l'intelligence aussi prompte ; l'un et l'autre se marquent par sa douceur, par ses habitudes communes, par ses qualités sociales, par son instinct très vif pour sa femelle et très attentif pour ses petits, par sa voix plus expressive et plus modulée que celle des autres animaux. Il a aussi de la force et des armes ; son corps est ferme et grand ; ses dents tranchantes, ses ongles aigus ; d'ailleurs il a des avantages particuliers, uniques, sur tous ceux qu'on voudrait lui comparer ; il ne craint ni le froid ni le chaud ; il vit indifféremment dans l'herbe, de chair ou de poisson ; il habite également l'eau, la terre et la glace.

Mais ces avantages, qui sont très grands, sont balancés par des imperfections qui sont encore plus grandes. Le veau marin est manchot ou plutôt estropié des quatre membres. Lorsqu'il est sur terre, il est obligé de se traîner comme un reptile, et par un mouvement plus pénible ; car son corps ne pouvant se plier en arc comme celui du serpent, pour prendre successivement différents points d'appui et avancer ainsi par la réaction du terrain, le phoque demeurerait gisant au même lieu sans sa gueule et ses mains qu'il accroche à ce qu'il peut saisir, et il s'en sert avec tant de dextérité qu'il monte assez promptement sur un rivage élevé, sur un rocher et même sur un glaçon, quoique rapide et glissant. Il marche aussi bien plus vite qu'on ne pourrait l'imaginer, et souvent, quoique blessé, il échappe par la fuite au chasseur.

Les phoques vivent en société ou du moins en grand nombre dans les mêmes lieux ; leur climat naturel est le Nord, quoiqu'ils puissent vivre aussi dans les zones tempérées, et même dans les climats chauds ; mais ils sont infiniment plus communs, plus nombreux dans les mers septentrionales de l'Asie, de l'Europe et de l'Amérique.

La voix du phoque peut se comparer à l'aboiement d'un chien enroué : dans le premier âge, il fait entendre un cri plus clair, à peu près comme le miaulement d'un chat ; les petits qu'on enlève à leur mère miaulent continuellement, et se laissent quelquefois mourir d'inanition plutôt que de prendre la nourriture qu'on leur offre. Les vieux phoques aboient contre ceux qui les frappent, et font tous leurs efforts pour mordre et se venger. Ils ont naturellement une mauvaise odeur, et que l'on sent de fort loin lorsqu'ils sont en grand nombre ; ils ont une quantité de sang prodigieuse,

(1) Buffon mêle avec les cétacés le *lamantin* et le *dugon* qui en sont très éloignés.

et comme ils ont aussi une grande surcharge de graisse, ils sont, par cette raison, d'une nature lourde et pesante ; ils dorment beaucoup et d'un sommeil profond ; ils aiment à dormir au soleil sur des glaçons, sur des rochers, et on peut les approcher sans les éveiller ; c'est la manière la plus ordinaire de les prendre. On les tire rarement avec des armes à feu parce qu'ils ne meurent pas tout de suite, même d'une balle dans la tête ; ils se jettent à la mer et sont perdus pour le chasseur : mais comme l'on peut les approcher de près lorsqu'ils sont endormis, ou même quand ils sont éloignés de la mer, parce qu'ils ne peuvent fuir que très lentement, on les assomme à coups de bâton et de perche ; ils sont très durs et très vivaces.

Aux trois espèces de phoques dont nous venons de parler, il faut peut-être en ajouter une quatrième, appelée le *lion marin* ; elle est très nombreuse sur les côtes des terres Magellaniques et à l'île de Juan-Fernandès, dans la mer du Sud. Ces lions marins ressemblent aux phoques ou veaux marins qui sont fort communs dans ces mêmes parages, mais ils sont beaucoup plus grands. Ils sont si gras, qu'après avoir percé et ouvert la peau, qui est épaisse d'un pouce, on trouve au moins un pied de graisse avant de parvenir à la chair. On tire d'un seul de ces animaux jusqu'à cinq cents pintes d'huile, mesure de Paris ; ils sont en même temps fort sanguins ; lorsqu'on les blesse profondément et en plusieurs endroits à la fois, on voit partout jaillir le sang avec beaucoup de force.

Les lions marins, pendant tout le temps qu'ils sont à terre, vivent de l'herbe qui croît sur le bord des eaux courantes, et le temps qu'ils ne paissent pas, ils l'emploient à dormir dans la fange ; ils paraissent d'un naturel fort pesant et sont fort difficiles à réveiller ; mais ils ont la précaution de placer des mâles en sentinelle autour de l'endroit où ils dorment, et l'on dit que ces sentinelles ont grand soin de les éveiller dès qu'on approche. Leurs cris sont fort bruyants et de tons différents : tantôt ils grognent comme des cochons, et tantôt ils hennissent comme des chevaux ; ils se battent souvent, et se font de grandes blessures à coups de dents. La chair de ces animaux n'est pas mauvaise à manger ; la langue surtout est aussi bonne que celle du bœuf. Il est très facile de les tuer, car ils ne peuvent ni se défendre ni s'enfuir ; ils sont si lourds qu'ils ont peine à se remuer, et encore plus à se retourner ; il faut seulement prendre garde à leurs dents, qui sont très fortes, et dont ils pourraient blesser, si on approchait de face et de trop près.

LE MORSE OU LA VACHE MARINE

Le nom de *vache marine*, sous lequel le morse est le plus généralement connu, a été très mal appliqué, puisque l'animal qu'il désigne ne ressemble en rien à la vache terrestre ; le nom d'éléphant de mer, que d'autres lui ont donné, cst mieux imaginé, parce qu'il est fondé sur un rapport unique et sur un caractère très apparent. Le morse a, comme l'éléphant, deux grandes défenses d'ivoire qui sortent de la mâchoire supérieure, et il a la tête conformée, ou plutôt déformée de la même manière que l'éléphant, auquel il ressemblerait en entier par cette partie capitale, s'il avait une trompe. Si le morse peut vivre dans un climat tempéré, néanmoins il ne paraît pas qu'il puisse supporter une grande chaleur, ni qu'il ait jamais fréquenté les mers du Midi pour passer d'un pôle à l'autre.

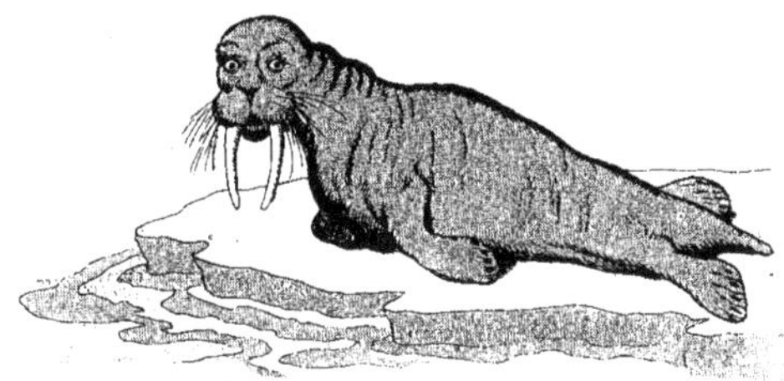

La femelle met bas en hiver sur la terre ou sur la glace, et ne produit ordinairement qu'un petit, qui est en naissant déjà gros comme un cochon d'un an. Les morses ne peuvent pas toujours rester dans l'eau, ils sont obligés d'aller à terre, soit pour allaiter leurs petits, soit pour d'autres besoins ; lorsqu'ils se trouvent dans la nécessité de grimper sur des rivages quelquefois escarpés, et sur des glaçons, ils se servent de leurs défenses pour s'accrocher, et de leurs mains pour faire avancer la lourde masse de leur corps. On prétend qu'ils se nourrissent de coquillages qui sont attachés au fond de la mer, et qu'ils se servent aussi de leurs défenses pour les arracher ; d'autres disent qu'ils ne vivent que d'une certaine herbe à larges feuilles qui croît dans la mer, et qu'ils ne mangent ni chair ni poisson ; mais il y a apparence que le morse vit de proie comme le phoque, et surtout de harengs et d'autres petits poissons, car il ne mange pas lorsqu'il est sur la terre, et c'est le besoin de nourriture qui le contraint de retourner à la mer.

LE LAMANTIN

Le lamantin est gros comme un bœuf et tout rond comme un tonneau ; il a une petite tête et peu de queue ; sa peau est rude et épaisse comme celle d'un éléphant ; il y en a de si gros, qu'on en tire plus de six cents livres de viande très bonne à manger ; sa graisse est aussi douce que le beurre. Cet animal se plaît dans les rivières, proche de leur embouchure à la mer, pour y brouter l'herbe qui croît le long des rivages ; il y a de certains endroits, à dix ou douze lieues de Cayenne, où l'on en trouve en si grand nombre que l'on peut dans un jour en remplir une longue barque, pourvu qu'on ait des gens qui se servent bien du harpon.

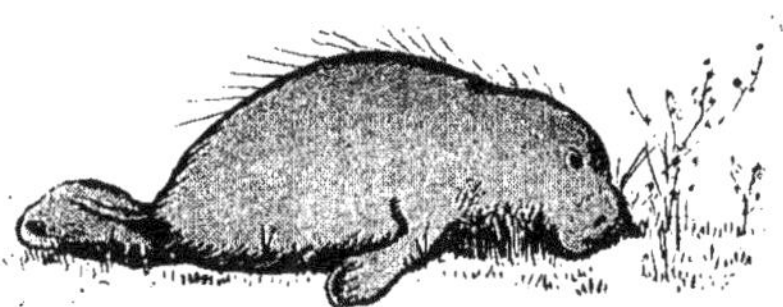

Le lamantin se nourrit d'une petite herbe qui croît dans la mer ; il la broute comme le bœuf fait de celle des prés, et après s'être rempli de cette pâture, il cherche les rivières et les eaux douces, où il s'abreuve deux fois par jour ; après avoir bien bu et bien mangé, il s'endort, le mufle hors de l'eau, ce qui le fait remarquer de loin ; la femelle fait deux petits, qui la suivent partout ; et si on prend la mère, on est assuré d'avoir les petits.

LE DUGON

Le dugon est un animal de la mer d'Afrique et des Indes orientales. Des voyageurs paraissent l'avoir indiqué sous la dénomination d'*ours marin* ; ils rapportent qu'à l'île Sainte-Élisabeth, sur les côtes d'Afrique, il y a des animaux qu'il faudrait plutôt appeler des ours marins que des loups marins, parce que, par leur poil, leur couleur et leur tête, ils ressemblent beaucoup aux ours, et qu'ils ont seulement le museau plus aigu ; qu'au reste ces amphibies ont l'air affreux, ne fuient point à l'aspect de l'homme, et mordent avec assez de force pour couper le fût d'une pertuisane, et que, quoique boiteux des jambes de derrière, ils ne laissent pas de marcher assez vite pour qu'un homme qui court ait de la peine à les joindre.

On a vu près du cap de Bonne-Espérance une vache marine de couleur roussâtre ; elle avait le corps rond et épais, l'œil gros, les dents ou défenses longues. Cette vache marine et cet ours marin paraissent être tous deux le même animal que le dugon, qui se trouve dans les mers méridionales depuis le cap de Bonne-Espérance jusqu'aux îles Philippines.

Les Rongeurs.

L'ÉCUREUIL

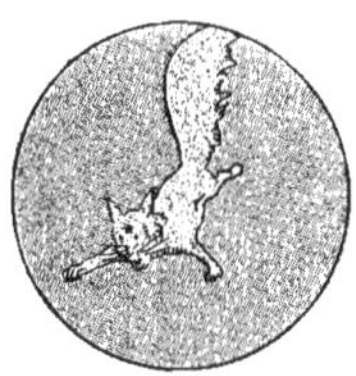

L'ÉCUREUIL est un joli petit animal qui n'est qu'à demi sauvage, et qui, par sa gentillesse, par sa docilité, par l'innocence même de ses mœurs, mériterait d'être épargné. Il n'est ni carnassier ni nuisible, quoiqu'il saisisse quelquefois des oiseaux ; sa nourriture ordinaire sont des fruits, des amandes, des noisettes, de la faîne et du gland ; il est propre, leste, vif, très alerte, très éveillé, très industrieux ; il a les yeux pleins de feu, la physionomie fine, le corps nerveux, les membres très dispos : sa jolie figure est encore rehaussée, parée par une belle queue en forme de panache, qu'il relève jusque dessus sa tête, et sous laquelle il se met à l'ombre ; il est, pour ainsi dire, moins quadrupède que les autres, il se tient ordinairement assis presque debout, et se sert de ses pieds de devant comme d'une main, pour porter à sa bouche. Au lieu de se cacher sous terre, il est toujours en l'air ; il approche des oiseaux par sa légèreté ; il demeure comme eux sur la cime des arbres, parcourt les forêts en sautant de l'un à l'autre, y fait aussi son nid, cueille les graines, boit la rosée, et ne descend à terre que quand les arbres sont agités par la violence des vents. On ne le trouve pas dans les champs, dans les lieux découverts, dans les pays de plaine ; il n'approche jamais des habitations, il ne reste point dans les taillis, mais dans les bois de hauteur, sur les vieux arbres des plus belles futaies. Il craint l'eau plus encore que la terre. Il ne s'engourdit pas comme le loir pendant l'hiver ; il est en tout temps très éveillé, et pour peu que l'on touche au pied de l'arbre sur lequel il repose, il sort de sa petite bauge, fuit sur un autre arbre, ou se cache à l'abri d'une branche. Il ramasse des noisettes pendant l'été, en remplit les troncs, les fentes d'un vieil arbre, et a recours en hiver à sa provision ; il les cherche aussi sous la neige, qu'il détourne en grattant.

Il a la voix éclatante, et plus perçante encore que celle de la fouine ; il a de plus un murmure à bouche fermée, un petit grognement de mécontentement qu'il fait entendre toutes les fois qu'on l'irrite. Il est trop léger pour marcher, il va ordinairement par petits sauts et quelquefois par bonds ; il a les ongles si pointus et les mouvements si prompts, qu'il grimpe en un instant sur un hêtre dont l'écorce est fort lisse.

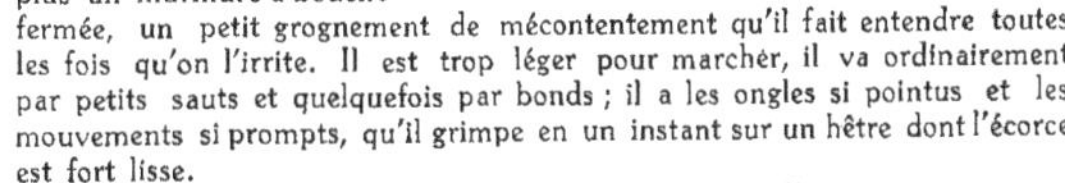

On entend les écureuils, pendant les belles nuits d'été, crier en courant sur les arbres les uns après les autres ; ils semblent craindre l'ardeur du soleil, ils demeurent pendant le jour à l'abri dans leur domicile, dont ils sortent le soir pour s'exercer, jouer et manger ; ce domicile est propre, chaud et impénétrable à la pluie ; c'est ordinairement sur l'enfourchure d'un arbre qu'ils l'établissent ; ils commencent par transporter des bûchettes qu'ils mêlent, qu'ils entrelacent avec de la mousse ; ils la serrent ensuite, ils la foulent et donnent assez de capacité et de solidité à leur ouvrage pour y être à l'aise et en sûreté avec leurs petits. Ils produisent ordinairement trois ou quatre petits, et mettent bas au mois de mai ou au commencement de juin ; ils muent au sortir de l'hiver ; le poil nouveau est plus roux que celui qui tombe. Ils se peignent, ils se polissent, avec les mains et les dents ; ils sont propres, ils n'ont aucune mauvaise odeur ; leur chair est assez bonne à manger. Le poil de la queue sert à faire des pinceaux ; mais leur peau ne fait pas une bonne fourrure.

Il y a beaucoup d'espèces voisines de celle de l'écureuil, et peu de variétés dans l'espèce même ; il s'en trouve quelques=uns de cendrés ; tous les autres sont roux.

LE PETIT-GRIS

On trouve dans les parties septentrionales de l'un et de l'autre continent l'animal que nous donnons ici sous le nom de *petit=gris* ; il ressemble beaucoup à l'écureuil, et n'en diffère à l'extérieur que par les caractères suivants : il est plus grand que l'écureuil ; il n'a pas le poil roux, mais d'un gris plus ou moins foncé ; les oreilles sont dénuées de ces longs poils qui surmontent l'extrémité de celles de l'écureuil.

On a peu de faits sur l'histoire des petits=gris : l'écureuil gris ou noirâtre d'Amérique se tient ordinairement sur les arbres et particulièrement sur les pins ; il se nourrit de fruits et de graines, il en fait provision pour l'hiver, il les dépose dans le creux d'un arbre où il se retire lui=même pour passer la mauvaise saison, il y fait aussi ses petits, etc.

Ces habitudes du petit=gris sont encore différentes de celles de l'écureuil, lequel se construit un nid au=dessus des arbres, comme font les oiseaux.

Cet écureuil noirâtre est=il le même que l'écureuil gris de Virginie, et tous deux sont=ils les mêmes que le petit=gris du nord de l'Europe, c'est une chose qui paraît très vraisemblable, parce que ces trois animaux sont à peu près de la même grandeur, de la même couleur et du même climat froid, qu'ils sont précisément de la même forme, et qu'on emploie également leurs peaux dans les fourrures qu'on appelle *petit=gris*.

LE PALMISTE, LE BARBARESQUE ET LE SUISSE

Le palmiste est de la grosseur d'un rat ou d'un petit écureuil; il passe sa vie sur les palmiers, et c'est de là qu'il a tiré son nom; les uns l'appellent *rat=palmiste*, et les autres *l'écureuil des palmiers*; et comme il n'est ni écureuil ni rat, nous l'appellerons simplement *palmiste*.

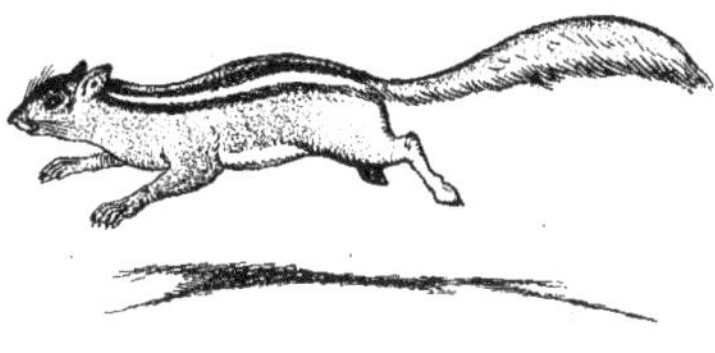

Il a la tête à peu près de la même forme que le campa=gnol, et couverte de même de poils hérissés; sa longue queue n'est pas traînante comme celle des rats, il la porte droite et relevée verticalement, sans cependant la renverser sur son corps comme fait l'écureuil; elle est couverte d'un poil plus long que celui du corps, mais bien plus court que le poil de la queue de l'écureuil. Il a sur le milieu du dos, tout le long de l'épine, depuis le cou jusqu'à la queue, une bande blanchâtre accompa=gnée de chaque côté d'une bande brune, et ensuite d'une autre bande blanchâtre. Si l'on fait attention que le palmiste et l'écureuil de Barbarie, que nous appelons *barbaresque*, ne se trouvent que dans les climats chauds de l'ancien continent, qu'au contraire le suisse ou l'écureuil suisse ne se trouve que dans les régions froides et tempérées du Nouveau=Monde, on jugera que ce sont trois espèces différentes.

A l'égard du barbaresque, comme il est du même continent, du même climat, de la même grosseur et à peu près de la même figure que le palmiste, on pourrait croire qu'ils seraient tous deux de la même espèce, et qu'ils feraient seulement variété dans cette espèce. Cependant le barbaresque a la tête plus arquée, les oreilles plus grandes, la queue garnie de poils plus touffus et plus longs que le palmiste; il est plus écureuil que rat.

LE POLATOUCHE

Le polatouche est d'une espèce particulière qui se rapproche seulement par quelques caractères de celles de l'écureuil, du loir et du rat; il ne ressemble à l'écureuil que par la grosseur des yeux et par la forme de la queue, qui cependant n'est ni aussi longue, ni fournie d'aussi longs poils; il approche plus du loir par la figure du corps, par celle des oreilles, qui sont courtes et nues, par les poils de la queue, qui sont de la même forme et de la même gran=deur que ceux du loir; mais il n'est pas, comme lui, sujet à l'en=gourdissement par l'action du froid.

Le polatouche n'est donc ni écureuil, ni rat, ni loir, quoiqu'il participe un peu de la nature de tous trois.

On le trouve également dans les parties septentrionales de l'an=cien et du nouveau continent; il est seulement plus commun en Amérique qu'en Europe, où il ne se trouve que rarement et dans quelques provinces du Nord, telles que la Lithuanie et la Russie.

Ce petit animal habite sur les arbres comme l'écureuil; il va de branches en branches.

LA MARMOTTE

La marmotte, prise jeune, s'apprivoise plus qu'aucun animal sauvage, et presque autant que nos animaux domestiques ; elle apprend aisément à saisir un bâton, à gesticuler, à danser, à obéir en tout à la voix de son maître. Elle est, comme le chat, antipathique avec le chien.

Quoiqu'elle ne soit pas tout à fait aussi grande qu'un lièvre, elle joint beaucoup de force à beaucoup de souplesse.

Cependant elle n'attaque que les chiens, et ne fait de mal à personne, à moins qu'on ne l'irrite.

Si l'on n'y prend pas garde, elle ronge les meubles, les étoffes et perce même le bois lorsqu'elle est renfermée.

Elle se tient souvent assise, et marche aisément sur ses pieds de derrière ; elle porte à sa gueule ce qu'elle saisit avec ceux de devant et mange debout comme l'écureuil ; elle court assez vite en montant, mais assez lentement en plaine ; elle grimpe sur les arbres, elle monte entre deux parois de rochers, entre deux murailles voisines, et c'est des marmottes, dit-on, que les Savoyards ont appris à grimper pour ramoner les cheminées.

Elles mangent de tout ce qu'on leur donne, mais elles sont plus avides de lait et de beurre que de tout autre aliment. Quoique moins enclines que le chat à dérober, elles cherchent à entrer dans les endroits où l'on renferme le lait, et elles le boivent en marmottant, c'est-à-dire en faisant comme le chat une espèce de murmure de contentement.

La marmotte tient un peu de l'ours et un peu du rat pour la forme du corps.

Elle a le nez, les lèvres et la forme de la tête comme le lièvre, le poil et les ongles du blaireau, les dents du castor, la moustache du chat, les yeux du loir, les pieds de l'ours, la queue courte et les oreilles tronquées. Elle a la voix et le murmure d'un petit chien, lorsqu'elle joue ou quand on la caresse ; mais lorsqu'on l'irrite ou qu'on l'effraie, elle fait entendre un sifflet si perçant et si aigu qu'il blesse le tympan.

Elle aime la propreté, mais elle a, comme le rat, surtout en été, une odeur forte qui la rend très désagréable ; en automne, elle est très grasse : elle serait assez bonne à manger, si elle n'avait pas toujours un peu d'odeur, qu'on ne peut masquer que par les assaisonnements très forts.

Cet animal, qui se plaît dans la région de la neige et des glaces, qu'on ne trouve que sur les plus hautes montagnes, est cependant sujet plus qu'un autre à s'engourdir par le froid. C'est ordinairement à la fin de septembre ou au commencement d'octobre qu'elle se recèle dans sa retraite pour n'en sortir qu'au commencement d'avril. Les marmottes demeurent ensemble et elles travaillent en commun à leur habitation ; elles y passent les trois quarts de leur vie, elles s'y retirent pendant l'orage, pendant la pluie ou dès qu'il y a quelque danger ; elles n'en sortent même que dans les plus beaux jours, et ne s'en éloignent guère ; l'une fait le guet, assise sur une roche élevée, tandis que les autres s'amusent à jouer sur le gazon, ou s'occupent à le couper pour en faire du foin ; et lorsque celle qui fait sentinelle aperçoit un homme, un aigle, un chien, etc., elle avertit les autres par un coup de sifflet, et ne rentre elle-même que la dernière.

Elles ne font pas de provisions pour l'hiver, il semble qu'elles devinent qu'elles seraient inutiles; mais lorsqu'elles sentent les premières approches de la saison qui doit les engourdir, elles travaillent à fermer les deux portes de leur domicile, et elles le font avec tant de soin et de solidité, qu'il est plus aisé d'ouvrir la terre partout ailleurs que dans l'endroit qu'elles ont muré. Lorsqu'on découvre leur retraite, on les trouve resserrées en boule et fourrées dans le foin ; on les emporte tout engourdies, on peut même les tuer sans qu'elles paraissent le sentir : on choisit les plus grasses pour les manger, et les plus jeunes pour les apprivoiser. Une chaleur graduée les ranime comme les loirs, et celles qu'on nourrit à la maison, en les tenant dans des lieux chauds, ne s'engourdissent pas, et sont même aussi vives que dans les autres temps.

Ces animaux ne produisent qu'une fois l'an ; les portées ordinaires ne sont que de trois ou quatre petits ; leur accroissement est prompt, et la durée de leur vie n'est que de neuf ou dix ans ; aussi l'espèce n'en est ni nombreuse ni bien répandue.

LE BOBAK

Le bobak ne diffère de la marmotte des Alpes que par les couleurs du poil ; il habite de préférence la région la plus haute et la plus froide des montagnes ; on le trouve en Pologne, en Russie et dans les autres parties du nord de l'Europe.

Lorsqu'on irrite ces animaux, ou seulement qu'on veut les prendre, ils mordent violemment, et font un cri aigu comme la marmotte ; quand on leur donne à manger, ils se tiennent assis, et portent à leur gueule avec les pieds de devant ; ils produisent en été ; les portées ordinaires sont de cinq ou six ; ils se font des terriers où ils passent l'hiver, et où la femelle met bas et allaite ses petits.

LE GERBO OU LA GERBOISE

Le gerbo ou la gerboise proprement dite a la tête faite comme celle du lapin, mais il a les yeux plus grands et les oreilles plus courtes, quoique hautes et amples relativement à sa taille; il a le nez couleur de chair et sans poil; le museau court et épais; l'ouverture de la gueule très petite; la mâchoire supérieure fort ample, l'inférieure étroite et courte; les dents comme celles du lapin; des moustaches autour de la gueule, composées de poils longs, noirs et blancs; les pieds de devant sont très courts et ne touchent jamais la terre; cet animal ne s'en sert que comme de main pour porter à sa gueule.

Le gerbo est commun en Circassie, en Égypte, en Barbarie, en Arabie.

On distingue plusieurs variétés de gerboises.

Ces petits animaux cachent ordinairement leurs mains ou pieds de devant dans leur poil, en sorte qu'on dirait qu'ils n'ont d'autres pieds que ceux de derrière; pour se transporter d'un lieu à un autre, ils ne marchent pas, c'est-à-dire qu'ils n'avancent pas les pieds l'un après l'autre; mais ils sautent très légèrement et très vite à trois ou quatre pieds de distance, et toujours debout comme les oiseaux; en repos, ils sont assis sur leurs genoux; ils ne dorment que le jour et jamais la nuit. Ils mangent du grain et des herbes comme les lièvres; ils sont d'un naturel assez doux, et néanmoins ils ne s'apprivoisent qu'à un certain point; ils se creusent des terriers comme les lapins, et en beaucoup moins de temps; ils y font un magasin d'herbes sur la fin de l'été, et dans les pays froids ils y passent l'hiver.

LE HAMSTER

Cet animal est un rat des plus fameux et des plus nuisibles. Par les parties inférieures, le hamster ressemble plus au rat d'eau qu'à aucun autre animal, il lui ressemble par la petitesse des yeux et la finesse du poil; mais il n'a pas la queue longue comme le rat d'eau, il l'a au contraire très courte. Ces animaux vivent sous terre, et paraissent animés du même intinct, ils ont à peu près les mêmes habitudes.

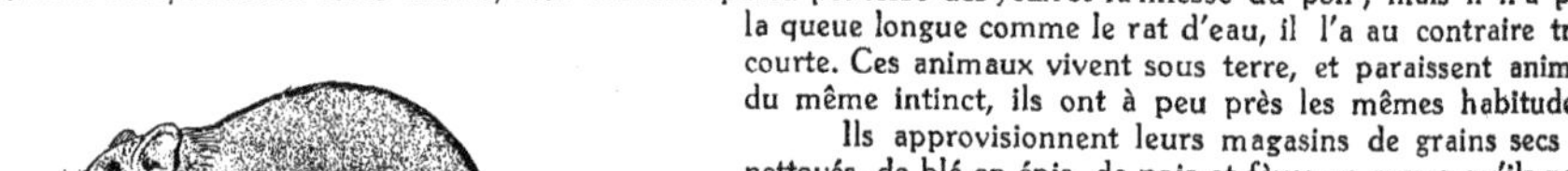

Ils approvisionnent leurs magasins de grains secs et nettoyés, de blé en épis, de pois et fèves en cosses qu'ils nettoient ensuite dans leur demeure, et ils transportent au dehors les cosses et les déchets des épis.

Le hamster fait ordinairement ses provisions de grains à la fin d'août; lorsqu'il a rempli ses magasins, il les couvre et en bouche soigneusement les avenues avec de la terre, ce qui fait qu'on ne découvre pas aisément sa demeure. Le moyen le plus usité pour prendre ces animaux est de les déterrer, quoique ce travail soit assez pénible à cause de la profondeur et de l'étendue de leurs terriers. Les hamsters produisent deux ou trois fois par an, cinq ou six petits à chaque fois, et souvent davantage ; il y a des années où ils paraissent en quantité innombrable, et d'autres où l'on n'en voit presque plus ; les années humides sont celles où ils multiplient beaucoup, et cette nombreuse multiplication cause la disette par la dévastation générale des blés.

Un jeune hamster âgé de six semaines ou deux mois creuse déjà son terrier : cependant il ne produit pas la première année de sa vie.

Les fouines poursuivent vivement les hamsters, et en détruisent un grand nombre ; elles entrent aussi dans leurs terriers et en prennent possession.

Les hamsters s'entre-détruisent mutuellement. Ils font plusieurs portées par an, et sont si nuisibles que, dans les États de l'Allemagne, leur tête est à prix ; ils y sont si communs que leur fourrure est à très bon marché.

LE RAT

L'ON a compris et confondu, sous le nom générique de rat, plusieurs espèces de petits animaux ; nous ne donnerons ce nom qu'au rat commun qui est noirâtre et qui habite dans les maisons ; chacune des autres espèces aura sa dénomination particulière, parce que, ne se mêlant point ensemble, chacune est différente de toutes les autres. Le rat est assez connu par l'incommodité qu'il nous cause ; il habite ordinairement les greniers où l'on entasse le grain, où l'on serre les fruits, et de là descend et se répand dans la maison. Il est carnassier, et même omnivore ; il semble préférer les choses les plus dures aux plus tendres ; il ronge la laine, les étoffes, les meubles, perce le bois, fait des trous dans les murs, se loge dans l'épaisseur des planchers, dans les vides de la charpente ou de la boiserie ; il en sort pour chercher sa subsistance, et souvent il y transporte tout ce qu'il peut traîner ; il y fait même quelquefois magasin, surtout lorsqu'il a des petits. Il produit plusieurs fois par an, presque toujours en été ; les portées ordinaires sont de cinq ou six. Il cherche les lieux chauds et se niche en hiver auprès des cheminées ou dans le foin, dans la paille. Malgré les chats, le poison, les pièges, ces animaux pullulent si fort qu'ils causent souvent de grands dommages ; c'est surtout dans les vieilles maisons à la campagne, où l'on garde du blé dans les greniers, et où le voisinage des granges et des magasins à foin facilite leur retraite et leur multiplication, qu'ils sont en si grand nombre qu'on serait obligé de démeubler, de déserter, s'ils ne se détruisaient eux-mêmes ; mais nous avons vu par l'expérience qu'ils se tuent, qu'ils se mangent entre eux pour peu que la faim les presse ; en sorte que, quand il y a disette à cause du trop grand nombre, les plus forts se jettent sur les plus faibles, leur ouvrent la tête et mangent d'abord la cervelle, et ensuite le reste du cadavre ; le lendemain, la guerre recommence et dure ainsi jusqu'à la destruction du plus grand nombre ; c'est par cette raison qu'il arrive ordinairement qu'après avoir été infesté de ces animaux pendant un temps, ils semblent souvent disparaître tout à coup quelquefois pour longtemps.

Les rats crient quand ils se battent ; ils préparent un lit pour leurs petits et leur apportent bientôt à manger ; lorsqu'ils commencent à sortir de leur trou, la mère veille, les défend, et se bat même contre les chats pour les sauver.

Un gros rat est plus méchant et presque aussi fort qu'un jeune chat ; il a les dents de devant longues et fortes ; le chat mord mal, et comme il ne se sert guère de ses griffes, il faut qu'il soit non seulement vigoureux, mais aguerri. La belette, quoique plus petite, est un ennemi dangereux, et que le rat redoute davantage.

On trouve des variétés dans cette espèce comme dans toutes celles qui sont très nombreuses en individus ; outre les rats ordinaires, qui sont noirâtres, il y en a de bruns, de presque noirs, d'autres d'un gris plus blanc ou plus roux et d'autres tout à fait blancs.

LE LÉROT

Le lérot habite nos jardins et se trouve quelquefois dans nos maisons. Il se niche dans les trous des murailles, il court sur les arbres en espalier, choisit les meilleurs fruits, et les entame tous dans le temps qu'ils commencent à mûrir ; il semble aimer les pêches de préférence, et, si on veut en conserver, il faut avoir grand soin de détruire les lérots.

Ils grimpent aussi sur les poiriers, les abricotiers, les pruniers ; et si les fruits doux leur manquent, ils mangent des amandes, des noisettes, des noix, et même des graines légumineuses ; ils en transportent en grande quantité dans leurs retraites, qu'ils pratiquent en terre, et surtout dans les jardins soignés, car dans les anciens vergers on les trouve souvent dans de vieux arbres creux ; ils se font un lit d'herbes, de mousse et de feuilles. Le froid les engourdit, et la chaleur les ranime ; on en trouve quelquefois huit ou dix dans le même lieu, tous engourdis, tous resserrés en boule au milieu de leurs provisions de noix et de noisettes.

Ils produisent en été, et font cinq ou six petits qui croissent promptement, mais qui cependant ne produisent eux-mêmes que dans l'année suivante. Leur chair n'est pas mangeable ; ils ont la mauvaise odeur du rat domestique. On trouve les lérots dans tous les climats tempérés de l'Europe, et même en Pologne, en Prusse, mais il ne paraît pas qu'il y en ait en Suède ni dans les pays septentrionaux.

LE MUSCARDIN

Le muscardin est le moins laid de tous les rats : il a les yeux brillants, la queue touffue et le poil d'une couleur distinguée ; il est plus blond que roux ; il n'habite jamais dans les maisons, rarement dans les jardins, et se trouve comme le loir, plus souvent dans les bois, où il se retire dans les vieux arbres creux.

L'espèce n'en est pas, à beaucoup près, aussi nombreuse que celle du lérot : on trouve le muscardin presque toujours seul dans son trou. Il paraît qu'il est assez commun en Italie, que même il se trouve dans les climats du Nord, et en même temps il semble qu'il ne se trouve point en Angleterre.

Le muscardin s'engourdit par le froid et se met en boule comme le loir et le lérot ; il se ranime comme eux dans les temps doux, et fait aussi provision de noisettes et d'autres fruits secs. Il fait son nid sur les arbres, comme l'écureuil, mais il le place ordinairement, plus bas, entre les branches d'un noisetier, dans un buisson.

Les petits abandonnent le nid dès qu'ils sont grands, et cherchent à se gîter dans le creux ou sous le tronc des vieux arbres ; et c'est là qu'ils reposent, qu'ils font leurs provisions et qu'ils s'engourdissent.

LE LEMING

Cet animal, dont le corps est épais et les jambes fort courtes, ne laisse pas que de courir assez vite ; il habite ordinairement les montagnes de Norwège et de Laponie, mais il en descend quelquefois et en si grand nombre, dans de certaines années et dans de certaines saisons, qu'on regarde l'arrivée des lemings comme un fléau terrible, et dont il est impossible de se délivrer ; ils font un dégât affreux dans les campagnes, dévastent les jardins, ruinent les moissons, et ne laissent rien que ce qui est serré dans les maisons, où heureusement ils n'entrent pas. Ils aboient à peu près comme des petits chiens ; lorsqu'on les frappe avec un bâton, ils se jettent dessus et le tiennent si fort avec les dents, qu'ils se laissent enlever et transporter à quelque distance, sans vouloir le quitter ; ils se creusent des trous sous terre, et vont comme les taupes manger les racines ; ils s'assemblent dans de certains temps, et meurent, pour ainsi dire, tous ensemble ; ils sont très courageux et se défendent contre les autres animaux. On ne sait pas trop d'où ils viennent ; le peuple croit qu'ils tombent avec la pluie : le mâle est ordinairement plus grand que la femelle ; ils meurent infailliblement au renouvellement des herbes ; ils vont aussi en grandes troupes sur l'eau dans le beau temps, mais s'il vient un coup de vent, ils sont tous submergés.

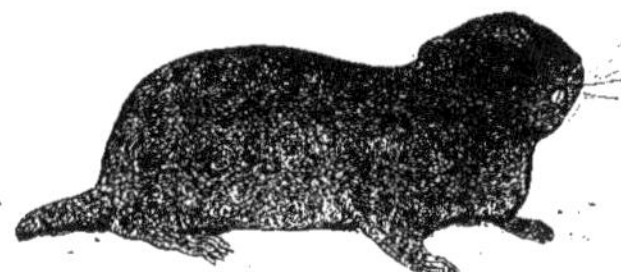

Le nombre de ces animaux est si prodigieux, que, quand ils meurent, l'air en est infecté, et cela occasionne beaucoup de maladies ; il semble même qu'ils infectent les plantes qu'ils ont rongées ; car le pâturage fait alors mourir le bétail.

LA SOURIS

La souris, beaucoup plus petite que le rat, est aussi plus nombreuse, plus commune et plus généralement répandue; elle a le même instinct, le même tempérament, le même naturel, et n'en diffère guère que par la faiblesse et par les habitudes qui l'accompagnent.

Timide par nature, familière par nécessité, la peur ou le besoin font tous ses mouvements ; elle ne sort de son trou que pour chercher à vivre; elle ne s'en écarte guère, y rentre à la première alerte, ne va pas, comme le rat, de maisons en maisons, à moins qu'elle n'y soit forcée, fait aussi beaucoup moins de dégâts, a les mœurs beaucoup plus douces et s'apprivoise jusqu'à un certain point, mais sans s'attacher: comment aimer, en effet, ceux qui nous dressent des embûches ? Plus faible, elle a plus d'ennemis auxquels elle ne peut échapper, ou plutôt se soustraire que par son agilité, sa petitesse même.

Les chouettes, tous les oiseaux de nuit, les chats, les fouines, les belettes, les rats même lui font la guerre ; on l'attire, on la leurre aisément par des appâts, on la détruit à milliers ; elle ne subsiste enfin que par son immense fécondité.

On en a vu qui avaient mis bas dans des souricières ; elles produisent dans toutes les saisons et plusieurs fois par an ; les portées ordinaires sont de cinq ou six petits ; en moins de quinze jours ils prennent assez de force et de croissance pour se disperser et aller chercher à vivre ; ainsi la durée de la vie de ces petits animaux est fort courte, puisque leur accroissement est si prompt ; et cela augmente encore l'idée qu'on doit avoir de leur prodigieuse multiplication.

Aristote dit qu'ayant mis une souris pleine dans un vase à serrer du grain, il s'y trouva peu de temps après cent vingt souris toutes issues de la même mère.

Ces petits animaux ne sont point laids ; ils ont l'air vif et même assez fin ; l'espèce d'horreur qu'on a pour eux n'est fondée que sur les petites surprises et sur l'incommodité qu'ils causent. Toutes les souris sont blanchâtres sous le ventre, et il y en a de blanches sur tout le corps ; il y en a aussi de plus ou moins brunes et de plus ou moins noires.

L'espèce est généralement répandue en Europe, en Asie, en Afrique ; mais on prétend qu'il n'y en avait point en Amérique et que celles qui y sont actuellement en grand nombre viennent originairement de notre continent : ce qu'il y a de vrai, c'est qu'il paraît que ce petit animal suit l'homme et fuit les pays inhabités, par l'appétit naturel qu'il a pour le pain, le fromage, le lard, l'huile, le beurre et les autres aliments que l'homme prépare pour lui-même.

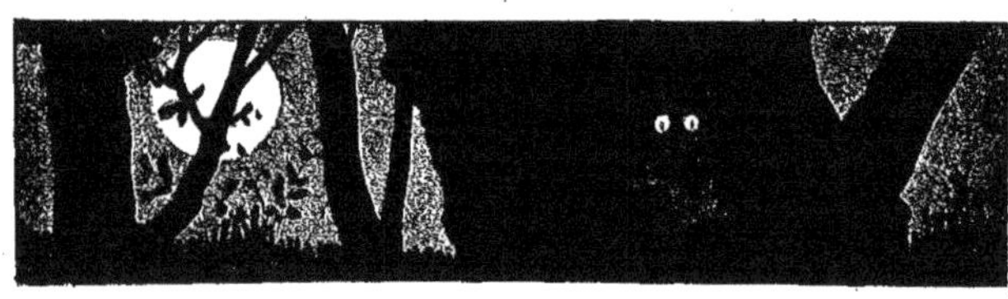

LE MULOT

Le mulot est plus petit que le rat et plus gros que la souris ; il n'habite jamais les maisons et ne se trouve que dans les champs et dans les bois; il est remarquable par les yeux qu'il a gros et proéminents, et il diffère encore du rat et de la souris par la couleur du poil qui est blanchâtre sous le ventre et d'un roux brun sur le dos : il est très généralement et très abondamment répandu, surtout dans les terres élevées.

On le trouve en grande quantité dans les bois et dans les champs qui en sont voisins.

Il se retire dans les trous qu'il trouve tout faits, ou qu'il se pratique sous des buissons et des troncs d'arbres ; il y amasse une quantité prodigieuse de glands, de noisettes ou de faînes ; on en trouve quelquefois jusqu'à un boisseau dans un seul trou, et cette provision, au lieu d'être proportionnée à ses besoins, ne l'est qu'à la capacité du lieu ; ces trous sont ordinairement de plus d'un pied sous terre, et souvent partagés en deux loges, l'une où il habite avec ses petits, l'autre où il fait son magasin. On a souvent éprouvé le dommage très considérable que ces animaux causent aux plantations ; ils emportent les glands nouvellement semés, ils suivent le sillon tracé par la charrue, déterrent chaque gland l'un après l'autre et n'en laissent pas un : cela arrive surtout dans les années où le gland n'est pas fort abondant ; comme ils n'en trouvent pas assez dans les bois, ils viennent le chercher dans les terres semées, ne le mangent pas sur le lieu, mais l'emportent dans leur trou, où ils l'entassent et le laissent sécher et pourrir. Eux seuls font plus de tort à un *semis* de bois que tous les oiseaux et tous les autres animaux ensemble : on n'a trouvé d'autre moyen pour éviter ce grand dommage que de tendre des pièges de dix pas en dix pas dans toute l'étendue de la terre semée ; il ne faut qu'une noix grillée pour appât sous une pierre plate soutenue par une bûchette ; ils viennent pour manger la noix, qu'ils préfèrent au gland ; comme elle est attachée à la bûchette, dès qu'ils y touchent la pierre leur tombe sur le corps et les étouffe ou les écrase. C'est surtout en automne qu'ils sont en grande quantité ; il y en a beaucoup moins au printemps, car ils se détruisent eux-mêmes pour peu que les vivres viennent à leur manquer pendant l'hiver ; les gros mangent les petits ; ils mangent aussi les campagnols et même les grives, les merles et les autres oiseaux qu'ils trouvent pris aux lacets ; ils commencent par la cervelle et finissent par le reste du cadavre.

Le rat pullule beaucoup, et le mulot pullule encore davantage ; il produit plus d'une fois par an, et les portées sont souvent de neuf ou de dix, au lieu que celles du rat ne sont que de cinq ou six. Il est très généralement répandu dans toute l'Europe ; on le trouve en Suède ; il est très commun en France, en Italie, en Suisse ; il l'est aussi en Allemagne et en Angleterre. Il a pour ennemis les loups, les renards, les martes, les oiseaux de proie et lui-même.

LE SURMULOT

On a donné le nom de surmulot à une nouvelle espèce de mulot qui n'est connue que depuis peu de temps. Comme il diffère autant du rat que le mulot ou la souris, qui ont leurs noms propres, il doit avoir aussi un nom particulier, *surmulot*, comme qui dirait gros, grand mulot, auquel, en effet, il ressemble plus qu'au rat par la couleur et par les habitudes naturelles. Le surmulot est plus fort et plus méchant que le rat; il a le poil roux, la queue extrêmement longue et sans poil, l'épine du dos arquée comme l'écureuil, et le corps beaucoup plus épais, des moustaches comme le chat. Ce n'est que depuis un certain nombre d'années que cette espèce s'est répandue dans les environs de Paris : l'on ne sait d'où ces animaux sont venus, mais ils ont prodigieusement multiplié, et l'on n'en sera pas étonné, lorsqu'on saura qu'ils produisent ordinairement douze ou quinze petits, souvent seize, dix-sept, dix-huit, et même jusqu'à dix-neuf. Les mâles sont plus gros, plus hardis et plus méchants que les femelles : lorsqu'on les poursuit et qu'on veut les saisir, ils se retournent et mordent le bâton ou la main qui les frappe ; leur morsure est non seulement cruelle, mais dangereuse, elle est promptement suivie d'une enflure assez considérable, et la plaie, quoique petite, est longtemps à se fermer. Ils produisent trois fois par an : ainsi deux individus de cette espèce en font au moins trois douzaines en un an ; les mères préparent un lit à leurs petits.

Les surmulots ont quelques qualités naturelles qui semblent les rapprocher des rats d'eau : quoiqu'ils s'établissent partout, ils paraissent préférer le bord des eaux ; les chiens les chassent comme ils chassent les rats d'eau, c'est-à-dire avec un acharnement qui tient de la fureur. Lorsqu'ils se sentent poursuivis, et qu'ils ont le choix de se jeter à l'eau ou de se fourrer dans un buisson d'épines, à égale distance, ils choisissent l'eau, y entrent sans crainte, et nagent avec une merveilleuse facilité. On peut, avec les furets, prendre les surmulots dans leurs terriers ; ils les poursuivent comme des lapins, et semblent même les chercher avec plus d'ardeur.

Ces animaux passent l'été à la campagne, et quoiqu'ils se nourrissent principalement de fruits et de grains, ils ne laissent pas d'être aussi très carnassiers ; ils mangent les lapereaux, les perdreaux, la jeune volaille, et quand ils entrent dans un poulailler, ils en égorgent beaucoup plus qu'ils ne peuvent en manger. Vers le mois de novembre, les mères, les petits et tous les jeunes surmulots quittent la campagne et vont en troupe dans les granges, où ils font un dégât infini ; ils hachent la paille; ils consomment beaucoup de grain. Les vieux mâles restent à la campagne ; chacun d'eux habite seul dans son trou ; ils y font, comme les mulots, provision pendant l'automne de gland, de faîne, etc. ; ils le remplissent jusqu'au bord, et demeurent eux-mêmes au fond du trou. Ils ne s'y engourdissent pas comme les loirs ; ils en sortent en hiver, surtout dans les beaux jours. Ceux qui vivent dans les granges en chassent les souris et les rats : l'on a même remarqué, depuis que les surmulots se sont si fort multipliés aux environs de Paris, que les rats y sont beaucoup moins communs qu'ils ne l'étaient autrefois.

LE LOIR

On connaît trois espèces de loirs, qui, comme la marmotte, dorment pendant l'hiver : le loir, le lérot et le muscardin ; le loir est le plus gros des trois, le muscardin est le plus petit. Le loir est à peu près de la grandeur de l'écureuil; il a, comme lui, la queue couverte de longs poils ; le lérot n'est pas si gros que le rat, il a la queue couverte de poils très courts, avec un bouquet de poils longs à l'extrémité ; le muscardin n'est pas plus gros que la souris, il a la queue couverte de poils plus longs que le lérot, mais plus courts que le loir, avec un gros bouquet de longs poils à l'extrémité. Le lérot diffère des deux autres par les marques noires qu'il a près des yeux, et le muscardin par la couleur blonde de son poil sur le dos. Tous trois sont blancs ou blanchâtres sous la gorge et le ventre; mais le lérot est d'un assez beau blanc, le loir n'est que blanchâtre, et le muscardin est plutôt jaunâtre que blanc dans toutes les parties inférieures. C'est improprement que l'on dit que ces animaux dorment pendant l'hiver : leur état n'est point celui d'un sommeil naturel, c'est une torpeur, un engourdissement des membres et des sens, et cet engourdissement est produit par le refroidissement du sang. Ces animaux ont si peu de chaleur intérieure, qu'elle n'excède guère celle de la température de l'air.

Leur engourdissement dure autant que la cause qui le produit, et cesse avec le froid ; quelques degrés de chaleur au-dessus de dix ou onze suffisent pour ranimer ces animaux, et, si on les tient pendant l'hiver dans un lieu bien chaud, ils ne s'engourdissent point du tout ; ils vont et viennent, ils mangent et dorment seulement de temps en temps, comme tous les autres animaux. Lorsqu'ils sentent le froid, ils se serrent et se mettent en boule pour offrir moins de surface à l'air et se conserver un peu de chaleur : c'est ainsi qu'on les trouve en hiver dans les arbres creux, dans les trous des murs exposés au midi ; ils y gisent en boule, et sans aucun mouvement, sur de la mousse et des feuilles ; on les prend, on les tient, on les roule sans qu'ils se remuent, sans qu'ils s'étendent ; rien ne peut les faire sortir de leur engourdissement qu'une chaleur douce et graduée ; ils meurent lorsqu'on les met tout à coup près du feu ; il faut, pour les dégourdir, les en approcher par degrés. Dans les hivers trop longs, ils meurent dans leurs trous : peut-être aussi n'est-ce pas la durée, mais la rigueur du froid qui les fait périr. En automne, ils sont excessivement gras, et ils le sont encore lorsqu'ils se raniment au printemps : cette abondance de graisse est une nourriture intérieure qui suffit pour les entretenir et pour suppléer à ce qu'ils perdent par la transpiration.

Au reste, comme le froid est la seule cause de leur engourdissement, et qu'ils ne tombent dans cet état que quand la température de l'air est au-dessous de dix ou onze degrés, il arrive souvent qu'ils se raniment même pendant l'hiver; car il y a des heures, des jours, et même des suites de jours, dans cette saison, où la liqueur du thermomètre se soutient à douze, treize, quatorze, etc. degrés, et, pendant ce temps doux, les loirs sortent de leurs trous pour chercher à vivre ou plutôt ils mangent les provisions qu'ils ont ramassées pendant l'automne, et qu'ils y ont transportées. Ils sont gras en tout temps, et plus gras en automne qu'en été ; leur chair est assez semblable à celle du cochon d'Inde.

Le loir ressemble assez à l'écureuil par les habitudes naturelles ; il habite comme lui les forêts, il grimpe sur les arbres, saute de branche en branche, moins légèrement à la vérité que l'écureuil, qui a les jambes plus longues, le ventre bien moins gros, et qui est aussi maigre que le loir est gras : cependant ils vivent tous deux des mêmes aliments ; de la faîne, des noisettes, de la châtaigne, d'autres fruits sauvages font leur nourriture ordinaire. Le loir mange aussi de petits oiseaux qu'il prend dans les nids ; il ne fait point de bauge au-dessus des arbres comme l'écureuil, mais se fait un lit de mousse dans le tronc de ceux qui sont creux ; il se gîte aussi dans les fentes des rochers élevés, et toujours dans les lieux secs ; il craint l'humidité, boit peu et descend rarement à terre ; il diffère encore de l'écureuil en ce que celui-ci s'apprivoise, et que l'autre demeure toujours sauvage. Les loirs font leurs petits en été, les portées sont ordinairement de quatre ou de cinq ; ils croissent vite, et l'on assure qu'ils ne vivent que six ans. Ces petits animaux sont courageux et défendent leur vie jusqu'à la dernière extrémité ; ils ont les dents de devant très longues et très fortes, aussi mordent-ils violemment ; ils ne craignent ni la belette ni les petits oiseaux de proie, ils échappent au renard, qui ne peut les suivre au-dessus des arbres ; leurs plus grands ennemis sont les chats sauvages et les martes.

Cette espèce n'est pas extrêmement répandue ; on ne la trouve point dans les climats très froids. Il est à présumer aussi qu'on ne la trouve pas dans les climats très chauds, puisque les voyageurs n'en font aucune mention : il faut aux loirs un climat tempéré et un pays couvert de bois ; on en trouve en France, en Espagne, en Grèce, en Allemagne, en Suisse, où ils habitent dans les forêts et sur les collines.

LE CAMPAGNOL

Le campagnol est encore plus commun, plus généralement répandu que le mulot ; celui-ci ne se trouve guère que dans les terres élevées, le campagnol se trouve partout, dans les bois, dans les champs, dans les prés, et même dans les jardins ; il est remarquable par la grosseur de sa tête, et aussi par sa queue courte et tronquée, qui n'a guère qu'un pouce de long ; il se pratique des trous en terre où il amasse du grain, des noisettes et du gland ; cependant il paraît qu'il préfère le blé à toutes les autres nourritures.

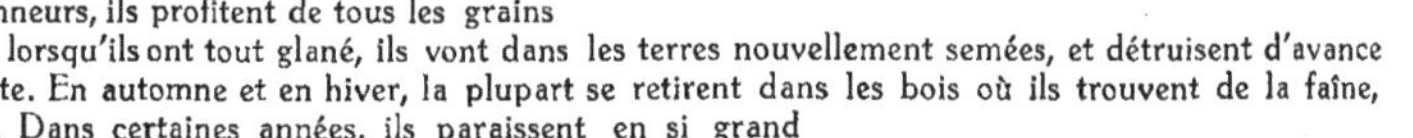

Dans le mois de juillet, lorsque les blés sont mûrs, les campagnols arrivent de tous côtés et font de grands dommages en coupant les tiges du blé pour en manger l'épi ; ils semblent suivre les moissonneurs, ils profitent de tous les grains tombés et des épis oubliés ; lorsqu'ils ont tout glané, ils vont dans les terres nouvellement semées, et détruisent d'avance la récolte de l'année suivante. En automne et en hiver, la plupart se retirent dans les bois où ils trouvent de la faîne, des noisettes et du gland. Dans certaines années, ils paraissent en si grand nombre qu'ils détruiraient tout, s'ils subsistaient longtemps ; mais ils se détruisent eux-mêmes et se mangent dans les temps de disette : ils servent d'ailleurs de pâture aux mulots, et de gibier ordinaire au renard, au chat sauvage, à la marte et aux belettes.

Les campagnols ressemblent plus au rat d'eau qu'à aucun autre animal ; ils ne se nourrissent pas de poisson et ne se jettent point à l'eau ; ils vivent de glands dans les bois, de blé dans les champs, et dans les prés de racines tuberculeuses, comme celle du chiendent.

Leurs trous ressemblent à ceux des mulots, et sont souvent divisés en deux loges, mais ils sont moins spacieux et beaucoup moins enfoncés sous terre : ces petits animaux y habitent quelquefois plusieurs ensemble.

Lorsque les femelles sont prêtes à mettre bas, elles y portent des herbes pour faire un lit à leurs petits : elles produisent au printemps et en été ; les portées ordinaires sont de cinq ou six, et quelquefois de sept ou huit.

LE RAT D'EAU

Le rat d'eau est un petit animal de la grosseur d'un rat, mais qui, par le naturel et par les habitudes, ressemble beaucoup plus à la loutre qu'au rat ; comme elle, il ne fréquente que les eaux douces, et on le trouve communément sur les bords des rivières, des ruisseaux, des étangs ; comme elle, il ne vit guère que de poissons : les goujons, les mouteilles, les vérons, les ablettes, le frai de la carpe, du brochet, du barbeau, sont sa nourriture ordinaire : il mange aussi des grenouilles, des insectes d'eau, et quelquefois des racines et des herbes ; il a tous les doigts des pieds séparés, et cependant il nage facilement, se tient sous l'eau longtemps, et rapporte sa proie pour la manger à terre, sur l'herbe ou dans son trou ; les voyageurs l'y surprennent quelquefois en cherchant des écrevisses, il leur mord les doigts, et cherche à se sauver en se jetant dans l'eau. Il a la tête plus courte, le museau plus gros, le poil plus hérissé, et la queue beaucoup moins longue que le rat. Il fuit, comme la loutre, les grands fleuves, ou plutôt les rivières trop fréquentées. Les chiens le chassent avec une espèce de fureur. On ne le trouve jamais dans les maisons, dans les granges ; il ne quitte pas le bord des eaux, ne s'en éloigne même pas autant que la loutre. Le rat d'eau ne va point dans les terres élevées ; il est fort rare dans les hautes montagnes, dans les plaines arides, mais très nombreux dans les vallons humides et marécageux. Les femelles mettent bas au mois d'avril ; les portées ordinaires sont de six ou sept. Peut-être ces animaux produisent-ils plusieurs fois par an, mais on ne le sait pas au juste ; leur chair n'est pas absolument mauvaise, les paysans la mangent les jours maigres comme celle de la loutre.

On les trouve partout en Europe, excepté dans le climat trop rigoureux du pôle.

L'ONDATRA ET LE DESMAN

L'ondatra ou rat musqué de Canada diffère du desman en ce qu'il a les doigts des pieds tous séparés les uns des autres, les yeux très apparents et le museau fort court ; au lieu que le desman ou rat musqué de Moscovie a les pieds de derrière réunis par une membrane, les yeux extrêmement petits, le museau prolongé comme la musaraigne.

L'ondatra est de la grosseur d'un petit lapin et de la forme d'un rat ; il a la tête courte et semblable à celle du rat d'eau, le poil luisant et doux, avec un duvet fort épais au-dessous du premier poil, à peu près comme le castor ; il a la queue longue et couverte de petites écailles comme celle des autres rats.

Comme l'ondatra est du même pays que le castor, que comme lui il habite sur les eaux, qu'il est en petit à peu près de la même figure, de la même couleur et du même poil, on les a souvent comparés l'un à l'autre ; on assure même qu'au premier coup d'œil on prendrait un vieil ondatra pour un castor qui n'aurait qu'un mois d'âge ; ils diffèrent cependant assez par la forme de la queue pour qu'on ne puisse s'y méprendre ; au reste, ces animaux se ressemblent assez par le naturel et l'instinct. Les ondatras, comme les castors, vivent en société pendant l'hiver ; ils font de petites cabanes d'environ deux pieds et demi de diamètre, et quelquefois plus grandes, où ils se réunissent plusieurs familles ensemble : ce n'est point, comme les marmottes, pour y dormir pendant cinq ou six mois, c'est seulement pour se mettre à l'abri de la rigueur de l'air. Ces cabanes sont rondes et couvertes d'un dôme d'un pied d'épaisseur ; des herbes, des joncs entrelacés et mêlés avec de la terre grasse, qu'ils pétrissent avec les pieds, sont leurs matériaux. Leur construction est impénétrable à l'eau du ciel, et ils pratiquent des gradins en dedans pour n'être pas gagnés par l'inondation de celle de la terre ; cette cabane, qui leur sert de retraite, est couverte pendant l'hiver de plusieurs pieds de glace et de neige sans qu'ils en soient incommodés. Ils ne font pas de provisions pour vivre comme les castors, mais ils creusent des puits et des espèces de boyaux au-dessous et à l'entour de leur demeure pour chercher de l'eau et des racines ; ils passent ainsi l'hiver fort tristement quoiqu'en société ; ils sont privés pendant tout ce temps de la lumière du ciel ; aussi, lorsque l'haleine du printemps commence à dissoudre les neiges et à découvrir les sommets de leurs habitations, les chasseurs en ouvrent le dôme, les offusquent brusquement de la lumière du jour, et assomment ou prennent tous ceux qui n'ont pas eu le temps de gagner les galeries souterraines qu'ils se sont pratiquées, et qui leur servent de derniers retranchements où on les suit encore, car leur peau est précieuse et leur chair n'est pas mauvaise à manger. Ceux qui échappent à la main du chasseur quittent leur habitation à peu près dans ce temps ; ils sont errants pendant l'été, ils vivent d'herbes et se nourrissent largement des productions nouvelles que leur offre la surface de la terre. C'est alors que ces animaux exhalent une odeur de musc si forte qu'elle n'est pas supportable; cette odeur se fait sentir de loin, et, quoique suave pour les Européens, elle déplaît si fort aux sauvages, qu'ils ont appelé *puante* une rivière sur les bords de laquelle habitent en grand nombre ces rats musqués, qu'ils appellent aussi *rats puants*. Ils produisent une fois par an, et cinq ou six petits à la fois ; les petits sont déjà grands au mois d'octobre lorsqu'il faut suivre leur père et leur mère dans la cabane qu'ils construisent de nouveau tous les ans ; car on a remarqué qu'ils ne reviennent point à leurs anciennes habitations.

Leur voix est une espèce de gémissement que les chasseurs imitent pour les piper et pour les faire approcher : leurs dents de devant sont si fortes et si propres à ronger que, quand on renferme un de ces animaux dans une caisse de bois dur, il y fait en très peu de temps un trou assez grand pour en sortir. L'ondatra ne nage ni aussi vite ni aussi longtemps que le castor ; il va plus souvent à terre, il ne court pas bien et marche encore plus mal en se berçant à peu près comme une oie. Sa peau conserve une odeur de musc qui fait qu'on ne s'en sert pas volontiers pour fourrure ; mais on emploie le second poil ou duvet dans la fabrique des chapeaux.

Ces animaux sont peu farouches, et en les prenant petits on peut les apprivoiser aisément ; ils sont même très jolis lorsqu'ils sont jeunes ; leur queue longue et presque nue, qui rend leur figure désagréable, est fort courte dans le premier âge : ils jouent innocemment et aussi lestement que des petits chats ; ils ne mordent point, et on les nourrirait aisément si leur odeur n'était point incommode. L'ondrata et le desman sont, au reste, les seuls animaux des pays septentrionaux qui donnent du parfum. Le desman ou rat musqué de Moscovie nous offrirait peut-être des singularités remarquables et analogues à celles de l'ondatra, mais il ne paraît pas qu'aucun naturaliste ait été porté de l'examiner vivant, ni de le disséquer.

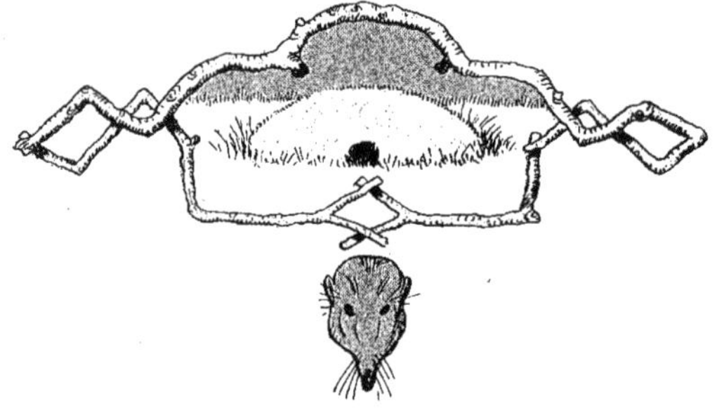

LE CASTOR

Les castors sont peut-être le seul exemple qui subsiste comme un ancien monument de cette espèce d'intelligence des brutes, qui, quoique infiniment inférieure par son principe à celle de l'homme, suppose cependant des projets communs et des vues relatives. Il paraît inférieur au chien par les qualités relatives qui pourraient l'approcher de l'homme ; il ne semble fait ni pour servir, ni pour commander, ni même pour commercer avec une autre espèce que la sienne : son sens, renfermé dans lui-même, ne se manifeste en entier qu'avec ses semblables ; seul, il a peu d'industrie personnelle, encore moins de ruses, pas même assez de défiance pour éviter des pièges grossiers : loin d'attaquer les autres animaux, il ne sait même pas se bien défendre ; il préfère la fuite au combat, quoiqu'il morde cruellement et avec acharnement, lorsqu'il se trouve saisi par la main du chasseur. Si l'on considère donc cet animal dans l'état de nature, ou plutôt dans son état de solitude et de dispersion, il ne paraîtra pas, pour les qualités intérieures, au-dessus des autres animaux ; il n'a pas plus d'esprit que le chien, de sens que l'éléphant, de finesse que le renard ; il est plutôt remarquable par ses singularités de conformation extérieure que par la supériorité apparente de ses qualités intérieures. Il est le seul parmi les quadrupèdes qui ait la queue plate, ovale et couverte d'écailles, de laquelle il se sert comme d'un gouvernail pour se diriger dans l'eau ; le seul qui ait des nageoires aux pieds de derrière, et en même temps les doigts séparés dans ceux du devant, qu'il emploie comme des mains pour porter à sa bouche ; le seul qui, ressemblant aux animaux terrestres par les parties antérieures de son corps, paraisse en même temps tenir des animaux aquatiques par les parties postérieures. Mais ces singularités seraient plutôt des défauts que des perfections, si l'animal ne savait tirer de cette conformation, qui nous paraît bizarre, des avantages uniques et qui le rendent supérieur à tous les autres.

Les castors commencent par s'assembler au mois de juin ou de juillet pour se réunir en société ; ils arrivent en nombre et de plusieurs côtés, et forment bientôt une troupe de deux ou trois cents : le lieu du rendez-vous est ordinairement le lieu de l'établissement, et c'est toujours au bord des eaux. Si ce sont des eaux plates, et qui se soutiennent à la même hauteur comme dans un lac, ils se dispensent d'y construire une digue, mais dans les eaux courantes, et qui sont sujettes à hausser ou à baisser, comme sur les ruisseaux, les rivières, ils établissent une chaussée, et par cette retenue ils forment une espèce d'étang ou de pièce d'eau, qui se soutient toujours

à la même hauteur: la chaussée traverse la rivière comme une écluse, et va d'un bord à l'autre ; elle a souvent quatre-vingts ou cent pieds de longueur sur dix ou douze pieds d'épaisseur à sa base. Cette construction paraît énorme pour des animaux de cette taille, et suppose, en effet, un travail immense ; mais la solidité avec laquelle l'ouvrage est construit étonne encore plus que sa grandeur.

L'endroit de la rivière où ils établissent cette digue est ordinairement peu profond ; s'il se trouve sur le bord un gros arbre qui puisse tomber dans l'eau, ils commencent par l'abattre pour en faire la pièce principale de leur construction : cet arbre est souvent plus gros que le corps d'un homme ; ils le scient, ils le rongent au pied, et sans autre instrument que leurs quatre dents incisives, ils le coupent en assez peu de temps et le font tomber du côté qu'il leur plaît, c'est-à-dire en travers sur la rivière ; ensuite ils coupent les branches de la cime de cet arbre tombé pour le mettre de niveau et le faire porter partout également. Ces opérations se font en commun ; plusieurs castors rongent ensemble le pied de l'arbre pour l'abattre, plusieurs aussi vont ensemble pour en couper les branches lorsqu'il est abattu ; d'autres parcourent en même temps les bords de la rivière et coupent de moindres arbres, les uns gros comme la jambe, les autres comme la cuisse ; ils les dépècent et les scient à une certaine hauteur pour en faire des pieux ; ils amènent ces pièces de bois d'abord par terre jusqu'au bord de la rivière, et ensuite par eau jusqu'au lieu de leur construction ; ils en font une espèce de pilotis serré, qu'ils enfoncent encore en entrelaçant des branches entre les pieux. A mesure que les uns plantent ainsi leurs pieux, les autres vont chercher de la terre qu'ils gâchent avec leurs pieds et battent avec leur queue ; ils la portent dans leur gueule et avec les pieds de devant, et ils en transportent une si grande quantité, qu'ils en remplissent tous les intervalles de leur pilotis. Ce pilotis est composé de plusieurs rangs de pieux, tous égaux en hauteur, et tous plantés les uns contre les autres ; il s'étend d'un bord à l'autre de la rivière, il est rempli et maçonné partout : les pieux sont plantés verticalement du côté de la chute de l'eau ; tout l'ouvrage est au contraire en talus du côté qui en soutient la charge, en sorte que la chaussée, qui a dix ou douze pieds de largeur à sa base, se réduit à deux ou trois pieds d'épaisseur au sommet ; elle a donc non seulement toute l'étendue, toute la solidité nécessaire, mais encore la forme la plus convenable pour retenir l'eau, l'empêcher de passer, en soutenir le poids et en rompre les efforts.

Au haut de la chaussée, c'est-à-dire dans la partie où elle a le moins d'épaisseur, ils pratiquent deux ou trois ouvertures en pente, qui sont autant de décharges de superficie qu'ils élargissent ou rétrécissent selon que la rivière vient à hausser ou baisser ; et lorsque, par des inondations trop grandes ou trop subites, il se fait quelques brèches à leur digue, ils savent les réparer, et travaillent de nouveau dès que les eaux sont baissées.

Ils travaillent assis, et outre l'avantage de cette situation commode, ils ont le plaisir de ronger continuellement de l'écorce et du bois dont le goût est fort agréable, car ils préfèrent l'écorce fraîche et le bois tendre à la plupart des autres aliments ordinaires ; ils en font ample provision pour se nourrir pendant l'hiver ; ils n'aiment pas le bois sec. C'est dans l'eau et près de leurs habitations qu'ils établissent leur magasin ; chaque cabane a le sien proportionné au nombre de ses habitants, qui tous y ont un droit commun et ne vont jamais piller leurs voisins. Ils ne souffrent pas que des étrangers viennent s'établir dans leurs enceintes. Les plus petites cabanes contiennent deux, quatre, six, et les plus grandes dix-huit, vingt, et même, dit-on, jusqu'à trente castors, presque toujours en nombre pair, autant de femelles que de mâles ; ainsi, en comptant même au rabais, on peut dire que leur société est souvent composée de cent cinquante ou deux cents ouvriers associés, qui tous ont travaillé d'abord en corps pour élever le grand ouvrage public, et ensuite par compagnies pour édifier des habitations particulières. Quelque nombreuse que soit leur société, la paix s'y maintient sans altération ; le travail commun a resserré leur union ; les commodités qu'ils se sont procurées, l'abondance des vivres qu'ils amassent et consomment ensemble, servent à l'entretenir ; des goûts simples, de l'aversion pour la chair et le sang, leur ôtent jusqu'à l'idée de rapine et de guerre : ils jouissent de tous les biens que l'homme ne fait que désirer. Amis entre eux, s'ils ont quelques ennemis au dehors, ils savent les éviter ; ils avertissent en frappant avec leur queue sur l'eau un coup qui retentit au loin dans toutes les voûtes des habitations ; chacun prend son parti, ou de plonger dans le lac ou de se recéler dans leurs murs qui ne craignent que le feu du ciel ou le fer de l'homme, et qu'aucun autre animal n'ose entreprendre d'ouvrir ou renverser.

C'est au commencement de l'été que les castors se rassemblent ; ils emploient les mois de juillet et d'août à construire leur digue et leurs cabanes ; ils font leur provision d'écorce et de bois dans le mois de septembre, ensuite ils jouissent de leurs travaux, ils goûtent les douceurs domestiques ; c'est le temps du repos. Se connaissant, prévenus l'un pour l'autre par l'habitude, par les plaisirs et les peines d'un travail commun, chaque couple ne se forme point au hasard, mais s'unit par choix, et s'assortit par goût : ils passent ensemble l'automne et l'hiver ; contents l'un de l'autre, ils ne se quittent guère ; à l'aise dans leur domicile, ils n'en sortent que pour faire des promenades agréables et utiles ; ils en rapportent des écorces fraîches qu'ils préfèrent à celles qui sont sèches ou trop imbibées d'eau. Les femelles portent, dit-on, quatre mois ; elles mettent bas à la fin de l'hiver, et produisent ordinairement deux ou trois petits ; les mâles les quittent à peu près dans ce temps, ils vont à la campagne jouir des douceurs et des fruits du printemps ; ils reviennent de temps en temps à la cabane, mais n'y séjournent plus : les mères y demeurent occupées à allaiter, à soigner, à élever leurs petits, qui sont en état de les suivre au bout de quelques semaines ; elles vont à leur tour se promener, se rétablir à l'air, manger du poisson, des écrevisses, des écorces nouvelles, et passent ainsi l'été sur les eaux, dans les bois. Ils ne se rassemblent qu'en automne, à moins que les inondations n'aient renversé leur digue ou détruit leurs cabanes, car alors ils se réunissent de bonne heure pour en réparer les brèches.

Outre les castors qui sont en société, on rencontre partout, dans le même climat, des castors solitaires, lesquels rejetés, dit-on, de la société pour leurs défauts, ne participent à aucun de ses avantages, n'ont ni maison ni magasin, et demeurent, comme le blaireau, dans un boyau sous terre : on a même appelé ces castors solitaires, *castors terriers*. Ils sont aisés à reconnaître : leur robe est sale, le poil est rongé sur le dos par le frottement de la terre ; ils habitent comme les autres assez volontiers au bord des eaux, où quelques-uns même creusent un fossé de quelques pieds de profondeur, pour former un petit étang qui arrive jusqu'à l'ouverture de leur terrier, qui s'étend quelquefois à plus de cent pieds en longueur, et va toujours en s'élevant, afin qu'ils aient la facilité de se retirer en haut à mesure que l'eau s'élève dans les inondations ; mais il s'en trouve aussi, de ces castors solitaires, qui habitent assez loin des eaux dans les terres.

Toutes nos bièvres d'Europe sont des castors terriers et solitaires, dont la fourrure n'est pas à beaucoup près aussi belle que celle des castors qui vivent en société. Tous diffèrent par la couleur, suivant le climat qu'ils habitent ; dans les contrées du Nord les plus reculées, ils sont tous noirs, et ce sont les plus beaux ; parmi ces castors noirs, il s'en trouve quelquefois de tout blancs, ou de blancs tachés de gris et mêlés de roux sur le chignon et sur la croupe.

Les castors habitent de préférence sur le bord des lacs, des rivières et des autres eaux douces ; cependant il s'en trouve au bord de la mer, mais c'est principalement sur les mers septentrionales, et surtout dans les golfes méditerranés qui reçoivent de grands fleuves, et dont les eaux sont peu salées. Ils sont ennemis de la loutre ; ils la chassent, et ne lui permettent pas de paraître sur les eaux qu'ils fréquentent. La fourrure du castor est encore plus belle et plus fournie que celle de la loutre.

Mais indépendamment de la fourrure, qui est ce que le castor fournit de plus précieux, il donne encore une matière dont on a fait un grand usage en médecine. Les sauvages tirent, dit-on, de la queue du castor une huile dont ils se servent comme de topique pour différents maux. La chair du castor, quoique grasse et délicate, a toujours un goût amer assez désagréable ; on assure qu'il a les os excessivement durs ; ses dents sont très dures et si tranchantes qu'elles servent de couteaux aux sauvages pour couper, creuser et polir le bois. Ils s'habillent de peaux de castors, et les portent en hiver, le poil contre la chair.

Le castor se sert de ses pieds de devant comme de mains, avec une adresse au moins égale à celle de l'écureuil ; les doigts en sont bien séparés, bien divisés, au lieu que ceux des pieds de derrière sont réunis entre eux par une forte membrane ; ils lui servent de nageoires, et s'élargissent comme ceux de l'oie, dont le castor a aussi en partie la démarche sur la terre. Il nage beaucoup mieux qu'il ne court ; comme il a les jambes de devant bien plus courtes que celles de derrière, il marche toujours la tête baissée et le dos arqué. Il a les sens très bons, l'odorat très fin, et même susceptible ; il paraît qu'il ne peut supporter ni la malpropreté, ni les mauvaises odeurs.

La durée de sa vie ne peut être bien longue, et c'est trop sans doute que l'étendre à quinze ou vingt ans.

LE PORC-ÉPIC

Il ne faut pas que le nom de porc=épineux, qu'on a donné à cet animal dans la plupart des langues de l'Europe, nous induise en erreur et fasse imaginer que le porc=épic soit, en effet, un cochon chargé d'épines, car il ne ressemble au cochon que par le grognement ; par tout le reste il en diffère autant qu'aucun autre animal.

Il ne faut pas non plus ajouter foi à ce que disent presque unanimement les voyageurs et les naturalistes qui donnent à cet animal la faculté de lancer ses piquants à une assez grande distance et avec assez de force pour percer et blesser profondément, ni s'imaginer avec eux que ces piquants, tout séparés qu'ils sont du corps de l'animal, ont la propriété très extraordinaire et toute particulière de pénétrer d'eux=mêmes, et par leurs propres forces, plus avant dans les chairs dès que la pointe y est une fois entrée.

Le porc=épic, quoique originaire des climats les plus chauds de l'Afrique et des Indes, peut vivre et se multiplier dans les pays moins chauds.

On dit que le porc=épic, comme l'ours, se cache pendant l'hiver et met bas au bout de trente jours. Dans l'état de domesticité, il n'est ni féroce ni farouche, il n'est que jaloux de sa liberté ; à l'aide de ses dents de devant, qui sont fortes et tranchantes comme celles du castor, il coupe le bois et perce aisément la porte de sa loge. On le nourrit aisément avec de la mie de pain, du fromage et des fruits ; dans l'état de liberté, il vit de racines et de graines sau= vages ; quand il peut entrer dans un jardin, il y fait un grand dégât et mange les légumes avec avidité ; il devient gras, comme la plupart des autres animaux, vers la fin de l'été et, sa chair quoique un peu fade, n'est pas mauvaise à manger.

L'URSON

Cet animal n'a jamais été nommé : placé par la nature dans les terres désertes du nord de l'Amérique, il existait indépendant, éloigné de l'homme, et ne lui appartenait pas même par le nom. Hudson ayant découvert la terre où il se trouve, nous lui donnerons un nom qui rappelle celui de son premier maître, et qui indique en même temps sa nature poignante et hérissée ; d'ailleurs, il était nécessaire de le nommer, pour ne pas le confondre avec le porc-épic ou le coendou, auxquels il ressemble par quelques caractères, mais dont cependant il diffère assez à tous autres égards pour qu'on doive le regarder comme une espèce particulière et appartenant au climat du Nord, comme les autres appartiennent à celui du Midi.

L'urson aurait pu s'appeler le *castor épineux*, il est du même pays, de la même grandeur, et à peu près de la même forme de corps. Cet animal fuit l'eau et craint de se mouiller ; il se retire sous les racines des arbres creux, il dort beaucoup, et se nourrit principalement d'écorce de genièvre. En hiver, la neige lui sert de boisson ; en été, il boit de l'eau et lape comme un chien. Les sauvages mangent sa chair et se servent de sa fourrure après en avoir arraché les piquants, qu'ils emploient au lieu d'épingles et d'aiguilles.

LE COENDOU

Quoiqu'on ait donné au coendou le nom de porc-épic, il n'est cependant pas le porc-épic, il est beaucoup plus petit ; il a la tête à proportion moins longue et le museau plus court ; il n'a point de panache sur la tête ni de fente à la lèvre supérieure ; ses piquants sont trois ou quatre fois plus courts et beaucoup plus menus ; il a une longue queue, et celle du porc-épic est très courte ; il est carnassier plutôt que frugivore, et cherche à surprendre les oiseaux, les petits animaux, les volailles, au lieu que le porc-épic ne se nourrit que de légumes, de racines et de fruits. Il dort pendant le jour comme le hérisson, et court pendant la nuit ; il monte sur les arbres et se retient aux branches avec sa queue, ce que le porc-épic ne fait et ne pourrait faire ; sa chair est très bonne à manger ; on peut l'apprivoiser ; il demeure ordinairement dans les lieux élevés, et on le trouve dans toute l'Amérique, au lieu que le porc-épic ne se trouve que dans les pays chauds de l'ancien continent.

En transportant le nom du porc-épic au coendou, on lui a supposé et transmis les mêmes facultés, celle surtout de lancer ses piquants ; et il est étonnant que les naturalistes et les voyageurs s'accordent sur ce fait, qui est faux.

LE LIÈVRE

L'ESPÈCE du lièvre et celle du lapin ont pour nous le double avantage du nombre et de l'utilité : les lièvres sont universellement et très abondamment répandus dans tous les climats de la terre; les lapins, quoique originaires de climats particuliers, multiplient si prodigieusement dans presque tous les lieux où l'on veut les transporter, qu'il n'est plus possible de les détruire, et qu'il faut même employer beaucoup d'art pour en diminuer la quantité, quelquefois incommode.

Dans les cantons conservés pour le plaisir de la chasse, on tue quelquefois quatre ou cinq cents lièvres dans une seule battue.

Ces animaux multiplient beaucoup; les femelles ne portent que trente ou trente et un jours; elles produisent trois ou quatre petits.

Les petits ont les yeux ouverts en naissant; la mère les allaite pendant vingt jours, après quoi ils s'en séparent et trouvent eux-mêmes leur nourriture : ils ne s'écartent pas beaucoup les uns des autres, ni du lieu où ils sont nés; cependant ils vivent solitairement, et se forment chacun un gîte à une petite distance, comme de soixante à quatre-vingts pas ; ainsi lorsqu'on trouve un jeune levraut dans un endroit, on est presque sûr d'en trouver encore un ou deux autres aux environs.

Ils paissent pendant la nuit plutôt que pendant le jour; ils se nourrissent d'herbes, de racines, de feuilles, de fruits, de graines, et préfèrent les plantes dont la sève est laiteuse; ils rongent même l'écorce des arbres pendant l'hiver, et il n'y a guère que l'aulne et le tilleul auxquels ils ne touchent pas.

Lorsqu'on en élève, on les nourrit avec de la laitue et des légumes; mais la chair de ces lièvres nourris est toujours de mauvais goût.

Ils dorment ou se reposent au gîte pendant le jour, et ne vivent, pour ainsi dire, que la nuit : c'est pendant la nuit qu'ils se promènent et qu'ils mangent; on les voit au clair de la lune jouer ensemble, sauter et courir les uns après les autres; mais le moindre mouvement, le bruit d'une feuille qui tombe, suffit pour les troubler; ils fuient, et fuient chacun d'un côté différent.

Les lièvres dorment beaucoup, et dorment les yeux ouverts; ils n'ont pas de cils aux paupières, et ils paraissent avoir les yeux mauvais; ils ont, comme par dédommagement, l'ouïe très fine et l'oreille d'une grandeur démesurée, relativement à celle de leur corps; ils remuent ces longues oreilles avec une extrême facilité; ils s'en servent comme de gouvernail pour se diriger dans leur course, qui est si rapide, qu'ils devancent aisément tous les autres animaux. Comme ils ont les jambes de devant beaucoup plus courtes que celles de derrière, il leur est plus commode de courir en montant qu'en descendant : aussi, lorsqu'ils sont poursuivis, commencent-ils toujours par gagner la montagne; leur mouvement dans leur course est une espèce de galop, une suite de sauts très prestes et très pressés; ils marchent sans faire aucun bruit, parce qu'ils ont les pieds couverts et garnis de poils, même pardessous : ce sont peut-être les seuls animaux qui aient des poils au dedans de la bouche.

Les lièvres ne vivent que sept ou huit ans au plus, et la durée de la vie est, comme dans les autres animaux, proportionnelle au temps de l'entier développement du corps; ils prennent presque tout leur accroissement en un an, et vivent environ sept fois un an; on prétend seulement que les mâles vivent plus longtemps que les femelles, mais il est douteux que cette observation soit fondée. Ils passent leur vie dans la solitude et dans le silence, et l'on n'entend leur voix que quand on les saisit avec force, qu'on les tourmente et qu'on les blesse : ce n'est point un cri aigre, mais une voix assez forte, dont le son est presque semblable à celui de la voix humaine.

Ils ne sont pas aussi sauvages que leurs habitudes et leurs mœurs paraissent l'indiquer; ils sont doux et susceptibles d'une espèce d'éducation; on les apprivoise aisément, ils deviennent même caressants,

mais ils ne s'attachent jamais assez pour pouvoir devenir animaux domestiques ; car ceux même qui ont été pris tout petits et élevés dans la maison, dès qu'ils en trouvent l'occasion, se mettent en liberté et s'enfuient à la campagne.

Comme ils ont l'oreille bonne, qu'ils s'asseyent volontiers sur leurs pattes de derrière, et qu'ils se servent de celles de devant comme de bras, on en a vu qu'on avait dressés à battre du tambour, à gesticuler en cadence, etc.

En général, le lièvre ne manque pas d'instinct pour sa propre conservation, ni de sagacité pour échapper à ses ennemis ; il se forme un gîte, il choisit en hiver les lieux exposés au midi, et en été il se loge au nord ; il se cache, pour n'être pas vu, entre des mottes qui sont de la couleur de son poil.

Ce sont là sans doute les plus grands efforts de l'instinct des lièvres, car leurs ruses ordinaires sont moins fines et moins recherchées : ils se contentent, lorsqu'ils sont lancés et poursuivis, de courir rapidement et ensuite de tourner et retourner sur leurs pas ; ils ne dirigent pas leur course contre le vent, mais du côté opposé : les femelles ne s'éloignent pas tant que les mâles et tournoient davantage. En général, tous les lièvres qui sont nés dans le lieu même où on les chasse ne s'en écartent guère ; ils reviennent au gîte, et si on les chasse deux jours de suite, ils font le lendemain les mêmes tours et détours qu'ils ont faits la veille. Lorsqu'un lièvre va droit et s'éloigne beaucoup du lieu où il a été lancé, c'est une preuve qu'il est étranger, et qu'il n'était en ce lieu qu'en passant. Les femelles ne sortent jamais ; elles sont plus grosses que les mâles, et cependant elles ont moins de force et d'agilité et plus de timidité, car elles n'attendent pas au gîte les chiens de si près que les mâles, et elles multiplient davantage leurs ruses et leurs détours ; elles sont aussi plus délicates et plus susceptibles des impressions de l'air ; elles craignent l'eau et la rosée, au lieu que parmi les mâles il s'en trouve plusieurs, qu'on appelle lièvres ladres, qui cherchent les eaux et se font chasser dans les étangs, les marais et autres lieux fangeux.

La nature du terroir influe sur ces animaux comme sur tous les autres : les lièvres de montagne sont plus grands et plus gros que les lièvres de plaine ; ils sont aussi de couleur différente ; ceux de montagne sont plus bruns sur le corps et ont plus de blanc sous le cou que ceux de plaine, qui sont presque rouges.

Dans les hautes montagnes et dans les pays du Nord, ils deviennent blancs pendant l'hiver et reprennent en été leur couleur ordinaire ; il n'y en a que quelques-uns et ce sont peut-être les plus vieux, qui restent toujours blancs, car tous le deviennent en vieillissant.

La chasse du lièvre est l'amusement et souvent la seule occupation des oisifs de la campagne : comme elle se fait sans appareil et sans dépense, et qu'elle est même utile, elle convient à tout le monde ; on va le matin et le soir au coin du bois attendre le lièvre à sa rentrée ou à sa sortie ; on le cherche pendant le jour dans les endroits où il se gîte.

Lorsqu'il y a de la fraîcheur dans l'air par un soleil brillant, et que le lièvre vient de se gîter après avoir couru, la vapeur de son corps forme une petite fumée que les chasseurs aperçoivent de fort loin, surtout si leurs yeux sont dressés à cette espèce d'observation. Il se laisse ordinairement approcher de fort près, surtout si l'on ne fait pas semblant de le regarder, et si, au lieu d'aller directement à lui, on tourne obliquement pour l'approcher.

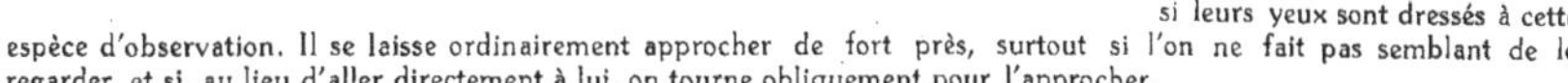

Il craint les chiens plus que les hommes et lorsqu'il sent ou qu'il entend un chien, il part de plus loin : quoiqu'il coure plus vite que les chiens, comme il ne fait pas une route droite, qu'il tourne et retourne autour de l'endroit où il a été lancé, les lévriers, qui le chassent à vue plutôt qu'à l'odorat, lui coupent le chemin, le saisissent et le tuent.

Il se tient volontiers en été dans les champs, en automne dans les vignes, et en hiver dans les buissons ou dans les bois, et l'on peut en tout temps, sans le tirer, le forcer à la course avec des chiens courants ; on peut aussi le faire prendre par des oiseaux de proie.

Les ducs, les buses et aigles, les renards, les loups, les hommes lui font également la guerre : il a tant d'ennemis qu'il ne leur échappe que par hasard, il est bien rare qu'ils le laissent jouir du petit nombre de jours que la nature lui a comptés.

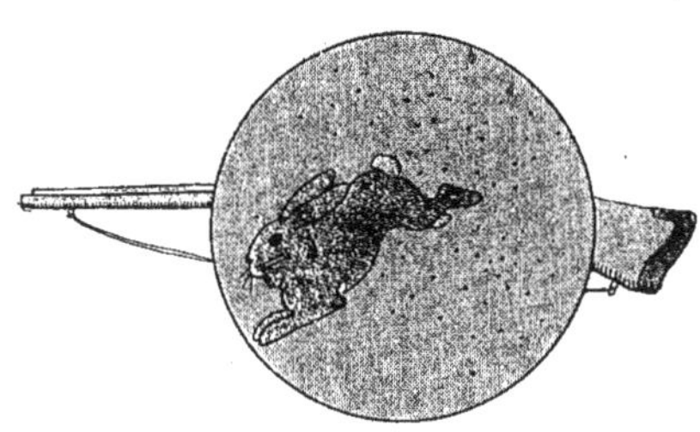

LE LAPIN

Le lièvre et le lapin, quoique fort semblables tant à l'extérieur qu'à l'intérieur, ne se mêlant point ensemble, font deux espèces distinctes et séparées.

La fécondité du lapin est encore plus grande que celle du lièvre ; et sans ajouter foi à ce que dit un naturaliste, que d'une seule paire qui fut mise dans une île il s'en trouva six mille au bout d'un an, il est sûr que ces animaux multiplient si prodigieusement dans les pays qui leur conviennent, que la terre ne peut fournir à leur subsistance. Ils détruisent les herbes, les racines, les graines, les fruits, les légumes, et même les arbrisseaux et les arbres ; et, si l'on n'avait pas contre eux le secours des furets et des chiens, ils feraient déserter les habitants de ces campagnes. Non seulement le lapin produit plus fréquemment et en plus grand nombre que le lièvre, mais il a aussi plus de ressources pour échapper à ses ennemis : il se soustrait aisément aux yeux de l'homme ; les trous qu'il se creuse dans la terre, où il se retire pendant le jour et où il fait ses petits, le mettent à l'abri du loup, du renard et de l'oiseau de proie ; il y habite avec sa famille en pleine sécurité ; il y élève et nourrit ses petits jusqu'à l'âge d'environ deux mois, et il ne les fait sortir de leur retraite pour les amener au dehors que quand ils sont tout élevés ; il leur évite par là tous les inconvénients du bas âge, pendant lequel, au contraire, les lièvres périssent en plus grand nombre et souffrent plus que dans tout le reste de la vie.

Cela seul suffit pour prouver que le lapin est supérieur au lièvre par la sagacité : tous deux sont conformés de même, et pourraient également se creuser des retraites ; tous deux sont également timides à l'excès, mais l'un, plus imbécile, se contente

de se former un gîte à la surface de la terre, où il demeure continuellement exposé, tandis que l'autre, par un instinct plus réfléchi, se donne la peine de fouiller la terre et de s'y pratiquer un asile.

Les lapins clapiers, ou domestiques, varient pour les couleurs, comme tous les autres animaux domestiques ; le blanc, le noir et le gris sont cependant les seules qui entrent ici dans le jeu de la nature : les lapins noirs sont les plus rares ; mais il y en a beaucoup de tout blancs, beaucoup de tout gris, et beaucoup de mêlés. Tous les lapins sauvages sont gris, et, parmi les lapins domestiques, c'est encore la couleur dominante, car dans toutes les portées il se trouve toujours des lapins gris, et même en plus grand nombre.

Les femelles portent trente ou trente et un jours, et produisent quatre, cinq ou six, et quelquefois sept et huit petits.

Quelques jours avant de mettre bas, elles se creusent un nouveau terrier, non pas en ligne droite, mais en zigzag, au fond duquel elles pratiquent une excavation, après quoi elles s'arrachent sous le ventre une assez grande quantité de poils, dont elles font une espèce de lit pour recevoir leurs petits.

Pendant les deux premiers jours, elle ne les quittent pas ; elles ne sortent que lorsque le besoin les presse, et reviennent dès qu'elles ont pris de la nourriture : dans ce temps elles mangent beaucoup et fort vite ; elles soignent aussi et allaitent leurs petits pendant plus de six semaines.

Jusqu'alors le père ne les connaît point, il n'entre pas dans ce terrier qu'a pratiqué la mère ; souvent même, quand elle en sort et qu'elle y laisse ses petits, elle en bouche l'entrée avec de la terre ; mais lorsqu'ils commencent à venir au bord du trou, et à manger du séneçon et d'autres herbes que leur mère leur présente, le père semble les reconnaître ; il les prend entre ses pattes, il leur lustre le poil, il leur lèche les yeux, et tous, les uns après les autres, ont également part à ses soins.

Ces animaux vivent huit ou neuf ans : comme ils passent la plus grande partie de leur vie dans les terriers, où ils sont en repos et tranquilles, ils prennent un peu plus d'embonpoint que les lièvres ; leur chair est aussi fort différente par la couleur et par le goût ; celle des jeunes lapereaux est très délicate, mais celle des vieux lapins est toujours sèche et dure. Ils sont originaires des climats chauds : les Grecs les connaissaient, et il paraît que les seuls endroits de l'Europe où il y en eut anciennement étaient la Grèce et l'Espagne. De là on les a transportés dans des climats plus tempérés, comme en Italie, en France, en Allemagne, où ils se sont naturalisés ; mais dans les pays plus froids, comme en Suède et dans le reste du Nord, on ne peut les élever que dans les maisons, et ils périssent lorsqu'on les abandonne à la campagne. Ils aiment, au contraire, le chaud excessif, car on en trouve dans les contrées les plus méridionales de l'Asie et de l'Afrique, comme au golfe Persique, à la baie de Saldanha, en Libye, au Sénégal, en Guinée ; et on en trouve aussi dans nos îles de l'Amérique, qui y ont été transportés de l'Europe et qui y ont très bien réussi.

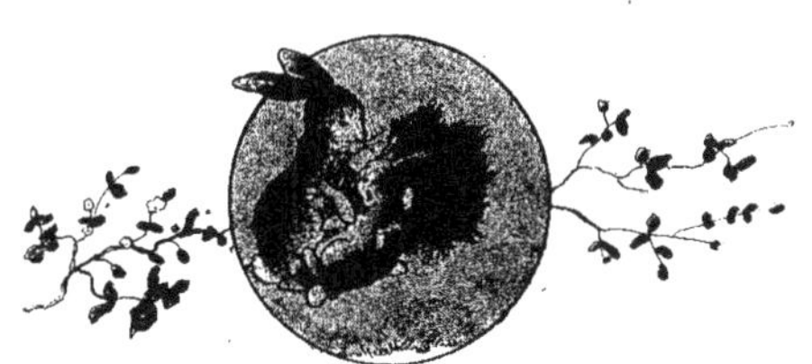

LE PACA

Le paca est un animal du Nouveau-Monde, qui se creuse un terrier comme le lapin, auquel on l'a souvent comparé, et auquel cependant il ressemble très peu : il est beaucoup plus grand que le lapin, et même que le lièvre : il a le corps plus gros et plus ramassé, la tête ronde et le museau court ; il est gras et replet, et il ressemble plutôt, par la forme du corps, à un jeune cochon, dont il a le grognement, l'allure et la manière de manger ; car il ne se sert pas, comme le lapin, de ses pattes de devant pour porter à sa gueule, et il fouille la terre, comme le cochon, pour trouver sa subsistance ; il habite le bord des rivières, et ne se trouve que dans les lieux humides et chauds de l'Amérique méridionale.

Sa chair est très bonne à manger, et si grasse qu'on ne la larde jamais ; on mange même la peau comme celle du cochon de lait : aussi lui fait-on continuellement la guerre. Les chasseurs ont de la peine à le prendre vivant, et quand on le surprend dans son terrier qu'on découvre en devant et en arrière, il se défend et cherche même à se venger en mordant avec autant d'acharnement que de vivacité. Sa peau, quoique couverte d'un poil court et rude, fait une assez belle fourrure, parce qu'elle est régulièrement tachetée sur les côtés. Ces animaux produisent souvent et en grand nombre ; les hommes et les animaux de proie en détruisent beaucoup, et cependant l'espèce en est toujours à peu près également nombreuse ; elle est naturelle et particulière à l'Amérique méridionale, et ne se trouve nulle part dans l'ancien continent.

L'AGOUTI

Cet animal est de la grosseur d'un lièvre, et a été regardé comme une espèce de lapin ou de gros rat par la plupart des auteurs de nomenclature en histoire naturelle ; cependant il ne leur ressemble que par de très petits caractères, et il en diffère essentiellement par les habitudes naturelles. Il a la rudesse du poil et le grognement du cochon, il a aussi sa gourmandise ; il mange de tout avec voracité, et lorsqu'il est rassasié, rempli, il cache, comme le renard, en différents endroits, ce qui lui reste d'aliments pour le trouver au besoin ; il se plaît à faire du dégât, à couper, à ronger tout ce qu'il trouve ; lorsqu'on l'irrite, son poil se hérisse sur la croupe, et il frappe fortement la terre de ses pieds de derrière ; il mord cruellement.

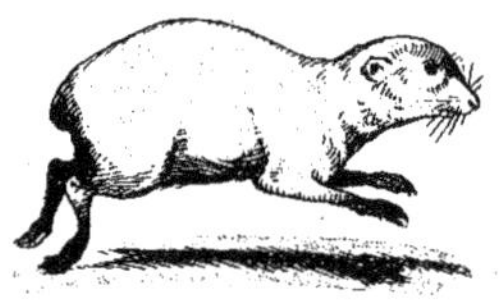

Il ne se creuse pas un trou comme le lapin, ni ne se tient pas sur terre à découvert comme le lièvre ; il habite ordinairement dans le creux des arbres et dans les souches pourries. Les fruits, les patates, le manioc sont la nourriture ordinaire de ceux qui fréquentent autour des habitations ; les feuilles et les racines des plantes et des arbrisseaux sont les aliments des autres qui demeurent dans les bois et les savanes. L'agouti se sert, comme l'écureuil, de ses pieds de devant pour saisir et porter à sa gueule ; il court d'une très grande vitesse en plaine et en montant ; mais comme il a les jambes de devant plus courtes que celles de derrière, il ferait la culbute s'il ne ralentissait sa course en descendant.

Il a la vue bonne et l'ouïe très fine ; lorsqu'on le pipe, il s'arrête pour écouter. La chair de ceux qui sont gras et bien nourris n'est pas mauvaise à manger, quoiqu'elle ait un petit goût sauvage et qu'elle soit un peu dure :

on échaude l'agouti comme le cochon de lait, et on l'apprête de même. On le chasse avec des chiens ; lorsqu'on peut le faire entrer dans des cannes à sucre coupées, il est bientôt rendu, parce qu'il y a ordinairement dans ces terrains de la paille et des feuilles de canne d'un pied d'épaisseur, et qu'à chaque saut qu'il fait il enfonce dans cette litière, en sorte qu'un homme peut souvent l'atteindre et le tuer avec un bâton.

Ordinairement il s'enfuit d'abord très vite devant les chiens, et gagne ensuite sa retraite, où il se tapit et demeure obstinément caché : le chasseur, pour l'obliger à en sortir, la remplit de fumée ; l'animal, à demi suffoqué, jette des cris douloureux et plaintifs, et ne paraît qu'à toute extrémité. Son cri, qu'il répète souvent lorsqu'on l'inquiète ou qu'on l'irrite, est semblable à celui d'un petit cochon. Pris jeune, il s'apprivoise aisément, il reste à la maison, en sort seul et revient de lui-même.

Ces animaux demeurent ordinairement dans les bois, dans les haies ; les femelles y cherchent un endroit fourré pour préparer un lit à leurs petits ; elles font ce lit avec des feuilles et du foin ; elles produisent deux ou trois fois par an.

Chaque portée n'est, dit-on, que de deux ; elles transportent leurs petits comme les chattes, deux ou trois jours après leur naissance ; elles les portent dans des trous d'arbres, où elles ne les allaitent que pendant peu de temps : les jeunes agoutis sont bientôt en état de suivre leur mère et de chercher à vivre. Ainsi le temps de l'accroissement de ces animaux est assez court, et par conséquent leur vie n'est pas bien longue.

L'agouti a besoin d'un climat chaud pour subsister et se multiplier ; il peut cependant vivre en France, pourvu qu'on le tienne à l'abri du froid dans un lieu sec et chaud, surtout pendant l'hiver : aussi n'habite-t-il en Amérique que les contrées méridionales, et il ne s'est pas répandu dans les pays froids et tempérés.

LE COCHON D'INDE

Ce petit animal, originaire des climats chauds du Brésil, ne laisse pas de vivre et de produire dans le climat tempéré, et même dans les pays froids, en le soignant et le mettant à l'abri de l'intempérie des saisons. On élève des cochons d'Inde en France, et quoiqu'ils multiplient prodigieusement, ils n'y sont pas en grand nombre, parce que les soins qu'ils demandent ne sont pas compensés par le profit qu'on en tire.

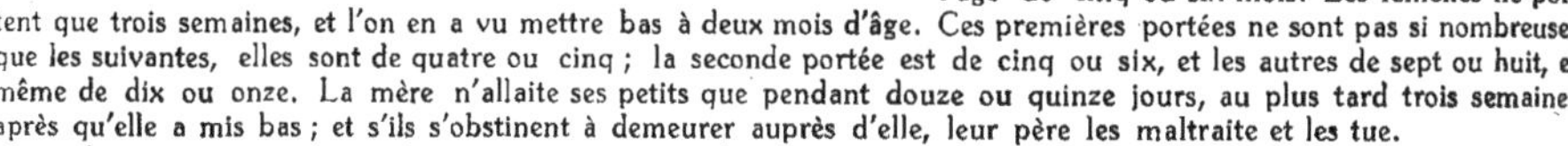

Leur peau n'a presque aucune valeur, et leur chair, quoique mangeable, n'est pas assez bonne pour être recherchée.

Ces animaux sont d'un tempérament si précoce, qu'ils se recherchent cinq à six semaines après leur naissance ; ils ne prennent cependant leur accroissement entier qu'en huit ou neuf mois, mais il est vrai que c'est en grosseur apparente et en graisse qu'ils augmentent le plus, et que le développement des parties solides est fait avant l'âge de cinq ou six mois. Les femelles ne portent que trois semaines, et l'on en a vu mettre bas à deux mois d'âge. Ces premières portées ne sont pas si nombreuses que les suivantes, elles sont de quatre ou cinq ; la seconde portée est de cinq ou six, et les autres de sept ou huit, et même de dix ou onze. La mère n'allaite ses petits que pendant douze ou quinze jours, au plus tard trois semaines après qu'elle a mis bas ; et s'ils s'obstinent à demeurer auprès d'elle, leur père les maltraite et les tue.

Ainsi ces animaux produisent au moins tous les deux mois, et ceux qui viennent de naître produisant de même, l'on est étonné de leur prompte et prodigieuse multiplication. Avec un seul couple, on pourrait en avoir un millier dans un an ; mais ils se détruisent aussi vite qu'ils pullulent ; le froid et l'humidité les font mourir, ils se laissent manger par les chats sans se défendre ; les mères même ne s'irritent pas contre eux : n'ayant pas le temps de s'attacher à leurs petits, elles ne font aucun effort pour les sauver. Les mâles se soucient encore moins des petits, et se laissent manger eux-mêmes sans résistance. Ils passent leur vie à dormir et manger ; leur sommeil est court, mais fréquent ; ils mangent à toute heure du jour et de la nuit ; ils ne boivent jamais. Ils se nourrissent de toutes sortes d'herbes, et surtout de persil ; ils le préfèrent même au son, à la farine, au pain ; ils aiment aussi beaucoup les pommes et les autres fruits.

Ils mangent précipitamment, peu à la fois, mais très souvent. Ils ont un grognement semblable à celui d'un petit cochon de lait, et un cri fort aigu lorsqu'ils ressentent de la douleur. Ils sont délicats, frileux, et l'on a de la peine à leur faire passer l'hiver ; il faut les tenir dans un endroit sain, sec et chaud. Lorsqu'ils sentent le froid, ils se rassemblent et se serrent les uns contre les autres, et il arrive souvent que, saisis par le froid, ils meurent tous ensemble. Ils sont naturellement doux et privés, ils ne font aucun mal, mais ils sont également incapables de bien ; ils ne s'attachent point ; ils sont doux par tempérament, dociles par faiblesse et presque insensibles à tout.

Edentés.

L'UNAU ET L'AÏ

L'ON a donné à ces deux animaux l'épithète de *paresseux*, à cause de la lenteur de leurs mouvements et de la difficulté qu'ils ont à marcher. Quoiqu'ils se ressemblent à plusieurs égards, ils diffèrent néanmoins par des caractères si marqués qu'il n'est plus possible, lorsqu'on les a examinés, de les prendre l'un pour l'autre, ni même de douter qu'ils ne soient de deux espèces très éloignées. L'unau n'a point de queue, et n'a que deux ongles aux pieds de devant; l'aï porte une queue courte et trois ongles à tous les pieds. L'unau a le museau plus long, le front plus élevé, les oreilles plus apparentes que l'aï; il a aussi le poil tout différent; mais le caractère le plus distinctif, et en même temps le plus singulier, c'est que l'unau a quarante-huit côtes, tandis que l'aï n'en a que trente. Le commun des animaux est à tous ces égards très richement doué; et les espèces disgraciées de l'unau et de l'aï sont peut-être les seules qui nous offrent l'image de la misère innée.

Voyons-la de plus près : faute de dents, ces pauvres animaux ne peuvent ni saisir une proie, ni se nourrir de chair, ni même brouter l'herbe. Réduits à vivre de feuilles et de fruits sauvages, ils consument du temps à se traîner au pied d'un arbre, il leur en faut beaucoup pour grimper jusqu'aux branches; et pendant ce lent et triste exercice qui dure quelquefois plusieurs jours, ils sont obligés de supporter la faim. Arrivés sur leur arbre, ils n'en descendent plus, ils s'accrochent aux branches, ils le dépouillent par parties, mangent successivement les feuilles de chaque rameau, passent ainsi plusieurs semaines sans pouvoir délayer par aucune boisson cette nourriture aride; et lorsqu'ils ont ruiné leur fond et que l'arbre est entièrement nu, ils y restent encore, retenus par l'impossibilité d'en descendre; enfin, quand le besoin se fait de nouveau sentir, qu'il presse et qu'il devient plus vif que la crainte du danger de la mort, ne pouvant descendre, ils se laissent tomber et tombent très lourdement.

A terre, ils sont livrés à tous leurs ennemis : comme leur chair n'est pas absolument mauvaise, les hommes et les animaux de proie les cherchent et les tuent; il paraît qu'ils multiplient peu, ou du moins que, s'ils produisent fréquemment, ce n'est qu'en petit nombre; tout concourt donc à les détruire, et il est bien difficile que l'espèce se maintienne : il est vrai que, quoiqu'ils soient lents, gauches et presque inhabiles au mouvement, ils sont durs, forts de corps et vivaces; qu'ils peuvent supporter longtemps la privation de toute nourriture.

Au reste, si la misère qui résulte du défaut de sentiment n'est pas la plus grande de toutes, celle de ces animaux, quoique très apparente, pourrait ne pas être réelle, car ils paraissent très mal ou très peu sentir : leur air morne, leur regard pesant, leur résistance indolente aux coups qu'ils reçoivent sans s'émouvoir, annoncent leur insensibilité.

Ces deux animaux appartiennent également l'un et l'autre aux terres méridionales du nouveau continent et ne se trouvent nulle part dans l'ancien. Ils ne peuvent supporter le froid ; ils craignent aussi la pluie.

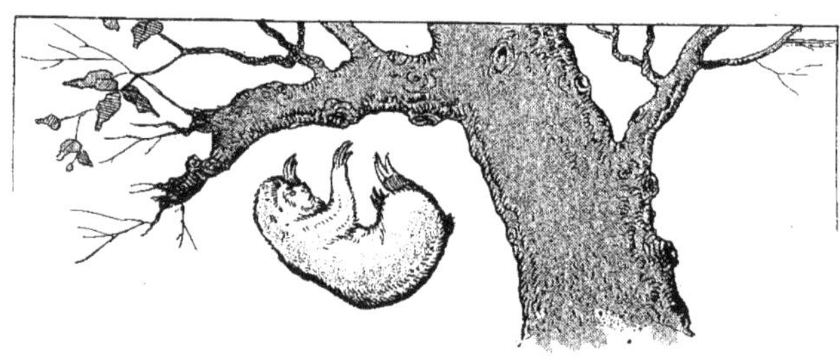

LES TATOUS

Il existe parmi les animaux quadrupèdes et vivipares plusieurs espèces d'animaux qui ne sont pas couverts de poil. Les tatous font eux seuls un genre entier dans lequel on peut compter plusieurs espèces qui paraissent être réellement distinctes et séparées les unes des autres : dans toutes, l'animal est revêtu d'un têt semblable pour la substance à celle des os ; ce têt couvre la tête, le cou, le dos, les flancs, la croupe et la queue jusqu'à l'extrémité ; il est lui-même recouvert au dehors par un cuir mince, lisse et transparent. Les seules parties sur lesquelles ce têt ne s'étend pas sont la gorge, la poitrine et le ventre, qui présentent une peau blanche, semblable à celle d'une poule plumée ; et en regardant ces parties avec attention, l'on y voit de place en place des rudiments d'écailles qui sont de la même substance que le têt du dos ; la peau de ces animaux, même dans les endroits où elle est la plus souple, tend donc à devenir osseuse, mais l'ossification ne se réalise en entier qu'où elle est la plus épaisse, c'est-à-dire sur les parties supérieures et extérieures du corps et des membres. Le têt qui recouvre toutes ces parties supérieures n'est pas d'une seule pièce comme celui de la tortue ; il est partagé en plusieurs bandes sur le corps, lesquelles sont attachées les unes aux autres par autant de membranes qui permettent un peu de mouvement et de jeu dans cette armure. Le nombre de ces bandes ne dépend pas, comme on pourrait l'imaginer, de l'âge de l'animal : les tatous qui viennent de naître et les tatous adultes ont, dans la même espèce, le même nombre de bandes. Puisque cette différence du nombre des bandes mobiles est constante, ce sont sans doute ou des espèces réellement distinctes, ou au moins des variétés durables et produites par l'influence des divers climats.

On en indique six espèces : 1° le *tatou ouassou*, qui probablement est celui que nous appellerons *kabassou* ; 2° le *tatouète*, appelé aussi *tatuète*, et auquel nous conserverons ce nom ; 3° le *tatou peb*, qui est le *tatupeba* ou l'*encuberto*, auquel nous conserverons ce dernier nom ; 4° le *tatou apar* ou le *tatuapara*, auquel nous conserverons encore son nom ; 5° le *tatououinchum*, qui paraît être le même que le *cirquinchum*, et que nous appellerons *cirquinçon* ; 6° le *tatou miri*, le plus petit de tous, qui pourrait bien être celui que nous appellerons *cachicame*.

Dans toutes ces espèces, à l'exception de celle du cirquinçon, l'animal a deux boucliers osseux, l'un sur les épaules et l'autre sur la croupe ; ces deux boucliers sont chacun d'une seule pièce, tandis que la cuirasse, qui est osseuse aussi et qui couvre le corps, est divisée transversalement et partagée en plus ou moins de bandes mobiles et séparées les unes des autres par une peau flexible. Mais le cirquinçon n'a qu'un bouclier et c'est celui des épaules ; la croupe, au lieu d'être couverte d'un bouclier, est revêtue jusqu'à la queue par des bandes mobiles pareilles à celles de la cuirasse du corps. Nous allons donner des indications claires et de courtes descriptions de chacune de ces espèces. Dans la première la cuirasse qui est entre les deux boucliers est composée de trois bandes, dans la seconde elle l'est de six, dans la troisième de huit, dans la quatrième de neuf, dans la cinquième de douze, et enfin dans la sixième il n'y a, comme nous venons de le dire, que le bouclier des épaules qui soit d'une seule pièce ; l'armure de la croupe, ainsi que celle du corps, sont partagées en bandes mobiles qui s'étendent depuis le bouclier des épaules jusqu'à la queue, et qui sont au nombre de dix-huit.

L'APAR OU LE TATOU A TROIS BANDES

L'Apar a trois bandes mobiles sur le dos, et la queue très courte. Il a la tête oblongue et presque pyramidale, le museau pointu, les yeux petits, les oreilles courtes et arrondies, le dessus de la tête couvert d'un casque d'une seule pièce ; il a cinq doigts à tous les pieds.

Dans ceux du devant, les deux ongles du milieu sont très grands, les deux latéraux sont plus petits, et le cinquième, qui est l'extérieur et qui est fait en forme d'ergot, est encore plus petit que tous les autres ; dans les pieds de derrière, les cinq ongles sont plus courts et plus égaux. La queue est très courte, elle n'a que deux pouces de longueur et elle est revêtue d'un têt tout autour; le corps a un pied de longueur sur huit pouces dans sa plus grande largeur.

La cuirasse qui le couvre est partagée par quatre commissures ou divisions, et composée de trois bandes mobiles et transversales qui permettent à l'animal de se courber et de se contracter en rond ; la peau qui forme les commissures est très souple. Les boucliers qui couvrent les épaules et la croupe sont composés de pièces à cinq angles très également rangées ; les trois bandes mobiles entre ces deux boucliers sont composées de pièces carrées ou barlongues, et chaque pièce est chargée de petites écailles lenticulaires d'un blanc jaunâtre

Quand l'apar se couche pour dormir, ou que quelqu'un le touche et veut le prendre avec la main, il rapproche et réunit, pour ainsi dire, en un point ses quatre pieds, ramène sa tête sous son ventre, et se couche si parfaitement en rond qu'alors on le prendrait plutôt pour une coquille de mer que pour un animal terrestre.

Cette contraction si serrée se fait au moyen de deux grands muscles qu'il a sur les côtés du corps, et l'homme le plus fort a bien de la peine à le desserrer et à le faire étendre avec les mains.

L'ENCOUBERT, OU LE TATOU A SIX BANDES

L'Encoubert est plus grand que l'apar ; il a le dessus de la tête, du cou et du corps entier, les jambes et la queue tout autour, revêtus d'un têt osseux très dur et composé de plusieurs pièces assez grandes et très élégamment disposées. Il a deux boucliers, l'un sur les épaules et l'autre sous la croupe, tous deux d'une seule pièce ; il y a seulement, au delà du bouclier des épaules et près de la tête, une bande mobile entre deux jointures qui permet à l'animal de courber le cou.

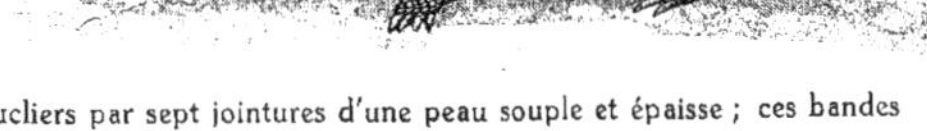

Le bouclier des épaules est formé par cinq rangs parallèles qui sont composés de pièces dont les figures sont à cinq ou six angles, avec une espèce d'ovale dans chacune ; la cuirasse du dos, c'est-à-dire la partie du têt qui est entre les deux boucliers, est partagée en six bandes qui anticipent peu les unes sur les autres et qui tiennent entre elles et aux boucliers par sept jointures d'une peau souple et épaisse ; ces bandes sont composées d'assez grandes pièces carrées et barlongues.

De cette peau de jointures il sort quelques poils blanchâtres et semblables à ceux qui se voient aussi en très petit nombre sous la gorge, la poitrine et le ventre ; toutes ces parties inférieures ne sont revêtues que d'une peau grenue et non pas d'un têt osseux comme les parties supérieures du corps. Le bouclier de la croupe a un bord dont la mosaïque est semblable à celle des bandes mobiles, et pour le reste il est composé de pièces à peu près pareilles à celles du bouclier des épaules.

Le têt de la tête est long, large et d'une seule pièce jusqu'à la bande mobile du cou.

L'encoubert a le museau aigu, les yeux petits et enfoncés, la langue étroite et pointue, les oreilles sans poil et sans têt, nues, courtes et brunes comme la peau des jointures du dos ; dix-huit dents de grandeur médiocre à chaque mâchoire ; cinq doigts à tous les pieds, avec des ongles assez longs, arrondis et plutôt étroits que larges ; la tête et le groin à peu près semblables à ceux du cochon de lait ; la queue grosse à son origine, et diminuant toujours jusqu'à l'extrémité où elle est fort menue et arrondie par le bout.

La couleur du corps est d'un jaune roussâtre ; l'animal est ordinairement épais et gras. Il fouille la terre avec une extrême facilité, tant à l'aide de son groin que de ses ongles ; il se fait un terrier où il se tient pendant le jour, et n'en sort que le soir pour chercher sa subsistance ; il boit souvent, il vit de fruits, de racines, d'insectes et d'oiseaux, lorsqu'il en peut saisir.

LE TATUÈTE, OU TATOU A HUIT BANDES

Le tatuète n'est pas si grand, à beaucoup près, que l'encoubert ; il a la tête petite, le museau pointu, les oreilles droites, un peu allongées, la queue encore plus longue et les jambes moins basses à proportion que l'encoubert ; il a les yeux petits et noirs, quatre doigts aux pieds de devant et cinq à ceux de derrière ; la tête est couverte d'un casque, les épaules d'un bouclier, la croupe d'un autre bouclier et le corps d'une cuirasse composée de huit bandes mobiles qui tiennent entre elles et aux boucliers par neuf jointures de peau flexible ; la queue est revêtue de même d'un têt composé de huit anneaux mobiles et séparés par neuf jointures de peau flexible. La couleur de la cuirasse sur le dos est d'un gris fer ; sur les flancs et sur la queue, elle est d'un gris blanc avec des taches gris de fer. Le ventre est couvert d'une peau blanchâtre, grenue et semée de quelques poils. Le têt des boucliers paraît semé de petites taches blanches proéminentes et larges comme des lentilles ; les bandes mobiles qui forment la cuirasse du corps sont marquées par des figures triangulaires ; ce têt n'est pas dur : le plus petit plomb suffit pour le percer et pour tuer l'animal, dont la chair est fort blanche et très bonne à manger.

LE CACHICAME, OU TATOU A NEUF BANDES

Wormius et Grew ont décrit cet animal : le cachicame qui a servi de sujet à Wormius était adulte et des plus grands de cette espèce ; celui de Grew était plus jeune et plus petit. Ce tatou à neuf bandes ne fait pas une espèce réellement distincte du tatuète, qui n'en a que huit. Nous avons sept ou huit tatous à neuf bandes, un bien entier qui est femelle et les autres desséchés, dans lesquels nous n'avons pu reconnaître le sexe : il se pourrait donc, puisque ces animaux se ressemblent parfaitement, que le tatuète ou tatou à huit bandes fût le mâle, et le cachicame ou tatou à neuf bandes la femelle. Dans l'individu dont Wormius a décrit la dépouille, la tête avait cinq pouces depuis le bout du museau jusqu'aux oreilles, et dix-huit pouces depuis les oreilles jusqu'à l'origine de la queue, qui était longue d'un pied et composée de douze anneaux. Dans l'individu de la même espèce décrit par Grew, la tête avait trois pouces, le corps sept et demi, la queue onze pouces ; les proportions de la tête et du corps s'accordent, mais la différence de la queue est trop considérable, et il y a grande apparence que, dans l'individu décrit par Wormius, la queue avait été cassée, car elle aurait eu plus d'un pied de longueur ; comme dans cette espèce la queue diminue de grosseur au point de n'être à l'extrémité pas plus grosse qu'une petite alène et qu'elle est en même temps très fragile, il est rare d'avoir une dépouille où la queue soit entière comme dans celle qu'a décrite Grew.

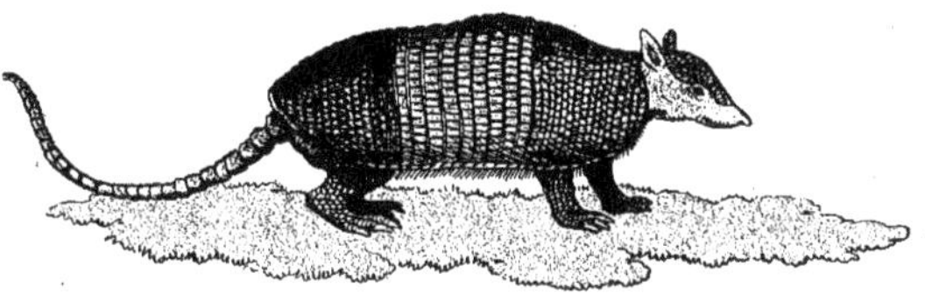

LE KABASSOU, OU TATOU A DOUZE BANDES

Le kabassou paraît être le plus grand de tous les tatous ; il a la tête plus grosse, plus large, et le museau moins effilé que les autres, les jambes plus épaisses, les pieds plus gros, la queue sans têt, particularité qui seule suffirait pour faire distinguer cette espèce de toutes les autres ; cinq doigts à tous les pieds et douze bandes mobiles qui n'anticipent que peu les unes sur les autres. Le bouclier des épaules n'est formé que de quatre ou cinq rangs, composés chacun de pièces quadrangulaires assez grandes ; les bandes mobiles sont aussi formées de grandes pièces, mais presque exactement carrées ; celles qui composent les rangs du bouclier de la croupe sont à peu près semblables à celles du bouclier des épaules ; le casque de la tête est aussi composé de pièces assez grandes, mais irrégulières. Entre les jointures des bandes mobiles et des autres parties de l'armure s'échappent quelques poils pareils à des soies de cochon ; il y a aussi sur la poitrine, sur le ventre, sur les jambes et sur la queue des rudiments d'écailles qui sont ronds, durs et polis comme le reste du têt, et autour de ces petites écailles on voit de petites houppes de poil. Les pièces qui composent le casque de la tête, celles des deux boucliers et de la cuirasse étant proportionnellement plus grandes et en plus petit nombre dans le kabassou que dans les autres tatous, l'on doit en inférer qu'il est plus grand que les autres.

LE CIRQUINÇON, OU TATOU A DIX-HUIT BANDES

Tous les autres tatous ont deux boucliers, chacun d'une seule pièce, le premier sur les épaules, et le second sur la croupe ; le cirquinçon n'en a qu'un et c'est sur les épaules ; on lui a donné le nom de *tatoubelette*, parce qu'il a la tête à peu près de la même forme que celle de la belette.

Tous les tatous sont originaires de l'Amérique ; ils étaient inconnus avant la découverte du Nouveau-Monde.

Il paraît que les deux plus grandes espèces sont le kabassou et l'encoubert, que les petites espèces sont l'apar, le tatuète, le cachicame et le cirquinçon. On dit que les tatous de petite espèce se tiennent dans les terrains humides et les plaines, et que ceux de grande espèce ne se trouvent que dans les lieux plus élevés et plus secs.

Les tatous, en général, sont des animaux innocents et qui ne font aucun mal, à moins qu'on ne les laisse entrer

dans les jardins, où ils mangent les melons, les patates et les autres légumes ou racines.

Quoique originaires des climats chauds de l'Amérique, ils peuvent vivre dans les climats tempérés ; ils marchent avec vivacité, mais ils ne peuvent, pour ainsi dire, ni sauter, ni courir, ni grimper sur les arbres, en sorte qu'ils ne peuvent guère échapper par la fuite à ceux qui les poursuivent ; leurs seules ressources sont de se cacher dans leur terrier, ou s'ils en sont trop éloignés de tâcher de s'en faire un avant que d'être atteints ; il ne leur faut que quelques moments, car les taupes ne creusent pas la terre plus vite que les tatous ; on les prend quelquefois par la queue avant qu'ils n'y soient totalement enfoncés, et ils font alors une telle résistance qu'on leur casse la queue sans amener le corps ; pour ne pas les mutiler il faut ouvrir le terrier par-devant, et alors on les prend sans qu'ils puissent faire aucune résistance ; dès qu'on les tient ils se resserrent en boule, et pour les faire étendre on les met près du feu.

Ces animaux sont gras, replets et très féconds ; la femelle produit, dit-on, chaque mois quatre petits ; aussi l'espèce en est-elle très nombreuse.

On les prend aisément avec des pièges que l'on tend au bord des eaux et dans les autres lieux humides et chauds qu'ils habitent de préférence ; ils ne s'éloignent jamais beaucoup de leurs terriers qui sont très profonds et qu'ils tâchent de regagner dès qu'ils sont surpris.

On prétend qu'ils ne craignent pas la morsure des serpents à sonnette, quoiqu'elle soit aussi dangereuse que celle de la vipère ; on dit qu'ils vivent en paix avec ces reptiles, et que l'on en trouve souvent dans leurs trous.

Les sauvages se servent du têt des tatous à plusieurs usages, ils le peignent de différentes couleurs, ils en font des corbeilles, des boîtes et d'autres petits vaisseaux solides et légers.

LE TAMANOIR, LE TAMANDUA ET LE FOURMILIER

Il existe dans l'Amérique méridionale trois espèces d'animaux à museau, à gueule étroite et sans aucunes dents, à langue ronde et longue qu'ils insinuent dans les fourmilières et qu'ils retirent pour avaler les fourmis dont ils font leur principale nourriture.

Le premier de ces mangeurs de fourmis est le *Tamanoir*.

Cet animal agite fréquemment et brusquement sa queue lorsqu'il est irrité, mais il la laisse traîner en marchant, lorsqu'il est tranquille, et il balaye le chemin par où il passe.

Le tamanoir marche lentement, un homme peut aisément l'atteindre à la course; ses pieds paraissent moins forts pour marcher que pour grimper et pour saisir des corps arrondis, aussi serre-t-il avec une si grande force une branche ou un bâton qu'il n'est pas possible de les lui arracher.

Le second de ces animaux est le *Tamandua* ; il est beaucoup plus petit que le tamanoir.

Il grimpe et serre aussi bien que lui, et ne marche pas mieux; il ne se couvre pas de sa queue qui ne pourrait lui servir d'abri, étant en partie dénuée de poil, lequel d'ailleurs est beaucoup plus court que celui de la queue du tamanoir ; lorsqu'il dort, il cache sa tête sous son cou et sous ses jambes de devant.

Le troisième de ces animaux est le *Fourmilier*, beaucoup plus petit encore que le tamandua.

Celui-ci se suspend aux branches des arbres. Le fourmilier a aussi la même habitude : dans cette situation ils balancent leur corps, approchent leur museau des trous ou des creux d'arbres, ils y insinuent leur longue langue et la retirent ensuite brusquement pour avaler les insectes qu'elle a ramassés.

Au reste, ces trois animaux, qui diffèrent si fort par la grandeur et par les proportions du corps, ont néanmoins beaucoup de choses communes, tant pour la conformation que pour les habitudes naturelles : tous trois se nourrissent de fourmis et plongent aussi leur langue dans le miel et dans les autres substances liquides ou visqueuses ; ils ramassent assez promptement les miettes de pain et les petits morceaux de viande hachée ; on les apprivoise et on les élève aisément ; ils soutiennent longtemps la privation de toute nourriture; ils n'avalent pas toute la liqueur qu'ils prennent en buvant : il en retombe une partie qui passe par les narines ; ils dorment ordinairement pendant le jour et changent de lieu pendant la nuit ; ils marchent si mal qu'un homme peut facilement les atteindre à la course dans un lieu découvert. Les sauvages mangent leur chair, qui cependant est d'un

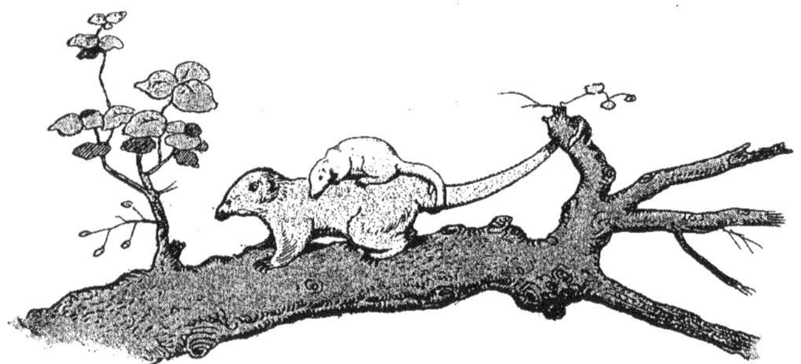

très mauvais goût. On prendrait de loin le tamanoir pour un grand renard, et c'est par cette raison que quelques voyageurs l'ont appelé *renard américain*; il est assez fort pour se défendre d'un gros chien et même d'un jaguar; lorsqu'il en est attaqué il se bat d'abord debout, et, comme l'ours, il se défend avec les mains, dont les ongles sont meurtriers; ensuite il se couche sur le dos pour se servir des pieds comme des mains, et dans cette situation il est presque invincible et combat opiniâtrement jusqu'à la dernière extrémité, et même, lorsqu'il a mis à mort son ennemi, il ne le lâche que très longtemps après; il résiste plus qu'un autre au combat, parce qu'il est couvert d'un grand poil touffu, d'un cuir très épais, et qu'il a la chair peu sensible et la vie très dure.

Le tamanoir, le tamandua et le fourmilier sont des animaux naturels aux climats les plus chauds de l'Amérique. On ne les trouve point en Canada, ni dans les autres contrées froides du Nouveau-Monde.

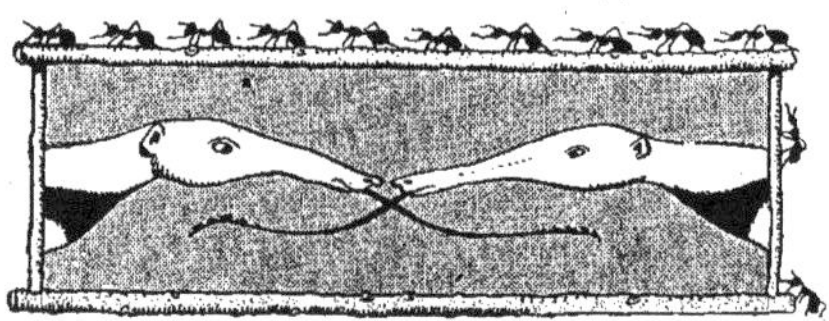

LE PANGOLIN ET LE PHATAGIN

Le pangolin est plus gros que le phatagin, et cependant il a la queue beaucoup moins longue; ses pieds de devant sont garnis d'écailles jusqu'à l'extrémité, au lieu que le phatagin a les pieds et même une partie des jambes de devant dégarnis d'écailles et couverts de poil.

Le pangolin a aussi les écailles plus grandes, plus épaisses, plus convexes et moins cannelées que celles du phatagin, qui sont armées de trois pointes très piquantes, au lieu que celles du pangolin sont sans pointe et uniformément tranchantes. Le phatagin a du poil aux parties inférieures; le pangolin n'en a point du tout sous le corps, mais entre les écailles qui lui couvrent le dos il sort quelques poils gros et longs comme des soies de cochon, et ces longs poils ne se trouvent pas sur le dos du phatagin.

Le pangolin et le phatagin sont deux animaux d'espèces distinctes et séparées.

Le pangolin a jusqu'à six, sept et huit pieds de grandeur, y compris la longueur de la queue, lorsqu'il a pris son accroissement entier. Le phatagin est bien plus petit que le pangolin.

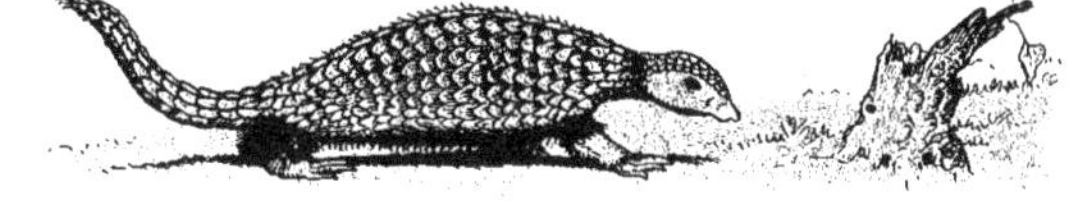

Ces deux animaux se trouvent aux Indes orientales et en Afrique, où les nègres les appellent *quogelo* ; ils en mangent la chair qu'ils trouvent délicate et saine ; ils se servent des écailles à plusieurs petits usages.

Au reste, le pangolin et le phatagin n'ont rien de rebutant que la figure ; ils sont doux, innocents et ne font aucun mal. Ils ne se nourrissent que d'insectes ; ils courent lentement et ne peuvent échapper à l'homme qu'en se cachant dans des trous de rochers ou dans les terriers qu'ils se creusent et où ils font leurs petits. Ce sont deux espèces extraordinaires, peu nombreuses, assez inutiles, et dont la forme bizarre ne paraît exister que pour faire la première nuance de la figure des quadrupèdes à celle des reptiles

Marsupiaux.

LE SARIGUE OU L'OPOSSUM

Le sarigue ou l'opossum est un animal de l'Amérique qu'il est aisé de distinguer de tous les autres par deux caractères très singuliers. Le premier de ces caractères est que la femelle a sous le ventre une ample cavité dans laquelle elle reçoit et allaite ses petits. Le second est que le mâle et la femelle ont tous deux le premier doigt des pieds de derrière sans ongle et bien séparé des autres doigts, tel qu'est le pouce dans la main de l'homme, tandis que les quatre autres doigts de ces mêmes pieds de derrière sont placés les uns contre les autres et armés d'ongles crochus, comme dans les pieds des autres quadrupèdes.

Le sarigue est uniquement originaire des contrées méridionales du Nouveau-Monde.

Il paraît seulement qu'il n'affecte pas aussi constamment que le tatou les climats les plus chauds. On le trouve non seulement au Brésil, à la Guyane, au Mexique, mais aussi à la Floride, en Virginie, et dans les autres régions tempérées de ce continent. Il est partout assez commun, parce qu'il produit souvent et en grand nombre. La plupart des auteurs disent quatre ou cinq petits ; d'autres, six ou sept.

Les petits sarigues restent attachés et comme collés aux mamelles de la mère pendant le premier âge et jusqu'à ce qu'ils aient pris assez de force et d'accroissement pour se mouvoir aisément.

Ils se laissent alors tomber dans la poche et sortent ensuite pour se promener et pour chercher leur subsistance ; ils y entrent souvent pour dormir, pour téter, et aussi pour se cacher lorsqu'ils sont épouvantés : la mère fuit alors et les emporte tous.

A la seule inspection de la forme des pieds de cet animal, il est aisé de juger qu'il marche mal et qu'il court lentement : aussi dit-on qu'un homme peut l'attraper sans même précipiter son pas.

En revanche, il grimpe sur les arbres avec une extrême facilité ; il se cache dans le feuillage pour attraper des oiseaux, ou bien il se suspend par la queue, dont l'extrémité est musculeuse et flexible comme une main, en sorte qu'il peut serrer et même environner de plus d'un tour les corps qu'il saisit ; il reste quelquefois longtemps dans cette situation sans mouvement, le corps suspendu la tête en bas ; il épie et attend le petit gibier au passage ; d'autres fois, il se balance pour sauter d'un arbre à un autre, à peu près comme les singes à queue prenante, auxquels il ressemble aussi par la conformation des pieds.

Quoique carnassier et même avide de sang, qu'il se plaît à sucer, il mange assez de tout, des reptiles, des insectes, des cannes à sucre, des patates, des racines, et même des feuilles et des écorces.

On peut le nourrir comme un animal domestique ; il n'est ni féroce, ni farouche, et on l'apprivoise aisément ; mais il dégoûte par sa mauvaise odeur, qui est plus forte que celle du renard, et il déplaît aussi par sa vilaine figure ; car, indépendamment de ses oreilles de chouette, de sa queue de serpent et de sa gueule fendue jusqu'auprès des yeux, son corps paraît toujours sale, parce que le poil, qui n'est ni lisse ni frisé, est terne et semble être couvert de boue.

Sa mauvaise odeur réside dans la peau, car sa chair n'est pas mauvaise à manger : c'est même un des animaux que les sauvages chassent de préférence et duquel ils se nourrissent le plus volontiers.

LA MARMOSE

L'ESPÈCE de la marmose paraît être voisine de celle du sarigue ; elles sont du même climat, dans le même continent et ces deux animaux se ressemblent par la forme du corps, mais la marmose est bien plus petite que le sarigue ; elle a le museau encore plus pointu ; la femelle n'a pas de poche sous le ventre comme celle du sarigue, il y a seulement deux plis longitudinaux près des cuisses, entre lesquels les petits se placent pour s'attacher aux mamelles. La naissance des petits semble être encore plus précoce dans l'espèce de la marmose que dans celle du sarigue ; ils sont à peine aussi gros que de petites fèves lorsqu'ils naissent et qu'ils vont s'attacher aux mamelles ; les portées sont aussi plus nombreuses.

La marmose a les mêmes inclinations et les mêmes mœurs que le sarigue ; tous deux se creusent des terriers pour se réfugier, tous deux s'accrochent aux branches des arbres par l'extrémité de leur queue, et s'élancent de là sur les oiseaux et sur les petits animaux ; ils mangent aussi des fruits, des graines et des racines, mais ils sont encore plus friands de poisson et d'écrevisses, qu'ils pêchent, dit-on, avec leur queue. Ce fait est très douteux, et s'accorde fort mal avec la stupidité naturelle qu'on reproche à ces animaux qui, selon le témoignage de la plupart des voyageurs, ne savent ni se mouvoir à propos, ni fuir, ni se défendre.

LE CAYOPOLLIN

LE cayopollin est un petit animal un peu plus grand qu'un rat, ressemblant au sarigue par le museau, les oreilles et la queue, qui est plus épaisse et plus forte que celle d'un rat, et de laquelle il se sert comme d'une main ; il a les oreilles minces et diaphanes, le ventre, les jambes et les pieds blancs : les petits, lorsqu'ils ont peur, tiennent la mère embrassée ; elle les élève sur les arbres : cette espèce s'est trouvée dans les montagnes de la Nouvelle-Espagne. Le cayopollin a la tête un peu épaisse et la queue un tant soit peu plus grosse que la marmose ; il approche encore plus que la marmose de l'espèce du sarigue. Ces trois animaux se ressemblent beaucoup par la conformation des parties intérieures et extérieures, par la forme des pieds, par la naissance prématurée, la longue et continuelle adhérence des petits aux mamelles, et enfin par les autres habitudes de nature ; ils sont aussi tous trois du Nouveau-Monde et du même climat ; on ne les trouve point dans les pays froids de l'Amérique ; ils sont naturels aux contrées méridionales de ce continent, et peuvent vivre dans les régions tempérées ; au reste, ce sont tous des animaux très laids : leur gueule, fendue comme celle d'un brochet, leurs oreilles de chauve-souris, leur queue de couleuvre et leurs pieds de singe, présentent une forme bizarre qui devient encore plus désagréable par la mauvaise odeur qu'ils exhalent, et par la lenteur et la stupidité dont leurs actions et tous leurs mouvements paraissent accompagnés.

LE PHALANGER

Cet animal, appelé à tort *rat de Surinam,* a beaucoup moins de rapport avec les rats qu'avec la marmose et le cayopollin. Comme aucun naturaliste, aucun voyageur n'a nommé ni indiqué cet animal, nous avons fait son nom et nous l'avons tiré d'un caractère qui ne se trouve dans aucun autre animal ; nous l'appelons *phalanger,* parce qu'il a les phalanges singulièrement conformées, et que de quatre doigts qui correspondent aux cinq ongles, dont ses pieds de derrière sont armés, le premier est soudé avec son voisin, en sorte que ce double doigt fait la fourche et ne se sépare qu'à la dernière phalange pour arriver aux deux ongles. Le pouce est séparé des autres doigts et n'a point d'ongle à son extrémité.

Il paraît que ces animaux varient entre eux pour les couleurs du poil. Ils sont de la taille d'un petit lapin ou d'un très gros rat, et sont remarquables par l'excessive longueur de leur queue, l'allongement de leur museau et la forme de leurs dents, qui seule suffirait pour faire distinguer le phalanger de la marmose, du sarigue, des rats, et de toutes les autres espèces d'animaux auxquelles on voudrait le rapporter.

Pachydermes.

L'ÉLÉPHANT

L'éléphant est, si nous voulons ne nous pas compter, l'être le plus considérable de ce monde : il surpasse tous les animaux terrestres de grandeur, et il approche de l'homme par l'intelligence.

Aussi les hommes ont-ils eu dans tous les temps pour ce grand, pour ce premier animal, une espèce de vénération. Les anciens le regardaient comme un prodige, un miracle de la nature, ils ont beaucoup exagéré ses facultés naturelles ils lui ont attribué sans hésiter des qualités intellectuelles et des vertus morales. On respecte à Siam, à Laos, à Pégu,

les éléphants blancs comme les mânes vivants des empereurs de l'Inde ; ils ont chacun un palais, une maison composée d'un nombreux domestique, une vaisselle d'or, des mets choisis, des vêtements magnifiques, et sont dispensés de tout travail, de toute obéissance; l'empereur vivant est le seul devant lequel ils fléchissent les genoux, et ce salut est rendu par le monarque. En écartant les fables de la crédule antiquité, en rejetant aussi les fictions puériles de la situation toujours subsistante, il reste encore assez à l'éléphant, aux yeux mêmes du philosophe, pour qu'il doive le regarder comme un être de la première distinction ; il est digne d'être connu, d'être observé.

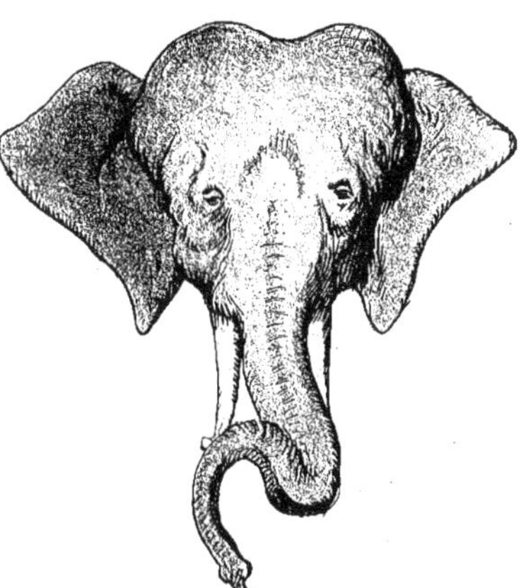

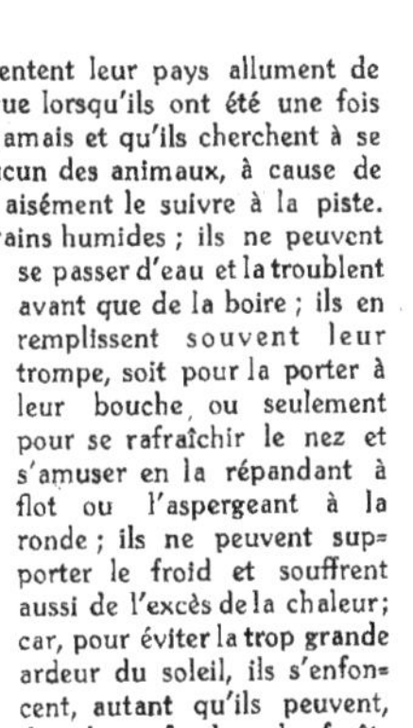

Dans l'état sauvage, l'éléphant n'est ni sanguinaire, ni féroce; il est d'un naturel doux, et jamais il ne fait abus de ses armes ou de sa force ; il ne les emploie, il ne les exerce que pour se défendre lui-même ou pour protéger ses semblables.

Il a les mœurs sociales, on le voit rarement errant ou solitaire ; il marche ordinairement de compagnie, le plus âgé conduit la troupe, le second d'âge la fait aller et marche le dernier ; les jeunes et les faibles sont au milieu des autres ; les mères portent leurs petits et les tiennent embrassés de leur trompe ; ils ne gardent cet ordre que dans les marches périlleuses, lorsqu'ils vont paître sur des terres cultivées ; ils se promènent ou voyagent avec moins de précaution dans les forêts et dans les solitudes, sans cependant se séparer absolument ni même s'écarter assez loin pour être hors de portée des secours et des avertissements.

Il serait dangereux de leur faire la moindre injure ; ils vont droit à l'offenseur, et quoique la masse de leur corps soit très pesante, leur pas est si grand qu'ils atteignent aisément l'homme le plus léger à la course ; ils le percent de leurs défenses, ou, le saisissant avec la trompe, le lancent comme une pierre et achèvent de le tuer en le foulant aux pieds ; mais ce n'est que lorsqu'ils sont provoqués qu'ils font ainsi main-basse sur les hommes ; ils ne font aucun mal à ceux qui ne les cherchent pas; cependant comme ils sont susceptibles et délicats sur le fait des injures, il est bon d'éviter leur rencontre, et les voyageurs qui fréquentent leur pays allument de grands feux la nuit et battent de la caisse pour les empêcher d'approcher. On prétend que lorsqu'ils ont été une fois attaqués par les hommes, ou qu'ils sont tombés dans quelque embûche, ils ne l'oublient jamais et qu'ils cherchent à se venger en toute occasion ; comme ils ont l'odorat excellent et peut-être plus parfait qu'aucun des animaux, à cause de la grande étendue de leur nez, l'odeur de l'homme les frappe de très loin : ils pourraient aisément le suivre à la piste. Ces animaux aiment le bord des fleuves, les profondes vallées, les lieux ombragés et les terrains humides ; ils ne peuvent se passer d'eau et la troublent avant que de la boire ; ils en remplissent souvent leur trompe, soit pour la porter à leur bouche, ou seulement pour se rafraîchir le nez et s'amuser en la répandant à flot ou l'aspergeant à la ronde ; ils ne peuvent supporter le froid et souffrent aussi de l'excès de la chaleur; car, pour éviter la trop grande ardeur du soleil, ils s'enfoncent, autant qu'ils peuvent, dans la profondeur des forêts les plus sombres ; ils se mettent aussi assez souvent dans l'eau ; le volume énorme de leur corps leur nuit moins qu'il ne leur aide à nager; ils enfoncent moins dans l'eau que les autres animaux et d'ailleurs la longueur de leur trompe qu'ils redressent en haut et par laquelle ils respirent leur ôte toute crainte d'être submergés.

Leurs aliments ordinaires sont des racines, des herbes, des feuilles et du bois tendre ; ils mangent aussi des fruits et des grains, mais ils dédaignent la chair et le poisson : lorsque l'un d'entre eux trouve quelque part un pâturage abondant, il appelle les autres et les invite à venir manger avec lui. Comme il leur faut une grande quantité de fourrage, ils changent souvent de lieu, et lorsqu'ils arrivent à des terres ensemencées, ils y font un dégât prodigieux ; leur corps étant d'un poids énorme, ils écachent et détruisent dix fois plus de plantes avec leurs pieds qu'ils n'en consomment pour leur nourriture, laquelle peut monter à cent cinquante livres d'herbe par jour : n'arrivant jamais qu'en nombre, ils dévastent donc une campagne en une heure. Il est difficile de les épouvanter, et ils ne sont guère susceptibles de crainte; la seule chose qui les surprenne et puisse les arrêter sont les feux d'artifice, les pétards qu'on leur lance, et dont l'effet subit et promptement renouvelé les saisit et leur fait quelquefois rebrousser chemin. On vient très rarement à bout de les séparer les uns des autres, car ordinairement ils prennent tous ensemble le même parti d'attaquer, de passer indifféremment ou de fuir.

La femelle porte vingt mois ; elle ne produit qu'un petit, lequel au moment de sa naissance a des dents, et est déjà plus gros qu'un sanglier ; cependant les défenses ne sont pas encore apparentes, elles commencent à percer peu de temps après, et à l'âge de six mois elles sont de quelques pouces de longueur. L'éléphant à six mois est déjà plus gros qu'un bœuf, et les défenses continuent de grandir et de croître jusqu'à l'âge avancé, pourvu que l'animal se porte bien et soit en liberté ; car on n'imagine pas à quel point l'esclavage et les aliments apprêtés détériorent le tempérament et changent les habitudes naturelles de l'éléphant. On vient à bout de le dompter, de le soumettre, de l'instruire, et comme il est plus fort et plus intelligent qu'un autre, il sert plus à propos, plus puissamment et plus utilement. Il n'y a aucun éléphant domestique qui n'ait été sauvage auparavant, et la manière de les prendre, de les dompter, de les soumettre, mérite une attention particulière.

Au milieu des forêts et dans un lieu voisin de ceux qu'ils fréquentent, on choisit un espace qu'on environne d'une forte palissade ; les plus gros arbres de la forêt servent de pieux principaux contre lesquels on attache les traverses de charpente qui soutiennent les autres pieux : cette palissade est faite à claire-voie, en sorte qu'un homme peut y passer aisément ; on y laisse une autre grande ouverture par laquelle l'éléphant peut entrer, et cette baie est surmontée d'une trappe suspendue, ou bien elle reçoit une barrière qu'on ferme derrière lui. Pour l'attirer jusque dans cette enceinte, il faut l'aller chercher : on conduit une femelle privée dans la forêt, et lorsqu'on imagine être à portée de la faire entendre, son gouverneur l'oblige à faire un cri : le mâle sauvage y répond à l'instant et se met en marche pour la joindre ; on la fait marcher elle-même en lui faisant de temps en temps répéter l'appel ; elle arrive la première à l'enceinte, où le mâle, la suivant à la piste, entre par la même porte. Dès qu'il se voit enfermé, son ardeur s'évanouit, et, lorsqu'il aperçoit les chasseurs, elle change en fureur ; on lui jette des cordes à nœuds coulants pour l'arrêter, on lui met des entraves aux pieds et à la trompe, on amène deux ou trois éléphants privés et conduits par des hommes adroits, on essaie de les attacher avec l'éléphant sauvage ; enfin l'on vient à bout, par force, par adresse, par tourment et par caresse, de le dompter en peu de jours.

L'éléphant, une fois dompté, devient le plus doux, le plus obéissant de tous les animaux : il s'attache à celui qui le soigne, il le caresse, le prévient, et semble deviner tout ce qui peut lui plaire ; en peu de temps, il vient à comprendre les signes et même à entendre l'expression des sons; il distingue le ton impératif, celui de la colère ou de la satisfaction, et il agit en conséquence. Il ne se trompe point à la parole de son maître, et reçoit ses ordres avec attention, les exécute avec prudence, avec empressement, sans précipitation, car ses mouvements sont toujours mesurés, et son caractère paraît tenir de la gravité de sa masse.

On lui apprend aisément à fléchir les genoux pour donner plus de facilité à ceux qui veulent le monter ; il caresse ses amis avec sa trompe, en salue les gens qu'on lui fait remarquer ; il s'en sert pour enlever des fardeaux et aide lui-même à se charger ; il se laisse vêtir et semble prendre plaisir à se voir couvert de harnais dorés et de housses brillantes. On l'attelle, on l'attache par des traits à des chariots, des charrues, des navires, des cabestans : il tire également, continûment et sans se rebuter, pourvu qu'on ne l'insulte pas par des coups donnés mal à propos, et qu'on ait l'air de lui savoir gré de la bonne volonté avec laquelle il emploie ses forces. Celui qui le conduit ordinairement est monté sur son cou et se sert d'une verge de fer, dont l'extrémité fait le crochet, ou qui est armée d'un poinçon avec lequel on le pique sur la tête, à côté des oreilles pour l'avertir, le détourner ou le presser ; mais souvent la parole suffit, surtout s'il a eu le temps de faire connaissance complète avec son conducteur et de prendre en lui une entière confiance. Son attachement devient quelquefois si fort, si durable, et son affection si profonde, qu'il refuse ordinairement de servir sous tout autre, et qu'on l'a quelquefois vu mourir de regret d'avoir, dans un accès de colère, tué son gouverneur. L'espèce de l'éléphant ne laisse pas d'être nombreuse, quoiqu'il ne produise qu'une fois et un seul petit tous les deux ou trois ans.

Plus la vie des animaux est courte, et plus leur production est nombreuse. Dans l'éléphant, la durée de la vie compense le petit nombre, et s'il est vrai, comme on l'assure, qu'il vive deux siècles et qu'il produise jusqu'à

cent vingt ans, chaque couple donne quarante petits dans cet espace de temps : l'espèce se trouve généralement répandue dans tous les pays méridionaux de l'Afrique et de l'Asie. Ils sont fidèles à leur patrie et constants pour leur climat ; car, quoiqu'ils puissent vivre dans les régions tempérées, il ne paraît pas qu'ils aient jamais tenté de s'y établir, ni même d'y voyager ; ils étaient jadis inconnus dans nos climats. Alexandre est le premier qui ait montré l'éléphant à l'Europe : il fit passer en Grèce ceux qu'il avait conquis sur Porus, et ce furent peut-être les mêmes que Pyrrhus, plusieurs années après, employa contre les Romains dans la guerre de Tarente, et avec lesquels Curius vint triompher à Rome. Annibal ensuite en amena d'Afrique, leur fit passer la Méditerranée, les Alpes, et les conduisit, pour ainsi dire, jusqu'aux portes de Rome.

Il paraît que le climat de l'Inde méridionale et de l'Afrique orientale est la vraie patrie, le pays naturel et le séjour le plus convenable à l'éléphant ; il y est beaucoup plus grand, beaucoup plus fort qu'en Guinée et dans toutes les autres parties de l'Afrique occidentale. L'Inde méridionale et l'Afrique orientale sont donc les contrées dont la terre et le ciel lui conviennent le mieux ; et, en effet, il craint l'excessive chaleur, il n'habite jamais dans les sables brûlants, et il ne se trouve en grand nombre dans le pays des Nègres que le long des rivières et non dans les terres élevées ; au lieu qu'aux Indes, les plus puissants, les plus courageux de l'espèce, et dont les armes sont les plus fortes et les plus grandes, s'appellent éléphants de montagne, et habitent, en effet, les hauteurs où l'air étant plus tempéré, les eaux moins impures, es aliments plus sains, leur nature arrive à son plein développement et acquiert toute son étendue, toute sa perfection.

La force de ces animaux est proportionnelle à leur grandeur : les éléphants des Indes portent aisément trois ou quatre milliers ; les plus petits, c'est-à-dire ceux d'Afrique, enlèvent librement un poids de deux cents livres avec leur

trompe, et le placent eux-mêmes sur leurs épaules ; ils prennent dans cette trompe une grande quantité d'eau qu'ils rejettent en haut ou à la ronde, à une ou deux toises de distance ; ils peuvent porter plus d'un millier pesant sur leurs défenses ; la trompe leur sert à casser les branches des arbres, et les défenses à arracher les arbres mêmes. On peut encore juger de leur force par la vitesse de leur mouvement, comparée à la masse de leur corps ; ils font au pas ordinaire à peu près autant de chemin qu'un cheval en fait au petit trot, et autant qu'un cheval au galop lorsqu'ils courent, ce qui dans l'état de liberté ne leur arrive guère que quand ils sont animés de colère ou poussés par la crainte. On mène ordinairement au pas les éléphants domestiques ; ils font aisément et sans fatigue quinze ou vingt lieues par jour et quand on veut les presser, ils peuvent en faire jusqu'à trente-cinq ou quarante.

Un éléphant domestique rend peut-être à son maître plus de services que cinq ou six chevaux, mais il lui faut du foin et une nourriture abondante et choisie. On lui donne ordinairement du riz cuit ou cru, mêlé avec de l'eau, et on prétend qu'il faut cent livres de riz par jour pour qu'il s'entretienne dans sa pleine vigueur ; on lui donne aussi de l'herbe pour le rafraîchir, car il est sujet à s'échauffer, et il faut le mener à l'eau et le laisser baigner deux ou trois fois par jour. Il apprend aisément à se laver lui-même ; il prend de l'eau dans sa trompe, il la porte à sa bouche pour boire ensuite, en retournant sa trompe, il en laisse couler le reste à flots sur toutes les parties de son corps. Pour donner une idée des services qu'il peut rendre, il suffira de dire que tous les tonneaux, sacs, paquets qui se transportent d'un lieu à un autre dans les Indes, sont voiturés par des éléphants ; qu'ils peuvent porter des fardeaux sur leur corps, sur leur cou, sur leurs défenses, et même avec leur gueule, en leur présentant le bout d'une corde qu'ils serrent avec les dents ; que, joignant l'intelligence à la force, ils ne cassent ni n'endommagent rien de ce qu'on leur confie ; qu'ils font tourner et passer ces paquets du bord des eaux dans un bateau sans les laisser mouiller, les posant doucement et les arrangeant où l'on veut les placer ; que, quand ils les ont déposés dans l'endroit qu'on leur montre ils essaient, avec leur trompe s'ils sont bien situés, et que, quand c'est un tonneau qui roule, ils vont d'eux-mêmes chercher des pierres pour le caler et l'établir solidement, etc.

Lorsque l'éléphant est bien soigné il vit longtemps, quoiqu'en captivité. Au reste, la captivité abrège moins leur vie que la disconvenance du climat : quelque soin qu'on en prenne, l'éléphant ne vit pas longtemps dans les pays tempérés et encore moins dans les climats froids. La couleur ordinaire des éléphants est d'un gris cendré ou noirâtre ; les blancs sont extrêmement rares, et on cite ceux qu'on a vus en différents temps dans quelques endroits des Indes, où il s'en trouve aussi quelques-uns qui sont roux, et ces éléphants blancs et rouges sont très estimés.

L'éléphant a les yeux très petits relativement au volume de son corps, mais ils sont brillants et spirituels, et ce qui les distingue de ceux de tous les autres animaux, c'est l'expression pathétique du sentiment et la conduite presque réfléchie de tous leurs mouvements ; il les tourne lentement et avec douceur vers son maître ; il a pour lui le regard de l'amitié, celui de l'attention lorsqu'il parle, le coup d'œil de l'intelligence quand il l'a écouté, celui de la pénétration lorsqu'il veut le prévenir ; il semble réfléchir, délibérer, penser, et ne se déterminer qu'après avoir examiné et regardé à plusieurs fois et sans précipitation, sans passion, les signes auxquels il doit obéir.

Il a l'ouïe très bonne, et cet organe est à l'extérieur, comme celui de l'odorat, plus marqué dans l'éléphant que dans aucun autre animal. Ses oreilles sont très grandes, beaucoup plus longues, même à proportion du corps, que celles de l'âne, et aplaties contre la tête comme celles de l'homme ; elles sont ordinairement pendantes, mais il les relève et les remue avec une grande facilité : elles lui servent à essuyer ses yeux, à les préserver de l'incommodité de la poussière et des mouches. Il se délecte au son des instruments et paraît aimer la musique ; il apprend aisément à marquer la mesure, à se remuer en cadence, et à joindre à propos quelques accents au bruit des tambours et au son des trompettes. Son odorat est exquis et il aime avec passion les parfums de toute espèce et surtout les fleurs odorantes ; il les choisit, il les cueille une à une, il en fait des bouquets, et, après en avoir savouré l'odeur, il les porte à la bouche et semble les goûter ; la fleur d'orange est un de ses mets les plus délicieux : il dépouille avec sa trompe un oranger de toute sa verdure et en mange les fruits, les fleurs, les feuilles, et jusqu'au jeune bois. Il choisit dans les prairies les plantes odoriférantes, et dans les bois il préfère les cocotiers, les bananiers, les palmiers, les sagous; et comme ces arbres sont moelleux et tendres, il en mange non seulement les feuilles et les fruits, mais même les branches, le tronc et les racines, car quand il ne peut arracher ces arbres avec sa trompe, il les déracine avec ses défenses.

A l'égard du sens du toucher, il ne l'a, pour ainsi dire, que dans la trompe, mais il est aussi délicat, aussi distinct dans cette espèce de main que dans celle de l'homme. Cette trompe, composée de membranes, de nerfs et de muscles, est en même temps un membre capable de mouvement et un organe de sentiment. L'animal peut non seulement la remuer, la fléchir, mais il peut la raccourcir, l'allonger, la courber et la tourner en tout sens. L'extrémité de la trompe est terminée par un rebord qui s'allonge par le dessus en forme de doigt : c'est par le moyen de ce rebord et de cette espèce de doigt que l'éléphant fait tout ce que nous faisons avec les doigts : il ramasse à terre les plus petites pièces de monnaie, il cueille les herbes et les fleurs en les choisissant une à une, il dénoue les cordes, ouvre et ferme les portes en tournant les clefs et poussant les verrous ; il apprend à tracer des caractères réguliers avec un instrument aussi petit qu'une plume.

La délicatesse du toucher, la finesse de l'odorat, la facilité du mouvement et la puissance de succion se trouvent donc à l'extrémité du nez de l'éléphant. De tous les instruments dont la nature a si libéralement muni ses productions chéries, la trompe est peut-être le plus complet et le plus admirable : c'est non seulement un instrument organique, mais un triple sens, dont les fonctions réunies et combinées sont en même temps la cause, et produisent les effets de cette intelligence et de ces facultés qui distinguent l'éléphant et l'élèvent au-dessus de tous les animaux.

Au reste, quoique l'éléphant ait plus de mémoire et plus d'intelligence qu'aucun des animaux, il a cependant le cerveau plus petit que la plupart d'entre eux, relativement au volume de son corps. C'est donc en vertu de cette combinaison singulière des sens et de ces facultés uniques de la trompe que cet animal est supérieur aux autres par l'intelligence, malgré l'énormité de sa masse, malgré la disproportion de sa forme ; car l'éléphant est en même temps un miracle d'intelligence et un monstre de matière.

Il résulte pour l'animal plusieurs inconvénients de cette conformation bizarre ; il peut à peine tourner la tête, il ne peut se tourner lui-même, pour rétrograder, qu'en faisant un circuit.

Les oreilles de l'éléphant sont très longues ; il s'en sert comme d'un éventail, il les fait remuer et claquer comme il lui plaît ; sa queue n'est pas plus longue que l'oreille, et n'a ordinairement que deux pieds et demi ou trois pieds de longueur ; elle est assez menue, pointue et garnie à l'extrémité d'une houppe de gros poils ou plutôt de filets de corne noirs, luisants et solides.

Le climat, la nourriture et la condition influent beaucoup sur l'accroissement et la grandeur de l'éléphant ; en général, ceux qui sont pris jeunes et réduits à cet âge en captivité n'arrivent jamais aux dimensions entières de la nature. Les plus grands éléphants des Indes et des côtes orientales de l'Afrique ont quatorze pieds de hauteur ; les plus petits, qui se trouvent au Sénégal et dans les autres parties de l'Afrique occidentale, n'ont que dix ou onze pieds, et tous ceux qu'on a amenés jeunes en Europe ne se sont pas élevés à cette hauteur.

Quoique l'éléphant ne se nourrisse ordinairement que d'herbes et de bois tendre, et qu'il lui faille un prodigieux volume de cette espèce d'aliment pour pouvoir en tirer la quantité de molécules organiques nécessaires à la nutrition d'un aussi vaste corps, il n'a cependant pas plusieurs estomacs, comme la plupart des animaux qui se nourrissent de même ; il n'a qu'un estomac, il ne rumine pas, il est plutôt conformé comme le cheval que comme le bœuf ou les autres animaux ruminants. Quelque grand que soit l'appétit de l'éléphant, il mange avec modération, et son goût pour la propreté l'emporte sur le sentiment du besoin ; son adresse à séparer avec sa trompe les bonnes feuilles d'avec les mauvaises et le soin qu'il a de les bien secouer, pour qu'il n'y reste point d'insectes ni de sable, sont des choses agréables à voir ; il aime beaucoup le vin, les liqueurs spiritueuses, l'eau-de-vie, l'arack, etc. On lui fait faire les corvées les plus pénibles et les entreprises les plus fortes, en lui montrant un vase rempli de ces liqueurs, et en le lui promettant pour prix de ses travaux ; il paraît aimer aussi la fumée de tabac, mais elle l'étourdit et l'enivre ; il craint toutes les mauvaises odeurs, et il a une horreur si grande pour le cochon, que le seul cri de cet animal l'émeut et le fait fuir.

Nous allons achever de donner une idée du naturel et de l'intelligence de ce singulier animal. Son conducteur veut-il lui faire faire quelque corvée pénible, il lui explique de quoi il est question, et lui détaille les raisons qui doivent l'engager à obéir ; si l'éléphant marque de la répugnance à ce qu'il exige de lui, le *cornac* (c'est ainsi qu'on appelle son conducteur) promet de lui donner de l'arack ou quelque chose qu'il aime : alors l'animal se prête à tout ; mais il est dangereux de lui manquer de parole : plus d'un cornac en a été la victime. Il s'est passé à ce sujet dans le Dekan un trait qui mérite d'être rapporté, et qui, tout incroyable qu'il paraît, est cependant exactement vrai. Un éléphant venait de se venger de son cornac en le tuant ; sa femme, témoin de ce spectacle, prit ses deux enfants et les jeta aux pieds de l'animal, encore tout furieux, en lui disant : *Puisque tu as tué mon mari, ôte-moi aussi la vie, ainsi qu'à mes enfants.* L'éléphant s'arrêta tout court, s'adoucit, et, comme s'il eût été touché de regret, prit avec sa trompe le plus grand de ces deux enfants, le mit sur son cou, l'adopta pour son cornac, et n'en voulut point souffrir d'autre.

Si l'éléphant est vindicatif, il n'est pas moins reconnaissant. Un soldat de Pondichéry, qui avait coutume de porter à un de ces animaux une certaine mesure d'arack chaque fois qu'il touchait son prêt, ayant un jour bu plus que de raison, et se voyant poursuivi par la garde, qui le voulait conduire en prison, se réfugia sous l'éléphant et s'y endormit. Ce fut en vain que la garde tenta de l'arracher de cet asile : l'éléphant le défendit avec sa trompe. Le lendemain, le soldat, revenu de son ivresse, frémit à son réveil de se trouver couché sous un animal si énorme. L'éléphant, qui sans doute s'aperçut de son effroi, le caressa avec sa trompe pour le rassurer, et lui fit entendre qu'il pouvait s'en aller.

L'éléphant tombe quelquefois dans une espèce de folie qui lui ôte sa docilité et le rend même très redoutable ; on est alors obligé de le tuer. On se contente quelquefois de l'attacher avec de grosses chaînes de fer, dans l'espérance qu'il viendra à résipiscence. Mais quand il est dans son état naturel, les douleurs les plus aiguës ne peuvent l'engager à faire du mal à qui ne lui en fait pas. Un éléphant, furieux des blessures qu'il avait reçues à la bataille de Hambourg, courait à travers champs et poussait des cris affreux ; un soldat qui, malgré les avertissements de ses camarades, n'avait pu fuir, peut-être parce qu'il était blessé, se trouva à sa rencontre : l'éléphant craignit de le fouler aux pieds, le prit avec sa trompe, le plaça doucement de côté, et continua sa route. Certain éléphant semblait connaître quand on se moquait de lui, et s'en souvenir pour s'en venger quand il en trouvait l'occasion. A un homme qui l'avait trompé, en faisant semblant de lui jeter quelque chose dans la gueule, il donna un coup de sa trompe qui le renversa et lui rompit deux côtes ; ensuite de quoi il le foula aux pieds et lui rompit une jambe, et s'étant agenouillé, il voulut lui enfoncer ses défenses dans le ventre. Il écrasa un autre homme, en le froissant contre une muraille pour le même sujet. Un peintre le voulait dessiner en une attitude extraordinaire, qui était de tenir sa trompe levée et la gueule ouverte ; le valet du peintre, pour le faire demeurer en cet état, lui jetait des fruits dans la gueule, et le plus souvent faisait semblant d'en jeter ; il en fut indigné, et comme s'il eût connu que l'envie que le peintre avait de le dessiner était la cause de cette importunité, au lieu de s'en prendre au valet il s'adressa au maître, et lui jeta par sa trompe une quantité d'eau dont il gâta le papier sur lequel le peintre dessinait.

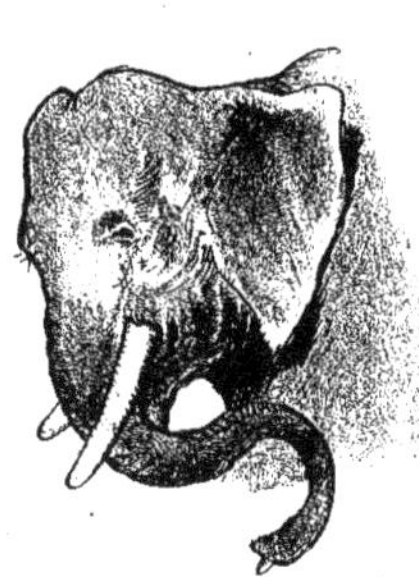

En donnant aux éléphants tout ce qui peut leur plaire, on les rend aussi privés et aussi soumis que le sont les hommes. L'on peut dire qu'il ne leur manque que la parole. Ils sont orgueilleux et ambitieux, mais ils se souviennent du bien qu'on leur a fait et ont de la reconnaissance, jusque-là qu'ils ne manquent point de baisser la tête pour marquer le respect en passant devant les maisons où ils ont été bien traités. Ils se laissent conduire et commander par un enfant, mais ils veulent être loués et chéris. On ne saurait se moquer d'eux ni les injurier qu'ils ne l'entendent, et ceux qui le font doivent bien prendre garde à eux, car ils seront bien heureux s'ils empêchent d'être arrosés de l'eau des trompes de ces animaux ou d'être jetés par terre, le visage contre la poussière.

Ils saluent en fléchissant les genoux et en baissant la tête, et lorsque leur maître veut les monter, ils lui présentent si adroitement le pied qu'il s'en peut servir comme d'un degré. Lorsqu'on a pris un éléphant sauvage et qu'on lui a lié les pieds, le chasseur l'aborde, le salue, lui fait des excuses de ce qu'il l'a lié, lui proteste que ce n'est pas pour lui faire injure, lui expose que la plupart du temps il avait faute de nourriture dans son premier état, au lieu que désormais il sera parfaitement bien traité, qu'il lui en fait la promesse. Le chasseur n'a pas plutôt achevé ce discours obligeant que l'éléphant le suit comme ferait un très doux agneau.

LE TAPIR OU L'ANTA

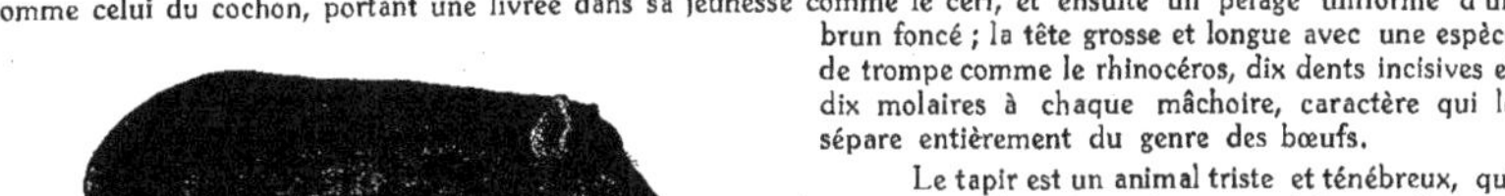

Le tapir est de la grandeur d'une petite vache, mais sans cornes et sans queue ; les jambes courtes, le corps arqué, comme celui du cochon, portant une livrée dans sa jeunesse comme le cerf, et ensuite un pelage uniforme d'un brun foncé ; la tête grosse et longue avec une espèce de trompe comme le rhinocéros, dix dents incisives et dix molaires à chaque mâchoire, caractère qui le sépare entièrement du genre des bœufs.

Le tapir est un animal triste et ténébreux, qui ne sort que de nuit, qui ne se plaît que dans les eaux, où il habite plus souvent que sur la terre ; il vit dans les marais, et ne s'éloigne guère du bord des fleuves ou des lacs ; dès qu'il est menacé, poursuivi ou blessé, il se jette à l'eau, s'y plonge et y demeure assez de temps pour faire un grand trajet avant de reparaître : ces habitudes, qu'il a communes avec l'hippopotame, ont fait croire à quelques naturalistes qu'il était du même genre, mais il en diffère autant par la nature qu'il en est éloigné par le climat. Quoique habitant des eaux, le tapir ne se nourrit pas de poissons ; et quoiqu'il ait la gueule armée de vingt-deux incisives et tranchantes, il n'est pas carnassier ; il vit ds

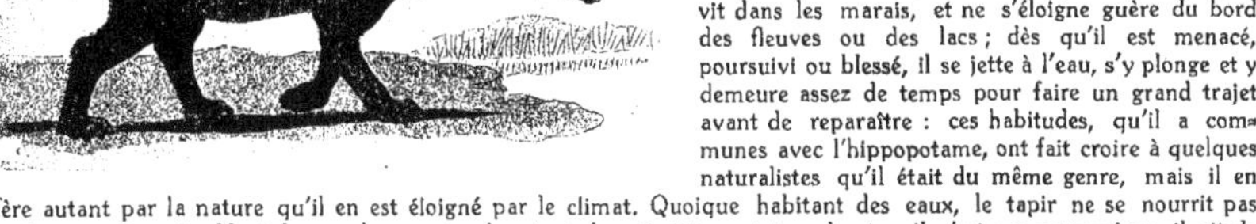

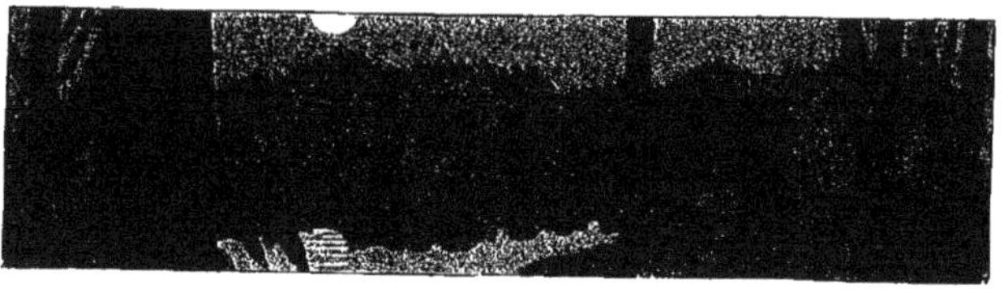

plantes et de racines, et ne se sert point de ses armes contre les autres animaux.

Il est d'un naturel doux, timide, et fuit tout combat, tout danger : avec des jambes courtes et le corps massif, il ne laisse pas de courir assez vite, et il nage encore mieux qu'il ne court. Il marche ordinairement de compagnie et quelquefois en grande troupe ; son cuir est d'un tissu très ferme et si serré que souvent il résiste à la balle ; sa chair est fade et grossière, cependant les Indiens la mangent ; on le trouve communément au Brésil, au Paraguay, à la Guyane, aux Amazones et dans toute l'étendue de l'Amérique méridionale, depuis l'extrémité du Chili jusqu'à la Nouvelle-Espagne.

LE RHINOCÉROS

Après l'éléphant, le rhinocéros est le plus puissant des animaux quadrupèdes ; il a au moins douze pieds de longueur, depuis l'extrémité du museau jusqu'à l'origine de la queue, six à sept pieds de hauteur, et la circonférence du corps à peu près égale à sa longueur. Il approche donc de l'éléphant pour le volume et par la masse, et s'il paraît bien plus petit, c'est que ses jambes sont bien plus courtes à proportion que celles de l'éléphant ; mais il en diffère beaucoup par les facultés naturelles et par l'intelligence : n'ayant reçu de la nature que ce qu'elle accorde assez communément à tous les quadrupèdes, privé de toute sensibilité dans la peau, manquant de mains et d'organes distincts pour le sens du toucher, n'ayant au lieu de trompe qu'une lèvre mobile, dans laquelle consistent tous ses moyens d'adresse. Il n'est guère supérieur aux autres animaux que par la force, la grandeur et l'arme offensive qu'il porte sur le nez, et qui n'appartient qu'à lui. Cette arme est une corne très dure, solide dans toute sa longueur, et placée plus avantageusement que les cornes des animaux ruminants : celles-ci ne munissent que les parties supérieures de la tête et du cou, au lieu que la corne du rhinocéros défend toutes les parties antérieures du museau et préserve d'insulte le mufle, la bouche et la face ; en sorte que le tigre attaque plus volontiers l'éléphant, dont il saisit la trompe, que le rhinocéros qu'il ne peut coiffer sans risquer d'être éventré ; car le corps et les membres sont recouverts d'une enveloppe impénétrable, et cet animal ne craint ni la griffe du tigre, ni l'ongle du lion, ni le fer, ni le feu du chasseur ; sa peau est un cuir noirâtre de la même couleur mais bien plus épais et plus dur que celui de l'éléphant. Il n'est pas sensible comme lui à la piqûre des mouches ; il ne peut aussi ni froncer ni contracter sa peau : elle est seulement plissée par de grosses rides au cou, aux épaules et à la croupe pour faciliter le mouvement de la tête et des jambes, qui sont massives et terminées par de larges pieds armés de trois grands ongles.

Il a la tête plus longue à proportion que l'éléphant ; mais il a les yeux encore plus petits, il ne les ouvre

jamais qu'à demi. La mâchoire supérieure avance sur l'inférieure, et la lèvre du dessus a du mouvement et peut s'allonger jusqu'à six ou sept pouces de longueur. Cette lèvre musculeuse et flexible est une espèce de main ou de trompe très incomplète, mais qui ne laisse pas de saisir avec force et de palper avec adresse. Au lieu de ces longues dents d'ivoire qui forment les défenses de l'éléphant, le rhinocéros a sa puissante corne et deux fortes dents incisives à chaque mâchoire ; ces dents incisives sont fort éloignées l'une de l'autre dans les mâchoires du rhinocéros ; mais indépendamment de ces quatre dents incisives placées en avant aux quatre coins des deux mâchoires, il a plus de vingt-quatre dents molaires, six de chaque côté des deux mâchoires. Ses oreilles se tiennent toujours droites ; elles sont assez semblables pour la forme à celles du cochon, seulement elles sont moins grandes à proportion du corps : ce sont les seules parties sur lesquelles il y ait du poil ou plutôt des soies ; l'extrémité de la queue est, comme celle de l'éléphant, garnie d'un bouquet de grosses soies très solides et très dures.

Il est très certain qu'il existe des rhinocéros qui n'ont qu'une corne sur le nez, et d'autres qui en ont deux; mais il n'est pas également certain que cette varieté soit constante, toujours dépendante du climat d'Afrique ou des Indes.

Il paraît que les rhinocéros qui n'ont qu'une corne l'ont plus grosse et plus longue que ceux qui en ont deux ; c'est avec cette arme, dit-on, que le rhinocéros attaque et blesse quelquefois mortellement les éléphants de la plus haute taille dont les jambes élevées permettent au rhinocéros, qui les a bien plus courtes, de leur porter des coups de boutoir et de corne sous le ventre, où la peau est la plus sensible et la plus pénétrable ; mais aussi lorsqu'il manque son premier coup, l'éléphant le terrasse et le tue.

La corne du rhinocéros est plus estimée des Indiens que l'ivoire de l'éléphant, non pas tant à cause de la matière dont cependant ils font plusieurs ouvrages au tour et au ciseau, mais à cause de sa substance même, à laquelle ils accordent plusieurs qualités spécifiques et propriétés médicinales ; les blanches, comme les plus rares, sont aussi celles qu'ils estiment et recherchent le plus.

Le rhinocéros, sans être ni féroce ni carnassier, ni même extrêmement farouche, est cependant intraitable ; il faut même qu'il soit sujet à des accès de fureur que rien ne peut calmer, car celui qu'Emmanuel, roi de Portugal, envoya au pape en 1513, fit périr le bâtiment sur lequel on le transportait. Ces animaux sont aussi, comme le cochon, très enclins à se vautrer dans la boue et à se rouler dans la fange ; ils aiment les lieux humides et marécageux, et ils ne quittent guère les bords des rivières ; on en trouve en Asie et en Afrique ; mais, en général, l'espèce en est moins nombreuse et moins répandue que celle de l'éléphant ; il ne produit de même qu'un seul petit à la fois, et à des distances de temps assez considérables. Dans le premier mois, le jeune rhinocéros n'est guère plus gros qu'un chien de haute taille. Il n'a point en naissant la corne sur le nez.

Sans pouvoir devenir utile comme l'éléphant, le rhinocéros est aussi nuisible par la consommation, et surtout par le prodigieux dégât qu'il fait dans les campagnes ; il n'est bon que par sa dépouille, sa chair est excellente au goût des Indiens et des Nègres. Sa peau fait le cuir le meilleur et le plus dur qu'il y ait au monde, et non seulement sa corne, mais toutes les autres parties de son corps et même son sang sont estimés comme des antidotes contre le poison ou comme des remèdes à plusieurs maladies.

Le rhinocéros se nourrit d'herbes grossières, de chardons, d'arbrisseaux épineux, et il préfère ces aliments agrestes à la douce pâture des plus belles prairies ; il aime beaucoup les cannes à sucre, et mange aussi de toutes sortes de grains ; n'ayant nul goût pour la chair, il n'inquiète pas les petits animaux ; il ne craint pas les grands, vit en paix avec tous et même avec le tigre, qui souvent l'accompagne sans oser l'attaquer. Pline est, je crois, le premier qui ait parlé des combats du rhinocéros et de l'éléphant ; il paraît qu'on les a forcés à se battre dans les spectacles de Rome, et c'est probablement de là que l'on a pris l'idée que, quand ils étaient en liberté et dans leur état naturel, ils se battaient de même.

Les rhinocéros ne se rassemblent pas en troupes, ni ne marchent en nombre comme les éléphants ; ils sont plus solitaires, plus sauvages, et peut-être plus difficiles à chasser et à vaincre. Ils n'attaquent pas les hommes, à moins qu'ils ne soient provoqués ; mais alors ils prennent de la fureur et sont très redoutables : l'acier de Damas, les sabres du Japon n'entament pas leur peau ; les javelots et les lances ne peuvent la percer, elle résiste même à la balle du mousquet ; celles de plomb s'aplatissent sur ce cuir, et les lingots de fer ne le pénètrent pas en entier ; les seuls endroits absolument pénétrables dans ce corps cuirassé sont le ventre, les yeux et le tour des oreilles.

Cet animal a l'oreille bonne et même très attentive ; on assure aussi qu'il a l'odorat excellent ; mais on prétend qu'il n'a pas l'œil bon, et qu'il ne voit, pour ainsi dire, que devant lui. La petitesse extrême de ses yeux, leur position basse, oblique et enfoncée ; le peu de brillant et de mouvement qu'on y remarque semblent confirmer ce fait. Sa voix est assez sourde lorsqu'il est tranquille ; elle ressemble en gros au grognement du cochon ; et lorsqu'il est en colère son cri devient aigu et se fait entendre de fort loin. Il ne vit que de végétaux ; sa consommation, quoique considérable, n'approche pas de celle de l'éléphant, et il paraît, par la continuité et l'épaisseur non interrompue de sa peau, qu'il perd aussi beaucoup moins que lui par la transpiration.

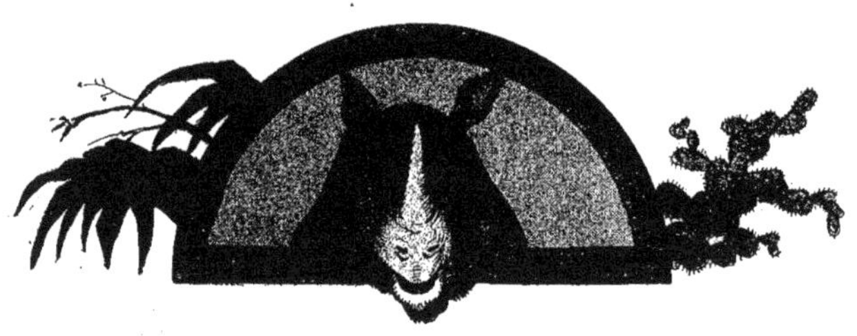

LE PÉCARI OU LE TAJACU

L'ESPÈCE du pécari est une des plus nombreuses et des plus remarquables parmi les animaux du Nouveau-Monde. Le pécari ressemble au premier coup d'œil à notre sanglier ou plutôt au cochon de Siam. Il en diffère par plusieurs caractères essentiels, tant à l'extérieur qu'à l'intérieur ; il est de moindre corpulence et plus bas sur ses jambes ; il a l'estomac et les instincts différemment conformés ; il n'a point de queue ; ses soies sont beaucoup plus rudes que celles du sanglier.

Le pécari pourrait devenir animal domestique comme le cochon ; il est à peu près du même naturel ; il se nourrit des mêmes aliments ; sa chair, quoique plus sèche et moins chargée de lard que celle du cochon, n'est pas mauvaise à manger.

Les pécaris sont très nombreux dans tous les climats chauds de l'Amérique méridionale ; ils vont ordinairement par troupes, et sont quelquefois deux ou trois cents ensemble ; ils ont le même instinct que les cochons pour se défendre et même pour attaquer ceux surtout qui veulent ravir leurs petits ; ils se secourent mutuellement, ils enveloppent leurs ennemis, et blessent souvent les chiens et les chasseurs. Dans leur pays natal, ils occupent plutôt les montagnes que les lieux bas ; ils ne cherchent pas les marais et la fange comme nos sangliers ; ils se tiennent dans les bois où ils vivent de fruits sauvages, de racines, de graines ; ils mangent aussi les serpents, les crapauds, les lézards qu'ils écorchent auparavant avec leurs pieds : ils produisent en grand nombre, et peut-être plus d'une fois par an ; les petits suivent bientôt leur mère et ne s'en séparent que quand ils sont adultes : on les apprivoise, ou plutôt on les prive aisément en les prenant jeunes; ils perdent leur férocité naturelle, mais sans se dépouiller de leur grossièreté, car ils ne connaissent personne, ne s'attachent point à ceux qui les soignent ; seulement ils ne font point de mal, et l'on peut, sans inconvénient, les laisser aller et venir en liberté ; ils ne s'éloignent pas beaucoup, reviennent d'eux-mêmes au gîte, et n'ont de querelle qu'auprès de l'auge ou de la gamelle lorsqu'on la leur présente en commun : ils ont un grognement de colère plus fort et plus dur que celui du cochon, mais on les entend très rarement crier ; ils soufflent aussi comme le sanglier lorsqu'on les surprend et qu'on les épouvante brusquement ; leur haleine est très forte, leur poil se hérisse lorsqu'ils sont irrités ; il est si rude qu'il ressemble plutôt aux piquants du hérisson qu'aux soies du sanglier.

L'espèce du pécari s'est conservée sans altération et ne s'est point mêlée avec celle du *cochon marron* ; c'est ainsi qu'on appelle le cochon d'Europe transporté et devenu sauvage en Amérique : ces animaux se rencontrent dans les bois et vont même de compagnie. Le pécari, quoique assez féroce, est plus faible, plus pesant et plus mal armé que notre sanglier ; ces grandes dents tranchantes qu'on appelle *défenses* sont beaucoup plus courtes que dans le sanglier ; il craint le froid et ne pourrait subsister sans abri dans notre climat tempéré, comme notre sanglier ne peut lui-même subsister dans les climats trop froids.

LE BABIROUSSA

Tous les naturalistes ont regardé cet animal comme une espèce de cochon, et cependant il n'en a ni la tête, ni la taille, ni les soies, ni la queue ; il a les jambes plus hautes et le museau moins long ; il a aussi le corps moins lourd et moins épais que le cochon ; son poil est gris, mêlé de roux et d'un peu de noir ; ses oreilles sont courtes et pointues. Mais le caractère le plus remarquable et qui distingue le babiroussa de tous les autres animaux, ce sont quatre énormes défenses ou dents canines dont les deux moins longues sortent comme celles des sangliers, de la mâchoire inférieure ; et les deux autres, qui sont beaucoup plus grandes, partent de la mâchoire supérieure en perçant les joues ou plutôt les lèvres du dessus, et s'étendent en courbe jusqu'au dessous des yeux ; et ces défenses sont d'un très bel ivoire, plus net, plus fin, mais moins dur que celui de l'éléphant.

Ces énormes et quadruples défenses donnent à ces animaux un air formidable, cependant ils sont peut-être moins dangereux que nos sangliers ; ils vont de même en troupe, et ont une odeur forte qui les décèle et fait que les chiens les chassent avec succès ; ils grognent terriblement, se défendent et blessent des défenses de dessous, car celles du dessus leur nuisent plutôt qu'elles ne leur servent : quoique grossiers et féroces comme les sangliers, ils s'apprivoisent aisément et leur chair, qui est très bonne à manger, se corrompt en assez peu de temps.

Le babiroussa diffère encore du sanglier par ses appétits naturels ; il se nourrit d'herbes et de feuilles d'arbres et ne cherche point à entrer dans les jardins pour manger des légumes, au lieu que dans le même pays le sanglier vit de fruits sauvages, de racines, et dévaste souvent les jardins.

Lorsque ces animaux sont poursuivis longtemps et sans relâche, ils courent se jeter à la mer, où nageant avec autant de facilité que des canards, et se plongeant de même, ils échappent très souvent aux chasseurs, car ils nagent très longtemps et vont quelquefois à d'assez grandes distances et d'une île à une autre.

Le babiroussa se trouve à l'île de Bouro, ou Boero, près d'Amboine, et dans plusieurs autres endroits de l'Asie méridionale et de l'Afrique.

L'HIPPOPOTAME

L'HIPPOPOTAME est un animal dont le corps est plus long et aussi gros que celui du rhinocéros ; ses jambes sont beaucoup plus courtes, il a la tête moins longue et plus grosse à proportion du corps ; il n'a de cornes ni sur le nez comme le rhinocéros, ni sur la tête comme les animaux ruminants. Son cri de douleur tenant autant du hennissement du cheval que du mugissement du buffle, il se pourrait que sa voix ordinaire fût semblable au hennissement du cheval, duquel néanmoins il diffère à tous autres égards ; et si cela est, l'on peut présumer que ce seul rapport de la ressemblance de la voix a suffi pour lui faire donner le nom d'*hippopotame*, qui veut dire *cheval de rivière*. Les dents incisives de l'hippopotame, et surtout les deux canines dans la mâchoire inférieure sont très longues, très fortes et d'une substance si dure qu'elle fait feu contre le fer; c'est vraisemblablement ce qui a donné lieu à la fable des anciens, qui ont débité que l'hippopotame vomissait le feu par la gueule : cette matière des dents canines de l'hippopotame est si blanche, si nette et si dure, qu'elle est de beaucoup préférable à l'ivoire pour faire des dents artificielles et postiches. Les dents incisives de l'hippopotame, surtout celles de la mâchoire inférieure, sont très longues, cylindriques et cannelées ; les dents canines, qui sont aussi très longues, sont courbées, prismatiques et coupantes. Les dents molaires sont carrées ou barlongues, assez semblables aux dents mâchelières de l'homme, et si grosses qu'une seule pèse plus de trois livres ; les plus grandes incisives et canines ont jusqu'à onze et même seize pouces de longueur, et pèsent quelquefois douze ou treize livres chacune.

Avec d'aussi puissantes armes et une force prodigieuse de corps, l'hippopotame pourrait se rendre redoutable à tous les animaux ; mais il est naturellement doux ; il est d'ailleurs si pesant et si lent à la course, qu'il ne pourrait attraper aucun des quadrupèdes ; il nage plus vite qu'il ne court, il chasse le poisson et en fait sa proie ; il se plaît dans l'eau, et y séjourne aussi volontiers que sur la terre. Il ne nage aisément que par la grande capacité de son ventre, qui fait que, volume pour volume, il est à peu près d'un poids égal à l'eau : d'ailleurs, il se tient longtemps au fond de l'eau, et y marche comme en plein air, et lorsqu'il en sort pour paître, il mange des cannes à sucre, des joncs, du millet, du riz, des racines ; il en consomme et détruit une grande quantité, et il fait beaucoup de dommage dans les terres cultivées ; mais comme il est plus timide sur terre que dans l'eau, on vient aisément à bout de l'écarter ; il a les jambes si courtes, qu'il ne pourrait échapper par la fuite, s'il s'éloignait du bord des eaux ; sa ressource, lorsqu'il est en danger, est de se jeter à l'eau, de s'y plonger et de faire un grand trajet avant de reparaître ; il fuit ordinairement lorsqu'on le chasse, mais si l'on vient à le blesser il s'irrite, et, se retournant avec fureur, se lance contre les barques, les saisit avec les dents, en enlève souvent des pièces, et quelquefois les submerge.

Cet animal n'est en grand nombre que dans quelques endroits, et il paraît même que l'espèce en est confinée à des climats particuliers, et qu'elle ne se trouve guère que dans les fleuves de l'Afrique.

LE ZÈBRE

Le zèbre est peut-être de tous les animaux quadrupèdes le mieux fait et le plus élégamment vêtu : il a la figure et les grâces du cheval, la légèreté du cerf, et la robe rayée de rubans noirs et blancs, disposés alternativement avec tant de régularité et de symétrie qu'il semble que la nature ait employé la règle et le compas pour la peindre ; ces bandes alternatives de noir et de blanc sont d'autant plus singulières qu'elles sont étroites, parallèles et très exactement séparées comme dans une étoffe rayée ; que d'ailleurs elles s'étendent non seulement sur le corps, mais sur la tête, sur les cuisses et les jambes, et jusque sur les oreilles et la queue ; en sorte que de loin cet animal paraît comme s'il était environné partout de bandelettes qu'on aurait pris plaisir et employé beaucoup d'art à disposer régulièrement sur toutes les parties de son corps. Dans la femelle ces bandes sont alternativement noires et blanches ; dans le mâle elles sont noires et jaunes, mais toujours d'une nuance vive et brillante sur un poil court, fin et fourni, dont le lustre augmente encore la beauté des couleurs. Le zèbre est, en général, plus petit que le cheval et plus grand que l'âne ; et quoiqu'on l'ait souvent comparé à ces deux animaux, qu'on l'ait même appelé *cheval sauvage* et *âne rayé*, il n'est la copie ni de l'un ni de l'autre, et serait plutôt leur modèle.

Ruminants

LE CHAMEAU ET LE DROMADAIRE

Ces deux noms, *dromadaire* et *chameau*, ne désignent pas deux espèces différentes, mais indiquent seulement deux races distinctes, et subsistantes de temps immémorial dans l'espèce du chameau : le principal et, pour ainsi dire, l'unique caractère sensible par lequel ces deux races diffèrent, consiste en ce que le chameau porte deux bosses et que le dromadaire n'en a qu'une : il est aussi plus petit et moins fort que le chameau ; mais tous deux se mêlent, produisent ensemble, et les individus qui proviennent de cette race croisée sont ceux qui ont le plus de vigueur et qu'on préfère à tous les autres. Il paraît, depuis que l'on a découvert les parties de l'Afrique et de l'Asie inconnues aux anciens, que le dromadaire est sans comparaison plus nombreux et plus généralement répandu que le chameau : celui-ci ne se trouve guère que dans le Turkestan et dans quelques autres endroits du Levant ; tandis que le dromadaire, plus commun qu'aucune autre bête de somme en Arabie, se trouve de même en grande quantité dans toutes les parties septentrionales de l'Afrique, et qu'on le retrouve en Égypte, en Perse, dans la Tartarie méridionale et dans les parties septentrionales de l'Inde. Le dromadaire occupe donc des terres immenses, et le chameau est borné à un petit terrain ; le premier habite des régions arides et chaudes ; le second, un pays moins sec et plus tempéré, et l'espèce entière, tant des uns que des autres, paraît être confinée dans une zone de trois ou quatre cents lieues de largeur. Cet animal, quoique naturel aux pays chauds, craint cependant les climats où la chaleur est excessive : son espèce finit où commence celle de l'éléphant, et elle ne peut subsister ni sous le ciel brûlant de la zone torride, ni dans les climats doux de notre zone tempérée. Il paraît originaire d'Arabie ; car non seulement c'est le pays où il est en grand nombre, mais c'est aussi celui auquel il

est le plus conforme : l'Arabie est le pays du monde le plus aride, et où l'eau est la plus rare ; le chameau est le plus sobre des animaux, et peut passer plusieurs jours sans boire ; le terrain est presque partout sec et sablonneux ; le chameau a les pieds faits pour marcher dans les sables, et ne peut au contraire se soutenir dans les terrains humides et glissants ; l'herbe et les pâturages manquant à cette terre, le bœuf y manque aussi, et le chameau remplace cette bête de somme. On a inutilement essayé de multiplier les chameaux en Espagne, on les a vainement transportés en Amérique, ils n'ont réussi ni dans l'un ni dans l'autre climat, et dans les grandes Indes on n'en trouve guère au delà de Surate et d'Ormus. Les Arabes regardent le chameau comme un présent du ciel, un animal sacré, sans le secours duquel ils ne pourraient ni subsister, ni commercer, ni voyager. Le lait des chameaux fait leur nourriture ordinaire ; ils en mangent aussi la chair, surtout celle des jeunes, qui est très bonne à leur goût ; le poil de ces animaux, qui est fin et moelleux, et qui se renouvelle tous les ans, leur sert à faire les étoffes dont ils se vêtissent et se meublent ; avec leurs chameaux non seulement ils ne manquent de rien, mais même ils ne craignent rien ; ils peuvent mettre en un seul jour cinquante lieues de désert entre eux et leurs ennemis. Qu'on se figure un pays sans verdure et sans eau, un soleil brûlant, un ciel toujours sec, des plaines sablonneuses, des montagnes encore plus arides, sur lesquelles l'œil s'étend et le regard se perd sans pouvoir s'arrêter sur aucun objet vivant, une terre morte, et, pour ainsi dire, écorchée par les vents, laquelle ne présente que des ossements, des cailloux jonchés, des rochers debout ou renversés, un désert entièrement découvert, où le voyageur n'a jamais respiré sous l'ombrage, où rien ne l'accompagne, rien ne lui rappelle la nature vivante : solitude

absolue, mille fois plus affreuse que celle des forêts ; car les arbres sont encore des êtres pour l'homme qui se voit seul ; plus isolé, plus dénué, plus perdu dans ces lieux vides et sans bornes, il voit partout l'espace comme son tombeau ; la lumière du jour, plus triste que l'ombre de la nuit, ne renaît que pour éclairer sa nudité, son impuissance, et pour lui présenter l'horreur de sa situation, en reculant à ses yeux les barrières du vide, en étendant autour de lui l'abîme de l'immensité qui le sépare de la terre habitée : immensité qu'il tenterait en vain de parcourir, car la faim, la soif et la chaleur brûlante pressent tous les instants qui lui restent entre le désespoir et la mort.

Cependant l'Arabe, à l'aide du chameau, a su franchir et même s'approprier ces lagunes de la nature ; elles lui servent d'asile, elles assurent son repos et le maintiennent dans son indépendance. L'Arabe, qui se destine au métier de pirate de terre, s'endurcit de bonne heure à la fatigue des voyages ; il s'essaye à se passer du sommeil, à souffrir la faim, la soif et la chaleur. En même temps, il instruit ses chameaux, il les élève et les exerce dans cette même vue ; peu de jours après leur naissance, il leur plie les jambes sous le ventre, il les contraint à demeurer à terre et les charge, dans cette situation, d'un poids assez fort qu'il les accoutume à porter et qu'il ne leur ôte que pour leur en donner un

plus fort. Au lieu de les laisser paître à toute heure et boire à leur soif, il commence par régler leurs repas, et peu à peu les éloigne à de grandes distances, en diminuant aussi la quantité de la nourriture. Lorsqu'ils sont un peu forts, il les exerce à la course, il les excite par l'exemple des chevaux, et parvient à les rendre aussi légers et plus robustes ; enfin dès qu'il est sûr de la force, de la légèreté et de la sobriété de ses chameaux, il les charge de ce qui est nécessaire à sa subsistance et à la leur, il part avec eux, arrive sans être attendu aux confins du désert, arrête les premiers passants, pille les habitations écartées, charge ses chameaux de son butin ; et s'il est poursuivi, s'il est forcé de précipiter sa retraite, c'est alors qu'il développe tous ses talents et les leurs : monté sur l'un des plus légers, il conduit la troupe, la fait marcher jour et nuit, presque sans s'arrêter, ni boire, ni manger, il fait aisément trois cents lieues en huit jours, et pendant tout ce temps de fatigue et de mouvement il laisse ses chameaux chargés, il ne leur donne chaque jour qu'une heure de repos et une pelote de pâte ; souvent ils courent ainsi neuf ou dix jours sans trouver de l'eau, ils se passent de boire ; et lorsque par hasard il se trouve une mare à quelque distance de leur route, ils sentent l'eau de plus d'une demi-lieue ; la soif qui les presse leur fait doubler le pas, et ils boivent en une seule fois pour tout le temps passé et pour autant de temps à venir ; car souvent leurs voyages sont de plusieurs semaines, et leurs temps d'abstinence durent aussi longtemps que leurs voyages.

En Turquie, en Perse, en Arabie, en Égypte, en Barbarie, le transport des marchandises ne se fait que par le moyen des chameaux. Les marchands et autres passagers se réunissent en caravane pour éviter les insultes et les pirateries des Arabes ; ces caravanes sont souvent très nombreuses et toujours composées de plus de chameaux que d'hommes ; chacun de ces chameaux est chargé selon sa force : il la sent si bien lui-même, que, quand on lui donne une charge trop forte, il la refuse et reste constamment couché jusqu'à ce qu'on l'ait allégé. Ordinairement, les grands chameaux portent un millier, et même douze cents pesant, les plus petits six à sept cents. Dans ces voyages de commerce, on ne précipite pas leur marche ; comme la route est souvent de sept ou huit cents lieues, on règle leur mouvement et leurs journées ; ils ne vont que le pas et font chaque jour dix à douze lieues ; tous les soirs on leur ôte leur charge, et on les laisse paître en liberté. Si l'on est en pays vert, dans une bonne prairie, ils prennent en moins d'une heure tout ce qu'il leur faut pour en vivre vingt-quatre, et pour ruminer pendant toute la nuit ; mais rarement ils trouvent de ces bons pâturages, et cette nourriture délicate ne leur est pas nécessaire ; ils semblent même préférer aux herbes les plus douces l'absinthe, le chardon, l'ortie, le genêt, l'acacia et les autres végétaux épineux ; tant qu'ils trouvent des plantes à brouter, ils se passent très aisément de boire.

Au reste, cette facilité qu'ils ont à s'abstenir de boire n'est pas de pure habitude, c'est plutôt un effet de leur conformation.

Si l'on réfléchit sur les difformités, ou plutôt sur les non-conformités de cet animal avec les autres, on ne pourra douter que sa nature n'ait été considérablement altérée par la contrainte de l'esclavage et par la continuité des travaux.

On n'en a jamais fait qu'une bête de somme qu'on ne s'est pas même donné la peine d'atteler ni de faire tirer, mais dont on a regardé le corps comme une voiture vivante qu'on pouvait tenir chargée et surchargée même pendant le sommeil ; car, lorsqu'on est pressé, on se dispense quelquefois de leur ôter le poids qui les accable, et sous lequel ils s'affaissent pour dormir, les jambes pliées et le corps appuyé sur l'estomac ; aussi portent-ils tous les empreintes de la servitude et les stigmates de la douleur.

Ces animaux n'existent nulle part dans leur état naturel, ou, s'ils existent, personne ne les a remarqués ni décrits ; nous devons donc supposer que tout ce qu'ils ont de bon et de beau ils le tiennent de la nature, et que ce qu'ils ont de défectueux et de difforme leur vient de l'empire de l'homme et des travaux de l'esclavage. Ces pauvres animaux doivent souffrir beaucoup, car ils jettent des cris lamentables, surtout lorsqu'on les surcharge ; cependant, quoique continuellement excédés, ils ont autant de cœur que de docilité ; au premier signe ils plient les genoux et s'accroupissent jusqu'à terre pour se laisser charger dans cette situation, ce qui évite à l'homme la peine d'élever les fardeaux à une grande hauteur ; dès qu'ils sont chargés, ils se relèvent d'eux-mêmes sans être aidés ni soutenus ; celui qui les conduit, monté sur l'un d'entre eux, les précède tous et leur fait prendre le même pas qu'à sa monture. On n'a besoin ni de fouet, ni d'éperon pour les exciter ; mais lorsqu'ils commencent à être fatigués, on soutient leur courage ou plutôt on charme leur ennui par le chant de quelque instrument ; leurs conducteurs se relayent à chanter, et lorsqu'ils veulent prolonger la route et doubler la journée, ils ne leur donnent qu'une heure de repos, après quoi, reprenant leur chanson, ils les remettent en marche pour plusieurs heures de plus, et le chant ne finit que quand il faut s'arrêter ; alors les chameaux s'accroupissent de nouveau et se laissent tomber avec leur charge : on leur ôte le fardeau en dénouant les cordes et laissant couler les ballots des deux côtés ; ils restent ainsi accroupis, couchés sur le ventre et s'endorment au milieu de leur bagage qu'on rattache le lendemain avec autant de promptitude et de facilité qu'on l'avait détaché la veille.

La femelle porte près d'un an, et, comme tous les autres grands animaux, ne produit qu'un petit ; son lait est abondant, épais et fait une bonne nourriture, même pour les hommes, en le mêlant avec une plus grande quantité d'eau. On ne fait guère travailler les femelles ; on les laisse paître en liberté ; le profit que l'on tire de leur produit et de leur lait surpasse peut-être celui qu'on tirerait de leur travail. Plus les chameaux sont gras et plus ils sont capables de résister à de longues fatigues. Leurs bosses ne paraissent être formées que de la surabondance de la nourriture ; car dans de grands voyages où l'on est obligé de l'épargner, et où ils souffrent souvent la faim et la soif, ces bosses diminuent peu à peu et se réduisent au point que la place et l'éminence n'en sont plus marquées que par la hauteur du poil, qui est toujours beaucoup plus long sur ces parties que sur le reste du dos ; la maigreur du corps augmente à mesure que les bosses diminuent.

Le petit chameau tette sa mère pendant un an, et lorsqu'on veut le ménager, pour le rendre dans la suite plus fort et plus robuste, on le laisse en liberté téter et paître pendant les premières années, et on ne commence à le charger et à le faire travailler qu'à l'âge de quatre ans. Il vit ordinairement quarante et même cinquante ans, et c'est sans fondement que quelques auteurs ont avancé qu'il vivait jusqu'à cent ans.

Le chameau vaut non seulement mieux que l'éléphant, mais peut-être vaut-il autant que le cheval, l'âne et le bœuf tous réunis ensemble ; il porte seul autant que deux mulets ; il mange aussi peu que l'âne, et se nourrit d'herbes aussi grossières ; la femelle fournit du lait pendant plus de temps que la vache ; la chair des jeunes chameaux est bonne et saine, comme celle du veau ; leur poil est plus beau, plus recherché que la plus belle laine.

LE LAMA ET LE PACO

DANS toutes les langues, on donne quelquefois au même animal deux noms différents, dont l'un se rapporte à son état de liberté, et l'autre à celui de domesticité.

Il en est ainsi des lamas et des pacos, qui étaient les seuls animaux domestiques des anciens Américains.

Ces noms sont ceux de leur état de domesticité ; le lama sauvage s'appelle *huanacus* ou *guaco* et le paco sauvage *vicunna* ou *vigogne*.

Ces animaux ne se trouvent pas dans l'ancien continent, mais appartiennent uniquement au nouveau ; ils affectent même de certaines terres hors de l'étendue desquelles on ne les trouve plus.

Il est assez singulier que, quoique le lama et le paco soient domestiques au Pérou, au Mexique, au Chili, nous les connaissions à peine, et que depuis plus de deux siècles que les Espagnols règnent dans ces vastes contrées, aucun de leurs auteurs ne nous ait donné l'histoire détaillée et la description exacte de ces animaux dont on se sert tous les jours.

Quoiqu'on prétende qu'ils périssent lorsqu'on les éloigne de leur pays natal, il est certain que, dans les premiers temps après la conquête du Pérou, et même encore longtemps après, l'on a transporté quelques lamas en Europe.

Le Pérou est le pays natal, la vrai patrie des lamas : on les conduit, à la vérité, dans d'autres provinces, comme à la Nouvelle=Espagne, mais c'est plutôt pour la curiosité que pour l'utilité ; au lieu que dans toute l'étendue du Pérou, depuis Potosi jusqu'à Caracas, ces animaux sont en très grand nombre ; ils sont aussi de la plus grande nécessité ; ils font seuls toute la richesse des Indiens et contribuent à celle des Espagnols.

Leur chair est bonne à manger ; leur poil est une laine fine d'un excellent usage, et pendant toute leur vie ils servent constamment à transporter toutes les denrées du pays ; leur charge ordinaire est de cent cinquante livres, et les plus forts en portent jusqu'à deux cent cinquante. Ils font des voyages assez longs dans des pays impraticables pour tous les autres animaux ; ils marchent assez lentement, et ne font que quatre ou cinq lieues par jour ; leur démarche est grave et ferme, leur pas assuré ; ils descendent des ravines précipitées et surmontent des rochers escarpés où les hommes même ne peuvent les accompagner; ordinairement ils marchent quatre ou cinq jours de suite, après quoi ils veulent du repos, et prennent d'eux=mêmes un séjour de vingt=quatre ou trente heures avant de se remettre en marche.

On les occupe beaucoup au transport des riches matières que l'on tire des mines du Potosi.

Leur accroissement est assez prompt et leur vie n'est pas bien longue ; ils sont en état de produire à trois ans, en pleine vigueur jusqu'à douze, et ils commencent ensuite à dépérir, en sorte qu'à quinze ils sont entièrement usés. Leur naturel paraît être modelé sur celui des Américains ; ils sont doux et flegmatiques, et font tout avec poids et mesure : lorsqu'ils voyagent et qu'ils veulent s'arrêter pour quelques instants, ils plient les genoux avec la plus grande précaution et baissent le corps en proportion afin d'empêcher leur charge de tomber ou de se déranger, et dès qu'ils entendent le coup de sifflet de leur conducteur, ils se relèvent avec les mêmes précautions et se remettent en marche. Ils broutent chemin faisant et partout où ils trouvent de l'herbe, mais jamais ils ne mangent la nuit, quand même ils auraient jeûné pendant le jour ; ils emploient ce temps à ruminer ; ils dorment appuyés sur la poitrine, les pieds repliés sous le ventre, et ruminent aussi dans cette situation. Lorsqu'on les excède de travail et qu'ils succombent une fois sous le faix, il n'y a nul moyen de les faire relever ; on les frappe inutilement, ils s'obstinent à demeurer au lieu même où ils sont tombés, et si l'on continue de les maltraiter, ils se désespèrent et se tuent, en battant la terre à droite et à gauche avec leur tête. Ils ne se défendent ni des pieds ni des dents, et n'ont, pour ainsi dire, d'autres armes que celles de l'indignation ; ils crachent à la face de ceux qui les insultent, et l'on prétend que cette salive qu'ils lancent dans la colère est âcre et mordicante au point de faire lever des ampoules sur la peau.

Le lama est haut d'environ quatre pieds, et son corps, y compris le cou et la tête, en a cinq ou six de longueur. Ils ne produisent ordinairement qu'un petit et très rarement deux. La mère n'a aussi que deux mamelles, et le petit la suit au moment qu'il est né. La chair des jeunes est très bonne à manger, celle des vieux est sèche et trop dure ; en général, celle des lamas domestiques est bien meilleure que celle des sauvages, et leur laine est aussi beaucoup plus douce. Leur peau est assez ferme ; les Indiens en faisaient leur chaussure, et les Espagnols l'emploient pour faire des harnais.

Ces animaux, si utiles et même si nécessaires dans le pays qu'ils habitent, ne coûtent ni entretien ni nourriture. Comme ils ont le pied fourchu, il n'est pas nécessaire de les ferrer ; la laine épaisse dont ils sont couverts dispense de les bâter ; ils n'ont besoin ni de grain, ni d'avoine, ni de foin ; l'herbe verte qu'ils broutent eux=mêmes leur suffit, et ils n'en prennent qu'en petite quantité ; ils sont encore plus sobres sur la boisson : ils s'abreuvent de leur salive, qui, dans cet animal, est plus abondante que dans aucun autre.

Le huanacus ou lama dans l'état de nature est plus fort, plus vif et plus léger que le lama domestique ; il court comme un cerf et grimpe comme le chamois sur les rochers les plus escarpés ; sa laine est moins longue et toute de couleur fauve. Quoiqu'en pleine liberté, ces animaux se rassemblent en troupes, et sont quelquefois deux ou trois cents ensemble. Lorsqu'ils aperçoivent quelqu'un, ils regardent avec étonnement sans marquer d'abord ni crainte ni plaisir ; ensuite ils soufflent des narines et hennissent à peu près comme les chevaux, et enfin ils prennent la fuite tous ensemble vers le sommet des montagnes. Ils cherchent de préférence le côté du nord et la région froide, voyageant dans les glaces et couverts de frimas, ils se portent mieux que dans la région tempérée ; autant ils sont nombreux et vigoureux dans les sierras, qui sont les parties élevées des Cordillères, autant ils sont rares et chétifs dans les Lanos qui sont au-dessous.

Les pacos ou vigognes sont aux lamas une espèce succursale ; ils sont plus petits et moins propres au service, mais plus utiles par leur dépouille ; les pacos que l'on appelle aussi *alpaques*, et qui sont les vigognes domestiques, sont souvent toutes noires et quelquefois d'un brun mêlé de fauve. Les vigognes ou pacos sauvages sont de couleur de rose sèche, et cette couleur naturelle est si fixe qu'elle ne s'altère point sous la main de l'ouvrier : on fait de très beaux gants, de très bons bas avec cette laine de vigogne ; l'on en fait d'excellentes couvertures et des tapis d'un très grand prix. Cet animal a beaucoup de choses communes avec le lama, il est du même pays, et comme lui il en est exclusivement car on ne le trouve nulle part ailleurs que sur les Cordillères ; il a aussi le même naturel et à peu près les mêmes mœurs, le même tempérament.

Les vigognes ressemblent aussi par la figure, aux lamas, mais elles sont plus petites, leurs jambes sont plus courtes et leur mufle plus ramassé ; elles n'ont point de cornes ; elles habitent et paissent dans les endroits les plus élevés des montagnes : la neige et la glace semblent plutôt les récréer que les incommoder ; elles vont en troupes et courent très légèrement ; elles sont timides, et dès qu'elles aperçoivent quelqu'un elles s'enfuient en chassant leurs petits devant elles. La manière dont on les prend prouve leur extrême timidité, ou leur imbécillité. Plusieurs hommes s'assemblent pour les faire fuir et les engager dans quelques passages étroits où l'on a tendu des cordes à trois ou quatre pieds de haut, le long desquelles on laisse pendre des morceaux de linge ou du drap ; les vigognes qui arrivent à ces passages sont tellement intimidées par le mouvement de ces lambeaux agités par le vent, qu'elles s'attroupent et demeurent en foule, en sorte qu'il est facile de les tuer en grand nombre ; mais s'il se trouve dans la troupe quelques huanacus, comme ils sont plus hauts de corps et moins timides que les vigognes, ils sautent par-dessus les cordes, et dès qu'ils ont donné l'exemple, les vigognes sautent de même et échappent aux chasseurs. A l'égard des vigognes domestiques ou pacos, on s'en sert comme des lamas pour porter des fardeaux ; mais indépendamment de ce qu'étant plus petits ou plus faibles ils portent beaucoup moins, ils sont encore plus sujets à des caprices d'obstination ; lorsqu'une fois ils se couchent avec leur charge, ils se laisseraient plutôt hacher que de se relever.

LES CHEVROTAINS

Les cerfs ou chevrotains du Sénégal, de la Guinée et des Grandes-Indes ne se trouvent pas en Amérique, et si le chevrotain à peau tachée vient de Surinam, on doit présumer qu'il y a été transporté de Guinée ou de quelque autre province méridionale de l'ancien continent ; mais il paraît qu'il y a une seconde espèce de chevrotain réellement différente des autres, qui ne nous semblent être que de simples variétés de la première : ce second chevrotain porte de petites cornes qui n'ont qu'un pouce de longueur et autant de circonférence.

Ces animaux sont d'une figure élégante, et très bien proportionnés dans leur petite taille ; ils font des sauts et des bonds prodigieux, mais apparemment ils ne peuvent courir longtemps, car les Indiens les prennent à la course ; les Nègres les chassent de même, et les tuent à coups de bâton ou de petites zagaies ; on les cherche beaucoup parce que la chair en est excellente à manger.

LE MUSC

Pour achever l'histoire des chèvres, des gazelles, des chevrotains et des autres animaux de ce genre, qui tous se trouvent dans l'ancien continent, il ne nous manque que celle de l'animal aussi célèbre que peu connu duquel on tire le vrai musc.

Tous les naturalistes modernes et la plupart des voyageurs de l'Asie en ont fait mention, les uns sous le nom de *cerf*, de *chevreuil*, ou de *chèvre du musc* ; les autres l'ont considéré comme un grand chevrotain ; il est de la grandeur d'un petit chevreuil ou d'une gazelle, mais sa tête est sans cornes et sans bois.

Le musc se forme dans une poche ou tumeur qui est près du nombril de l'animal, et il paraît qu'il n'y a que le mâle qui produise du bon musc ; que la femelle a bien la même poche près du nombril, mais que l'humeur qui s'y filtre n'a pas la même odeur.

A l'égard de la matière même du musc, son essence est peut-être aussi peu connue que la nature de l'animal qui le produit ; tous les voyageurs conviennent que cette drogue est toujours altérée et mêlée à d'autres drogues par ceux qui la vendent ; les Chinois en augmentent non seulement le volume par ce mélange, mais ils cherchent encore à en augmenter le poids en y incorporant du plomb bien trituré ; le musc le plus pur et le plus recherché par les Chinois mêmes est celui que l'animal laisse couler sur des pierres ou des troncs d'arbres contre lesquels il se frotte lorsque cette matière devient irritante pour lui-même.

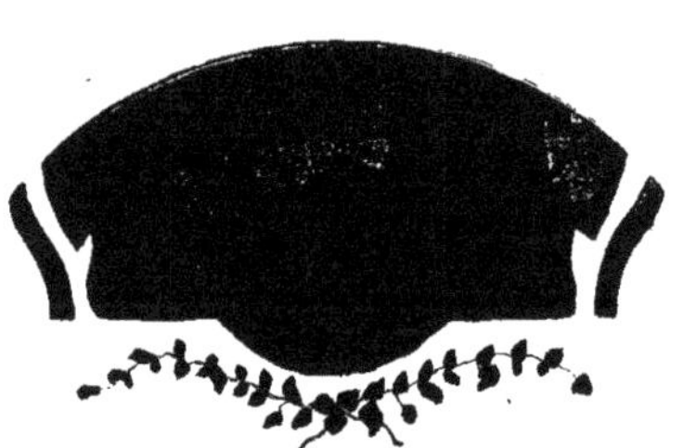

LE CERF

Voici l'un de ces animaux innocents, doux et tranquilles, qui ne semblent être faits que pour embellir, animer la solitude des forêts, et occuper loin de nous les retraites paisibles de ces jardins de la nature. Sa forme élégante et légère, sa taille aussi svelte que bien prise, ses membres flexibles et nerveux, sa tête parée plutôt qu'armée d'un bois vivant, et qui, comme la cime des arbres, tous les ans se renouvelle, sa grandeur, sa légèreté, sa force, le distinguent assez des autres habitants des bois ; et comme il est le plus noble d'entre eux, il ne sert aussi qu'aux plaisirs des plus nobles hommes ; il a dans tous les temps occupé le loisir des héros : l'exercice de la chasse doit succéder aux travaux de la guerre, il doit même les précéder.

Dès que les cerfs ont mis bas, ils se séparent les uns des autres, et il n'y a plus que les jeunes qui demeurent ensemble ; ils ne se tiennent pas dans les forêts, mais ils gagnent les beaux pays, les taillis clairs, où ils demeurent tout l'été pour y refaire leur tête ; et dans cette saison ils marchent la tête basse, crainte de la froisser contre les branches car elle est sensible tant qu'elle n'a pas pris son entier accroissement. La tête des vieux cerfs n'est encore qu'à moitié refaite vers le milieu du mois de mai, et n'est tout à fait allongée et endurcie que vers la fin de juillet : celle des plus jeunes cerfs, tombant plus tard, repousse et se refait aussi plus tard ; mais dès qu'elle est entièrement allongée et qu'elle a pris de la solidité, les cerfs la frottent contre les arbres pour la dépouiller de la peau dont elle est revêtue.

La tête des cerfs va tous les ans en augmentant en grosseur et en hauteur, depuis la seconde année de leur vie jusqu'à la huitième ; elle se soutient toujours belle et à peu près la même pendant toute la vigueur de l'âge ; mais lorsqu'ils deviennent vieux, leur tête décline aussi.

Il en est de même de la grandeur et de la taille de ces animaux ; elle est fort différente selon les lieux qu'ils habitent : les cerfs de plaines, de vallées ou de collines abondantes en grains, ont le corps beaucoup plus grand et les jambes plus hautes que les cerfs des montagnes sèches, arides et pierreuses ; ceux-ci ont le corps bas, court et trapu ; ils ne peuvent courir aussi vite, mais ils vont plus longtemps que les premiers ; ils sont plus méchants, leur tête est ordinairement basse et noire, à peu près comme un arbre rabougri, dont l'écorce est rembrunie, au lieu que la tête des cerfs de plaines est haute et d'une couleur claire et rougeâtre comme le bois et l'écorce des arbres qui croissent en bon terrain.

Le cerf de Corse paraît être le plus petit de tous les cerfs de montagne ; il n'a guère que la moitié de la hauteur des cerfs ordinaires ; c'est, pour ainsi dire, un basset parmi les cerfs.

Le cerf paraît avoir l'œil bon, l'odorat exquis et l'oreille excellente. Lorsqu'il veut écouter, il lève la tête, dresse les oreilles, et alors il entend de fort loin ; lorsqu'il sort dans un petit taillis ou dans quelque autre endroit à demi découvert, il s'arrête pour regarder de tous côtés, et cherche ensuite le dessous du vent pour sentir s'il n'y a pas

quelqu'un qui puisse l'inquiéter. Il est d'un naturel assez simple, et cependant il est curieux et rusé : lorsqu'on le siffle ou qu'on l'appelle de loin, il s'arrête tout court et regarde fixement et avec une espèce d'admiration les voitures, le bétail, les hommes ; et, s'ils n'ont ni armes, ni chiens, il continue à marcher d'assurance et passe fièrement son chemin et sans fuir : il paraît aussi écouter avec autant de tranquillité que de plaisir le chalumeau ou le flageolet des bergers, et les veneurs se servent quelquefois de cet artifice pour le rassurer. En général, il craint beaucoup moins l'homme que les chiens, et ne prend de la défiance et de la ruse qu'à mesure et qu'autant qu'il aura été inquiété. Il mange lentement, il choisit sa nourriture ; et, lorsqu'il a viandé, il cherche à se reposer pour ruminer à loisir. Il a la voix d'autant plus forte, plus grosse et plus tremblante qu'il est plus âgé ; la biche a la voix plus faible et plus courte. Il ne boit guère en hiver, et encore moins au printemps ; l'herbe tendre et chargée de rosée lui suffit ; mais dans les chaleurs et les sécheresses de l'été, il va boire aux ruisseaux, aux mares, aux fontaines. Il nage parfaitement bien : on en a vu traverser de très grandes rivières ; on prétend même qu'attirés par les biches, les cerfs se jettent à la mer et passent d'une île à une autre à des distances de plusieurs lieues ; ils sautent encore plus légèrement qu'ils ne nagent. Car lorsqu'ils sont poursuivis, ils franchissent aisément une haie et même un palis d'une toise de hauteur. Leur nourriture est différente suivant les différentes saisons. La chair du faon est bonne à manger, celle de la biche et du daguet n'est pas absolument mauvaise, mais celle des cerfs a toujours un goût désagréable et fort. Ce que cet animal fournit de plus utile, c'est son bois et sa peau ; on la prépare, et elle fait un cuir souple et très durable ; le bois s'emploie par les couteliers, les fourbisseurs, etc. ; et l'on en tire, par la chimie, des esprits alcali-volatils, dont la médecine fait un fréquent usage.

LE DAIM

L'ESPÈCE du daim est plus voisine de celle du cerf qu'aucune espèce ne l'est d'une autre ; cependant ces animaux, qui se ressemblent à tant d'égards, ne vont point ensemble, se fuient, ne se mêlent jamais, et ne forment par conséquent aucune race intermédiaire : il est même rare de trouver des daims dans les pays qui sont peuplés de beaucoup de cerfs, à moins qu'on ne les y ait apportés ; ils paraissent être d'une nature moins robuste et moins agreste que celle des cerfs, ils sont aussi beaucoup moins communs dans les forêts ; on les élève dans les parcs où ils sont, pour ainsi dire, à demi domestiques. L'Angleterre est le pays de l'Europe où il y en a le plus, et l'on y fait grand cas de cette venaison ; les chiens la préfèrent aussi à la chair de tous les autres animaux, et, lorsqu'ils ont une fois mangé du daim, ils ont beaucoup de peine à garder le change sur le cerf ou sur le chevreuil. Il y a des daims aux environs de Paris et dans quelques provinces de France ; il y en a en Espagne et en Allemagne ; il y en a aussi en Amérique, qui peut-être y ont été transportés d'Europe : il semble que ce soit un animal des climats tempérés, car il n'y en a point en Russie, et l'on n'en trouve que très rarement dans les forêts de Suède et des autres pays du Nord.

Comme le daim est un animal moins sauvage, plus délicat, et, pour ainsi dire, plus domestique que le cerf, il est aussi sujet à un plus grand nombre de variétés. Outre les daims communs et les daims blancs, l'on en connaît encore plusieurs autres, les daims d'Espagne, par exemple, qui sont presque aussi grands que les cerfs, mais qui ont le cou moins gros et la couleur plus obscure, avec la queue noirâtre, non blanche par-dessous, et plus longue que celle des daims communs ; d'autres qui ont le front comprimé, aplati entre les yeux, les oreilles et la queue plus longues que le daim commun, et qui sont marqués d'une tache blanche sur les ongles des pieds de derrière ; d'autres qui sont tachés ou rayés de blanc, de noir et de fauve clair ; et d'autres enfin qui sont entièrement noirs : tous ont le bois plus aplati, plus étendu en largeur, que celui du cerf. Ils sont portés à demeurer ensemble, et restent presque toujours les uns avec les autres.

Dans les parcs, lorsqu'ils se trouvent en grand nombre, ils forment ordinairement deux troupes qui sont bien distinctes, bien séparées, et qui bientôt deviennent ennemies, parce qu'ils veulent également occuper le même endroit du parc : chacune de ces troupes a son chef, qui marche le premier, et c'est le plus fort et le plus âgé ; les autres suivent, et tous se disposent à combattre pour chasser l'autre troupe du bon pays. Ces combats sont singuliers par la disposition qui paraît y régner ; ils s'attaquent avec ordre, se battent avec courage, se soutiennent les uns les autres, et ne se croient pas vaincus par un seul échec, car le combat se renouvelle tous les jours, jusqu'à ce que les plus forts chassent les plus faibles et les relèguent dans le mauvais pays. Ils aiment les terrains élevés et entrecoupés de petites collines ; ils ne s'éloignent pas comme le cerf, lorsqu'on les chasse ; ils ne font que tourner, et cherchent seulement à se dérober des chiens par la ruse et par le change ; cependant, lorsqu'ils sont pressés, échauffés et épuisés, ils se jettent à l'eau comme le cerf, mais ils ne se hasardent pas à la traverser dans une aussi grande étendue ; ainsi la chasse du daim et celle du cerf n'ont entre elles aucune différence essentielle.

Les connaissances du daim sont, en plus petit, les mêmes que celles du cerf ; les mêmes ruses leur sont communes, seulement elles sont plus répétées par le daim : comme il est moins entreprenant, il a plus souvent besoin de s'accompagner, de revenir sur ses voies, etc., ce qui rend en général la chasse du daim plus sujette aux inconvénients que celle du cerf.

Le daim s'apprivoise très aisément ; il mange de beaucoup de choses que le cerf refuse : aussi conserve-t-il mieux sa venaison, car il ne paraît pas que l'hiver le plus rude et le plus long le maigrisse et l'altère ; il est presque dans le même état pendant toute l'année ; il broute de plus près que le cerf, et c'est ce qui fait que le bois coupé par la dent du daim repousse beaucoup plus difficilement que celui qui ne l'a été que par le cerf ; les jeunes mangent plus vite et plus avidement que les vieux ; ils ruminent : la daine porte huit mois et quelques jours comme la biche ; elle produit de même ordinairement un faon, quelquefois deux, et très rarement trois ; enfin, ils ressemblent aux cerfs par presque toutes les habitudes naturelles, et la plus grande différence qu'il y ait entre ces animaux, c'est dans la durée de la vie. Les cerfs vivent trente-cinq ou quarante ans, et les daims ne vivent qu'environ vingt ans : comme ils sont plus petits, il y a apparence que leur accroissement est encore plus prompt que celui du cerf ; car, dans tous les animaux, la durée de la vie est proportionnelle à celle de l'accroissement, à compter depuis la naissance jusqu'au développement presque entier du corps de l'animal.

LE CHEVREUIL

Le cerf, comme le plus noble des habitants des bois, occupe dans la forêt les lieux ombragés par les cimes élevées des plus hautes futaies : le chevreuil, comme étant d'une espèce inférieure, se contente d'habiter sous des lambris plus bas, et se tient ordinairement dans le feuillage épais des plus jeunes taillis ; mais s'il a moins de noblesse, moins de force, et beaucoup moins de hauteur de taille, il a plus de grâce, plus de vivacité, et même plus de courage que le cerf ; il est plus gai, plus leste, plus éveillé ; sa forme est plus arrondie, plus élégante, et sa figure plus agréable ; ses yeux surtout sont plus beaux, plus brillants, et paraissent animés d'un sentiment plus vif ; ses membres sont plus souples, ses mouvements plus prestes, et il bondit, sans effort, avec autant de force que de légèreté. Sa robe est toujours propre, son poil net et lustré ; il ne se roule jamais dans la fange comme le cerf ; il ne se plaît que dans les pays les plus élevés, les plus secs, où l'air est le plus pur ; il est encore plus rusé, plus adroit à se dérober, plus difficile à suivre, il a plus de finesse, plus de ressources d'instinct. Car, quoiqu'il ait le désavantage mortel de laisser après lui des impressions plus fortes, et qui donnent aux chiens plus d'ardeur et plus de véhémence d'appétit que l'odeur du cerf, il ne laisse pas de savoir se soustraire à leur poursuite par la rapidité de sa première course et par ses détours multipliés ; il n'attend

pas, pour employer la ruse, que la force lui manque ; dès qu'il sent, au contraire, que les premiers efforts d'une fuite rapide ont été sans succès, il revient sur ses pas, retourne encore, et lorsqu'il a confondu par ses mouvements opposés la direction de l'aller avec celle du retour, lorsqu'il a mêlé les émanations présentes avec les émanations passées, il se sépare de la terre par un bond, et, se jetant à côté, il se met ventre à terre, et laisse, sans bouger, passer près de lui la troupe entière de ses ennemis ameutés.

Il diffère du cerf et du daim par le naturel, par le tempérament, par les mœurs, et aussi par presque toutes les habitudes de nature : au lieu de marcher par grandes troupes, il demeure en famille ; le père, la mère et les petits vont ensemble, et on ne les voit jamais s'associer avec des étrangers ; comme la chevrette produit ordinairement deux faons, l'un mâle et l'autre femelle, ces jeunes animaux, élevés, nourris ensemble, prennent une si forte affection l'un pour l'autre qu'ils ne se quittent jamais, à moins que l'un des deux n'ait éprouvé l'injustice du sort, qui ne devrait jamais séparer ce qui s'aime. La chevrette porte cinq mois et demi ; elle met bas vers la fin d'avril ou au commencement de mai. Elle se sépare du chevreuil lorsqu'elle veut mettre bas ; elle se recèle dans le plus fort du bois pour éviter le loup, qui est son plus dangereux ennemi.

Au bout de dix ou douze jours, les jeunes faons ont déjà pris assez de force pour la suivre : lorsqu'elle est menacée de quelque danger, elle les cache dans quelque endroit fourré, elle fait face, se laisse chasser pour eux ; mais tous ses soins n'empêchent pas que les hommes, les chiens, les loups, ne les lui enlèvent souvent : c'est là leur temps le plus critique et celui de la grande destruction de cette espèce, qui n'est déjà pas trop commune.

Ils ne se plaisent pas également dans tous les pays, puisque dans le même pays ils affectent encore des lieux particuliers ; ils aiment les collines ou les plaines élevées au-dessus des montagnes ; ils ne se tiennent pas dans la profondeur des forêts, ni dans le milieu des bois d'une vaste étendue ; ils occupent plus volontiers les pointes des bois qui sont environnées de terres labourables, les taillis clairs et en mauvais terrain, où croissent abondamment le bourgène, la ronce, etc.

Les faons restent avec leur père et leur mère huit ou neuf mois en tout ; et lorsqu'ils se sont séparés, c'est-à-dire vers la fin de la première année de leur âge, leur première tête commence à paraître sous la forme de deux dagues beaucoup plus petites que celles du cerf ; mais ce qui marque encore une grande différence entre ces animaux, c'est que le cerf ne met bas sa tête qu'au printemps, et ne la refait qu'en été, au lieu que le chevreuil la met bas à la fin de l'automne, et la refait pendant l'hiver.

Lorsque le chevreuil a refait sa tête, il touche au bois, comme le cerf, pour la dépouiller de la peau dont elle est revêtue, et c'est ordinairement dans le mois de mars, avant que les arbres commencent à pousser.

Comme la chevrette ne porte que cinq mois et demi, et que l'accroissement du jeune chevreuil est plus prompt que celui du cerf, la durée de sa vie est plus courte, et je ne crois pas qu'elle s'étende à plus de douze ou quinze ans tout au plus ; ils sont très délicats sur le choix de la nourriture ; ils ont besoin de mouvement, de beaucoup d'air, de beaucoup d'espace, et c'est ce qui fait qu'ils ne résistent que pendant les premières années de leur jeunesse aux inconvénients de la vie domestique. Il leur faut un parc de cent arpents, pour qu'ils soient à leur aise : on peut les apprivoiser, mais non pas les rendre obéissants, ni même familiers ; ils retiennent toujours quelque chose de leur naturel sauvage ; ils s'épouvantent aisément, et ils se précipitent contre les murailles avec tant de force, que souvent ils se cassent les jambes. Quelque privés qu'ils puissent être, il faut s'en défier ; les mâles surtout sont sujets à des caprices dangereux, à prendre certaines personnes en aversion, et alors ils s'élancent et donnent des coups de tête assez forts pour renverser un homme, et ils le foulent encore avec les pieds lorsqu'ils l'ont renversé. Les chevreuils ne raient pas si fréquemment ni d'un cri aussi fort que le cerf ; les jeunes ont une petite voix courte et plaintive, *mi... mi*, par laquelle ils marquent le besoin qu'ils ont de nourriture :

ce son est aisé à imiter, et la mère, trompée par l'appeau, arrive jusque sous le fusil du chasseur. En hiver, les chevreuils se tiennent dans les taillis les plus fourrés, et ils vivent de ronces, de genêt, de bruyère et de chatons de coudrier, de marsaule, etc. Au printemps, ils vont dans les taillis plus clairs, et broutent les boutons et les feuilles naissantes de presque tous les arbres : cette nourriture chaude fermente dans leur estomac et les enivre de manière qu'il est alors très aisé de les surprendre ; ils ne savent où ils vont ; ils sortent même assez souvent hors du bois, et quelquefois ils approchent du bétail et des endroits habités. En été, ils restent dans les taillis élevés, et n'en sortent que rarement pour aller boire à quelque fontaine dans les grandes sécheresses ; car pour peu que la rosée soit abondante, ou que les feuilles soient mouillées de la pluie, ils se passent de boire. Ils cherchent les nourritures les plus fines ; ils ne viandent pas avidement comme le cerf, ils ne broutent pas indifféremment toutes les herbes, ils mangent délicatement.

La chair de ces animaux est, comme l'on sait, excellente à manger ; cependant il y a beaucoup de choix à faire ; la qualité dépend principalement du pays qu'ils habitent.

L'ÉLAN ET LE RENNE

Quoique l'élan et le renne soient deux animaux d'espèces différentes, nous avons cru devoir les réunir, parce qu'il n'est guère possible de faire l'histoire de l'un sans emprunter beaucoup de celle de l'autre, la plupart des anciens auteurs, et même des modernes, les ayant confondus ou désignés par des dénominations équivoques qu'on pourrait appliquer à tous deux. On peut prendre des idées assez justes de la forme de l'élan et de celle du renne, en les comparant tous deux avec le cerf. L'élan est plus grand, plus gros, plus élevé sur ses jambes ; il a le cou plus court, le poil plus long, le bois beaucoup plus large et plus massif que le cerf. Le renne est plus bas, plus trapu ; il a les jambes plus courtes, plus grosses, et les pieds bien plus larges, le poil très fourni, le bois beaucoup plus long et divisé en un grand nombre de rameaux terminés par des empaumures ; au lieu que celui de l'élan n'est, pour ainsi dire, que découpé et chevillé sur la tranche. Tous deux ont de longs poils sous le cou, et tous deux ont la queue courte et les oreilles beaucoup plus longues que le cerf; ils ne vont pas par bonds et par sauts, comme le chevreuil ou le cerf; leur marche est une espèce de trot, mais si prompt et si aisé, qu'ils font dans le même temps presque autant de chemin qu'eux, sans se fatiguer autant, car ils peuvent trotter ainsi, sans s'arrêter, pendant un jour ou deux. Le renne se tient sur les montagnes ; l'élan n'habite que les terres basses et les forêts humides : tous deux se mettent en troupes comme le cerf, et vont de compagnie ; tous deux peuvent s'apprivoiser, mais le renne beaucoup plus que l'élan ; celui-ci, comme le cerf, n'a nulle part perdu sa liberté, au lieu que le renne est devenu domestique chez le dernier des peuples : les Lapons n'ont pas d'autre bétail.

En comparant les avantages que les Lapons tirent du renne apprivoisé avec ceux que nous retirons de nos animaux domestiques, on verra que cet animal en vaut seul deux ou trois ; on s'en sert, comme du cheval, pour tirer des traîneaux, des voitures ; il marche avec bien plus de diligence et de légèreté, fait aisément trente lieues par jour, et court avec autant d'assurance sur la neige gelée que sur une pelouse. La femelle donne du lait plus substantiel et plus nourrissant que celui de la vache ; la chair de cet animal est très bonne à manger ; son poil fait une excellente fourrure, et la peau passée devient un cuir très souple et très durable ; ainsi le renne donne seul tout ce que nous tirons du cheval, du bœuf et de la brebis.

Il y a en Laponie des rennes sauvages et des rennes domestiques.

Comme les rennes sauvages sont plus robustes et plus forts que les domestiques, on préfère ceux qui sont issus de ce mélange pour les atteler au traîneau : ces rennes sont moins doux que les autres ; car non seulement ils refusent quelquefois d'obéir à celui qui les guide, mais ils se retournent brusquement contre lui, l'attaquent à coups de pied, en sorte qu'il n'a d'autre ressource que de se couvrir de son traîneau jusqu'à ce que la colère de sa bête soit apaisée.

Le renne attelé n'a pour collier qu'un morceau de peau où le poil est resté, d'où descend vers le poitrail un trait qui lui passe sous le ventre, entre les jambes, et va s'attacher à un trou qui est sur le devant du traîneau ; le Lapon n'a pour guides qu'une seule corde, attachée à la racine du bois de l'animal, qu'il jette diversement sur le dos de la bête, tantôt d'un côté et tantôt de l'autre, selon qu'il veut la diriger à droite ou à gauche : elle peut faire quatre ou cinq lieues par heure ; mais plus cette manière de voyager est prompte, plus elle est incommode ; il faut y être habitué et travailler continuellement pour maintenir son traîneau et l'empêcher de verser.

Les rennes ont à l'extérieur beaucoup de choses communes avec les cerfs, et la conformation des parties intérieures est, pour ainsi dire, la même : de cette conformité de nature résultent des habitudes analogues et des effets semblables.

Le renne jette son bois tous les ans, comme le cerf, et se charge comme lui de venaison ; les femelles, dans l'une et dans l'autre espèce, portent huit mois et ne produisent qu'un petit ; parmi les femelles, comme parmi les biches, il s'en trouve quelques-unes qui ne produisent pas ; chaque petit suit sa mère pendant deux ou trois ans, et ce n'est qu'à l'âge de quatre ans révolus que ces animaux ont acquis leur plein accroissement ; c'est aussi à cet âge qu'on commence à les dresser et les exercer au travail ; parmi les rennes on choisit les plus vifs et les plus légers pour courir au traîneau et les plus pesants pour voiturer à pas plus lents les provisions et les bagages.

Ils sont, comme les cerfs, sujets aux vers dans la mauvaise saison ; il s'en engendre sur la fin de l'hiver une si grande quantité sous leur peau qu'elle en est alors toute criblée ; ces trous de vers se referment en été ; et aussi ce n'est qu'en automne que l'on tue les rennes pour en avoir la fourrure ou le cuir.

Les troupeaux de cette espèce demandent beaucoup de soin ; les rennes sont sujets à s'écarter, et reprennent volontiers leur liberté naturelle ; il faut les suivre et les veiller de près : on ne peut les mener paître que dans les lieux découverts, et pour peu que le troupeau soit nombreux, on a besoin de plusieurs personnes pour les garder, pour les contenir, pour les rappeler, pour courir après ceux qui s'éloignent ; ils sont tous marqués, afin qu'on puisse les reconnaître, car il arrive souvent ou qu'ils s'égarent dans les bois ou qu'ils passent à un autre troupeau ; enfin les Lapons sont continuellement occupés à ces soins : les rennes font toutes leurs richesses, et ils savent en tirer toutes les commodités, ou, pour mieux dire, les nécessités de la vie ; ils se couvrent depuis les pieds jusqu'à la tête de ces fourrures, qui sont impénétrables au froid et à l'eau : c'est leur habit d'hiver ; l'été, ils se servent des peaux dont le poil est tombé ; ils mangent la chair du renne, en boivent le lait, et en font des fromages très gras.

L'élan et le renne sont tous deux du nombre des animaux ruminants. La durée de la vie dans le renne domestique n'est que de quinze ou seize ans ; mais il est à présumer que dans le renne sauvage elle est plus longue ; cet animal, étant quatre ans à croître, doit vivre vingt-huit ou trente ans, lorsqu'il est dans son état de nature. L'élan est un animal beaucoup plus grand et bien plus fort que le cerf et le renne ; il a le poil si rude et le cuir si dur que la balle du mousquet peut à peine y pénétrer ; il a les jambes très fermes, avec tant de mouvement et de force, surtout dans les pieds de devant, que d'un seul coup il peut tuer un homme, un loup, et même casser un arbre. Cependant on le chasse à peu près comme nous chassons le cerf, c'est-à-dire à force d'hommes et de chiens ; on assure que, lorsqu'il est lancé ou poursuivi, il lui arrive souvent de tomber tout à coup, sans avoir été ni tiré ni blessé : de là on a présumé qu'il était sujet à l'épilepsie, et de cette présomption (qui n'est pas bien fondée, puisque la peur seule pourrait produire le même effet) on a tiré cette conséquence absurde que la corne de ses pieds devait guérir de l'épilepsie, et même en préserver, et ce préjugé grossier a été si généralement répandu qu'on voit encore aujourd'hui quantité de gens du peuple porter des bagues dont le chaton renferme un petit morceau de corne d'élan. Comme il y a très peu d'hommes dans les parties septentrionales de l'Amérique, tous les animaux, et en particulier les élans, y sont en plus grand nombre que dans le nord de l'Europe. Les sauvages n'ignorent pas l'art de les chasser et de les prendre ; ils les suivent à la piste, quelquefois pendant plusieurs jours de suite, et à force de constance et d'adresse, ils en viennent à bout.

LA GIRAFE

La girafe est un des premiers, des plus beaux, des plus grands animaux, et qui sans être nuisible est en même temps l'un des plus inutiles ; la disproportion énorme de ses jambes, dont celles de devant sont une fois plus longues que celles de derrière, fait obstacle à l'exercice de ses forces ; son corps n'a pas d'assiette, sa démarche est vacillante, ses mouvements sont lents et contraints. L'espèce en est peu nombreuse et a toujours été confinée dans les déserts de l'Éthiopie et de quelques autres provinces de l'Afrique. La girafe peut atteindre avec sa tête à seize ou dix-sept pieds de hauteur, étant dans sa situation naturelle, c'est-à-dire posée sur ses quatre pieds.

Elle est d'un naturel très doux, et par cette qualité aussi bien que par toutes les autres habitudes physiques, et même par la forme du corps, elle approche plus de la figure et de la nature du chameau que de celle d'aucun autre animal ; elle est du nombre des ruminants, elle manque comme eux de dents incisives à la mâchoire supérieure.

La girafe est d'une espèce unique et très différente de toute autre ; mais si on voulait la rapprocher de quelque

autre animal, ce serait plutôt du chameau que du cerf ou du bœuf. Les femelles ont des cornes comme les mâles, mais un peu plus petites : si la girafe était du genre des cerfs, l'analogie se démentirait encore ici, car, de tous les animaux de ce genre, il n'y a que la femelle du renne qui ait un bois, toutes les autres femelles en sont dénuées. La girafe, à cause de l'excessive hauteur de ses jambes, ne peut paître l'herbe qu'avec peine et difficulté ; aussi elle se nourrit principalement et presque uniquement de feuilles et de boutons d'arbres.

L'AXIS

Cet animal n'étant connu que sous les noms vagues de *biche de Sardaigne* et de *cerf du Gange*, on a cru devoir lui conserver le nom d'axis que Pline lui a donné. L'axis est du petit nombre des animaux ruminants qui portent un bois comme le cerf ; il a la taille et la légèreté du daim, mais ce qui le distingue du cerf et du daim, c'est qu'il a le bois d'un cerf et la taille d'un daim ; que tout son corps est marqué de taches blanches, élégamment disposées et séparées les unes des autres, et qu'enfin il habite les climats chauds, au lieu que le cerf et le daim ont ordinairement le pelage d'une couleur uniforme, et se trouvent en plus grand nombre dans les pays froids et dans les régions tempérées que dans les climats chauds. Cependant il se pourrait que l'axis ne fût qu'une variété dépendante du climat et non pas une espèce différente de celle du daim ; car, quoiqu'il soit originaire des pays les plus chauds de l'Asie, il subsiste et se multiplie aisément en Europe. Ils produisent entre eux aussi facilement que les daims; néanmoins on n'a jamais remarqué qu'ils se soient mêlés ni avec les daims, ni avec les cerfs.

LES GAZELLES

Les gazelles ressemblent beaucoup au chevreuil par la forme du corps, par la légèreté des mouvements, la grandeur et la vivacité des yeux, etc. ; mais elles en diffèrent par la nature des cornes : celles du chevreuil sont une espèce de bois solide qui tombe et se renouvelle tous les ans comme celui du cerf; les cornes des gazelles, au contraire, sont creuses et permanentes comme celles de la chèvre.

Les gazelles ont, comme le chevreuil, des larmiers ou enfoncements au-devant de chaque œil.

Elles lui ressemblent encore par la qualité du poil, par les brosses qu'elles ont sur les jambes ; mais ces brosses dans le chevreuil sont sur les jambes de derrière, au lieu que dans les gazelles elles sont sur les jambes de devant ; les gazelles paraissent donc être des animaux mi-partis intermédiaires entre le chevreuil et la chèvre.

Dans quelques endroits, on prend les gazelles sauvages avec des gazelles apprivoisées, aux cornes desquelles on attache un piège de cordes.

Les antilopes, surtout les grandes, sont beaucoup plus communes en Afrique qu'aux Indes; elles sont plus fortes et plus farouches que les autres gazelles.

Les antilopes moyennes sont de la grandeur et de la couleur du daim, on les trouve en grand nombre dans les contrées du Tremecen, du Duguela, du Tell et du Zaara. Elles sont propres et ne se couchent que dans les endroits secs et nets ; elles sont aussi très légères à la course, très attentives au danger, très vigilantes ; en sorte que dans les lieux découverts elles regardent longtemps de tous côtés, et dès qu'elles aperçoivent un homme, un chien ou quelque autre ennemi, elles fuient de toutes leurs forces.

Cependant elles ont, avec cette timidité naturelle, une espèce de courage, car lorsqu'elles sont surprises elles s'arrêtent tout court et font face à ceux qui les attaquent.

En général, les gazelles ont les yeux noirs, grands et très vifs ; elles ont pour la plupart les jambes plus fines et plus déliées que le chevreuil, le poil aussi court, plus doux et plus lustré; leurs jambes de devant sont moins longues que celles de derrière, ce qui leur donne, comme au lièvre, plus de facilité pour courir en montant qu'en descendant; leur légèreté est au moins égale à celle du chevreuil, mais celui-ci bondit et saute plutôt qu'il ne court, au lieu que les gazelles courent uniformément plutôt qu'elles ne bondissent.

LE COUDOUS

Cet animal est de très grande taille et se trouve dans les pays les plus chauds de l'Asie : il a le poil grisâtre. Les voyageurs en Asie parlent de grands buffles de Bengale, des buffles roux, de bœufs gris du Mogol, qu'on appelle *nil-gauts* ; le coudous est peut-être l'un ou l'autre de ces animaux ; et les voyageurs en Afrique, où les buffles sont aussi communs qu'en Asie, font une mention plus précise d'une espèce de buffle appelée *pacasse* au Congo, qui par leurs indices paraît être le coudous. « Sur la route du Louanda, au royaume de Congo, nous aperçûmes, disent-ils, deux pacasses, qui sont des animaux assez semblables aux buffles, et qui rugissent comme des lions ; le mâle et la femelle vont toujours de compagnie ; ils sont blancs, avec des taches rousses et noires, et ont des oreilles de demi-aune de long et les *cornes toutes droites*. Quand ils voient quelqu'un, ils ne fuient point ni ne font aucun mal, mais regardent les passants. » L'animal appelé au Congo *empacassa* ou *pacassa* paraît être le buffle ; c'est, en effet, une espèce de buffle, mais qui en diffère par la forme des cornes et la couleur du poil ; c'est en un mot un coudous qui peut-être forme une espèce séparée de celle du buffle, mais qui peut-être aussi n'en est qu'une variété.

LE BUBALE

Cet animal est d'une nature très éloignée de celle du buffle ; il ressemble au cerf, aux gazelles et au bœuf par quelques rapports assez sensibles : au cerf par la grandeur et la figure du corps, et surtout par la forme des jambes, mais il a les cornes permanentes et faites à peu près comme celles des plus grosses gazelles, desquelles il approche par ce caractère et par les habitudes naturelles ; cependant il a la tête beaucoup plus longue que les gazelles et même que le cerf ; il ressemble au bœuf par la longueur du museau et par la disposition des os de la tête.

Le bubale est assez commun en Barbarie et dans toutes les parties septentrionales de l'Afrique ; il est à peu près du même naturel que les antilopes ; il a comme elles le poil court, le cuir noir et la chair bonne à manger.

LE CONDOMA

Cet animal remarquable par sa taille et surtout par la grandeur de ses cornes, ressemble à la *chèvre sauvage* du cap de Bonne-Espérance. « Cette chèvre, dit un naturaliste, qui chez les Hottentots n'a point reçu de nom et qu'on appelle *chèvre sauvage*, est fort remarquable à plusieurs égards ; elle est de la taille d'un grand cerf, la tête est fort belle et ornée de deux cornes unies, recourbées et pointues, de trois pieds de long, dont les extrémités sont distantes de deux pieds. »

Ces caractères paraissent convenir parfaitement à l'animal dont il est ici question.

LE GUIB

Le guib est un animal qui n'a été indiqué par aucun naturaliste, ni même par aucun voyageur ; cependant il est assez commun au Sénégal. Il ressemble aux gazelles par la grandeur et la figure du corps, par la légèreté des jambes, par la forme de la tête et du museau, par les yeux, par les oreilles et par la longueur de la queue et le défaut de barbe ; mais toutes les gazelles ont le ventre d'un beau blanc, au lieu que le guib a la poitrine et le ventre d'un brun marron assez foncé.

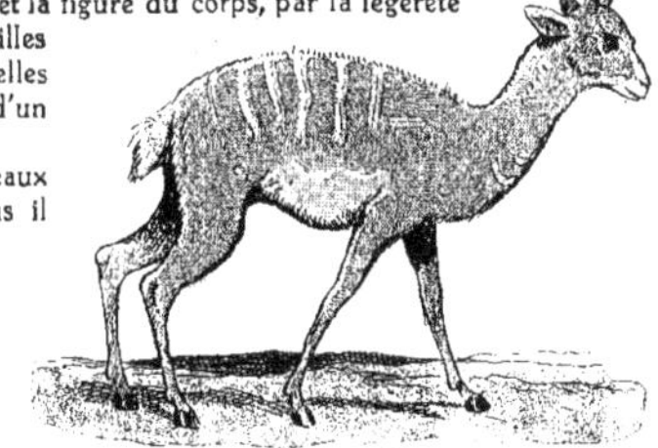

Il diffère encore des gazelles par ses cornes qui sont lisses et sans anneaux transversaux ; il approche de la chèvre comme de la gazelle ; néanmoins il n'est ni l'une ni l'autre, il est d'une espèce particulière qui nous paraît intermédiaire entre les deux ; cet animal est remarquable par des bandes blanches sur un fond de poil brun marron.

Il vit en société et se trouve par grandes troupes dans les plaines et les bois du pays de Podor.

LE SAIGA

On trouve en Hongrie, en Pologne, en Tartarie et dans la Sibérie méridionale, une espèce de chèvre sauvage, que les Russes ont appelée *seigak* ou *saiga*, laquelle, par la figure du corps et par le poil, ressemble à la chèvre domestique, mais par la forme des cornes et le défaut de barbe se rapproche beaucoup des gazelles, et paraît faire la nuance entre ces deux genres d'animaux ; car les cornes du saiga sont tout à fait semblables à celles de la gazelle, elles ont la même forme, les anneaux transversaux, les stries longitudinales, etc., et n'en diffèrent que par la couleur : les cornes de toutes les gazelles sont noires et opaques, celles du saiga sont au contraire blanchâtres et si transparentes qu'on s'en sert comme de l'écaille et aux mêmes usages.

Par les habitudes naturelles, le saiga ressemble plus aux gazelles qu'au bouquetin et au chamois ; car il n'affecte pas les pays de montagnes ; il vit, comme les gazelles, sur les collines et dans les plaines ; il est, comme elles, très bondissant, très léger à la course, et sa chair est aussi bien meilleure à manger que celle du bouquetin ou des autres chèvres sauvages et domestiques.

LA GRIMME

Cet animal n'est connu des naturalistes que sous le nom de *chèvre de Grimm*, et, comme nous ignorons celui qu'il porte dans son pays natal, nous ne pouvons mieux faire que d'adopter cette dénomination précaire.

Le docteur Herman Grimm est le premier qui ait parlé de cet animal, et ce qu'il en a dit a été copié par les naturalistes ; quoique sa description soit incomplète, elle désigne deux caractères si marqués que nous ne croyons pas nous méprendre en présentant ici pour la chèvre de Grimm la tête d'un animal du Sénégal qui nous a été donnée par M. Adanson.

Le premier de ces caractères est une énorme cavité au-dessous de chaque œil, laquelle forme de chaque côté du nez un enfoncement si grand dans la mâchoire supérieure qu'il ne laisse qu'une lame d'os très mince contre la cloison du nez ; le second caractère est un bouquet de poil bien fourni et dirigé en haut sur le sommet de la tête : ils suffisent pour distinguer la grimme de toutes les autres chèvres ou gazelles.

Elle ressemble cependant aux unes et aux autres non seulement par la forme du corps, mais même par les cornes, qui sont annelées vers la base et striées longitudinalement comme celles des autres gazelles, et en même temps dirigées horizontalement en arrière, et très courtes comme celles de la petite chèvre d'Afrique.

Au reste, cet animal, étant plus petit que les chèvres, les gazelles, etc., et ne portant que des cornes très courtes, nous paraît faire la nuance entre les chèvres et les chevrotains.

Il y a apparence que dans l'espèce de la grimme le mâle seul porte des cornes ; car l'individu dont le docteur Grimm a donné la description et la figure n'avait point de cornes, et la tête que nous a donnée M. Adanson porte au contraire deux cornes, à la vérité très courtes et cachées dans le poil, mais cependant assez apparentes pour ne pouvoir échapper au dessinateur, et encore moins à l'observateur.

L'espèce de la grimme à tous égards approche plus du chevrotain que d'aucun autre animal.

LE BUFFLE

La taille et la grosseur du buffle indiqueraient seules qu'il est originaire des climats les plus chauds ; les plus grands, les plus gros quadrupèdes appartiennent tous à la zone torride dans l'ancien continent, et le buffle, dans l'ordre de grandeur ou plutôt de masse et d'épaisseur, doit être placé après l'éléphant, le rhinocéros et l'hippopotame.

Cependant les buffles vivent et produisent en Italie, en France et dans les autres provinces tempérées. La femelle ne fait qu'un petit et le porte environ douze mois, ce qui prouve encore la différence de cette espèce à celle de la vache, qui ne porte que neuf mois.

Il paraît aussi que ces animaux sont plus doux et moins brutaux dans leur pays natal, et que plus le climat est chaud, plus ils sont d'un naturel docile.

Il y a une grande quantité de buffles sauvages dans les contrées de l'Afrique et des Indes, qui sont arrosées de rivières, où il se trouve de grandes prairies ; ces buffles sauvages vont en troupeaux et font de grands dégâts dans les terres cultivées, mais ils n'attaquent jamais les hommes et ne courent dessus que quand on vient de les blesser : alors ils sont très dangereux, car ils vont droit à l'ennemi, le renversent et le tuent en le foulant aux pieds ; cependant ils craignent beaucoup l'aspect du feu, la couleur rouge leur déplaît.

Le buffle, comme tous les autres grands animaux des climats méridionaux, aime beaucoup à se vautrer et même à séjourner dans l'eau ; il nage très bien et traverse hardiment les fleuves les plus rapides : comme il a les jambes plus hautes que le bœuf, il court aussi plus légèrement sur terre. Les nègres en Guinée et les Indiens au Malabar, où les buffles sauvages sont en grand nombre, s'exercent souvent à les chasser ; ils ne les poursuivent ni ne les attaquent de face, ils les attendent, grimpés sur des arbres ou cachés dans l'épaisseur de la forêt que les buffles ont de la peine à pénétrer à cause de la grosseur de leur corps et l'embarras de leurs cornes. Ces peuples trouvent la chair des buffles bonne, et tirent un grand profit de leurs peaux et de leurs cornes, qui sont plus dures et meilleures que celles du bœuf.

LES MAZAMES

Le mot *mazames,* dans la langue mexicaine, désignait le *cerf,* ou plutôt le genre entier des *cerfs,* des *daims* et des *chevreuils.* Ceux qui nous ont transmis ce nom distinguaient deux espèces de mazames, tous deux communs au Mexique et dans la Nouvelle-Espagne : le premier et le plus grand, auquel ils donnent le nom simple de *mazame,* porte un bois semblable à celui du chevreuil d'Europe, c'est-à-dire de six à sept pouces de longueur, dont l'extrémité est divisée en deux pointes, et qui n'a qu'un seul andouiller à la partie moyenne du merrain ; le second, qu'ils appellent *temamaçame,* est plus petit que le mazame, et ne porte qu'un bois simple et sans andouillers, comme celui d'un daguet. Il nous paraît que ces deux animaux sont vraiment des chevreuils, dont le premier est absolument de la même espèce que le chevreuil d'Europe, et le second n'en est qu'une variété ; il nous paraît aussi que ces chevreuils ou mazames et temamaçames du Mexique sont les mêmes que le *cuguacu-apara* et le *cuguacu-été du Brésil,* et qu'à Cayenne le premier se nomme *cariacou,* ou *biche des bois,* et le second, *petit cariacou,* ou *biche des palétuviers.*

LE MOUFLON ET LES AUTRES BREBIS

Le mouflon paraît être la souche primitive de toutes les brebis ; il existe dans l'état de sa nature, il subsiste et multiplie sans le secours de l'homme ; il ressemble plus qu'aucun autre animal sauvage à toutes les brebis domestiques ; il est plus vif, plus fort et plus léger qu'aucune d'entre elles ; il a la tête, le front, les yeux et toute la face du bélier ; il lui ressemble aussi par la forme des cornes et par l'habitude entière du corps ; enfin il produit avec la brebis domestique, ce qui seul suffirait pour démontrer qu'il est de la même espèce et qu'il en est la souche.

La seule disconvenance qu'il y ait entre le mouflon et nos brebis, c'est qu'il est couvert de poil et non de laine ; mais dans les brebis domestiques la laine n'est pas un caractère essentiel, c'est une production du climat tempéré, puisque dans les pays chauds ces mêmes brebis n'ont point de laine et sont toutes couvertes de poils, et dans les pays très froids leur laine est encore aussi grossière, aussi rude que du poil : dès lors il n'est pas étonnant que la brebis originaire, la brebis primitive et sauvage, qui a dû souffrir le froid et le chaud, vivre et se multiplier sans abri dans les bois, ne soit pas couverte d'une laine qu'elle aurait bientôt perdue dans les broussailles.

LE BOUQUETIN ET LE CHAMOIS

Le bouquetin mâle diffère du chamois par la longueur, la grosseur et la forme des cornes ; il est aussi beaucoup plus grand de corps, et il est plus vigoureux et plus fort ; cependant le bouquetin femelle a les cornes différentes de celles du mâle, beaucoup plus petites et assez ressemblantes à celles du chamois ; d'ailleurs ces animaux ont tous deux les mêmes habitudes, les mêmes mœurs et la même patrie ; seulement le bouquetin, comme plus agile et plus fort, s'élève jusqu'au sommet des plus hautes montagnes, au lieu que le chamois n'en habite que le second étage ; mais ni l'un ni l'autre ne se trouvent dans les plaines : tous deux se fraient des chemins dans les neiges, tous deux franchissent les précipices en bondissant de rochers en rochers.

Tous deux sont couverts d'une peau ferme et solide, et vêtus en hiver d'une double fourrure, d'un poil extérieur assez rude et d'un poil intérieur plus fin et plus fourni ; tous deux ont une raie noire sur le dos ; ils ont aussi la queue à peu près de la même grandeur.

Les bouquetins, aussi bien que les chamois, lorsqu'on les prend jeunes et qu'on les élève avec les chèvres domestiques, s'apprivoisent aisément, s'accoutument à la domesticité, prennent les mêmes mœurs, vont comme elles en troupeaux, et reviennent de même à l'étable.

LES OISEAUX

L'AIGLE COMMUN

L'AIGLE commun, noir ou brun, est toujours plus petit que le grand aigle ; celui-ci pousse fréquemment un cri lamentable, au lieu que l'aigle commun, noir ou brun, ne crie que rarement.

Il nourrit tous ses petits dans son nid, les élève et les conduit ensuite dans leur jeunesse, au lieu que le grand aigle les chasse hors du nid et les abandonne à eux-mêmes dès qu'ils sont en état de voler.

L'espèce de l'aigle commun est plus nombreuse et plus répandue que celle du grand aigle : celui-ci ne se trouve que dans les pays chauds et tempérés de l'ancien continent ; l'aigle commun, au contraire, préfère les pays froids, et se trouve également dans les deux continents.

On le voit en France, en Savoie, en Suisse, en Allemagne, en Pologne et en Écosse ; on le retrouve en Amérique à la baie d'Hudson.

LE PETIT AIGLE

LA troisième espèce est l'aigle tacheté, appelé *petit aigle*. On l'a appelé aussi *aigle plaintif*, *aigle criard*, parce qu'il pousse continuellement des plaintes ou des cris lamentables. C'est de tous les aigles celui qui s'apprivoise le plus aisément.

Il est plus faible, moins fier et moins courageux que les autres. La grue est sa plus forte proie, car il ne prend ordinairement que des canards, d'autres moindres oiseaux et des rats. L'espèce, quoique peu nombreuse en chaque lieu, est répandue partout, tant en Europe qu'en Asie, en Afrique, où on la trouve jusqu'au cap de Bonne-Espérance, mais elle n'existe pas en Amérique.

Si ce petit aigle, qui est beaucoup plus docile et plus aisé à apprivoiser que les deux autres, se fût trouvé également courageux, on n'aurait pas manqué de s'en servir pour la chasse ; mais il est aussi lâche que plaintif et criard. Un épervier bien dressé suffit pour le vaincre et l'abattre. La femelle qui, dans l'aigle, comme dans les autres espèces d'oiseaux de proie, est plus grande que le mâle, et semble être aussi, dans l'état de liberté, plus hardie, plus courageuse et plus fine, ne paraît pas conserver ces dernières qualités dans l'état de captivité.

Dans l'état de nature, l'aigle ne chasse seul que dans le temps où la femelle ne peut quitter ses œufs ou ses petits ; comme c'est la saison où le gibier commence à devenir abondant par le retour des oiseaux, il pourvoit aisément à sa propre subsistance et à celle de sa femelle ; mais dans tous les autres temps de l'année, le mâle et la femelle paraissent s'entendre pour la chasse ; on les voit presque toujours ensemble ou du moins à peu de distance l'un de l'autre.

LE PYGARGUE

Le pygargue aime de préférence les climats froids ; on le trouve dans toutes les provinces du nord de l'Europe. Le grand pygargue est à peu près de la même grosseur et de la même force, si même il n'est pas plus fort que l'aigle commun ; il est au moins plus carnassier, plus féroce et moins attaché à ses petits ; car il ne les nourrit pas longtemps ; il les chasse hors du nid avant même qu'ils soient en état de se pourvoir, et l'on prétend que, sans le secours de l'orfraie, qui les prend alors sous sa protection, la plupart périraient : il produit ordinairement deux ou trois petits et fait son nid sur de gros arbres.

Comme le grand aigle et le pygargue ne chassent ordinairement que de gros animaux, ils se rassasient souvent sur le lieu sans pouvoir les emporter ; les pygargues, qui fréquentent de près les lieux habités, ne chassent que pendant quelques heures dans le milieu du jour, et ils se reposent le matin, le soir et la nuit, au lieu que l'aigle commun est plus valeureux, plus diligent et plus infatigable.

LE BALBUZARD

Le balbuzard est l'oiseau qu'on appelle *aigle de mer*. Cet oiseau n'est pas un aigle, quoiqu'il ressemble plus aux aigles qu'aux autres oiseaux de proie. D'abord il est bien plus petit, il n'a ni le port, ni la figure, ni le vol de l'aigle. Ses habitudes naturelles sont aussi très différentes, ainsi que ses appétits, car il ne vit guère que de poisson qu'il prend dans l'eau, même à quelques pieds de profondeur.

LES VAUTOURS

L'ON a donné aux aigles le premier rang parmi les oiseaux de proie, non parce qu'ils sont plus forts et plus grands que les vautours, mais parce qu'ils sont plus généreux, c'est-à-dire moins bassement cruels, les vautours n'ont que l'instinct de la basse gourmandise et de la voracité ; ils ne combattent guère les vivants que quand ils ne peuvent s'assouvir sur les morts ; pour peu qu'ils prévoient de résistance, ils se réunissent en troupes comme de lâches assassins et sont plutôt des voleurs que des guerriers, des oiseaux de carnage que des oiseaux de proie ; car dans ce genre il n'y a qu'eux qui s'acharnent sur les cadavres au point de les déchiqueter jusqu'aux os ; la corruption, l'infection les attire au lieu de les repousser.

LE CONDOR

LE condor possède à un plus haut degré que l'aigle toutes les qualités, toutes les puissances que la nature a départies aux espèces les plus parfaites de cette classe d'êtres ; il a jusqu'à dix-huit pieds de vol ou d'envergure, le corps, le bec et les serres à proportion aussi grandes et aussi fortes, le courage égal à la force.

Ces animaux gîtent ordinairement sur les montagnes où ils trouvent de quoi se nourrir ; ils ne descendent sur le rivage que dans la saison des pluies ; sensibles au froid, ils y viennent chercher la chaleur.

Le peu de nourriture qu'ils trouvent sur le bord de la mer, excepté lorsque quelques tempêtes y jettent quelques gros poissons, les oblige à n'y pas faire de longs séjours ; ils viennent ordinairement le soir, y passent toute la nuit et s'en retournent le matin.

On assure que le condor est deux fois plus grand que l'aigle, et qu'il est d'une telle force qu'il ravit et dévore une brebis entière, qu'il n'épargne pas même les cerfs et qu'il renverse aisément un homme ; heureusement il y a peu de condors, car, s'ils étaient en grande quantité, ils détruiraient tout le bétail.

Ils ont la vue perçante, le regard assuré et même cruel ; ils ne fréquentent guère les forêts, il leur faut trop d'espace pour remuer leurs grandes ailes ; mais on les trouve sur les bords de la mer et des rivières, dans les savanes ou prairies naturelles.

LE PETIT VAUTOUR

On compte trois petits vautours, savoir : le vautour brun, le vautour d'Égypte et le vautour à tête blanche. Ce dernier se trouve communément en Arabie, en Égypte, en Grèce, en Allemagne et jusqu'en Norwège.

Des autres espèces de petits vautours indiqués sous les noms de *vautour brun* et de *vautour d'Egypte*, il paraît qu'il faut en retrancher ou plutôt séparer le second, c'est-à-dire le vautour d'Égypte, qui n'est point un vautour, mais un oiseau d'un autre genre.

Quant au vautour brun, son existence n'est nullement prouvée; aucun des naturalistes ne l'a vu.

LE JEAN-LE-BLANC

Le jean-le-blanc s'éloigne encore plus des aigles que tous les précédents ; il voit très clair pendant le jour et ne craint pas la plus forte lumière, car il tourne volontiers les yeux du côté du plus grand jour, et même vis-à-vis le soleil : il court assez vite lorsqu'on l'effraie et s'aide de ses ailes en courant ; quand on le garde dans la chambre il cherche à s'approcher du feu, mais cependant le froid ne lui est pas absolument contraire, parce qu'on le fait coucher pendant plusieurs nuits à l'air dans un temps de gelée sans qu'il en paraisse incommodé.

On le nourrit avec de la viande crue et saignante ; mais en le faisant jeûner il mange aussi de la viande cuite : il ne boit jamais quand on est auprès de lui, ni même tant qu'il aperçoit quelqu'un ; mais en se mettant dans un lieu couvert on l'a vu boire et prendre pour cela plus de précaution qu'un acte aussi simple ne semble en exiger.

Il y a apparence que les autres oiseaux de proie se cachent de même pour boire. Le jean-le-blanc devient gras en automne et prend en tout temps plus de chair et d'embonpoint que la plupart des oiseaux de proie.

Il est très commun en France, et il n'y a guère de villageois qui ne le connaissent et ne le redoutent pour leurs poules. Ce sont eux qui lui ont donné le nom de *jean-le-blanc*, parce qu'il est, en effet, remarquable par la blancheur du ventre et de la queue.

Cependant le mâle seul porte évidemment ces caractères, car la femelle est presque toute grise; elle est comme dans les autres oiseaux de proie, plus grande, plus grosse et plus pesante que le mâle : elle fait son nid presque à terre, dans les terrains couverts de bruyère, de fougère, de genêt et de joncs, quelquefois aussi sur des sapins et sur d'autres arbres élevés. Elle pond ordinairement trois œufs qui sont d'un gris tirant sur l'ardoise : le mâle pourvoit abondamment à sa subsistance pendant le temps qu'elle soigne et élève ses petits. Il fréquente de près les lieux habités, et surtout les hameaux et les fermes : il saisit et enlève les poules, les jeunes dindons, les canards privés ; et, lorsque la volaille lui manque, il prend des lapereaux, des perdrix, des cailles et d'autres moindres oiseaux ; il ne dédaigne pas même les mulots et les lézards. Très commun en France, il est assez rare partout ailleurs.

LE PERCNOPTÈRE

Cet oiseau n'est point du tout un aigle, et n'est certainement qu'un vautour ; il se laisse chasser et battre par les corbeaux, car il est paresseux à la chasse, pesant au vol, toujours criant, lamentant, toujours affamé et cherchant les cadavres.

Il a une vilaine figure et mal proportionnée ; il est même dégoûtant par l'écoulement continuel d'une humeur qui sort de ses narines, et de deux autres trous qui se trouvent dans son bec et par lesquels s'écoule la salive.

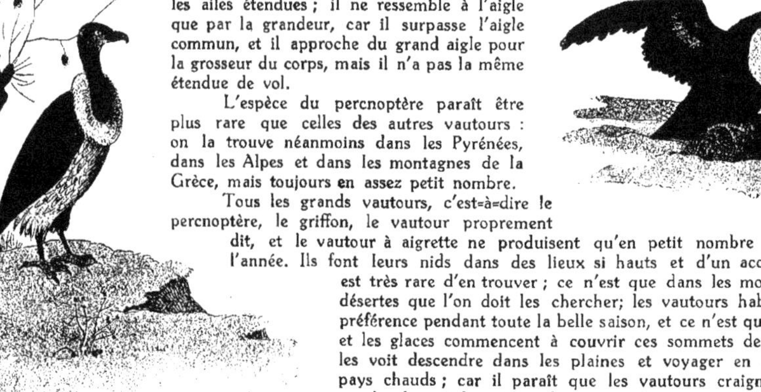

Lorsqu'il est à terre, il tient toujours les ailes étendues ; il ne ressemble à l'aigle que par la grandeur, car il surpasse l'aigle commun, et il approche du grand aigle pour la grosseur du corps, mais il n'a pas la même étendue de vol.

L'espèce du percnoptère paraît être plus rare que celles des autres vautours : on la trouve néanmoins dans les Pyrénées, dans les Alpes et dans les montagnes de la Grèce, mais toujours en assez petit nombre.

Tous les grands vautours, c'est-à-dire le percnoptère, le griffon, le vautour proprement dit, et le vautour à aigrette ne produisent qu'en petit nombre et une seule fois l'année. Ils font leurs nids dans des lieux si hauts et d'un accès si difficile qu'il est très rare d'en trouver ; ce n'est que dans les montagnes élevées et désertes que l'on doit les chercher; les vautours habitent ces lieux de préférence pendant toute la belle saison, et ce n'est que quand les neiges et les glaces commencent à couvrir ces sommets de montagnes qu'on les voit descendre dans les plaines et voyager en hiver du côté des pays chauds ; car il paraît que les vautours craignent plus le froid que la plupart des aigles; ils sont moins communs dans le Nord.

L'ORFRAIE

L'orfraie a été appelé le ***grand aigle de mer***. Il est, en effet, à peu près aussi grand que le grand aigle ; il se tient volontiers près des bords de la mer et assez souvent dans le milieu des terres à portée des lacs, des étangs et des rivières poissonneuses ; il n'enlève que le plus gros poisson, mais cela n'empêche pas qu'il ne prenne aussi du gibier ; et comme il est très grand et très fort, il ravit et emporte aisément les oies et les lièvres, et même les agneaux et les chevreaux. L'orfraie femelle soigne ses petits avec la plus grande affection.

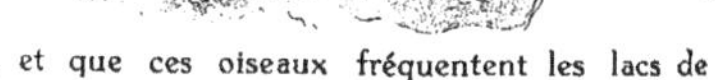

Comme cet oiseau est des plus grands, que par cette raison il produit peu, qu'il ne pond que deux œufs une fois par an, et que souvent il n'élève qu'un petit, l'espèce n'en est nombreuse nulle part, mais elle est assez répandue : on la trouve presque partout en Europe, et il paraît même qu'elle est commune aux deux continents, et que ces oiseaux fréquentent les lacs de l'Amérique septentrionale.

LE MILAN ET LES BUSES

Les milans et les buses, oiseaux ignobles, immondes et lâches, doivent suivre les vautours auxquels ils ressemblent par le naturel et les mœurs. Les milans et les buses sont partout beaucoup plus communs, plus incommodes que les vautours ; ils fréquentent plus souvent et de plus près les lieux habités ; ils font leur nid dans des endroits plus accessibles ; ils restent rarement dans les déserts; ils préfèrent les plaines et les collines fertiles aux montagnes stériles. Comme toute proie leur est bonne, que toute nourriture leur convient, et que plus la terre produit de végétaux, plus elle est en même temps peuplée d'insectes, de reptiles, d'oiseaux et de petits animaux, ils établissent ordinairement leur domicile au pied des montagnes, dans les terres les plus vivantes, les plus abondantes en gibier, en volaille, en poisson.

Sans être courageux ils ne sont pas timides ; ils ont une sorte de stupidité féroce qui leur donne l'air de l'audace tranquille et semble leur ôter la connaissance du danger.

On les approche, on les tue plus aisément que les aigles ou les vautours ; détenus en captivité, ils sont encore moins susceptibles d'éducation.

Le milan est aisé à distinguer, non seulement des buses, mais de tous les autres oiseaux de proie, par un seul caractère facile à saisir : il a la queue fourchue ; il a aussi les ailes proportionnellement plus longues que les buses, et le vol bien plus aisé, aussi passe-t-il sa vie dans l'air ; il ne se repose presque jamais, et parcourt chaque jour des espaces immenses.

Il semble que le vol soit son état naturel, sa situation favorite ; l'on ne peut s'empêcher d'admirer la manière dont il l'exécute : ses ailes longues et étroites paraissent immobiles ; c'est la queue qui semble diriger toutes ses évolutions, et elle agit sans cesse ; il s'élève sans effort, il s'abaisse comme s'il glissait sur un plan incliné ; il semble plutôt nager que voler ; il précipite sa course, il la ralentit, s'arrête et reste comme suspendu ou fixe à la même place pendant des heures entières, sans qu'on puisse s'apercevoir d'aucun mouvement dans ses ailes.

Il n'y a, dans notre climat, qu'une seule espèce de milan, qu'on a appelé *milan royal*, parce qu'il servait aux plaisirs des princes, qui lui faisaient donner la chasse et livrer combat par le faucon ou l'épervier.

Les milans ne sont pas des oiseaux de passage, car ils font leur nid dans des creux de rochers. Ils nichent en France et en Angleterre et ils y restent pendant toute l'année ; la femelle pond deux ou trois œufs qui, comme ceux de tous les oiseaux carnassiers, sont plus ronds que les œufs de poule ; ceux du milan sont blanchâtres, avec des taches d'un jaune sale.

Quelques auteurs ont dit aussi qu'il faisait son nid dans les forêts, sur de vieux chênes ou de vieux sapins.

L'espèce paraît être répandue dans tout l'ancien continent, depuis la Suède jusqu'au Sénégal, mais elle ne se trouve pas dans le nouveau continent.

LA BUSE

Cet oiseau demeure pendant toute l'année dans nos forêts ; il paraît assez stupide, soit dans l'état de domesticité, soit dans celui de liberté ; il est assez sédentaire et même paresseux ; il reste souvent plusieurs heures de suite perché sur le même arbre.

Son nid est construit avec de petites branches, et garni en dedans de laine ou d'autres petits matériaux légers ou mollets.

La buse pond deux ou trois œufs qui sont blanchâtres, tachetés de jaune ; elle élève et soigne ses petits plus longtemps que les autres oiseaux de proie, qui presque tous les chassent du nid avant qu'ils soient en état de se pourvoir aisément ; on assure même que le mâle de la buse nourrit et soigne ses petits lorsqu'on a tué la mère.

Cet oiseau de rapine ne saisit pas sa proie au vol ; il reste sur un arbre, un buisson ou une motte de terre, et de là se jette sur tout le petit gibier qui passe à sa portée; il prend les levrauts et les jeunes lapins aussi bien que les perdrix et les cailles ; il dévaste les nids de la plupart des oiseaux ; il se nourrit aussi de grenouilles, de lézards, de serpents, de sauterelles, etc., lorsque le gibier lui manque.

LA SOUBUSE

La soubuse ressemble à l'oiseau saint-martin par le naturel et les mœurs ; tous deux volent bas pour saisir des mulots et des reptiles; tous deux entrent dans les basses-cours, fréquentent les colombiers pour prendre les jeunes pigeons, les poulets ; tous deux sont oiseaux ignobles, qui n'attaquent que les faibles.

Le mâle de la soubuse est, comme dans les autres oiseaux de proie, considérablement plus petit que la femelle.

La soubuse se trouve en France aussi bien qu'en Angleterre ; elle a des jambes longues et menues comme l'oiseau saint-martin ; elle pond trois ou quatre œufs rougeâtres dans des nids qu'elle construit sur des buissons épais.

LA BONDRÉE

Ces oiseaux, ainsi que les buses, composent leur nid avec des bûchettes, et le tapissent de laine à l'intérieur, sur laquelle ils déposent leurs œufs, qui sont d'une couleur cendrée et marquetée de petites taches brunes.

Quelquefois ils occupent des nids étrangers ; on en a trouvé dans un vieux nid de milan. Ils nourrissent leurs petits de chrysalides, et particulièrement de celle des guêpes.

On a trouvé des têtes et des morceaux de guêpes dans un nid où il y avait deux petites bondrées. On a aussi trouvé dans l'estomac de ces oiseaux, qui est fort large, des grenouilles et des lézards entiers. La femelle est dans cette espèce, comme dans toutes celles des grands oiseaux de proie, plus grosse que le mâle et tous deux piettent et courent, sans s'aider de leurs ailes, aussi vite que nos coqs de basse-cour.

Quoiqu'on ait dit qu'il n'y a petit berger, dans la Limagne d'Auvergne, qui ne sache connaître la bondrée, et la prendre par engin avec des grenouilles, quelquefois aussi aux gluaux, et souvent au lacet, il est cependant vrai qu'elle est aujourd'hui beaucoup plus rare en France que la buse commune.

La bondrée se tient ordinairement sur les arbres en plaine pour épier sa proie.

Elle prend les mulots, les grenouilles, les lézards, les chenilles et les autres insectes.

Elle ne vole guère que d'arbre en arbre et de buissons en buissons, toujours bas et sans s'élever comme le milan. On tend des pièges à la bondrée, parce qu'en hiver elle est très grasse et très bonne à manger.

LE FAUCON

Le faucon est peut-être l'oiseau dont le courage est le plus franc, le plus grand, relativement à ses forces ; il fond sans détour et perpendiculairement sur sa proie : on le voit fréquemment attaquer le milan, soit pour exercer son courage, soit pour lui enlever une proie ; mais il lui fait plutôt la honte que la guerre ; il le traite comme un lâche, le chasse, le frappe avec dédain, et ne le met point à mort, parce que le milan se défend mal, et que probablement sa chair répugne au faucon encore plus que sa lâcheté ne lui déplaît.

Comme ces oiseaux cherchent partout les rochers les plus hauts, et que la plupart des îles ne sont que des groupes et des pointes de montagnes, il y en a beaucoup à Rhodes, en Chypre, à Malte et dans les autres îles de la Méditerranée, aussi bien qu'aux Orcades et en Islande.

Il n'y a de différence essentielle entre les faucons de différents pays que par la grosseur ; ceux qui viennent du Nord sont ordinairement plus grands que ceux des montagnes, des Alpes et des Pyrénées ; ceux-ci se prennent, mais dans leurs nids ; les autres se prennent au passage dans tous les pays ; ils passent en octobre et en novembre, et repassent en février et en mars.

LE GERFAUT

Cet oiseau se trouve assez communément en Islande, et il paraît qu'il y a dans son espèce trois races constantes et distinctes, dont la première est le gerfaut d'Islande, la seconde le gerfaut de Norwège, et la troisième le gerfaut blanc.

Le naturel du gerfaut est si sanguinaire que, quand on le laisse en liberté avec plusieurs faucons, il les égorge tous les uns après les autres ; cependant il semble manger de préférence les souris, les mulots et les petits oiseaux ; il se jette avidement sur la chair saignante, et refuse assez constamment la viande cuite; mais en le faisant jeûner, on peut le forcer de s'en nourrir ; il plume les oiseaux fort proprement ; et ensuite les dépèce avant de les manger, au lieu qu'il avale les souris tout entières.

Son cri est fort rauque, et finit par des sons aigus, d'autant plus désagréables qu'il les répète plus souvent; il marque aussi une inquiétude continuelle dès qu'on l'approche, et semble s'effaroucher de tout.

On transporte les gerfauts d'Islande et de Russie en France, en Italie et jusqu'en Perse et en Turquie, et il ne paraît pas que la chaleur plus grande de ces climats leur ôte rien de leur force et de leur vivacité ; ils attaquent les plus grands oiseaux, et font aisément leur proie de la cigogne, du héron et de la grue ; ils tuent les lièvres en se laissant tomber d'aplomb dessus ; la femelle est, comme dans les autres oiseaux de proie, beaucoup plus grande et plus forte que le mâle.

L'ÉMERILLON

Cet oiseau est le plus petit de tous les oiseaux de proie, car il n'a que la grandeur d'une grosse grive ; néanmoins on doit le regarder comme un oiseau noble.

Cette petite espèce, si voisine d'ailleurs de celle du faucon par le courage et le naturel, ressemble néanmoins plus au hobereau par la figure et encore plus au rocher.

Le mâle et la femelle sont dans l'émerillon de la même grandeur. L'émerillon vole bas quoique très vite et très légèrement ; il fréquente les bois et les buissons pour y saisir les petits oiseaux et chasse seul sans être accompagné de sa femelle ; elle niche dans les forêts et montagnes, et produit cinq ou six petits.

L'OISEAU SAINT-MARTIN

Cet oiseau ressemble au jean-le-blanc et à la soubuse ; il a l'habitude de déchirer avec le bec tous les petits animaux qu'il saisit, et qu'il n'avale pas entiers, comme le font les autres gros oiseaux de proie.

Le saint-martin se trouve assez communément en France, aussi bien qu'en Allemagne et en Angleterre.

LE SACRE

Cet oiseau doit être séparé de la liste des faucons, et mis à la suite du lanier. Il est très hardi, très courageux ; c'est un oiseau de passage, il est rare de trouver un homme qui puisse se vanter d'avoir vu l'endroit où il fait ses petits ; on pense qu'il vient de Tartarie et de Russie. Le sacret est le mâle, et le sacre la femelle, entre lesquels il n'y a d'autre différence sinon du grand au petit.

LE LANIER

Il paraît que le lanier, qui est aujourd'hui si rare en France, l'a également et toujours été en Allemagne, en Angleterre, en Suisse, en Italie ; cependant il se retrouve en Suède. Le lanier fait ordinairement son aire, en France, sur les plus hauts arbres des forêts, ou dans les rochers les plus élevés : on appelle la femelle *lanier* ; elle est plus grosse que le mâle qu'on nomme *lanneret*.

LE HOBEREAU

Le hobereau est lâche de son naturel, car il ne prend que les alouettes et les cailles ; mais il sait compenser ce défaut de courage et d'ardeur par son industrie : dès qu'il aperçoit un chasseur et son chien, il les suit d'assez près ou plane au-dessus de leur tête, et tâche de saisir les petits oiseaux qui s'élèvent devant eux. Si le chien fait lever une alouette, une caille, et que le chasseur la manque, il ne la manque pas : il a l'air de ne pas craindre le bruit et de ne pas connaître l'effet des armes à feu, car il s'approche de très près du chasseur, qui le tue souvent lorsqu'il ravit sa proie ; il fréquente les plaines voisines des bois, et surtout celles où les alouettes abondent ; il en détruit un très grand nombre ; il demeure et niche dans les forêts, où il se perche sur les arbres les plus élevés.

LA CRESSERELLE

La cresserelle est l'oiseau de proie le plus commun dans la plupart de nos provinces de France, et surtout en Bourgogne : il n'y a point d'ancien château ou de tour abandonnée qu'elle ne fréquente et qu'elle n'habite. C'est surtout le matin et le soir qu'on la voit voler autour de ces vieux bâtiments, et on l'entend encore plus souvent qu'on ne la voit; elle a un cri précipité, *plî, plî, plî,* ou *prî, prî, prî,* qu'elle ne cesse de répéter en volant, et qui effraye tous les petits oiseaux, sur lesquels elle fond comme une flèche, et qu'elle saisit avec ses serres : lorsqu'elle a emporté l'oiseau, elle le tue et le plume très proprement avant de le manger ; elle ne prend pas tant de peine pour les souris et les mulots ; elle avale les plus petits tout entiers, et dépèce les autres.

La cresserelle est un assez bel oiseau ; elle a l'œil vif et la vue très perçante, le vol aisé et soutenu ; elle est diligente et courageuse. La femelle est plus grande que le mâle.

Quoique cet oiseau fréquente habituellement les vieux bâtiments, il y niche plus rarement que dans les bois, et lorsqu'il ne dépose pas ses œufs dans des trous de murailles ou d'arbres creux, il fait une espèce de nid très négligé, composé de bûchettes et de racines.

Quelquefois il occupe aussi les nids que les corneilles ont abandonnés ; il pond plus souvent cinq œufs que quatre, et quelquefois six et même sept.

Il nourrit ses petits d'abord avec des insectes, et ensuite il leur apporte des mulots en quantité ; il enlève quelquefois une perdrix rouge beaucoup plus pesante que lui ; souvent aussi il prend des pigeons qui s'écartent de leur compagnie ; mais sa proie la plus ordinaire, après les mulots et les reptiles, sont les moineaux, les pinsons et les autres petits oiseaux.

Comme il produit en plus grand nombre que la plupart des autres oiseaux de proie, l'espèce est plus nombreuse et plus répandue ; on la trouve dans toute l'Europe, depuis la Suède jusqu'en Italie et en Espagne ; on la retrouve même dans les pays tempérés de l'Amérique septentrionale.

L'AUTOUR

L'AUTOUR est un bel oiseau beaucoup plus grand que l'épervier ; il a les jambes plus longues que les autres oiseaux qu'on pourrait lui comparer et prendre pour lui ; le mâle autour est, comme la plupart des oiseaux de proie, beaucoup plus petit que la femelle.

Ils ont plusieurs habitudes communes avec l'épervier ; jamais ils ne tombent d'aplomb sur leur proie ; ils la prennent de côté.

L'autour se trouve dans les montagnes de Franche-Comté, du Dauphiné, du Bugey, et même dans les forêts de la province de Bourgogne et aux environs de Paris ; mais il est encore plus commun en Allemagne qu'en France, et l'espèce paraît s'être répandue dans les pays du Nord jusqu'en Suède, et dans ceux de l'Orient et du Midi, jusqu'en Perse et en Barbarie.

On a remarqué que, quoique le mâle fût beaucoup plus petit que la femelle, il était plus féroce et plus méchant ; ils sont tous deux assez difficiles à priver.

L'ÉPERVIER

L'ÉPERVIER reste toute l'année dans notre pays ; l'espèce en est assez nombreuse. La femelle est beaucoup plus grosse que le mâle ; elle fait son nid sur les arbres les plus élevés des forêts ; elle pond ordinairement quatre ou cinq œufs. L'épervier, tant mâle que femelle, est assez docile : on l'apprivoise aisément, et on peut le dresser pour la chasse des perdreaux et des cailles ; il prend aussi des pigeons séparés de leur compagnie, et fait une prodigieuse destruction des pinsons et des autres petits oiseaux qui se mettent en troupes pendant l'hiver. L'espèce de l'épervier se trouve répandue dans l'ancien continent, depuis la Suède jusqu'au cap de Bonne-Espérance.

LE BUSARD

LE busard chasse de préférence les poules d'eau, les plongeons, les canards et les autres oiseaux d'eau ; il prend les poissons vivants ou les enlève dans ses serres : au défaut de gibier et de poisson, il se nourrit de reptiles, de crapauds, de grenouilles et d'insectes aquatiques. Quoiqu'il soit plus petit que la buse, il lui faut une plus ample pâture, et c'est vraisemblablement parce qu'il est plus vif et qu'il se donne plus de mouvement qu'il a plus d'appétit ; il est aussi bien plus vaillant.

On a élevé des busards à chasser et prendre des lapins, des perdrix et des cailles.

Les hobereaux et les cresserelles le redoutent, évitent sa rencontre, et même fuient lorsqu'il les approche.

LA HARPAYE

Cet oiseau n'est ni un vautour ni un busard : il prend le poisson comme le jean=le=blanc, et le tire vivant hors de l'eau ; il paraît avoir la vue plus perçante que tous les autres oiseaux de rapine, ayant les sourcils plus avancés sur les yeux. Il se trouve en France comme en Allemagne, et fréquente de préférence les lieux bas et les bords des fleuves et des étangs.

Les Oiseaux de Proie Nocturnes.

LE DUC OU GRAND-DUC

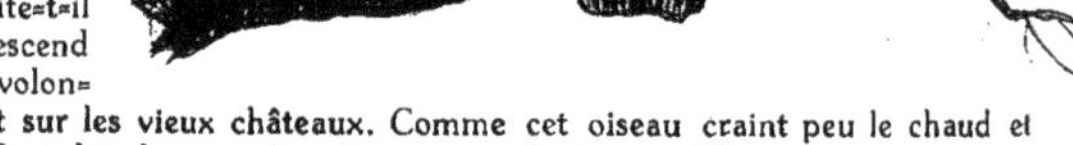

Le duc est l'aigle de la nuit ; on le distingue aisément à sa grosse figure, à son énorme tête, aux larges et profondes cavernes de ses oreilles, aux deux aigrettes qui surmontent sa tête et qui sont élevées de plus de deux pouces et demi ; à son cri effrayant *huihou, houhou, bouhou, pouhou,* qu'il fait retentir dans le silence de la nuit, lorsque tous les autres animaux se taisent ; et c'est alors qu'il les éveille, les inquiète, les poursuit et les enlève, ou les met à mort pour les dépecer et les emporter dans les cavernes qui lui servent de retraite. Aussi n'habite=t=il que les rochers ou vieilles tours abandonnées ; il descend rarement dans les plaines, et ne se perche pas volon=tiers sur les arbres, mais sur les églises écartées et sur les vieux châteaux. Comme cet oiseau craint peu le chaud et ne craint pas le froid, on le trouve également dans les deux continents, au nord et au midi.

LE HIBOU OU MOYEN-DUC

Le hibou, ou moyen=duc, a, comme le grand=duc, les oreilles fort ouvertes et surmontées d'une aigrette composée de six plumes tournées en avant ; mais ces aigrettes sont plus courtes que celles du grand=duc et n'ont guère plus d'un pouce de longueur ; elles paraissent proportionnées à sa taille, car il ne pèse qu'environ dix onces, et n'est pas plus gros qu'une corneille. Son espèce est commune et beaucoup plus nombreuse dans nos climats que celle du grand=duc ;

le moyen-duc y reste toute l'année, et se trouve même plus aisément en hiver qu'en été : il habite ordinairement dans les anciens bâtiments ruinés, dans les cavernes des rochers, dans le creux des vieux arbres, dans les forêts en montagne, et ne descend guère dans les plaines. Lorsque d'autres oiseaux l'attaquent, il se sert très bien et des griffes et du bec ; il se retourne aussi sur le dos pour se défendre quand il est assailli par un ennemi trop fort.

Le hibou, qui est commun dans nos provinces d'Europe, se trouve aussi en Asie.

Ces oiseaux se donnent rarement la peine de faire un nid, ou se l'épargnent en entier ; ils pondent ordinairement quatre ou cinq œufs, et leurs petits, qui sont blancs en naissant, prennent des couleurs au bout de quinze jours.

On se sert du hibou pour attirer les oiseaux à la pipée, et l'on a remarqué que les gros oiseaux viennent plus volontiers que les petits à la voix du hibou, qui est une espèce de cri plaintif ou de gémissement grave et allongé, *clow, cloud*, qu'il ne cesse de répéter pendant la nuit.

LE SCOPS OU PETIT-DUC

Voici la troisième et dernière espèce du genre des hiboux : elle est aisée à distinguer des deux autres, d'abord par la petitesse même du corps de l'oiseau, qui n'est pas plus gros qu'un merle. Tout son corps est très joliment varié de gris, de roux, de brun et de noir, et ses jambes sont couvertes jusqu'à l'origine des ongles de plumes d'un gris roussâtre mêlé de taches brunes. Il se réunit en troupe en automne et au printemps pour passer dans d'autres climats ; il n'en reste que très peu ou point du tout en hiver dans nos provinces, et on les voit partir après les hirondelles et arriver à peu près en même temps. Quoiqu'ils habitent de préférence les terrains élevés, ils se rassemblent volontiers dans ceux où les mulots se sont le plus multipliés, et y font un grand bien par la destruction de ces animaux.

Quoique le petit-duc voyage par troupes nombreuses, il est assez rare partout et difficile à prendre. La couleur de ces oiseaux varie beaucoup suivant l'âge et le climat, et peut-être le sexe : ils sont tous gris dans le premier âge ; il y en a de plus bruns les uns que les autres quand ils sont adultes.

LA HULOTTE

La hulotte, qu'on peut appeler aussi la *chouette noire*, est la plus grande de toutes les chouettes ; elle a la tête très grosse et bien arrondie ; elle vole légèrement et sans faire de bruit avec ses ailes, et toujours de côté comme toutes les autres chouettes ; son cri *hoû oû oû oû ou ou ou* ressemble assez au hurlement du loup.

La hulotte se tient pendant l'été dans les bois, toujours dans des arbres creux ; quelquefois elle s'approche en hiver de nos habitations, elle chasse et prend les petits oiseaux, et plus encore les mulots et les campagnols. Lorsque la chasse de la campagne ne lui produit rien, elle vient dans les granges pour y chercher des souris et des rats ; elle retourne au bois de grand matin à l'heure de la rentrée des lièvres, et elle se fourre dans les taillis les plus épais ou sur les arbres les plus feuillés, et y passe tout le jour sans changer de lieu : dans la mauvaise saison, elle demeure dans des arbres creux pendant le jour et n'en sort qu'à la nuit. Elle pond ses œufs dans des nids étrangers, surtout dans ceux des buses, des cresserelles, des corneilles et des pies ; elle fait ordinairement quatre œufs à peu près aussi gros que ceux d'une petite poule.

LE CHAT-HUANT

On reconnaît le chat-huant d'abord à ses yeux bleuâtres, et ensuite à la beauté et à la variété de son plumage, et enfin à son cri *kohô, hohô, hohohoho,* par lequel il semble huer, hôler ou appeler à la voix. On ne trouve guère les chats-huants ailleurs que dans les bois : ils se tiennent dans les arbres creux. Comme le chat-huant se trouve en Suède et dans les autres terres du Nord, il a pu passer d'un continent à l'autre : aussi le retrouve-t-on en Amérique, jusque dans les pays chauds.

L'EFFRAIE OU LA FRESAIE

L'effraie, qu'on appelle communément la *chouette des clochers*, effraie, en effet, par ses soufflements, *che, chei, cheu-chiou*, ses cris âcres et lugubres, *grei, gre, crei*, et sa voix entrecoupée, qu'elle fait souvent retentir dans le silence de la nuit. Elle est, pour ainsi dire, domestique, et habite au milieu des villes les mieux peuplées ; les tours, les clochers, les toits des églises et des autres bâtiments élevés lui servent de retraite pendant le jour, et elle en sort à l'heure du crépuscule.

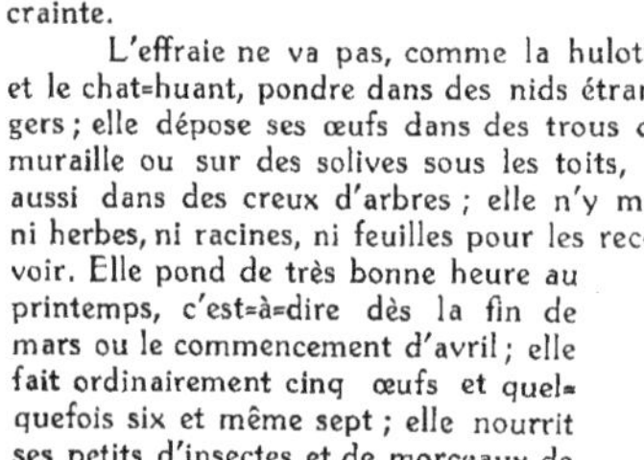

Son soufflement, qu'elle réitère sans cesse, ressemble à celui d'un homme qui dort la bouche ouverte ; elle pousse aussi, en volant et en se reposant, différents sons aigres, tous si désagréables, que cela, joint à l'idée du voisinage des cimetières et des églises, et encore à l'obscurité de la nuit, inspire l'horreur et la crainte.

L'effraie ne va pas, comme la hulotte et le chat-huant, pondre dans des nids étrangers ; elle dépose ses œufs dans des trous de muraille ou sur des solives sous les toits, et aussi dans des creux d'arbres ; elle n'y met ni herbes, ni racines, ni feuilles pour les recevoir. Elle pond de très bonne heure au printemps, c'est-à-dire dès la fin de mars ou le commencement d'avril ; elle fait ordinairement cinq œufs et quelquefois six et même sept ; elle nourrit ses petits d'insectes et de morceaux de chair de souris ; les pères et mères purgent les églises de souris ; ils boivent aussi assez souvent ou plutôt mangent l'huile des lampes, surtout si elle vient à se figer. Dans la belle saison, la plupart de ces oiseaux vont le soir dans les bois voisins, mais ils reviennent tous les matins à leur retraite ordinaire, où ils dorment et ronflent jusqu'aux heures du soir ; et quand la nuit arrive, ils se laissent tomber de leur trou et volent en culbutant presque jusqu'à terre.

Lorsque le froid est rigoureux, on les trouve quelquefois cinq ou six dans le même trou, ou cachées dans les fourrages ; elles y cherchent l'abri, l'air tempéré et la nourriture.

En automne, elles vont souvent visiter pendant la nuit les lieux où l'on a tendu des lacets pour prendre des bécasses et des grives ; elles tuent les bécasses qu'elles trouvent suspendues et les mangent sur le lieu, mais elles emportent quelquefois les grives et les autres petits oiseaux qui sont pris aux lacets.

LA CHOUETTE OU LA GRANDE CHEVÈCHE

Cette espèce, qui est la chouette proprement dite et qu'on peut appeler la *chouette des rochers* ou la *grande chevèche*, est assez commune, mais elle n'approche pas aussi souvent de nos habitations que l'effraie ; elle se tient plus volontiers dans les carrières, dans les rochers, dans les bâtiments ruinés et éloignés des lieux habités. Il semble qu'elle préfère les pays de montagnes et qu'elle cherche les précipices escarpés et les endroits solitaires ; cependant on ne la trouve pas dans les bois et elle ne se loge pas dans des arbres creux. Les laboureurs font grand cas de cet oiseau, en ce qu'il détruit quantité de mulots ; dans le mois d'avril on l'entend crier jour et nuit *gout*, mais d'un ton assez doux, et quand il doit pleuvoir, il change de cri et semble dire *goyon*. La chouette ne fait point de nid, ne pond que trois œufs tout blancs, parfaitement ronds et gros comme ceux d'un pigeon ramier. Il paraît que la grande chevèche, qui est assez commune en Europe, surtout dans les pays de montagnes, se retrouve en Amérique dans celles du Chili.

LA CHEVÈCHE OU PETITE CHOUETTE

La chevèche et le scops ou petit-duc sont à peu près de la même grandeur : ce sont les plus petits oiseaux du genre des hiboux et des chouettes ; ils ne sont que de la grosseur d'un merle.

La chevèche a un cri ordinaire *poupou poupou* qu'elle pousse et répète en volant, et un autre cri qu'elle ne fait entendre que quand elle est posée, qui ressemble beaucoup à la voix d'un jeune homme qui s'écrierait *aîme, hême, êsme* plusieurs fois de suite.

Elle se tient rarement dans les bois ; son domicile ordinaire est dans les masures écartées des lieux peuplés, dans les carrières, dans les ruines des anciens édifices abandonnés.

Elle n'est pas absolument oiseau de nuit, elle voit pendant le jour beaucoup mieux que les autres oiseaux nocturnes, et souvent elle s'exerce à la chasse des hirondelles et des autres petits oiseaux, quoique assez infructueusement, car il est rare qu'elle en prenne ; elle réussit mieux avec les souris et les petits mulots qu'elle ne peut avaler entiers et qu'elle déchire avec le bec et les ongles ; elle plume aussi très proprement les oiseaux avant de les manger.

Elle pond cinq œufs, qui sont tachetés de blanc et de jaunâtre, et fait son nid presque à cru dans des trous de rochers ou de vieilles murailles.

Les Passereaux.

LES PIES-GRIÈCHES

CES oiseaux, quoique petits, quoique délicats, doivent néanmoins, par leur courage, par leur large bec fort et crochu, et par leur appétit pour la chair, être mis au rang des oiseaux de proie, même des plus fiers et des plus sanguinaires. On est toujours étonné de voir l'intrépidité avec laquelle une petite pie-grièche combat contre les pies, les corneilles, les cresserelles, tous oiseaux beaucoup plus grands et plus forts qu'elle ; non seulement elle combat pour se défendre, mais souvent elle attaque, et toujours avec avantage, surtout lorsque le couple se réunit pour éloigner de leurs petits les oiseaux de rapine. Elles n'attendent pas qu'ils approchent, il suffit qu'ils passent à leur portée pour qu'elles aillent au-devant ; elles les attaquent à grands cris, leur font des blessures cruelles, et les chassent avec tant de fureur qu'ils fuient souvent sans oser revenir : et dans ce combat inégal contre d'aussi grands ennemis, il est rare de les voir succomber sous la force, ou se laisser emporter ; il arrive seulement qu'elles tombent quelquefois avec l'oiseau contre lequel elles se sont accrochées avec tant d'acharnement, que le combat ne finit que par la chute et la mort de tous deux ; aussi les oiseaux de proie les plus braves les respectent-ils ; les milans, les buses, les corbeaux paraissent les craindre et les fuir plutôt que les chercher. Rien dans la nature ne peint mieux la puissance et les droits du courage, que de voir ce petit oiseau, qui n'est guère plus gros qu'une alouette, voler de pair avec les éperviers, les faucons et tous les autres tyrans de l'air, sans les redouter.

LA PIE-GRIÈCHE GRISE

CETTE pie-grièche grise est très commune dans nos provinces de France et paraît être naturelle à notre climat, car elle y passe l'hiver et ne le quitte en aucun temps ; elle habite les bois et les montagnes en été, et vient dans les plaines et près des habitations en hiver.

Elle fait son nid sur les arbres les plus élevés des bois ou des terres en montagnes : ce nid est composé au dehors de mousse blanche entrelacée d'herbes longues, et au dedans il est bien doublé et tapissé de laine ; ordinairement il est appuyé sur une branche à double et triple fourche. La femelle, qui ne diffère pas du mâle par la grosseur, mais seulement par la teinte des couleurs, plus claires que celles du mâle, pond ordinairement cinq ou six et quelquefois sept ou huit œufs gros comme ceux d'une grive ; elle nourrit ses petits de chenilles et d'autres insectes dans les premiers jours, et bientôt elle leur fait manger de petits morceaux de viande que leur père leur apporte avec un soin et une diligence admirables. Bien différente des autres oiseaux de proie qui chassent leurs petits avant qu'ils soient en état de se pourvoir d'eux-mêmes, la pie-grièche garde et soigne les siens tout le temps du premier âge, et quand ils sont adultes elle les soigne encore ; la famille ne se sépare pas. On les voit voler ensemble pendant l'automne entier, et encore en hiver, sans qu'ils se réunissent en grandes troupes ; chaque famille fait une petite bande à part, ordinairement composée du père, de la mère et de cinq ou six petits, qui tous prennent un intérêt commun à ce qui leur arrive, vivent en paix et chassent de concert ; la famille ne se sépare que pour en former de nouvelles.

Il est aisé de reconnaître de loin les pies-grièches, non seulement à cause de cette petite troupe qu'elles forment après le temps des nichées, mais encore à leur vol, qui n'est ni direct, ni oblique à la même hauteur et qui se fait toujours de bas en haut, et de haut en bas, alternativement et précipitamment. On peut aussi les reconnaître, sans les voir, à leur cri aigu, *trouî, trouî*, qu'on entend de fort loin, et qu'elles ne cessent de répéter lorsqu'elles sont perchées au sommet des arbres.

Il y a, dans cette première espèce, variété pour la grandeur, et variété pour la couleur.

L'ÉCORCHEUR

Le mâle et la femelle sont très à peu près de la même grosseur ; mais ils diffèrent par les couleurs assez pour paraître des oiseaux de différente espèce. Ils produisent ordinairement cinq ou six œufs.

Ces oiseaux font leur nid avec beaucoup d'art et de propreté, à peu près avec les mêmes matériaux qu'emploie la pie-grièche grise.

L'écorcheur est un peu plus petit que la pie-grièche rousse, et lui ressemble assez par les habitudes naturelles ; comme elle, il arrive au printemps, fait son nid sur des arbres ou même dans des buissons en pleine campagne et non pas dans les bois, part avec sa famille vers le mois de septembre, se nourrit communément d'insectes, et fait aussi la guerre aux petits oiseaux.

Il n'y a entre l'écorcheur et la pie-grièche rousse d'autre différence que la grandeur et la couleur.

On trouve l'écorcheur sous toutes les latitudes, en Suède comme au Sénégal.

LA PIE-GRIÈCHE ROUSSE

CETTE pie=grièche rousse est un peu plus petite que la grise, et très aisée à reconnaître par le roux qu'elle a sur la tête, qui est quelquefois rouge et ordinairement d'un roux vif ; on peut aussi remarquer qu'elle a les yeux d'un gris blanchâtre ou jaunâtre, au lieu que la pie=grièche grise les a bruns ; elle a aussi le bec et les jambes plus noirs.

Le naturel de cette pie=grièche rousse est à très peu près le même que celui de la pie=grièche grise : toutes deux sont aussi hardies, aussi méchantes l'une que l'autre ; mais ce qui prouve que ce sont néanmoins deux espèces différentes, c'est que la première reste au pays toute l'année, au lieu que celle=ci le quitte en automne et ne revient qu'au printemps.

La famille, qui ne se sépare pas à la sortie du nid, et qui demeure toujours rassemblée, part vers le commencement de septembre, sans se réunir avec d'autres familles et sans faire de longs vols : ces oiseaux ne volent que d'arbre en arbre et ne volent pas de suite, même dans le temps de leur départ ; ils restent pendant l'été dans nos campagnes et font leur nid sur quelque arbre touffu, au lieu que la pie=grièche grise habite les bois dans cette même saison, et ne vient guère dans nos plaines que quand la pie=grièche rousse est partie.

On prétend aussi que de toutes les pies=grièches celle=ci est la meilleure, ou, si l'on veut, la seule qui soit bonne à manger.

Les Gobe-Mouches Moucherolles et Tyrans.

AU=DESSOUS du dernier ordre de la grande classe des animaux carnassiers, la nature a établi un petit genre d'oiseaux chasseurs plus innocents et plus utiles. Ce sont tous ces oiseaux qui ne vivent pas de chair, mais qui se nourrissent de mouches, de moucherons, et d'autres insectes volants, sans toucher ni aux fruits ni aux graines. On les a nommés gobe=mouches, mouche=rolles et tyrans : c'est un des genres d'oiseaux le plus nombreux en espèces.

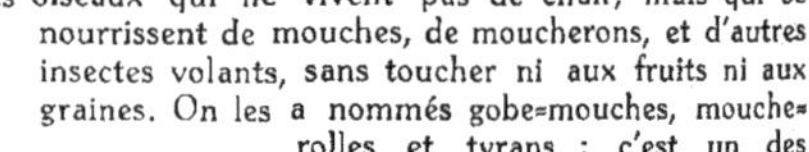

Les unes sont plus petites que le rossignol, et les plus grandes approchent de la pie=grièche ou l'égalent.

Les terres du Midi, où jamais les insectes ne cessent d'éclore et de voler, sont la véritable patrie de ces oiseaux ; aussi contre deux espèces de gobe=mouches qu'on trouve en Europe, en compte=t=on plus de huit dans l'Afrique et dans les régions chaudes de l'Asie, et près de trente en Amérique.

LES GOBE-MOUCHES

Les gobe-mouches arrivent en avril et partent en septembre. Ils se tiennent communément dans les forêts, où ils cherchent la solitude et les lieux couverts et fourrés ; on en rencontre aussi quelquefois dans les vergers épais. Ils ont l'air triste, le naturel sauvage, peu animé et même assez stupide. Ils placent leur nid tout à découvert, soit sur les arbres, soit sur les buissons ; aucun oiseau faible ne se cache aussi mal, aucun n'a l'instinct si peu décidé. Il pond trois ou quatre œufs et quelquefois cinq.

Ces oiseaux prennent le plus souvent leur nourriture en volant, et ne se posent que rarement et par instants à terre, sur laquelle ils ne courent pas. Le mâle ne diffère de la femelle qu'en ce qu'il a le front plus varié de brun, et le ventre moins blanc. Ils arrivent en France au printemps, mais les froids qui surviennent quelquefois vers le milieu de cette saison leur sont funestes. Tout degré de froid qui abat les insectes volants dont cet oiseau fait son unique nourriture devient mortel pour lui : aussi abandonne-t-il nos contrées avant les premiers froids de l'automne, et on n'en voit plus dès la fin de septembre.

LE GOBE-MOUCHES NOIR A COLLIER

OU GOBE-MOUCHES DE LORRAINE

Le gobe-mouches noir à collier est la seconde des deux espèces de gobe-mouches d'Europe. Il est un peu moins grand que le précédent, n'ayant guère que cinq pouces de longueur : il n'a d'autres couleurs que du blanc et du noir par plaques et taches bien marquées ; car, suivant les différentes saisons, le mâle paraît porter quatre habits différents.

Cet oiseau arrive en Lorraine vers le milieu d'avril.

Il se tient dans les forêts, surtout dans celles de haute futaie ; il y niche dans des trous d'arbres, quelquefois assez profonds, et à une distance de terre assez considérable ; son nid est composé de petits brins d'herbe et d'un peu de mousse qui couvre le fond du trou où il s'est établi : il pond jusqu'à six œufs.

Lorsque les petits sont éclos, le père et la mère ne cessent d'entrer et de sortir pour leur porter à manger, et par cette sollicitude ils décèlent eux-mêmes leur nichée, que sans cela il ne serait pas facile de découvrir.

Ils ne se nourrissent que de mouches et autres insectes volants ; on ne les voit pas à terre, et presque toujours ils se tiennent fort élevés, voltigeant d'arbre en arbre.

Leur voix n'est pas un chant, mais un accent plaintif très aigu, roulant sur une consonne aigre, *crrî crrî*. Ils paraissent sombres et tristes, mais l'amour de leurs petits leur donne de l'activité et même du courage.

Ce petit oiseau, triste et sauvage, mène pourtant une vie tranquille, sans danger, sans combats, protégée par la solitude : il n'arrive qu'à la fin du printemps, lorsque les insectes dont il a fait sa proie ont pris leurs ailes, et part dans l'arrière-saison pour retrouver aux contrées du Midi sa pâture et sa solitude. Il pénètre assez avant dans le Nord puisqu'on le trouve en Suède ; mais il paraît s'être porté beaucoup plus loin vers le Midi, qui est véritablement son climat natal.

LE GOBE-MOUCHERONS

Le gobe-moucherons est plus petit qu'aucun gobe-mouches ; il l'est plus que le souci, le plus petit des oiseaux de notre continent. Il en a aussi à peu près la figure et même les couleurs : un gris d'olive un peu plus foncé que celui du souci, et sans jaune sur la tête, fait le fond de la couleur de son plumage, quelques ombres faibles de verdâtre se montrent au bas du dos ainsi que sur le ventre, et de petites lignes d'un blanc jaunâtre sont tracées sur les plumes noirâtres et sur les couvertures de l'aile.

On le trouve dans les climats chauds du nouveau continent.

Sans le secours de tous ces petits oiseaux chasseurs aux mouches, l'homme ferait de vains efforts pour écarter les tourbillons d'insectes volants dont il serait assailli ; comme la quantité en est innombrable et leur pullulation très prompte, ils envahiraient notre domaine, ils rempliraient l'air et dévasteraient la terre si les gobe-moucherons n'établissaient pas l'équilibre de la nature vivante, en détruisant ce qu'elle produit de trop.

La plus grande incommodité des climats chauds est celle du tourment continuel qu'y causent les insectes : l'homme et les animaux ne peuvent s'en défendre ; il les attaquent par leurs piqûres, ils s'opposent aux progrès de la culture des terres, dont ils dévorent toutes les productions utiles ; ainsi les oiseaux bienfaisants qui détruisent ces insectes ne sont pas encore assez nombreux dans les climats chauds, où néanmoins les espèces en sont très multipliées.

LE LORIOT

Lorsque le nid du loriot a été très artistement préparé, la femelle y dépose quatre ou cinq œufs, qu'elle couve avec assiduité l'espace d'environ trois semaines, et lorsque les petits sont éclos, non seulement elle leur continue ses soins affectionnés pendant très longtemps, mais elle les défend contre leurs ennemis et même contre l'homme, avec plus d'intrépidité qu'on n'en attendrait d'un si petit oiseau.

On a vu le père et la mère s'élancer courageusement sur ceux qui leur enlevaient leur couvée ; et, ce qui est encore plus rare, on a vu la mère, prise avec le nid, continuer de couver en cage et mourir sur ses œufs.

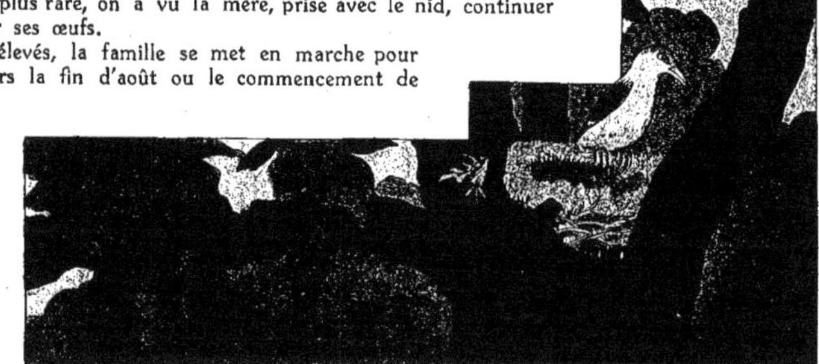

Dès que les petits sort élevés, la famille se met en marche pour voyager ; c'est ordinairement vers la fin d'août ou le commencement de septembre ; ils ne se réunissent jamais en troupes nombreuses, ils ne restent pas même assemblés en famille, car on n'en trouve guère plus de deux ou trois ensemble.

Quoiqu'ils volent peu légèrement et en battant des ailes, il est probable qu'ils vont passer leur quartier d'hiver en Afrique.

Lorsqu'ils reviennent au

printemps, ils font la guerre aux insectes et vivent de scarabées, de chenilles, de vermisseaux, en un mot de ce qu'ils

peuvent attraper ; mais leur nourriture de choix, celle dont ils sont le plus avides, ce sont les cerises, les figues, les baies de sorbier et les pois. Les loriots ne sont faciles ni à élever ni à apprivoiser.

LA GRIVE

La grive semble être attirée en France par la maturité des raisins ; elle nous arrive, chaque année, au temps des vendanges, et c'est pour cela, sans doute, qu'on lui a donné le nom de *grive de vigne* ; elle disparaît aux gelées et se remontre au mois de mars ou d'avril, pour disparaître encore au mois de mai. Chemin faisant, la troupe perd toujours quelques traîneurs qui ne peuvent suivre, ou qui, plus pressés que les autres par les douces influences du printemps, s'arrêtent dans les forêts qui se trouvent sur leur passage pour y faire leur ponte. C'est par cette raison qu'il reste toujours quelques grives dans nos bois, où elles font leur nid sur les pommiers et les poiriers sauvages, et même sur les genévriers et dans les buissons.

Quelquefois elles l'attachent contre le tronc d'un gros arbre, à dix ou douze pieds de hauteur, et dans sa construction elles emploient par préférence le bois pourri et vermoulu. Elles ont coutume de faire deux pontes par an, et quelquefois une troisième, lorsque les premières ne sont pas venues à bien. La première ponte est de cinq ou six œufs, et dans les pontes suivantes le nombre des œufs va toujours en diminuant.

La grive chante, dit-on, les trois quarts de l'année : elle a coutume, pour chanter, de se mettre tout au haut des grands arbres, et elle s'y tient des heures entières ; son ramage composé de plusieurs couplets différents est agréable et varié, ce qui lui a fait donner en plusieurs pays la dénomination de *grive chanteuse*.

Chaque couvée va séparément sous la conduite du père et de la mère. Comme quelquefois plusieurs couvées se rencontrent dans les bois, on pourrait penser, à les voir ainsi rassemblées, qu'elles vont par troupes nombreuses ; mais leurs réunions sont fortuites, momentanées ; bientôt on les voit se diviser en autant de petits pelotons qu'il y avait de familles réunies, et même se disperser absolument lorsque les petits sont assez forts pour aller seuls. Ces oiseaux se trouvent ou plutôt voyagent en Italie, en France, en Lorraine, en Allemagne, en Angleterre, en Écosse, en Suède, où ils se tiennent dans les bois qui abondent en érables.

Les grives sont des oiseaux tristes, mélancoliques, et, comme c'est l'ordinaire, d'autant plus amoureux de leur liberté. On ne les voit guère se jouer ni même se battre ensemble, encore moins se plier à la domesticité. Mais, s'ils ont un grand amour pour leur liberté, il s'en faut bien qu'ils aient autant de ressources pour la conserver et pour se conserver eux-mêmes : l'inégalité d'un vol oblique et tortueux est presque le seul moyen qu'ils aient pour échapper au plomb du chasseur et à la serre de l'oiseau carnassier : s'ils peuvent gagner un arbre touffu, ils s'y tiennent immobiles de peur, et on ne les fait partir que difficilement.

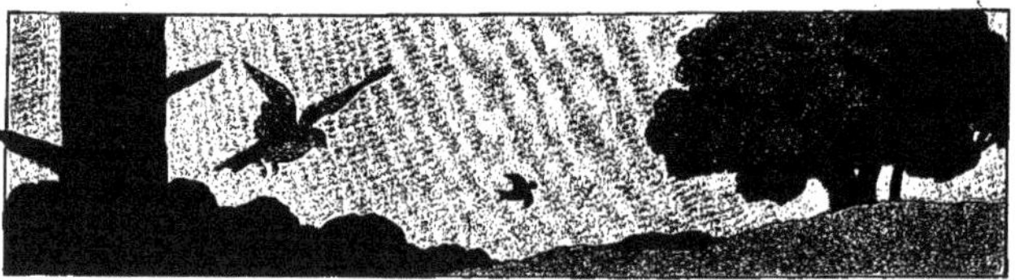

LES TITIRIS OU PIPIRIS

La première espèce des tyrans est le titiri ou pipiri : il a la taille et la force de la pie-grièche grise, huit pouces de longueur, treize pouces de vol ; le bec aplati, mais épais, long de treize lignes, hérissé de moustaches, et droit jusqu'à la pointe, où se forme un crochet plus fort que ne l'exprime la figure ; la langue est aiguë et cartilagineuse ; les plumes du sommet de la tête, jaunes à la racine, sont terminées par une moucheture noirâtre qui en couvre le reste lorsqu'elles sont couchées; mais quand, dans la colère, l'oiseau les relève, sa tête paraît alors comme couronnée d'une large huppe du plus beau jaune. A Cayenne, ce tyran s'appelle *titiri*, d'après son cri qu'il prononce d'une voix aiguë et criarde. On voit ordinairement le mâle et la femelle ensemble dans les abatis des forêts ; ils se perchent sur les arbres élevés et sont en grand nombre à la Guyane : ils nichent dans des creux d'arbres ou sur la bifurcation de quelque branche, sous le rameau le plus feuillu ; lorsqu'on cherche à enlever leurs petits, ils les défendent, ils combattent, et leur audace naturelle devient une fureur intrépide ; ils se précipitent sur le ravisseur, ils le poursuivent, et lorsque, malgré tous leurs efforts, ils n'ont pu sauver leurs chers petits, ils viennent les chercher et les nourrir dans la cage où ils sont renfermés. Cet oiseau, quoique assez petit, ne paraît redouter aucune espèce d'animal. L'homme même ne lui impose pas. Il y a à Saint-Domingue deux espèces très nombreuses de pipiris. Ils se nourrissent de chenilles, de scarabées, de papillons, de guêpes : on les voit perchés sur la plus haute pointe des arbres, et surtout sur les palmistes ; c'est de là qu'ils s'élancent sur leur proie qu'une vue perçante leur fait discerner dans le vague de l'air ; l'oiseau ne l'a pas plutôt saisie qu'il retourne sur son rameau. C'est depuis sept heures du matin jusqu'à dix, et depuis quatre jusqu'à six heures du soir qu'il paraît le plus occupé de sa chasse : on le voit, avec plaisir, s'élancer, bondir, voleter dans l'air pour saisir sa proie fugitive ; et son poste isolé, aussi bien que le besoin de découvrir alentour de lui, l'exposent en tout temps à l'œil du chasseur. Aucun oiseau n'est plus matinal que le pipiri, et l'on est assuré, quand on entend sa voix, que le jour commence à poindre.

LA DRAINE

Cette grive se distingue de toutes les autres par sa grandeur ; mais elle ne pèse guère environ que cinq onces.

En Bourgogne, les draines arrivent en troupes aux mois d'octobre et de novembre, venant, selon toute apparence, des montagnes de Lorraine ; une partie continue sa route et s'en va, toujours par bandes, dès le commencement de l'hiver, tandis qu'une autre partie demeure jusqu'au mois de mars et même plus longtemps ; car il en reste toujours beaucoup pendant l'été, tant en Bourgogne qu'en plusieurs autres provinces de France, d'Allemagne et de Pologne. Il en reste même une si grande quantité en Italie et en Angleterre, qu'on a vu les jeunes de l'année se vendre dans les marchés, et qu'on ne regarde point du tout les draines comme oiseaux de passage.

Celles qui restent pondent et couvent avec succès : elles établissent leur nid tantôt sur des arbres de hauteur médiocre, tantôt sur la cime des plus grands arbres, préférant ceux qui sont les plus garnis de mousse ; elles le construisent tant en dehors qu'en dedans avec des herbes, des feuilles et de la mousse, mais surtout de la mousse blanche.

Elles produisent à chaque ponte quatre ou cinq œufs gris tachetés, et nourrissent leurs petits avec des chenilles, des vermisseaux, des limaces, et même des limaçons, dont elles cassent la coquille.

Pour elles, elles mangent toutes sortes de baies pendant la bonne saison, des cerises, des cornouilles, des raisins, des alizes, des olives, etc. ; pendant l'hiver, des graines de genièvre, de houx, de lierre et de nerprun, des prunelles, des senelles, de la faîne et surtout du gui.

Leur cri d'inquiétude est *tré, tré, tré, tré,* d'où paraît formé leur nom en bourguignon *draine* ; au printemps, les femelles n'ont pas un cri différent, mais les mâles chantent alors fort agréablement, se plaçant à la cime des arbres, et leur ramage est coupé par phrases différentes qui ne se succèdent jamais deux fois dans le même ordre : l'hiver on ne les entend plus.

Le mâle ne diffère extérieurement de la femelle que parce qu'il a plus de noir dans son plumage.

Ces oiseaux sont tout à fait pacifiques : on ne les voit jamais se battre entre eux, et avec cette douceur de mœurs ils n'en sont pas moins attentifs à leur conservation ; ils sont même plus méfiants que les merles, qui passent pour l'être beaucoup, car on prend nombre de ceux-ci à la pipée, et l'on n'y prend jamais de draines : mais comme il est difficile d'éviter tous les pièges, elle se prend quelquefois au lacet, moins cependant que la grive proprement dite et le mauvis.

LE MERLE

Les merles ne s'éloignent pas seulement du genre des grives par la couleur du plumage et par la différente livrée du mâle et de la femelle, mais encore par leur cri que tout le monde connaît, et par quelques-unes de leurs habitudes. Ils ne voyagent ni ne vont en troupes comme les grives, et néanmoins, quoique plus sauvages entre eux, ils le sont moins à l'égard de l'homme ; car nous les apprivoisons plus aisément que les grives, et ils ne se tiennent pas si loin des lieux habités. Au reste, ils passent communément pour être très fins, parce que, ayant la vue perçante, ils découvrent les chasseurs de fort loin et se laissent approcher difficilement ; mais ils sont plus inquiets que rusés, plus peureux que défiants, puisqu'ils se laissent prendre à toutes sortes de pièges, pourvu que la main qui les a tendus sache se rendre invisible. Lorsqu'ils sont renfermés avec d'autres oiseaux plus faibles, leur inquiétude naturelle se change en pétulance ; ils poursuivent, ils tourmentent continuellement leurs compagnons d'esclavage.

On peut en élever à part à cause de leur chant ; non pas de leur chant naturel, qui n'est guère supportable qu'en pleine campagne, mais à cause de la facilité qu'ils ont de le perfectionner, de retenir les airs qu'on leur apprend, d'imiter différents bruits, différents sons d'instruments, et même de contrefaire la voix humaine.

Ces oiseaux font leur première ponte sur la fin de l'hiver ; elle est de cinq ou six œufs. Il est rare que cette première ponte réussisse, à cause de l'intempérie de la saison ; mais la seconde va mieux, et n'est que de quatre ou cinq œufs. Le nid des merles est construit à peu près comme celui des grives, excepté qu'il est matelassé en dedans. Ils le font ordinairement dans les buissons ou sur les arbres de hauteur médiocre ; il semble même qu'ils soient portés naturellement à le placer près de terre, et que ce n'est que par l'expérience des inconvénients qu'ils apprennent à le mettre plus haut.

Le nid achevé, la femelle se met à pondre, et ensuite à couver ses œufs ; elle les couve seule, et le mâle ne prend part à cette opération qu'en pourvoyant à la subsistance de la couveuse.

Ces oiseaux ne changent point de contrée pendant l'hiver, mais ils choisissent dans la contrée qu'ils habitent l'asile qui leur convient le mieux pendant cette saison rigoureuse ; ce sont ordinairement les bois les plus épais, surtout ceux où il y a des fontaines chaudes et qui sont peuplés d'arbres toujours verts, tels que picéas, sapins, lauriers, myrtes, cyprès, genévriers, sur lesquels ils trouvent plus de ressources, soit pour se mettre à l'abri des frimas, soit pour vivre ; aussi viennent-ils quelquefois les chercher jusque dans nos jardins, et l'on pourrait soupçonner que les pays où l'on ne voit point de merles en hiver sont ceux où il ne se trouve point de ces sortes d'arbres, ni de fontaines chaudes.

Les merles sauvages se nourrissent, outre cela, de toutes sortes de baies, de fruits et d'insectes ; et comme il n'est point de pays si dépourvu qui ne présente quelqu'une de ces nourritures, et que d'ailleurs le merle est un oiseau qui s'accommode à tous les climats, il n'est non plus guère de pays où cet oiseau ne se trouve, au Nord et au Midi, dans le vieux et dans le nouveau continent.

LE MERLE DE ROCHE

Le nom que l'on a donné à cet oiseau indique assez les lieux où il faut le chercher : il habite les rochers, les montagnes et les endroits les plus sauvages ; il se pose ordinairement sur les grosses pierres et toujours à découvert. Il semble qu'il n'est sauvage que par défiance, et qu'il connaît tous les dangers du voisinage de l'homme. Ce voisinage a cependant moins de dangers pour lui que pour bien d'autres oiseaux ; il ne risque guère que sa liberté, car, comme il chante bien naturellement, et qu'il est susceptible d'apprendre à chanter encore mieux, on le recherche bien moins pour le manger, quoiqu'il soit un fort bon morceau, que pour jouir de son chant, qui est doux, varié et fort approchant de celui de la fauvette ; d'ailleurs il a bientôt fait de s'approprier le ramage des autres oiseaux, et même celui de notre musique. Il commence tous les jours à se faire entendre un peu avant l'aurore, qu'il annonce par quelques sons éclatants, et il fait de même au coucher du soleil.

Par une suite de leur caractère défiant, ces oiseaux cachent leurs nids avec grand soin, et l'établissent dans des trous de rocher, près du plafond des cavernes les plus inaccessibles, ce n'est qu'avec beaucoup de risque et de peine qu'on peut grimper jusqu'à leur couvée, et ils la défendent avec courage contre les ravisseurs en tâchant de leur crever les yeux.

Chaque ponte est de trois ou quatre œufs ; lorsque leurs petits sont éclos, ils les nourrissent de vers et d'insectes, c'est-à-dire des aliments dont ils vivent eux-mêmes ; cependant ils peuvent s'accommoder d'une autre nourriture, et lorsqu'on les élève en cage on leur donne avec succès la même pâtée qu'aux rossignols ; mais, pour pouvoir les élever, il faut les prendre dans le nid, car dès qu'ils ont fait usage de leurs ailes et qu'ils ont pris possession de l'air, ils ne se laissent attraper à aucune sorte de pièges, et quand on viendrait à bout de les surprendre, ce serait toujours à pure perte : ils ne survivraient pas à leur liberté.

Les merles de roche se trouvent en quelques endroits de l'Allemagne, dans les Alpes et dans les montagnes du Tyrol.

LA SAVANA

Ce moucherolle approche des tyrans par la grandeur ; néanmoins son bec, plus faible et moins crochu que celui des tyrans, le réunit à la famille des moucherolles. Comme il se tient toujours dans les savanes noyées, le nom de *savana* nous a paru lui convenir.

On le voit, perché sur les arbres, descendre à tout moment sur les mottes de terre ou les touffes d'herbes qui surnagent, hochant sa longue queue comme les lavandières.

LA LITORNE

CETTE grive diffère des autres grives par son bec jaunâtre, par ses pieds d'un brun plus foncé, et par la couleur cendrée quelquefois variée de noir, qui règne sur sa tête et derrière son cou. Le mâle et la femelle ont le même cri, mais la femelle se distingue du mâle par la couleur de son bec, laquelle est beaucoup plus obscure. Ces oiseaux, qui nichent en Pologne et dans la Basse-Autriche, ne nichent point dans notre pays : ils y arrivent en troupes vers le commencement de décembre, et crient beaucoup en volant ; ils se tiennent alors dans les friches où croît le genièvre, et lorsqu'ils reparaissent au printemps, ils préfèrent le séjour des prairies humides et en général ils ne fréquentent guère les bois.

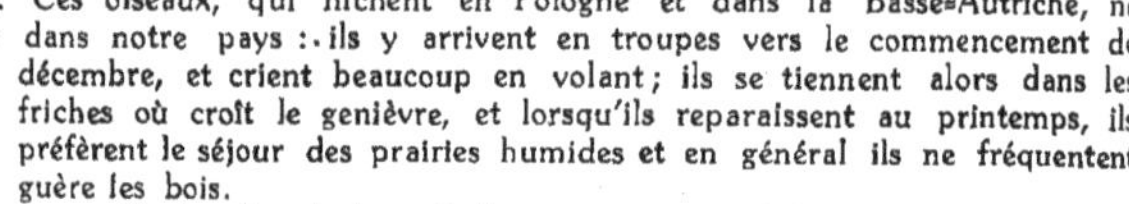

Quelquefois ils font, dès le commencement de l'automne, une première et courte apparition dans le moment de la maturité des alizes, dont ils sont très avides, et ils n'en reviennent pas moins au temps accoutumé.

Il n'est pas rare de voir les litornes se rassembler au nombre de deux ou trois mille dans un endroit où il y a des alizes mûres, et elles les mangent si avidement qu'elles en jettent la moitié par terre. On les voit aussi fort souvent, après les pluies, courir dans les sillons pour attraper les vers et les limaces. Dans les fortes gelées, elles vivent de gui, du fruit de l'épine blanche et d'autres baies.

Elles vont quelquefois seules, mais le plus souvent elles forment des bandes très nombreuses, et, lorsqu'elles se sont ainsi réunies, elles voyagent et se répandent dans les prairies sans se séparer ; elles se jettent aussi toutes ensemble sur un même arbre à certaines heures du jour, ou lorsqu'on les approche de trop près.

Plus le temps est froid, plus les litornes abondent : il semble même qu'elles en pressentent la cessation, car les habitants de la campagne sont dans l'opinion que, tant qu'elles se font entendre, l'hiver n'est pas encore passé. Elles se retirent l'été dans les pays du Nord, où elles font leur ponte, et où elles trouvent du genièvre en abondance. On prétend que la chair de la litorne n'est jamais meilleure ni plus succulente que dans le temps où elle se nourrit de vers et d'insectes.

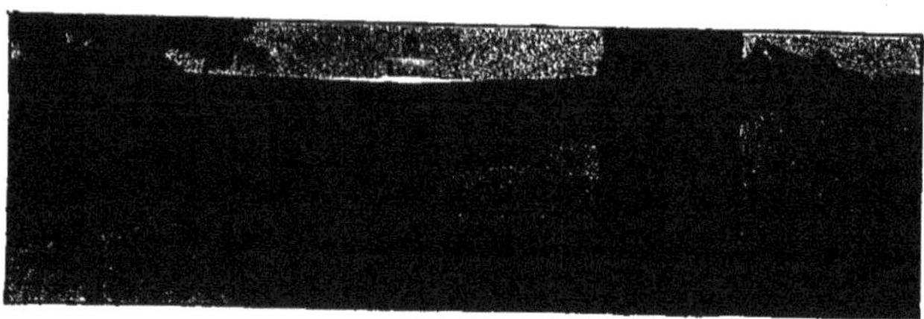

LE MAUVIS

IL ne faut pas confondre le mauvis avec les mauviettes qu'on sert sur les tables à Paris pendant l'hiver, et qui ne sont autre chose que des alouettes ou d'autres petits oiseaux tout différents du mauvis. Cette petite grive est la plus intéressante de toutes, parce qu'elle est la meilleure à manger, et que sa chair est d'un goût très fin. C'est une espèce précieuse et par la qualité et par la quantité.

Elle paraît ordinairement la seconde, c'est-à-dire après la grive et avant la litorne ; elle arrive en grandes bandes au mois de novembre et repart avant Noël ; elle fait sa ponte dans les bois qui sont aux environs de Dantzick ; elle ne niche presque jamais dans nos cantons, non plus qu'en Lorraine, où elle arrive en avril et qu'elle abandonne sur la fin de ce même mois pour ne reparaître qu'en automne, quoiqu'elle pût trouver dans les vastes forêts de cette province une nourriture abondante et convenable ; mais du moins elle y séjourne quelque temps, au lieu qu'elle ne fait que passer en certains endroits de l'Allemagne. Sa nourriture ordinaire, ce sont les baies et les vermisseaux, qu'elle sait fort bien trouver en grattant la terre. On la reconnaît à ce qu'elle a les plumes plus lustrées, plus polies que les autres grives, et à ce qu'elle a le bec et les yeux plus noirs que la grive proprement dite, dont elle approche pour la grosseur, et qu'elle a moins de mouchetures sur la poitrine.

Elle se distingue encore par la couleur orangée du dessous de l'aile, raison pourquoi on la nomme en plusieurs langues *grive à ailes rouges*.

Son cri ordinaire est *tan, tan, kan, kan,* et lorsqu'elle a aperçu un renard, son ennemi naturel, elle le conduit fort loin, en répétant toujours le même cri.

LES FOURMILIERS

Les fourmiliers se tiennent en troupes et se nourrissent de petits insectes, et principalement de fourmis. On rencontre presque toujours ces oiseaux à terre, c'est-à-dire sur les grandes fourmilières, qui communément dans l'intérieur de la Guyane ont plus de vingt pieds de diamètre ; ces insectes, par leur multitude presque infinie, sont très nuisibles aux progrès de la culture, et même à la conservation des denrées dans cette partie de l'Amérique méridionale.

L'on distingue plusieurs espèces dans ces oiseaux mangeurs de fourmis ; et, quoique différentes entre elles, on les trouve assez souvent réunies dans le même lieu.

Tous ces oiseaux ont les ailes et la queue fort courtes, ce qui les rend peu propres pour le vol ; elles ne leur servent que pour courir et sauter légèrement sur quelques branches peu élevées : on ne les voit jamais voler en plein air. Les environs des lieux habités ne leur conviennent pas ; les insectes dont ils font leur principale nourriture, détruits ou éloignés par les soins de l'homme, s'y trouvent avec moins d'abondance ; aussi ces oiseaux se tiennent-ils dans les bois épais et éloignés, et jamais dans les savanes ni dans les autres lieux découverts, et encore moins dans ceux qui sont voisins des habitations. Ils construisent, avec des herbes sèches assez grossièrement entrelacées, des nids qu'ils attachent ou suspendent, par les deux côtés, sur des arbrisseaux à deux ou trois pieds au-dessus de terre : les femelles y déposent trois ou quatre œufs presque ronds. La voix des fourmiliers est très singulière. La chair de la plupart de ces oiseaux n'est pas bonne à manger ; elle a un goût bilieux et désagréable.

Gros-Becs.

L'ORTOLAN DE ROSEAUX

Les ortolans de roseaux se plaisent dans les lieux humides, et nichent dans les joncs, comme leur nom l'annonce ; cependant ils gagnent quelquefois les hauteurs dans les temps de pluie ; au printemps on les voit le long des grands chemins, et sur la fin d'août ils se jettent dans les blés. On assure que le millet est la graine qu'ils aiment le mieux. En général, ils cherchent leur nourriture le long des haies et dans les champs cultivés.

Ils s'éloignent peu de terre et ne se perchent guère que sur les buissons ; jamais ils ne se rassemblent en troupes nombreuses ; on n'en voit guère que trois ou quatre à la fois.

Ils arrivent en Lorraine vers le mois d'avril, et s'en retournent en automne, mais ils ne s'en retournent pas tous, et il y en a toujours quelques-uns qui restent dans cette province pendant l'hiver. On en trouve en Suède, en Allemagne, en Angleterre, en France et quelquefois en Italie, etc.

Ce petit oiseau a presque toujours l'œil au guet, comme pour découvrir l'ennemi, et lorsqu'il a aperçu quelques chasseurs, il jette un cri qu'il répète sans cesse et qui non seulement les ennuie, mais quelquefois avertit le gibier et lui donne le temps de faire sa retraite. L'ortolan des joncs a outre cela un chant fort agréable au mois de mai, c'est-à-dire au temps de la ponte.

Cet oiseau est un véritable hoche-queue, car il a dans la queue un mouvement de haut en bas assez brusque et plus vif que les lavandières.

Le mâle a le dessus de la tête noir ; la gorge et le devant du cou variés de noir et de gris roussâtre ; un collier blanc qui n'embrasse que la partie supérieure du cou ; une espèce de sourcil et une bande au-dessus des yeux de la même couleur ; le dessus du corps varié de roux et de noir ; le croupion et les couvertures supérieures de la queue variés de gris et de roussâtre ; le dessous du corps d'un blanc teinté de roux ; les flancs un peu tachetés de noirâtre ; les pennes des ailes brunes, bordées de différentes nuances de roux ; les pennes de la queue de même, excepté les deux plus extérieures de chaque côté, lesquelles sont bordées de blanc ; le bec brun et les pieds d'une couleur de chair fort rembrunie.

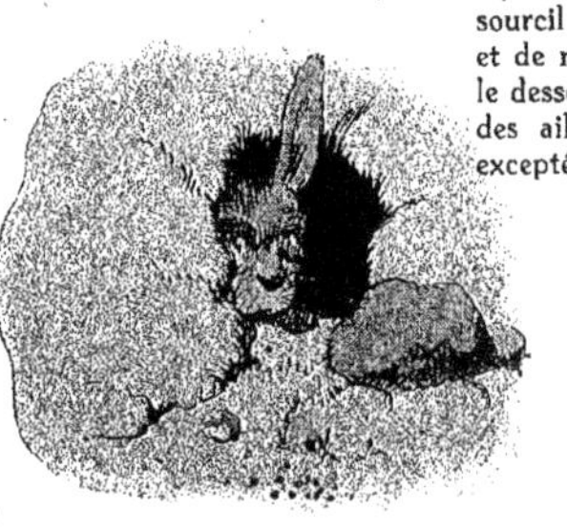

La femelle n'a pas de collier, sa gorge est moins noire, et sa tête est variée de noir et de roux clair ; le blanc qui se trouve dans son plumage n'est point pur, mais presque toujours altéré par une teinte de roux.

L'ORTOLAN

L'ORTOLAN est un oiseau de passage ; il chante pendant la nuit ; lorsqu'il est gras, c'est un morceau très fin et très recherché. A la vérité, ces oiseaux ne sont pas toujours gras lorsqu'on les prend, mais on les engraisse facilement.

La délicatesse de leur chair, ou plutôt de leur graisse, a plus contribué à leur célébrité que la beauté de leur ramage ; cependant lorsqu'on les tient en cage ils chantent au printemps, la nuit comme le jour.

Dans les pays où il y a beaucoup de ces oiseaux, et où par conséquent ils sont bien connus, comme en Lombardie, non seulement on les engraisse pour la table, mais on les élève aussi pour le chant, car on trouve que leur voix a de la douceur.

Ces oiseaux arrivent ordinairement avec les hirondelles ou peu après et ils accompagnent les cailles ou les précèdent de fort peu de temps. Ils viennent de la Basse-Provence et remontent jusqu'en Bourgogne, surtout dans les cantons les plus chauds où il y a des vignes ; ils ne touchent cependant point aux raisins, mais ils mangent les insectes qui courent sur les pampres et sur les tiges de la vigne.

Ils font leurs nids sur les ceps et les construisent assez négligemment.

La femelle y dépose quatre ou cinq œufs, et fait ordinairement deux pontes par an.

Dans d'autres pays, tels que la Lorraine, ils font leurs nids à terre, et par préférence dans les blés.

La jeune famille commence à prendre le chemin des provinces méridionales dès les premiers jours du mois d'août ; les vieux ne partent qu'en septembre et même sur la fin.

Quelques personnes regardent ces oiseaux comme étant originaires d'Italie, d'où ils se sont répandus en Allemagne et ailleurs. Il n'est pas rare de les voir, lorsqu'ils trouvent sur leur route un pays qui leur convient, s'y fixer et l'adopter pour leur patrie.

LE BRUANT

LE bruant fait plusieurs pontes, la dernière en septembre ; il pose son nid à terre, sous une motte, dans un buisson, sur une touffe d'herbe, et dans tous ces cas il le fait assez négligemment. Quelquefois il l'établit sur les basses branches des arbustes, mais alors il le construit avec un peu plus de soin ; la paille, la mousse et les feuilles sèches sont les matériaux qu'il emploie pour le dehors ; les racines et la paille plus menue, le crin et la laine, sont ceux dont il se sert pour matelasser le dedans.

Ses œufs, le plus souvent au nombre de quatre ou cinq, sont tachetés de brun de différentes nuances, sur un fond blanc, mais les taches sont plus fréquentes au gros bout.

La femelle couve avec tant d'affection, que souvent elle se laisse prendre à la main en plein jour. Ces oiseaux nourrissent leurs petits de graines, d'insectes et même de hannetons, ayant la précaution d'ôter à ceux-ci les enveloppes de leurs ailes, qui seraient trop dures. Ils sont granivores, mais on sait bien que cette qualité ne leur interdit pas les insectes : le millet et le chènevis sont les graines qu'ils aiment le mieux. Ils se tiennent l'été autour des bois, le long des haies et des buissons, et quelquefois dans les vignes, mais presque jamais dans l'intérieur des forêts ; l'hiver, une partie change de climat ; ceux qui restent se rassemblant entre eux, et se réunissant avec les pinsons, les moineaux, etc., forment des troupes très nombreuses, surtout dans les jours pluvieux : ils s'approchent des fermes, et même des villes et des grands chemins, où ils trouvent leur nourriture sur les buissons. Dans cette saison ils sont presque aussi familiers que les moineaux.

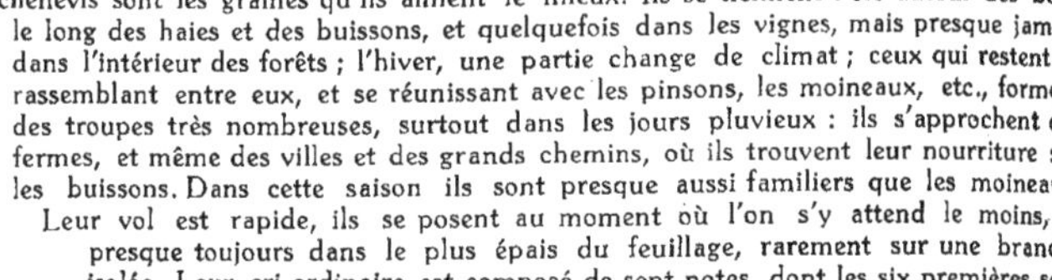

Leur vol est rapide, ils se posent au moment où l'on s'y attend le moins, et presque toujours dans le plus épais du feuillage, rarement sur une branche isolée. Leur cri ordinaire est composé de sept notes, dont les six premières sont égales et sur le même ton, et la dernière plus aiguë et plus traînée.

Les bruants sont répandus dans toute l'Europe, depuis la Suède jusqu'à l'Italie inclusivement, et par conséquent peuvent s'accoutumer à des températures très différentes.

Le mâle est remarquable par l'éclat des plumes jaunes qu'il a sur la tête et sur la partie inférieure du corps. La femelle a moins de jaune que le mâle, et elle est plus tachetée sur le cou, la poitrine et le ventre. Tous deux ont les bords du bec inférieur rentrants et reçus dans le supérieur, les bords de celui-ci échancrés près de la pointe, la langue divisée en filets déliés par le bout ; enfin l'ongle postérieur est le plus long de tous. L'oiseau pèse cinq à six gros.

LE GROS-BEC

Le gros-bec est un oiseau qui appartient à notre climat tempéré, depuis l'Espagne et l'Italie jusqu'en Suède. L'espèce, quoique assez sédentaire, n'est pas nombreuse. On voit toute l'année cet oiseau dans quelques-unes de nos provinces de France, où il ne disparaît que pour très peu de temps pendant les hivers les plus rudes ; l'été, il habite ordinairement les bois, quelquefois les vergers, et vient autour des hameaux et des fermes en hiver. C'est un animal silencieux dont on entend très rarement la voix, et qui n'a ni chant ni aucun ramage décidé ; il semble qu'il n'ait pas l'organe de l'ouïe aussi parfait que les autres animaux, et qu'il n'ait guère plus d'oreille que de voix. En Bourgogne, il y a moins de ces oiseaux en hiver qu'en été, et il en arrive un grand nombre vers le 10 avril, ils volent par petites troupes et vont en arrivant se percher dans les taillis ; ils nichent sur les arbres et établissent ordinairement leur nid à dix ou douze pieds de hauteur à l'insertion des grosses branches contre le tronc ; ils le composent avec des bûchettes de bois sec et quelques petites racines pour les entrelacer ; ils pondent communément cinq œufs. On peut croire qu'ils ne produisent qu'une fois l'année, puisque l'espèce en est si peu nombreuse. Ils nourrissent leurs petits d'insectes, de chrysalides, etc., et, lorsqu'on veut les dénicher, ils les défendent courageusement et mordent bien serré ; leur bec épais et fort leur sert à briser les noyaux et autres corps durs ; et, quoiqu'ils soient granivores, ils mangent aussi beaucoup d'insectes.

Cet oiseau solitaire et sauvage, silencieux, dur d'oreille et moins fécond que la plupart des oiseaux, a toutes ses qualités plus concentrées en lui-même. Le mâle et la femelle sont de la même grosseur et se ressemblent assez.

La plupart des naturalistes ont dit que la chair de cet oiseau est bonne à manger ; mais pourtant on peut affirmer qu'elle n'est ni savoureuse ni succulente.

LE FRIQUET

Le friquet, quoique plus remuant, est cependant moins pétulant, moins familier, moins gourmand que le moineau. C'est un oiseau plus innocent et qui ne fait pas grand tort aux grains ; il préfère les fruits, les graines sauvages, telles que celles des chardons sur lesquels il se pose volontiers, et mange aussi des insectes ; il fuit le séjour et la rencontre du moineau, qui est plus fort et plus méchant que lui. On peut l'élever en cage et l'y nourrir comme le chardonneret, il y vit cinq ou six ans : son chant est assez peu de chose, mais tout différent de la voix désagréable du moineau.

On a observé que, quoiqu'il soit plus doux que le moineau, il n'est cependant pas aussi docile, et cela vient de son naturel, qui l'éloigne de l'homme, et qui, pour être un peu plus sauvage, n'en est peut-être que meilleur.

LE BOUVREUIL

La nature a donné à cet oiseau un beau plumage et une belle voix ; mais la voix a besoin des secours de l'art pour acquérir sa perfection. Un bouvreuil qui n'a point eu de leçons n'a que trois cris, tous fort peu agréables : le premier est une espèce de coup de sifflet ; le son de ce sifflet est pur, et quand l'oiseau s'anime, il semble articuler cette syllabe répétée *tui, tui, tui*, et ses sons ont plus de force. Ensuite il fait entendre un ramage plus suivi mais plus grave.

Enfin, dans les intervalles il a un petit cri intérieur, sec et coupé, fort aigu, mais en même temps fort doux, et si doux qu'à peine on l'entend.

Il exécute ce son fort ressemblant à celui d'un ventriloque, sans aucun mouvement apparent.

Tel est le chant du bouvreuil de la nature, c'est-à-dire du bouvreuil sauvage abandonné à lui-même ; mais, lorsque l'homme se charge de son éducation, l'oiseau docile, soit mâle, soit femelle, non seulement imite les sons avec justesse, mais quelquefois les perfectionne et surpasse son maître, sans oublier pour cela son ramage naturel.

Il apprend aussi à parler sans beaucoup de peine. Il est très capable d'attachement personnel et même d'un attachement très fort et très durable.

Les bouvreuils passent la belle saison dans les bois ou sur les montagnes : ils y font leur nid sur les buissons, à cinq ou six pieds de haut, et quelquefois plus bas.

La femelle y pond de quatre à six œufs, et le mâle a grand soin de sa femelle. On dit qu'il tient quelquefois fort longtemps une araignée dans son bec pour la donner à sa compagne. Les petits ne commencent à siffler que lorsqu'ils peuvent manger seuls. Les bouvreuils se nourrissent en été de toutes sortes de graines, de baies, d'insectes, et l'hiver de grains de genièvre, des bourgeons du tremble, de l'aune, du chêne, des arbres fruitiers : on les entend pendant cette saison siffler, se répondre et égayer par leur chant, quoique un peu triste, le silence encore plus triste qui règne alors dans la nature.

Ces oiseaux passent auprès de quelques personnes pour être attentifs et réfléchis ; du moins ils ont l'air pensant ; et à juger par la facilité qu'ils ont d'apprendre, on ne peut nier qu'ils ne soient capables d'attention jusqu'à un certain point. Ils vivent cinq à six ans.

LE BENGALI

Les mœurs et les habitudes de toute cette famille d'oiseaux étant à très peu près les mêmes, il suffira d'indiquer ce que chacun a de particulier. Lorsqu'on a à faire connaître des oiseaux tels que ceux-ci, dont le principal mérite consiste dans les couleurs du plumage et ses variations, il faudrait quitter la plume pour prendre le pinceau. Le bengali a de chaque côté de la tête une espèce de croissant couleur de pourpre qui accompagne le bas des yeux, et donne du caractère à la physionomie de ce petit oiseau. La gorge est d'un bleu clair. Cette même couleur domine sur toute la partie inférieure du corps jusqu'au bout de la queue, et même sur ses couvertures supérieures. Tout le dessus du corps, compris les ailes, est d'un beau gris. Le mâle a un joli ramage ; on n'a point remarqué celui de la femelle. Dans le bengali brun, le brun est, en effet, la couleur dominante de l'oiseau ; mais il est plus foncé sous le ventre, et mêlé à l'endroit de la poitrine de blanchâtre dans quelques individus, et de rougeâtre dans d'autres. Tous les mâles ont quelques-unes des couvertures supérieures des ailes terminées par un point blanc, ce qui produit une moucheture fort apparente ; mais elle est propre au mâle, car la femelle est d'un brun uniforme et sans taches : tous deux ont le bec rougeâtre et les pieds d'un jaune clair. Un brun mêlé de rouge sombre règne sur toute la partie supérieure du corps du bengali piqueté ; un rouge moins sombre règne sous tout le reste de la partie inférieure du corps et sur les côtés de la tête. Le bec est aussi d'un rouge obscur, et les pieds d'un jaune clair. La femelle n'est jamais piquetée : elle diffère encore du mâle en ce qu'elle a le cou, la poitrine et le ventre d'un jaune pâle, et la gorge blanche. Le bengali piqueté est d'une grosseur moyenne entre le bengali ordinaire et le bengali brun.

Deux couleurs principales dominent dans le plumage du sénégali : le rouge vineux sur la tête, la gorge, tout le dessous du corps jusqu'aux jambes ; le brun verdâtre sur le bas-ventre et sur le dos ; mais à l'endroit du dos il a une légère teinte de rouge. Les ailes sont brunes, la queue noirâtre, les pieds gris, le bec rougeâtre. Cet oiseau est un peu moins gros que le bengali piqueté.

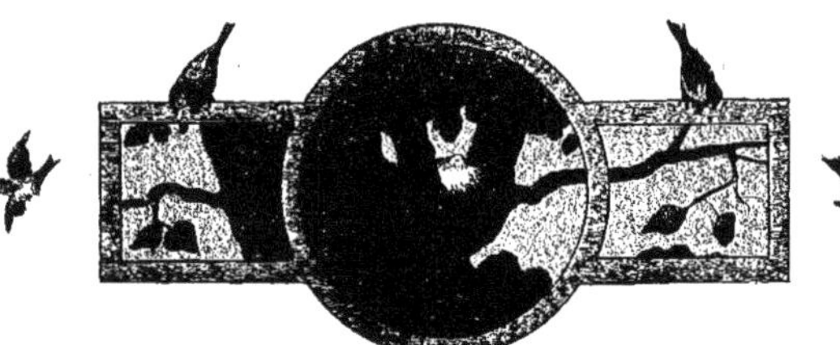

LE MOINEAU

Dans quelque contrée qu'habite le moineau, on ne le trouve jamais dans les lieux déserts ni même dans ceux qui sont éloignés du séjour de l'homme ; les moineaux sont, comme les rats, attachés à nos habitations ; ils ne se plaisent ni dans les bois ni dans les vastes campagnes : on a même remarqué qu'il y en a plus dans les villes que dans les villages, et qu'on n'en voit point dans les hameaux et dans les fermes qui sont au milieu des forêts.

Ils suivent la société pour vivre à ses dépens : comme ils sont paresseux et gourmands, c'est sur des provisions toutes faites, c'est-à-dire sur le bien d'autrui, qu'ils prennent leur subsistance ; comme ils sont aussi voraces que nombreux, ils ne laissent pas de faire plus de tort que leur espèce ne vaut.

Et ce qui les rendra éternellement incommodes, c'est non seulement leur très nombreuse multiplication, mais encore leur défiance, leur finesse, leurs ruses et leur opiniâtreté à ne pas désemparer des lieux qui leur conviennent. Quoiqu'ils nourrissent leurs petits d'insectes dans le premier âge, et qu'ils en mangent eux=mêmes en assez grande quantité, leur principale nourriture est notre meilleur grain. Comme ces oiseaux sont robustes, on les élève facilement dans des cages ; ils vivent plusieurs années. Lorsqu'ils sont pris jeunes, ils ont assez de docilité pour obéir à la voix, s'instruire et retenir quelque chose du chant des oiseaux auprès desquels on les met ; naturellement familiers, ils le deviennent encore davantage dans la captivité : cependant le naturel familier ne les porte pas à vivre ensemble dans l'état de liberté ; ils sont assez solitaires, et c'est peut=être là l'origine de leur nom. Ils nichent ordinairement sous les tuiles, dans les chéneaux, dans les trous de muraille ou dans les pots qu'on leur offre, et souvent aussi dans les puits et sur les tablettes des fenêtres dont les vitrages sont défendus par des persiennes à claire=voie ; néanmoins il y en a quelques=uns qui font leur nid sur les arbres.

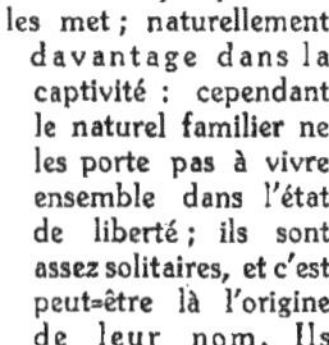

Il se trouve des moineaux plus paresseux, mais en même temps plus hardis que les autres, qui ne se donnent pas la peine de construire un nid, et qui chassent du leur les hirondelles ; quelquefois ils battent les pigeons, les font sortir de leur boulin et s'y établissent à leur place.

LES VEUVES

Toutes les espèces de veuves se trouvent en Afrique, mais elles n'appartienennt pas exclusivement à ce climat, puisqu'on en a vu en Asie et jusqu'aux îles Philippines. Toutes ont le bec des granivores, de forme conique, plus ou moins raccourci, mais toujours assez fort pour casser les graines dont elles se nourrissent ; toutes sont remarquables par leur longue queue, leurs belles couleurs et leur joli ramage.

Les voyageurs disent que les veuves font leur nid avec du coton ; que ce nid a deux étages ; que le mâle habite l'étage supérieur, et que la femelle couve au rez=de=chaussée.

Ce sont des oiseaux très vifs, très remuants, qui lèvent et baissent sans cesse leur longue queue ; ils aiment beaucoup à se baigner, ne sont point sujets aux maladies, et vivent jusqu'à douze ou quinze ans.

Il est assez singulier que ce nom de veuves, sous lequel ils sont généralement connus aujourd'hui, et qui paraît si bien leur convenir soit à cause du noir qui domine dans leur plumage, soit à cause de leur queue traînante, ne leur ait été néanmoins donné que par pure méprise. Les Portugais les appelèrent d'abord *oiseaux de Whidha* (c'est=à=dire de Juida), parce qu'ils sont très communs sur cette côte d'Afrique : la ressemblance de ce mot avec celui qui signifie veuve en langue portugaise aura pu tromper les étrangers ; quelques=uns auront pris l'un pour l'autre, et cette erreur se sera accréditée d'autant plus aisément que le nom de veuves paraissait à plusieurs égards fait pour ces oiseaux. On compte huit espèces de veuves.

LE PINSON

CET oiseau a beaucoup de force dans le bec ; il sait très bien s'en servir pour se faire craindre des autres petits oiseaux, comme aussi pour pincer jusqu'au sang les personnes qui le tiennent ou qui veulent le prendre, et c'est pour cela que, suivant plusieurs auteurs, il a reçu le nom de *pinson*.

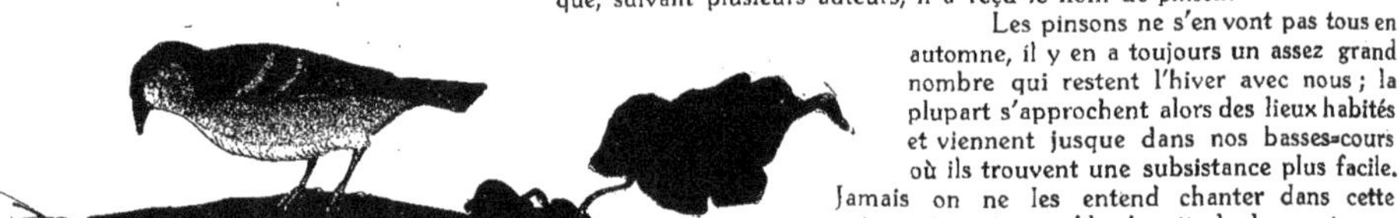

Les pinsons ne s'en vont pas tous en automne, il y en a toujours un assez grand nombre qui restent l'hiver avec nous ; la plupart s'approchent alors des lieux habités et viennent jusque dans nos basses-cours où ils trouvent une subsistance plus facile. Jamais on ne les entend chanter dans cette saison, à moins qu'il n'y ait de beaux jours ; le reste du temps ils se cachent dans des haies fourrées, sur des chênes qui n'ont pas encore perdu leurs feuilles, sur des arbres toujours verts, quelquefois même dans des trous de rochers où ils meurent lorsque la saison est trop rude : ceux qui passent en d'autres climats se réunissent assez souvent en troupes innombrables. Une singularité très remarquable dans la migration des pinsons, c'est que ce sont les femelles qui voyagent et que les mâles restent l'hiver dans le pays.

Ces oiseaux sont généralement répandus dans toute l'Europe depuis la mer Baltique et la Suède, où ils sont fort communs et où ils nichent, jusqu'au détroit de Gibraltar, et même jusque sur les côtes d'Afrique.

Le pinson est un oiseau très vif : on le voit toujours en mouvement, et cela, joint à la gaîté de son chant, a donné lieu sans doute à la façon de parler proverbiale : *gai comme pinson*. Il commence à chanter de fort bonne heure au printemps et plusieurs jours avant le rossignol ; il finit vers le solstice d'été.

Les pinsons, outre leur ramage ordinaire, ont encore un autre cri peu agréable qui, dit-on, annonce la pluie.

Ces oiseaux font un nid bien rond et solidement tissu : il semble qu'ils n'aient pas moins d'adresse que de force dans le bec ; ils posent ce nid sur les arbres ou les arbustes les plus touffus ; ils le font quelquefois jusque dans nos jardins, sur les arbres fruitiers ; mais ils le cachent avec tant de soin que souvent on a de la peine à l'apercevoir, quoiqu'on en soit fort près : ils le construisent de mousse blanche et de petites racines en dehors, de laine, de crins, de fils d'araignées et de plumes en dedans.

La femelle pond cinq ou six œufs ; le mâle ne la quitte point tandis qu'elle couve, surtout la nuit ; il se tient toujours fort près du nid, et le jour, s'il s'éloigne un peu, c'est pour aller à la provision.

Le père et la mère nourrissent leurs petits de chenilles et d'insectes ; ils en mangent eux-mêmes ; mais ils vivent plus communément de petites graines ; ils se nourrissent aussi de blé, et même d'avoine dont ils savent fort bien casser les grains pour en tirer la substance farineuse.

Le pinson est plus souvent posé que perché ; il ne marche point en sautillant, mais il coule légèrement sur la terre, et va sans cesse ramassant quelque chose ; son vol est inégal, mais lorsqu'on attaque son nid, il plane au-dessus en criant.

LE SERIN DES CANARIES

Si le rossignol est le chantre des bois, le serin est le musicien de la chambre ; le premier tient tout de la nature, le second participe à nos arts ; avec moins de force d'organe, moins d'étendue dans la voix, moins de variété dans les sons, le serin a plus d'oreille, plus de facilité d'imitation, plus de mémoire ; et comme il a l'ouïe plus attentive, plus susceptible de recevoir et de conserver les impressions étrangères, il devient aussi plus social, plus doux, plus familier ; il est capable de connaissance et même d'attachement ; ses caresses sont aimables, ses petits dépits innocents, et sa colère ne blesse ni n'offense ; ses habitudes naturelles le rapprochent encore de nous, il se nourrit de graines comme nos autres oiseaux domestiques ; on l'instruit avec succès ; il apprend à parler et à siffler.

Il y a vingt-neuf espèces de serins de Canaries ; les voici par ordre :

1. Le serin gris commun.
2. Le serin gris, aux duvets et aux pattes blanches qu'on appelle *race de panachés*.
3. Le serin gris à queue blanche, *race de panachés*.
4. Le serin blond commun.
5. Le serin blond aux yeux rouges.
6. Le serin blond doré.
7. Le serin blond aux duvets, *race de panachés*.
8. Le serin blond à queue blanche, *race de panachés*
9. Le serin jaune commun.
10. Le serin jaune aux duvets, *race de panachés*.
11. Le serin jaune à queue blanche, *race de panachés*.
12. Le serin agate commun.
13. Le serin agate aux yeux rouges.
14. Le serin agate à queue blanche, *race de panachés*.
15. Le serin agate aux duvets, *race de panachés*.
16. Le serin isabelle commun.
17. Le serin isabelle aux yeux rouges.
18. Le serin isabelle doré.
19. Le serin isabelle aux duvets, *race de panachés*.
20. Le serin blanc aux yeux rouges.
21. Le serin panaché commun.
22. Le serin panaché aux yeux rouges.
23. Le serin panaché blond.
24. Le serin panaché blond, yeux rouges.
25. Le serin panaché de noir.
26. Le serin panaché de noir jonquille aux yeux rouges.
27. Le serin panaché de noir jonquille et régulier.
28. Le serin plein (c'est-à-dire pleinement et entièrement jaune jonquille) qui est le plus rare.
29. Le serin à huppe (ou plutôt à couronne) ; c'est un des plus beaux.

Les serins sont bien différents les uns des autres par leurs inclinations ; il y a des mâles d'un tempérament toujours triste, rêveurs, pour ainsi dire, et presque toujours bouffis, chantant rarement, et ne chantant que d'un ton lugubre, qui sont des temps infinis à apprendre, et ne savent jamais que très imparfaitement ce qu'on leur a montré, et le peu qu'ils savent ils l'oublient aisément. Ces mêmes serins sont souvent d'un naturel si malpropre qu'ils ont toujours les pattes et la queue sales. Il y a d'autres serins qui sont si mauvais qu'ils tuent la femelle qu'on leur donne, et qu'il n'y a d'autre moyen de les dompter qu'en leur donnant deux ; elles se réuniront pour leur défense commune. Il y en a d'autres d'une inclination si barbare qu'ils cassent et mangent les œufs lorsque la femelle les a pondus, ou si ce père dénaturé les laisse couver, à peine les petits sont-ils éclos qu'il les saisit avec le bec, les traîne dans la cabane et les tue. D'autres, qui sont sauvages, farouches, indépendants, qui ne veulent être ni touchés ni caressés. Il y en a d'autres enfin qui sont très paresseux : par exemple, les gris qui ne font presque jamais de nid. Tous ces caractères sont, comme l'on voit, très distincts entre eux et très différents de celui de nos serins favoris, toujours gais, toujours chantants, si familiers, si aimables, si bons maris, si bons pères, et en tout d'un caractère si doux, d'un naturel si heureux, qu'ils sont susceptibles de toutes les bonnes impressions et doués des meilleures inclinations. Ils récréent sans cesse leur femelle par leur chant ; ils la soulagent dans la pénible assiduité de couver ; ils l'invitent à changer de situation, à leur céder la place, et couvent eux-mêmes tous les jours pendant quelques heures ; ils nourrissent aussi leurs petits, et enfin ils apprennent tout ce qu'on peut leur montrer. C'est par ceux-ci seuls qu'on doit juger l'espèce. Dans ces oiseaux captifs la production n'est pas aussi constante, mais paraît néanmoins plus nombreuse qu'elle ne le serait probablement dans leur état de liberté ; car il y a

quelques femelles qui font quatre et même cinq pontes par an, chacune de quatre, cinq, six et quelquefois sept œufs; communément elles font trois pontes. Dans leur pays natal, les serins se tiennent sur les bords des petits ruisseaux ou des ravines humides; il ne faut donc jamais les laisser manquer d'eau tant pour boire que pour se baigner. Comme ils sont originaires d'un climat très doux, il faut les mettre à l'abri de la rigueur de l'hiver.

Il est rare que les serins élevés en chambre tombent malades avant la ponte; si la femelle devient malade pendant la couvée, il faut lui enlever ses œufs et les donner à une autre, car, quand même elle se rétablirait promptement elle ne les couverait plus. Le premier symptôme de la maladie, surtout dans le mâle, est la tristesse; dès qu'on ne lui voit pas sa gaîté ordinaire, il faut le mettre seul dans une cage et le placer au soleil dans la chambre où réside sa femelle. S'il devient bouffi, on regardera s'il n'a pas un bouton au-dessus de la queue; lorsque ce bouton est mûr et blanc, l'oiseau le perce souvent lui-même avec le bec, mais si la suppuration tarde trop, on pourra ouvrir le bouton avec une grosse aiguille, et ensuite étuver la plaie avec de la salive sans y mêler de sel, ce qui la rendrait trop cuisante sur la plaie. Si la tristesse et le dégoût continuent après ces petits remèdes, on ne peut guère espérer sauver l'oiseau.

La cause la plus ordinaire des maladies est la trop abondante ou la trop bonne nourriture: lorsqu'on fait nicher ces oiseaux en cage ou en cabane, souvent ils mangent trop ou prennent de préférence les aliments succulents destinés aux petits, et la plupart tombent malades de réplétion ou d'inflammation. En les tenant en chambre, on prévient en grande partie cet inconvénient, parce qu'étant en nombre ils s'empêchent réciproquement de s'excéder. Un mâle qui mange longtemps est sûr d'être battu par les autres mâles; il en est de même des femelles; ces débats leur donnent du mouvement, des distractions et de la tempérance par nécessité.

LE CHARDONNERET

Beauté de plumage, douceur de la voix, finesse de l'instinct, adresse singulière, docilité à l'épreuve, ce charmant petit oiseau réunit tout, et il ne lui manque que d'être rare et de venir d'un pays éloigné pour être estimé ce qu'il vaut. Les mâles ont un ramage très agréable et très connu; ils commencent à le faire entendre vers les premiers jours du mois de mars, et ils continuent pendant la belle saison; ils le conservent même l'hiver dans les poêles, où ils trouvent la température du printemps.

Ces oiseaux sont, avec les pinsons, ceux qui savent le mieux construire leur nid, en rendre le tissu plus solide, lui donner une forme plus arrondie et plus élégante. Ils le posent sur les arbres, et par préférence sur les pruniers et noyers; quelquefois ils nichent dans les taillis, d'autres fois dans des buissons épineux.

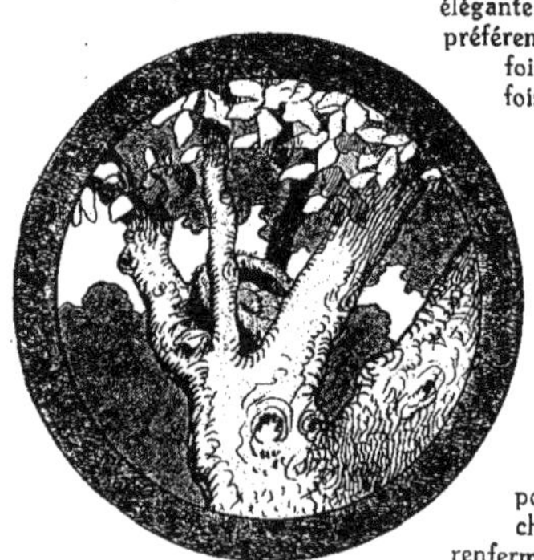

La femelle commence à pondre vers le milieu du printemps; cette première ponte est de cinq œufs.

Lorsqu'ils ne viennent pas à bien, elle fait une seconde ponte, et même une troisième lorsque la seconde ne réussit pas; mais le nombre des œufs va toujours en diminuant à chaque ponte.

Ces oiseaux ont beaucoup d'attachement pour leurs petits; ils les nourrissent avec des chenilles et d'autres insectes et si on les prend tous à la fois et qu'on les renferme dans la même cage, ils continueront d'en avoir soin. La docilité du chardonneret est connue: on lui apprend, sans beaucoup de peine, à exécuter divers mouvements avec précision, à faire le mort, à mettre le feu à un pétard, à tirer de petits seaux qui contiennent son boire et son manger. On a vu des chardonnerets vivre seize à dix-huit ans.

LE MARTIN

Cet oiseau est un destructeur d'insectes, et d'autant plus grand destructeur qu'il est d'un appétit très glouton ; il donne la chasse aux mouches aux papillons, aux scarabées. Bien qu'il soit carnassier, il n'attaque de front que des animaux petits et faibles. On a vu un martin, qui était encore jeune, saisir un rat long de plus de deux pouces, non compris la queue, le battre sans relâche contre le plancher de sa cage, lui briser les os, et réduire tous ses membres à l'état de souplesse et de flexibilité qui convenait à ses vues, puis le prendre par la tête et l'avaler presque en un instant.

Il en fut quitte pour une espèce d'indigestion qui ne dura qu'un quart d'heure, pendant lequel il eut les ailes traînantes et l'air souffrant ; mais, ce mauvais quart d'heure passé, il courait par la maison avec sa gaieté ordinaire, et environ une heure après, ayant trouvé un autre rat, il l'avala comme le premier et avec aussi peu d'inconvénient.

Les sauterelles sont encore une des proies favorites du martin : il en détruit beaucoup, et par là il est devenu un oiseau précieux pour les pays affligés de ce fléau. Il se trouve dans l'Inde et les Philippines. Ces oiseaux ne sont pas peureux, et les coups de fusil les écartent à peine. Ils adoptent ordinairement certains arbres, ou même certaines allées d'arbres, souvent fort voisines des habitations, pour y passer la nuit, et ils y tombent le soir par nuées si prodigieuses que les branches en sont entièrement couvertes, et qu'on n'en voit plus les feuilles. Lorsqu'ils sont ainsi rassemblés, ils commencent par babiller tous à la fois, et d'une manière très incommode pour les voisins. Ils ont cependant un ramage naturel fort agréable, très varié et très étendu. Le matin, ils se dispersent dans les campagnes, tantôt par petits pelotons, tantôt par paires, suivant la saison.

Ils font deux pontes consécutives chaque année, la première vers le milieu du printemps, et ces pontes réussissent ordinairement fort bien, pourvu que la saison ne soit pas pluvieuse. Leurs nids sont de construction grossière, et ils ne prennent aucune précaution pour empêcher la pluie d'y pénétrer : ils les attachent dans les aisselles des feuilles du palmier-latanier ou d'autres arbres ; ils les font quelquefois dans les greniers, c'est-à-dire toutes les fois qu'ils le peuvent. Les femelles pondent ordinairement quatre œufs à chaque couvée, et les couvent pendant le temps ordinaire. Ces oiseaux sont fort attachés à leurs petits : si l'on entreprend de les leur enlever, ils voltigent çà et là en faisant entendre une espèce de croassement, qui est chez eux le cri de la colère, puis fondent sur le ravisseur à coups de bec, et, si leurs efforts sont inutiles, ils ne se rebutent point pour cela, mais ils suivent de l'œil leur progéniture, et si on la place sur une fenêtre ou dans quelque lieu ouvert qui donne un libre accès au père et à la mère, ils se chargent l'un et l'autre de lui apporter à manger, sans que la vue de l'homme ni aucune inquiétude pour eux-mêmes, ou, si l'on veut aucun intérêt personnel puisse les détourner de cette intéressante fonction.

Les jeunes martins s'apprivoisent fort vite ; ils apprennent facilement à parler ; tenus dans une basse-cour, ils contrefont d'eux-mêmes les cris de tous les animaux domestiques : poules, coqs, oies, petits chiens, moutons, et ils accompagnent leur babil de certains accents et de certains gestes tout remplis de gentillesse.

LE TARIN

De tous les granivores, le chardonneret est celui qui passe pour avoir le plus de rapport au tarin. Celui-ci est plus petit que le chardonneret ; il a le bec un peu plus court à proportion, et son plumage est tout différent : il n'a point de rouge sur la tête, mais du noir. Le tarin a un chant qui lui est particulier, et qui ne vaut pas celui du chardonneret ; il recherche beaucoup la graine de l'aune, à laquelle le chardonneret ne touche point, et il ne lui dispute guère celle du chardon ; il grimpe le long des branches et se suspend à leur extrémité comme la mésange ; il est oiseau de passage, et dans ses migrations il a le vol fort élevé ; on l'entend plutôt qu'on ne l'aperçoit. Il n'a pas moins de docilité que le chardonneret ; et, quoique moins agissant, il est plus vif à certains égards, et vif par gaieté ; toujours éveillé le premier dans la volière, il est aussi le premier à gazouiller et à mettre les autres en train. On l'apprivoise plus facilement qu'aucun autre oiseau pris dans l'âge adulte ; il ne faut pour cela que lui présenter habituellement dans la main une nourriture mieux choisie que celle qu'il a à sa disposition, et bientôt il sera aussi apprivoisé que le serin le plus familier. Quoiqu'il semble choisir avec soin sa nourriture, il ne laisse pas de manger beaucoup ; il boit autant qu'il mange, ou du moins il boit très souvent, mais il se baigne peu : on a observé qu'il entre rarement dans l'eau, mais qu'il se met sur le bord de la baignoire, et qu'il y plonge seulement le bec et la poitrine sans faire beaucoup de mouvements, excepté peut-être dans les grandes chaleurs. Le ramage du tarin n'est point désagréable, quoique fort inférieur à celui du chardonneret, qu'il s'approprie, dit-on, assez facilement.

LA LINOTTE

Il est peu d'oiseaux aussi communs que la linotte, mais il en est peut-être encore moins qui réunissent autant de qualités : ramage agréable, couleurs distinguées, naturel docile et susceptible d'attachement, tout lui a été donné, tout ce qui peut attirer l'attention de l'homme et contribuer à ses plaisirs.

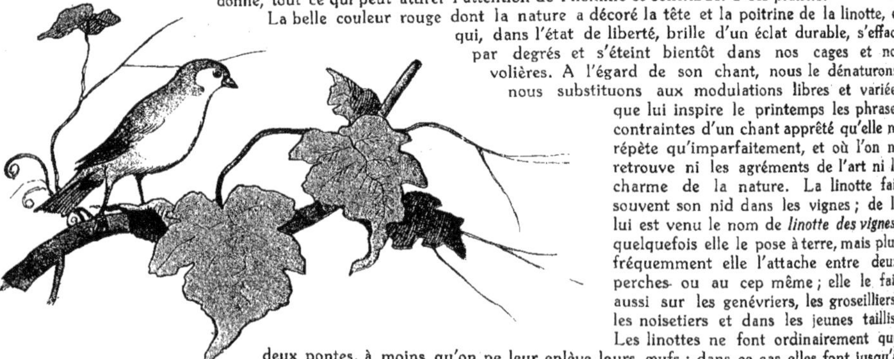

La belle couleur rouge dont la nature a décoré la tête et la poitrine de la linotte, et qui, dans l'état de liberté, brille d'un éclat durable, s'efface par degrés et s'éteint bientôt dans nos cages et nos volières. A l'égard de son chant, nous le dénaturons, nous substituons aux modulations libres et variées que lui inspire le printemps les phrases contraintes d'un chant apprêté qu'elle ne répète qu'imparfaitement, et où l'on ne retrouve ni les agréments de l'art ni le charme de la nature. La linotte fait souvent son nid dans les vignes ; de là lui est venu le nom de *linotte des vignes*; quelquefois elle le pose à terre, mais plus fréquemment elle l'attache entre deux perches ou au cep même ; elle le fait aussi sur les genévriers, les groseilliers, les noisetiers et dans les jeunes taillis. Les linottes ne font ordinairement que deux pontes, à moins qu'on ne leur enlève leurs œufs ; dans ce cas elles font jusqu'à quatre pontes. Lorsque les couvées sont finies et la famille élevée, les linottes vont par troupes nombreuses.

Elles continuent de vivre ainsi en société pendant tout l'hiver ; elles volent très serrées, s'abattent et se lèvent toutes ensemble, se posent sur les mêmes arbres, et vers le commencement du printemps on les entend chanter toutes à la fois ; leur asile pour la nuit, ce sont des chênes, des charmes, dont les feuilles, quoique sèches, ne sont point encore tombées. On les a vues sur des tilleuls, des peupliers, dont elles piquaient les boutons ; elles vivent encore de toutes sortes de petites graines, notamment de celle de chardons, etc. ; aussi les trouve-t-on indifféremment dans les terres en friche et dans les champs cultivés. Elles marchent en sautillant ; mais leur vol est suivi et ne va point par élans répétés comme celui du moineau. Le chant de la linotte s'annonce par une espèce de prélude. On croit communément en France que le ramage de la linotte rouge est meilleur que celui de la linotte grise. Les femelles ne chantent ni n'apprennent à chanter. Le nom seul de ces oiseaux indique assez la nourriture qui leur convient ; on les a nommés linottes parce qu'ils aiment la graine du lin ou celle de la linaire ; on y ajoute le panis, la navette, le chènevis, le millet, etc. Ils cassent les petites graines dans leur bec et rejettent les enveloppes ; il leur faut très peu de chènevis, parce qu'il les engraisse trop, et que cette graisse excessive les fait mourir, ou tout au moins les empêche de chanter.

Avec beaucoup de propreté, beaucoup de soins, on peut les faire vivre en captivité cinq ou six ans, suivant les uns, et beaucoup plus, selon d'autres. Ils reconnaissent les personnes qui les soignent, ils s'y attachent, viennent se poser sur elles par préférence, et les regardent avec l'air de l'affection.

LE CORBEAU

Cet oiseau a été fameux dans tous les temps ; mais sa réputation est encore plus mauvaise qu'elle n'est étendue. On l'a toujours regardé comme le dernier des oiseaux de proie et comme l'un des plus lâches et des plus dégoûtants. Les voiries infectes, les charognes pourries sont, dit-on, le fond de sa nourriture ; s'il s'assouvit d'une chair vivante, c'est de celle des animaux faibles ou utiles, comme agneaux, levrauts, etc. On prétend même qu'il attaque quelquefois les grands animaux avec avantage, et que, suppléant à la force qui lui manque par la ruse et l'agilité, il se cramponne sur le dos des buffles, les ronge tout vifs et en détail après leur avoir crevé les yeux ; et ce qui rendrait cette férocité plus odieuse, c'est qu'elle serait en lui l'effet, non de la nécessité, mais d'un appétit de préférence pour la chair et le sang, d'autant qu'il peut vivre de tous les fruits, de toutes les graines, de tous les insectes et même des poissons morts, et qu'aucun autre animal ne mérite mieux la dénomination d'omnivore.

Cette violence et cette universalité d'appétit, ou plutôt de voracité, tantôt l'a fait proscrire comme un animal nuisible et destructeur, et tantôt lui a valu la protection des lois, comme à un animal utile et bienfaisant.

Si aux traits sous lesquels nous venons de représenter le corbeau on ajoute son plumage lugubre, son cri plus lugubre encore, quoique très faible à proportion de sa grosseur, son port ignoble, son regard farouche, on ne sera pas surpris que, dans presque tous les temps, il ait été regardé comme un objet de dégoût et d'horreur. Partout on le met au nombre des oiseaux sinistres, qui n'ont le pressentiment de l'avenir que pour annoncer des malheurs.

Non seulement le corbeau a un grand nombre d'inflexions de voix répondant à ses différentes affections intérieures, il a encore le talent d'imiter le cri des autres animaux, et même la parole de l'homme. Il devient familier dans la maison, il s'apprivoise, quoique vieux, et paraît même capable d'un attachement personnel et durable.

Par une suite de cette souplesse de naturel, il apprend aussi, non pas à dépouiller sa voracité, mais à la régler et à l'employer au service de l'homme.

Il semble qu'on lui ait appris quelquefois à défendre son maître et à l'aider contre ses ennemis avec une sorte d'intelligence. Ajoutons à tout cela que le corbeau paraît avoir une grande sagacité d'odorat pour éventer de loin les cadavres. Les corbeaux, les vrais corbeaux de montagne, ne sont point oiseaux de passage. Ils semblent particulièrement attachés au rocher qui les a vus naître ; ils y restent toute l'année en nombre à peu près égal, et ils ne l'abandonnent jamais entièrement : s'ils descendent dans la plaine, c'est pour chercher leur subsistance ; mais ils y descendent plus rarement l'été que l'hiver, parce qu'ils évitent les grandes chaleurs, et c'est la seule influence que la différente température des saisons paraisse avoir sur leurs habitudes. Ils ne passent point la nuit dans les bois, ils savent se choisir dans leurs montagnes une retraite à l'abri du nord, sous des voûtes naturelles, formées par des avances ou des enfoncements de rocher ; c'est là qu'ils se retirent pendant la nuit au nombre de quinze ou vingt. Ils dorment perchés sur les arbrisseaux qui croissent entre les rochers ; ils font leurs nids dans les crevasses de ces rochers ou dans des trous de murailles, au haut des vieilles tours abandonnées, et quelquefois sur les hautes branches des arbres isolés.

La femelle se distingue du mâle de ce qu'elle est d'un noir moins décidé et qu'elle a le bec plus faible. Elle pond vers le mois de mars, jusqu'à cinq ou six œufs. Elle les couve pendant environ vingt jours, et pendant ce temps le mâle a soin de pourvoir à sa nourriture ; il y pourvoit même largement, car les gens de la campagne trouvent quelquefois dans les nids de corbeaux, ou aux environs, des amas assez considérables de grains, de noix ou d'autres fruits. Cette habitude de faire ainsi des provisions et de cacher ce qu'ils peuvent attraper, ne se borne pas aux comestibles, ni même aux choses qui peuvent leur être utiles, elle s'étend encore à tout ce qui se trouve à leur bienséance, et il paraît qu'ils préfèrent les pièces de métal et tout ce qui brille aux yeux. On en a vu un à Erfod qui eut la patience de porter une à une et de cacher sous une pierre dans un jardin, une quantité de petites monnaies, jusqu'à concurrence de cinq ou six florins ; et il n'y a guère de pays qui n'ait son histoire de pareils vols domestiques.

Quand les petits viennent d'éclore, il s'en faut bien qu'ils soient de la couleur du père et de la mère ; ils sont plutôt blancs que noirs.

Dans les premiers jours, la mère semble un peu négliger ses petits ; elle ne peut leur donner à manger que lorsqu'ils commencent à avoir des plumes, et l'on n'a pas manqué de dire qu'elle ne commençait que de ce moment à les reconnaître à leur plumage naissant, et à les traiter véritablement comme siens. La mère, après ces premiers temps, nourrit ses petits avec les aliments convenables.

Le mâle ne se contente pas de pourvoir à la subsistance de la famille, il veille aussi pour sa défense ; et s'il s'aperçoit qu'un milan ou tel autre oiseau de proie s'approche du nid, le péril de ce qu'il aime le rend courageux : il prend son essor, gagne le dessus, et, se rabattant sur l'ennemi, il le frappe violemment de son bec. Si l'oiseau de proie fait des efforts pour reprendre le dessus, le corbeau en fait de nouveaux pour conserver son avantage, et ils s'élèvent quelquefois si haut qu'on les perd absolument de vue, jusqu'à ce que, excédés de fatigue, l'un ou l'autre, ou tous les deux, se laissent tomber du haut des airs.

Il paraît assez avéré que le corbeau vit quelquefois un siècle et davantage : on en a vu dans plusieurs villes de France qui avaient atteint cet âge, et dans tous les pays et tous les temps il a passé pour un oiseau très vivace.

LES CHOUCAS

Ces oiseaux ont avec les corneilles plus de traits de conformité que de traits de dissemblance. Ils sont plus petits que les corneilles ; leur cri est plus aigre, plus perçant, et il a visiblement influé sur la plupart des noms qu'on leur a donnés en différentes langues.

Comme les corneilles, ils vivent d'insectes, de grains, de fruits, et même de chair, quoique très rarement ; mais ils n'ont pas l'habitude de se tenir sur les côtes pour se rassasier de poissons morts et autres cadavres rejetés par la mer.

Ils volent en grandes troupes ; ils forment des espèces de peuplades composées d'une multitude de nids placés les uns près des autres et comme entassés, ou sur un grand arbre, ou dans un clocher, ou dans le comble d'un vieux château abandonné.

Le mâle et la femelle restent longtemps attachés l'un à l'autre. La femelle pond cinq ou six œufs, et lorsque les petits sont éclos, elle les soigne, les nourrit, les élève avec une affection que le mâle s'empresse de partager.

Les choucas sont oiseaux de passage ; cependant les tours de Vincennes en sont peuplées en tout temps, ainsi que tous les vieux édifices qui leur offrent la même sûreté et les mêmes commodités ; mais on en voit toujours moins en France l'été que l'hiver. On les apprivoise facilement, on leur apprend à parler sans peine, ils semblent se plaire dans l'état de domesticité; mais ce sont des domestiques infidèles qui, cachant la nourriture superflue qu'ils ne peuvent consommer, et emportant des pièces de monnaie et des bijoux qui ne leur sont d'aucun usage, appauvrissent le maître sans s'enrichir eux-mêmes.

LE CASSE-NOIX

Cet oiseau mange les noisettes qu'il casse, et se nourrit encore de glands, de baies sauvages, de pignons qu'il épluche fort adroitement, et même d'insectes ; enfin il cache, comme les geais, les pies et les choucas, ce qu'il n'a pu consommer. Les casse-noix se plaisent surtout dans les pays montagneux.

On en voit communément en Auvergne, en Savoie, en Lorraine, en Franche-Comté, en Suisse, dans le Bergamasque, en Autriche, sur les montagnes couvertes de forêts de sapins : on les retrouve jusqu'en Suède, mais seulement dans la partie méridionale de ce pays, et rarement au delà.

Quoiqu'ils ne soient point oiseaux de passage, ils quittent quelquefois leurs montagnes pour se répandre dans les plaines ; on les voit de temps en temps arriver en troupe, avec d'autres oiseaux, en différents cantons de l'Allemagne, et toujours par préférence dans ceux où ils trouvent des sapins.

Une des raisons qui les empêchent de rester et de se perpétuer dans les bons pays, c'est que, comme ils causent un grand préjudice aux forêts en perçant les gros arbres à la manière des pics, les propriétaires leur font une guerre continuelle.

On n'a aucuns détails sur leur ponte, l'éducation de leurs petits, la durée de leur vie. C'est qu'ils habitent des lieux inaccessibles où ils sont, où ils seront longtemps inconnus, et d'autant plus en sûreté, d'autant plus heureux.

LA CORBINE OU CORNEILLE NOIRE

Les corbines passent l'été dans les grandes forêts, d'où elles ne sortent de temps en temps que pour chercher leur subsistance et celle de leur couvée. En hiver, on voit autour des lieux habités des volées nombreuses, composées de toutes les espèces de corneilles, se tenant presque toujours à terre pendant le jour, errant pêle-mêle avec nos troupeaux et nos bergers, voltigeant sur les pas de nos laboureurs et sautant quelquefois sur le dos des cochons et des brebis avec une familiarité qui les ferait prendre pour des oiseaux domestiques et apprivoisés. La nuit, elles se retirent dans les forêts sur de grands arbres qu'elles paraissent avoir adoptés et qui sont des points de ralliement où elles se rassemblent le soir de tous côtés, quelquefois de plus de trois lieues à la ronde, et d'où elles se dispersent tous les matins.

On reconnaît la femelle à son plumage, qui a moins de lustre et de reflets. Elle pond cinq ou six œufs, elle les couve environ trois semaines, et pendant qu'elle couve, le mâle lui apporte à manger.

Lorsqu'une buse ou une cresserelle vient à passer près du nid, le père et la mère se réunissent pour les attaquer et ils se jettent sur elles avec tant de fureur qu'ils les tuent quelquefois en leur crevant la tête à coups de bec. Ils se battent aussi avec les pies-grièches ; mais celles-ci, quoique plus petites, sont si courageuses qu'elles viennent souvent à bout de les vaincre, de les chasser, et d'enlever toute la couvée.

La corbine apprend à parler comme le corbeau, et comme lui elle est omnivore : insectes, vers, œufs d'oiseau, poissons, grains, fruits, toute nourriture lui convient ; elle sait aussi casser les noix en les laissant tomber d'une certaine hauteur ; elle visite les lacets et les pièges, et fait son profit des oiseaux qu'elle y trouve engagés ; elle attaque même le petit gibier affaibli ou blessé, mais, par une juste alternative, elle devient à son tour la proie d'un ennemi plus fort, tel que le milan, le grand-duc, etc.

Comme cet oiseau est fort rusé, qu'il a l'odorat très subtil, et qu'il vole ordinairement en grandes troupes, il se laisse difficilement approcher et ne donne guère dans les pièges des oiseleurs. Parmi les variétés de l'espèce, on cite le freux ou la frayonne et la corneille mantelée.

LE ROLLIER D'EUROPE

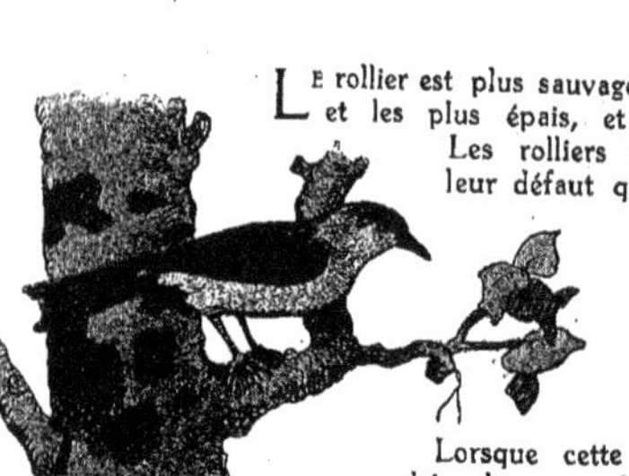

Le rollier est plus sauvage que le geai et la pie ; il se tient dans les bois les moins fréquentés et les plus épais, et jamais on n'a réussi à l'apprivoiser et à lui apprendre à parler. Les rolliers nichent, autant qu'ils peuvent, sur les bouleaux, et ce n'est qu'à leur défaut qu'ils s'établissent sur d'autres arbres ; mais dans les pays où les arbres sont rares, comme dans l'île de Malte et en Afrique, on dit qu'ils font leur nid dans la terre.

On voit souvent ces oiseaux avec les pies et les corneilles, dans les champs labourés qui se trouvent à portée de leurs forêts ; ils y ramassent les petites graines, les racines et les vers que le soc a ramenés à la face de la terre, et même les grains nouvellement semés.

Lorsque cette ressource leur manque, ils se rabattent sur les baies sauvages, les scarabées, les sauterelles et même les grenouilles.

L'ÉTOURNEAU

Il est peu d'oiseaux aussi généralement connus que celui-ci, surtout dans nos climats tempérés ; car, outre qu'il passe toute l'année dans le canton qui l'a vu naître sans jamais voyager au loin, la facilité qu'on trouve à l'apprivoiser et à lui donner une sorte d'éducation fait qu'on en nourrit beaucoup en cage.

En liberté, c'est surtout le soir que les étourneaux se réunissent en grand nombre, comme pour se mettre en force et se garantir des dangers de la nuit : ils la passent ordinairement tout entière, ainsi rassemblés, dans les roseaux où ils se jettent vers la fin du jour avec grand fracas. Ils jasent beaucoup le soir et le matin avant de se séparer, mais beaucoup moins le reste de la journée, et point du tout pendant la nuit.

Les étourneaux sont tellement nés pour la société qu'ils ne vont pas seulement de compagnie avec ceux de leur espèce, mais avec des espèces différentes. Quelquefois au printemps et en automne, c'est-à-dire avant et après la saison des couvées, on les voit se mêler et vivre avec les corneilles et même avec les pigeons.

Ils ne prennent pas beaucoup de peine pour leur nid, car souvent ils s'emparent de celui du pivert, comme le pivert s'empare quelquefois du leur. Lorsqu'ils veulent le construire eux-mêmes, toute la façon consiste à amasser quelques feuilles sèches, quelques brins d'herbe et de mousse au fond d'un trou d'arbre ou de muraille ; c'est sur ce matelas fait sans art que la femelle dépose cinq ou six œufs qu'elle couve l'espace de dix-huit à vingt jours. Quelquefois elle fait sa ponte dans les colombiers, au-dessus des entablements des maisons, et même dans les trous de rochers sur les côtes de la mer. Les étourneaux vivent de limaces, de vermisseaux, de scarabées ; ils se nourrissent aussi de blé, de sarrasin, de mil, de chènevis, de graine de sureau, d'olives, de cerises, de raisins.

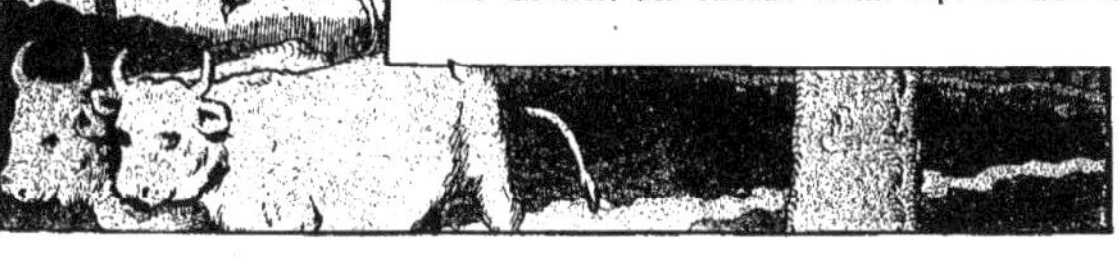

Ils suivent volontiers les bœufs et autre gros bétail paissant dans les prairies, attirés, dit-on, par les insectes qui voltigent autour d'eux.

On les accuse encore de se nourrir de la chair des cadavres exposés sur les fourches patibulaires ; mais ils n'y vont apparemment que parce qu'ils y trouvent des insectes. Ces oiseaux vivent sept ou huit ans, et même plus, dans l'état de domesticité. Un étourneau peut apprendre à parler indifféremment français, allemand, latin, grec, etc., et à prononcer de suite des phrases un peu longues ; son gosier souple se prête à toutes les inflexions, à tous les accents. Il articule franchement la lettre R, et soutient très bien son nom de sansonnet ou plutôt de *chansonnet*, par la douceur de son ramage acquis, beaucoup plus agréable que son ramage naturel.

Cet oiseau est fort répandu dans l'ancien continent : on le trouve en Suède, en Allemagne, en France, en Italie, dans l'île de Malte, au cap de Bonne-Espérance.

LA PIE

La pie passe ordinairement la belle saison avec son mâle, et occupée de la ponte et de ses suites. L'hiver, elle vole par troupes, et s'approche d'autant plus des lieux habités, qu'elle y trouve plus de ressources pour vivre, et que la rigueur de la saison lui rend ces ressources plus nécessaires. Elle s'accoutume aisément à la vue de l'homme ; elle devient bientôt familière dans la maison. Elle jase à peu près comme la corneille, et apprend aussi à contrefaire la voix des autres animaux et la parole de l'homme. On en cite une qui imitait parfaitement le cri du veau, du chevreau, de la brebis, et même le flageolet du berger ; une autre qui répétait en entier une fanfare de trompette. Margot est le nom qu'on a coutume de lui donner, parce que c'est celui qu'elle prononce le plus volontiers ou le plus facilement.

On prend la pie dans les mêmes pièges et de la même manière que la corneille, et l'on a reconnu en elle les mêmes mauvaises habitudes, celles de voler et de faire des provisions. On croit aussi qu'elle annonce la pluie lorsqu'elle jase plus qu'à l'ordinaire.

Elle montre plus d'inquiétude et d'activité que les corneilles, plus de malice et de penchant à une sorte de moquerie. Elle met aussi plus de combinaison et plus d'art dans la construction de son nid, soit qu'elle se montre très tendre pour ses petits, soit qu'elle sache que plusieurs oiseaux de rapine sont fort avides de ses œufs et de ses petits. Elle pond sept ou huit œufs à chaque couvée, et ne fait qu'une seule couvée par an, à moins qu'on ne détruise ou qu'on ne dérange son nid, auquel cas elle en entreprend tout de suite un autre, et le couple y travaille avec tant d'ardeur, qu'il est achevé en moins d'un jour; après quoi elle fait une seconde ponte de quatre ou cinq œufs ; et si elle est encore troublée, elle fera un troisième nid semblable aux deux premiers, et une troisième ponte, mais toujours moins abondante.

Les piats, ou les petits de la pie, sont aveugles et à peine ébauchés en naissant : ce n'est qu'avec le temps, et par degrés, que le développement s'achève et que leur forme se décide. La mère non seulement les élève avec sollicitude, mais leur continue ses soins longtemps après qu'ils sont élevés.

Quant à la durée de la vie de la pie, on en a nourri une qui a vécu plus de vingt ans, mais qui, à cet âge, était tout à fait aveugle de vieillesse. Cet oiseau est très commun en France, en Angleterre, en Allemagne, en Suède et dans toute l'Europe, excepté en Laponie et dans les pays de montagnes, où elle est rare ; d'où l'on peut conclure qu'elle craint le grand froid.

LE GEAI

Les geais sont fort pétulants de leur nature ; ils ont les sensations vives, les mouvements brusques, et dans leurs fréquents accès de colère ils s'emportent et oublient le soin de leur propre conservation au point de se prendre quelquefois la tête entre deux branches, et ils meurent ainsi suspendus en l'air. Leur agitation perpétuelle prend encore un nouveau degré de violence lorsqu'ils se sentent gênés, et c'est la raison pourquoi ils deviennent tout à fait méconnaissables en cage, ne pouvant y conserver la beauté de leurs plumes, qui sont bientôt cassées, usées, déchirées, flétries par un frottement continuel. Leur cri ordinaire est très désagréable et ils le font entendre souvent ; ils ont aussi de la disposition à contrefaire celui de plusieurs oiseaux qui ne chantent pas mieux, tels que la cresserelle, le chat-huant, etc. S'ils aperçoivent dans le bois un renard ou quelque autre animal de rapine, ils jettent un certain cri très perçant, comme pour s'appeler les uns les autres, et on les voit en peu de temps rassemblés en force et se croyant en état d'imposer par le nombre ou du moins par le bruit. Ils ont, comme la pie, les choucas, les corneilles et les corbeaux, l'habitude d'enfouir leurs provisions superflues et celle de dérober tout ce qu'ils peuvent emporter ; mais ils ne se souviennent pas toujours de l'endroit où ils ont enterré leur trésor, ou bien, selon l'instinct commun à tous les avares, ils sentent plus la crainte de le diminuer que le désir d'en faire usage. Les geais nichent dans les bois et loin des lieux habités, préférant les chênes les plus touffus et ceux dont le tronc est entouré de lierre : mais ils ne construisent pas leurs nids avec autant de précaution que la pie. Ils pondent quatre ou cinq œufs ; d'autres disent cinq ou six. Les petits subissent leur première mue dès le mois de juillet ; ils suivent leurs père et mère jusqu'au printemps de l'année suivante, temps où ils les quittent pour se réunir deux à deux et former de nouvelles familles.

Dans l'état de domesticité, auquel ils se façonnent aisément, ils s'accoutument à toutes sortes de nourriture et vivent ainsi huit à dix ans ; dans l'état sauvage, ils se nourrissent non seulement de glands et de noisettes, mais de châtaignes, de pois, de fèves, de sorbes, de groseilles, de cerises, de framboises, etc. Ils dévorent aussi les autres petits oiseaux, quand ils peuvent les surprendre dans le nid.

On trouve le geai en Suède, en Écosse, en Angleterre, en Allemagne, en Italie, et il n'est étanger à aucune contrée de l'Europe, ni même à aucune des contrées correspondantes de l'Asie.

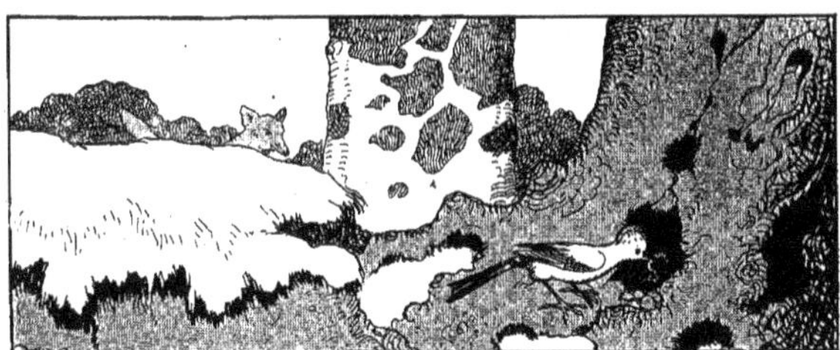

L'OISEAU DE PARADIS

Le nom d'*oiseau de Paradis* fait naître encore dans la plupart des têtes l'idée d'un oiseau qui n'a point de pieds, qui vole toujours, même en dormant, ou se suspend tout au plus pour quelques instants aux branches des arbres, par le moyen des longs filets de sa queue ; qui ne vit que de vapeurs et de rosée ; en un mot, qui n'a d'autre existence que le mouvement, d'autre élément que l'air, qui s'y soutient toujours tant qu'il respire, comme les poissons se soutiennent dans l'eau, et qui ne touche la terre qu'après sa mort.

Ce tissu d'erreurs grossières n'est qu'une chaîne de conséquences assez bien tirées de la première erreur, qui suppose que l'oiseau de Paradis n'a point de pieds, quoiqu'il en ait d'assez gros.

Si quelque chose pouvait donner une apparence de probabilité à la fable du vol perpétuel de l'oiseau de Paradis, c'est sa grande légèreté, produite par la quantité et l'étendue considérable de ses plumes.

On a remarqué que les oiseaux de Paradis cherchent à se mettre à l'abri des grands vents, et choisissent pour leur séjour ordinaire les contrées qui y sont le moins exposées.

Ce bel oiseau n'est pas fort répandu : on ne le trouve guère que dans une partie de l'Asie et dans la Nouvelle-Guinée.

L'attachement de l'oiseau de Paradis pour les contrées où croissent les épiceries donne lieu de croire qu'il rencontre sur ces arbres aromatiques la nourriture qui lui convient le mieux ; du moins est-il certain qu'il ne vit pas uniquement de la rosée. Il se nourrit de baies rouges que produit un arbre fort élevé. Il fait sa proie des grands papillons, et il donne quelquefois la chasse aux petits oiseaux et les mange. Les bois sont sa demeure ordinaire ; il se perche sur les arbres. Son vol ressemble à celui des hirondelles; d'autres disent qu'il a, en effet, la forme de l'hirondelle, mais qu'il a le vol plus élevé, et qu'on le voit toujours au haut de l'air.

LE GRIMPEREAU

Cet oiseau est presque toujours en mouvement ; mais tout son mouvement, toute son action porte, pour ainsi dire, sur le même point : il reste toute l'année dans le pays qui l'a vu naître ; un trou d'arbre est son habitation ordinaire ; c'est de là qu'il va à la chasse des insectes de l'écorce et de la mousse ; c'est aussi le lieu où la femelle fait sa ponte et couve ses œufs. Elle pond d'ordinaire cinq œufs et presque jamais plus de sept.

Cet oiseau se trouve en France, en Angleterre, en Allemagne et jusqu'en Danemark ; il n'a qu'un petit cri fort aigu et fort commun.

LA HUPPE

En Égypte, les huppes se rassemblent, dit-on, par petites troupes, et lorsqu'une d'entre elles est séparée des autres, elle rappelle ses compagnes par un cri fort aigu à deux temps, *zi, zi*. Dans la plupart des autres pays, elles vont seules ou tout au plus par paires. Quelquefois au temps du passage, il s'en trouve un assez grand nombre dans le même canton ; mais c'est une multitude d'individus isolés qui ne sont unis entre eux par aucun lien social, et par conséquent ne peuvent former une véritable troupe : aussi partent-elles les unes après les autres quand elles sont chassées. D'autre part, comme elles ont toutes la même organisation, toutes doivent être et sont mues de la même manière par les mêmes causes ; et c'est la raison pourquoi toutes, en s'envolant, se portent vers les mêmes climats, et suivent à peu près la même route. Elles sont répandues dans presque tout l'ancien continent. Dans toute l'Europe, elles sont oiseaux de passage et n'y restent point l'hiver, pas même dans les beaux pays de la Grèce et de l'Italie : on en trouve quelquefois en mer, et de bons observateurs les mettent au nombre des oiseaux que l'on voit passer deux fois chaque année dans l'île de Malte. On dit qu'elles ont la faculté de grimper sur l'écorce des arbres ; elles font leur ponte dans des trous d'arbres ; elles y déposent le plus souvent leurs œufs. La femelle pond depuis deux jusqu'à sept œufs, mais plus communément quatre ou cinq ; ces œufs n'éclosent pas tous, à beaucoup près, au même terme.

On a vu souvent la mère porter à manger à ses petits, mais le père n'en fait pas autant.

Comme on ne voit guère ces oiseaux en troupes, il est naturel de penser que la famille se disperse dès que les jeunes sont en état de voler.

Le cri du mâle est *bou, bou, bou* ; c'est surtout au printemps qu'il le fait entendre, et on l'entend de très loin.

On prétend avoir remarqué dans son cri différentes inflexions, différents accents appropriés aux différentes circonstances, tantôt un gémissement sourd qui annonce la pluie prochaine, tantôt un cri plus aigu qui avertit de l'apparition d'un renard.

On dit que cet oiseau ne va jamais aux fontaines pour y boire, et que par cette raison il se prend rarement dans les pièges, surtout à l'abreuvoir.

Les huppes quittent nos pays septentrionaux sur la fin de l'été ou au commencement de l'automne, et n'attendent jamais les grands froids ; mais quoique en général elles soient des oiseaux de passage dans notre Europe, il est possible qu'en certaines circonstances il en soit resté quelques-unes.

Selon certains auteurs, la huppe était, chez les Égyptiens, l'emblème de la piété filiale : les jeunes prenaient soin, dit-on, de leur père et de leur mère, devenus caducs ; ils les réchauffaient sous leurs ailes ; ils soufflaient sur leurs yeux malades et y appliquaient des herbes salutaires ; en un mot, ils leur rendaient tous les services qu'ils en avaient reçus dans leur bas âge.

La huppe ne vit que trois ans, mais cela doit s'entendre de la huppe domestique, dont nous abrégeons la vie faute de pouvoir lui donner la nourriture la plus convenable.

Il ne serait pas aussi aisé de déterminer la vie moyenne de la huppe sauvage et libre, et d'autant moins aisé qu'elle est oiseau de passage.

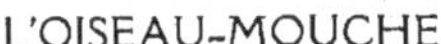

L'OISEAU-MOUCHE

De tous les êtres animés, voici le plus élégant pour la forme et le plus brillant pour les couleurs. Le bijou, le chef-d'œuvre de la nature est le petit oiseau-mouche ; elle l'a comblé de tous les dons qu'elle n'a fait que partager aux autres oiseaux : légèreté, rapidité, prestesse, grâce et riche parure, tout appartient à ce petit favori. L'émeraude, le rubis, la topaze brillent sur ses habits ; il ne les souille jamais de la poussière de la terre, et dans sa vie tout aérienne on le voit à peine toucher le gazon par instants ; il est toujours en l'air, volant de fleurs en fleurs ; il a leur fraîcheur comme il a leur éclat ; il vit de leur nectar et n'habite que les climats où sans cesse elles se renouvellent.

C'est dans les contrées les plus chaudes du Nouveau-Monde que se trouvent toutes les espèces d'oiseaux-mouches.

Leur bec est une aiguille fine et leur langue un fil délié ; leurs petits yeux noirs ne paraissent que deux points brillants ; les plumes de leurs ailes sont si délicates qu'elles en semblent transparentes ; à peine aperçoit-on leurs pieds, tant ils sont courts et menus ; ils en font peu d'usage, ils ne se posent que pour passer la nuit, et se laissent pendant le jour emporter dans les airs ; leur vol est continu, bourdonnant et rapide. Leur battement est si vif que l'oiseau, s'arrêtant dans les airs, paraît non seulement immobile, mais tout à fait sans action ; on le voit s'arrêter quelques instants devant une fleur et partir comme un trait pour aller à une autre ; il les visite toutes, plongeant sa petite langue dans leur sein, les flattant de ses ailes, sans jamais s'y fixer, mais aussi sans jamais les flétrir ; il ne fait que pomper leur miel, et c'est à cet usage que sa langue paraît uniquement destinée.

Rien n'égale la vivacité de ces petits oiseaux, si ce n'est leur courage, ou plutôt leur audace. On les voit poursuivre avec furie des oiseaux vingt fois plus gros qu'eux, s'attacher à leur corps, et, se laissant emporter par leur vol, les becqueter à coups redoublés jusqu'à ce qu'ils aient assouvi leur petite colère.

Quelquefois même ils se livrent entre eux de très vifs combats ; l'impatience paraît être leur âme. Ils n'ont point d'autre voix qu'un petit cri, *screp, screp*, fréquent et répété ; ils le font entendre dans les bois dès l'aurore, jusqu'à ce qu'aux premiers rayons du soleil tous prennent l'essor et se dispersent dans les campagnes.

Ils sont solitaires, et il serait difficile qu'étant sans cesse emportés dans les airs, ils pussent se reconnaître et se joindre. On voit les oiseaux-mouches deux à deux dans le temps des nichées ; le nid qu'ils construisent répond à la délicatesse de leur corps ; il est fait d'un coton fin ou d'une bourre soyeuse recueillie sur des fleurs ; la femelle se charge de l'ouvrage et laisse au mâle le soin d'apporter les matériaux.

On la voit empressée à ce travail chéri, à ce doux berceau de sa progéniture. Ce nid n'est pas plus gros que la moitié d'un abricot et fait de même en demi-coupe ; on y trouve deux œufs tout blancs et pas plus gros que des petits pois. Le mâle et la femelle les couvent tour à tour pendant douze jours ; les petits éclosent au treizième jour, et ne sont alors pas plus gros que des mouches.

Avec le lustre et le velouté des fleurs, on a voulu encore en trouver le parfum à ces jolis oiseaux. Plusieurs auteurs ont écrit qu'ils sentaient le musc ; c'est une erreur. Ce n'est pas la seule petite merveille que l'imagination ait voulu ajouter à leur histoire : on a dit qu'ils étaient moitié oiseaux et moitié mouches. On a dit qu'ils mouraient avec les fleurs pour renaître avec elles ; qu'ils passaient dans un sommeil et un engourdissement total toute la mauvaise saison, suspendus par le bec à l'écorce d'un arbre ; mais ces fictions ont été rejetées par les naturalistes sensés.

LE COLIBRI

La nature, en prodiguant tant de beautés à l'oiseau-mouche, n'a pas oublié le colibri ; elle l'a produit dans le même climat et formé sur le même modèle. Aussi brillant, aussi léger que l'oiseau-mouche, et vivant comme lui sur les fleurs, le colibri est paré de même de tout ce que les plus riches couleurs ont d'éclatant, de moelleux, de suave et ce que l'on a dit de la beauté de l'oiseau-mouche, de sa vivacité, de son vol bourdonnant et rapide, de sa constance à visiter les fleurs, de sa manière de nicher et de vivre, doit s'appliquer également au colibri. Un même instinct anime ces deux charmants oiseaux, et comme ils se ressemblent presque en tout, souvent on les a confondus sous un même nom ; celui de *colibri* est pris de la langue des Caraïbes.

Tous les naturalistes attribuent avec raison aux colibris et aux oiseaux-mouches la même manière de vivre.

Il n'est pas plus facile d'élever les petits du colibri que ceux de l'oiseau-mouche : aussi délicats, ils périssent de même en captivité ; on a vu le père et la mère, par audace de tendresse, venir jusque dans les mains du ravisseur porter la nourriture à leurs petits.

Un auteur, qui ne sépare pas les colibris des oiseaux-mouches, ne donne à tous qu'un même petit cri, et nul des voyageurs n'attribue de chant à ces oiseaux.

Il ne paraît pas que les colibris s'avancent aussi loin dans l'Amérique septentrionale que les oiseaux-mouches. C'est donc à vingt ou vingt et un degrés de température qu'ils se plaisent ; c'est là que, dans une suite non interrompue de jouissances et de délices, ils volent de la fleur épanouie à la fleur naissante, et que l'année, composée d'un cercle entier de beaux jours, ne fait pour eux qu'une seule saison constante de plaisirs les plus variés.

LE GUÊPIER

Cet oiseau mange non seulement les guêpes et les abeilles, mais il mange aussi les bourdons, les cigales, les cousins, les mouches et autres insectes, qu'il attrape en volant ; c'est la proie dont il est le plus friand. A défaut d'insectes, il se rabat sur les petites graines, même sur le froment.

Les guêpiers sont très communs dans l'île de Candie ; on en a vu en Italie et ils se trouvent dans le midi de la France, où même on ne les regarde point comme oiseaux de passage : c'est de là cependant qu'ils se répandent quelquefois par petites troupes de dix ou douze dans les pays plus septentrionaux.

Ces oiseaux nichent au fond des trous qu'ils savent se creuser avec leurs pieds courts et forts, et leur bec de fer, comme disent les Siciliens, dans les coteaux dont le terrain est le moins dur, et quelquefois dans les rives escarpées et sablonneuses des grands fleuves ; ils donnent à ces trous jusqu'à six pieds et plus, soit de longueur, soit de profondeur.

La femelle y dépose quatre ou cinq ou même six ou sept œufs, mais on ne peut observer ce qui se passe dans l'intérieur de ces obscurs souterrains ; tout ce qu'on peut assurer, c'est que la jeune famille ne se disperse point.

Une singularité qui distinguerait cet oiseau de tout autre, si elle était bien avérée, c'est l'habitude qu'on lui prête de voler à rebours ; mais c'est une erreur.

Il en est de même de cette piété filiale dont on a fait honneur à plusieurs oiseaux, mais dont on semble avoir accordé la palme à ceux-ci, puisque, si l'on en croit bien des auteurs, ils n'attendent pas que leurs soins deviennent nécessaires à leur père et à leur mère pour les leur consacrer ; ils les servent dès qu'ils sont en état de voler, ils leur portent à manger dans leurs trous et préviennent tous leurs besoins.

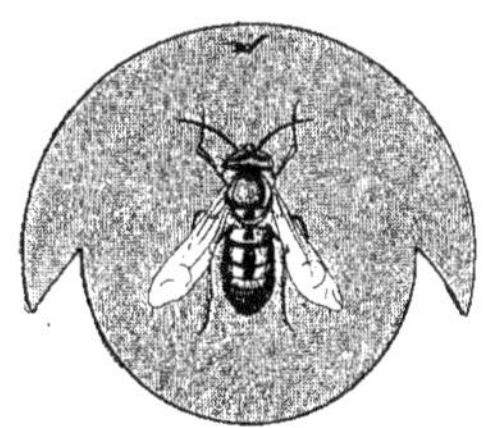

LE POUILLOT

Le pouillot est un oiseau fort petit ; il vit de mouches et d'autres petits insectes. Il habite les bois pendant l'été ; fait son nid dans le fort des buissons ou dans une touffe d'herbes épaisses ; il le construit avec autant de soin qu'il le cache. La femelle du pouillot pond ordinairement quatre ou cinq œufs, et quelquefois six ou sept ; les petits restent dans le nid jusqu'à ce qu'ils puissent voler aisément.

En automne, le pouillot quitte les bois et vient chanter dans nos jardins et nos vergers ; sa voix, dans cette saison, s'exprime par *tuit, tuit*, et ce son presque articulé est le nom qu'on lui donne dans quelques provinces.

Dans le pouillot, le mouvement est encore plus continu que la voix, car il ne cesse de voltiger vivement de branche en branche ; il part de celle où il se trouve pour attraper une mouche, revient, repart en furetant sans cesse dessus et dessous les feuilles pour chercher des insectes. Ces oiseaux arrivent en avril, souvent avant le développement des feuilles : ils sont en troupes de quinze ou vingt pendant le voyage ; mais au moment de leur arrivée ils se séparent. S'il survient des frimas dans ces premiers temps de leur retour, ils sont saisis du froid et tombent morts sur les chemins.

LE TROGLODYTE

Le troglodyte est ce très petit oiseau qu'on voit paraître dans les villages et près des villes à l'arrivée de l'hiver et jusque dans la saison la plus rigoureuse, exprimant d'une voix claire un petit ramage gai, particulièrement vers le soir, se montrant un instant sur le haut des piles de bois, sur les tas de fagots, où il rentre le moment d'après, ou bien sur l'avance d'un toit, où il ne reste qu'un instant, et se dérobe vite sous la couverture ou dans un trou de muraille ; quand il en sort, il sautille sur les branchages entassés, sa petite queue toujours relevée ; il n'a qu'un vol court et tournoyant, et ses ailes battent d'un mouvement si vif, que les vibrations en échappent à l'œil.

Ce très petit oiseau est presque le seul qui reste dans nos contrées jusqu'au fort de l'hiver ; il est le seul qui conserve sa gaieté dans cette triste saison ; on le voit toujours vif et joyeux ; son chant haut et clair est composé de notes brèves et rapides.

C'est la seule voix légère qui se fasse entendre dans cette saison, où le silence des habitants de l'air n'est interrompu que par le croassement désagréable des corbeaux. Le troglodyte se fait surtout entendre quand il est tombé de la neige, ou sur le soir, lorsque le froid doit redoubler la nuit. Il vit ainsi dans les basses-cours, dans les chantiers, cherchant dans les branchages, sur les écorces, sous les toits, dans les trous des murs et jusque dans les puits, les chrysalides et les cadavres des insectes. Il fréquente aussi les bords des sources chaudes et des ruisseaux qui ne gèlent pas, se retirant dans quelque saule creux, où quelquefois ces oiseaux se rassemblent en nombre ; ils vont souvent boire et retournent promptement à leur domicile commun. Quoique familiers, peu défiants et faciles à se laisser approcher, ils sont néanmoins difficiles à prendre : leur petitesse ainsi que leur prestesse les fait presque toujours échapper à leurs ennemis. Ils font leur nid près de terre ou sur le gazon. La femelle y pond neuf à dix œufs ; elle les abandonne si elle s'aperçoit qu'on les ait découverts ; les petits se hâtent de quitter le nid avant de pouvoir voler et on les voit courir dans les buissons comme de petits rats. Cet oiseau est répandu en Europe et presque partout.

LE MARTIN-PÊCHEUR OU L'ALCYON

Le nom de *martin-pêcheur* vient de *martinet-pêcheur*, qui était l'ancienne dénomination française de cet oiseau, dont le vol ressemble à celui de l'hirondelle-martinet, lorsqu'elle file près de terre ou sur les eaux. Son nom ancien, *alcyon*, était bien plus noble, et on aurait dû le lui conserver.

C'est le plus bel oiseau de nos climats, et il n'y en a aucun en Europe qu'on puisse comparer au martin-pêcheur pour la netteté, la richesse et l'éclat des couleurs : elles ont les nuances de l'arc-en-ciel, le brillant de l'émail, le lustre de la soie ; tout le milieu du dos, avec le dessus de la queue est d'un bleu clair et brillant, qui, aux rayons du soleil, a le jeu du saphir et l'œil de la turquoise ; le vert se mêle au bleu sur les ailes, et la plupart des plumes y sont terminées et ponctuées par une teinte d'aigue-marine ; la tête et le dessus du cou sont pointillés de même de taches plus claires sur un fond d'azur.

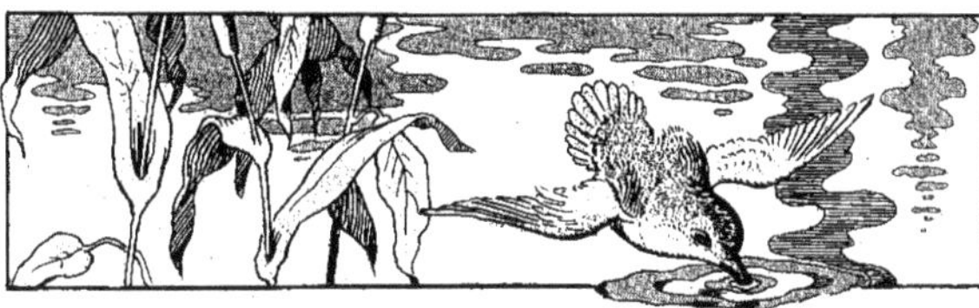

Il semble que le martin-pêcheur se soit échappé de ces climats où le soleil verse, avec les flots d'une lumière plus pure, tous les trésors des plus riches couleurs. Cet oiseau, quoique originaire des climats chauds, s'est habitué à la température et même au froid du nôtre : on le voit, en hiver, le long des ruisseaux plonger sous la glace, et en sortir en rapportant sa proie.

Son vol est rapide et filé ; il suit ordinairement les contours des ruisseaux en rasant la surface de l'eau ; il crie en volant, *ki, ki, ki, ki,* d'une voix perçante et qui fait retentir les rivages. Il est très sauvage et part de loin, il se tient sur une branche avancée au-dessus de l'eau pour pêcher ; il y reste immobile, et épie souvent deux heures entières le moment du passage d'un petit poisson. Il fond sur cette proie en se laissant tomber dans l'eau, où il reste plusieurs secondes ; il en sort avec le poisson au bec, qu'il porte ensuite à terre, contre laquelle il le bat pour le tuer avant de l'avaler.

Il niche au bord des rivières et des ruisseaux, dans des trous creusés par les rats d'eau ou par les écrevisses. Dès le mois de mars, il commence à fréquenter son trou.

L'espèce de notre martin-pêcheur n'est pas nombreuse, quoique ces oiseaux produisent six, sept et jusqu'à neuf petits ; mais le genre de vie auquel ils sont assujettis les fait souvent périr, et ce n'est pas toujours impunément qu'ils bravent la rigueur de nos hivers : on en trouve de morts sur la glace. Le martin-pêcheur ne peut s'apprivoiser et il reste toujours sauvage.

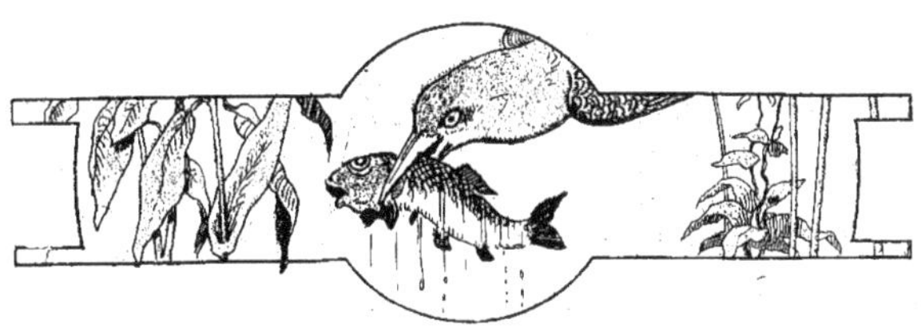

LA SITTELLE

La sittelle ne passe guère d'un pays à l'autre ; elle se tient, l'hiver comme l'été, dans celui qui l'a vue naître : seulement, en hiver, elle cherche les bonnes expositions, s'approche des lieux habités, et vient quelquefois jusque dans les vergers et les jardins : d'ailleurs, elle peut se mettre à l'abri dans les mêmes trous où elle fait sa ponte et son petit magasin, et où probablement elle passe toutes les nuits.

Quoique la sittelle emploie une bonne partie de son temps à grimper, ou, si l'on veut, à ramper sur les arbres, elle a néanmoins les mouvements très lestes et beaucoup plus prompts que le moineau. Elle se tient ordinairement dans les bois, où elle mène la vie la plus solitaire ; et cependant lorsqu'elle se trouve enfermée dans une volière avec d'autres oiseaux, comme moineaux, pinsons, etc., elle vit avec eux en fort bonne intelligence.

Au printemps, le mâle et la femelle travaillent à l'arrangement du nid ; ils l'établissent dans un trou d'arbre. Le nid étant ainsi arrangé, ceux qui le regardent par dehors n'imagineraient pas qu'il recélât des oiseaux. La femelle y pond cinq, six et jusqu'à sept œufs, elle les dépose sur de la poussière de bois, de la mousse, etc. ; elle les couve avec beaucoup d'assiduité, et elle y est tellement attachée qu'elle se laisse arracher les plumes plutôt que de les abandonner ; elle ne quitte pas même ses œufs pour aller à la pâture, elle attend que son mâle lui apporte à manger, et ce mâle paraît remplir ce devoir avec affection. L'un et l'autre vivent de fourmis, de chenilles, de scarabées, de cerfs-volants et de toutes sortes d'insectes, indépendamment des noix et noisettes. Les petits éclosent au mois de mai. Lorsque l'éducation est finie, il est rare que le père et la mère recommencent une seconde ponte, mais ils se séparent pour vivre seuls pendant l'hiver, chacun de son côté.

La sittelle se tait la plus grande partie de l'année : son cri ordinaire est *ti, ti, ti, ti, ti, ti*, qu'elle répète en grimpant autour des arbres, et dont elle précipite la mesure de plus en plus ; elle chante aussi pendant la nuit.

LES MÉSANGES

Tous les oiseaux de cette famille sont faibles en apparence, parce qu'ils sont très petits ; mais ils sont en même temps vifs, agissants et courageux. On les voit sans cesse en mouvement; sans cesse ils voltigent d'arbre en arbre, ils sautent de branche en branche, ils grimpent sur l'écorce, ils gravissent contre les murailles ; ils s'accrochent, se suspendent de toutes les manières, souvent même la tête en bas, afin de pouvoir fouiller dans toutes les petites fentes et y rechercher les vers, les insectes ou leurs œufs. Ils vivent aussi de graines. Si on leur suspend une noix au bout d'un fil, ils s'accrocheront à cette noix et en suivront les oscillations ou balancements sans lâcher prise, sans cesser de la becqueter.

La plupart des mésanges d'Europe se trouvent dans nos climats en toute saison, mais jamais en aussi grand nombre que sur la fin de l'automne, temps où celles qui se tiennent l'été dans les bois ou sur les montagnes en sont chassées par le froid, les neiges, et sont forcées de venir chercher leur subsistance dans les plaines cultivées, et à portée des lieux habités.

En général toutes les mésanges, quoique un peu farouches, aiment la société de leurs semblables et vont par troupes plus ou moins nombreuses : lorsqu'elles ont été séparées par quelque accident, elles se rappellent mutuellement et sont bientôt réunies ; cependant elles semblent craindre de s'approcher de trop près.

Elles sont plus fécondes qu'aucun autre genre d'oiseaux, et plus qu'en raison de leur petite taille. Elles ont beaucoup d'activité, de force et de courage. Aucun oiseau n'attaque la chouette plus hardiment ; elles s'élancent toujours les premières et cherchent à lui crever les yeux.

Lorsqu'elles se sentent prises, elles mordent vivement les doigts de l'oiseleur, le frappent à coups de bec redoublés et rappellent à grands cris les oiseaux de leur espèce.

Elles pondent jusqu'à dix-huit ou vingt œufs ; il semble qu'elles aient compté leurs œufs avant de les pondre ; il semble aussi qu'elles aient une tendresse anticipée pour les petits qui en doivent éclore. Cela paraît aux précautions affectionnées qu'elles prennent dans la construction du nid, et à l'attention prévoyante qu'ont certaines espèces de les suspendre au bout d'une branche ; elles viennent à bout de procurer la subsistance à leur nombreuse famille, souvent on les voit revenir au nid ayant des chenilles dans le bec.

Si d'autres oiseaux attaquent leur progéniture, elles la défendent avec intrépidité, fondent sur l'ennemi, et à force de courage font respecter la faiblesse.

Ces oiseaux sont répandus dans tout l'ancien continent, depuis le Danemark et la Suède, jusqu'au cap de Bonne-Espérance.

LE MOTTEUX

Cet oiseau se tient d'ordinaire sur les mottes dans les terres fraîchement labourées, et c'est de là qu'il est appelé *motteux* ; il suit le sillon ouvert par la charrue pour y chercher les vermisseaux dont il se nourrit ; lorsqu'on le fait partir, il ne s'élève pas, mais il rase la terre d'un vol court et rapide. On le trouve assez souvent dans les jachères et les friches, où il vole de pierre en pierre, et semble éviter les haies et les buissons sur lesquels il ne se perche pas aussi souvent qu'il se pose sur les mottes.

Le bec du motteux est menu à la pointe et large par sa base, ce qui le rend très propre à saisir et avaler les insectes sur lesquels on le voit courir, ou plutôt s'élancer rapidement par une suite de petits sauts. Il est toujours à terre ; si on le fait lever, il ne s'éloigne pas et va d'une motte à l'autre, toujours d'un vol assez court et très bas, sans entrer dans les bois ni se percher jamais plus haut que les haies basses ou les moindres buissons : posé, il balance sa queue et fait entendre un son assez sourd, *titreû, titreû*. Il niche sous les gazons et les mottes dans les champs nouvellement labourés, ainsi que sous les pierres dans les friches, auprès des carrières, à l'entrée des terriers quittés par les lapins. Son nid, fait avec soin, est remarquable par une espèce d'abri placé au-dessus du nid collé contre la pierre ou la motte sous laquelle tout l'ouvrage est construit ; on y trouve communément cinq à six œufs.

Le mâle, affectionné à sa femelle, lui porte, pendant qu'elle couve, des fourmis et des mouches, il se tient aux environs du nid, et lorsqu'il voit un passant, il court ou vole devant lui, faisant de petites pauses comme pour l'attirer, et quand il le voit assez éloigné, il prend sa volée en cercle et regagne le nid.

On en voit des petits dès le milieu de mai, car ces oiseaux, dans nos provinces, sont de retour dès les premiers beaux jours vers la fin de mars ; mais s'il survient des gelées après leur arrivée, ils périssent en grand nombre.

Tous s'en retournent en août et septembre, et l'on n'en voit plus dès la fin de ce mois ; ils voyagent par petites troupes, et du reste ils sont assez solitaires ; il n'existe entre eux de société que celle du mâle et de la femelle.

LE ROSSIGNOL

Ce nom rappelle une de ces belles nuits de printemps, où, le ciel étant serein, l'air calme, toute la nature en silence et, pour ainsi dire, attentive, on a écouté avec ravissement le ramage de ce chantre des forêts. Il n'est pas un seul oiseau chanteur que le rossignol n'efface par la réunion complète de tous les talents divers, et par la prodigieuse variété de son ramage ; en sorte que la chanson de chacun de ces oiseaux, prise dans toute son étendue, n'est qu'un couplet du rossignol. Le rossignol charme toujours et ne se répète jamais ; il réussit dans tous les genres ; il rend toutes les expressions, il saisit tous les caractères, et de plus il sait en augmenter l'effet par les contrastes.

Une des raisons pour lesquelles le chant du rossignol est plus remarqué et produit plus d'effet, c'est parce que, chantant la nuit, qui est le temps le plus favorable, et chantant seul, sa voix a tout son éclat, et n'est offusquée par aucune autre voix.

Il est étonnant qu'un si petit oiseau, qui ne pèse pas une demi-once, ait tant de force dans les organes de la voix. Le chant du mâle et celui de la femelle qui chante rarement ne se ressemblent point.

On prétend que le chant du rossignol dure dans toute sa force quinze jours et quinze nuits, sans interruption, dans le temps où les arbres se couvrent de verdure, ce qui doit ne s'entendre que des rossignols sauvages ; passé ce temps ils ne chantent plus avec autant d'ardeur ni aussi constamment ; ils commencent d'ordinaire au mois d'avril et ne finissent tout à fait qu'au mois de juin ; mais la véritable époque où leur chant diminue beaucoup, c'est celle où leurs petits viennent à éclore parce qu'ils s'occupent alors du soin de les nourrir.

Les rossignols captifs continuent de chanter pendant neuf ou dix mois, et leur chant est non seulement plus longtemps soutenu, mais encore plus parfait et mieux formé. Il s'en faut bien cependant qu'ils soient insensibles à la perte de leur liberté, surtout dans les commencements ; ils se

laisseraient mourir de faim les sept ou huit premiers jours, si on ne leur donnait la becquée; et ils se casseraient la tête contre le plafond de leur cage, si on ne leur attachait les ailes ; mais à la longue la passion de chanter l'emporte.

Tous les rossignols ne chantent pas également bien : il y en a dont le ramage est si médiocre, que les amateurs ne veulent point les garder.

Passé le mois de juin, le rossignol ne chante plus, et il ne lui reste qu'un cri rauque, une sorte de croassement où l'on ne reconnaît point du tout la mélodieuse Philomèle ; et il n'est pas surprenant qu'autrefois, en Italie, on lui donnât un autre nom dans cette circonstance : c'est, en effet, un autre oiseau, un oiseau absolument différent, du moins quant à la voix, et même un peu quant aux couleurs du plumage.

Si l'on veut faire chanter le rossignol captif, il faut bien le traiter dans sa prison, il faut en peindre les murs de la couleur de ses bosquets, l'environner, l'ombrager de feuillage, étendre de la mousse sous ses pieds, le garantir du froid, lui donner une nourriture abondante et qui lui plaise ; en un mot, il faut lui faire illusion sur sa captivité, et tâcher de la rendre aussi douce que la liberté, s'il était possible.

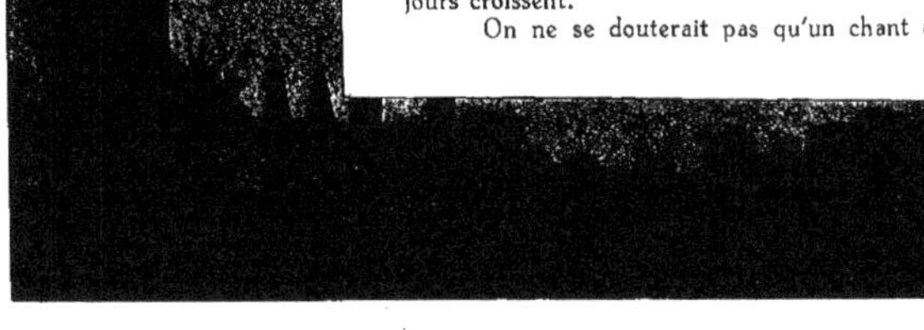

Les vieux rossignols captifs ont deux saisons pour chanter : le mois de mai et celui de décembre ; mais on peut changer l'ordre de ces saisons en tenant les oiseaux dans une chambre rendue obscure par degrés, tant que l'on veut qu'ils gardent le silence, et leur redonnant le jour, aussi par degrés, quelque temps avant celui où l'on veut les entendre chanter ; le retour ménagé de la lumière aura sur eux les effets du printemps. Parmi les jeunes qu'on élève, il s'en trouve qui chantent la nuit ; mais la plupart commencent à se faire entendre le matin sur les huit à neuf heures dans le temps des courts jours, et toujours plus matin à mesure que les jours croissent.

On ne se douterait pas qu'un chant aussi varié que celui du rossignol est renfermé dans les bornes étroites d'une seule octave.

Cet oiseau est capable à la longue de s'attacher à la personne qui a soin de lui ; lorsqu'une fois la connaissance est faite, il distingue son pas avant de la voir, il la salue d'avance par un cri de joie ; lorsqu'il perd sa bienfaitrice, il meurt quelquefois de regret : s'il survit, il lui faut longtemps pour s'accoutumer à une autre ; il s'attache fortement parce qu'il s'attache difficilement, comme font tous les caractères timides et sauvages ; il est aussi très solitaire. Les rossignols voyagent seuls, arrivent seuls aux mois d'avril et de mai, et s'en retournent seuls au mois de septembre.

Chaque couple commence à faire son nid vers la fin d'avril et au commencement de mai ; ils le posent sur les branches les plus basses des arbustes, ou sur une touffe d'herbe, et même à terre, au pied de ces arbustes ; c'est ce qui fait que leurs œufs ou leurs petits, et quelquefois la mère sont la proie des chiens de chasse, des renards, des fouines, des belettes, des couleuvres, etc. Dans notre climat, la femelle pond ordinairement cinq œufs qu'elle couve seule ; elle ne quitte son poste que pour chercher à manger, et elle ne le quitte que le soir, et lorsqu'elle est pressée par la faim : pendant son absence le mâle semble avoir l'œil sur le nid. Au bout de dix-huit ou vingt jours, les petits commencent à éclore ; le nombre des mâles est communément plus que double de celui des femelles.

Au mois d'août, les vieux et les jeunes quittent les bois pour se rapprocher des buissons, des haies vives, des terres nouvellement labourées, où ils trouvent plus de vers et d'insectes : peut-être aussi ce mouvement général a-t-il quelque rapport à leur prochain départ. Il n'en reste point en France pendant l'hiver, non plus qu'en Allemagne, en Angleterre, en Italie, en Grèce ; et comme on assure qu'il n'y en a point en Afrique, on peut juger qu'ils se retirent en Asie. Ils sont généralement répandus dans toute l'Europe, jusqu'en Suède et en Sibérie, où ils chantent très agréablement ; mais en Europe comme en Asie, il y a des contrées qui ne leur conviennent point, et où ils ne s'arrêtent jamais. Cet oiseau appartient à l'ancien continent.

LA FAUVETTE

Des hôtes des bois, les fauvettes sont les plus nombreuses comme les plus aimables : vives, agiles, légères et sans cesse remuées, tous leurs mouvements ont l'air du sentiment, et tous leurs accents le ton de la joie. Ces jolis oiseaux arrivent au moment où les arbres développent leurs feuilles et commencent à laisser épanouir leurs fleurs ; ils se dispersent dans toute l'étendue de nos campagnes ; les uns viennent habiter nos jardins, d'autres préfèrent les avenues et les bosquets, plusieurs espèces s'enfoncent dans les grands bois, et quelques-unes se cachent au milieu des roseaux.

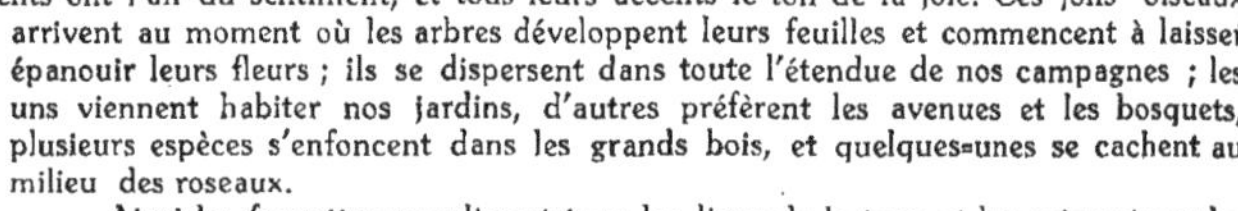

Ainsi les fauvettes remplissent tous les lieux de la terre et les animent par les mouvements et les accents de leur tendre gaîté. La fauvette proprement dite est de la grandeur du rossignol ; c'est la plus grande de toutes.

Elle habite, avec d'autres espèces de fauvettes plus petites, dans les jardins, les bocages et les champs semés de légumes, comme fèves ou pois. Toutes se posent sur la ramée qui soutient ces légumes ; elles s'y jouent, y placent leur nid, sortent et rentrent sans cesse jusqu'à ce que le temps de la récolte, voisin de celui de leur départ, vienne les chasser de cet asile.

C'est un petit spectacle de les voir s'égayer, s'agacer et se poursuivre ; leurs attaques sont légères et ces combats innocents se terminent toujours par quelques chansons. Le mâle de la fauvette prodigue à sa femelle mille petits soins pendant qu'elle couve ; il partage sa sollicitude pour les petits qui viennent d'éclore, et ne la quitte pas même après l'éducation de la famille.

Le nid est composé d'herbes sèches, de brins de chanvre et d'un peu de crin en dedans ; il contient ordinairement cinq œufs que la mère abandonne lorsqu'on les a touchés, tant cette approche d'un ennemi lui paraît d'un mauvais augure pour sa future famille. Il n'est pas possible non plus de lui faire adopter les œufs d'un autre oiseau : elle les connaît, sait s'en défaire et les rejeter. La fauvette est d'un caractère craintif ; elle fuit devant des oiseaux tout aussi faibles qu'elle, et fuit encore plus vite et avec plus de raison devant la pie-grièche, sa redoutable ennemie, mais l'instant du péril passé, tout est oublié, et, le moment d'après, la fauvette reprend sa gaieté, ses mouvements et son chant. C'est des rameaux les plus touffus qu'elle le fait entendre ; elle s'y tient ordinairement couverte, ne se montre que par instants au bord des buissons, et rentre vite à l'intérieur, surtout pendant la chaleur du jour. Le matin, on la voit recueillir la rosée, et après ces courtes pluies qui tombent dans les jours d'été, courir sur les feuilles mouillées et se baigner dans les gouttes qu'elle secoue du feuillage.

Presque toutes les fauvettes partent en même temps, au milieu de l'automne, et à peine en voit-on encore quelques-unes en octobre.

LE COU-JAUNE

Les habitants de Saint-Domingue ont donné le nom de *cou-jaune* à un petit oiseau qui joint une jolie robe à une taille dégagée et à un ramage agréable ; il se tient sur les arbres qui sont en fleurs : c'est de là qu'il fait résonner son chant ; sa voix est déliée et faible, mais elle est variée et délicate. Ce que ce petit oiseau a de charmant, c'est qu'il fait entendre son joli ramage, non seulement pendant le printemps, mais aussi dans presque tous les mois de l'année.

Il est du petit nombre des oiseaux dont le naturel vif et gai s'exprime par un chant gracieux, et dont en même temps le plumage est paré d'assez belles couleurs.

Sous cette jolie parure on reconnaît dans le cou-jaune la figure et les proportions d'une fauvette ; il en a aussi les habitudes naturelles.

Les bords des ruisseaux, les lieux frais et retirés près des sources et des ravines humides sont ceux qu'il habite de préférence ; on le voit voltiger de branche en branche, d'arbre en arbre, et tout en traversant les airs il fait entendre son ramage.

Il ne paraît pas qu'il voyage ni qu'il sorte de l'île de Saint-Domingue ; son vol, quoique rapide, n'est pas assez élevé, assez soutenu pour passer les mers.

Cet oiseau, déjà très intéressant par la beauté et la sensibilité que sa voix exprime, ne l'est pas moins par son intelligence et la sagacité avec laquelle on lui voit construire et disposer son nid.

Mais ce serait peu pour la prévoyance de cet oiseau de s'être mis à l'abri de l'injure des éléments dans des lieux où il a tant d'autres ennemis : aussi semble-t-il employer une industrie réfléchie pour garantir sa famille de leurs attaques; son nid, au lieu d'être ouvert par le haut ou dans le flanc, a son ouverture placée au plus bas.

Par cette disposition industrieuse, ni le rat, ni l'oiseau de proie, ni la couleuvre ne peuvent avoir accès dans le nid, et la couvée éclôt en sûreté : aussi le père et la mere réussissent-ils assez communément à élever leurs petits jusqu'à ce qu'ils soient en état de prendre l'essor.

La femelle du cou-jaune ne pond que trois ou quatre œufs ; elle répète ses pontes plus d'une fois par an, mais on ne le sait pas au juste.

On voit des petits au mois de juin, et l'on dit qu'il y en a dès le mois de mars ; il en paraît aussi à la fin d'août, et jusqu'en septembre ; ils ne tardent pas à quitter leur mère, mais sans s'éloigner jamais beaucoup du lieu de leur naissance.

LA LAVANDIÈRE

Ces oiseaux courent légèrement, à petits pas très prestes, sur la grève des rivages ; ils entrent même au moyen de leurs longues jambes à la profondeur de quelques lignes dans l'eau de la lame affaiblie, mais plus souvent on les voit voltiger sur les écluses des moulins et se poser sur les pierres ; ils y viennent, pour ainsi dire, battre la lessive avec les laveuses, tournant tout le jour autour de ces femmes, s'en approchant familièrement, recueillant les miettes que parfois elles leur jettent, et semblant imiter du battement de leur queue celui qu'elles font pour battre leur linge : habitude qui a fait donner à cet oiseau le nom de lavandière.

La lavandière est de retour dans nos provinces à la fin de mars. Elle fait son nid à terre, sous quelques racines ou sous le gazon dans les terres en repos, mais plus souvent au bord des eaux, sous une rive creuse et sous les piles de bois élevées le long des rivières ; elle pond quatre ou cinq œufs, et ne fait ordinairement qu'une nichée, à moins que la première ne soit détruite ou interrompue avant l'éclosion ou l'éducation des petits. Le père et la mère les défendent avec courage lorsqu'on veut en approcher ; ils viennent au-devant de l'ennemi, plongeant et voltigeant, comme pour l'entraîner ailleurs ; et quand on emporte leur couvée ils suivent le ravisseur, volant au-dessus de sa tête, tournant sans cesse, et appelant leurs petits avec des accents douloureux. Ils les soignent aussi avec autant d'attention que de propreté. Lorsque les petits sont en état de voler, le père et la mère les conduisent et les nourrissent encore pendant trois semaines ou un mois.

C'est en automne qu'on les voit en plus grand nombre dans nos campagnes. Cette saison, qui les rassemble, paraît leur inspirer plus de gaieté ; elles multiplient leurs jeux, elles se balancent en l'air, s'abattent dans les champs, se poursuivent, s'entr'appellent et se promènent en nombre sur les toits des moulins et des villages voisins des eaux, où elles semblent dialoguer entre elles par petits cris coupés et réitérés : on croirait, à les entendre, que toutes et chacune s'interrogent, se répondent tour à tour pendant un certain temps, et jusqu'à ce qu'une acclamation générale de toute l'assemblée donne le signal ou le consentement de se transporter ailleurs. C'est dans ce temps encore qu'elles font entendre ce petit ramage doux et léger à demi-voix, et qui n'est presque qu'un murmure. Ce doux accent leur est inspiré par l'agrément de la saison et par le plaisir de la société, auquel ces oiseaux semblent être très sensibles.

La lavandière est commune dans toute l'Europe, jusqu'en Suède, et se trouve en Afrique et en Asie.

LE BECFIGUE

Ces oiseaux, dont le véritable climat est celui du Midi, semblent ne venir dans le nôtre que pour attendre la maturité des fruits succulents dont ils portent le nom ; ils arrivent au plus tard au printemps, et ils partent avant les premiers froids d'automne.

On les trouve en Angleterre, en Allemagne, en Pologne, et jusqu'en Suède ; ils reviennent dans l'automne en Italie et en Grèce, et probablement vont passer l'hiver dans des contrées encore plus chaudes.

Ils semblent changer de mœurs en changeant de climat, car ils arrivent en troupes aux contrées méridionales, et sont au contraire toujours dispersés pendant leur séjour dans nos climats tempérés ; ils y habitent les bois, se nourrissent d'insectes, et vivent dans la solitude.

Leurs nids sont si bien cachés qu'on a beaucoup de peine à les découvrir ; le mâle se tient souvent au sommet de quelque grand arbre, d'où il fait entendre un petit gazouillement peu agréable.

LE TRAQUET

Cet oiseau, très vif et très agile, n'est jamais en repos : toujours voltigeant de buisson en buisson, il ne se pose que pour quelques instants, pendant lesquels il ne cesse encore de soulever les ailes pour s'envoler à tous moments : il s'élève en l'air par petits élans, et retombe en pirouettant sur lui-même. Ce mouvement continuel a été comparé à celui du *traquet d'un moulin*, et c'est là, dit-on, l'origine du nom de cet oiseau.

Quoique le vol du traquet soit bas et qu'il s'élève rarement jusqu'à la cime des arbres, il se pose toujours au sommet des buissons et sur les branches les plus élancées des haies et des arbrisseaux, ou sur la pointe des tiges du blé de Turquie, dans les champs et sur les échalas les plus hauts dans les vignes ; c'est dans les terrains arides qu'il se plaît davantage, et où il fait entendre le plus souvent son petit cri *ouistratra* d'un ton couvert et sourd.

Le traquet fait son nid dans les terrains incultes, au pied des buissons, sous leurs racines ou sous le couvert d'une pierre ; il n'y entre qu'à la dérobée, comme s'il craignait d'être aperçu ; aussi ne trouve-t-on ce nid que difficilement ; il le construit dès la fin de mars.

La femelle pond cinq ou six œufs ; le père et la mère nourrissent leurs petits de vers et d'insectes qu'ils ne cessent de leur apporter ; il semble que leur sollicitude redouble lorsque ces jeunes oiseaux s'élancent hors du nid ; ils les rappellent, les rallient, criant sans cesse *ouistratra* ; enfin, ils leur donnent encore à manger pendant plusieurs jours.

Du reste, le traquet est très solitaire, on le voit toujours seul ; son naturel est sauvage et son instinct paraît obtus : autant il montre d'agilité dans son état de liberté, autant il est pesant en domesticité ; il n'acquiert rien par l'éducation ; on ne l'élève même qu'avec peine et toujours sans fruit.

LE ROUGE-GORGE

Ce petit oiseau passe tout l'été dans nos bois, et ne vient alentour des habitations qu'à son départ en automne et à son retour au printemps ; mais dans ce dernier passage il ne fait que paraître, et se hâte d'entrer dans les forêts pour y retrouver sa solitude, sous le feuillage qui vient de naître.

Il place son nid près de terre sur les racines des jeunes arbres, ou sur des herbes assez fortes pour le soutenir ; on trouve ordinairement dans ce nid cinq et jusqu'à sept œufs.

Le rouge-gorge cherche l'ombrage épais et les endroits humides ; il se nourrit dans le printemps de vermisseaux et d'insectes qu'il chasse avec adresse et légèreté.

Dans l'automne il mange aussi des fruits de ronces, et des raisins à son passage dans les vignes ; il va souvent aux fontaines, soit pour s'y baigner, soit pour y boire. Il n'est pas d'oiseau plus matinal que celui-ci. Le rouge-gorge est le premier éveillé dans les bois, et se fait entendre dès l'aube du jour ; il est aussi le dernier qu'on y entende et qu'on y voie voltiger le soir.

LE ROITELET

Cet oiseau est si petit qu'il passe à travers les mailles des filets ordinaires, qu'il s'échappe facilement de toutes les cages, et que, lorsqu'on le lâche dans une chambre que l'on croit bien fermée, il disparaît au bout d'un certain temps et se fond en quelque sorte sans qu'on en puisse trouver la moindre trace : il ne faut, pour le laisser passer, qu'une issue presque invisible.

Lorsqu'il vient dans nos jardins, il se glisse subtilement dans les charmilles, et comment ne le perdrait-on pas bientôt de vue? La plus petite feuille suffit pour le cacher ; comme il est très vif, il est déjà loin qu'on croit le tenir encore ; son cri aigu et perçant est celui de la sauterelle, qu'il ne surpasse pas de beaucoup en grosseur. La femelle pond six ou sept œufs, qui ne sont guère plus gros que des pois, dans un petit nid fait en boule creuse, qu'elle établit le plus souvent dans les forêts, et quelquefois dans les ifs et les charmilles de nos jardins, ou sur des pins à portée de nos maisons.

Les plus petits insectes sont la nourriture ordinaire de ces très petits oiseaux : l'été ils les attrapent lestement en volant, l'hiver ils les cherchent dans leurs retraites, où ils sont engourdis, demi-morts et quelquefois morts tout à fait.

Les roitelets se plaisent sur les chênes, les ormes, les pins élevés, les sapins, les genévriers, etc.

On les voit en Silésie l'été comme l'hiver, et toujours dans les bois ; en Angleterre, dans les bois qui couvrent les montagnes ; en Bavière, en Autriche, ils viennent l'hiver aux environs des villes, où ils trouvent des ressources contre la rigueur de la saison. Ils ont beaucoup d'activité et d'agilité : ils sont dans un mouvement presque continuel, voltigeant sans cesse de branche en branche, grimpant sur les arbres, se tenant indifféremment dans toutes les situations et souvent les pieds en haut, furetant dans toutes les gerçures de l'écorce, en tirant le petit gibier qui leur convient, ou le guettant à la sortie. Pendant les froids, ils se tiennent volontiers sur les arbres toujours verts, dont ils mangent la graine. Les roitelets sont répandus non seulement en Europe, depuis la Suède jusqu'en Italie, et probablement jusqu'en Espagne, mais encore en Asie jusqu'au Bengale, et même en Amérique.

L'ALOUETTE

Lorsque l'alouette est libre, elle commence à chanter dès les premiers jours du printemps, et elle continue pendant toute la belle saison ; le matin et le soir sont le temps de la journée où elle se fait le plus entendre, et le milieu du jour celui où on l'entend le moins. Elle est du petit nombre des oiseaux qui chantent en volant : plus elle s'élève, plus elle force la voix, et souvent elle la force à un tel point que, quoiqu'elle se soutienne au haut des airs et à perte de vue, on l'entend encore distinctement, soit que ce chant ne soit qu'un simple accent de gaieté, soit que ces petits oiseaux ne chantent ainsi en volant que par une sorte d'émulation et pour se rappeler entre eux. L'alouette chante rarement à terre, où néanmoins elle se tient toujours lorsqu'elle ne vole point ; car elle ne se perche jamais sur les arbres. On a dit que ces oiseaux avaient de l'antipathie pour certaines constellations, par exemple, pour *Arcturus*, et qu'ils se taisaient lorsque cette étoile commençait à se lever en même temps que le soleil.

La femelle fait promptement son nid ; elle le place entre deux mottes de terre et le garnit intérieurement d'herbes, de petites racines sèches, et prend beaucoup plus de soin pour le cacher que pour le construire.

Chaque femelle pond quatre ou cinq petits œufs ; elle ne les couve que pendant quinze jours au plus, et elle emploie encore moins de temps à conduire et à élever ses petits. Les petits se tiennent un peu séparés les uns des autres, car la mère ne les rassemble pas toujours sous ses ailes, mais elle voltige souvent au-dessus de la couvée, la suivant de l'œil avec une sollicitude vraiment maternelle, dirigeant tous ses mouvements, pourvoyant à tous ses besoins, veillant à tous ses dangers. On trouve l'alouette dans presque tous les pays habités des deux continents, jusqu'au cap de Bonne-Espérance.

LES BERGERONNETTES OU BERGERETTES

L'ESPÈCE d'affection que les bergeronnettes marquent pour les troupeaux, leur habitude à les suivre dans la prairie leur manière de voltiger, de se promener au milieu du bétail paissant, de s'y mêler sans crainte jusqu'à se poser quelquefois sur le dos des vaches et des moutons, leur air de familiarité avec le berger qu'elles précèdent, qu'elles accompagnent sans défiance et sans danger, qu'elles avertissent même de l'approche du loup ou de l'oiseau de proie, leur ont fait donner un nom approprié, pour ainsi dire, à cette vie pastorale.

Compagne d'hommes innocents et paisibles, la bergeronnette semble avoir pour notre espèce ce penchant qui rapprocherait de nous la plupart des animaux s'ils n'étaient repoussés par notre barbarie et écartés par la crainte de devenir nos victimes. Dans la bergeronnette, l'affection est plus forte que la peur ; il n'est point d'oiseau libre dans les champs qui se montre aussi privé. Les mouches sont sa pâture pendant la belle saison ; mais quand les frimas ont abattu les insectes volants et renfermé les troupeaux dans l'étable, elle se retire sur les ruisseaux et y passe presque toute la mau-vaise saison.

Elle fait son nid vers la fin d'avril, communément sur un osier près de terre, à l'abri de la pluie ; elle pond et couve ordinairement deux fois par an.

La bergeronnette, si volontiers amie de l'homme, ne se plie point à devenir son esclave ; elle meurt dans la prison de la cage. Elle aime la société et craint l'étroite captivité ; mais, laissée libre dans un appartement en hiver, elle y vit, donnant la chasse aux mouches et ramassant les mies de pain qu'on lui jette.

L'ENGOULEVENT

Cet oiseau se nourrit d'insectes de nuit, car il ne prend son essor et ne commence sa chasse que quand le soleil est peu élevé sur l'horizon, ou, s'il la commence au milieu du jour, c'est lorsque le temps est nébuleux ; dans une belle journée, il ne part que lorsqu'il y est forcé, et dans ce cas son vol est bas et peu soutenu.

Il a les yeux si sensibles, que le grand jour l'éblouit plus qu'il ne l'éclaire, et qu'il ne peut bien voir qu'avec une lumière affaiblie.

Les engoulevents sont très répandus, et cependant ne sont communs nulle part ; ils se trouvent, ou du moins ils passent dans presque toutes les régions de notre continent, depuis la Suède jusqu'en Grèce et en Afrique d'une part, de l'autre jusqu'aux Grandes-Indes.

Ils sont presque toujours sous un buisson ou dans de jeunes taillis, ou bien autour des vignes.

Ils semblent préférer les terrains secs et pierreux, les bruyères, etc.

Ils arrivent plus tard dans les pays plus froids et ils en partent plus tôt ; ils nichent chemin faisant dans les lieux qui leur conviennent ; ils ne se donnent pas la peine de construire un nid ; un petit trou, qui se trouve en terre au pied d'un arbre ou d'un rocher, leur suffit.

La femelle y dépose deux ou trois œufs, et quoique l'affection du père et de la mère pour leur progéniture se mesure ordinairement par les peines et les soins qu'ils se sont donnés pour elle, il ne faut pas croire que l'engoulevent ait peu d'attachement pour ses œufs ; au contraire, la mère les couve avec une grande sollicitude, et lorsqu'elle s'aperçoit qu'ils sont seulement remarqués par quelque ennemi, elle sait fort bien les changer de place en les poussant adroitement avec ses ailes et les faisant rouler dans un autre trou qui n'est ni mieux travaillé, ni mieux arrangé que le premier, mais où elle les juge apparemment mieux cachés.

La saison où l'on voit plus souvent voler ces oiseaux, c'est l'automne.

Ils ont une habitude assez singulière et qui leur est propre : ils feront cent fois de suite le tour de quelque gros arbre effeuillé, d'un vol fort irrégulier et fort rapide ; on les voit de temps à autre s'abattre brusquement et comme pour tomber sur leur proie, puis se relever tout aussi brusquement.

Ils se perchent rarement, et lorsque cela leur arrive, ils ne se posent jamais en travers comme les autres oiseaux. Les engoulevents sont des oiseaux très solitaires, la plupart du temps on les trouve seuls, et l'on n'en voit guère plus de deux ensemble ; encore sont-ils souvent à dix ou douze pas l'un de l'autre.

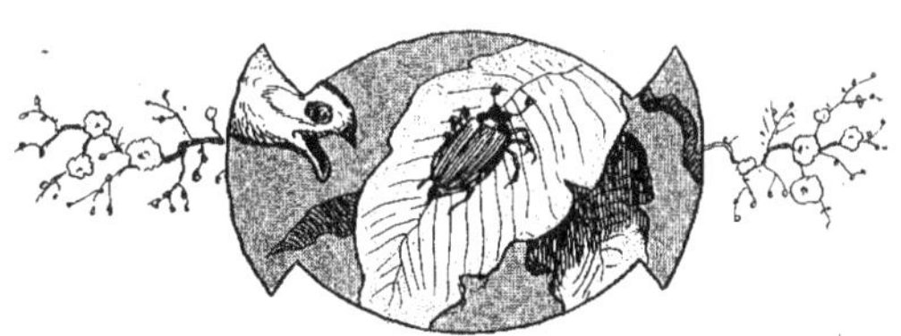

Les Hirondelles.

L'HIRONDELLE DE CHEMINÉE

OU HIRONDELLE DOMESTIQUE

ELLE est, en effet, domestique par instinct ; elle recherche la société de l'homme par choix ; elle la préfère à toute autre société ; elle niche dans nos cheminées et jusque dans l'intérieur de nos maisons, surtout de celles où il y a peu de mouvement et de bruit. Lorsque les maisons sont trop bien closes et que les cheminées sont fermées par le haut, elle change de logement sans changer d'inclination ; elle se réfugie sous les avant-toits et y construit son nid, mais jamais elle ne l'établit volontairement loin de l'homme, et toutes les fois qu'un voyageur égaré aperçoit dans l'air quelqu'un de ces oiseaux, il peut les regarder comme des oiseaux de bon augure et qui lui annoncent infailliblement quelque habitation prochaine.

L'hirondelle de cheminée est la première qui paraisse dans nos climats : c'est ordinairement peu après l'équinoxe du printemps ; elle arrive plus tôt dans les contrées méridionales, et plus tard dans les pays du Nord.

Les mêmes hirondelles reviennent aux mêmes endroits ; elles n'arrivent que pour faire leur ponte et se mettent tout de suite à l'ouvrage ; elles construisent chaque année un nouveau nid et l'établissent au-dessus de celui de l'année précédente, si le local le permet.

Tandis que la femelle couve, le mâle passe la nuit sur le bord du nid; il dort peu, car on l'entend babiller dès l'aube du jour, et il voltige presque jusqu'à la nuit close. Lorsque les petits sont éclos, le père et la mère leur portent sans cesse à manger et ont grand soin d'entretenir la propreté dans le nid jusqu'à ce que les petits, devenus plus forts, sachent s'arranger de manière à leur épargner cette peine. Mais ce qui est plus intéressant, c'est de voir les vieux donner aux jeunes les premières leçons de voler en les animant de la voix, leur présentant d'un peu loin la nourriture et s'éloignant encore à mesure qu'ils s'avancent pour la recevoir ; les poussant doucement, et non sans quelque inquiétude, hors du nid ; jouant devant eux et avec eux dans l'air, comme pour leur offrir un secours toujours présent, et accompagnant leur action d'un gazouillement si expressif qu'on croirait en entendre le sens.

Si l'on joint à cela ce qu'on a dit d'un de ces oiseaux qui, étant allé à la provision et trouvant à son retour la maison où était son nid embrasée, se jeta au travers des flammes pour porter nourriture et secours à ses petits, on jugera avec quelle passion les hirondelles aiment leur progéniture. On a prétendu que, lorsque leurs petits avaient les yeux crevés, même arrachés, elles les guérissaient et leur rendaient la vue avec une certaine herbe qui a été appelée *chélidoine*, c'est-à-dire herbe aux hirondelles ; mais des expériences nous ont appris qu'il n'est besoin d'aucune herbe pour cela, et que, lorsque les yeux d'un jeune oiseau sont, non pas arrachés tout à fait, mais seulement crevés ou même flétris, ils se rétablissent très promptement et sans aucun remède. Les hirondelles vivent d'insectes ailés qu'elles happent en volant ; mais comme ces insectes ont le vol plus ou moins élevé, selon qu'il fait plus ou moins chaud, il arrive que, lorsque le froid ou la pluie les rabat près de terre et les empêche même de faire usage de leurs ailes, nos oiseaux rasent la terre et cherchent ces insectes sur les tiges des plantes, sur l'herbe des prairies et jusque sur le pavé de nos rues ; ils rasent aussi les eaux et s'y plongent quelquefois à demi en poursuivant les insectes aquatiques, et dans les grandes disettes ils vont disputer aux araignées leur proie jusqu'au milieu de leurs toiles, et finissent par les dévorer elles-mêmes.

Quoique les hirondelles de cheminée passent la plus grande partie de leur vie dans l'air, elles se posent assez souvent sur les toits, les cheminées, les barres de fer, et même à terre et sur les arbres.

Dans notre climat, elles passent souvent les nuits, vers la fin de l'été, perchées sur des aunes au bord des rivières ; elles choisissent les branches les plus basses qui se trouvent au-dessous des berges et bien à l'abri du vent ; on a remarqué que les branches qu'elles adoptent pour y passer ainsi la nuit meurent et se dessèchent.

C'est encore sur un arbre, mais sur un très grand arbre qu'elles ont coutume de s'assembler pour le départ.

Elles s'en vont de ce pays-ci vers le commencement d'octobre; elles partent ordinairement la nuit, comme pour dérober leur marche aux oiseaux de proie, qui ne manquent guère de les harceler dans leur route.

On en a vu quelquefois partir en plein jour. Elles dirigent leur route du côté du Midi, en s'aidant d'un vent favorable autant qu'il est possible ; et lorsqu'elles n'éprouvent point de contre-temps, elles arrivent en Afrique dans la première huitaine d'octobre.

Quoique en général ces hirondelles soient des oiseaux de passage, on peut bien s'imaginer qu'il en reste quelques-unes pendant l'hiver, surtout dans les pays tempérés.

Il y a encore l'hirondelle de fenêtre, l'hirondelle de rivage et l'hirondelle grise de rocher.

LE MARTINET NOIR

Ces oiseaux sont assez sociables entre eux, mais ils ne le sont point du tout avec les autres espèces d'hirondelles avec qui ils ne vont jamais de compagnie : aussi en diffèrent-ils pour les mœurs et le naturel. On dit qu'ils ont peu d'intinct ; ils en ont cependant assez pour loger dans nos bâtiments sans se mettre dans notre dépendance, pour préférer un logement sûr à un logement plus commode ou plus agréable.

Ce logement, du moins dans nos villes, c'est un trou de muraille dont le fond est plus large que l'entrée ; le plus élevé est celui qu'ils aiment le mieux, parce que son élévation fait leur sûreté ; ils vont le chercher jusque dans les clochers et les plus hautes tours, quelquefois sous les arches des ponts. Lorsqu'ils ont adopté un de ces trous, ils y reviennent tous les ans et savent bien le reconnaître quoiqu'il n'ait rien de remarquable.

On les soupçonne avec beaucoup de vraisemblance de s'emparer quelquefois des nids des moineaux ; mais quand, à leur retour, ils trouvent les moineaux en possession du leur, ils viennent à bout de se le faire rendre sans beaucoup de bruit.

Les martinets sont de tous les oiseaux de passage ceux qui, dans notre pays, arrivent les derniers et s'en vont les premiers ; d'ordinaire ils commencent à paraître sur la fin d'avril ou au commencement de mai, et ils nous quittent avant la fin de juillet.

Ces oiseaux, pendant leur court séjour dans notre pays, n'ont que le temps de faire une seule ponte ; elle est communément de cinq œufs. Lorsque les petits ont percé la coque, bien différents des petits des autres hirondelles, ils sont presque muets et ne demandent rien ; heureusement leur père et leur mère entendent le cri de la nature et leur donnent tout ce qu'il leur faut : ils ne leur portent à manger que deux ou trois fois par jour, mais à chaque fois ils reviennent au nid avec une ample provision.

Vers le milieu de juin, les petits commencent à voler et quittent bientôt le nid, après quoi le père et la mère ne paraissent plus s'occuper d'eux.

Les martinets craignent la chaleur, et c'est pour cette raison qu'ils passent le milieu du jour dans leur nid, dans les fentes de muraille ou de rochers.

Le caractère de cet oiseau est un mélange assez naturel de défiance et d'étourderie : sa défiance se marque par toutes les précautions qu'il prend pour cacher sa retraite, dans laquelle il entre furtivement, où il reste longtemps, d'où il sort à l'improviste, où il élève ses petits dans le silence.

Mais lorsque, ayant pris son essor, il a le sentiment actuel de sa force ou plutôt de sa vitesse, la conscience de sa supériorité sur les autres habitants de l'air, c'est alors qu'il devient étourdi, téméraire ; il ne craint plus rien, parce qu'il se croit en état d'échapper à tous les dangers.

LES HIRONDELLES DE MER

CETTE petite famille d'oiseaux pêcheurs qui ressemblent à nos hirondelles par leurs longues ailes et leur queue fourchue et qui, par leur vol constant à la surface des eaux, représentent assez bien sur la plaine liquide les allures des hirondelles de terre dans nos campagnes et autour de nos habitations, les hirondelles de mer, en un mot, non moins agiles et aussi vagabondes, rasent les eaux d'une aile rapide et enlèvent en volant les petits poissons qui sont à la surface de l'eau, comme nos hirondelles y saisissent les insectes. Les pieds des hirondelles de mer sont garnis de petites membranes retirées entre les doigts, et ne leur servent pas pour nager. Les hirondelles de mer jettent en volant de grands cris aigus et perçants. Elles arrivent par troupes sur nos côtes de l'Océan au commencement de mai ; la plupart y demeurent et n'en quittent pas les bords ; d'autres voyagent plus loin et vont chercher les lacs, les grands étangs, en suivant les rivières ; partout elles vivent de petite pêche, et même quelques-unes gobent en l'air les insectes volants; le bruit des armes à feu ne les effraye pas : ce signal de danger, loin de les écarter, semble les attirer. Cette famille des hirondelles de mer est composée de plusieurs espèces, dont la plupart ont franchi l'océan et peuplé leurs rivages ; on les trouve depuis les mers, les lacs et les rivières du Nord, jusque dans les vastes plages de l'Océan austral.

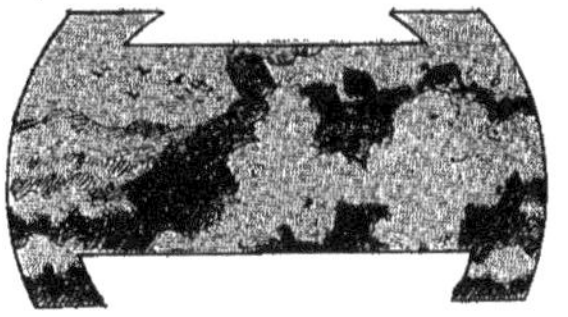

Les Pics.

DE tous les oiseaux que la nature force à vivre de la grande ou de la petite chasse, il n'en est aucun dont elle ait rendu la vie plus laborieuse, plus dure que celle du pic. En effet, assujetti à une tâche pénible, il ne peut trouver sa nourriture qu'en perçant les écorces et la fibre dure des arbres qui la recèlent ; occupé sans relâche à ce travail de nécessité, il ne connaît ni délassement ni repos ; souvent même il dort et passe la nuit dans l'attitude contrainte de la besogne du jour ; il ne partage pas les doux ébats des autres habitants de l'air ; il n'entre point dans leurs concerts, et n'a que des cris sauvages, dont l'accent plaintif, en troublant le silence des bois, semble exprimer ses efforts et sa peine. Ses mouvements sont brusques ; il a l'air inquiet, les traits et la physionomie rudes, le naturel sauvage et farouche ; il fuit toute société, même celle de son semblable.

Il a reçu de la nature des organes et des instruments appropriés à cette destinée, ou plutôt il tient cette destinée même des organes avec lesquels il est né. Quatre doigts épais, nerveux, tournés deux en avant, deux en arrière, tous armés de gros ongles arqués, implantés sur un pied très court et puissamment musclé, lui servent à grimper en tous sens autour du tronc des arbres ; son bec tranchant, droit, en forme de coin, et taillé verticalement à sa pointe comme un ciseau, est l'instrument avec lequel il perce l'écorce et entame profondément le bois des arbres. De forts muscles dans un cou raccourci portent et dirigent les coups réitérés que le pic frappe incessamment pour percer le bois et s'ouvrir un accès jusqu'au cœur des arbres : il y darde une longue langue effilée, arrondie, semblable à un ver de terre, armée d'une pointe dure, osseuse, comme d'un aiguillon. Il niche dans les cavités qu'il a en partie creusées lui-même.

Le genre du pic est très nombreux en espèces qui varient pour les couleurs et diffèrent par la grandeur : les plus grands pics sont de la taille de la corneille, et les plus petits de celle de la mésange. La nature a placé des pics dans toutes les contrées où elle a produit des arbres, et en plus grande quantité dans les climats plus chauds. On en connaît douze espèces en Europe et vingt-sept dans les régions chaudes de l'Amérique, de l'Afrique et de l'Asie.

LE PIC VERT

Le pic vert est le plus connu des pics, et le plus commun dans nos bois ; il arrive au printemps et fait retentir les forêts de cris aigus et durs, *tiacacan, tiacacan*, que l'on entend de loin, et qu'il jette surtout en volant par élans et par bonds. Quoiqu'il ne s'élève qu'à une petite hauteur, il franchit d'assez grands intervalles de terres découvertes pour passer d'une forêt à l'autre. Le pic vert se tient à terre plus souvent que les autres pics, surtout près des fourmilières ; il attend les fourmis au passage, couchant sa longue langue dans le petit sentier qu'elles ont coutume de tracer et de suivre à la file, et lorsqu'il sent sa langue couverte de ces insectes, il la retire pour les avaler. Il grimpe aussi contre les arbres, qu'il attaque et qu'il frappe à coups de bec redoublés ; travaillant avec la plus grande activité, il dépouille souvent les arbres secs de toute leur écorce ; on entend de loin ses coups de bec et on peut les compter. C'est au cœur d'un arbre vermoulu qu'il place son nid, à quinze ou vingt pieds au-dessus de terre, et le plus souvent dans les arbres de bois tendre.

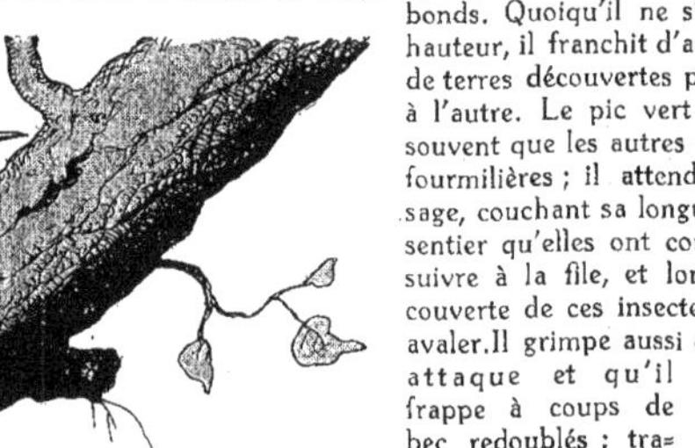

Le mâle et la femelle travaillent incessamment et tour à tour à percer la partie vive de l'arbre jusqu'à ce qu'ils rencontrent le centre carié. Là ils nourrissent leurs petits. La ponte est ordinairement de cinq œufs. Les jeunes pics commencent à grimper tout petits et avant de pouvoir voler.

Le mâle et la femelle ne se quittent guère, se couchent de bonne heure, avant les autres oiseaux, et restent dans leur trou jusqu'au jour.

On appelle le pic vert l'oiseau de la pluie, qu'il annonce par un cri plaintif. Son espèce se trouve dans les deux continents où, quoique peu nombreuse, elle est fort répandue.

LE TORCOL

Cet oiseau se reconnaît au premier coup d'œil par une habitude qui n'appartient qu'à lui : c'est de tordre et de tourner le cou de côté et en arrière, la tête renversée vers le dos, et les yeux à demi fermés pendant tout le temps que dure ce mouvement, qui paraît être produit par une convulsion de surprise et d'effroi, ou par une crise d'étonnement à l'aspect de tout objet nouveau. C'est aussi un effort que l'oiseau semble faire pour se dégager lorsqu'il est retenu.

Cependant cet étrange mouvement lui est naturel et dépend en grande partie d'une conformation particulière, puisque les petits dans le nid se donnent les mêmes tours de cou.

Le torcol a encore une autre habitude assez singulière : lorsqu'on s'approche de lui, il se tourne vis-à-vis le spectateur, puis, le regardant fixement, s'élève sur ses ergots, se porte en avant avec lenteur en relevant les plumes du sommet de sa tête, la queue épanouie, puis se retire brusquement en rabattant sa huppe ; il recommence ce manège, jusqu'à cent fois de suite et tant qu'on reste en présence. L'espèce du torcol n'est nombreuse nulle part, et chaque individu vit solitairement et voyage de même : on les voit arriver seuls au mois de mai ; nulle société que celle de leur femelle, encore cette union est-elle de très courte durée car ils se séparent bientôt et repartent seuls en septembre.

Un arbre isolé au milieu d'une large haie est celui que le torcol préfère ; il semble le choisir pour se percher plus solitairement.

Sur la fin de l'été, on le trouve également seul dans les blés, surtout dans les avoines et dans les petits sentiers qui traversent les pièces de blé noir. Il prend sa nourriture à terre, et ne grimpe pas contre les arbres.

Le cri du torcol est un son de sifflement assez aigre et traîné ; cet oiseau se fait entendre huit ou dix jours avant le coucou.

Il pond dans des trous d'arbres sans faire de nid, et sur la poussière du bois pourri ; on y trouve communément huit ou dix œufs ; le mâle apporte des fourmis à sa femelle, qui couve, et les petits nouveau-nés dans le mois de juin tordent déjà le cou et soufflent avec force lorsqu'on les approche ; ils quittent bientôt leur nid, où ils ne prennent aucune affection les uns pour les autres, car ils se séparent et se dispersent dès qu'ils peuvent se servir de leurs ailes.

L'espèce du torcol est répandue dans toute l'Europe, depuis les provinces méridionales jusqu'en Suède, et même en Laponie ; elle est assez commune en Grèce et en Italie.

LE COUCOU

Le peuple disait, il y a vingt siècles, comme il le dit encore aujourd'hui, que le coucou n'est autre chose qu'un petit épervier métamorphosé ; que cette métamorphose se renouvelle tous les ans à une époque déterminée ; que, lorsqu'il revient au printemps, c'est sur les épaules du milan qui veut bien lui servir de monture, afin de ménager la faiblesse de ses ailes (complaisance remarquable dans un oiseau de proie tel que le milan) ; qu'il jette sur les plantes une salive qui leur est funeste par les insectes qu'elle engendre ; que la femelle coucou a l'attention de pondre, dans chaque nid qu'elle peut découvrir, un œuf de la couleur des œufs de ce nid pour mieux tromper la mère ; que celle-ci se fait la nourrice ou la gouvernante du jeune coucou ; qu'elle lui sacrifie ses petits qui lui paraissent moins jolis ; qu'en vraie marâtre elle les néglige, ou qu'elle les tue et les lui fait manger. D'autres soupçonnent que la mère coucou revient au nid où elle a déposé son œuf, et qu'elle chasse ou mange les enfants de la maison pour mettre le sien plus à son aise ; d'autres veulent que ce soit celui-ci qui en fasse sa proie, ou du moins qui les rende victimes de sa voracité, en s'appropriant exclusivement toutes les subsistances que peut fournir la pourvoyeuse commune. On dit encore que le jeune coucou, sentant bien en lui-même qu'il est un intrus, et craignant d'être traité comme tel sur les seules couleurs de son plumage, s'envole dès qu'il peut remuer les ailes, et va rejoindre sa véritable mère. D'autres prétendent que c'est la nourrice qui abandonne le nourrisson lorsqu'elle s'aperçoit, aux couleurs de son plumage, qu'il est d'une autre espèce. Plusieurs croient qu'avant de prendre son essor, le nourrisson dévore la nourrice qui lui avait tout donné, jusqu'à son propre sang. Enfin on a fait du coucou le type de l'ingratitude. Que d'absurdités dans tous ces contes !

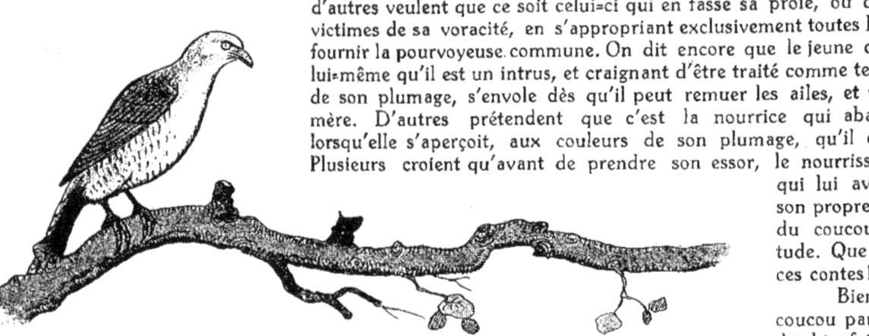

Bien loin d'être ingrat, le coucou paraît conserver le souvenir des bienfaits et n'y être pas insensible. On prétend qu'en arrivant de son quartier d'hiver il se rend avec empressement aux lieux de sa naissance, et que, lorsqu'il y retrouve sa nourrice ou ses frères nourriciers, tous éprouvent une joie réciproque qu'ils expriment chacun à leur manière. Ce sont ces cris, ces jeux, qu'on aura pris pour une guerre que les petits oiseaux faisaient au coucou ; il se peut néanmoins qu'on ait vu entre eux de véritables combats : par exemple, lorsqu'un coucou étranger, cédant à son instinct, aura voulu détruire leurs œufs pour placer le sien dans leur nid, et qu'ils l'auront pris sur le fait.

C'est cette habitude bien constatée qu'il a de pondre dans le nid d'autrui qui est la principale singularité de son histoire.

Une autre singularité de son histoire, c'est qu'il ne pond qu'un œuf, du moins qu'un seul œuf dans chaque nid, car il est possible qu'il en ponde deux.

Ces deux singularités semblent tenir à une troisième et pouvoir s'expliquer par elle : c'est que leur mue est plus tardive et plus complète que celle de la plupart des oiseaux ; on rencontre quelquefois l'hiver, dans le creux des arbres, un ou deux coucous entièrement nus, nus au point qu'on les prendrait au premier coup d'œil pour de véritables crapauds. Comme les coucous mâles ont l'instinct de manger les œufs des oiseaux, la femelle doit cacher soigneusement le sien ; elle ne doit pas retourner à l'endroit où elle l'a déposé, de peur de l'indiquer à son mâle ; elle doit donc choisir le nid le mieux caché, le plus éloigné des endroits qu'il fréquente ; elle doit même, si elle a deux œufs, les distribuer en différents nids ; elle doit les confier à des nourrices étrangères et se reposer sur ces nourrices de tous les soins nécessaires à leur développement : c'est aussi ce qu'elle fait, en prenant toutes ces précautions qui lui sont inspirées par la tendresse pour sa progéniture, et sachant résister à cette tendresse même pour qu'elle ne se trahisse point par indiscrétion. Considérés sous ce point de vue, les procédés du coucou rentreraient dans la règle générale, et supposeraient l'amour de la mère pour ses petits, et même un amour bien entendu.

Ce qui me semble avoir le plus étonné, c'est la complaisance dénaturée de la nourrice du coucou, laquelle oublie si facilement ses propres œufs pour donner tous ses soins à celui d'un oiseau étranger, et même d'un oiseau destructeur de sa propre famille.

Tous les habitants des bois assurent que, lorsqu'une fois la mère coucou a déposé son œuf dans le nid qu'elle a choisi, elle s'éloigne, semble oublier sa progéniture et la perdre entièrement de vue et qu'à plus forte raison le mâle ne s'en occupe point du tout ; cependant on a observé, non que le père et la mère donnent des soins à leurs petits, mais qu'ils s'en approchent à une certaine distance en chantant, que de part et d'autre ils semblent s'écouter, se répondre et se prêter mutuellement attention.

Tout le monde connaît le chant du coucou, du moins son chant le plus ordinaire ; il est si bien articulé et répété si souvent, que dans presque toutes les langues il a influé sur la dénomination de l'oiseau : ce chant appartient exclusivement au mâle, et c'est au printemps que ce mâle le fait entendre, tantôt perché sur une branche sèche, et tantôt en volant. Les mâles sont beaucoup plus nombreux que les femelles. Les jeunes coucous ne chantent point la première année, et les vieux cessent de chanter, ou du moins de chanter assidûment, vers la fin de juin ; mais ce silence n'annonce point leur départ ; on en trouve même dans les plaines jusqu'à la fin de septembre et encore plus tard : ce sont sans doute les premiers froids et la disette d'insectes qui les déterminent à passer dans des climats plus chauds ; ils vont la plupart en Afrique. A leur arrivée dans notre pays, ils semblent moins fuir les lieux habités ; le reste du temps ils voltigent dans les bois, les prés, etc., et partout où ils trouvent des nids pour y pondre et en manger les œufs, des insectes et des fruits pour se nourrir. Ils sont ordinairement seuls, inquiets, changeant de place à tout moment, et parcourant chaque jour un terrain considérable, sans cependant faire jamais de longs vols. Quoique rusés, quoique solitaires, les coucous sont capables d'une sorte d'éducation.

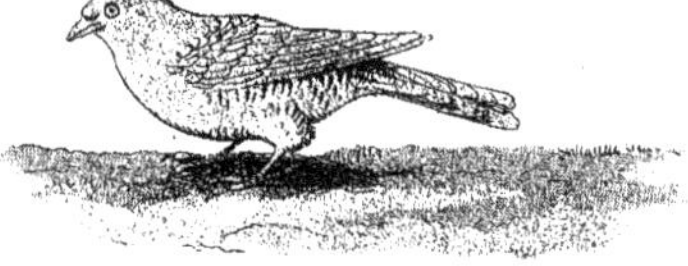

Les coucous sont répandus assez généralement dans tout l'ancien continent, et quoique ceux d'Amérique aient des habitudes différentes, on ne peut s'empêcher de reconnaître dans plusieurs un air de famille. Celui dont il s'agit ici ne se voit que l'été dans les pays froids ou même tempérés, tels que l'Europe ; et l'hiver seulement dans les climats plus chauds, tels que ceux de l'Afrique septentrionale : il semble fuir les températures excessives.

Cet oiseau, posé à terre, ne marche qu'en sautillant, mais il s'y pose rarement.

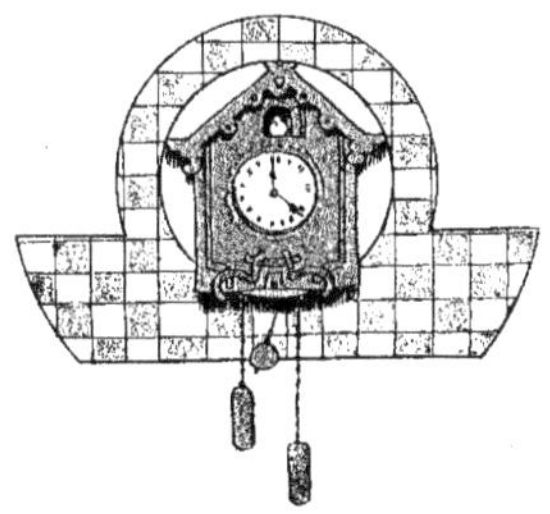

Psittacés.

LE TOUCAN

Le bec du toucan est en général beaucoup plus gros et plus long à proportion du corps que dans aucun autre oiseau, et ce qui le rend encore plus excessif, c'est que dans toute sa longueur il est plus large que la tête de l'oiseau ; c'est, comme on l'a dit, le bec des becs : aussi plusieurs voyageurs ont-ils appelé le toucan *l'oiseau tout bec*, et les créoles de Cayenne ne le désignent que par l'épithète de *gros-bec*. Ce long et large bec fatiguerait prodigieusement la tête et le cou de l'oiseau s'il n'était pas d'une substance légère ; mais il est si mince, qu'on peut sans effort le faire céder sous les doigts ; l'oiseau ne peut s'en servir pour se défendre, et encore moins pour attaquer.

La langue des toucans est encore plus extraordinaire que le bec : ce sont les seuls oiseaux qui aient une plume au lieu de langue, et c'est une plume dans l'acception la plus stricte. Avec un organe aussi singulier et si différent de la substance et de l'organisation ordinaire de toute langue, on serait porté à croire que ces oiseaux devraient être muets ; néanmoins ils ont autant de voix que les autres et ils font entendre très souvent une espèce de sifflement qu'ils réitèrent promptement et assez longtemps pour qu'on les ait appelés *oiseaux prédicateurs*. Les sauvages attribuent aussi de grandes vertus à cette langue de plume, et ils l'emploient comme remède dans plusieurs maladies.

Les toucans sont répandus dans tous les climats chauds de l'Amérique méridionale, et ne se trouvent point dans l'ancien continent ; ils sont erratiques plutôt que voyageurs, ne changeant de pays que pour suivre les saisons de la maturité des fruits qui leur servent de nourriture. Ces oiseaux vont ordinairement par petites troupes de six à dix. Leur vol est lourd et s'exécute péniblement, vu leurs courtes ailes et leur énorme bec, qui fait pencher le corps en avant ; cependant ils ne laissent pas de s'élever au-dessus des grands arbres, à la cime desquels on les voit presque toujours perchés et dans une agitation continuelle qui, malgré la vivacité de leurs mouvements, n'ôte rien à leur air grave, parce que ce gros bec leur donne une physionomie triste et sérieuse que leurs grands yeux fades et sans feu augmentent encore : en sorte que, quoique très vifs et très remuants, ils n'en paraissent que plus gauches et moins gais.

Comme ils font leur nid dans des trous d'arbres que les pics ont abandonnés, on a cru qu'ils creusaient eux-mêmes ces trous ; ils ne pondent que deux œufs, et cependant toutes les espèces sont assez nombreuses en individus.

LE PERROQUET

Les animaux que l'homme a le plus admirés sont ceux qui lui ont paru participer à sa nature : le singe, par la ressemblance des formes extérieures, et le perroquet, par l'imitation de la parole, lui ont semblé des êtres privilégiés, intermédiaires entre l'homme et la brute.

Les Portugais, qui les premiers ont doublé le cap de Bonne-Espérance et reconnu les côtes d'Afrique, trouvèrent les terres de Guinée et toutes les îles de l'océan Indien peuplées, comme le continent, de diverses espèces de perroquets,

toutes inconnues à l'Europe et en si grand nombre qu'à Calicut, à Bengale et sur les côtes d'Afrique, les Indiens et les nègres étaient obligés de se tenir dans leurs champs de maïs et de riz vers le temps de la maturité, pour en éloigner ces oiseaux qui viennent les dévaster.

Cette grande multitude de perroquets, dans toutes les régions qu'ils habitent, semble prouver qu'ils réitèrent leurs pontes, puisque chacune est assez peu nombreuse; mais rien n'égale la variété d'espèces d'oiseaux de ce genre qui s'offrirent aux navigateurs sur toutes les plages méridionales du Nouveau-Monde, lorsqu'ils en firent la découverte. Plusieurs îles reçurent le nom d'*îles des Perroquets*.

Ce furent les seuls animaux que Colomb trouva dans la première où il aborda, et ces oiseaux servirent d'objets d'échange dans le premier commerce qu'eurent les Européens avec les Américains. Dans l'ancien continent, il y a cinq grandes familles de perroquets, savoir : les kakatoès, les perroquets proprement dits, les loris, les perruches à longue queue et les perruches à queue courte ; et dans le nouveau continent il y a six autres familles, savoir : les aras, les amazones, les criks, les papegais, les perriches à queue longue, et enfin les perriches à queue courte. Chacune de ces onze tribus ou familles est désignée par des caractères distinctifs, ou du moins chacune porte quelque livrée particulière qui les rend reconnaissables.

LE JACO OU PERROQUET CENDRÉ

C'EST l'espèce du perroquet proprement dit que l'on apporte le plus communément en Europe aujourd'hui, et qui s'y fait le plus aimer tant par la douceur de ses mœurs que par son talent et sa docilité, en quoi il égale au moins le perroquet vert, sans avoir ses cris désagréables.

Le mot *jaco*, qu'il paraît se plaire à prononcer, est le nom qu'ordinairement on lui donne ; tout son corps est d'un beau gris perle et d'ardoise, blanchissant au ventre ; une queue d'un rouge vermillon termine et relève ce plumage lustré, moiré, et comme poudré d'une blancheur qui le rend toujours frais ; l'œil est placé dans une peau blanche, nue et farineuse, qui couvre la joue ; le bec est noir, les pieds sont gris, l'iris de l'œil est d'une couleur d'or ; la longueur totale de l'oiseau est d'un pied.

La plupart de ces perroquets nous sont apportés de la Guinée ; ils viennent de l'intérieur des terres de cette partie de l'Afrique ; on les trouve aussi au Congo et sur la côte d'Angole ; on leur apprend fort aisément à parler, et ils semblent imiter de préférence la voix des enfants et recevoir d'eux plus facilement leur éducation à leur égard.

Non seulement cet oiseau a la facilité d'imiter la voix de l'homme : il semble encore en avoir le désir ; il le manifeste par son attention à écouter, par l'effort qu'il fait pour répéter. Souvent on est étonné de lui entendre répéter des mots ou des sons que l'on n'avait pas pris la peine de lui apprendre, et qu'on ne le soupçonnait pas même d'avoir écoutés ; il semble se faire des tâches et cherche à retenir sa leçon chaque jour; il en est occupé jusque dans son sommeil.

C'est surtout dans ses premières années qu'il montre cette facilité, qu'il a plus de mémoire, et qu'on le trouve plus intelligent et plus docile ; quelquefois cette faculté de mémoire, cultivée de bonne heure, devient étonnante, mais plus âgé le perroquet se montre rebelle et n'apprend que difficilement.

Il est naturel de croire que le perroquet ne s'entend pas parler, mais qu'il croit cependant que quelqu'un lui parle : on l'a souvent entendu se demander à lui-même la patte ; et il ne manque jamais de répondre à sa propre question en tendant effectivement la patte.

Les talents des perroquets de cette espèce ne se bornent pas à l'imitation de la parole ; ils apprennent aussi à contrefaire certains gestes, certains mouvements, certaines danses.

Les naturalistes ont tous remarqué la forme particulière du bec, de la langue et de la tête du jaco.

Son bec arrondi en dehors, creusé et concave en dedans, offre en quelque manière la capacité d'une bouche, dans laquelle la langue meut librement.

Cette langue est ronde et épaisse, plus grosse même dans le perroquet à proportion que dans l'homme. Le bec est très fort : le jaco casse aisément les noyaux des fruits rouges ; il ronge le bois, et même il fausse avec son bec et écarte les barreaux de sa cage ; il s'en sert plus que de ses pattes pour se suspendre et s'aider en montant. Le jaco se contente à peu près également de toute espèce de nourriture : dans son pays natal il vit de presque toutes les sortes de fruits et de graines. Quelquefois on voit ce perroquet devenir, après une mue, jaspé de blanc et de couleur de rose, soit que le changement ait pour cause quelque maladie, ou les progrès de l'âge. Le perroquet cendré est, comme plusieurs autres espèces de ce genre, sujet à l'épilepsie et à la goutte, néanmoins il est très vigoureux et vit longtemps. On assure en avoir vu un à Orléans âgé de plus de soixante ans, et encore vif et gai.

Il est assez rare de voir des perroquets produire dans nos contrées tempérées, cependant on a quelques exemples de perroquets nés en France.

LES AMAZONES ET LES CRIKS

On appelle ***perroquets amazones*** tous ceux qui ont du rouge sur le fouet de l'aile ; ils sont connus en Amérique sous ce nom parce qu'ils viennent originairement du pays des Amazones. On donne le nom de *criks* à ceux qui n'ont pas de rouge sur le fouet de l'aile, mais seulement sur l'aile ; c'est aussi le nom que les sauvages de la Guyane ont donné à ces perroquets. Les criks sont un peu plus petits que les amazones, lesquels sont eux-mêmes beaucoup plus petits que les aras ; et les amazones sont très beaux et très rares, au lieu que les criks sont les plus communs des perroquets et les moins beaux ; ils sont d'ailleurs répandus partout en grand nombre, au lieu que les amazones ne se trouvent guère qu'au Para et dans quelques autres contrées voisines de la rivière des Amazones.

Mais les criks et les amazones ont les mêmes habitudes naturelles : ils volent également en troupes nombreuses, se perchent en grand nombre dans les mêmes endroits, et jettent tous ensemble des cris qui se font entendre fort loin ; ils vont aussi dans les bois, sur les hauteurs, soit dans les lieux bas et jusque dans les savanes noyées, plantées de palmiers, dont ils aiment beaucoup les fruits.

On prétend que la chair de tous les perroquets d'Amérique contracte l'odeur et la couleur des fruits et des graines dont ils se nourrissent. Les perroquets deviennent très gras dans la saison de la maturité des goyaves, qui sont, en effet, fort bonnes à manger ; enfin la graine de coton les enivre au point qu'on peut les prendre avec la main.

Les amazones, les criks et tous les autres perroquets d'Amérique font, comme les aras, leurs nids dans les trous de vieux arbres, et ne pondent également que deux œufs deux fois par an, que le mâle et la femelle couvent alternativement. On assure qu'ils ne renoncent jamais à leurs nids et que, quoiqu'on ait touché et manié leurs œufs, ils ne se dégoûtent pas de les couver, comme font la plupart des autres oiseaux. Ils s'attroupent, pondent ensemble dans le même quartier et vont de compagnie chercher leur nourriture ; lorsqu'ils sont rassasiés, ils font un caquetage continuel et bruyant, changeant de place sans cesse, allant et revenant d'un arbre à l'autre, jusqu'à ce que l'obscurité de la nuit et la fatigue du mouvement les forcent à reposer et à dormir.

D'ordinaire, les sauvages prennent les perroquets dans le nid, parce qu'ils sont plus aisés à élever et qu'ils s'apprivoisent mieux : cependant les Caraïbes les prennent aussi lorsqu'ils sont grands. Mais lorsqu'on les prend ainsi vieux, ils sont difficiles à apprivoiser ; il n'y a qu'un seul moyen de les rendre doux au point de pouvoir les manier, c'est de leur souffler de la fumée de tabac dans le bec. Au reste, on n'a pas l'idée de la méchanceté des perroquets sauvages : ils mordent cruellement, et cela sans être provoqués. Ces perroquets, pris vieux, n'apprennent jamais que très imparfaitement à parler.

LES ARAS

De tous les perroquets, l'ara est le plus grand et le plus magnifiquement paré ; le pourpre, l'or et l'azur brillent dans son plumage ; il a l'œil assuré, la contenance ferme, la démarche grave et même l'air désagréablement dédaigneux, comme s'il sentait son prix et connaissait trop sa beauté ; néanmoins son naturel paisible le rend aisément familier et même susceptible de quelque attachement ; on peut le rendre domestique sans en faire un esclave, il n'abuse pas de la liberté qu'on lui donne ; la douce habitude le rappelle auprès de ceux qui le nourrissent, et il revient assez constamment au domicile qu'on lui fait adopter.

Tous les aras sont naturels aux climats du Nouveau-Monde situés entre les deux tropiques, mais aucun ne se trouve ni en Afrique ni dans les Grandes-Indes. On les rencontre jusque dans les îles désertes, et partout ils font le plus bel ornement de ces sombres forêts qui couvrent la terre abandonnée à la seule nature.

Nous connaissons quatre espèces d'aras, savoir : le rouge, le bleu, le vert et le noir.

Les caractères qui distinguent les aras des autres perroquets du Nouveau-Monde sont la grandeur et la grosseur du corps, la longueur de la queue, la peau nue et d'un blanc sale, qui couvre les deux côtés de la tête. C'est même cette peau nue, au milieu de laquelle sont situés les yeux, qui donne à ces oiseaux une physionomie désagréable ; leur voix l'est aussi, et n'est qu'un cri qui semble articuler *ara*, d'un ton rauque, grasseyant, et si fort qu'il offense l'oreille.

LES PERRUCHES A COURTE QUEUE

DE L'ANCIEN CONTINENT

Il y a une grande quantité de ces perruches dans l'Asie méridionale et en Afrique. Elles sont toutes différentes des perruches de l'Amérique ; elles ont de même quelques habitudes naturelles aussi différentes que le sont les climats : quelques-unes, par exemple, dorment la tête en bas et les pieds en haut, accrochées à une petite branche d'arbre, ce que ne font pas les perruches d'Amérique.

En général, tous les perroquets du Nouveau-Monde font leurs nids dans des creux d'arbres, et spécialement dans les trous abandonnés par les pics.

Dans l'ancien continent, au contraire, différentes espèces de perroquets suspendent leurs nids, tissus de joncs et de racines, en les attachant à la pointe des rameaux flexibles : cette diversité dans la manière de nicher, si elle est réelle pour un grand nombre d'espèces, pourrait être suggérée par la différente impression du climat.

En Amérique, où la chaleur n'est jamais excessive, elle doit être recueillie dans un petit lieu qui la concentre ; et sous la zone torride d'Afrique, le nid suspendu reçoit des vents qui le bercent un rafraîchissement peut-être nécessaire.

LA PERRUCHE A TÊTE ROUGE

OU LE MOINEAU DE GUINÉE

Cette perruche est connue sous le nom de *moineau de Guinée* ; elle est fort commune dans cette contrée, d'où on l'apporte souvent en Europe à cause de la beauté de son plumage, de sa familiarité et de sa douceur, car elle n'apprend point à parler et n'a qu'un cri assez désagréable.

Ces oiseaux périssent en grand nombre dans le transport, et néanmoins ils vivent assez longtemps dans nos climats en les nourrissant de graines de panis et d'alpiste, pourvu qu'on les mette par paires dans leur cage ; ils y pondent même quelquefois, mais on a peu d'exemples que leurs œufs aient éclos.

Lorsque l'un des oiseaux appariés vient à mourir, l'autre s'attriste et ne lui survit guère; ils se prodiguent réciproquement de tendres soins, et charment ainsi leur captivité par une douce habitude.

En Guinée, ces oiseaux, par leur grand nombre, causent beaucoup de dommages aux grains de la campagne.

L'espèce en est répandue dans presque tous les climats méridionaux de l'ancien continent, car on les trouve en Éthiopie, aux Indes orientales, dans l'île de Java, aussi bien qu'en Guinée.

Bien des gens appellent mal à propos cet oiseau *moineau du Brésil*, quoiqu'il ne soit pas naturel au climat du Brésil ; mais comme les vaisseaux y en transportent de Guinée, et qu'ils arrivent du Brésil en Europe, on a pu croire qu'ils appartenaient à cette contrée de l'Amérique. Cette petite perruche a le corps tout vert, marqué par une tache d'un beau bleu et par un masque rouge de feu, mêlé de rouge aurore.

LE KAKATOÈS

Les plus grands perroquets de l'ancien continent sont les kakatoès ; ils en sont tous originaires et paraissent être naturels aux climats de l'Asie méridionale, mais il est sûr qu'il ne s'en trouve point en Amérique : ils paraissent répandus dans les régions des Indes méridionales et dans toutes les îles de l'océan Indien.

Le nom de *kakatoès* vient de la ressemblance de ce mot à leur cri. On les distingue aisément des autres perroquets par leur plumage blanc et par leur bec plus crochu et plus arrondi, et particulièrement par une huppe de longues plumes dont leur tête est ornée, et qu'ils élèvent et abaissent à volonté.

Ces perroquets kakatoès apprennent difficilement à parler, il y a même des espèces qui ne parlent jamais ; mais on en est dédommagé par la facilité de leur éducation : on les apprivoise tous aisément. Ils ont dans tous leurs mouvements une douceur et une grâce qui ajoutent encore à leur beauté.

Quoique les kakatoès se servent, comme les autres perroquets, de leur bec pour monter et descendre, ils n'ont pas leur démarche lourde et désagréable ; ils sont au contraire très agiles et marchent de bonne grâce en trottant par petits sauts vifs.

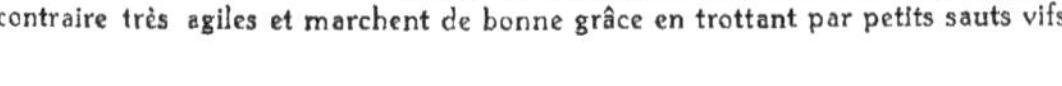

Gallinacés.

LE PIGEON

Il faut des tours, des bâtiments élevés, faits exprès, bien enduits en dehors et garnis en dedans de nombreuses cellules, pour attirer, retenir et loger les pigeons : ils ne sont réellement ni domestiques comme les chiens et les chevaux, ni prisonniers comme les poules ; ce sont plutôt des captifs volontaires, des hôtes fugitifs, qui ne se tiennent dans le logement qu'on leur offre qu'autant qu'ils s'y plaisent, qu'autant qu'ils y trouvent la nourriture abondante, le gîte agréable et toutes les commodités, toutes les aisances nécessaires à la vie. Pour peu que quelque chose leur manque ou leur déplaise, ils quittent et se dispersent pour aller ailleurs : il y en a même qui préfèrent constamment les trous poudreux des vieilles murailles aux boulins les plus propres de nos colombiers ; d'autres qui se gîtent dans des fentes et des creux d'arbres ; d'autres qui semblent fuir nos habitations et que rien ne peut y attirer, tandis qu'on en voit, au contraire, qui n'osent les quitter et qu'il faut nourrir autour de leur volière qu'ils n'abandonnent jamais.

Ces habitudes opposées, ces différences de mœurs sembleraient indiquer qu'on comprend sous le nom de *pigeons* un grand nombre d'espèces diverses dont chacune aurait son naturel propre et différent de celui des autres ; car on compte, indépendamment d'un grand nombre de variétés, cinq espèces de pigeons, sans y comprendre ni les ramiers, ni les tourterelles.

Ces cinq espèces de pigeons sont : 1° le pigeon domestique ; 2° le pigeon romain sous l'espèce duquel on comprend seize variétés ; 3° le pigeon biset ; 4° le pigeon de roche avec une variété ; 5° le pigeon sauvage. Nous avons des pigeons fuyards qui désertent nos colombiers et prennent l'habitude de se percher sur les arbres ; ces pigeons, quoique élevés dans l'état de domesticité, quoique en apparence accoutumés comme les autres à un domicile fixe, à des habitudes communes, quittent ce domicile, rompent toute société, et vont s'établir dans les bois ; ils retournent donc à leur état de nature poussés par leur seul instinct.

D'autres, apparemment moins courageux, moins hardis, quoique également amoureux de la liberté, fuient de nos colombiers pour aller habiter solitairement quelques trous de muraille, ou bien en petit nombre se réfugient dans une tour peu fréquentée ; et, malgré les dangers, la disette et la solitude de ces lieux où ils manquent de tout, où ils sont exposés à la belette, aux rats, à la fouine, à la chouette, et où ils sont forcés de subvenir en tout temps à leurs besoins par leur seule industrie, ils restent néanmoins constamment dans ces habitations incommodes, et les préfèrent pour toujours à leur premier domicile, où cependant ils sont nés et où ils ont été élevés.

Ces pigeons de muraille ne retournent pas en entier à l'état de nature, ils ne se perchent pas comme les premiers, et sont néanmoins beaucoup plus près de l'état libre que de la condition domestique.

Nos pigeons de colombier, dont tout le monde connaît les mœurs, auxquels leur demeure convient, ne l'abandonnent pas ou ne la quittent que pour en prendre une qui leur convient encore mieux, et ils n'en sortent que pour aller s'égayer ou se pourvoir dans les champs voisins. Les gros et les petits pigeons de volière dont les races, les variétés, les mélanges sont presque innombrables, ne quittent jamais les alentours de leur volière ; il faut les y nourrir en tout temps ; la faim la plus pressante ne les détermine pas à aller chercher ailleurs ; ils se laissent mourir d'inanition plutôt que de quêter leur subsistance, accoutumés à la recevoir de la main de l'homme ou à la trouver toute préparée toujours dans le même lieu ; ils ne savent vivre que pour manger, et n'ont aucune des ressources, aucun des petits talents que le besoin inspire à tous les animaux. On peut donc regarder cette dernière classe dans l'ordre des pigeons comme absolument domestique. Le biset, ou pigeon sauvage, est la tige primitive de tous les autres pigeons : communément il est de la même grosseur et de la même forme, mais d'une couleur plus bise que le pigeon domestique, et c'est de cette couleur que lui vient son nom.

Tous ces pigeons ont de certaines qualités qui leur sont communes : l'amour de la société, l'attachement à leurs semblables, la douceur de mœurs, la propreté, le soin de soi-même, les mouvements doux ; nulle humeur, nul dégoût, nulle querelle ; toutes les fonctions pénibles également réparties ; le mâle aimant assez pour partager les soins maternels et même s'en charger, couvant régulièrement à son tour et les œufs et les petits pour en épargner la peine à sa compagne, pour mettre entre elle et lui cette égalité dont dépend le bonheur de toute union durable : quels modèles pour l'homme, s'il pouvait ou savait les imiter !

LE RAMIER

Comme cet oiseau est beaucoup plus gros que le biset, et que tous deux tiennent de très près au pigeon domestique on pourrait croire que les petites races de nos pigeons de volière sont issues des bisets et que les plus grandes viennent des ramiers ; cependant le biset et le ramier ne se mêlent pas dans les bois.

Les ramiers arrivent en France au printemps, un peu plus tôt que les bisets, et partent en automne un peu plus tard.

Il reste des ramiers pendant l'hiver dans la plupart de nos provinces ; ils perchent comme les bisets, mais ils n'établissent pas, comme eux, leurs nids dans des trous d'arbres : ils les placent à leur sommet et les construisent assez légèrement avec des bûchettes.

Comme il y a constance et fidélité dans l'union du mâle et de la femelle, cela suppose que le sentiment d'affection et le soin des petits dure toute l'année. Il y a toute apparence qu'ils produisent plutôt deux fois qu'une par an. Ils ont un roucoulement plus fort que celui des pigeons, mais qui ne se fait entendre que dans les jours sereins ; car, dès qu'il pleut, ces oiseaux se taisent, et on ne les entend que très rarement l'hiver.

Ils se nourrissent de fruits sauvages, de glands, de faînes, de fraises, dont ils sont très avides, et aussi de fèves et de grains de toute espèce ; ils font un grand dégât dans les blés lorsqu'ils sont versés, et quand ces aliments leur manquent, ils mangent de l'herbe.

Ils boivent à la manière des pigeons, c'est-à-dire de suite et sans relever la tête qu'après avoir avalé toute l'eau dont ils ont besoin.

Comme leur chair, et surtout celle des jeunes, est excellente à manger, on recherche soigneusement leurs nids, et on en détruit ainsi une grande quantité.

On en prend beaucoup avec des filets dans les lieux de leur passage.

Il paraît que, quoique le ramier préfère les climats chauds et tempérés, il habite quelquefois dans les pays septentrionaux, et il paraît aussi qu'il a passé d'un continent à l'autre.

LA TOURTERELLE

La tourterelle aime, peut-être plus qu'aucun autre oiseau, la fraîcheur en été et la chaleur en hiver ; elle arrive dans notre climat fort tard au printemps, et le quitte dès la fin du mois d'août. Toutes les tourterelles, sans en excepter une, se réunissent en troupes, arrivent, partent et voyagent ensemble ; elles ne séjournent ici que quatre ou cinq mois : pendant ce court espace de temps elles nichent, pondent et élèvent leurs petits au point de pouvoir les emmener avec elles.

Ce sont les bois les plus sombres et les plus frais qu'elles préfèrent pour s'y établir ; elles placent leur nid, qui est presque tout plat sur les plus hauts arbres, dans les lieux les plus éloignés de nos habitations.

En Suède, en Allemagne, en France, en Italie, en Grèce, et peut-être encore dans des pays plus froids et plus chauds, elles ne séjournent que pendant l'été, et quittent également avant l'automne ; elles cherchent les climats très chauds pour y passer l'hiver.

On les trouve presque partout dans l'ancien continent ; on les retrouve dans le nouveau et jusque dans les îles de la mer du Sud : elles sont, comme les pigeons, sujettes à varier, et quoique naturellement plus sauvages, on peut néanmoins les élever de même, et les faire multiplier dans des volières.

Nous connaissons, dans l'espèce de la tourterelle, deux races ou variétés constantes : la première est la tourterelle commune ; la seconde s'appelle *tourterelle à collier*, parce qu'elle porte sur le cou une sorte de collier noir. Toutes deux se trouvent dans notre climat. La tourterelle à collier est un peu plus grosse que la tourterelle commune, et ne diffère en rien pour le naturel et les mœurs ; on peut même dire qu'en général les pigeons, les ramiers et les tourterelles se ressemblent encore plus par l'instinct et les habitudes naturelles que par la figure : ils mangent et boivent de même sans relever la tête qu'après avoir avalé toute l'eau qui leur est nécessaire ; ils volent de même en troupes ; dans tous la voix est plutôt un gros murmure ou un gémissement plaintif qu'un chant articulé : tous ne produisent que deux œufs, quelquefois trois, et tous peuvent produire plusieurs fois l'année dans des pays chauds ou dans des volières.

LE COQ

Le coq est un oiseau pesant, dont la démarche est grave et lente, et qui, ayant les ailes fort courtes, ne vole que rarement, et quelquefois avec des cris qui expriment l'effort; il chante indifféremment la nuit et le jour, mais non pas régulièrement à certaines heures, et son chant est fort différent de celui de la poule, quoiqu'il y ait aussi quelques poules qui ont le même cri du coq, c'est-à-dire qui font le même effort du gosier avec un moindre effet ; car leur voix n'est pas si forte et leur cri n'est pas si bien articulé. Il gratte la terre pour chercher sa nourriture ; il avale autant de petits cailloux que de grains, et n'en digère que mieux ; il boit en prenant de l'eau dans son bec et levant la tête à chaque fois pour l'avaler ; il dort le plus souvent un pied en l'air et en cachant sa tête sous l'aile du même côté.

Il a beaucoup de soin, et même d'inquiétude et de souci pour ses poules ; il ne les perd guère de vue, il les conduit, les défend, les menace, va chercher celles qui s'écartent, les ramène, et ne se livre au plaisir de manger que lorsqu'il les voit toutes manger autour de lui : à juger par les différentes inflexions de la voix et par les différentes expressions de sa mine, on ne peut guère douter qu'il ne leur parle différents langages. Quand il les perd, il donne des signes de regrets; il n'en maltraite aucune.

S'il se présente un autre coq, il accourt l'œil en feu, les plumes hérissées, se jette sur son rival, et lui livre un combat opiniâtre jusqu'à ce que l'un ou l'autre succombe, ou que le nouveau venu lui cède le champ de bataille ; il a une poule favorite qu'il cherche de préférence, et à laquelle il revient presque aussi souvent qu'il va vers les autres.

Les hommes, qui tirent parti de tout pour leur amusement, ont bien su mettre en œuvre cette antipathie invincible que la nature a établie entre un coq et un coq ; ils ont cultivé avec tant d'art cette haine innée, que les combats de deux oiseaux de basse-cour sont devenus des spectacles dignes d'intéresser la curiosité des peuples, même des peuples polis.

La poule, qui couve ses œufs avec tant de soin et d'assiduité, ne se refroidit pas lorsque ses poussins sont éclos ; son attachement, fortifié par la vue de ces petits êtres qui lui doivent la naissance, s'accroît encore tous les jours par les nouveaux soins qu'exige leur faiblesse.

Sans cesse occupée d'eux, elle ne cherche de la nourriture que pour eux : si elle n'en trouve point, elle gratte la terre avec ses ongles pour lui arracher les aliments qu'elle recèle dans son sein, et elle s'en prive en leur faveur. Elle les rappelle lorsqu'ils s'égarent, les met sous ses ailes à l'abri des intempéries et les couve une seconde fois ; elle se livre à ces tendres soins avec tant d'ardeur et de souci que sa constitution en est sensiblement altérée, et qu'il est facile de distinguer de toute autre poule une mère qui mène ses petits, soit à ses plumes hérissées et à ses ailes traînantes, soit au son enroué de sa voix et à ses différentes inflexions toutes expressives et ayant toutes une forte empreinte de sollicitude et d'affection maternelle. Mais, si elle s'oublie elle-même pour conserver ses petits, elle s'expose à tout pour les défendre : paraît-il un épervier dans l'air, cette mère, si faible, si timide, et qui en toute autre circonstance chercherait son salut dans la fuite, devient intrépide par tendresse ; elle s'élance au-devant de la serre redoutable, et, par ses cris redoublés, ses battements d'ailes et son audace, elle impose souvent à l'oiseau carnassier, qui, rebuté d'une résistance imprévue, s'éloigne et va chercher une proie plus facile.

Elle paraît avoir toutes les qualités du bon cœur, mais, ce qui ne fait pas autant d'honneur au surplus de son instinct, c'est que, si par hasard on lui a donné à couver des œufs de cane ou de tout autre oiseau de rivière, son affection n'est pas moindre pour ces étrangers qu'elle le serait pour ses propres poussins ; elle ne voit pas qu'elle n'est que leur nourrice et non pas leur mère, et lorsqu'ils vont, guidés par la nature, s'ébattre ou se plonger dans la rivière voisine, c'est un spectacle singulier de voir la surprise, les inquiétudes, les transes de cette pauvre nourrice qui se croit encore mère, et qui, pressée du désir de les suivre au milieu des eaux, mais retenue par une répugnance invincible pour cet élément, s'agite, incertaine, sur le rivage, tremble et se désole, voyant toute sa couvée dans un péril évident, sans oser lui donner de secours.

Les poulets ne naissent point avec cette crête et ces membranes rougeâtres qui les distinguent des autres oiseaux ; ce n'est qu'un mois après leur naissance que ces parties commencent à se développer. A deux mois, les jeunes mâles chantent déjà comme les coqs et se battent les uns contre les autres.

Un coq peut vivre jusqu'à vingt ans dans l'état de domesticité, et peut-être trente dans celui de liberté : malheureusement pour eux, nous n'avons nul intérêt à les laisser vivre longtemps ; en sorte que ce n'est que par des hasards singuliers que l'on a vu des coqs mourir de vieillesse.

Les poules peuvent subsister partout avec la protection de l'homme : aussi sont-elles répandues dans tout le monde habité ; les gens aisés en élèvent en Islande, où elles pondent comme ailleurs, et les pays chauds en sont pleins.

De leur climat naturel, quel qu'il soit, ces oiseaux se sont répandus facilement dans le vieux continent, depuis la Chine jusqu'au cap Vert, et depuis l'Océan méridional jusqu'aux mers du Nord ; mais leur établissement dans le Nouveau-Monde paraît être beaucoup plus récent. L'historien des Incas assure qu'il n'y en avait point au Pérou avant la conquête, et même que les poules ont été plus de trente ans sans pouvoir s'accoutumer à couver dans la vallée de Cusco.

L'ATTAGAS

L'ATTAGAS est un oiseau de montagne ; on assure qu'il descend rarement dans les plaines et même sur le penchant des coteaux, et qu'il ne se plaît que sur les sommets les plus élevés ; on le trouve sur les Pyrénées, les Alpes, les montagnes d'Auvergne, du Dauphiné, de Suisse, du pays de Foix, d'Espagne, d'Angleterre, de Sicile, du pays de Vicence, dans la Laponie.

Quoique cet oiseau soit d'un naturel très sauvage, on a trouvé dans l'île de Chypre, comme autrefois à Rome, le secret de le nourrir dans des volières.

Ces attagas domestiques peuvent être plus gros que les sauvages ; mais ceux-ci sont toujours préférés pour le bon goût de la chair ; on les met au-dessus de la perdrix.

Il y a aussi l'attagas blanc, variété de l'espèce.

LA GELINOTTE

Le mâle se distingue de la femelle par une tache noire très marquée qu'il a sous la gorge, et par ses flammes ou sourcils, qui sont d'un rouge beaucoup plus vif. La grosseur de la gelinotte est celle d'une perdrix : elle a environ vingt et un pouces d'envergure, les ailes courtes, et par conséquent le vol pesant, et ce n'est qu'avec beaucoup d'efforts et de bruit qu'elle prend sa volée ; en récompense elle court très vite.

Les gelinottes ont, comme les tétras, les sourcils rouges, les doigts bordés de petites dentelures, mais plus courtes, l'ongle du doigt du milieu tranchant, et les pieds garnis de plumes par-devant.

Leur chair est blanche lorsqu'elle est cuite, mais cependant plus au dedans qu'au dehors. Cette chair est exquise ; c'est un morceau fort estimé, et le seul, dit-on, qu'on se permettait de faire reparaître deux fois sur la table des princes.

Dans le royaume de Bohême, on en mange beaucoup au temps de Pâques, comme on mange de l'agneau en France, et l'on s'en envoie en présent les uns aux autres.

La nourriture des gelinottes, soit en été, soit en hiver, est à peu près la même que celle des tétras. On nourrit aussi celles qu'on tient captives dans les volières avec du blé, de l'orge, d'autres grains, mais elles ont encore cela de commun avec les tétras, qu'elles ne survivent pas longtemps à la perte de leur liberté, soit qu'on les renferme dans des prisons trop étroites et peu convenables, soit que leur naturel sauvage, ou plutôt généreux, ne puisse s'accoutumer à aucune sorte de prison.

La chasse s'en fait en deux temps de l'année, au printemps et en automne ; mais elle réussit surtout dans cette dernière saison. Les oiseleurs et même les chasseurs les attirent avec les appeaux qui imitent leur cri, et ils ne manquent pas d'amener des chevaux avec eux, parce que c'est une opinion commune que les gelinottes aiment beaucoup ces sortes d'animaux.

Dans les mois d'octobre et de novembre, on ne tue que les mâles, qu'on appelle avec une espèce de sifflet qui imite le cri très aigu de la femelle ; les mâles arrivent à l'appeau en agitant les ailes d'une façon fort bruyante, et on les tire dès qu'ils sont posés.

Les gelinottes femelles, en leur qualité d'oiseaux pesants, font leur nid à terre, et le cachent d'ordinaire sous des coudriers : elles pondent généralement douze ou quinze œufs, et même jusqu'à vingt, un peu plus gros que des œufs de pigeon ; elles les couvent pendant trois semaines, et n'amènent guère à bien que sept ou huit petits qui courent dès qu'ils sont éclos.

LE TÉTRAS OU LE GRAND COQ DE BRUYÈRE

On lui donne en plusieurs pays le nom de coq sauvage, tandis qu'en d'autres contrées on l'appelle faisan bruyant et faisan sauvage. Cependant il diffère du faisan par sa queue, plus courte à proportion, par le nombre des grandes plumes qui la composent, par l'étendue de son vol, par ses pieds pattus et dénués d'éperons.

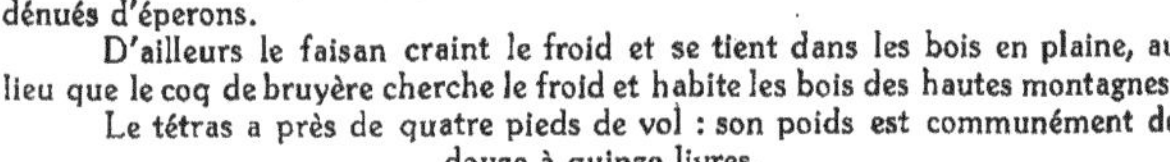

D'ailleurs le faisan craint le froid et se tient dans les bois en plaine, au lieu que le coq de bruyère cherche le froid et habite les bois des hautes montagnes.

Le tétras a près de quatre pieds de vol : son poids est communément de douze à quinze livres.

Cet oiseau gratte la terre comme tous les frugivores ; il a le bec fort et tranchant, la langue pointue, et dans le palais un enfoncement proportionné au volume de la langue ; les pieds sont aussi très forts et garnis de plumes par-devant.

Le tétras vit de feuilles ou de sommités de sapin, de genévrier, de cèdre, de bouleau, de peuplier blanc, de coudrier, de myrtille, de ronces, de chardons, de pommes de pin, des feuilles et des fleurs du blé sarrasin, etc.

Lorsqu'il mange trop de baies de genièvre, sa chair, qui est excellente, contracte un mauvais goût.

La femelle ne diffère du mâle que par la taille et par le plumage, étant plus petite et moins noire ; au reste, elle l'emporte sur le mâle par l'agréable variété des couleurs, ce qui n'est point l'ordinaire dans les oiseaux.

Le tétras est fort difficile à approcher, mais il se laisse surprendre très aisément lorsqu'il fait entendre à la femelle son cri de rappel ; il est alors si étourdi du bruit qu'il fait lui-même, ou, si l'on veut, tellement enivré, que ni la vue d'un homme, ni même les coups de fusil ne le déterminent à prendre sa volée. La femelle du tétras pond d'ordinaire cinq ou six œufs au moins, et huit ou neuf au plus. Ces œufs sont blancs, marquetés de jaune et plus gros que ceux des poules ordinaires ; elle les dépose sur la mousse, en un lieu sec, où elle les couve seule et sans être aidée par le mâle.

Dès que les petits sont éclos, ils se mettent à courir avec une grande légèreté ; la mère les conduit avec beaucoup de sollicitude et d'affection ; elle les promène dans les bois, où ils se nourrissent d'œufs de fourmis, de mûres sauvages, etc. La famille demeure unie tout le reste de l'année.

On trouve des tétras dans les Alpes, dans les Pyrénées, en Auvergne, en Savoie, en Suisse et dans d'autres pays.

LE LAGOPÈDE

Le lagopède est au moins de la grosseur d'un pigeon privé, mais on a remarqué qu'il y en avait de différentes grandeurs, et que le plus petit de tous était celui des Alpes. Il ne se plaît que sur les plus hautes montagnes. Quant à son cri, l'un dit qu'il chante comme la perdrix ; l'autre, que sa voix a quelque chose de celle du cerf ; un troisième compare son ramage à un caquet babillard et à un rire moqueur.

On peut dire qu'il n'y a point d'été pour lui, et qu'il est déterminé par sa singulière organisation à ne se plaire que dans une température glaciale ; car, à mesure que la neige fond sur le penchant des montagnes, il monte et va chercher sur les sommets les plus élevés celle qui ne fond jamais ; non seulement il s'en approche, mais il s'y creuse des trous, des espèces de clapiers, où il se met à l'abri des rayons du soleil qui paraissent l'offusquer ou l'incommoder.

On comprend qu'un oiseau de cette nature est difficile à apprivoiser ; cependant on parle de deux lagopèdes qu'on nomme *perdrix blanches des Pyrénées*, et qu'on avait nourris dans une volière. Les lagopèdes volent par troupes, et ne volent jamais bien haut, car ce sont des oiseaux pesants.

Lorsqu'ils voient un homme, ils restent immobiles sur la neige pour n'être point aperçus ; mais ils sont souvent trahis par leur blancheur, qui a plus d'éclat que la neige même. Au reste, soit stupidité, soit inexpérience, ils se familiarisent assez aisément avec l'homme. Le lagopède de la baie d'Hudson est une variété de l'espèce.

LA PERDRIX GRISE

Quoiqu'on ait dit que les perdrix grises sont communes partout, il est certain, néanmoins, qu'il n'y en a point dans l'île de Crète ; elles ne sont pas même également communes dans toutes les parties de l'Europe ; et il paraît, en général, qu'elles fuient la grande chaleur comme le grand froid, car on n'en voit point en Afrique, ni en Laponie ; et les provinces les plus tempérées de la France et de l'Allemagne sont celles où elles abondent le plus. La perdrix grise est assez répandue en Suède, où elle passe l'hiver sous la neige dans des espèces de clapiers qui ont deux ouvertures.

La perdrix grise diffère beaucoup de la rouge ; quoique l'une et l'autre se tiennent quelquefois dans les mêmes endroits, elles ne se mêlent point ensemble.

Ces oiseaux se plaisent dans les pays à blé et surtout dans ceux où les terres sont bien cultivées, sans doute parce qu'ils y trouvent une nourriture plus abondante soit en grains, soit en insectes.

Les perdrix grises aiment la pleine campagne et ne se réfugient dans les taillis et les vignes que lorsqu'elles sont poursuivies par le chasseur ou par l'oiseau de proie ; mais jamais elles ne s'enfoncent dans les forêts, et l'on dit même assez communément qu'elles ne passent jamais la nuit dans les buissons ni dans les vignes : cependant on a trouvé un nid de perdrix dans un buisson, au pied d'une vigne.

Les perdrix grises sont des oiseaux sédentaires, qui non

seulement restent dans le même pays, mais qui s'écartent le moins qu'ils peuvent du canton où ils ont passé leur jeunesse, et qui y reviennent toujours. Elles craignent beaucoup l'oiseau de proie ; lorsqu'elles l'ont aperçu, elles se mettent en tas les unes contre les autres et tiennent ferme, quoique l'oiseau, qui les voit aussi fort bien, les approche de très près en rasant la terre, pour tâcher d'en faire partir quelqu'une et de la prendre au vol. Au milieu de tant d'ennemis et de dangers, on sent bien qu'il en est peu qui vivent âge de perdrix : quelques-uns fixent la durée de leur vie à sept années, d'autres à douze ou quinze ans.

LA PERDRIX ROUGE D'EUROPE

Cette perdrix tient le milieu pour la grosseur entre la bartavelle et la perdrix grise : elle n'est pas aussi répandue que cette dernière, et tout climat ne lui est pas bon. On la trouve dans la plupart des pays montagneux et tempérés de l'Europe, de l'Asie et de l'Afrique, mais elle est rare dans les Pays-Bas, dans plusieurs parties de l'Allemagne et de la Bohême ; on n'en voit point du tout en Angleterre.

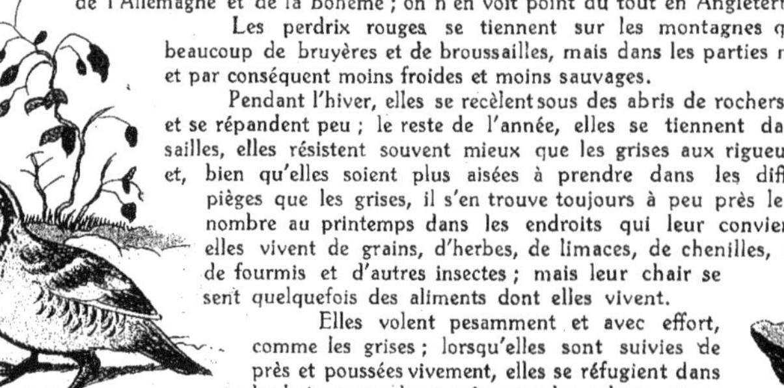

Les perdrix rouges se tiennent sur les montagnes qui produisent beaucoup de bruyères et de broussailles, mais dans les parties moins élevées, et par conséquent moins froides et moins sauvages.

Pendant l'hiver, elles se recèlent sous des abris de rochers bien exposés et se répandent peu ; le reste de l'année, elles se tiennent dans les broussailles, elles résistent souvent mieux que les grises aux rigueurs de l'hiver, et, bien qu'elles soient plus aisées à prendre dans les différents pièges que les grises, il s'en trouve toujours à peu près le même nombre au printemps dans les endroits qui leur conviennent ; elles vivent de grains, d'herbes, de limaces, de chenilles, d'œufs de fourmis et d'autres insectes ; mais leur chair se sent quelquefois des aliments dont elles vivent.

Elles volent pesamment et avec effort, comme les grises ; lorsqu'elles sont suivies de près et poussées vivement, elles se réfugient dans les bois, se perchent même sur les arbres, et se terrent quelquefois, ce que ne font point les perdrix grises.

Les perdrix rouges diffèrent encore des grises par le naturel et les mœurs ; elles sont moins sociables. Par une suite de leur naturel sauvage, les perdrix rouges, que l'on élève à peu près comme les faisans, sont encore plus difficiles à élever, exigent plus de soins et de précautions pour les accoutumer à la captivité, ou pour mieux dire elles ne s'y accoutument jamais, et meurent bientôt d'ennui ou d'une maladie qui en est la suite, si on ne les lâche dans le temps où elles commencent à avoir la tête garnie de plumes.

LA CAILLE

La femelle diffère du mâle en ce qu'elle est un peu plus grosse ; d'autres la font égale, et d'autres plus petite.

Le mâle et la femelle ont chacun deux cris, l'un plus éclatant et plus fort, l'autre plus faible : le mâle fait *ouan, ouan, ouan, ouan* ; il ne donne sa voix sonore que lorsqu'il est éloigné des femelles, et il ne la fait jamais entendre en cage, pour peu qu'il ait une compagne avec lui ; la femelle a un cri que tout le monde connaît.

La caille ne produit que lorsqu'elle est en liberté : on a beau fournir à celles qui sont prisonnières dans les cages tous les matériaux qu'elles emploient ordinairement dans la construction de leurs nids, elles ne nichent jamais et ne prennent aucun soin des œufs qui leur échappent et qu'elles semblent pondre malgré elles.

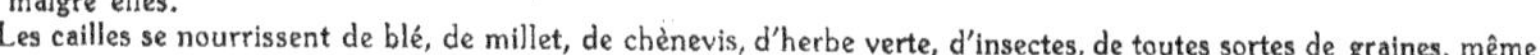

Les cailles se nourrissent de blé, de millet, de chènevis, d'herbe verte, d'insectes, de toutes sortes de graines, même de celles d'ellébore.

Il semble que le boire ne leur soit pas absolument nécessaire, quoiqu'elles boivent assez fréquemment lorsqu'elles en ont la commodité.

On a cru remarquer qu'elles troublaient l'eau avant de boire. Elles se tiennent dans les champs, les prés, les vignes, mais très rarement dans les bois, et elles ne se perchent jamais sur les arbres. Quoi qu'il en soit, elles prennent beaucoup plus de graisse que les perdrix par l'habitude où elles sont de passer la plus grande partie de la chaleur du jour sans mouvement ; elles se cachent alors dans l'herbe la plus serrée, et on les voit quelquefois demeurer quatre heures de suite dans la même place, couchées sur le côté et les jambes étendues.

On dit qu'elles ne vivent guère au delà de quatre ou cinq ans, et l'on regarde la brièveté de leur vie comme une suite de leur disposition à s'engraisser, d'autres l'attribuent à leur caractère triste et querelleur ; et tel est, en effet, leur caractère ; aussi n'a-t-on pas manqué de les faire battre en public pour amuser la multitude.

On juge bien qu'avec l'habitude de changer de climat et de s'aider du vent pour faire ses grandes traversées, la caille doit être un oiseau fort répandu ; et, en effet, on la trouve au cap de Bonne-Espérance et dans toute l'Afrique habitable, en Espagne, en Italie, en France, en Suisse, dans les Pays-Bas et en Allemagne, en Angleterre, etc. ; il est même très probable qu'elle a pu passer en Amérique. La caille se trouve donc partout, et partout on la regarde comme un fort bon gibier dont la chair est de bon goût, et aussi saine que peut l'être une chair aussi grasse.

On se sert aussi de la femelle, ou d'un appeau qui imite son cri, pour attirer les mâles dans le piège : on dit même qu'il ne faut que leur présenter un miroir avec un filet au-devant, où ils se prennent, en accourant à leur image, qu'ils prennent pour un autre oiseau de leur espèce. Les variétés de l'espèce sont le chrokiel ou grande caille de Pologne ; la caille blanche ; la caille des îles Malouines ; la fraise ou caille de la Chine ; le turnix ou caille de Madagascar, et le réveille-matin ou la caille de Java.

LE PAON

Si l'empire appartenait à la beauté et non à la force, le paon serait, sans contredit, le roi des oiseaux ; il n'en est point sur qui la nature ait versé ses trésors avec plus de profusion : la taille grande, le port imposant, la figure noble, les proportions du corps élégantes et sveltes, tout ce qui annonce un être de distinction lui a été donné. Une aigrette mobile et légère peinte des plus riches couleurs orne sa tête et l'élève sans la charger : son incomparable plumage semble réunir tout ce qui flatte nos yeux dans le coloris tendre et frais des plus belles fleurs, tout ce qui les éblouit dans les reflets pétillants des pierreries, tout ce qui les étonne dans l'éclat majestueux de l'arc-en-ciel. La nature a réuni sur le plumage du paon toutes les couleurs du ciel et de la terre pour en faire le chef-d'œuvre de sa magnificence.

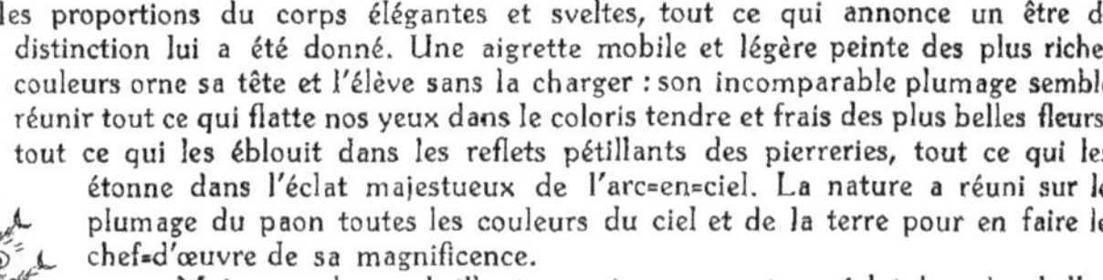

Mais ces plumes brillantes, qui surpassent en éclat les plus belles fleurs, se flétrissent aussi comme elles, et tombent chaque année ; le paon, comme s'il sentait la honte de sa perte, craint de se faire voir dans cet état humiliant, et cherche les retraites les plus sombres pour s'y cacher à tous les yeux, jusqu'à ce qu'un nouveau printemps, lui rendant sa parure accoutumée, le ramène sur la scène pour y jouir des hommages dus à sa beauté : car on prétend qu'il en jouit en effet, qu'il est sensible à l'admiration, que le vrai moyen de l'engager à étaler ses belles plumes, c'est de lui donner des regards d'attention et des louanges ; et qu'au contraire, lorsqu'on paraît le regarder froidement et sans beaucoup d'intérêt, il replie tous ses trésors et les cache à qui ne sait point les admirer.

Quoique le paon soit depuis longtemps comme naturalisé en Europe, cependant, il n'en est point originaire : ce sont les Indes orientales, c'est le climat qui produit le saphir, le rubis, la topaze, qui doit être regardé comme son pays natal.

La paonne ne fait jamais éclore tous ses œufs à la fois ; mais dès qu'elle voit quelques poussins éclos, elle quitte tout pour les conduire.

On a observé que, les premiers jours, la mère ne revenait jamais coucher avec sa couvée dans le nid ordinaire, ni même deux fois dans un même endroit.

Les paonneaux, jusqu'à ce qu'ils soient un peu forts, portent mal leurs ailes, les ont traînantes, et ne savent pas encore comment s'en servir : dans ces commencements, la mère les prend tous les soirs sur son dos et les porte l'un après l'autre sur la branche où ils doivent passer la nuit ; le lendemain matin elle saute devant eux du haut de l'arbre en bas, et les accoutume à en faire autant pour la suivre, et à faire usage de leurs ailes.

A mesure que les jeunes paonneaux se fortifient, ils commencent à se battre, surtout dans les pays chauds. Les paons aiment beaucoup la propreté.

Quoiqu'ils ne puissent pas voler beaucoup, ils aiment à grimper ; ils passent ordinairement la nuit sur les combles des maisons, où ils causent beaucoup de dommage, et sur les arbres les plus élevés : c'est de là qu'ils font souvent entendre leur voix, qu'on s'accorde à trouver désagréable, peut-être parce qu'elle trouble le sommeil, et d'après laquelle on prétend que s'est formé leur nom dans presque toutes les langues.

On assure que la femelle n'a qu'un seul cri, qu'elle ne fait guère entendre qu'au printemps, mais que le mâle en a trois.

Les uns ont dit que leurs cris, souvent répétés, sont un présage de pluie ; d'autres, qu'ils l'annoncent aussi lorsqu'ils grimpent plus haut que de coutume ; d'autres, que ces mêmes cris pronostiquaient la mort à quelque voisin ; d'autres, enfin, que ces oiseaux portaient toujours sous l'aile un morceau de racine de lin comme une amulette naturelle pour se préserver des fascinations, tant il est vrai que toute chose dont on a beaucoup parlé a fait dire beaucoup d'inepties !

Outre ces différents cris, le mâle et la femelle produisent encore un certain bruit sourd, un craquement étouffé, une voix intérieure et renfermée qu'ils répètent souvent, et quand ils sont inquiets, et quand ils paraissent tranquilles ou même contents.

La durée de la vie du paon est de vingt-cinq ans, et non de cent ans, ainsi qu'on a voulu le dire.

Comme les paons vivent aux Indes dans l'état de sauvages, c'est aussi dans ce pays qu'on a inventé l'art de leur donner la chasse ; on ne peut guère les approcher de jour, quoiqu'ils se répandent dans les champs par troupes assez nombreuses, parce que, dès qu'ils découvrent le chasseur, ils fuient devant lui plus vite que la perdrix, et s'enfoncent dans les broussailles où il n'est guère possible de les suivre ; ce n'est donc que la nuit qu'on parvient à les prendre. On compte parmi les variétés de l'espèce le paon blanc et le paon panaché.

LE FAISAN

Le faisan se plaît dans les lieux marécageux ; on en prend quelquefois dans les marais ; ils s'éloignent le plus qu'il est possible de toute habitation humaine, car ce sont des oiseaux très sauvages, et qu'il est extrêmement difficile d'apprivoiser. On prétend néanmoins qu'on les accoutume à revenir au coup de sifflet, c'est-à-dire qu'ils s'accoutument à venir prendre la nourriture que ce coup de sifflet leur annonce toujours ; mais dès que leur besoin est satisfait, ils reviennent à leur naturel ; ils ne connaissent aucun bien qui puisse entrer en comparaison avec la liberté, ils cherchent continuellement à la recouvrer, et ils n'en manquent jamais l'occasion.

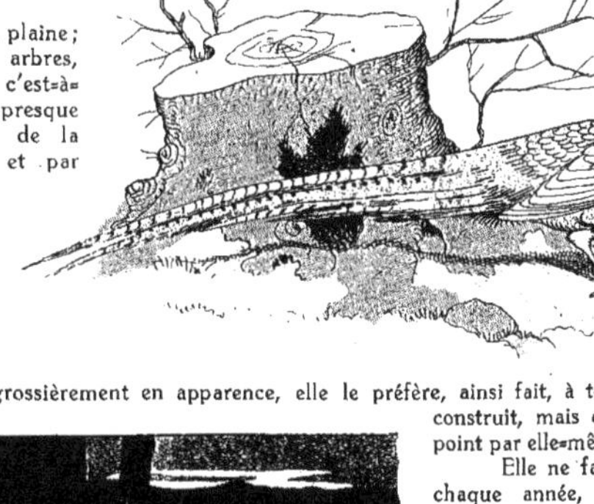

Ils se plaisent encore dans les bois en plaine ; pendant la nuit ils se perchent au haut des arbres, où ils dorment la tête sous l'aile : leur cri, c'est-à-dire le cri du mâle, car la femelle n'en a presque point, est entre celui du paon et celui de la pintade, mais plus près de celui-ci, et par conséquent très peu agréable.

Leur naturel est si farouche, que non seulement ils évitent l'homme, mais qu'ils s'évitent les uns les autres.

La faisane fait son nid à elle seule ; elle choisit pour cela le recoin le plus obscur de son habitation ; elle y emploie la paille, les feuilles et autres choses semblables, et, quoiqu'elle le fasse fort grossièrement en apparence, elle le préfère, ainsi fait, à tout autre mieux construit, mais qui ne le serait point par elle-même.

Elle ne fait qu'une ponte chaque année, du moins dans nos climats : cette ponte est de douze œufs. Elle pond ordinairement de deux ou trois jours l'un : ses œufs sont beaucoup moins gros que ceux de la poule, et la coquille en est plus mince que ceux même du pigeon.

Ces oiseaux vivent de toutes sortes de grains et d'herbages, de fèves, de carottes, de pommes de terre, d'oignons, de laitues et de panais, surtout de ces deux dernières plantes, dont ils sont très friands. On dit qu'ils aiment aussi beaucoup le gland, les baies d'aubépines et la graine d'absinthe ; mais le froment est la meilleure nourriture qu'on puisse leur donner, en y joignant des œufs de fourmis.

On dit que le faisan est un oiseau stupide, qui se croit bien en sûreté lorsque sa tête est cachée, comme on l'a dit de tant d'autres, et qui se laisse prendre à tous les pièges.

Un faisandeau bien gras est un morceau exquis, et en même temps une nourriture très saine : aussi ce mets a-t-il été de tout temps réservé pour la table des riches.

Cet oiseau vit comme les poules communes, environ six à sept ans ; et c'est sans aucun fondement qu'on a prétendu connaître son âge par le nombre des bandes transversales de sa queue.

Il y a encore le faisan blanc, le faisan varié et le cocquar.

LE FAISAN DORÉ

OU LE TRICOLOR HUPPÉ DE LA CHINE

On peut regarder ce faisan comme une variété du faisan ordinaire, qui s'est embelli sous un ciel plus beau : ce sont deux branches d'une même famille qui se sont séparées depuis longtemps, qui même ont formé deux races distinctes, et qui cependant se reconnaissent encore ; car elles s'allient, se mêlent et produisent ensemble.

Le tricolor huppé de la Chine est plus petit que notre faisan : la beauté frappante de cet oiseau lui a valu d'être cultivé et multiplié dans nos faisanderies, où il est assez commun aujourd'hui ; son nom de tricolor huppé indique le rouge, le jaune coloré et le bleu qui dominent dans son plumage, et les longues et belles plumes qu'il a sur la tête, et qu'il relève quand il veut en manière de huppe ; il a l'iris, le bec, les pieds et les ongles jaunes, la queue plus longue à proportion que notre faisan, plus émaillée, et, en général, le plumage plus brillant : au-dessus des plumes de la queue sortent d'autres plumes longues et étroites de couleur écarlate, dont la tige est jaune ; il n'a point les yeux entourés d'une peau rouge comme le faisan d'Europe.

La femelle du faisan doré est un peu plus petite que le mâle ; elle a la queue moins longue ; les couleurs de son plumage sont fort ordinaires, et encore moins agréables que celles de notre faisane ; mais quelquefois elle devient avec le temps aussi belle que le mâle.

Les œufs de la faisane dorée ressemblent beaucoup à ceux de la pintade, et sont plus petits à proportion que ceux de la poule domestique, et plus rougeâtres que ceux de nos faisans.

Cet oiseau vit longtemps hors de son pays et s'accoutume fort bien au nôtre, où il multiplie assez facilement, même avec notre faisane d'Europe. Le tricolor huppé est sans doute ce beau faisan dont les plumes, dit-on, se vendent à la Chine plus cher que l'oiseau même.

LA PINTADE

La pintade est un oiseau vif, inquiet et turbulent, qui n'aime point à se tenir en place, et qui sait se rendre maître dans la basse-cour ; il se fait craindre des dindons même, et, quoique beaucoup plus petit, il leur impose par sa pétulance.

La pintade est du nombre des oiseaux pulvérateurs qui cherchent dans la poussière où ils se vautrent un remède contre l'incommodité des insectes ; elle gratte aussi la terre comme nos poules communes, et va par troupes très nombreuses ; on en voit à l'île de May des volées de deux ou trois cents : comme elles ont les ailes fort courtes, elles volent pesamment, mais elles courent très vite ; elles se perchent la nuit pour dormir, et quelquefois la journée sur les murs de clôture, sur les haies, et même sur les toits des maisons et sur les arbres. La poule pintade pond et couve à peu près comme la poule commune ; mais il paraît que sa fécondité n'est pas la même en différents climats, ou du moins qu'elle est beaucoup plus grande dans l'état de domesticité, où elle regorge de nourriture, que dans l'état sauvage.

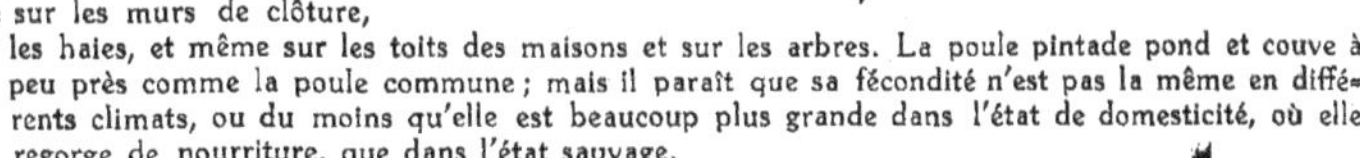

Ses œufs sont plus petits à proportion que ceux de la poule ordinaire, et ils ont aussi la coquille beaucoup plus dure.

La pintade a-t-elle soin ou non de sa couvée? c'est un problème qui n'est pas encore résolu.

Les pintadeaux sont fort délicats et très difficiles à élever dans nos pays septentrionaux, comme étant originaires des climats brûlants de l'Afrique ; ils se nourrissent avec du millet, avec des cigales et des vers qu'ils trouvent eux-mêmes en grattant la terre avec leurs ongles ; ils vivent de toutes sortes de graines et d'insectes.

Les pintadeaux des basses-cours sont d'un fort bon goût, et nullement inférieurs aux perdreaux ; mais les sauvages ou marrons de Saint-Domingue sont un mets exquis et au-dessus du faisan.

Les œufs de pintade sont aussi fort bons à manger.

On trouve des pintades à l'île de France et à l'île Bourbon, où elles ont été transplantées assez récemment, et où elles se sont fort bien multipliées ; elles sont fort communes dans la Guinée, à la Côte d'Or, au Sénégal, dans l'île de Gorée, dans celle du cap Vert, en Barbarie, en Égypte, en Arabie et en Syrie ; on ne dit point s'il y en a dans les Canaries, ni dans celle de Madère.

Parmi les autres poules d'origine étrangère, on compte encore la gelinotte ou poule des coudriers ; la gelinotte d'Écosse ; le ganga ou gelinotte des Pyrénées.

LE NAPAUL OU FAISAN CORNU

On a eu tort de ranger parmi les dindons cet oiseau rare, parce qu'il a autour de la tête des excroissances charnues ; et cependant on lui a donné le nom de *faisan cornu*. En effet, il approche plus du faisan que du dindon; car les excroissances charnues ne sont rien moins que propres à ce dernier ; elles ne sont pas étrangères au faisan, puisqu'on peut regarder ce large cercle de peau rouge dont ses yeux sont entourés comme étant à peu près de même nature. Ajoutez à cela que le napaul est du climat des faisans, puisqu'il vient du Bengale ; il a aussi le bec, les pieds, les éperons, les ailes, et la forme totale du faisan.

Le napaul ou faisan cornu est ainsi appelé parce qu'il a, en effet, deux cornes sur la tête ; ces cornes sont de couleur bleue, de forme cylindrique, obtuses à leur extrémité, couchées en arrière, et d'une substance analogue à de la chair calleuse.

Il n'a point autour des yeux ce cercle de peau rouge, quelquefois pointillée de noir, qu'ont les faisans, mais il a tout cet espace garni de poils noirs en guise de plumes. Au-dessous de cet espace et de la base du bec inférieur prend naissance une sorte de gorgerette formée d'une peau lâche, laquelle tombe et flotte librement sur la gorge et la partie supérieure du cou : cette gorgerette est noire dans son milieu, semée de quelques poils de même couleur et sillonnée par des rides plus ou moins profondes, en sorte qu'elle paraît capable d'extension, et l'on peut croire qu'il sait la gonfler ou la resserrer à sa volonté. Le sommet de la tête est rouge, la partie antérieure du corps rougeâtre, la partie postérieure plus rembrunie : sur le tout, y compris la queue et les ailes, on voit des taches blanches entourées de noir, semées près à près assez régulièrement.

LE DINDON

Il y a des dindons blancs, d'autres variés de noir et de blanc, d'autres de blanc et d'un jaune roussâtre, et d'autres d'un gris uniforme, qui sont les plus rares de tous ; mais le plus grand nombre a le plumage tirant sur le noir. Bien des gens croient que les dindons blancs sont les plus robustes, et c'est par cette raison que dans quelques provinces on les élève de préférence.

Les naturalistes ont compté vingt-huit pennes ou grandes plumes à chaque aile, et dix-huit à la queue. Le mâle a un éperon à chaque pied ; ces éperons sont plus ou moins longs, mais ils sont toujours beaucoup plus courts et plus mous que dans le coq ordinaire.

La poule d'Inde diffère du coq en ce qu'elle n'a pas d'éperons aux pieds ; elle en diffère en ce qu'elle est plus petite, qu'elle a moins de caractère dans la physionomie, moins de ressort à l'intérieur, moins d'action au dehors ; son cri n'est qu'un accent plaintif, elle n'a de mouvement que pour chercher sa nourriture ou pour fuir le danger. Ce sont les poules de l'année précédente qui, d'ordinaire, sont les meilleures couveuses ; elles se dévouent à cette occupation avec tant d'ardeur et d'assiduité, qu'elles mourraient d'inanition sur leurs œufs, si l'on n'avait le soin de les lever une fois tous les jours pour leur donner à boire et à manger.

Cette passion de couver est si forte et si durable, qu'elles font quelquefois deux couvées de suite et sans aucune interruption ; mais, dans ce cas, il faut les soutenir par une meilleure nourriture. Le mâle a un instinct bien contraire ; car, s'il aperçoit sa femelle couvant, il casse ses œufs, et c'est peut-être la raison pourquoi la femelle se cache alors avec tant de soin.

Le temps venu où ces œufs doivent éclore, les dindonneaux percent avec leur bec la coquille de l'œuf qui les renferme ; mais cette coquille est quelquefois si dure ou les dindonneaux si faibles, qu'ils périraient si on ne les aidait à la briser.

Dans les premiers temps il faut tenir les jeunes dindons dans un lieu chaud et sec où l'on aura étendu une litière en fumier long, bien battue ; et lorsque dans la suite on voudra les faire sortir en plein air, ce ne sera que par degrés et en choisissant les plus beaux jours.

L'instinct des jeunes dindonneaux est d'aimer mieux à prendre leur nourriture dans la main que de toute autre manière : on juge qu'ils ont besoin d'en prendre lorsqu'on les entend *piauler*, et cela leur arrive fréquemment ; il faut leur donner à manger quatre ou cinq fois par jour.

Quelquefois ils paraissent engourdis et sans mouvement, lorsqu'ils ont été surpris par une pluie froide, et ils mourraient certainement, si on n'avait le soin de les envelopper de linges chauds, et de leur souffler à plusieurs reprises un air chaud par le bec.

La mère les mène avec la même sollicitude que la poule mène ses poussins ; elle les réchauffe sous ses ailes avec la même affection, elle les défend avec le même courage. Il semble que sa tendresse pour ses petits rende sa vue plus perçante ; elle découvre l'oiseau de proie d'une distance prodigieuse, et lorsqu'il est encore invisible à tous les autres yeux ; dès qu'elle l'a aperçu, elle jette un cri d'effroi qui répand la consternation dans toute la couvée ; chaque dindonneau se réfugie dans les buissons ou se tapit dans l'herbe, et la mère les y retient en répétant le même cri d'effroi autant de temps que l'ennemi est à portée ; mais le voit-elle prendre son vol d'un autre côté, elle les en avertit aussitôt par un autre cri bien différent du premier, et qui est pour tous le signal de sortir du lieu où ils se sont cachés, et de se rassembler autour d'elle.

Lorsqu'ils sont devenus forts, ils quittent leur mère, ou ils en sont abandonnés.

Plus les dindonneaux étaient faibles et délicats dans le premier âge, plus ils deviennent avec le temps robustes et capables de soutenir toutes les injures du temps : ils aiment à se percher en plein air, et passent ainsi les nuits les plus froides de l'hiver, tantôt se soutenant sur un seul pied, et retirant l'autre dans les plumes de leur ventre comme pour le réchauffer, tantôt, au contraire, s'accroupissant sur leur bâton et s'y tenant en équilibre : ils se mettent la tête sous l'aile pour dormir, et pendant leur sommeil ils ont le mouvement de la respiration sensible et très marqué.

Comme ils sont fort craintifs, ils se laissent aisément conduire ; il ne faut que l'ombre d'une baguette pour en mener des troupeaux même très considérables, et souvent ils prendront la fuite devant un animal beaucoup plus petit et plus faible qu'eux : cependant il est des occasions où ils montrent du courage, surtout lorsqu'il s'agit de se défendre contre les fouines et autres ennemis de la volaille ; on en a vu même quelquefois entourer en troupe un lièvre au gîte, et chercher à le tuer à coups de bec.

Ils ont différents tons, différentes inflexions de voix, selon l'âge et le sexe ; leur démarche est lente et leur vol pesant ; ils boivent, mangent, avalent de petits cailloux, et digèrent à peu près comme les coqs, et, comme eux, ils ont double et triple estomac.

Tout concourt à prouver que l'Amérique est le pays natal des dindons ; et, comme ces sortes d'oiseaux sont pesants, qu'ils n'ont pas le vol élevé et qu'ils ne nagent point, ils n'ont pu en aucune manière traverser l'espace qui sépare les deux continents pour aborder en Afrique, en Europe ou en Asie.

Les voyageurs assurent n'avoir jamais vu de dindons sauvages, soit en Asie, soit en Afrique, et n'y en avoir vu de domestiques que ceux qui y avaient été apportés d'ailleurs.

LE HOCCO

Cet oiseau approche de la grosseur du dindon : l'un de ses plus remarquables attributs, c'est une huppe noire et quelquefois noire et blanche, haute de deux à trois pouces, qui s'étend depuis l'origine du bec jusque derrière la tête, et que l'oiseau peut coucher en arrière et relever à son gré, selon qu'il est affecté différemment. Cette huppe est composée de plumes étroites et comme étagées, un peu inclinées en arrière.

La couleur dominante du plumage est le noir, qui, le plus souvent, est pur et comme velouté sur la tête et sur le cou, et quelquefois semé de mouchetures blanches ; sur le reste du corps il a des reflets verdâtres, et dans quelques sujets il se change en marron foncé ; enfin d'autres ont du blanc sous le ventre et point à la queue, et d'autres en ont à la queue et point sous le ventre. Le bec a la forme de celui des gallinacés, mais il est un peu plus fort; dans les uns, il est couleur de chair et blanchâtre vers la pointe ; dans les autres, le bout du bec supérieur est échancré des deux côtés, ce qui le fait paraître comme armé de trois pointes ; dans d'autres, il est recouvert à sa base d'une peau jaune, où sont placées les ouvertures des narines ; dans d'autres, cette peau jaune, se prolongeant des deux côtés de la tête, va former autour des yeux un cercle de même couleur. Les pieds ressembleraient pour la forme à ceux des gallinacés s'ils avaient l'éperon, et s'ils étaient un peu plus gros à proportion ; du reste, ils varient, pour la couleur, depuis le brun noirâtre jusqu'au couleur de chair. Quelques naturalistes ont voulu rapporter le hocco au genre du dindon et à celui du faisan ; mais il est facile de recueillir les différences nombreuses et tranchées qui séparent ces trois espèces. Le hocco est un oiseau paisible, sans défiance, et même stupide, qui ne voit point le danger, ou du moins qui ne fait rien pour l'éviter ; il semble s'oublier lui-même, et s'intéresser à peine à sa propre existence.

On conçoit bien qu'un pareil oiseau est sociable, qu'il s'accommode sans peine avec les autres oiseaux domestiques, qu'il s'apprivoise aisément. Quoique apprivoisé, il s'écarte pendant le jour, et va même fort loin ; mais il revient toujours pour coucher ; il devient même familier au point de heurter à la porte avec son bec pour se faire ouvrir, de tirer les domestiques par l'habit lorsqu'ils l'oublient, de suivre son maître partout, et, s'il en est empêché, de l'attendre avec inquiétude et de lui donner à son retour des marques de la joie la plus vive.

Le hocco se tient volontiers sur les montagnes dans l'Amérique du Sud. On le nourrit dans la volière, de pain, de pâtée et autres choses semblables ; dans l'état sauvage, les fruits sont le fonds de sa subsistance : il aime à se percher sur les arbres, surtout pour y passer la nuit ; il vole pesamment, mais il a la démarche fière : sa chair est blanche, un peu sèche ; cependant, lorsqu'elle est gardée suffisamment, c'est un fort bon manger.

L'OUTARDE

L'OUTARDE est un oiseau granivore : elle vit d'herbes, de grains et de toutes sortes de semences ; de feuilles de choux, de dent-de-lion, de navets, de myosotis ou oreille de souris, de vesce, d'ache, de foin, et de ces gros vers de terre que pendant l'été on voit fourmiller sur les dunes tous les matins avant le lever du soleil. Dans le fort de l'hiver et par les temps de neige elle mange l'écorce des arbres ; en tout temps elle avale de petites pierres, même des pièces de métal, comme l'autruche, et quelquefois en plus grande quantité.

On a trouvé dans l'estomac de ces oiseaux, au temps de la moisson, trois ou quatre grains d'orge, avec une grande quantité de graine de ciguë, ce qui indique un appétit de préférence pour cette graine, et par conséquent le meilleur appât pour attirer l'outarde dans les pièges.

Cet oiseau ne construit point de nid, mais il creuse seulement un trou en grattant la terre, et y dépose ses deux œufs qu'il couve pendant trente jours. Lorsque la mère inquiète se défie des chasseurs, et qu'elle craint qu'on n'en veuille à ses œufs, elle les prend sous ses ailes et les transporte en lieu sûr. Elle s'établit ordinairement dans les blés qui approchent de la maturité pour y faire sa ponte, suivant en cela l'instinct commun à tous les animaux de mettre leurs petits à portée de trouver en naissant une nourriture convenable. Elle quitte quelquefois ses œufs pour aller chercher sa nourriture ; mais si, pendant ses courtes absences, quelqu'un les touche ou les frappe seulement de son haleine, on prétend qu'elle s'en aperçoit à son retour et qu'elle les abandonne.

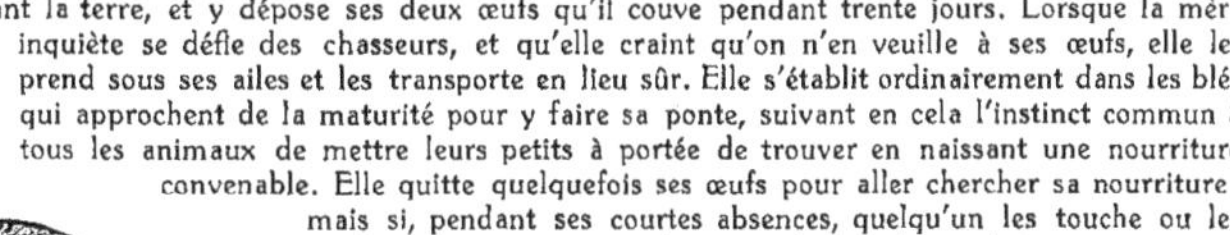

L'outarde, quoique fort grosse, est un animal très craintif et qui paraît n'avoir ni le sentiment de sa propre force, ni l'instinct de l'employer. Elles s'assemblent quelquefois par troupes de cinquante ou soixante, et ne sont pas plus rassurées par leur nombre que par leur force et leur grandeur; la moindre apparence de danger ou plutôt la moindre nouveauté les effraye, et elles ne pourvoient guère à leur conservation que par la fuite ; leur pusillanimité est telle que, pour peu qu'on les blesse, elles meurent plutôt de la peur que de leurs blessures. Si l'on en croit les anciens, l'outarde n'a pas moins d'amitié pour le cheval qu'elle a d'antipathie pour le chien ; dès qu'elle aperçoit un cheval, elle, qui craint tout, vole à sa rencontre et se met presque sous ses pieds.

Lorsqu'elle est chassée, elle court fort vite, en battant des ailes, et va quelquefois plusieurs milles de suite, et sans s'arrêter ; mais comme elle ne prend son vol que difficilement, on a raison de croire que les lévriers et les chiens courants la peuvent forcer.

L'outarde se trouve dans la Libye, aux environs d'Alexandrie, dans la Syrie, dans la Grèce, en Espagne, en France, dans les contrées ouvertes de l'est et du sud de la Grande-Bretagne, dans les Pays-Bas, en Allemagne, en Ukraine et en Pologne, où elle passe quelquefois l'hiver au milieu des neiges. On assure que ces oiseaux ne s'éloignent guère du pays qui les a vus naître, et que leurs plus grandes excursions ne vont pas au delà de vingt à trente milles.

L'outarde ne se trouve que rarement dans les contrées montagneuses ou bien peuplées, comme la Suisse, le Tyrol, l'Italie ; lorsqu'on l'y rencontre, c'est presque toujours en hiver ; mais quoiqu'elle puisse subsister dans les pays froids et qu'elle soit, selon quelques auteurs, un oiseau de passage, il ne paraît pas néanmoins qu'elle ait jamais passé en Amérique par le nord : car, bien que les relations des voyageurs fassent sans cesse mention d'outardes trouvées dans ce nouveau continent, il est aisé de reconnaître que ces prétendues outardes sont des oiseaux aquatiques et absolument différents de la véritable outarde.

Elle ne vole guère que lorsqu'elle est poursuivie, et elle ne vole jamais bien loin ; d'ailleurs elle évite surtout les eaux, d'où il suit qu'elle n'a pas dû se hasarder à franchir des étendues de mer.

On peut regarder l'outarde comme un oiseau naturel à l'ancien continent, et qui, dans ce continent, ne paraît point attaché à un climat particulier, puisqu'il peut vivre en Libye, sur les côtes de la mer Baltique, et dans tous les pays intermédiaires.

C'est un très bon gibier : la chair des jeunes, un peu gardée, est surtout excellente ; et si quelques naturalistes ont dit le contraire, c'est une erreur de leur part.

On ne sait pourquoi Hippocrate l'interdisait aux personnes qui tombaient du mal caduc.

Pline reconnaît à la graisse d'outarde la vertu de soulager dans plus d'une maladie.

On se sert des pennes de cet oiseau, comme on fait de celles d'oie et de cygne, pour écrire, et les pêcheurs les recherchent pour les attacher à leurs hameçons, parce qu'ils croient que les petites taches noires dont elles sont émaillées paraissent autant de petites mouches aux poissons qu'elles attirent par cette fausse apparence.

Struthiones

L'AUTRUCHE

L'AUTRUCHE passe pour être le plus grand des oiseaux ; mais, par sa grandeur même, elle est privée de la principale prérogative des oiseaux, c'est-à-dire de la puissance de voler. Elle est très féconde et produit beaucoup ; ses œufs sont très durs, très pesants et très gros. Aussitôt que les jeunes autruches sont écloses, elles sont en état de marcher, et même de courir et de chercher leur nourriture. Les autruches vivent principalement de matières végétales ; mais elles avalent tout ce qu'elles trouvent : du fer, du cuivre, des pierres, du verre et du bois. L'autruche est un oiseau particulier à l'Afrique, aux îles voisines de ce continent et à la partie de l'Asie qui confine à l'Afrique ; on n'en trouve pas en Amérique. Elle fuit l'homme, mais l'homme, qui sait le profit qu'il en peut tirer, va la chercher dans les retraites les plus sauvages. Quoique les autruches courent plus vite

que le cheval, c'est cependant avec le cheval qu'on les court et qu'on les prend. On dit que, lorsqu'elles se sentent hors d'état d'échapper aux chasseurs, elles cachent leur tête, comme pour mettre en sûreté la partie qui est à la fois la plus importante et la plus faible. On s'est encore servi de chiens et de filets pour la chasse à l'autruche, mais il paraît qu'on la fait plus communément à cheval ; et cela seul suffit pour expliquer l'antipathie qu'on a cru remarquer entre le cheval et l'autruche.

Lorsque celle-ci court, elle déploie ses ailes et les grandes plumes de sa queue, sans toutefois en tirer aucun secours pour aller plus vite. La vitesse d'un animal n'est que l'effet de sa force, employée contre sa pesanteur ; et comme l'autruche est en même temps très pesante et très vite à la course, il s'ensuit qu'elle doit avoir beaucoup de force ; cependant, malgré sa force, elle conserve les mœurs des granivores ; elle n'attaque point les animaux plus faibles, rarement même se met-elle en défense contre ceux qui l'attaquent. Bardée sur tout le corps d'un cuir épais et dur, munie d'une seconde cuirasse d'insensibilité, elle s'aperçoit à peine des petites atteintes du dehors, et elle sait se soustraire aux grands dangers par la rapidité de sa fuite ; si quelquefois elle se défend, c'est avec le bec, avec les piquants de ses ailes, et surtout avec les pieds. Elle pourrait faire tomber un homme qui fuirait devant elle, mais elle jette, en fuyant, des pierres à ceux qui la poursuivent.

On a dit que l'autruche était privée du sens de l'ouïe, mais il est probable ou qu'elle n'est sourde qu'en certaines circonstances, ou qu'on a imputé quelquefois à la surdité ce qui n'était que l'effet de la stupidité. Elle fait rarement entendre sa voix, car très peu de personnes en ont parlé : les écrivains sacrés comparent son cri à un gémissement ; un auteur dit que ce cri ressemble à la voix d'un enfant enroué, et qu'il est plus triste encore.

Les autruches, quoique habitantes du désert, ne sont pas aussi sauvages qu'on l'imaginerait : tous les voyageurs s'accordent à dire qu'elles s'apprivoisent facilement, surtout lorsqu'elles sont jeunes. Les habitants de Dara, ceux de Libye, etc., en nourrissent des troupeaux, dont ils tirent sans doute ces plumes de première qualité, qui ne se prennent que sur les autruches vivantes. Elles s'apprivoisent même sans qu'on y mette de soin, et par la seule habitude de voir des hommes et d'en recevoir la nourriture et de bons traitements. Un voyageur, en ayant acheté deux à Serinpate sur la côte d'Afrique, les trouva tout apprivoisées lorsqu'il arriva au fort Saint-Louis.

On fait plus que de les apprivoiser ; on en a dompté quelques-unes au point de les monter comme on monte un cheval ; et ce n'est pas une invention moderne, car le tyran Firmius, qui régnait en Égypte sur la fin du troisième siècle, se faisait porter, dit-on, par de grandes autruches. Moore, Anglais, dit avoir vu à Joar, en Afrique, un homme voyageant sur une autruche. Vallienieri parle d'un jeune homme qui s'était fait voir à Venise, monté sur une autruche lui faisant faire des espèces de voltes devant le menu peuple.

LE TOUYOU

Le touyou, qui se plaît, comme l'autruche, sous la zone torride, s'habitue plus facilement à des pays moins chauds; comme il n'a pas plus que l'autruche la puissance de voler, qu'il est un oiseau tout à fait terrestre, et que l'Amérique méridionale est séparée de l'ancien continent par des mers immenses, il s'ensuit qu'on ne doit pas trouver de touyou dans ce continent.

Le touyou, sans être tout à fait aussi gros que l'autruche, est le plus gros oiseau du Nouveau-Monde; les vieux ont jusqu'à six pieds de haut. Le touyou a le long cou, la petite tête et le bec aplati de l'autruche; mais, pour le reste, il a plus de rapport avec le casoar. Son corps paraît presque entièrement rond, lorsqu'il est revêtu de toutes ses plumes.

Ses ailes sont très courtes, et inutiles pour le vol, quoiqu'on prétende qu'elles ne sont pas inutiles pour la course; il a de la peine à se tenir sur un terrain glissant et à y marcher sans tomber; en récompense il court très légèrement en pleine campagne, et il est difficile à aucun chien de chasse de pouvoir l'atteindre; on cite un touyou qui, se voyant coupé, s'élança avec une telle rapidité qu'il imposa aux chiens et s'échappa vers les montagnes. On dit que les touyous vivent de chair et de fruits.

C'est le mâle qui se charge de couver les œufs : pour cela il fait en sorte de rassembler vingt ou trente femelles, afin qu'elles pondent dans un même nid; dès qu'elles ont pondu, il les chasse à grands coups de bec, et vient se poser sur leurs œufs, avec la singulière précaution d'en laisser deux à l'écart qu'il ne couve point; lorsque les autres commencent à éclore, ces deux-là se trouvent gâtés, et le mâle prévoyant ne manque pas d'en casser un, qui attire une multitude de mouches, de scarabées et d'autres insectes dont les petits se nourrissent; lorsque le premier est consommé, le couveur entame le second et s'en sert au même usage.

Lorsque les jeunes touyous viennent de naître, ils sont familiers et suivent la première personne qu'ils rencontrent, mais, en vieillissant, ils acquièrent l'expérience et deviennent sauvages.

Il paraît qu'en général leur chair est assez bonne à manger : on pourrait perfectionner cette viande en élevant des troupeaux de jeunes touyous, en les engraissant et en employant tous les moyens qui nous ont réussi à l'égard des dindons, qui viennent, comme les touyous, des climats chauds et tempérés du continent de l'Amérique.

Les plumes des touyous ne sont pas, à beaucoup près, aussi belles que celles de l'autruche, on dit même qu'elles ne peuvent servir à rien.

LE DRONTE

On regarde communément la légèreté comme un attribut propre aux oiseaux ; mais si l'on voulait en faire le caractère essentiel de cette classe, le dronte n'aurait aucun titre pour y être admis, car, loin d'annoncer la légèreté par ses proportions ou par ses mouvements, il paraît fait exprès pour nous donner l'idée du plus lourd des êtres organisés.

La grosseur, qui dans les animaux suppose la force, ne produit ici que la pesanteur ; l'autruche, le touyou, le casoar, ne sont pas plus en état de voler que le dronte, mais du moins, ils sont très vifs à la course, au lieu que le dronte paraît accablé de son propre poids, et avoir à peine la force de se traîner : il a des ailes, mais ces ailes sont trop courtes et trop faibles pour l'élever dans les airs ; il a une queue, mais cette queue est disproportionnée et hors de sa place.

On a prétendu que le dronte avait ordinairement dans l'estomac une pierre aussi grosse que le poing ; mais un auteur, qui a vu deux de ces pierres de forme et de grandeur différentes, pense que l'oiseau les avait avalées comme font les granivores, et qu'elles ne s'étaient point formées dans son estomac.

Le dronte paraît particulier aux îles de France et de Bourbon, et probablement aux terres de ce continent qui sont les moins éloignées.

LE CASOAR

Le casoar, sans être ni aussi grand ni même aussi gros que l'autruche, paraît plus massif aux yeux, parce qu'avec un corps d'un volume presque égal, il a le cou et les pieds moins longs et beaucoup plus gros à proportion.

Il est remarquable que le casoar, l'autruche et le touyou, les trois plus gros oiseaux que l'on connaisse, soient tous trois attachés au climat de la zone torride, qu'ils semblent s'être partagée entre eux, et où ils se maintiennent chacun dans leur terrain, sans se mêler ; tous trois véritablement terrestres, incapables de voler, mais courant d'une très grande vitesse ; tous trois avalant à peu près tout ce qu'on leur jette : grains, herbes, chairs, os, pierres, cailloux, fer, glaçons.

LE SOLITAIRE ET L'OISEAU DE NAZARE

Le solitaire est un très gros oiseau, puisqu'il y a des mâles qui pèsent jusqu'à quarante-cinq livres.

Il a quelque rapport avec le dindon; il en aurait les pieds et le bec, si ses pieds n'étaient pas plus élevés et son bec plus crochu.

Il ne peut se servir de ses ailes pour voler, mais elles ne lui sont pas inutiles à d'autres égards : premièrement pour se défendre, comme il fait aussi avec le bec ; en second lieu pour faire une espèce de battement ou de moulinet en pirouettant vingt ou trente fois du même côté dans l'espace de quatre à cinq minutes ; c'est ainsi, dit-on, que le mâle rappelle sa compagne avec un bruit qui a du rapport à celui d'une crécelle et s'entend à deux cents pas.

On voit rarement ces oiseaux en troupes, quoique l'espèce soit assez nombreuse; on dit même qu'on n'en voit guère deux ensemble.

Ils cherchent des lieux écartés pour faire leur ponte, ils construisent leur nid de feuilles de palmier amoncelées à la hauteur d'un pied et demi ; la femelle pond dans ce nid un œuf beaucoup plus gros qu'un œuf d'oie, et le mâle partage avec elle la fonction de couver.

L'œuf, car il paraît que ces oiseaux n'en pondent qu'un, ou plutôt n'en couvent qu'un à la fois, l'œuf ne vient à éclore qu'au bout de sept semaines, et le petit n'est en état de pourvoir à ses besoins que plusieurs mois après : pendant tout ce temps le père et la mère en ont soin. Lorsque l'éducation du jeune solitaire est finie, le père et la mère demeurent toujours unis l'un à l'autre, quoiqu'ils aillent quelquefois se mêler parmi d'autres oiseaux de leur espèce.

On assure qu'à tout âge on leur trouve une pierre dans le gésier, comme au dronte.

Le seul nom de solitaire indique un naturel sauvage.

Cependant cet oiseau paraît encore plus timide que sauvage, car il se laisse approcher et s'approche même assez familièrement, surtout lorsqu'on ne court pas après lui, et qu'il n'a pas encore beaucoup d'expérience ; mais il est impossible de l'apprivoiser.

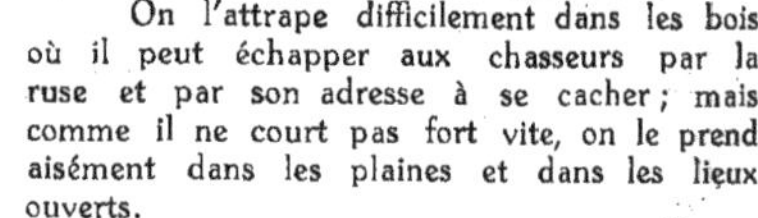

On l'attrape difficilement dans les bois où il peut échapper aux chasseurs par la ruse et par son adresse à se cacher; mais comme il ne court pas fort vite, on le prend aisément dans les plaines et dans les lieux ouverts.

Quand on l'a arrêté, il ne jette aucun cri, mais il laisse tomber des larmes et refuse opiniâtrement toute nourriture.

L'oiseau de Nazareth, appelé sans doute ainsi par corruption pour avoir été trouvé dans l'île de Nazare, est un très gros oiseau, et plus gros qu'un cygne. La femelle ne pond qu'un œuf à terre dans les forêts, sur de petits tas d'herbes et de feuilles qu'elle a formés; si on tue le petit, on trouve une pierre grise dans son gésier.

Les Oiseaux Aquatiques.

Les oiseaux d'eau sont les seuls qui réunissent à la jouissance de l'air et de la terre la possession de la mer. De nombreuses espèces, toutes très multipliées, en peuplent les rivages et les plaines ; ils voguent sur les flots avec autant d'aisance et plus de sécurité qu'ils ne volent dans leur élément naturel. Partout ils y trouvent une subsistance abon=dante, une proie qui ne peut les fuir ; tous s'établissent sur cet élément mobile comme dans un domicile fixe ; ils s'y rassemblent en grande société, et vivent tranquillement au milieu des orages ; ils semblent même se jouer avec les vagues, lutter contre les vents et s'exposer aux tempêtes, sans les redouter ni subir de naufrage.

Ils ne quittent qu'avec peine ce domicile de choix, et seulement dans le temps que le soin de leur progéniture, en les attachant au rivage, ne leur permet plus de fréquenter la mer que par instants ; car, dès que leurs petits sont éclos, ils les conduisent à ce séjour chéri que ceux=ci chériront bientôt eux=mêmes, comme plus convenable à leur nature que celui de la terre : en effet, ils peuvent y rester autant qu'il leur plaît sans être pénétrés de l'humidité et sans rien perdre de leur agilité, puisque leur corps, mollement porté, se repose même en nageant, et reprend bientôt les forces épuisées par le vol. La longue obscurité des nuits ou la continuité des tourmentes sont les seules contrariétés qu'ils éprouvent et qui les obligent à quitter la mer par intervalles.

La forme du corps et des membres de ces oiseaux indique assez qu'ils sont navigateurs=nés et habitants naturels de l'élément liquide ; leur corps est arqué et bombé comme la carène d'un vaisseau, et c'est peut=être sur cette figure que l'homme a tracé celle de ses premiers navires : eur cou, relevé sur une poitrine saillante, en représente assez bien la proue ; leur queue, courte et toute rassemblée en un seul faisceau, sert de gouvernail ; leurs pieds, larges et palmés, font l'office de véritables rames ; le duvet épais et lustré d'huile qui revêt tout le corps est un goudron naturel qui le rend impénétrable à l'humidité, en même temps qu'il le fait flotter plus légèrement à la surface des eaux.

Il faut diviser en deux grandes familles la nombreuse tribu des oiseaux aquatiques ; car à côté de ceux qui sont navigateurs et à pieds palmés, la nature a placé les oiseaux de rivage et à pieds divisés.

Ainsi dans l'immense population des habitants de l'air, il y a trois états ou plutôt trois parties, trois séjours différents : aux uns, la nature a donné la terre pour domicile ; elle a envoyé les autres cingler sur les eaux, en même temps qu'elle a placé des espèces intermédiaires aux confins de ces deux éléments.

En accordant de grandes prérogatives aux oiseaux aquatiques, elle les a soumis à quelques inconvénients ; elle leur a même refusé l'un de ses plus nobles attributs : aucun d'eux n'a de ramage. Rien n'est plus réel que la différence frappante qui se trouve entre la voix des oiseaux de terre et celle des oiseaux d'eau : ceux=ci l'ont forte et grande, rude et bruyante.

Les oiseaux terrestres sont d'autant plus nombreux en espèces et en individus, que les climats sont plus chauds ; les oiseaux d'eau semblent, au contraire, chercher les climats froids.

La plupart des oiseaux aquatiques paraissent être demi=nocturnes. Ils sont les derniers et les plus reculés des habitants du globe, dont ils connaissent mieux que nous les régions polaires ; ils s'avancent jusque dans les terres où l'ours blanc ne paraît plus, et sur les mers que les phoques, les morses et les autres amphibies ont abandonnées.

Echassiers

LES PLUVIERS

Ces oiseaux d'eau paraissent en troupes nombreuses dans nos provinces de France pendant les pluies d'automne et c'est de leur arrivée dans la saison des pluies qu'on les a nommés *pluviers* ; ils fréquentent, comme les vanneaux, les fonds humides et les terres limoneuses où ils cherchent des vers et des insectes ; ils vont à l'eau le matin pour se laver le bec et les pieds qu'ils se sont remplis de terre en la fouillant, pour en faire sortir les vers.

Quoique les pluviers soient ordinairement fort gras, on leur trouve les intestins si vides, qu'on a imaginé qu'ils pouvaient vivre d'air ; d'ailleurs ils paraissent capables de supporter un long jeûne.

Rarement ils se tiennent plus de vingt-quatre heures dans le même lieu, ils suivent le vent, et l'ordre de leur marche est assez singulier : ils forment dans l'air des zones transversales fort étroites et d'une très grande longueur. A terre, ils courent beaucoup et très vite ; ils demeurent attroupés tout le jour, et ne se séparent que pour passer la nuit pendant laquelle chacun gîte à part ; mais, dès le point du jour, le premier éveillé jette le cri de réclame, *hui, hui, hui,* et dans l'instant tous les autres se rassemblent à cet appel. C'est le moment qu'on choisit pour en faire la chasse; on en prend des quantités dans les plaines de Beauce et de Champagne. Quoique fort communs dans la saison, ils ne laissent pas d'être estimés comme un bon gibier.

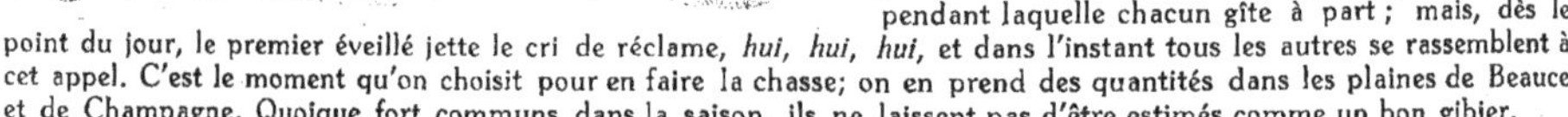

Hôtes passagers plutôt qu'habitants de nos campagnes, ils disparaissent à la chute des neiges, et ne font que repasser au printemps ; ils vont faire leur couvée dans les contrées septentrionales. Cette famille d'oiseaux, qui a beaucoup d'espèces, est commune aux deux continents.

LE GRAND PLUVIER

VULGAIREMENT APPELÉ COURLIS DE TERRE

Cet oiseau est beaucoup plus grand que le pluvier doré, il est même plus gros que la bécasse ; ses jambes épaisses ont un renflement marqué au-dessous du genou ; il n'a, comme le pluvier, que trois doigts fort courts; ses jambes et ses pieds sont jaunes ; son bec est jaunâtre jusque vers le milieu, et noirâtre jusqu'à son extrémité ; tout le plumage,

sur un fond gris blanc et gris roussâtre, est moucheté par pinceaux de brun et de noirâtre, dont les traits sont assez distincts sur le cou et la poitrine, et plus confus sur le dos et sur les ailes.

Cet oiseau a l'aile grande ; il part de loin, surtout pendant le jour, et vole alors assez bas près de terre ; il court sur les pelouses et dans les champs aussi vite qu'un chien, il s'arrête tout court après avoir couru, tenant son corps et sa tête immobiles, et au moindre bruit il se tapit contre terre ; les mouches, les scarabées, les petits limaçons, et autres coquillages terrestres sont le fonds de sa nourriture, avec quelques autres insectes qui se trouvent dans les terres en friche.

Ces oiseaux, solitaires et tranquilles pendant la journée, se mettent en mouvement à la chute du jour ; ils se répandent alors de tous côtés en volant rapidement, et criant de toutes leurs forces sur les hauteurs. Leur voix, qui s'entend de très loin, est un son plaintif prolongé sur trois ou quatre tons ; ils ne cessent de crier pendant la plus grande partie de la nuit.

Ces habitudes nocturnes sembleraient indiquer que cet oiseau voit mieux la nuit que le jour ; cependant il est certain que sa vue est très perçante pendant le jour.

Le temps de son départ et la saison de son séjour ne sont pas les mêmes que pour les pluviers ; il part en novembre pendant les dernières pluies d'automne ; mais avant d'entreprendre le voyage, ces oiseaux se réunissent en troupes de trois ou quatre cents, à la voix d'un seul qui les appelle, et leur départ se fait pendant la nuit. On les revoit de bonne heure au printemps, et dès la fin de mars ils sont de retour en Beauce, en Sologne, en Berry et dans quelques autres provinces de France. La femelle ne pond que deux ou quelquefois trois œufs sur la terre nue, entre des pierres ou dans un petit creux qu'elle forme sur le sable des landes et des dunes. Le mâle ne la quitte pas ; il l'aide à conduire ses petits, à les promener et à leur apprendre à distinguer leur nourriture ; cette éducation est même longue ; car, quoique les petits marchent et suivent leur père et leur mère peu de temps après qu'ils sont nés, ils ne prennent que tard assez de force dans l'aile pour pouvoir voler.

LE VANNEAU

Le vanneau paraît avoir tiré son nom du bruit que font ses ailes en volant, qui est assez semblable au bruit d'un van qu'on agite pour purger le blé. Il donne en partant un ou deux coups de voix, et se fait aussi entendre par reprise dans son vol, même durant la nuit ; il a des ailes très fortes, et il s'en sert beaucoup, vole longtemps de suite et s'élève très haut ; posé à terre, il s'élance, bondit et parcourt le terrain par petits vols coupés.

Cet oiseau est fort gai ; il est sans cesse en mouvement, folâtre et se joue de mille façons en l'air.

Les vanneaux arrivent dans nos prairies en grandes troupes au commencement de mars ou même dès la fin de février, après le dernier dégel, et par le vent de sud.

On les voit alors se jeter dans les blés verts, et couvrir le matin les prairies marécageuses pour y chercher les vers, qu'ils ont l'adresse de faire sortir de terre.

Le soir venu, ces oiseaux courent dans l'herbe et sentent sous leurs pieds les vers qui sortent à la fraîcheur ; ils en font ainsi une ample pâture, et vont ensuite se laver le bec et les pieds dans les petites mares ou dans les ruisseaux.

Ils se laissent difficilement approcher, on peut les joindre de plus près lorsqu'il fait un grand vent, car alors ils ont peine à prendre leur essor. La ponte des vanneaux se fait en avril ; elle est de trois ou quatre œufs que la femelle dépose dans les marais, sur les petites buttes ou mottes de terre élevées au-dessus du niveau du terrain : elle couve assidûment ;

si quelque objet inquiétant la force à se lever de son nid, elle piette un certain espace en se traînant dans l'herbe, et ne s'envole que lorsqu'elle se trouve assez éloignée de ses œufs pour que son départ n'en indique pas la place.

Les petits vanneaux, deux ou trois jours après leur naissance, courent dans l'herbe et suivent leur père et leur mère : ceux-ci, à force de sollicitude, trahissent souvent leur petite famille, et la décèlent en passant et repassant sur la tête du chasseur.

Ces oiseaux semblent être inconstants, et, en effet, ils ne se tiennent guère plus de vingt-quatre heures dans le même canton ; mais cette inconstance est fondée sur un besoin réel : un canton épuisé de vers en un jour, le lendemain la troupe est forcée de se transporter ailleurs. L'espèce du vanneau est très répandue en Europe et en Asie.

LES COMBATTANTS

VULGAIREMENT PAONS DE MER

Il est peut-être bizarre de donner à des animaux un nom qui ne paraît fait que pour l'homme en guerre, mais ces oiseaux nous imitent : non seulement ils se livrent entre eux des combats seul à seul, des assauts corps à corps, mais ils combattent aussi en troupes réglées, ordonnées et marchant l'une contre l'autre. Ces phalanges ne sont composées que de mâles qu'on prétend être dans cette espèce beaucoup plus nombreux que les femelles ; celles-ci attendent à part la fin de la bataille, et restent le prix de la victoire.

Chaque printemps, ces oiseaux arrivent par grandes bandes sur les côtes de Hollande, de Flandre et d'Angleterre, et dans tous ces pays on croit qu'ils viennent des contrées plus au nord. L'on ne sait pas où ces oiseaux se retirent pour passer l'hiver ; comme ils nous arrivent régulièrement au printemps et qu'ils séjournent sur nos côtes pendant deux ou trois mois, il paraît qu'ils cherchent les climats tempérés.

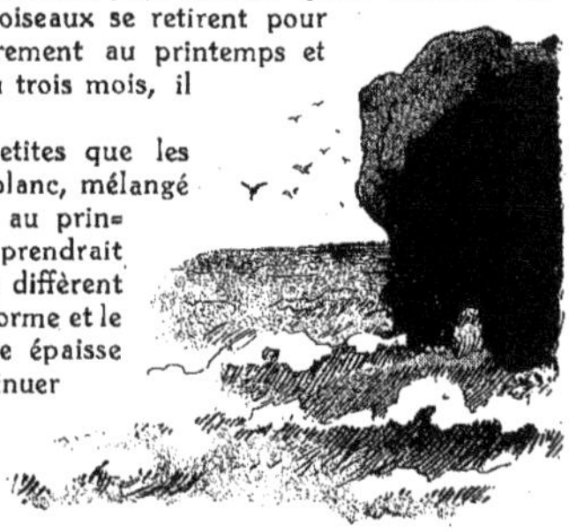

Les femelles sont ordinairement plus petites que les mâles, et se ressemblent par le plumage, qui est blanc, mélangé de brun sur le manteau ; mais les mâles sont au printemps si différents les uns des autres, qu'on les prendrait chacun pour un oiseau d'espèce particulière ; ils diffèrent ou par la taille, ou par les couleurs, ou par la forme et le volume de ce gros collier en forme d'une crinière épaisse de plumes enflées qu'ils portent autour du cou. L'esclavage ne peut rien diminuer de leur humeur guerrière ; dans les volières où on les renferme, ils vont présenter le défi à tous les autres oiseaux ; s'il est un coin de gazon vert, ils se battent à qui l'occupera ; et, comme s'ils se piquaient de gloire, ils ne se montrent jamais plus animés que quand il y a des spectateurs.

La crinière des mâles est non seulement pour eux un parement de guerre, mais une sorte d'armure, un vrai plastron, qui peut parer les coups ; les plumes en sont longues, fortes et serrées ; ils les hérissent d'une manière menaçante lorsqu'ils s'attaquent, et c'est surtout par les couleurs de cette livrée de combat qu'ils diffèrent entre eux : elle est rousse dans les uns, grise dans d'autres, blanche dans quelques-uns, et d'un beau noir violet chatoyant coupé de taches rousses dans les autres ; la livrée blanche est la plus rare.

Ce bel ornement tombe par une mue qui arrive à ces oiseaux vers la fin de juin, comme si la nature ne les avait parés et munis que pour la saison des combats ; les tubercules vermeils qui couvraient leur tête pâlissent et s'oblitèrent et ensuite elle se recouvre de plumes ; dans cet état on ne distingue plus guère les mâles des femelles, et tous ensemble partent alors des lieux où ils ont fait leurs nids et leur ponte ; ils nichent en troupes comme les hérons.

LA BÉCASSE

Ce bon oiseau stupide arrive dans nos bois vers le milieu d'octobre en même temps que les grives. La bécasse descend alors des hautes montagnes où elle habite pendant l'été, et d'où les premiers frimas déterminent son départ et nous l'amènent : c'est des sommets des Pyrénées et des Alpes, où elle passe l'été, qu'elle descend aux premières neiges qui tombent sur ces hauteurs dès le commencement d'octobre, pour venir dans les bois des collines inférieures et jusque dans nos plaines.

Les bécasses arrivent la nuit et quelquefois le jour, par un temps sombre, toujours une à une ou deux ensemble, et jamais en troupes ; elles s'abattent dans les grandes haies, dans les taillis, dans les futaies, et préfèrent les bois où il y a beaucoup de terreau et de feuilles tombées ; elles s'y tiennent retirées et tapies tout le jour ; elles quittent ces endroits fourrés à l'entrée de la nuit, pour se répandre dans les clairières, en suivant les sentiers ; elles cherchent les terres molles et les petites mares, où elles vont pour se laver le bec et les pieds qu'elles se sont remplis de terre en cherchant leur nourriture.

La bécasse bat des ailes avec bruit en partant ; son vol, quoique rapide, n'est ni élevé ni longtemps soutenu ; elle s'abat avec tant de promptitude, qu'elle semble tomber comme une masse abandonnée à toute sa pesanteur ; peu d'instants après sa chute elle court avec vitesse, mais bientôt elle s'arrête, élève sa tête, regarde de tous côtés pour se rassurer avant d'enfoncer son bec dans la terre.

Il paraît que cet oiseau, avec de grands yeux, ne voit bien qu'au crépuscule, et qu'il est offusqué d'une lumière plus forte : c'est ce que semblent prouver ses allures et ses mouvements, qui ne sont jamais si vifs qu'à la nuit tombante et à l'aube du jour.

C'est à la fin de l'hiver, c'est-à-dire au mois de mars, que presque toutes les bécasses quittent nos plaines pour retourner sur leurs montagnes ; au printemps, elles volent sans s'arrêter, pendant la nuit ; mais le matin elles se cachent dans les bois pour y passer la journée, et en partent le soir pour continuer leur route ; tout l'été, elles se tiennent dans les lieux les plus solitaires et les plus élevés des montagnes où elles nichent.

Elles font leur nid par terre, comme tous les oiseaux qui ne se perchent pas. On trouve dans ce nid quatre ou cinq œufs. Lorsque les petits sont éclos, ils quittent le nid et courent quoique encore couverts de poil follet ; ils commencent même à voler avant d'avoir d'autres plumes que celles des ailes ; ils fuient ainsi voletant et courant quand ils sont découverts ; on a vu la mère et le père prendre sous leur gorge un des petits, le plus faible, sans doute, et l'emporter ainsi à plus de mille pas ; le mâle ne quitte pas la femelle tant que les petits ont besoin de leur secours ; il ne fait entendre sa voix que dans le temps de leur éducation, car, pendant le reste de l'année, il est muet ainsi que sa femelle. L'espèce de la bécasse est universellement répandue.

LE BÉCASSEAU

Le bécasseau se trouve au bord des eaux, et particulièrement sur les ruisseaux d'eau vive ; on le voit courir sur les graviers ou raser au vol la surface de l'eau ; il jette un cri lorsqu'il part, et vole en frappant l'air par coups détachés ; il plonge quelquefois dans l'eau quand il est poursuivi.

Les sous-buses lui donnent souvent la chasse ; elles le surprennent lorsqu'il se repose au bord de l'eau ou lorsqu'il cherche sa nourriture ; car le bécasseau n'a pas la sauvegarde des oiseaux qui vivent en troupes, et qui communément ont une sentinelle qui veille à la sûreté commune : il vit seul dans le petit canton qu'il s'est choisi le long de la rivière ou de la côte, et s'y tient constamment sans s'écarter bien loin.

Ces mœurs solitaires et sauvages ne l'empêchent pas d'être sensible : du moins il a dans la voix une expression de sentiment assez marqué.

Le bécasseau, quoique attaché au même lieu pour tout le temps de son séjour, voyage néanmoins de contrées en contrées et même dans des saisons où la plupart des autres oiseaux sont encore fixés par le soin des nichées.

Il se tient à l'embouchure des rivières, et, suivant le flot, il ramasse sur le sable le menu frai de poisson et les vermisseaux.

LA BÉCASSINE

La bécassine a, comme la bécasse, le bec très long et la tête carrée ; le plumage madré de même, excepté que le roux s'y mêle moins, et que le gris blanc et noir y dominent : mais la bécassine a des habitudes tout opposées à celles de la bécasse ; elle ne fréquente pas les bois ; elle se tient dans les endroits marécageux des prairies, dans les herbages et les osiers qui bordent les rivières ; elle s'élève si haut en volant, qu'on l'entend encore lorsqu'on l'a perdue de vue ; elle jette, en prenant son essor, un petit cri court et sifflé ; elle n'habite les montagnes en aucune saison. En France, les bécassines paraissent en automne : on en voit quelquefois trois ou quatre ensemble, mais le plus souvent on les rencontre seules. Il en reste tout l'hiver dans nos contrées autour des fontaines chaudes et des petits marais voisins de ces fontaines ; au printemps elles repassent en grand nombre, et il paraît que cette saison est celle de leur arrivée en plusieurs pays où elles nichent, comme en Allemagne, en Silésie, en Suisse ; on trouve leur nid en juin : il est placé à terre, sous quelque grosse racine d'aune ou de saule. Les petits quittent le nid en sortant de la coque : ils paraissent laids et informes ; la mère ne les en aime pas moins ; elle en a

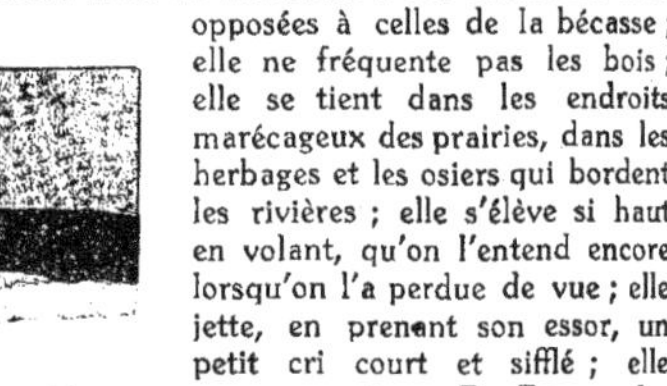

soin jusqu'à ce que leur grand bec, trop mou, soit devenu plus ferme, et ne les quitte que quand ils peuvent aisément se pourvoir d'eux-mêmes. La bécassine pique continuellement la terre, sans qu'on puisse bien dire ce qu'elle mange ; elle est ordinairement fort grasse. Quoiqu'on ne manque guère de trouver en automne des bécassines dans nos marais, l'espèce n'en est pas aussi nombreuse aujourd'hui qu'elle l'était ci-devant ; mais elle est répandue encore plus universellement que celle de la bécasse, car on la rencontre dans toutes les parties du monde.

LA FOULQUE

Il est très rare de voir la foulque à terre ; elle y paraît si dépaysée, que souvent elle se laisse prendre à la main ; elle se tient tout le jour sur les étangs, qu'elle préfère aux rivières, et ce n'est guère que pour passer d'un étang à un autre qu'elle prend pied à terre ; encore faut-il que la traversée ne soit pas longue, car, pour peu qu'il y ait de distance, elle prend son vol en le portant fort haut ; mais ordinairement ses voyages ne se font que de nuit. Les foulques, comme plusieurs autres oiseaux, voient très bien dans l'obscurité ; elles restent retirées dans les joncs pendant la plus grande partie du jour, et lorsqu'on les inquiète dans leur retraite, elles s'y cachent et s'enfoncent même dans la vase plutôt que de s'envoler.

Ces oiseaux paresseux, ont, à juste titre, plusieurs ennemis : le busard mange leurs œufs et enlève leurs petits, et c'est à cette destruction qu'on doit attribuer le peu de population dans cette espèce, qui par elle-même est très féconde, car la foulque pond dix-huit à vingt œufs ; et, quand la première couvée est perdue, souvent la mère en fait une seconde de dix à douze œufs. Elle établit son nid dans les endroits noyés et couverts de roseaux secs ; elle couve pendant vingt-deux ou vingt-trois jours ; dès que les petits sont éclos, ils sautent hors du nid et n'y reviennent plus ; la mère ne les réchauffe pas sous ses ailes ; ils couchent sous les joncs à l'entour d'elle ; elle les conduit à l'eau où, dès leur naissance, ils nagent et plongent très bien.

Les foulques nichent de bonne heure au printemps ; elles restent sur nos étangs pendant la plus grande partie de l'année, et dans quelques endroits elles ne les quittent pas même en hiver. Cependant, en automne, elles se réunissent en grande troupe, et toutes partent des petits étangs pour se rassembler sur les grands : souvent elles y restent jusqu'en décembre, et lorsque les frimas, les neiges et surtout la gelée les chassent des cantons élevés et froids, elles viennent alors dans la plaine, où la température est plus douce, et c'est le manque d'eau plus que le froid qui les oblige à changer de lieu. On trouve la foulque dans toute l'Europe et même en Asie.

LA POULE D'EAU

Les habitudes de la poule d'eau répondent à sa conformation ; elle va à l'eau sans cependant y nager beaucoup, si ce n'est pour traverser d'un bord à l'autre; cachée durant la plus grande partie du jour dans les roseaux ou sous les racines jaunes des saules et des osiers, ce n'est que le soir qu'elle se promène sur l'eau; elle fréquente moins les marécages et les marais que les rivières et les étangs. Son nid, posé tout au bord de l'eau, est construit d'un assez gros amas de débris de roseaux et de joncs entrelacés; la mère quitte son nid tous les soirs, et couvre ses œufs auparavant avec des brins de joncs et d'herbes. Dès que les petits sont éclos, ils courent et suivent leur mère qui les mène à l'eau : elle cache si bien sa petite famille, qu'il est très difficile de la lui enlever, pendant le très petit temps qu'elle la soigne; car bientôt ces jeunes oiseaux sont devenus assez forts pour se pourvoir par eux-mêmes. Les poules d'eau quittent en octobre les pays froids et les montagnes, et passent l'hiver dans les climats tempérés.

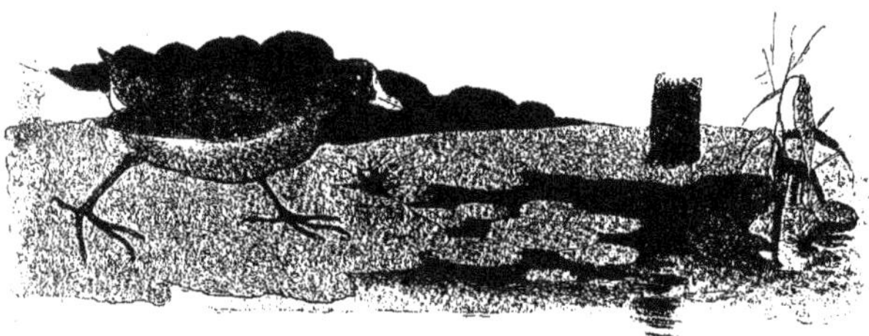

LE COURLIS

Cet oiseau a le bec très long, relativement à la grandeur de son corps ; ce bec est assez grêle, sillonné de rainures également courbé dans toute sa longueur et terminé en pointe mousse ; il est faible et d'une substance tendre, et ne paraît propre qu'à tirer les vers de la terre molle.

Le courlis se nourrit de vers de terre, d'insectes, de menus coquillages, qu'il ramasse sur les sables et les vases de la mer, ou sur les marais et dans les prairies humides.

Ces oiseaux courent très vite et volent en troupes ; ils sont de passage en France, et s'arrêtent à peine dans nos provinces intérieures ; mais ils séjournent dans nos contrées maritimes, comme en Poitou, en Aunis et en Bretagne, le long de la Loire, où ils nichent.

On assure qu'en Angleterre ils n'habitent les côtes de la mer qu'en hiver, et qu'en été ils vont nicher dans l'intérieur du pays vers les montagnes ; on en voit dans l'automne en Silésie, et ils se portent en été jusqu'à la mer Baltique et au golfe de Bothnie ; on les trouve également en Italie et en Grèce, et il paraît que leurs migrations s'étendent au delà de la mer Méditerranée, car ils passent à Malte deux fois l'année, au printemps et en automne ; du reste, on rencontre des courlis dans presque toutes les parties du monde.

LA POULE SULTANE OU LE PORPHYRION

Cet oiseau est très doux, très innocent, en même temps timide, fugitif, aimant, cherchant la solitude et les lieux écartés, se cachant tant qu'il peut pour manger; lorsqu'on l'approche, il a un cri d'effroi, d'une voix d'abord assez faible, ensuite plus aiguë, et qui se termine par deux ou trois coups d'un son sourd et intérieur.

Il paraît préférer les fruits et les racines, particulièrement celles de chicorées, à tout autre aliment, quoiqu'il puisse vivre aussi de graines ; mais, quand on lui présente du poisson, il le mange avec avidité.

Souvent il trempe ses aliments à plusieurs fois dans l'eau ; pour peu que le morceau soit gros, il ne manque pas de le prendre à sa patte et de l'assujettir entre ses longs doigts en ramenant contre les autres celui de derrière, et tenant le pied à demi élevé ; il mange en morcelant. Il n'y a guère d'oiseau plus beau par les couleurs ; le bleu de son plumage moelleux et lustré est embelli de reflets brillants ; ses longs pieds et la plaque du sommet de la tête avec la racine du bec sont d'un beau rouge, et une touffe de plumes blanches sous la queue relève l'éclat de sa belle robe bleue.

La femelle ne diffère du mâle qu'en ce qu'elle est un peu plus petite.

L'IBIS

L'ibis est très avide de la chair des serpents, et il a une forte antipathie contre tous les reptiles : il leur fait la plus cruelle guerre. On assure qu'il va toujours les tuant, quoique rassasié; que, jour et nuit, il se promène sur la rive des eaux, guettant les reptiles, cherchant leurs œufs et détruisant en passant les scarabées et les sauterelles. Les Égyptiens honoraient d'un culte particulier l'ibis sacré, à cause des bienfaits qu'ils recevaient de cet oiseau. Ils avaient remarqué que les ibis s'approchent et s'éloignent du Nil à mesure que le fleuve croît et décroît, qu'ils font une guerre continuelle aux serpents et aux autres reptiles qui infestent les lieux voisins, et qu'ils s'abattent par troupes sur le limon laissé à découvert, pour dévorer le frai des grenouilles, des crapauds, les œufs des lézards d'eau, des couleuvres et des serpents, ainsi que les plantes nuisibles à la végétation. Ces oiseaux posent leur nid sur les palmiers et le placent dans l'épaisseur des feuilles piquantes pour le mettre à l'abri de l'assaut des chats, leurs ennemis. La ponte est de quatre œufs.

LE JABIRU

En multipliant les reptiles sur les plages noyées de l'Amazone et de l'Orénoque, la nature semble avoir produit en même temps les oiseaux destructeurs de ces espèces nuisibles. L'un de ces oiseaux est le jabiru, beaucoup plus grand que la cigogne, supérieur en hauteur à la grue ; avec un corps du double d'épaisseur.

Le bec du jabiru est une arme puissante ; il a treize pouces de longueur sur treize de largeur à la base ; il est aigu, tranchant, aplati par les côtés en manière de hache et implanté dans une large tête, portée sur un cou épais et nerveux ; ce bec, formé d'une corne dure, est légèrement courbé en arc vers le haut. La tête et les deux tiers du cou du jabiru sont couverts d'une peau noire et nue, chargée à l'occiput de quelques poils gris ; la peau du bas du cou, sur quatre à cinq pouces de haut, est d'un rouge vif et forme un large et beau collier à cet oiseau, dont le plumage est entièrement blanc ; le bec est noir ; les jambes sont robustes, couvertes de grandes écailles noires comme le bec.

On trouve le jabiru aux bords des lacs et des rivières dans les lieux écartés : sa chair, quoique ordinairement très sèche, n'est point mauvaise. Cet oiseau engraisse dans la saison des pluies, et c'est alors que les Indiens le mangent le plus volontiers ; ils le tuent aisément à coups de fusil, et même à coups de flèches.

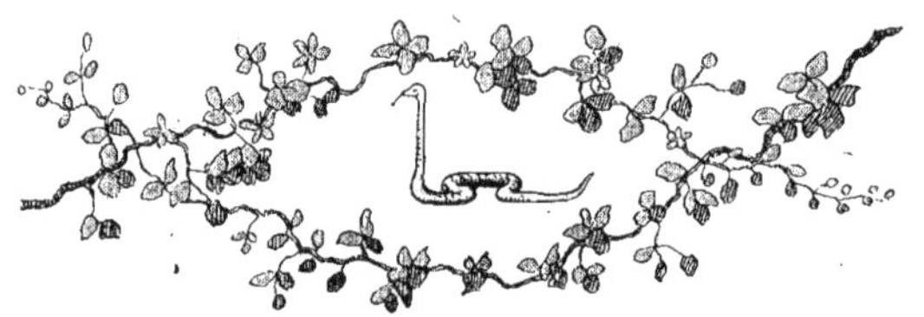

LA GRUE

Les grues portent leur vol très haut, et se mettent en ordre pour voyager ; elles forment un triangle à peu près isocèle, comme pour fendre l'air plus aisément. Quand le vent se renforce et menace de les rompre, elles se resserrent en cercle, ce qu'elles font aussi quand l'aigle les attaque ; leur passage s'opère le plus souvent dans la nuit. Le vol de la grue est toujours soutenu, quoique marqué par diverses inflexions : ses vols différents ont été observés comme des présages des changements du ciel et de la température. Les cris de grues dans le jour indiquent la pluie ; des clameurs plus bruyantes et comme tumultueuses annoncent la tempête ; si le matin ou le soir on les voit s'élever et voler paisiblement en troupe, c'est un indice de sérénité ; au contraire, si elles pressentent l'orage, elles baissent leur vol et s'abattent sur terre. A terre, les grues rassemblées établissent une garde pendant la nuit, et la circonspection de ces oiseaux a été regardée comme le symbole de la vigilance : la troupe dort la tête cachée sous l'aile, mais le chef veille la tête haute, et si quelque objet le frappe, il en avertit par un cri.

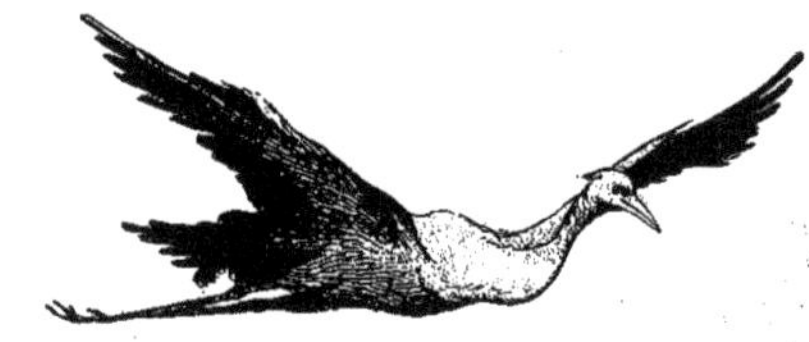

Les premiers froids de l'automne avertissent les grues de la révolution de la saison ; elles partent alors pour changer de ciel. Celles du Danube et de l'Allemagne passent sur l'Italie. Dans nos provinces de France, elles paraissent aux mois de septembre et d'octobre, et jusqu'en novembre, lorsque le temps de l'arrière-automne est doux ; mais la plupart ne font que passer rapidement et ne s'arrêtent point : elles reviennent au premier printemps, en mars et avril. C'est dans les terres du Nord, autour des marais, que la plupart des grues vont poser leurs nids ; d'autre côté, on assure que les grues ne nichent que dans les régions de l'Inde, ce qui prouverait qu'elles font deux nichées et dans deux climats opposés. Les grues ne pondent que deux œufs ; les petits sont à peine élevés qu'arrive le temps du départ, et leurs premières forces sont employées à suivre et accompagner leur père et leur mère dans leurs voyages.

L'OISEAU ROYAL

L'OISEAU royal doit son nom à l'espèce de couronne qu'un bouquet de plumes, ou plutôt de soies épanouies lui forme sur la tête. Il a de plus le port noble, la figure remarquable, et la taille haute de quatre pieds lorsqu'il se redresse.

Une toque de duvet noir, fin et serré comme du velours, lui relève le front, et sa belle aigrette est une houppe épaisse, fort épanouie, et composée de brins touffus, de couleur isabelle, aplatis et filés en spirale.

L'Afrique, et particulièrement les terres de la Gambra, de la Côte-d'Or et du cap Vert, sont les contrées qu'il habite.

On en voit fréquemment sur les grandes rivières ; ces oiseaux y pêchent de petits poissons, et vont aussi dans les terres pâturer les herbes et recueillir des graines ; ils courent très vite en étendant leurs ailes et s'aidant du vent : autrement leur démarche est lente, et, pour ainsi dire, à pas comptés.

Cet oiseau royal est doux et paisible ; il n'a pas d'armes pour offenser, et n'a même ni défense ni sauvegarde que dans la hauteur de sa taille, la rapidité de sa course et la vitesse de son vol, qui est élevé, puissant et soutenu.

Il craint moins l'homme que ses autres ennemis ; il semble même s'approcher de nous avec confiance, avec plaisir.

On assure qu'au cap Vert ces oiseaux sont à demi domestiques et qu'ils viennent manger du grain dans les basses-cours avec les volailles ; ils se perchent en plein air pour dormir.

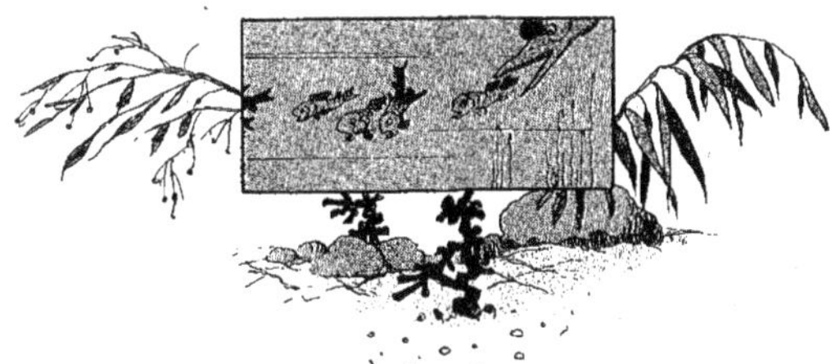

LE CARIAMA

Le cariama est un bel oiseau qui fréquente les marécages, et s'y nourrit comme le héron, qu'il surpasse en grandeur. Il a de longs pieds et le bas de la jambe nu comme les oiseaux de rivage.

La voix de cet oiseau ressemble à celle de la poule d'Inde ; elle est forte et retentissante.

On a commencé à rendre le cariama domestique ; cet oiseau ne se trouve qu'en Amérique.

LE SECRÉTAIRE OU LE MESSAGER

Cet oiseau, considérable par sa grandeur autant que remarquable par sa figure, est non seulement d'une espèce nouvelle, mais d'un genre isolé et singulier. En même temps que ses longs pieds désignent un oiseau de rivage, son bec crochu indiquerait un oiseau de proie ; il a, pour ainsi dire, une tête d'aigle sur un corps de cigogne ou de grue. Le secrétaire a la hauteur d'une grande grue et la grosseur du coq d'Inde ; c'est un être mixte, extraordinaire et dont le modèle n'était pas connu.

Il y a autant de mélange dans les habitudes que de disparité dans la conformation : avec les armes des oiseaux carnassiers, celui-ci n'a rien de leur férocité ; il ne se sert de son bec ni pour offenser ni pour se défendre ; il met sa sûreté dans la fuite, il évite l'approche, il élude l'attaque, et souvent pour échapper à la poursuite d'un ennemi, même faible, on lui voit faire des sauts de huit ou neuf pieds de hauteur. Doux et gai, il devient aisément familier ; on a même commencé à le rendre domestique au cap de Bonne-Espérance ; il fait la chasse aux rats, aux lézards, aux crapauds et aux serpents.

Lorsque le secrétaire rencontre ou découvre un serpent, il l'attaque d'abord à coups d'ailes pour le fatiguer ; il le saisit ensuite par la queue, l'enlève à une grande hauteur en l'air et le laisse retomber, ce qu'il répète jusqu'à ce que le serpent soit mort. Il accélère sa course en étendant les ailes, et on le voit souvent traverser ainsi les campagnes, courant et volant tout ensemble : il niche dans les buissons à quelques pieds de terre, et pond deux œufs ; lorsqu'on l'inquiète, il fait entendre un croassement sourd ; il n'est ni dangereux ni méchant. Cet oiseau d'Afrique paraît s'accommoder assez bien du climat de l'Europe. Pour se reposer et dormir, il se couche le ventre et la poitrine à terre ; un cri qu'il fait entendre rarement a du rapport avec celui de l'aigle. Son exercice le plus ordinaire est de marcher à grands pas de côté et d'autre et longtemps sans se ralentir ni s'arrêter : ce qui apparemment lui a fait donner le nom de *messager*, comme il doit sans doute celui de *secrétaire* à ce paquet de plumes qu'il porte au haut du cou. Il y a fort peu de temps que cet oiseau singulier est connu, même au cap de Bonne-Espérance et aux îles Philippines.

LA CIGOGNE

La cigogne blanche a le vol puissant et soutenu, comme tous les oiseaux qui ont des ailes très amples et la queue courte ; elle porte en volant la tête roide en avant et les pattes étendues en arrière comme pour lui servir de gouvernail ; elle s'élève fort haut et fait de très longs voyages, même dans les saisons orageuses. On voit les cigognes arriver en Allemagne vers le 8 ou 10 mai ; elles devancent ce temps dans nos provinces. Leur retour est partout d'un agréable augure, et leur apparition annonce le printemps. Elles reviennent constamment aux mêmes lieux, et si leur ancien nid est détruit, elles le reconstruisent de nouveau. C'est ordinairement sur les combles élevés, sur les créneaux des tours, et quelquefois sur de grands arbres, au bord des eaux ou à la pointe d'un rocher escarpé qu'elles le posent.

Dans l'attitude du repos, la cigogne se tient sur un pied, le cou replié, la tête en arrière et couchée sur l'épaule; elle guette les mouvements de quelques reptiles qu'elle fixe d'un œil perçant : les grenouilles, les lézards, les couleuvres et les petits poissons sont la proie qu'elle va chercher dans les marais, ou sur les bords des eaux et dans les vallées humides.

Elle ne pond pas au delà de quatre œufs, et souvent pas plus de deux. Le mâle les couve dans le temps que la femelle va chercher sa pâture ; les œufs éclosent au bout d'un mois ; le père et la mère redoublent alors d'activité pour porter la nourriture à leurs petits, qui la reçoivent en se dressant et rendant une espèce de sifflement. Au reste, le père et la mère ne s'éloignent jamais du nid tous deux ensemble ; et tandis que l'un est à la chasse, on voit l'autre se tenir aux environs, debout sur une jambe, et l'œil toujours à ses petits.

Lorsqu'elles sont assemblées pour le départ, il se fait alors un grand mouvement dans la troupe : toutes semblent se chercher, se reconnaître et se donner l'avis du départ général, dont le signal dans nos contrées est le vent du nord. Elles s'élèvent toutes ensemble et, dans quelques instants, se perdent au haut des airs. La cigogne est d'un naturel assez doux ; elle n'est ni défiante ni sauvage, et elle peut s'apprivoiser aisément ; elle a presque toujours l'air triste et la contenance morne, quoiqu'elle donne quelquefois des signes de gaieté ; elle est d'une propreté remarquable ; elle vit longtemps.

L'on attribue à cet oiseau des vertus morales dont l'image est toujours respectable : la tempérance, la piété filiale et paternelle. Il est vrai que la cigogne nourrit très longtemps ses petits, et ne les quitte pas qu'elle ne leur voie assez de force pour se défendre et se pourvoir d'eux-mêmes ; que, quand ils commencent à voleter hors du nid et à s'essayer dans les airs, elle les porte sur ses ailes ; qu'elle les défend dans les dangers, et qu'on l'a vue, ne pouvant les sauver, préférer de périr avec eux plutôt que de les abandonner : on l'a de même vue donner des marques d'attachement et même de reconnaissance pour les lieux et pour les hôtes qui l'ont reçue. On assure l'avoir entendue claqueter en passant devant les portes, comme pour avertir de son retour, et faire en partant un semblable signe d'adieu ; mais ces qualités morales ne sont rien en comparaison de l'affection que marquent et des tendres soins que donnent ces oiseaux à leurs parents trop faibles ou trop vieux. On a souvent vu des cigognes jeunes et vigoureuses apporter la nourriture à d'autres qui, se tenant sur le bord du nid, paraissaient languissantes et affaiblies, soit par quelque accident passager, soit que réellement la cigogne ait le touchant instinct de soulager la vieillesse, et que la nature, en plaçant jusque dans les cœurs bruts ces pieux sentiments auxquels les cœurs humains ne sont que trop souvent infidèles, ait voulu nous en donner l'exemple. La loi de nourrir ses parents fut faite en leur honneur, et

nommée de leur nom chez les Grecs ; Aristophane en fait une ironie amère contre l'homme. Élien assure que les qualités morales de la cigogne étaient la première cause du respect et du culte des Égyptiens pour elle, et c'est peut-être un reste de cette ancienne opinion qui fait aujourd'hui le préjugé du peuple, qui est persuadé que la cigogne apporte le bonheur à la maison où elle vient s'établir.

LE BUTOR

Cet oiseau est toujours si caché qu'on ne peut le trouver ni le voir de près. A toutes ces précautions pour se rendre invisible et inabordable, le butor semble ajouter une ruse de défiance : il tient sa tête élevée, et comme il a plus de deux pieds et demi de hauteur, il voit par-dessus des roseaux sans être lui-même aperçu ; il ne change de lieu qu'à l'approche de la nuit dans la saison d'automne, et il passe le reste de sa vie dans une inaction qui lui a fait donner le surnom de *paresseux* ; tout sont mouvement se réduit, en effet, à se jeter sur une grenouille ou un petit poisson qui vient se livrer lui-même à ce pêcheur indolent.

Le butor se trouve partout où il y a des marais assez grands pour lui servir de retraite ; on le connaît dans la plupart de nos provinces : il n'est pas rare en Angleterre, et assez fréquent en Suisse et en Autriche.

Il y a peu d'oiseaux qui se défendent avec autant de sang-froid ; le butor n'attaque jamais, mais, lorsqu'il est attaqué, il combat courageusement et se bat bien, sans se donner beaucoup de mouvements.

Si un oiseau de proie fond sur lui, il ne fuit pas ; il l'attend debout et le reçoit sur le bout de son bec, qui est très aigu ; l'ennemi blessé s'éloigne en criant.

La patience de cet oiseau égale son courage; il demeure pendant des heures entières immobile, les pieds dans l'eau et caché dans les roseaux ; il y guette les anguilles et les grenouilles. Il fait son nid presque sur l'eau, au milieu des roseaux, dans le mois d'avril ; les jeunes naissent presque tout nus et

sont d'une figure hideuse : ils semblent n'être que cou et jambes, ils ne sortent du nid que vingt jours après leur naissance : le père et la mère les nourrissent dans les premiers temps de sangsues, de lézards, de grenouilles et de petites anguilles. Les busards, qui dévastent les nids de tous les autres oiseaux du marais, touchent rarement à celui du butor ; le père et la mère y veillent sans cesse et le défendent ; les enfants n'osent en approcher, ils risqueraient de se faire crever les yeux.

LE HÉRON COMMUN

Cet oiseau nous offre l'image d'une vie de souffrance, d'anxiété, d'indigence : n'ayant que l'embuscade pour tout moyen d'industrie, le héron passe des heures, des jours entiers à la même place, immobile au point de laisser douter si c'est un être animé ; lorsqu'on l'observe avec une lunette (car il se laisse rarement approcher), il paraît comme endormi, posé sur une pierre, le corps presque droit et sur un seul pied, le cou replié le long de la poitrine et du ventre, la tête et le bec couchés entre les épaules, qui se haussent et excèdent de beaucoup la poitrine, et s'il change d'attitude, c'est pour en prendre une encore plus contrainte en se mettant en mouvement ; il entre dans l'eau jusqu'au-dessus du genou, la tête entre les jambes, pour guetter au passage une grenouille ou un poisson; mais réduit à attendre que sa proie vienne s'offrir à lui, et n'ayant qu'un instant pour la saisir, il doit subir de longs jeûnes et quelquefois périr d'inanition : car il n'a pas l'instinct, lorsque l'eau est couverte de glace, d'aller chercher à vivre dans des climats plus tempérés ; il supporte la faim et la soif ; il ne résiste qu'à force de patience et de sobriété.

Lorsqu'on prend un héron, on peut le garder quinze jours sans lui voir chercher ni prendre aucune nourriture : il rejette même celle qu'on tente de lui faire avaler ; sa mélancolie naturelle, augmentée sans doute par la captivité, l'emporte sur l'instinct de sa conservation ; l'apathique héron semble se consumer sans languir ; il périt sans se plaindre et sans apparence de regret ; mais, s'il est pris jeune, il s'apprivoise, se nourrit et s'engraisse.

Triste et solitaire hors le temps des nichées, il ne paraît connaître aucun plaisir, ni même les moyens d'éviter la peine. Dans les plus mauvais temps il se tient isolé, découvert, posé sur un pieu ou sur une pierre au bord d'un ruisseau, sur une butte, au milieu d'une prairie inondée ; il reste ainsi exposé à toutes les injures de l'air et à la plus grande rigueur des frimas. Ses longues jambes ne sont que des échasses inutiles à la course ; il reste debout et en repos absolu pendant la plus grande partie du jour, et ce repos lui tient lieu de sommeil, car il prend quelque essor pendant la nuit. On l'entend alors crier en l'air à toute heure et dans toutes les saisons ; sa voix est un son unique, sec, aigre et plaintif ; ce cri se répète de moment à moment, et se prolonge sur un ton plus perçant et très désagréable lorsque l'oiseau ressent de la douleur.

Le héron ajoute encore aux malheurs de sa chétive vie le mal de la crainte et de la défiance ; il paraît s'inquiéter et s'alarmer de tout ; il fuit l'homme de très loin ; souvent assailli par l'aigle et le faucon, il n'élude leur attaque qu'en s'élevant au haut des airs et s'efforçant de gagner le dessus : on le voit se perdre avec eux dans la région des nuages.

Les hérons se plaisent à nicher rassemblés ; ils se réunissent, pour cela, plusieurs dans un même canton de forêt, souvent sur un même arbre ; on peut croire que c'est la crainte qui les rassemble, et qu'ils ne se réunissent que pour repousser de concert, ou du moins étonner par leur nombre, le milan et le vautour ; c'est au plus haut des grands arbres que les hérons posent leurs nids souvent auprès de ceux des corneilles : la ponte est de quatre ou cinq œufs.

LE BIHOREAU

Le bihoreau paraît un oiseau de passage ; on assure qu'il part de Silésie au commencement de l'automne, et qu'il revient avec les cigognes au printemps. Il fréquente également le rivage de la mer et les rivières ou marais de l'intérieur des terres : on en trouve en France dans la Sologne, et en Italie dans la Toscane ; mais l'espèce en est partout rare.

Le bihoreau cherche sa pâture moitié dans l'eau, moitié sur terre, et vit autant de grillons, de limaces et autres insectes terrestres, que de grenouilles et de poissons ; il reste caché pendant le jour, et ne se met en mouvement qu'à l'approche de la nuit ; c'est alors qu'il fait entendre son cri *ka, ka, ka.*

Il niche dans les rochers ; sa ponte est de trois ou quatre œufs.

LE KAMICHI

Au milieu des sons discordants d'oiseaux criards et de reptiles croassants, s'élève par intervalles une grande voix qui leur impose à tous, et dont les eaux retentissent au loin : c'est la voix du kamichi, grand oiseau noir très remarquable par la force de son cri et par celle de ses armes; mais malgré des armes très offensives et qui le rendraient formidable au combat, le kamichi n'attaque point les autres oiseaux, et ne fait la guerre qu'aux reptiles ; il a même les mœurs douces et le naturel profondément sensible, car le mâle et la femelle se tiennent toujours ensemble, et à la mort de l'un des deux, celui qui reste erre sans cesse en gémissant, et se consume près des lieux où il a perdu ce qu'il aime.

Ces affections touchantes forment dans cet oiseau, avec sa vie de proie, un singulier contraste. On a remarqué avec raison que l'espèce du kamichi est seule dans son genre ; sa forme est, en effet, composée de parties disparates, et la nature lui a donné des attributs extraordinaires ; c'est donc sans aucun fondement qu'on en a fait un aigle, puisqu'il n'en a ni le bec, ni la tête, ni les pieds. Le kamichi est un oiseau demi-aquatique ; il construit son nid en forme de four au pied d'un arbre, il marche le cou droit, la tête haute, et il hante les forêts. Cependant plusieurs voyageurs ont assuré qu'on le trouve encore plus souvent dans les savanes.

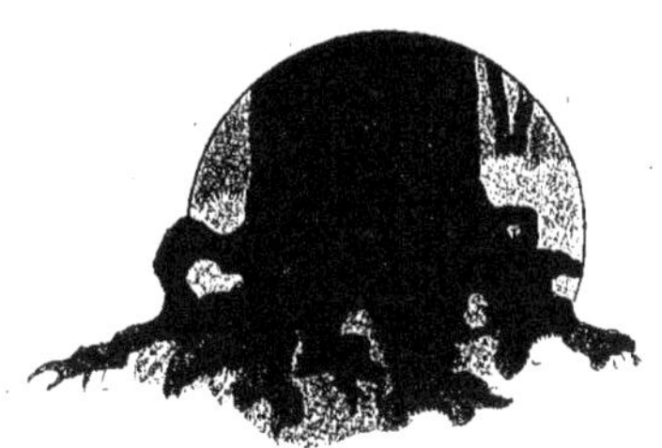

LE RALE DE TERRE OU DE GENÊT

VULGAIREMENT ROI DES GALLES

Dans les prairies humides, dès que l'herbe est haute et jusqu'au temps de la récolte, il sort, des endroits les plus touffus de l'herbage, une voix rauque, ou plutôt un cri bref, aigre et sec, *crék, crék, crék,* assez semblable au bruit que l'on exciterait en passant et appuyant fortement le doigt sur les dents d'un gros peigne ; et lorsqu'on s'avance vers cette voix, elle s'éloigne et on l'entend venir de cinquante pas plus loin : c'est le râle de terre qui jette ce cri, qu'on prendrait pour le croassement d'un reptile ; cet oiseau fuit rarement au vol, mais presque toujours, en marchant avec vitesse et passant à travers le plus touffu des herbes, il y laisse une trace remarquable. On commence à l'entendre vers le 10 ou le 12 mai, dans le même temps que les cailles, qu'il semble accompagner en tout temps, car il arrive et repart avec elles ; cette circonstance, jointe à ce que le râle et les cailles habitent également les prairies, qu'il y vit seul, et qu'il est beaucoup moins commun et un peu plus gros que la caille, a fait imaginer qu'il se mettait à la tête de leurs bandes comme chef ou conducteur de leur voyage, et c'est ce qui lui fait donner le nom de *roi des cailles* ; mais il diffère de ces oiseaux par les caractères de conformation qui tous lui sont communs avec les autres râles, et en général, avec les oiseaux de marais, comme on l'a fort bien remarqué.

Par l'extension gratuite d'une analogie mal fondée, on a supposé au râle de terre une fécondité aussi grande que celle de la caille ; mais des observations multipliées ont prouvé qu'il ne pond guère que huit à dix œufs, et non pas dix-huit et vingt : en effet, avec une multiplication aussi grande que celle qu'on lui suppose, son espèce serait nécessairement plus nombreuse qu'elle ne l'est en individus, d'autant plus que son nid, fourré dans l'épaisseur des herbes, est difficile à trouver ; ce nid, fait négligemment avec un peu de mousse ou d'herbe sèche, est ordinairement placé dans une petite fosse du gazon.

Le râle, comme on vient de le dire, pond huit ou dix œufs, plus gros que ceux de la caille.

Les petits courent dès qu'ils sont éclos, en suivant leur mère, et ils ne quittent la prairie que quand ils sont forcés de fuir devant la faux qui rase leur domicile.

Le râle se trouve en Europe et en Asie.

LE RALE D'EAU

Le râle d'eau court le long des eaux stagnantes aussi vite que le râle de terre dans les champs ; il se tient de même toujours caché dans les grandes herbes et les joncs ; il n'en sort que pour traverser les eaux à la nage et même à la course, car on le voit souvent courir légèrement sur les larges feuilles du nénuphar, qui couvre les eaux dormantes.

Il se fait de petites routes à travers les grandes herbes ; on y tend des lacets, et on les prend d'autant plus aisément, qu'il revient constamment à son gîte, et par le même chemin.

L'HUITRIER

VULGAIREMENT LA PIE DE MER

Cet oiseau vit de vers marins, d'huîtres, de patelles et autres coquillages qu'il ramasse dans les sables du rivage ; il se tient constamment sur les bancs, les récifs découverts à basse mer, sur les grèves où il suit le reflux, et ne se retire que sur les falaises sans s'éloigner jamais des terres ou des rochers. On a aussi donné à cet huîtrier ou mangeur d'huîtres le nom de *pie de mer*, non seulement à cause de son plumage noir et blanc, mais encore parce qu'il fait comme la pie, un bruit ou cri continuel, surtout lorsqu'il est en troupe ; ce cri aigre et court est répété sans cesse en repos et en volant.

L'huîtrier ne se voit que rarement sur la plupart de nos côtes, cependant on le connaît en Saintonge et en Picardie ; il pond même quelquefois sur les côtes de cette dernière province, où il arrive en troupes très considérables par les vents d'est et de nord-ouest ; ces oiseaux s'y reposent sur les sables du rivage, en attendant qu'un vent favorable leur permette de retourner à leur séjour ordinaire : on croit qu'ils viennent de la Grande-Bretagne, où ils sont, en effet, fort communs.

Dans l'état de nature, ils ne fréquentent point les marais ni l'embouchure des rivières, et ils restent constamment dans le voisinage et sur les eaux de la mer ; mais c'est peut-être parce qu'ils ne trouveraient pas dans les eaux douces une nourriture aussi analogue à leur appétit que celle qu'ils se procurent dans les eaux salées.

L'huîtrier ne fait point de nid ; il dépose ses œufs sur le sable nu, hors de la portée des eaux, sans aucune préparation préliminaire ; il semble choisir pour cela le haut des dunes et les endroits parsemés de débris de coquillages. Le nombre des œufs est ordinairement de quatre ou cinq. La femelle ne les couve point assidûment. Les petits, au sortir de l'œuf, sont couverts d'un duvet noirâtre ; ils se traînent sur le sable dès le premier jour, ils commencent à courir peu de temps après, et se cachent alors si bien dans les touffes d'herbages, qu'il est difficile de les trouver.

LA SPATULE

Le nom de spatule caractérise la forme extraordinaire du bec de cet oiseau : ce bec aplati dans toute sa longueur s'élargit, en effet, vers l'extrémité en manière de spatule, et se termine en deux plaques arrondies trois fois aussi large, que le corps du bec même : ce bec, anormal par sa forme, l'est encore par sa substance, qui n'est pas ferme, mais flexible comme du cuir.

La spatule est toute blanche ; elle est de la même grosseur du héron, mais elle a les pieds moins hauts et le cou moins long et garni de petites plumes courtes ; celles du bas de la tête sont longues et étroites, elles forment un panache qui retombe en arrière ; la gorge est couverte, et les yeux sont entourés d'une peau nue ; les pieds et le nu de la jambe sont couverts d'une peau noire, dure et écailleuse ; une portion de membrane unit les doigts vers leur jonction ; des ondes noires transversales se marquent sur le fond de couleur jaunâtre du bec, dont l'extrémité est d'un jaune quelquefois mêlé de rouge.

Cet oiseau se nourrit de poissons, de coquillages, d'insectes aquatiques et de vers. Il habite les bords de la mer et ne se trouve que rarement dans l'intérieur des terres, si ce n'est sur quelques lacs et passagèrement au bord des rivières ; il préfère les côtes marécageuses.

Les spatules font leur nid à la sommité des grands arbres voisins des côtes de la mer, et le construisent de bûchettes ; elles produisent trois ou quatre petits ; elles font un grand bruit sur ces arbres dans le temps des nichées et y reviennent régulièrement tous les soirs se percher pour dormir.

Elles s'avancent en été jusque dans la Laponie, où l'on en voit quelques-unes ; en Prusse, où elles ne paraissent également qu'en petit nombre, et où, durant les pluies d'automne, elles passent en venant de Pologne.

La ressemblance des spatules d'Amérique avec celles d'Europe est si grande, qu'on doit attribuer leurs petites différences à l'impression seule du climat. La spatule d'Amérique est seulement un peu moins grande dans toutes ses dimensions que celle d'Europe ; elle en diffère encore par la couleur de rose ou d'incarnat qui relève le fond blanc de son plumage sur le cou, le dos et les flancs ; les ailes sont plus fortement colorées, et la teinte de rouge va jusqu'au cramoisi sur les épaules et sur les couvertures de la queue dont les pennes sont rousses ; ces belles couleurs n'appartiennent qu'à la spatule adulte. On assure qu'il se fait dans le plumage des spatules d'Amérique le même progrès en couleur avec l'âge que dans plusieurs autres oiseaux qui, dans leurs premières années, sont presque tout gris ou tout blancs, et ne deviennent rouges qu'à la troisième année.

LES BARGES

Ces oiseaux forment une petite famille immédiatement au-dessous de celle de la bécasse ; ils ont la même forme de corps, mais les jambes plus hautes et le bec encore plus long ; ils ne vivent que des vers et vermisseaux qu'ils tirent du limon. Leur voix est assez extraordinaire, car on la compare au bêlement étouffé d'une chèvre.

Ils sont inquiets et partent de loin, et jettent un cri de frayeur en partant.

Ils sont rares dans les contrées éloignées de la mer, et ils se plaisent dans les marais salés ; ils ont sur nos côtes un passage régulier dans le mois de septembre ; on les voit en troupes et on les entend passer de très haut, le soir au clair de la lune ; la plupart s'abattent dans les marais.

La fatigue les rend alors moins fuyards ; ils ne reprennent leur vol qu'avec peine, mais ils courent comme des perdrix, et le chasseur, en les tournant, les rassemble assez pour en tuer plusieurs d'un seul coup ; ils ne séjournent qu'un jour ou deux dans le même lieu, et souvent dès le lendemain on n'en trouve plus un seul dans ces marais, où ils étaient la veille en si grand nombre ; ils ne nichent pas sur les côtes. Leur chair est délicate et très bonne à manger.

LES CHEVALIERS

« Les Français, dit un ancien naturaliste, voyant un oysillon haut encruché sur ses jambes, quasi comme estant à cheval, l'ont nommé *chevalier.* » Il serait difficile de trouver à ce nom d'autre étymologie; les oiseaux chevaliers sont, en effet, fort haut montés ; ils sont plus petits de corps que les barges, et néanmoins ils ont les pieds tout aussi longs ; leur bec, plus raccourci, est au reste conformé de même ; comme elles, ils vivent dans les prairies humides et dans les endroits marécageux ; mais ils fréquentent aussi les bords des étangs et des rivières, entrant dans l'eau jusqu'au-dessus des genoux ; sur les rivages ils courent avec vitesse et gaieté.

Les vermisseaux sont leur pâture ordinaire ; en temps de sécheresse ils se rabattent sur les insectes de terre, et prennent des scarabées, des mouches, etc.

Ils ne sont nulle part en grand nombre, et ils ne se laissent approcher que difficilement.

Nous connaissons six espèces de ces oiseaux : le chevalier commun, le chevalier aux pieds rouges, le chevalier rayé, le chevalier varié, le chevalier blanc et le chevalier vert.

L'AGAMI

L'AGAMI a vingt-deux pouces de longueur ; le bec, qui ressemble parfaitement à celui des gallinacés, a vingt-deux lignes ; la queue est très courte, de plus, elle n'excède pas les ailes lorsqu'elles sont pliées ; les pieds ont cinq pouces de hauteur et sont revêtus tout autour de petites écailles.

La tête en entier, ainsi que la gorge et la moitié supérieure du cou, en dessus et en dessous, sont également couvertes d'un duvet court, bien serré et très doux au toucher ; la partie antérieure du bas du cou, ainsi que la poitrine, sont couvertes d'une belle plaque de près de quatre pouces d'étendue, dont les couleurs éclatantes varient entre le vert, le vert doré, le bleu et le violet ; la partie supérieure du dos et celle du cou, qui y est contiguë, sont noires ; après quoi le plumage se change sur le bas du dos en une couleur de roux brûlé ; mais tout le dessous du corps est noir ; ainsi que les ailes et la queue ; seulement les grandes plumes qui s'étendent sur la queue sont d'un cendré clair ; les pieds sont verdâtres.

Cet oiseau a la faculté singulière de faire entendre un son sourd et profond, qui est produit dans l'intérieur du corps. Dans l'état de nature, l'agami habite les grandes forêts des climats chauds de l'Amérique, et ne s'approche pas des endroits découverts, et encore moins des lieux habités. Il se tient en troupes assez nombreuses et ne fréquente pas de préférence les marais ni le bord des eaux, car il se trouve souvent sur les montagnes et autres terres élevées ; il marche et court plutôt qu'il ne vole, et sa course est aussi rapide que son vol est pesant, car il ne s'élève jamais que de quelques pieds, pour se reposer à une petite distance sur terre ou sur quelques branches peu élevées. Il se nourrit de fruits sauvages. Lorsqu'on le surprend, il fuit et court plus souvent qu'il ne vole, et il jette en même temps un cri aigu semblable à celui du dindon. Ces oiseaux grattent la terre au pied des grands arbres pour y creuser la place du dépôt de leurs œufs, car ils ne ramassent rien pour le garnir et ne font point de nid, ils pondent des œufs en grand nombre, de dix jusqu'à seize, et ce nombre est proportionné, comme dans tous les oiseaux, à l'âge de la femelle ; ces œufs sont presque sphériques, plus gros que ceux de nos poules, et peints d'une couleur vert clair.

Les jeunes agamis conservent leur duvet, ou plutôt leurs premières plumes effilées, bien plus longtemps que nos poussins ou nos perdreaux. Non seulement les agamis s'apprivoisent très aisément, mais ils s'attachent même à celui qui les soigne avec autant d'empressement et de fidélité que le chien : ils en donnent des marques les moins équivoques, car si l'on garde un agami dans la maison, il vient au-devant de son maître, lui fait des caresses, le suit ou le précède, et lui témoigne la joie qu'il a de l'accompagner ou de le revoir ; mais aussi lorsqu'il prend quelqu'un en guignon, il le chasse à coups de bec dans les jambes.

La chair de ces oiseaux, surtout celle des jeunes, n'est pas de mauvais goût, mais elle est sèche et ordinairement dure.

On découpe, dans leurs dépouilles, la partie brillante de leur plumage ; c'est cette plaque de couleur changeante et vive qu'on a soin de préparer pour faire des parures.

LE FLAMMANT OU LE PHÉNICOPTÈRE

C'est de sa couleur de flamme que le flammant a tiré son nom, mais ce n'est pas le seul caractère frappant que porte cet oiseau. Son bec d'une forme extraordinaire, aplati et fortement fléchi en dessus vers son milieu, épais et carré en dessous, comme une large cuiller ; ses jambes d'une excessive hauteur ; son cou long et grêle ; son corps plus haut monté, quoique plus petit que celui de la cigogne, offrent une figure d'un beau bizarre et d'une forme distinguée parmi les plus beaux oiseaux de rivage.

Le flammant paraît faire la nuance entre la grande tribu des oiseaux de rivage et celle tout aussi grande des oiseaux navigateurs, desquels il se rapproche par les pieds à demi palmés. Son corps est très petit relativement à la longueur des jambes et du cou.

Quand le flammant a pris son entier accroissement, il n'est pas plus pesant qu'un canard sauvage, et cependant il a cinq pieds de hauteur. Son plumage est, en général, doux, soyeux, et lavé de teintes rouges plus ou moins vives et plus ou moins étendues ; les grandes pennes de l'aile sont constamment noires, et ce sont les couvertures qui portent ce beau rouge de feu, dont les Grecs frappés tirèrent le nom de phénicoptère. Un auteur dit que le phénicoptère est un oiseau du Nil : un autre dit aussi qu'il est fréquent en Afrique; cependant il ne paraît pas que ces oiseaux demeurent constamment dans les climats les plus chauds, car on en voit quelques-uns en Italie, et en beaucoup plus grand nombre en Espagne ; et il est peu d'années où il n'en arrive pas quelques-uns sur nos côtes de Languedoc et de Provence, particulièrement vers Montpellier et Martigues, et dans les marais près d'Arles. Leur nourriture, dans tout pays, est à peu près la même; ils mangent des coquillages, des œufs de poissons et des insectes aquatiques ; ils les cherchent dans la vase en y plongeant le bec et partie de la tête ; ils remuent en même temps continuellement les pieds de haut en bas pour porter la proie avec le limon dans leur bec.

Ils paraissent comme attachés aux rivages de la mer : si l'on en voit sur des fleuves, comme sur le Rhône, ce n'est jamais bien loin de leur embouchure ; ils se tiennent plus constamment dans les lagunes, les marais salés et sur les côtes basses ; et l'on a remarqué, quand on a voulu les nourrir, qu'il fallait leur donner à boire de l'eau salée.

Ces oiseaux vivent en troupes, et quand ils pêchent, la tête plongée dans l'eau, un d'eux est en vedette, la tête haute ; et si quelque chose l'alarme, il jette un cri bruyant qui s'entend de très loin, et qui est assez semblable au son d'une trompette ; dès lors toute la troupe se lève et observe dans son mouvement de vol un ordre semblable à celui des grues : cependant lorsqu'on surprend ces oiseaux, l'épouvante les rend immobiles et stupides, et laisse au chasseur le temps de les abattre presque jusqu'au dernier.

Leur chair est un mets recherché et comparé pour la délicatesse à celle de la perdrix, malgré un petit goût de marais. Quoiqu'il soit très sauvage dans l'état de liberté, une fois captif, le flammant paraît soumis, et semble même affectionné ; et, en effet, il est plus farouche que fier, et la même crainte qui le fait fuir, le subjugue quand il est pris. Les Indiens en ont d'entièrement privés. On en a vu de très familiers. Ils mangent plus de nuit que de jour, et trempent dans l'eau le pain qu'on leur donne ; ils sont sensibles au froid et s'approchent du feu jusqu'à se brûler les pieds, ils dorment peu et ne reposent que sur une jambe, l'autre retirée sous le ventre ; néanmoins ils sont délicats et assez difficiles à élever dans nos climats ; même il paraît qu'avec assez de docilité pour se plier aux habitudes de la captivité, cet état est très contraire à leur nature, puisqu'ils ne peuvent le supporter longtemps, et qu'ils y languissent plutôt qu'ils ne vivent, car ils ne cherchent pas à se multiplier, et jamais ils n'ont produit en domesticité.

Le flammant est un oiseau voyageur, mais qui ne fréquente que les pays chauds et tempérés, et ne visite pas ceux du Nord ; il est vrai qu'on le voit dans certaines saisons paraître en divers lieux, sans qu'on sache précisément d'où il arrive, mais jamais on ne l'a vu s'avancer dans les terres septentrionales, et s'il en paraît quelques-uns dans nos provinces intérieures de France, seuls et égarés, ils semblent y avoir été jetés par quelque coup de vent. On rapporte, comme une chose extraordinaire, qu'on en a tué un sur la Loire. C'est dans les climats chauds que ses courses s'exécutent ; et il les a portées de l'un à l'autre continent, car il est du petit nombre d'oiseaux communs aux terres méridionales de tous deux.

On en voit au Valparais, à la Conception, à Cuba, où les Espagnols l'ont appelé *flamencos* ; il s'en trouve à la côte de Venezuela près de l'île Blanche et de l'île d'Aves, et sur l'île de la *Roche* qui n'est qu'un amas d'écueils ; ils sont bien connus à Cayenne, où les naturels du pays leur donnent le nom de *tococo* ; on les voit border le rivage de la mer ou voler en troupes ; on les retrouve dans les îles de Bahama.

Palmipèdes.

LE CYGNE

Avec des forces, du courage et la volonté de n'en point abuser et de ne les employer que pour la défense, le cygne sait combattre et vaincre sans jamais attaquer. Roi paisible des oiseaux aquatiques, il brave les tyrans de l'air ; il attend l'aigle sans le provoquer, sans le craindre ; il repousse ses assauts, en opposant à ses armes la résistance de ses plumes et les coups précipités d'une aile vigoureuse qui lui sert d'égide, et souvent la victoire couronne ses efforts. Au reste, il n'a que ce fier ennemi, tous les autres oiseaux de guerre le respectent, et il est en paix avec toute la nature.

Les grâces de la figure, la beauté de la forme répondent, dans le cygne, à la douceur du naturel; il plaît à tous les yeux, il décore, embellit tous les lieux qu'il fréquente ; on l'aime, on l'applaudit, on l'admire.

A sa noble aisance, à la facilité, à la liberté de ses mouvements sur l'eau, on doit le reconnaître, non seulement comme le premier des navigateurs ailés, mais comme le plus beau modèle que la nature nous ait offert pour l'art de la navigation. Son cou élevé et sa poitrine relevée et arrondie semblent, en effet, figurer la proue du navire fendant l'onde ; son large estomac en représente la carène ; son corps, penché en avant pour cingler, se redresse à l'arrière et se relève en poupe ; la queue est un vrai gouvernail ; les pieds sont de larges rames, et ses grandes ailes, demi-ouvertes au vent et doucement enflées, sont les voiles qui poussent le vaisseau vivant, navire et pilote à la fois.

Fier de sa noblesse, jaloux de sa beauté, le cygne semble faire parade de tous ses avantages ; il a l'air de chercher à recueillir des suffrages, à captiver les regards, et il les captive en effet, il nage si vite, qu'un homme, marchant rapidement au rivage, a grand'peine à le suivre. Il vit très longtemps, jusqu'à trois cents ans, a-t-on dit, mais sans doute avec exagération. La mère recueille nuit et jour ses petits sous ses ailes, et le père se présente avec intrépidité pour les défendre avec courage, avec fureur contre tout assaillant. Les petits naissent fort laids et seulement couverts d'un duvet gris ou jaunâtre, comme les oisons ; leurs plumes ne poussent que quelques semaines après, et sont encore de la même couleur ; ce vilain plumage change à la première mue, au mois de septembre ; ils prennent alors beaucoup de plumes blanches, d'autres plus blondes que grises, surtout à la poitrine et sur le dos ; ce plumage chamarré tombe à la

seconde mue, et ce n'est qu'à dix-huit mois et même à deux ans d'âge que ces oiseaux ont pris leur belle robe d'un blanc pur et sans tache.

Les anciens ne s'étaient pas contentés de faire du cygne un chantre merveilleux : seul entre tous les êtres, qui frémissent à l'aspect de leur destruction, il chantait encore au moment de son agonie, et préludait par des sons harmonieux à son dernier soupir : c'était, disaient-ils, près d'expirer, et faisant à la vie un adieu triste et tendre, que le cygne rendait ces accents si doux et si touchants, et qui, pareils à un léger et douloureux murmure, d'une voix basse, plaintive et lugubre, formaient son chant funèbre : on entendait ce chant, lorsqu'au lever de l'aurore les vents et les flots étaient calmés ; on avait même vu des cygnes expirant en musique et chantant leurs hymnes funéraires. Nulle fiction en histoire naturelle, nulle fable chez les anciens, n'a été plus célébrée, plus répétée, plus accréditée. Les cygnes, sans doute, ne chantent point leur mort ; mais toujours, en parlant du dernier essor et des derniers élans d'un beau génie près de s'éteindre, on rappellera avec sentiment cette expression touchante : *C'est le chant du Cygne !*

LE CRAVANT

Le nom de cravant signifie en allemand *canard brun*. La couleur du cravant est effectivement un gris brun ou noirâtre assez uniforme sur tout le plumage ; mais par le port et par la figure, cet oiseau approche plus de l'oie que du canard ; il a la tête haute et toutes les proportions de la taille de l'oie sous un moindre module, et avec moins d'épaisseur de corps et plus de légèreté ; le bec est peu large et assez court ; la tête est petite, et le cou est long et grêle.

Le cri du cravant est un son sourd et creux que l'on a souvent entendu, et qu'on peut exprimer par *ouan, ouan* : c'est une sorte d'aboiement rauque que cet oiseau fait entendre fréquemment ; il a aussi, quand on le poursuit ou seulement lorsqu'on s'en approche, un sifflement semblable à celui de l'oie.

Le cravant peut vivre en domesticité, un naturaliste en a gardé un pendant plusieurs mois ; sa nourriture était du grain, du son ou du pain détrempé ; il s'est constamment montré d'un naturel timide et sauvage, et s'est refusé à toute familiarité.

Les cravants étaient à peine connus sur les côtes de la Picardie avant l'hiver de 1740, où le vent du nord en amena une quantité prodigieuse.

L'OIE

L'OIE est, dans le peuple de la basse-cour, un habitant de distinction ; sa corpulence, son port droit, sa démarche grave, son plumage net et lustré, et son naturel social qui la rend susceptible d'un fort attachement et d'une longue reconnaissance ; enfin sa vigilance, très anciennement célébrée, tout concourt à nous présenter l'oie comme l'un des plus intéressants et même des plus utiles de nos oiseaux domestiques : car indépendamment de la bonne qualité de sa chair et de sa graisse, dont aucun autre oiseau n'est plus abondamment pourvu, l'oie nous fournit cette plume délicate sur laquelle la mollesse se plaît à reposer, et cette autre plume, instrument de nos pensées, et avec laquelle nous écrivons ici son éloge.

La domesticité de l'oie est moins ancienne et moins complète que celle de la poule : celle-ci pond en tout temps, plus en été, moins en hiver ; mais les oies ne produisent rien en hiver, et ce n'est communément qu'au mois de mars qu'elles commencent à pondre. Mais si la domesticité de l'oie est plus moderne que celle de la poule, elle paraît être plus ancienne que celle du canard, dont les traits originaires ont moins changé, en sorte qu'il y a plus de distance apparente entre l'oie sauvage et l'oie privée, qu'entre les canards.

La femelle couve constamment et si assidûment, qu'elle en oublie le boire et le manger, si l'on ne place tout près du nid sa nourriture. Quoique la marche de l'oie paraisse lente, oblique et pesante, on ne laisse pas d'en conduire des troupeaux fort loin à petites journées. Le plus léger bruit les éveille, et toutes ensemble crient ; elles jettent aussi de grands cris lorsqu'on leur présente de la nourriture, au lieu qu'on rend le chien muet en lui offrant cet appât, ce qui a fait dire que les oies étaient les meilleures et les plus sûres gardiennes de la ferme, et la plus vigilante sentinelle que l'on puisse poser dans une ville assiégée. Tout le monde sait qu'au Capitole elles avertirent les Romains de l'assaut que tentaient les Gaulois, et que ce fut le salut de Rome.

Le cri naturel de l'oie est une voix très bruyante ; c'est un son de trompette ou de clairon qu'elle fait entendre très fréquemment et de très loin ; mais elle a, de plus, d'autres accents brefs qu'elle répète souvent, et lorsqu'on l'attaque ou l'effraye, le cou tendu, le bec béant, elle rend un sifflement que l'on peut comparer à celui de la couleuvre. On donne assez volontiers le nom de l'oie aux gens sots et niais ; mais, indépendamment des marques de sentiment, des signes d'intelligence qu'on lui reconnaît, le courage avec lequel elle défend sa couvée et se défend elle-même contre l'oiseau de proie, et certains traits d'attachement, de reconnaissance, même très singuliers, démontrent que ce mépris serait mal fondé. Outre l'oie domestique, il y a encore l'oie sauvage, qui ne diffère de la première que parce qu'elle a pu échapper à l'homme et conserver sa liberté.

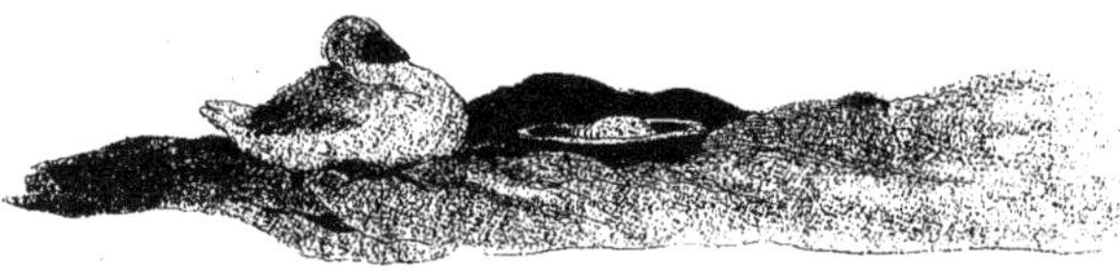

L'EIDER

C'est cet oiseau qui donne ce duvet si doux, si chaud et si léger, connu sous le nom d'*eider-don* ou *duvet d'eider*, dont on a fait ensuite *édre-don*, ou, par corruption, *aigle-don*, qui a fait croire à tort que c'était d'une espèce d'aigle qu'on tirait cette plume délicate et précieuse. L'eider n'est point un aigle, mais une espèce d'oie des mers du Nord, qui ne paraît point dans nos contrées. Les œufs de l'eider sont au nombre de cinq ou six : le mâle n'aide point la femelle à les couver, seulement il fait sentinelle aux environs pour avertir si quelque ennemi paraît ; la femelle cache alors sa tête, et lorsque le danger est pressant, elle prend son vol et va joindre le mâle, qui, dit-on, la maltraite s'il arrive quelque malheur à la couvée. Les corbeaux cherchent les œufs et tuent les petits : aussi la mère se hâte-t-elle de faire quitter le nid à ceux-ci peu d'heures après qu'ils sont éclos, les prenant sur son dos, et d'un vol doux les transportant à la mer. Dès lors le mâle la quitte, et ni les uns ni les autres ne reviennent plus à terre. L'eider plonge très profondément à la poursuite des poissons ; il se repaît aussi de moules et d'autres coquillages : ces oiseaux tiennent la mer tout l'hiver, cherchant les lieux de la côte où il y a moins de glaces, et ne revenant à terre que le soir, ou lorsqu'il doit y avoir une tempête que leur fuite à la côte durant le jour présage, dit-on, infailliblement.

Quoique les eiders voyagent et non seulement quittent un canton pour passer dans un autre, mais aussi s'avancent assez avant en mer pour que l'on ait imaginé qu'ils passent du Groënland en Amérique, néanmoins on ne peut pas dire qu'ils soient proprement oiseaux de passage, puisqu'ils ne quittent point le climat glacial, dont leur fourrure épaisse leur permet de braver la rigueur.

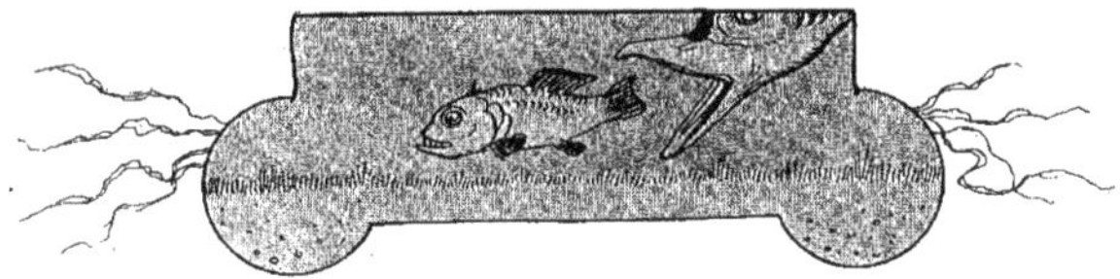

LE CANARD

L'espèce du canard est partagée en deux grandes tribus ou races distinctes dont l'une, depuis longtemps privée, se propage dans nos basses-cours en y formant une des plus utiles et des plus nombreuses familles de nos volailles, et l'autre, sans doute encore plus étendue, nous fuit constamment, se tient sur les eaux, ne fait, pour ainsi dire, que passer et repasser en hiver dans nos contrées, et s'enfonce au printemps dans les régions du Nord pour y nicher sur les terres les plus éloignées de l'empire de l'homme.

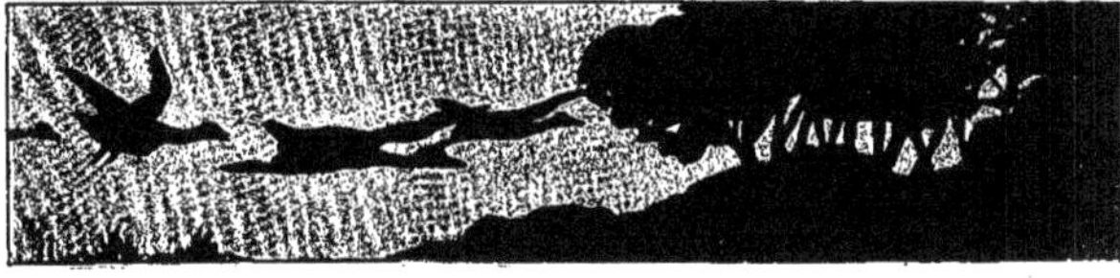

C'est vers le 15 d'octobre que paraissent en France les premiers canards ; leurs bandes, d'abord petites et peu fréquentes, sont suivies en novembre par d'autres plus nombreuses.

Ces oiseaux sont très défiants ; jamais ils ne se posent qu'après avoir fait plusieurs circonvolutions sur le lieu où ils voudraient s'abattre, comme pour l'examiner, le reconnaître et s'assurer qu'il ne recèle aucun ennemi; et lorsque, enfin, ils s'abaissent, c'est toujours avec précaution. Les allures du canard sauvage sont plus de nuit que de jour ; ils paissent, voyagent, arrivent et partent principalement sur le soir et même la nuit.

Tant que la saison ne devient pas rigoureuse, les insectes aquatiques et les petits poissons, les graines du jonc, la lentille d'eau et quelques autres plantes marécageuses, fournissent abondamment à la pâture des canards ; mais, vers la fin de décembre ou au commencement de janvier, ils se portent sur les rivières encore coulantes, et vont ensuite à la rive des bois ramasser les glands. Dans la saison d'été ils couvrent, pour ainsi dire, tous les lacs et toutes les rivières de Sibérie et de Laponie. Quoique la cane sauvage place de préférence sa nichée près des eaux ; on ne laisse pas d'en trouver quelques nids dans les bruyères assez éloignées. Il y a ordinairement dans chaque nid dix à quinze et quelquefois jusqu'à dix-huit œufs.

Le mâle ne paraît pas remplacer la femelle dans le soin de la couvée : seulement il se tient à peu de distance, il l'accompagne lorsqu'elle va chercher sa nourriture. Tous les petits naissent dans la même journée, et dès le lendemain la mère descend du nid et les appelle à l'eau ; timides ou frileux, ils hésitent et même quelques-uns se retirent ; néanmoins le plus hardi s'élance après la mère, et bientôt les autres le suivent. Une fois sortis du nid, ils n'y rentrent plus ; tout le jour ils guettent, à la surface de l'eau et sur les herbes, les moucherons et autres menus insectes qui font leur première nourriture ; on les voit plonger, nager et faire mille évolutions sur l'eau avec autant de vitesse que de facilité. On attribue au sang du canard la vertu de résister au venin, même à celui de la vipère.

LE CANARD SIFFLEUR ET LE VINGEON

Une voix claire et sifflante, que l'on peut comparer au son aigu d'un fifre, distingue ce canard de tous les autres, dont la voix est enrouée ou presque croassante : comme il siffle en volant et très fréquemment, il se fait entendre souvent et reconnaître de loin ; il prend ordinairement son vol le soir et même la nuit ; il a l'air plus gai que les autres canards ; il est très agile et toujours en mouvement ; sa taille est au-dessous de celle du canard commun ; son bec, fort court, est bleu et la pointe en est noire ; le plumage sur le haut du cou et la tête est d'un beau roux; le sommet de la tête est blanchâtre ; le dos est liseré de petites lignes noirâtres en zigzags sur un fond blanc ; les premières couvertures forment sur l'aile une grande tache blanche, et les suivantes un petit miroir d'un vert bronzé ; le dessous du corps est blanc, mais les deux côtés de la poitrine et les épaules sont d'un beau roux pourpré. Les femelles sont un peu plus petites que les mâles et demeurent toujours grises, ne prenant pas en vieillissant les couleurs de leurs mâles. Le canard siffleur, comme plusieurs autres

espèces de canards, naît gris et conserve sa couleur jusqu'au mois de février, en sorte que, dans ce premier temps, on ne distingue pas les mâles des femelles ; mais, au commencement de mars, les plumes se colorent, et la nature leur donne toutes sortes de puissance et d'agrément ; elle les dépouille ensuite de cette parure vers la fin de juillet ; les mâles ne conservent rien ou presque rien de leurs belles couleurs.

C'est dans ce triste état que ces oiseaux partent au mois de novembre pour leur long voyage, et on en prend beaucoup à ce premier passage.

Lorsque tous ces canards retournent dans le Nord, vers la fin de février ou le commencement de mars, ils sont parés de leurs belles couleurs, et font sans cesse entendre leur voix, leurs sifflets ou leurs cris.

Les canards siffleurs volent et nagent toujours par bandes ; il en passe chaque hiver quelques troupes dans la plupart de nos provinces, même dans celles qui sont éloignées de la mer, comme en Lorraine, en Brie : mais ils passent en plus grand nombre sur les côtes, et notamment sur celles de Picardie.

Ces oiseaux voient très bien pendant la nuit, à moins que l'obscurité ne soit totale ; ils cherchent la même pâture que les canards sauvages, et mangent, comme eux, les graines de joncs et d'autres herbes, les insectes, les crustacés, les grenouilles et les vermisseaux. Plus le vent est rude, plus on voit de ces canards errer : ils se tiennent bien à la mer et à l'embouchure des rivières malgré le gros temps, et sont très durs au froid.

Le canard siffleur s'accoutume aisément à la domesticité ; il mange volontiers de l'orge, du pain, et s'engraisse fort ainsi nourri ; il lui faut beaucoup d'eau.

L'espèce du canard siffleur se trouve en Amérique comme en Europe ; mais, dans le nouveau continent, on le nomme *vingeon* ou *gingeon*.

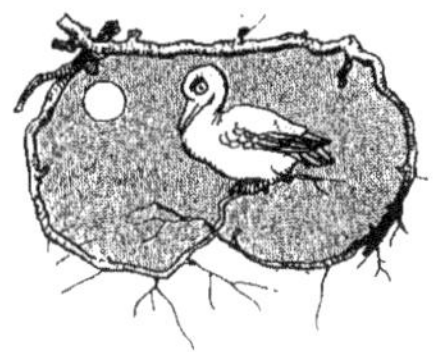

LE TADORNE

On a d'abord désigné le tadorne en lui donnant la dénomination de *renard-oie* ; et non seulement cet oiseau se gîte comme le renard, mais il niche et fait sa couvée dans des trous qu'il dispute et enlève ordinairement aux lapins. On attribue au tadorne l'instinct de venir, comme la perdrix, s'offrir et se livrer sous les pas du chasseur pour sauver ses petits ; et c'était l'opinion de toute l'antiquité, puisque les Égyptiens, qui avaient mis cet oiseau au nombre des animaux sacrés, le figuraient dans les hiéroglyphes pour signifier la tendresse généreuse d'une mère.

Les diverses dénominations données dans les différentes langues au tadorne attestent l'habitude singulière qu'il a de demeurer dans des terriers pendant tout le temps de la nichée. Il est un peu plus grand que le canard commun, et il a les jambes un peu plus hautes ; mais, du reste, sa figure, son port et sa conformation sont semblables, et il ne diffère du canard que par son bec qui est plus relevé, et par les couleurs de son plumage qui sont plus vives, plus belles, et qui, vues de loin, ont le plus grand éclat ; ce beau plumage est coupé par grandes masses de trois couleurs, le blanc, le noir et le jaune cannelle ; la tête et le cou, jusqu'à la moitié de sa longueur, sont d'un noir lustré de vert ; le bas du cou est entouré d'un collier blanc.

Le duvet de ces oiseaux est très fin et très doux ; les pieds et leurs membranes sont de couleur de chair ; le bec est rouge, mais l'onglet de ce bec et les narines sont noires.

Les tadornes se trouvent dans les climats froids comme dans les pays tempérés, et ils se sont portés jusqu'aux terres australes ; cependant l'espèce ne s'est pas également répandue sur toutes les côtes de nos régions septentrionales.

Quoiqu'on ait donné aux tadornes le nom de canard de mer, et qu'en effet ils habitent de préférence sur les bords de la mer, on ne laisse pas d'en rencontrer quelques-uns sur des rivières ou des lacs même assez éloignés dans les terres ; mais le gros de l'espèce ne quitte pas les côtes : chaque printemps il en aborde quelques troupes sur celles de Picardie ; mais ces troupes sont toujours peu nombreuses. Dès que les tadornes sont arrivés, ils se répandent dans les plaines de sable dont les terres voisines de la mer sont couvertes ; on voit chaque couple errer dans les garennes qui y sont répandues et y chercher un logement parmi ceux des lapins. Les lapins cèdent la place à ces nouveaux hôtes et n'y rentrent plus.

Les tadornes ne font aucun nid dans ces trous ; la femelle pond ses premiers œufs sur le sable nu, et lorsqu'elle est à la fin de sa ponte, qui est de dix à douze pour les jeunes, et pour les vieilles de douze à quatorze, elle les enveloppe d'un duvet blanc fort épais dont elle se dépouille.

Dès le lendemain du jour que la couvée est éclose, le père et la mère conduisent les petits à la mer, et s'arrangent de manière qu'ils y arrivent ordinairement lorsqu'elle est dans son plein : cette attention procure aux petits l'avantage d'être plus tôt à l'eau, et de ce moment ils ne paraissent plus à terre.

Le tadorne sauvage vit de vers de mer, de *grenades* ou sauterelles qui s'y trouvent à millions, et sans doute aussi du frai des poissons et des petits coquillages qui se détachent et s'élèvent du fond avec les écumes qui surnagent.

Les jeunes tadornes élevés par une cane s'accoutument aisément à la domesticité et vivent dans les basses-cours comme les canards ; on les nourrit avec de la mie de pain et du grain.

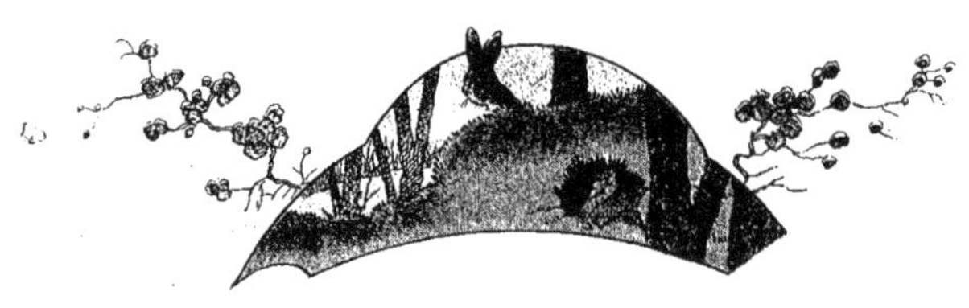

LES SARCELLES

La forme que la nature a le plus nuancée, variée, multipliée dans les oiseaux, est celle du canard. Mais il se présente un genre subalterne, presque aussi nombreux que celui des canards ; les sarcelles sont de véritables canards, bien plus petits que les autres. Il y en a plusieurs espèces ; mais aucune n'est aujourd'hui, comme autrefois, destinée à la domesticité.

La figure de la sarcelle commune est celle d'un petit canard, et sa grosseur celle d'une perdrix. Le plumage du mâle, avec des couleurs moins brillantes que celui du canard, n'en est pas moins riche en reflets agréables ; le devant du corps présente un beau plastron tissu de noir sur gris ; les côtés du cou et les joues, jusque sous les yeux, sont ouvragés de petits traits de blanc sur un fond roux ; des plumes longues et taillées en pointe couvrent les épaules et retombent sur l'aile en rubans blancs et noirs ; les couvertures qui tapissent les ailes sont ornées d'un petit miroir vert.

La parure de la femelle est bien plus simple : vêtue partout de gris et de gris brun, à peine remarque-t-on quelques ombres d'ondes ou de festons sur sa robe.

A certaines époques, le mâle fait entendre un cri semblable à celui du râle ; la femelle ne fait guère son nid dans nos provinces, et presque tous ces oiseaux nous quittent avant le 15 ou 20 d'avril ; ils volent par bandes dans leurs voyages, mais sans garder d'ordre régulier ; ils ne se plongent pas souvent, et trouvent à la surface de l'eau et vers ses bords la nourriture qui leur convient ; les mouches et les graines des plantes aquatiques sont leurs aliments de préférence.

LA MACREUSE

On a prétendu que les macreuses naissaient dans des coquilles ou du bois pourri : c'est une fable. Les macreuses pondent, nichent et naissent comme les autres oiseaux ; elles habitent de préférence les terres et les îles les plus septentrionales, d'où elles descendent en grand nombre le long des côtes de l'Écosse et de l'Angleterre, et arrivent sur les nôtres en hiver.

Le plumage de la macreuse est noir ; sa taille est à peu près celle du canard commun, mais elle est plus ramassée et plus courte.

Les vents du nord et du nord-ouest amènent le long de nos côtes de Picardie, depuis le mois de novembre jusqu'en mars, des troupes prodigieuses de macreuses ; la mer en est, pour ainsi dire, couverte : on les voit voleter sans cesse de place en place et par milliers, paraître sur l'eau et disparaître à chaque instant; dès qu'une macreuse plonge, toute la bande l'imite et reparaît quelques instants après; lorsque les vents sont sud et sud-est, elles s'éloignent de nos côtes, et ces premiers vents, au mois de mars, les font disparaître entièrement.

La nourriture favorite des macreuses est une espèce de coquillage lisse et blanchâtre, dont les hauts-fonds de la mer se trouvent jonchés dans beaucoup d'endroits. On ne voit aucune macreuse voler ailleurs qu'au-dessus de la mer ; leur vol est bas et mou, et de peu d'étendue ; elles ne s'élèvent presque pas, et souvent leurs pieds trempent dans l'eau en volant. Il est probable que les macreuses sont aussi fécondes que les canards, car le nombre qui en arrive tous les ans est prodigieux, et malgré la quantité que l'on en prend, il ne paraît pas diminuer.

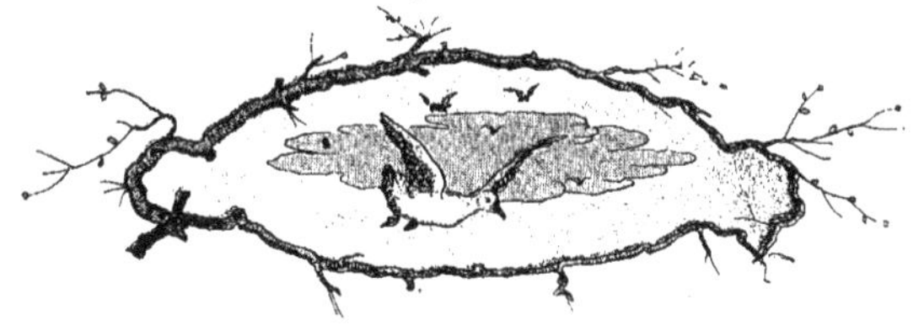

LE HARLE

Le harle est d'une grosseur intermédiaire entre le canard et l'oie ; mais sa taille, son plumage et son vol raccourci lui donnent plus de rapport avec le canard.

Il nage tout le corps submergé, et la tête seule hors de l'eau ; il plonge profondément, reste longtemps sous l'eau, et parcourt un grand espace avant de reparaître; quoiqu'il ait les ailes courtes, son vol est rapide, et le plus souvent il file au-dessus de l'eau, et il paraît alors presque tout blanc.

Il niche au rivage et ne quitte pas les eaux.

Il ne paraît que de loin en loin dans nos provinces de France, et il se trouve en différents lieux et toujours en hiver : on croit en Suisse que son apparition sur les lacs annonce un grand hiver. La femelle du harle est toujours beaucoup plus petite que le mâle ; elle en diffère aussi par ses couleurs, comme il arrive dans la plupart des espèces d'oiseaux aquatiques.

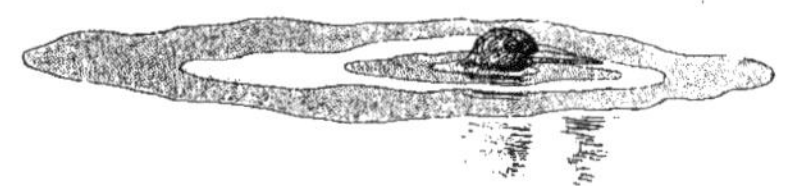

LE PÉLICAN

Cet oiseau, par la largeur de ses ailes, dont l'envergure est de onze ou douze pieds, se soutient très aisément et très longtemps dans l'air ; il s'y balance avec légèreté et ne change de place que pour tomber à plomb sur sa proie, qui ne peut échapper, car la violence du choc et la grande étendue des ailes, qui frappent et couvrent la surface de l'eau, la font bouillonner, tournoyer, et étourdissent en même temps le poisson, qui dès lors ne peut fuir.

Les pélicans prennent, pour pêcher, les heures du matin et du soir où le poisson est le plus en mouvement, et choisissent les lieux où il est le plus abondant.

Ce gros oiseau paraît susceptible de quelque éducation et même d'une certaine gaieté, malgré sa pesanteur : il n'a rien de farouche, et s'habitue volontiers avec l'homme. Il y a l'histoire fameuse de ce pélican qui suivait l'empereur Maximilien, volant sur l'armée quand elle était en marche, et s'élevant quelquefois si haut, qu'il ne paraissait plus que comme une hirondelle, quoiqu'il eût quinze pieds d'un bout des ailes à l'autre.

Le pélican vit très longtemps, et même en captivité il prolonge sa vie beaucoup plus que la plupart des autres oiseaux. Il est très vorace, très grand mangeur, et engloutit en une seule pêche autant de poisson qu'il en faudrait pour le repas de six hommes ; il avale aisément un poisson de sept ou huit livres. Il se trouve dans les deux continents.

L'ANHINGA

L'ANHINGA nous offre l'image d'un reptile enté sur le corps d'un oiseau ; son cou long et grêle à l'excès, sa petite tête cylindrique roulée en fuseau, de même venue avec le cou et effilée en un long bec aigu, ressemble à la figure et même au mouvement d'une couleuvre, soit par la manière dont cet oiseau étend brusquement son cou en partant de dessus les arbres, soit par la façon dont il le replie et le lance dans l'eau pour darder les poissons.

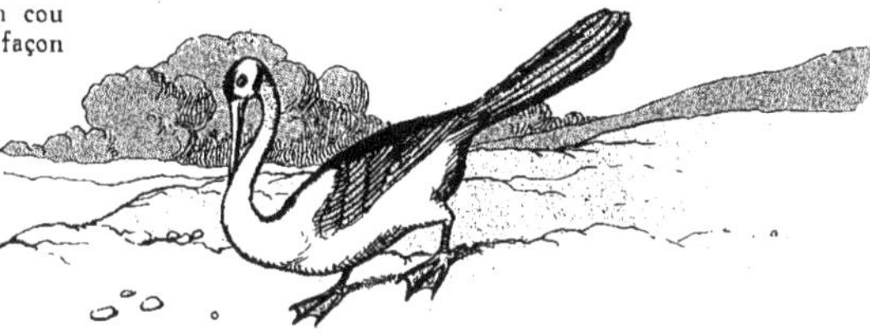

L'excessive longueur du cou n'est pas la seule disproportion qui frappe dans la figure de l'anhinga ; sa grande et large queue, formée de douze plumes étalées, ne s'écarte pas moins de la coupe courte et arrondie de celle de la plupart des oiseaux nageurs.

Néanmoins l'anhinga nage et même se plonge tenant seulement la tête hors de l'eau, dans laquelle il se submerge en entier au moindre soupçon de danger, car il est très farouche, et jamais on ne le surprend à terre ; il se tient toujours sur l'eau ou perché sur les plus hauts arbres, le long des rivières et des savanes noyées ; il pose son nid sur ces arbres et y vient passer la nuit. La peau de l'anhinga est fort épaisse, et sa chair est ordinairement très grasse, mais d'un goût huileux désagréable.

L'OISEAU DU TROPIQUE OU LE PAILLE-EN-QUEUE

NOUS avons vu des oiseaux se porter du Nord au Midi, et parcourir d'un vol libre tous les climats de la terre et des mers ; celui-ci semble, au contraire, être attaché au char du soleil sous la zone brûlante que bornent les tropiques : volant sans cesse sous ce ciel enflammé, sans s'écarter des deux limites extrêmes de la route du grand astre, il annonce aux navigateurs leur prochain passage sous ces lignes célestes ; aussi tous lui ont donné le nom *d'oiseau du tropique*.

Quoique l'apparition de ces oiseaux soit regardée comme un signe de la proximité de quelque terre, il est certain qu'ils s'en éloignent quelquefois à des distances prodigieuses, et qu'ils se portent ordinairement au large à plusieurs centaines de lieues.

Indépendamment d'un vol puissant et très rapide, ces oiseaux ont, pour fournir ces longues traites, la faculté de se reposer sur l'eau, et d'y trouver un point d'appui au moyen de leurs larges pieds entièrement palmés, et dont les doigts sont engagés par une membrane comme ceux des cormorans. La grosseur de cet oiseau est à peu près celle d'un pigeon commun. Le beau blanc de son plumage suffirait pour la faire remarquer ; mais son caractère le plus frappant est un double long brin, qui ne paraît que comme une paille implantée à sa queue ; ce qui lui a fait donner le nom de *paille-en-queue*. Ce double long brin est composé de deux filets chacun, formés d'un côté de plume presque nue et seulement garnie de petites barbes très courtes ; ces brins ont jusqu'à vingt-deux ou vingt-quatre pouces de longueur. On conçoit aisément qu'un oiseau d'un vol aussi haut, aussi libre, aussi vaste, ne peut s'accommoder de la captivité : d'ailleurs, ses jambes courtes et placées en arrière le rendent aussi pesant, aussi peu agile à terre qu'il est leste et léger dans les airs.

LES FOUS

Les fous semblent n'avoir reçu de la nature que la moitié de l'instinct ordinaire à tous les êtres vivants : grands et forts, armés d'un bec robuste, pourvus de longues ailes et de pieds entièrement et largement palmés, ils ont tous les attributs nécessaires à l'exercice de leurs facultés, soit dans l'air ou dans l'eau ; ils ont donc tout ce qu'il faut pour agir et pour vivre, et cependant ils semblent ignorer ce qu'il faut faire ou ne pas faire pour éviter de mourir ; répandus d'un bout du monde à l'autre, nulle part ils n'ont appris à connaître leur plus dangereux ennemi ; l'aspect de l'homme ne les effraye ni ne les intimide ; ils se laissent prendre non seulement sur les vergues des navires en mer, mais à terre, sur les îlets et les côtes, où on les tue à coups de bâton, et en grand nombre, sans que la troupe stupide sache fuir ni prendre son essor, ni même se détourner des chasseurs, qui les assomment l'un après l'autre et jusqu'au dernier. Cette indifférence au péril ne vient ni de fermeté ni de courage, puisqu'ils ne savent ni résister ni se défendre, et encore moins attaquer, quoiqu'ils en aient tous les moyens, tant par la force de leur corps que par celle de leurs armes. Ce n'est donc que par imbécillité qu'ils ne se défendent pas, et de quelque cause qu'elle provienne, ces oiseaux sont plutôt stupides que fous ; on doit attribuer à quelque cause physique cette incroyable inertie qui produit l'abandon de soi-même, et il paraît que cette cause consiste dans la difficulté que ces oiseaux ont à mettre en mouvement leurs trop longues ailes : impuissance peut-être assez grande pour qu'il en résulte cette pesanteur qui les retient sans mouvement dans le temps même du plus pressant danger, et jusque sous les coups dont on les frappe.

Cependant lorsqu'ils échappent à la main de l'homme, il semble que leur manque de courage les livre à un autre ennemi qui ne cesse de les tourmenter : cet ennemi est l'oiseau appelé *la frégate* ; elle fond sur les fous dès qu'elle les aperçoit, les poursuit sans relâche, et les force, à coups d'ailes et de bec, à lui livrer leur proie, qu'elle saisit et avale à l'instant ; car ces fous imbéciles et lâches ne manquent pas de rendre gorge à la première attaque, et vont ensuite chercher une autre proie qu'ils perdent souvent de nouveau par la même piraterie de cet oiseau frégate.

Le fou pêche en planant, les ailes presque immobiles et tombant sur le poisson à l'instant qu'il paraît près de la surface de l'eau ; son vol, quoique rapide et soutenu, l'est infiniment moins que celui de la frégate : aussi les fous s'éloignent-ils beaucoup moins qu'elle au large.

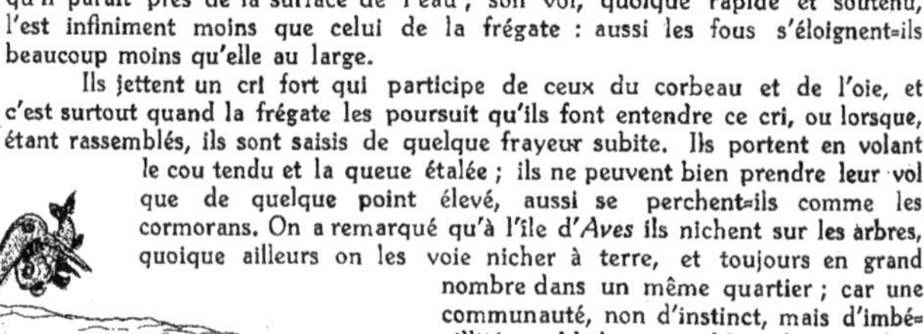

Ils jettent un cri fort qui participe de ceux du corbeau et de l'oie, et c'est surtout quand la frégate les poursuit qu'ils font entendre ce cri, ou lorsque, étant rassemblés, ils sont saisis de quelque frayeur subite. Ils portent en volant le cou tendu et la queue étalée ; ils ne peuvent bien prendre leur vol que de quelque point élevé, aussi se perchent-ils comme les cormorans. On a remarqué qu'à l'île d'*Aves* ils nichent sur les arbres, quoique ailleurs on les voie nicher à terre, et toujours en grand nombre dans un même quartier ; car une communauté, non d'instinct, mais d'imbécillité, semble les rassembler ; ils ne pondent qu'un œuf ou deux ; les petits restent longtemps couverts d'un duvet très doux et très blanc dans la plupart.

LA FRÉGATE

Le meilleur voilier, le plus rapide de nos vaisseaux, la frégate, a donné son nom à l'oiseau qui vole le plus constamment et le plus vite sur les mers ; la frégate est, en effet, de tous ces navigateurs ailés, celui dont le vol est le plus fier, le plus puissant et le plus étendu : balancé sur des ailes d'une prodigieuse longueur, se soutenant sans mouvement sensible, cet oiseau semble nager paisiblement dans l'air tranquille pour attendre l'instant de fondre sur sa proie avec la rapidité d'un trait ; et, lorsque les airs sont agités par la tempête, légère comme le vent, la frégate s'élève jusqu'aux nues, et va chercher le calme en s'élançant au-dessus des orages.

Ce n'est qu'entre les tropiques, ou un peu au delà, que l'on rencontre la frégate dans les mers des deux mondes.

Elle exerce sur les oiseaux de la zone torride une espèce d'empire ; elle en force plusieurs à lui servir comme de pourvoyeurs : les frappant d'un coup d'aile ou les pinçant de son bec crochu, elle leur fait dégorger le poisson qu'ils avaient avalé, et s'en saisit avant qu'il soit tombé.

La frégate n'a pas le corps plus gros qu'une poule, mais ses ailes étendues ont huit, dix et jusqu'à quatorze pieds d'envergure : c'est au moyen de ces ailes prodigieuses qu'elle exécute ses longues courses et qu'elle se porte jusqu'au milieu des mers, où elle est souvent l'unique objet qui s'offre, entre le ciel et l'océan, aux regards ennuyés des navigateurs.

Les frégates se retirent et s'établissent en commun sur les écueils élevés ou des îlets boisés pour nicher en repos.

Elles placent leurs nids sur les arbres dans les lieux solitaires et voisins de la mer ; la ponte n'est que d'un œuf ou deux. On reconnaît de loin les frégates en mer, non seulement à la longueur démesurée de leurs ailes, mais encore à leur queue très fourchue.

L'AVOCETTE

Les oiseaux à pieds palmés ont presque tous les jambes courtes ; l'avocette les a très longues, et cette disproportion, qui suffirait presque seule pour distinguer cet oiseau des autres palmipèdes, est accompagnée d'un caractère encore plus frappant par sa singularité, c'est le renversement du bec : sa courbure, tournée en haut, présente un arc de cercle relevé dont le centre est au=dessus de la tête ; ce bec est d'une substance tendre et presque membraneuse à sa pointe ; il est mince, faible, grêle, comprimé horizontalement, incapable d'aucune défense et d'aucun effort.

Il est même difficile d'imaginer comment cet oiseau se nourrit à l'aide d'un instrument avec lequel il ne peut ni becqueter ni saisir, mais tout au plus sonder le limon le plus mou : aussi se borne=t=il à chercher dans l'écume des flots le frai des poissons, qui paraît être le principal fonds de sa nourriture.

Il se peut aussi qu'il mange des vers car l'on ne trouve ordinairement dans ses viscères qu'une matière glutineuse, grasse au toucher, d'une couleur tirant sur le rouge orangé, dans laquelle on reconnaît encore le frai du poisson et des débris d'insectes aqua=tiques ; cette substance géla=tineuse est toujours mêlée de petites pierres blanches et cristallines, et quelquefois il y a dans les intestins une matière grise ou d'un vert terreux qui paraît être ce sédiment limo=neux que les eaux douces, entraînées par les pluies, déposent sur le fond de leur lit. L'avocette fréquente les embouchures des rivières et des fleuves, de préférence aux autres plages de la mer.

Cet oiseau, qui n'est qu'un peu plus gros que le vanneau, a les jambes de sept à huit pouces de hauteur, le cou long et la tête arrondie ; son plumage est d'un blanc de neige sur tout le devant du corps, et coupé de noir sur le dos ; la queue est blanche, le bec noir, et les pieds sont bleus.

On voit l'avocette courir, à la faveur de ses hautes jambes, sur des fonds couverts de cinq à six pouces d'eau ; mais, pour parcourir les eaux plus profondes, elle se met à la nage, et dans tous ses mouvements elle paraît vive, alerte, inconstante ; elle séjourne peu dans les mêmes lieux, et, dans ses passages sur nos côtes de Picardie, en avril et en novembre, elle part souvent dès le lendemain de son arrivée, en sorte que les chasseurs ont grand'peine à en tuer ou saisir quelques=unes ; elles sont encore plus rares dans l'intérieur des terres que sur les côtes.

Cependant un naturaliste dit qu'on en a vu s'avancer assez loin sur la Loire, et il assure que ces oiseaux sont en grand nombre sur les côtes du Bas=Poitou, et qu'ils y font leurs nichées.

Il paraît, à la route que tiennent les avocettes dans leur passage, qu'aux approches de l'hiver elles voyagent vers le Midi, et retournent au printemps dans le Nord. Soit timidité, soit finesse, l'avocette évite les pièges, et elle est fort difficile à prendre. Son espèce n'est bien commune nulle part, et semble peu nombreuse en individus.

LE GRÈBE

Les grèbes fréquentent également la mer et les eaux douces, quoiqu'on n'ait guère parlé que de ceux que l'on voit sur les lacs, les étangs et les anses des rivières. Cet oiseau s'élève difficilement dans les airs, mais, ayant pris le vent, il ne laisse pas de fournir un long vol ; sa voix est haute et rude.

Il se nourrit de petits poissons, mange aussi de l'algue, d'autres herbes et avale même du limon.

Les pêcheurs de Picardie vont sur la côte d'Angleterre dénicher les grèbes, qui, en effet, ne nichent pas sur les côtes de France ; ils trouvent ces oiseaux dans des creux de rochers, où apparemment ils volent faute d'y pouvoir grimper et d'où il faut que leurs petits se précipitent dans la mer ; mais sur nos grands étangs le grèbe construit son nid avec des roseaux et des joncs entrelacés ; on y trouve ordinairement deux œufs et rarement plus de trois.

On voit, dès le mois de juin, les petits grèbes nouveau-nés nager avec leur mère.

LE PETIT CORMORAN OU LE NIGAUD

La pesanteur ou plutôt la paresse naturelle à tous les cormorans est encore plus grande et plus lourde dans ce petit cormoran puisqu'elle lui a fait donner par tous les voyageurs le surnom de *niais* ou *nigaud*. Cette petite espèce de cormoran n'est pas moins répandue que la première ; elle se trouve surtout dans les îles et les extrémités des continents austraux.

Dans ces terres à demi glacées, entièrement dénuées d'arbres, les nigauds nichent sur les flancs escarpés ou les saillies des rochers avancés sur mer. Ils y sont cantonnés et rassemblés par milliers ; le bruit d'un coup de fusil ne les disperse pas, ils ne font que s'élever à quelques pieds de hauteur, et ils retombent ensuite sur leurs nids.

Cette chasse n'exige pas même l'arme à feu, car on peut les tuer à coup de perche et de bâton, sans que l'aspect de leurs compagnons gisants et morts auprès d'eux les émeuve assez pour les faire fuir et se soustraire au même sort.

Au reste, leur chair, celle des jeunes surtout, est assez bonne à manger.

Ces oiseaux ne vont pas loin en mer, et rarement perdent de vue la terre ; ils sont revêtus d'une plume très fournie et très propre à les défendre du froid rigoureux et continu des régions glaciales qu'ils habitent.

LE CORMORAN

Le cormoran est d'une telle adresse à pêcher et d'une si grande voracité, que, quand il se jette sur un étang, il y fait seul plus de dégât qu'une troupe entière d'autres oiseaux pêcheurs. Comme il peut rester longtemps plongé, et qu'il nage sous l'eau avec la rapidité d'un trait, sa proie ne lui échappe guère, et il revient presque toujours sur l'eau avec un poisson en travers de son bec. Pour l'avaler, il fait un singulier manège ; il jette en l'air son poisson, et il a l'adresse de le recevoir la tête la première, de façon que les nageoires se couchent au passage du gosier, tandis que la peau membraneuse qui garnit le dessus du bec, se prête et s'étend comme il est nécessaire pour admettre et laisser passer le corps entier du poisson, qui souvent est fort gros en comparaison du cou de l'oiseau.

Dans quelques pays, comme à la Chine et autrefois en Angleterre, on a su mettre à profit le talent du cormoran pour la pêche, et en faire, pour ainsi dire, un pêcheur domestique, en lui bouclant d'un anneau le bas du cou pour l'empêcher d'avaler sa proie, et l'accoutumant à revenir à son maître, en rapportant le poisson qu'il a dans le bec. On voit sur les rivières de la Chine des cormorans ainsi bouclés, perchés sur l'avant des bateaux, s'élancer et plonger au signal qu'on donne en frappant sur l'eau un coup de rame, et revenir bientôt en apportant leur proie qu'on leur ôte du bec : cet exercice se continue jusqu'à ce que leur maître, content de la pêche de son oiseau, lui délie le cou et lui permette d'aller pêcher pour son propre compte.

La faim seule donne de l'activité au cormoran ; il devient paresseux et lourd dès qu'il est rassasié.

Ce qu'il y a de fort singulier dans la nature du cormoran, c'est qu'il supporte également les chaleurs du Sénégal et les frimas de la Sibérie.

Les Plongeons.

Quoique beaucoup d'oiseaux aquatiques aient l'habitude de plonger, même jusqu'au fond de l'eau, en poursuivant leur proie, on a donné de préférence le nom de plongeon à une petite famille particulière de ces oiseaux plongeurs qui diffèrent des autres en ce qu'ils ont le bec droit et pointu, et les trois doigts antérieurs joints ensemble par une membrane entière.

Nous connaissons cinq espèces dans le genre du plongeon, dont deux, l'une assez grande et l'autre plus petite, se trouvent également sur les eaux douces, dans l'intérieur des terres, et sur les eaux salées, près des côtes de la mer; les trois autres espèces paraissent attachées uniquement aux côtes maritimes, et spécialement aux mers du Nord.

LE GRAND PLONGEON

A terre, cet oiseau est lourd, pesant, et dans l'impuissance de marcher, malgré l'effort qu'il fait des ailes et des pieds à la fois ; il ne prend son essor que sur l'eau, mais dans cet élément ses mouvements sont aussi faciles et aussi légers que vifs et rapides ; il plonge à de très grandes profondeurs, et nage entre deux eaux à cent pas de distance sans reparaître pour respirer.

Il trouve dans l'eau sa subsistance, son abri, son asile, car, si l'oiseau de proie paraît en l'air, ce n'est point au vol que le plongeon confie sa fuite et son salut ; il plonge, et, caché sous l'eau, se dérobe à l'œil de tous ses ennemis.

Mais un filet, une ligne dormante amorcée d'un petit poisson, sont les pièges auxquels l'oiseau se prend en avalant sa proie ; il meurt ainsi en voulant se nourrir, et dans l'élément même sur lequel il est né, car on trouve son nid posé sur l'eau, au milieu des grands joncs dont le pied est baigné.

On a dit que le plongeon était fort silencieux ; cependant on lui attribue un cri particulier et fort éclatant, mais apparemment on ne l'entend que rarement.

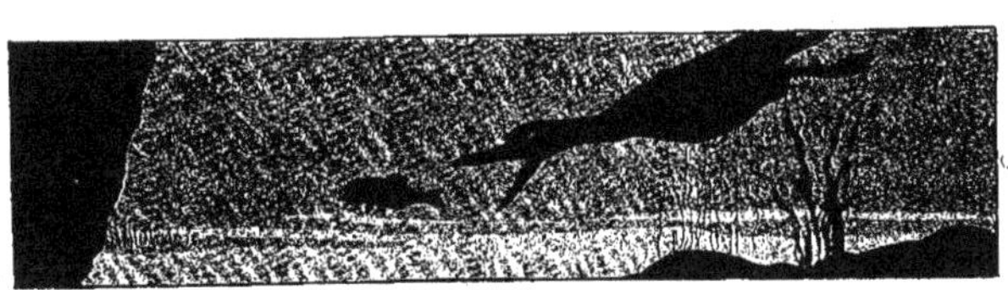

LES GOÉLANDS ET LES MOUETTES

Les goélands et les mouettes sont également voraces et criards ; on peut dire que ce sont les vautours de la mer ; ils la nettoient des cadavres de toute espèce qui flottent à la surface ou qui sont rejetés sur les rivages ; aussi lâches que gourmands, ils n'attaquent que les animaux faibles, et ne s'acharnent que sur les corps morts.

Leur port ignoble, leurs cris importuns, leur bec tranchant et crochu, présentent les images désagréables d'oiseaux sanguinaires et bassement cruels. Le poisson frais ou gâté, la chair sanglante, récente ou corrompue, les écailles, les os même, tout se digère et se consume dans leur estomac ; ils avalent l'amorce et l'hameçon.

La tête de ces oiseaux est grosse, ils la portent mal et presque entre les épaules, soit qu'ils marchent ou qu'ils soient en repos ; ils courent assez vite sur les rivages, et volent encore mieux au-dessus des flots.

Ils se tiennent en troupes sur les rivages de la mer ; souvent on les voit couvrir de leur multitude les écueils et les falaises, qu'ils font retentir de leurs cris importuns, et sur lesquels ils semblent fourmiller, les uns prenant leur vol, les autres s'abattant pour se reposer, et toujours en très grand nombre: en général, il n'est pas d'oiseau plus commun sur les côtes, et l'on en rencontre en mer jusqu'à cent lieues de distance; ils fréquentent les îles et les contrées voisines de la mer dans tous les climats ; on les a trouvés partout ; les plus grandes espèces paraissent attachées aux côtes des mers du Nord. On raconte que les goélands des îles de Feroë sont si forts et si voraces, qu'ils mettent souvent en pièces des agneaux dont ils emportent des lambeaux dans leurs nids ; dans les mers glaciales on les voit se réunir en grand nombre sur les cadavres des baleines ; ils se tiennent sur ces masses de corruption sans en craindre l'infection; ils y assouvissent à l'aise toute leur voracité.

LE LABBE OU LE STERCORAIRE

Cet oiseau, qu'on rangerait parmi les mouettes, en ne considérant que sa taille et ses traits, est le persécuteur éternel et déclaré de plusieurs de ses proches, et particulièrement de la petite mouette cendrée, tachetée. Il s'attache à elle, la poursuit sans relâche, et, si l'on en croit les pêcheurs, c'est pour en avaler la fiente : c'est de là qu'il tire son nom de *stercoraire* ; mais il y a toute apparence que c'est pour manger le poisson que la mouette poursuivie rejette de son bec ; d'autant plus que le labbe pêche souvent lui-même, et qu'il mange aussi de la graisse de baleine. Le vol du labbe est très vif et balancé comme celui de l'autour ; le vent le plus fort ne l'empêche pas de se diriger assez juste pour saisir en l'air les petits poissons que les pêcheurs lui

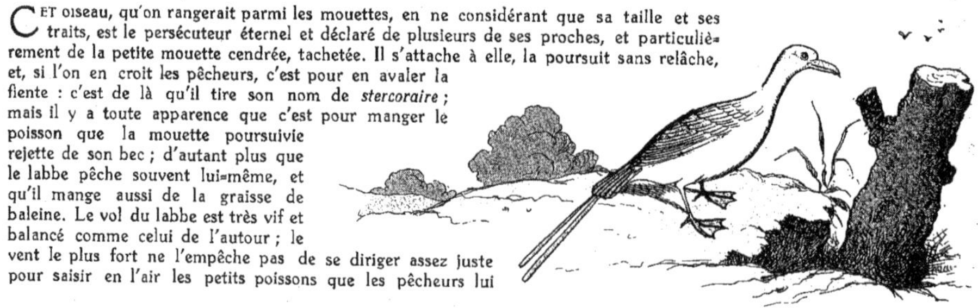

ettent ; lorsqu'ils l'appellent *lab, lab,* il vient aussitôt et prend le poisson cuit ou cru, et les autres aliments qu'on ui jette ; il prend même des harengs dans la barque des pêcheurs, et, s'ils sont sales, il les lave avant de les avaler.

Sa grosseur est à peu près celle de la petite mouette, et sa couleur est d'un cendré brun, ondé de grisâtre ; les ailes sont fort grandes, et les pieds sont conformés comme ceux des mouettes, et seulement un peu moins forts ; les doigts sont plus courts ; mais le bec diffère davantage de celui des oiseaux, car le bout de la mandibule supérieure est armé d'un onglet ou crochet qui paraît surajouté.

Le labbe a dans le port et l'air de tête quelque chose de l'oiseau de proie ; et son genre de vie hostile et guerrier ne dément pas sa physionomie ; il marche le corps droit, et crie fort haut. Il ne se trouve que dans les mers du Nord.

LE MACAREUX

Le bec du macareux est des plus bizarres, il ressemble à deux lames de couteau très courtes appliquées l'une contre l'autre ; il a un rapport imparfait avec le bec du perroquet, qui est aussi bordé d'une membrane à sa base.

Le macareux a de fort petites ailes, et dans ses petits vols courts et rasants, il s'aide du mouvement rapide de ses pieds avec lesquels il ne fait qu'effleurer la surface de l'eau ; c'est ce qui a fait dire que, pour se soutenir, il la frappait sans cesse de ses ailes.

Le plumage de tout le corps est plutôt un duvet qu'une véritable plume ; quant à ses couleurs, qu'on se figure un oiseau habillé d'une robe blanche avec un froc ou un manteau noir et un capuchon de cette même couleur comme le sont certains moines, et l'on aura le portrait du macareux, que, par cette raison, l'on a surnommé le *petit moine.*

Il vit de langoustes, de chevrettes, d'étoiles et d'araignées de mer, et de divers petits poissons et coquillages qu'il saisit en plongeant dans l'eau, sous laquelle il se retire volontiers, et qui lui sert d'abri dans le danger ; on prétend même qu'il entraîne sous l'eau le corbeau son ennemi ; mais cet acte de vigueur ou d'adresse paraît être au-dessus des forces de son corps, dont la grosseur n'est tout au plus qu'égale à celle du pigeon.

On ne trouve sur terre le macareux que retiré dans les cavernes ou dans les trous creusés dans les rivages, et toujours à portée de se jeter à l'eau lorsque le calme des flots l'invite à y retourner ; car on a remarqué que ces oiseaux ne peuvent tenir la mer ni pêcher que quand elle est tranquille, et que, si la tempête les surprend au large, soit dans leur départ en automne, soit dans leur retour au printemps, ils périssent en grand nombre.

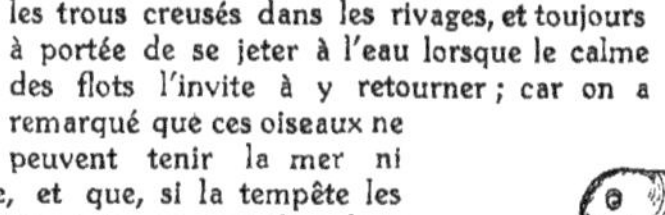

Ils occupent habituellement les îles et les pointes les plus septentrionales de l'Europe et de l'Asie, et vraisemblablement aussi celles de l'Amérique. Ils ne font point de nid, la femelle pond sur la terre nue et dans des trous qu'ils savent creuser et agrandir; la ponte n'est jamais, dit-on, que d'un seul œuf très gros, fort pointu par un bout et de couleur grise ou roussâtre.

Les petits qui ne sont point assez forts pour suivre la troupe au départ d'automne sont abandonnés, et peut-être périssent-ils.

L'ALBATROS

La très forte corpulence de l'albatros lui a fait donner le nom de *mouton du Cap,* parce qu'en effet il est presque de la grosseur d'un mouton. C'est le plus gros des oiseaux, sans compter le cygne ; sa tête est grosse et de forme arrondie ; son bec est très grand et très fort.

Avec sa force et ses armes, l'albatros semblerait devoir être un oiseau guerrier ; cependant il n'attaque ni les autres oiseaux, ni même les grands poissons ; il ne vit guère que de petits animaux marins, et surtout de poissons mous ; il se repaît aussi d'œufs et de frai de poissons que les courants charrient, et dont il y a quelquefois des amas d'une grande étendue sur les mers australes

Ces oiseaux effleurent en volant la surface de la mer, et ne prennent un vol plus élevé que dans le gros temps et par la force du vent ; il faut bien même que, lorsqu'ils se trouvent portés à de grandes distances des terres, ils se reposent sur l'eau : en effet, l'albatros, non seulement se repose sur l'eau, mais il y dort, et deux voyageurs seulement disent avoir vu l'albatros venir se poser sur les navires.

LES PÉTRELS

De tous les oiseaux qui fréquentent les hautes mers, les pétrels sont les plus marins : du moins ils paraissent être les plus étrangers à terre, les plus hardis à se porter au loin, à s'écarter et même à s'égarer sur le vaste Océan ; car ils se livrent avec autant de confiance que d'audace au mouvement des flots, à l'agitation des vents, et paraissent braver les orages.

Pourvus de longues ailes, munis de pieds palmés, ils ajoutent à l'aisance et à la légèreté du vol, à la facilité de nager, la singulière faculté de courir ou de marcher sur l'eau : c'est de cette marche sur l'eau que vient le nom *pétrel* ; il est formé de *peter, pierre,* ou de *petrill, pierrot,* ou *petit-pierre,* que les matelots anglais ont imposé à ces oiseaux en les voyant courir sur l'eau comme l'apôtre Saint Pierre y marchait. Les pétrels n'habitent la terre que pour faire leur nichée, et cela pendant un temps fort court ; mais comme s'ils sentaient combien ce séjour leur est étranger, ils se cachent ou plutôt ils s'enfouissent dans des trous sous les rochers au bord de la mer ; ils font entendre du fond de ces trous leur voix désagréable, que l'on prendrait le plus souvent pour le croassement d'un reptile ; leur ponte n'est pas nombreuse ; ils nourrissent et engraissent leurs petits avec les résidus des poissons dont ils font leur principale et peut-être leur unique nourriture.

LES PINGOUINS ET LES MANCHOTS

OU LES OISEAUX SANS AILES

C'EST au manchot qu'on peut spécialement donner le nom d'*oiseau sans ailes*, et même, au premier coup d'œil, on pourrait aussi l'appeler l'*oiseau sans plumes*.

Au contraire, le pingouin a le corps revêtu de véritables plumes, courtes à la vérité, et surtout infiniment courtes aux ailes, mais qui offrent sans équivoque l'apparence de la plume.

Les pingouins et les manchots peuvent aller très loin à la nage, et passer les nuits ainsi que les jours en mer, car l'élément de l'eau convient mieux que celui de la terre à leur naturel et à leur structure : mais autant ils sont pesants et gauches à terre, autant ils sont vifs et prestes dans l'eau, où ils plongent et restent longtemps plongés. Quoique la ponte des manchots ne soit que de deux ou trois œufs au plus, ou même d'un seul, cependant comme ils ne sont jamais troublés sur les terres inhabitées où ils se rassemblent et dont ils sont les seuls possesseurs, l'espèce, ou plutôt les espèces de ces demi-oiseaux ne laissent pas d'être fort nombreuses.

Pour nicher, ils se creusent des trous ou des terriers, et choisissent à cet effet une dune ou plage de sable; le terrain en est partout si criblé que souvent en marchant on y enfonce jusqu'aux genoux, et si le manchot se trouve dans son trou, il se venge du passant en le saisissant aux jambes, qu'il pince bien serré. Les manchots se rencontrent non seulement dans toutes les plages australes de la grande mer Pacifique, mais on les voit aussi dans l'océan Atlantique à de moins hautes latitudes. Il y en a de grandes peuplades vers le cap de Bonne-Espérance, et même plus au nord. Les pingouins, comme les manchots, se tiennent presque continuellement à la mer, et ne viennent guère à terre que pour nicher ou se reposer en se couchant à plat, la marche et même la position debout leur étant également pénibles, quoique leurs pieds soient un peu plus élevés et placés un peu moins à l'arrière du corps que dans les manchots. Enfin, les rapports dans le naturel, le genre de vie, et la conformation mutilée et tronquée, sont tels entre ces deux familles, malgré les différences caractéristiques qui les séparent, qu'on voit suffisamment que la nature, en les produisant, paraît avoir voulu rejeter aux deux extrémités du globe les deux extrêmes des formes du genre volatile.

REPTILES

LES TORTUES[1]

Les tortues ont reçu en naissant une sorte de domicile durable. Cet asile, capable de résister à de très grands efforts, n'est pas même fixé à un certain espace. Lorsque la nourriture leur manque dans les endroits qu'elles préfèrent, elles ne sont pas contraintes d'abandonner un toit construit avec peine, de perdre tout le fruit de longs travaux, pour aller, peut-être avec plus de peine encore, arranger une habitation nouvelle sur des bords étrangers ; elles portent partout avec elles l'abri que la nature leur a donné ; et c'est avec toute vérité qu'on a dit qu'elles traînent leur maison, sous laquelle elles sont d'autant plus à couvert, qu'elle ne peut pas être détruite par les efforts de leurs ennemis.

La plupart des tortues retirent quand elles veulent leur tête, leurs pattes et leur queue sous l'enveloppe dure et osseuse qui les revêt par-dessus et par-dessous, et dont les ouvertures sont assez étroites pour que les serres d'oiseaux voraces ou les dents des quadrupèdes carnassiers n'y pénètrent que difficilement. Ce bouclier impénétrable qui les garantit est composé de deux espèces de tables osseuses, plus ou moins arrondies et plus ou moins convexes. L'une est placée au-dessus et l'autre au-dessous du corps. La supérieure s'appelle *carapace* ; et l'inférieure se nomme *plastron*. Ces deux couvertures ne se touchent et ne sont attachées ensemble que par les côtés ; elles laissent deux ouvertures, l'une devant et l'autre derrière : la première donne passage à la tête et aux deux pattes de devant ; la seconde aux deux pattes de derrière et à la queue. Lorsque les tortues veulent ou marcher ou nager, elles sont obligées d'étendre leur tête, leur cou et leurs pattes, qui paraissent alors à l'extérieur. Leur tête est garnie de petites écailles comme celle des lézards, des serpents et des poissons, avec lesquels elle donne aux tortues un trait de ressemblance.

Le plastron est presque toujours plus court que la carapace, qui le déborde et le recouvre par-devant, et surtout par derrière ; il est aussi moins dur, et souvent presque plat. Ces deux boucliers sont composés de plusieurs pièces osseuses, dont les bords sont comme dentelés, et qui s'engrènent les unes dans les autres d'une manière plus ou moins sensible. Les tortues présentent, dans certaines espèces, des couleurs assez belles peur être recherchées et servir à des objets de luxe ; et ce qui les rend d'autant plus propres à être employées dans les arts, c'est qu'elles se ramollissent et se fondent à un feu assez doux, de manière à être réunies, moulées, et à prendre toutes sortes de figures. Nous connaissons vingt-quatre espèces de ces animaux ; elles diffèrent toutes les unes des autres par leur grandeur, et par d'autres caractères faciles à distinguer. La carapace des grandes tortues a depuis quatre jusqu'à cinq pieds de long, sur trois ou quatre pieds de largeur ; le corps entier a quelquefois plus de quatre pieds d'épaisseur verticale à l'endroit du dos le plus élevé. La tête a environ sept ou huit pouces de long et six ou sept pouces de large : le cou est à peu près de la même longueur, ainsi que la queue. Le poids total de ces grandes tortues excède ordinairement huit cent livres, et les deux couvertures en pèsent à peu près quatre cents. Dans les plus petites espèces, au contraire, on ne compte que quelques pouces depuis l'extrémité du

1. Ici commence une série d'animaux dont l'histoire et la description sont extraites des œuvres de Lacépède.

museau jusqu'au bout de la queue, et tout l'animal ne pèse pas quelquefois une livre. Les vingt-quatre espèces de tortues diffèrent aussi beaucoup les unes des autres par leur habitudes : les unes vivent presque toujours dans la mer ; les autres, au contraire, préfèrent le séjour des eaux douces ou des terrains secs et élevés.

LA TORTUE FRANCHE

Un des plus beaux présents que la nature ait faits aux habitants des contrées équatoriales est la grande tortue de mer, à laquelle on a donné le nom de *tortue franche*. On rencontre ces tortues en très grand nombre sur les côtes des îles et des continents situés sous la zone torride, tant dans l'Ancien que dans le Nouveau-Monde. Elles se nourrissent de l'herbe des bas-fonds qui bordent ces îles. Elles ont quelquefois six ou sept pieds de longueur. Elles sont en si grand nombre qu'on serait tenté de les regarder comme une espèce de troupeau rassemblé à dessein pour la nourriture et le soulagement des navigateurs qui abordent auprès des bas-fonds. La tortue franche se distingue facilement des autres par la forme de sa carapace, qui a quelquefois quatre ou cinq pieds de long sur trois ou quatre de largeur. Lorsque la tortue est dans l'eau, la carapace paraît d'un brun clair tacheté de jaune. Le plastron est moins dur et plus court que la carapace.

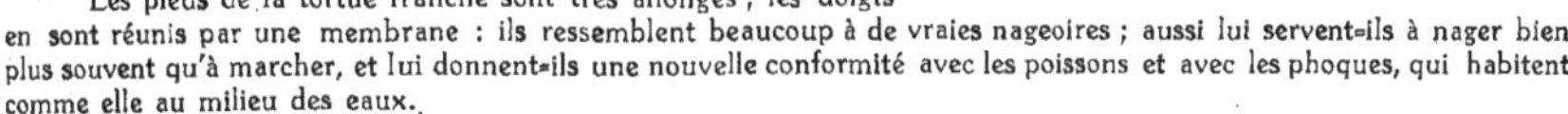

Les pieds de la tortue franche sont très allongés ; les doigts en sont réunis par une membrane : ils ressemblent beaucoup à de vraies nageoires ; aussi lui servent-ils à nager bien plus souvent qu'à marcher, et lui donnent-ils une nouvelle conformité avec les poissons et avec les phoques, qui habitent comme elle au milieu des eaux.

L'on a prétendu que, malgré la grandeur des tortues franches, leur cerveau n'était pas plus gros qu'une *fève*. La bouche, située au-dessous de la partie antérieure de la tête, s'ouvre jusqu'au delà des oreilles. Les mâchoires ne sont point armées de dents, mais elles sont très dures et très fortes, et les os qui les composent sont garnis de pointes ou d'aspérités. C'est avec ces mâchoires puissantes que les tortues coupent l'herbe sur les tapis verts qui revêtent les bas-fonds de certaines côtes, et qu'elles peuvent briser des pierres, et écraser les coquillages dont elles se nourrissent quelquefois. Lorque les tortues ont brouté l'algue au fond de la mer, elles vont à l'embouchure des grands fleuves chercher l'eau douce, dans laquelle elles paraissent se plaire, et où elles se tiennent paisiblement la tête hors de l'eau, pour respirer un air dont la fraîcheur semble leur être de temps en temps nécessaire.

La tortue de terre a, de tous les temps, passé pour le symbole de la lenteur : les tortues de mer devraient être regardées comme l'emblème de la prudence. Rencontrant une nourriture abondante sur les côtes qu'elles fréquentent, elles ne disputent point aux animaux de leur espèce un aliment qu'elles trouvent toujours en assez grande quantité. Pouvant d'ailleurs, ainsi que les autres tortues et tous les quadrupèdes ovipares, passer plusieurs mois, et même plus d'un an, sans prendre aucune nourriture, elle forment un troupeau tranquille. La douceur et la force pour résister sont donc ce qui distingue la tortue franche. Rien de brillant dans ses mœurs, non plus que dans les couleurs dont elle est variée ; mais ses habitudes sont aussi constantes que son enveloppe a de solidité : plus prudente que courageuse, elle se défend rarement ; mais elle cherche à se mettre à l'abri, et elle emploie toute sa force à se cramponner, lorsque, ne pouvant briser sa carapace, on cherche à l'enlever avec cette couverture.

C'est vers le commencement d'avril que les femelles commencent à pondre leurs œufs sur le rivage. Elles y creusent des trous où elles déposent leurs œufs au nombre de plus de cent : rien ne peut les distraire de leurs soins maternels : uniquement occupées de leurs œufs, elles ne peuvent être troublées par aucune crainte ; et comme si elles voulaient les dérober aux yeux de ceux qui les recherchent, elles les couvrent d'un peu de sable, mais cependant assez légèrement pour que la chaleur du soleil puisse les échauffer et les faire éclore. Car cette chaleur suffit pour cela dans les contrées qu'elles habitent. Vingt ou vingt-cinq jours après qu'ils ont été déposés, on voit sortir du sable les petites tortues. L'instinct dont elles sont déjà pourvues les conduit vers les eaux voisines, où elles doivent trouver la sûreté et l'aliment de leur vie. Elles s'y traînent avec lenteur ; mais, trop faibles encore pour résister au choc des vagues, elles sont rejetées par les flots sur le sable du rivage, où les grands oiseaux de mer, les crocodiles, les tigres ou les couguars se rassemblent pour les dévorer ; aussi n'en échappe-t-il que très peu.

LA BOURBEUSE

La bourbeuse est une des tortues que l'on rencontre le plus souvent au milieu des eaux douces. Elle est beaucoup plus petite qu'aucune tortue marine. Lorsqu'on la voit marcher, on croirait avoir devant les yeux un lézard dont le corps serait caché sous un bouclier plus ou moins étendu. Ainsi que les autres tortues, elle fait entendre quelquefois un sifflement entrecoupé.

On la trouve non seulement dans les climats tempérés et chauds de l'Europe, mais encore en Asie, au Japon, dans les grandes Indes ; elle ne supporterait que très difficilement un climat très rigoureux, ou du moins elle ne pourrait pas y multiplier. Elle s'engourdit pendant l'hiver, même dans les pays tempérés. C'est à terre qu'elle demeure pendant sa torpeur. Dès les premiers jours du printemps, elle change d'asile ; elle passe alors la plus grande partie du temps dans l'eau ; elle s'y tient souvent à la surface, et surtout lorsqu'il fait chaud et que le soleil luit. Dans l'été, elle est presque toujours à terre. Elle multiplie beaucoup dans les endroits aquatiques. Ce n'est qu'à terre que la bourbeuse pond ses œufs ; elle les dépose, comme les tortues de mer, dans un trou qu'elle creuse, et elle les recouvre de terre ou de sable. Lorsque les petites tortues sont écloses, elles n'ont quelquefois que six lignes ou environ de largeur. Les bourbeuses, ou les tortues d'eau douce proprement dites, croissent pendant très longtemps, ainsi que les tortues de mer. On a observé que, lorsqu'elles n'éprouvent point d'accidents, elles parviennent jusqu'à l'âge de quatre-vingts ans et plus. Le goût que la tortue d'eau douce a pour les limaçons, pour les vers et pour les insectes, l'a rendue utile dans les jardins, qu'elle délivre d'animaux nuisibles, sans y causer aucun dommage. On la recherche d'ailleurs à cause de l'usage qu'on en fait en médecine. Elle devient comme domestique ; on la conserve dans les bassins pleins d'eau ; elle peut, comme les autres quadrupèdes ovipares, vivre pendant longtemps sans prendre aucun aliment, et même quelque temps après avoir été privée d'une des parties du corps qui paraissent les plus essentielles à la vie, après avoir eu la tête coupée.

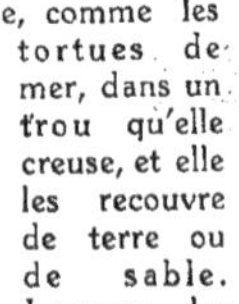

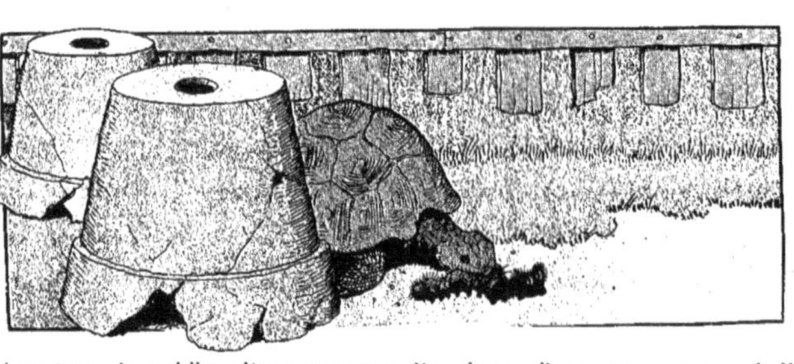

LA GRECQUE

OU LA TORTUE DE TERRE COMMUNE

On nomme ainsi la tortue terrestre la plus commune dans plusieurs contrées tempérées de l'Europe. On l'a, pendant très longtemps, appelée simplement *tortue terrestre*. On la rencontre dans les bois et sur les terres élevées : il n'est personne qui ne l'ait vue ou qui ne la connaisse de nom. Depuis les anciens jusqu'à nous, tout le monde a parlé de sa lenteur ; elle emploie beaucoup de temps pour parcourir le plus petit espace : mais si elle ne s'avance que lentement, les mouvements des diverses parties de son corps sont quelquefois assez agiles ; elle remue la tête, les pattes et la queue avec un peu de vivacité.

Les tortues grecques ressemblent, à beaucoup d'égards, aux tortues d'eau douce ; leur taille varie beaucoup, suivant leur âge et les pays qu'elles habitent. Il paraît que celles qui vivent sur les montagnes sont plus grandes que les tortues de plaine.

La couverture supérieure de la grecque est très bombée ; c'est ce qui fait que, lorsqu'elle est renversée sur le dos, elle peut reprendre sa première situation, et ne pas rester en proie à ses ennemis, comme les tortues franches. Ce n'est pas seulement à l'aide de ses pattes qu'elle s'efforce de se retourner ; elle ne peut pas les écarter assez pour atteindre jusqu'à terre. L'élément dans lequel vivent les tortues de mer et les tortues d'eau douce rend leur charge plus légère ; car tout le monde sait qu'un corps plongé dans l'eau perd toujours de son poids ; mais celle des tortues de terre n'est pas ainsi diminuée. Le fardeau que la grecque supporte est donc une preuve de la force dont elle jouit ; cette force est d'ailleurs confirmée par la grande facilité avec laquelle elle brise dans sa gueule des corps très durs. La tortue grecque se nourrit d'herbes, de fruits, et même de vers, de limaçons et d'insectes. Ses mœurs sont assez douces ; la tranquillité de ses habitudes en fait aisément un animal domestique, que l'on peut nourrir avec du son et de la farine, et que l'on voit avec plaisir dans les jardins, où elle détruit les insectes nuisibles. Comme les autres tortues, elle peut se passer de manger pendant très longtemps ; elle vit jusqu'à un âge fort avancé. Aux latitudes un peu élevées, les grecques passent l'hiver dans des trous souterrains, qu'elles creusent même quelquefois, et où elles sont plus ou moins engourdies, suivant la rigueur de la saison. Elles sortent de leurs retraites au printemps. Le temps de la ponte des tortues grecques varie avec la chaleur des contrées où on les trouve. La femelle dépose ses œufs dans un trou qu'elle a creusé avec ses pattes de devant, et elle les recouvre de terre. La chaleur du soleil fait éclore les jeunes tortues, qui sortent de l'œuf dès le commencement de septembre, n'étant pas encore plus grosses qu'une *coque de noix*. La tortue grecque ne va presque jamais à l'eau; cependant elle est conformée à l'intérieur comme les tortues de mer : si elle n'est point amphibie de fait et par ses mœurs, elle l'est jusqu'à un certain point par son organisation. On trouve la tortue grecque dans presque toutes les régions chaudes et même tempérées de l'ancien continent, au Japon, dans l'île de Bourbon, dans celle de l'Ascension, dans les déserts de l'Afrique. C'est surtout en Libye et dans les Indes que la chair de la tortue de terre est plus délicate et plus saine que celle de plusieurs autres tortues.

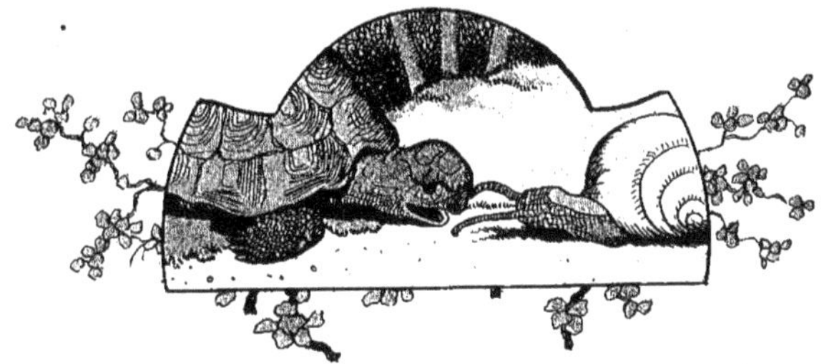

LES LÉZARDS

Le genre des lézards est le plus nombreux de ceux qui forment l'ordre des quadrupèdes ovipares. Après avoir comparé les uns avec les autres les divers animaux qui le composent, tant d'après nos observations que d'après celles des voyageurs et des naturalistes, nous avons cru devoir en compter cinquante-six espèces, toutes différenciées par leurs habitudes naturelles et par des caractères extérieurs.

On peut distinguer les lézards des autres quadrupèdes ovipares, parce qu'ils ne sont pas couverts d'une carapace comme les tortues, et parce qu'ils ont une queue, tandis que les grenouilles et les crapauds n'en ont point. Leur corps est revêtu d'écailles plus ou moins fortes. Leur grandeur varie depuis la longueur de deux ou trois pouces jusqu'à celle de vingt-six ou même trente pieds. La forme et la proportion de leur queue varient aussi : dans les uns, elle est aplatie ; dans les autres, elle est ronde. Dans quelques espèces, sa longueur égale trois fois celle du corps ; dans quelques autres, elle est très courte ; dans toutes, elle s'étend horizontalement, et est presque aussi grosse à son origine que l'extrémité du corps à laquelle elle est attachée.

Les habitudes de ces animaux sont aussi diversifiées que leur conformation extérieure : les uns passent leur vie dans l'eau ou sur les bords déserts des grands fleuves et des marais ; d'autres, bien loin de fuir les endroits habités, les choisissent de préférence pour leur demeure : ceux-ci vivent au milieu des bois, et y courent avec vitesse sur les rameaux les plus élevés.

LE CROCODILE PROPREMENT DIT

Cet animal énorme, vivant sur les confins de la terre et des eaux, étend sa puissance sur les habitants des mers et sur ceux que la terre nourrit. Il surpasse, par la longueur de son corps, et l'aigle et le lion, ces fiers rois de l'air et de la terre.

Il ne le cède en grandeur qu'à un petit nombre des animaux qui habitent les mêmes pays que lui. Il n'a pas l'instinct inné de la férocité. S'il se nourrit de proie, s'il dévore les autres animaux, s'il attaque même quelquefois l'homme, ce n'est pas pour assouvir un appétit cruel, mais uniquement pour satisfaire des besoins d'autant plus impérieux qu'il doit entretenir une masse plus considérable.

La forme générale du crocodile est assez semblable, en grand, à celle des autres lézards. Mais sa tête est allongée, aplatie et fortement ridée, le museau gros et un peu arrondi ; au-dessus est un espace rond, rempli d'une substance noirâtre, molle et spongieuse, où sont placées les ouvertures des narines ; leur forme est celle d'un croissant, et leurs pointes sont tournées en arrière. La gueule s'ouvre jusqu'au delà des oreilles. Les mâchoires ont souvent plusieurs pieds de longueur.

Les dents sont quelquefois au nombre de trente-six dans la mâchoire supérieure, et de trente dans la mâchoire inférieure ; mais ce nombre doit souvent varier. Elles sont fortes, un peu creuses, pointues, inégales en longueur, attachées par de grosses racines placées de chaque côté sur un seul rang, et un peu courbées en arrière, principalement celles qui sont vers le bout du museau. Leur disposition est telle, que, quand la gueule est fermée, elle passent les unes contre les autres.

La mâchoire inférieure est la seule mobile dans le crocodile, ainsi que dans les autres quadrupèdes.

On a pensé que le crocodile n'avait pas de langue ; il en a une cependant fort large, mais qu'il ne peut ni allonger ni darder à l'extérieur, parce qu'elle est attachée aux deux bords de la mâchoire inférieure par une membrane qui la couvre. Le crocodile n'a point de lèvres : aussi, lorsqu'il marche ou qu'il nage avec le plus de tranquillité, montre-t-il ses dents, comme par furie; et ce qui ajoute à l'air terrible que cette conformation lui donne, c'est que ses yeux étincelants, très rapprochés l'un de l'autre, placés obliquement, et présentant une sorte de regard sinistre, sont garnis de deux paupières dures, toutes les deux mobiles, fortement ridées, surmontées par un rebord dentelé, et, pour ainsi dire, par un sourcil menaçant. Cet aspect affreux n'a pas peu contribué, sans doute, à la réputation de cruauté insatiable que quelques voyageurs lui ont donnée.

Le cerveau des crocodiles est très petit ; leur queue très longue est, à son origine, aussi grosse que le corps ; sa forme aplatie, et assez semblable à celle d'un aviron, donne au crocodile une grande facilité pour se gouverner dans l'eau, et frapper cet élément de manière à y nager avec vitesse.

La nature a pourvu à la sûreté des crocodiles en les revêtant d'une armure presque impénétrable. Tout leur corps est couvert d'écailles, excepté le sommet de la tête.

Ces écailles carrées ont une très grande dureté, et une flexibilité qui les empêche d'être cassantes : le milieu de ces lames présente une sorte de crête dure, qui ajoute à leur solidité, et, le plus souvent, elles sont à l'épreuve de la balle. C'est par les parties plus faibles que les cétacés et les poissons voraces attaquent le crocodile ; c'est par là que le dauphin lui donne la mort, et lorsque le chien de mer, connu sous le nom de *poisson-scie*, lui livre un combat, qu'ils soutiennent tous deux avec furie, le poisson-scie, ne pouvant percer les écailles tuberculeuses qui revêtent le dessus du corps de son ennemi, plonge et le frappe au ventre.

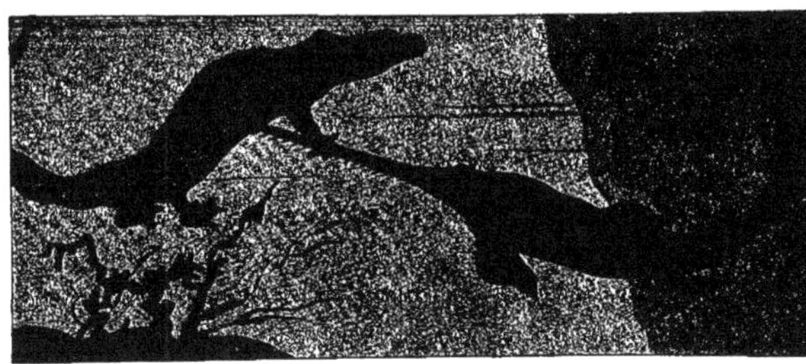

La couleur des crocodiles tire sur le jaune verdâtre, plus ou moins nuancé d'un vert faible, par taches et par bandes ; ce qui représente assez bien la couleur du bronze un peu rouillé. La taille des crocodiles varie suivant la température des diverses contrées dans lesquelles on les trouve. La longueur des plus grands ne passe guère vingt-cinq ou vingt-six pieds ; dans certaines contrées, leur longueur ne s'étend pas au delà de treize ou quatorze pieds.

La femelle dépose ses œufs sur le sable le long des rivages qu'elle fréquente, et c'est la chaleur de l'atmosphère qui les fait éclore.

Les petits crocodiles sont repliés sur eux-mêmes dans leurs œufs ; ils n'ont que six ou sept pouces de long lorsqu'ils brisent leur coque.

Dès qu'ils sont éclos, ils courent d'eux-mêmes se jeter dans l'eau, où ils trouvent plus de sûreté et de nourriture. Tant qu'ils sont encore jeunes, ils sont cependant dévorés non seulement par les poissons voraces, mais encore quelquefois par les vieux crocodiles, qui, tourmentés par la faim, font alors par besoin ce que d'autres animaux sanguinaires paraissent faire uniquement par cruauté.

On n'a point recueilli assez d'observations sur les crocodiles pour savoir précisément quelle est la durée de leur vie ; mais on peut croire qu'elle est très longue.

Le crocodile fréquente de préférence les rives des grands fleuves, dont les eaux surmontent souvent leurs bords et qui, couvertes d'une vase limoneuse, offrent en plus grande abondance les testacés, les vers, les grenouilles, les lézards dont il se nourrit. Il se plaît surtout dans l'Amérique méridionale, au milieu des lacs marécageux et des savanes noyées. Quelque redoutable que paraisse le crocodile, les nègres des environs du Sénégal osent l'attaquer pendant qu'il est endormi, et tâchent de le surprendre dans des endroits où il n'a pas assez d'eau pour nager ; ils vont à lui audacieusement, le bras gauche enveloppé dans un cuir ; ils l'attaquent à coups de lance ou de zagaie ; ils le percent de plusieurs coups au gosier et dans les yeux ; ils lui ouvrent la gueule, la tiennent sous l'eau et l'empêchent de se fermer en plaçant leur zagaie entre les mâchoires, jusqu'à ce que le crocodile soit suffoqué par l'eau qu'il avale en trop grande quantité.

Les sauvages de la Floride ont une autre manière de le prendre ; ils se réunissent au nombre de dix ou douze ; ils s'avancent au-devant du crocodile qui cherche une proie sur le rivage ; ils portent un arbre qu'ils ont coupé par le pied ; le crocodile va à eux la gueule béante ; mais en enfonçant leur arbre dans cette large gueule, ils ont bientôt mis à mort le crocodile.

On dit aussi qu'il y a des gens assez hardis pour aller, en nageant jusque sous le crocodile, lui percer la peau du ventre, qui est presque le seul endroit où le fer peut pénétrer.

Mais l'homme n'est pas le seul ennemi que le crocodile ait à craindre ; les tigres en font leur proie ; l'hippopotame le poursuit, et il est pour lui d'autant plus dangereux, qu'il peut le suivre avec acharnement jusqu'au fond de la mer. Les couguars, quoique plus faibles que les tigres, détruisent aussi un grand nombre de crocodiles. Ils attaquent les jeunes caïmans ; ils les attendent en embuscade sur le bord des grands fleuves, les saisissent au moment où ils montrent la tête hors de l'eau, et les dévorent. Mais, lorsqu'ils en rencontrent de gros et de forts, ils sont attaqués à leur tour ; en vain enfoncent-ils leurs griffes dans les yeux du crocodile, cet énorme lézard, plus vigoureux qu'eux, les entraîne au fond de l'eau.

Sans ce grand nombre d'ennemis, un animal aussi fécond que le crocodile serait trop multiplié ; tous les rivages des grands fleuves des zones torrides seraient infestés par ces animaux monstrueux, qui deviendraient bientôt féroces et cruels par l'impossibilité où ils seraient de trouver aisément leur nourriture. Puissants par leurs armes, plus puissants par leur multitude, ils auraient bientôt éloigné l'homme de ces terres fécondes et nouvelles que ce roi de la nature a quelquefois bien de la peine à leur disputer ; car comment résister à tout ce qui donne le pouvoir, à la grandeur, aux armes, à la force et au nombre? On dit qu'en Égypte les plus grands crocodiles fuient le voisinage de l'homme, et qu'ils se tiennent sur le bord du Nil, au-dessus de Memphis. Mais dans les pays moins peuplés, il ne doit pas en être de même. Les crocodiles sont si abondants dans les grandes rivières de l'Amazone et d'Oyapok, dans la baie de Vincent Pinzon, et dans les lacs qui y communiquent, qu'ils y gênent, par leur multitude, la navigation des pirogues ; ils suivent ces légers bâtiments, sans cependant essayer de les renverser, et sans attaquer les hommes. Il est quelquefois aisé de les écarter à coups de rames, lorsqu'ils ne sont pas très grands.

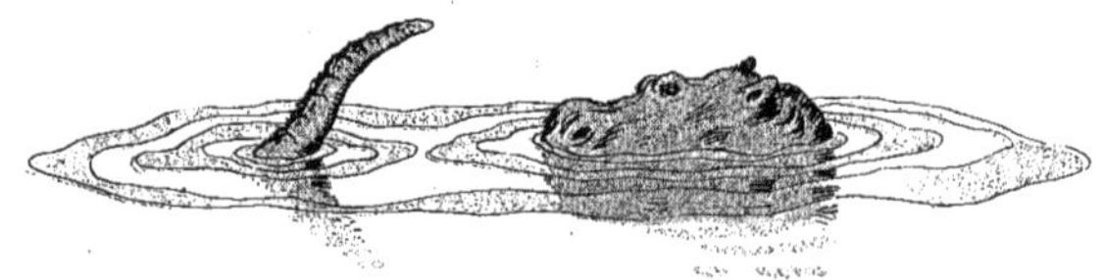

LE TUPINAMBIS

Ce lézard habite également les contrées chaudes de l'ancien et du nouveau continent. On a prétendu que, sur les bords de la rivière des Amazones, auprès de Surinam et des pays voisins, le tupinambis acquérait une grande taille et parvenait jusqu'à la longueur de douze pieds, mais il a tout au plus une longueur de six ou sept pieds dans les contrées où il trouve la nourriture la plus abondante et la température la plus favorable. La nature l'a placé trop près du crocodile, son ennemi mortel, pour lequel sa couleur doit être comme un signe qui le fait reconnaître de loin. Il a, en effet, trop peu de force pour se défendre contre les grands animaux. Il n'attaque point l'homme ; il se nourrit d'œufs d'oiseaux, de lézards beaucoup plus petits que lui, ou de poissons qu'il va chercher au fond des eaux. Mais il doit chasser avec d'autant plus de crainte, que le crocodile, auquel il ne peut résister, est en très grand nombre dans les pays qu'il habite ; on rapporte même que la présence des caïmans inspire une si grande frayeur au tupinambis, qu'il fait entendre un sifflement très fort. Ce sifflement d'effroi est une espèce d'avertissement pour les hommes qui se baignent dans les environs ; il les garantit, pour ainsi dire, de la dent meurtrière du crocodile ; et c'est de là qu'est venu au tupinambis le nom de *garde-sauve* ou *sauveur*, qui lui a été donné par plusieurs voyageurs et naturalistes. Il dépose ses œufs, comme les caïmans, dans des trous qu'il creuse dans le sable sur le bord de quelque rivière ; le soleil les fait éclore.

La disette que le tupinambis éprouve fréquemment a dû altérer ses goûts ; tant la faim et la misère dénaturent les habitudes ! Il se nourrit souvent de corps infects et de substances à demi pourries ; et lorsque cet aliment abject lui manque, il le remplace par des mouches et par des fourmis.

LA DRAGONNE

La dragonne ressemble beaucoup par sa forme au crocodile ; elle a, comme lui, la gueule très large et la queue aplatie. Sa grandeur égale quelquefois celle des jeunes caïmans. Elle a la queue fort longue, et la facilité de la remuer vivement et de l'agiter comme un fouet. C'est principalement dans l'Amérique méridionale que l'on rencontre la dragonne.

Elle fréquente les savanes noyées et les terrains marécageux ; mais elle se tient à terre et au soleil, plus souvent que dans l'eau. Elle est assez difficile à prendre, parce qu'elle se renferme dans des trous. Elle mord cruellement ; elle darde presque toujours sa langue comme les serpents. Les animaux qui attaquent le crocodile doivent aussi donner la chasse à la dragonne, qui a bien moins de force pour leur résister, et qui même est souvent dévorée par les grands caïmans. Sa manière de vivre peut donner à sa chair un goût différent de celui de la chair du crocodile ; il ne serait donc pas surprenant qu'elle fût aussi bonne à manger que le disent les habitants des îles Antilles, où on la regarde comme très succulente, et où on la compare à celle d'un poulet. On recherche aussi à Cayenne les œufs de ce grand lézard.

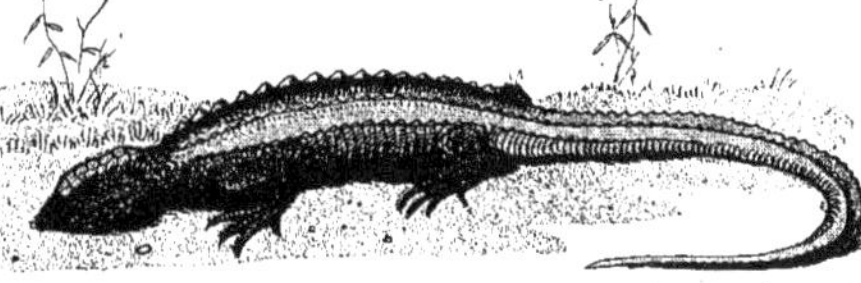

L'IGUANE

Il est aisé de reconnaître l'iguane à la grande poche qu'il a au-dessous du cou, et surtout à la crête dentelée qui s'étend depuis la tête jusqu'à l'extrémité de la queue, et qui garnit aussi le devant de la gorge. La longueur de ce lézard, depuis le museau jusqu'au bout de la queue, est assez souvent de cinq ou six pieds.

La tête est comprimée par les côtés, et aplatie par-dessus. Les dents sont aiguës. Le museau et leur tour des mâchoires sont garnis de larges écailles très colorées, très unies et très luisantes.

Les yeux sont gros, l'ouverture des oreilles est grande. Une espèce de crête, composée de grandes écailles saillantes, et qui par leur figure ressemblent un peu à des fers de lance, s'étend depuis la pointe de la mâchoire inférieure jusque sous la gorge, où elle garnit le devant d'une grande poche, que l'iguane peut gonfler à son gré.

De petites écailles revêtent le corps, la queue et les pattes ; celles du dos sont relevées par une arête. La queue est ronde, au lieu d'être aplatie comme celle des crocodiles.

La couleur générale des iguanes est ordinairement verte, mêlée de jaune ou d'un bleu plus ou moins foncé ; celle du ventre, des pattes et de la queue est quelquefois panachée ; les teintes de l'iguane varient suivant l'âge, le sexe et le pays.

Ce lézard est très doux, il ne cherche point à nuire ; il ne se nourrit que de végétaux et d'insectes. Il n'est cependant pas surprenant que quelques voyageurs aient trouvé son aspect effrayant, lorsque, agité par la colère et animant son regard, il a fait entendre son sifflement, secoué sa longue queue, gonflé sa gorge, redressé ses écailles, et relevé sa tête hérissée de callosités.

La femelle de l'iguane est ordinairement plus petite que le mâle : ses couleurs sont plus agréables, ses proportions plus sveltes ; son regard est plus doux, et ses écailles présentent souvent l'éclat d'un très beau vert.

C'est environ deux mois après la fin de l'hiver que les iguanes femelles descendent des montagnes, ou sortent des bois, pour aller déposer leurs œufs sur le sable du bord de la mer. Ces œufs sont presque toujours en nombre impair depuis treize jusqu'à vingt-cinq.

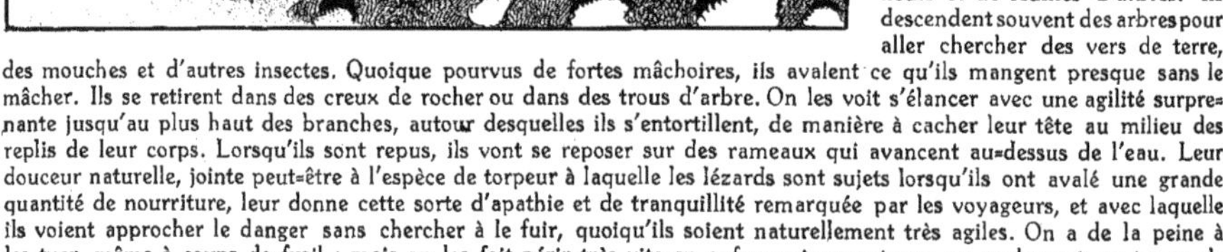

L'iguane a de la peine à nager, quoiqu'il fréquente de préférence les rivages de la mer ou des fleuves. On rapporte que, lorsqu'il est dans l'eau, il ne se conduit presque qu'avec la queue, et qu'il tient ses pattes collées contre son corps.

Dans le printemps, les iguanes mangent beaucoup de fleurs et de feuilles d'arbres. Ils descendent souvent des arbres pour aller chercher des vers de terre, des mouches et d'autres insectes. Quoique pourvus de fortes mâchoires, ils avalent ce qu'ils mangent presque sans le mâcher. Ils se retirent dans des creux de rocher ou dans des trous d'arbre. On les voit s'élancer avec une agilité surprenante jusqu'au plus haut des branches, autour desquelles ils s'entortillent, de manière à cacher leur tête au milieu des replis de leur corps. Lorsqu'ils sont repus, ils vont se reposer sur des rameaux qui avancent au-dessus de l'eau. Leur douceur naturelle, jointe peut-être à l'espèce de torpeur à laquelle les lézards sont sujets lorsqu'ils ont avalé une grande quantité de nourriture, leur donne cette sorte d'apathie et de tranquillité remarquée par les voyageurs, et avec laquelle ils voient approcher le danger sans chercher à le fuir, quoiqu'ils soient naturellement très agiles. On a de la peine à les tuer, même à coups de fusil : mais on les fait périr très vite en enfonçant un poinçon ou seulement un tuyau de paille dans leurs naseaux ; on en voit sortir quelques gouttes de sang, et l'animal expire.

La stupidité que l'on a reprochée aux iguanes, ou plutôt leur confiance aveugle, va si loin, qu'il est très facile de les saisir en vie.

On peut garder l'iguane pendant plusieurs jours en vie sans lui donner aucune nourriture. La contrainte semble d'abord le révolter ; il est fier, il paraît méchant : mais bientôt il s'apprivoise. Il demeure dans les jardins, il court pendant la nuit, parce que ses yeux, comme ceux des chats, peuvent se dilater de manière que la plus faible lumière lui suffise, et parce qu'il prend aisément alors les insectes dont il se nourrit. Quand il se promène, il darde souvent sa langue. Il vit tranquille ; il devient familier.

Les iguanes sont très communs à Surinam, ainsi que dans les bois de la Guyane, aux environs de Cayenne, et dans la Nouvelle-Espagne. Ils sont assez rares aux Antilles, parce qu'on y en détruit un grand nombre, à cause de la bonté de leur chair. On les trouve aussi dans l'ancien continent, en Afrique, ainsi qu'en Asie.

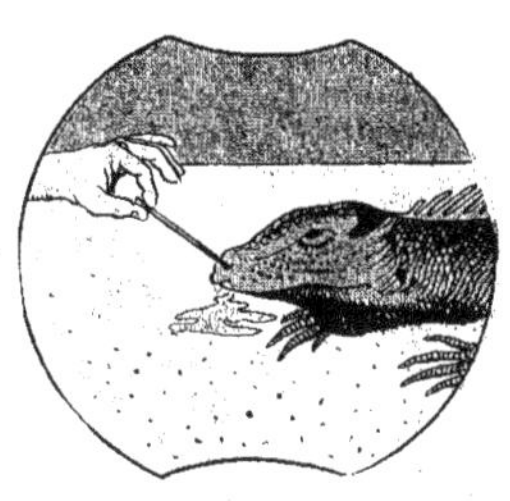

LE BASILIC

L'ERREUR s'est servie de ce nom de *basilic* pour désigner un animal terrible, qu'on a tantôt représenté comme un serpent, tantôt comme un petit dragon, et dont le regard perçant donnait la mort. Rien de plus fabuleux que cet animal, au sujet duquel on a répandu tant de contes ridicules, et qu'on a doué de tant de qualités merveilleuses.

Le lézard basilic hante l'Amérique méridionale. Aucune espèce n'est aussi facile à distinguer, à cause d'une crête très exhaussée qui s'étend depuis le sommet de la tête jusqu'au bout de la queue, et qui est composée d'écailles en forme de rayons, un peu séparées les unes des autres. Il a d'ailleurs une sorte de capuchon qui couronne sa tête ; et c'est de là que lui vient son nom de *basilic*, qui signifie *petit roi*. Cet animal parvient à une taille assez considérable ; il a souvent plus de trois pieds de longueur, en comptant celle de la queue. Il vit sur les arbres, comme presque tous les lézards qui, ayant les doigts divisés, peuvent y grimper avec facilité et en saisir aisément les branches.

Non seulement il peut y courir assez vite, mais, remplissant d'air son espèce de capuchon, déployant sa crête, augmentant son volume et devenant par là plus léger, il saute et voltige, pour ainsi dire, avec agilité, de branche en branche. Son séjour n'est cependant pas borné au milieu des bois : il va à l'eau sans peine ; et lorsqu'il veut nager, il enfle également son capuchon et étend ses membranes. Bien loin de tuer par son regard, comme l'animal fabuleux dont il porte le nom, il doit être considéré avec plaisir lorsque, animant la solitude des immenses forêts de l'Amérique, il s'élance avec rapidité de branche en branche, ou bien lorsque, dans une attitude de repos, et tempérant sa vivacité naturelle, il témoigne une sorte de satisfaction à ceux qui le regardent, se pare, pour ainsi dire, de sa couronne, agite mollement sa belle crête, la relève, et, par les différents reflets de ses écailles, renvoie aux yeux de ceux qui l'examinent de douces ondulations de lumière.

LE PORTE-CRÊTE

Cet animal présente une crête qui s'étend depuis la tête jusqu'à l'extrémité de la queue. Le plus souvent elle est composée sur le dos de soixante-dix petites écailles plates, longues et pointues ; et, à l'origine de la queue, elle s'élève et présente une nageoire très longue, très large, et garnie à son bord supérieur de petites écailles aiguës, penchées souvent en arrière. C'est dans l'île d'Amboine et dans l'île de Java qu'on trouve le porte-crête. Le mâle diffère de la femelle par une crête beaucoup plus élevée, et par des couleurs plus vives.

Ce lézard n'est pas seulement beau ; il est assez grand, puisqu'il a quelquefois trois ou quatre pieds de long. Sa gueule et ses doigts sont bien armés ; son dos et sa queue présentent une sorte de défense ; ses pieds, conformés de manière à lui permettre de grimper sur les arbres, laissent moins de ressources à sa proie pour lui échapper. Il habite de préférence sur le bord des grands fleuves, mais ce n'est point en embuscade qu'on l'y trouve ; il ne fait point la guerre aux animaux plus faibles que lui ; il se nourrit tout au plus de quelques petits vers. Il passe tranquillement sa vie sur les rives peu fréquentées ; il dépose ses œufs sur les bancs de sable et les petites îles, comme s'il cherchait à les y mettre en sûreté. Il grimpe sur les arbres qui s'élèvent au bord de l'eau, et y cherche en paix les fruits et les graines dont il fait sa principale nourriture. Il fuit au moindre bruit, sans chercher à se défendre. Il se jette dans l'eau lorsqu'il redoute quelque ennemi, et il se cache à la hâte sous les roches.

Les fruits dont ce lézard se nourrit lui donnent un naturel doux et paisible.

LE LÉZARD GRIS

Le lézard gris paraît être le plus doux, le plus innocent et l'un des plus utiles des lézards. Ce joli petit animal, si commun en France, n'a pas reçu de la nature un vêtement aussi éclatant que plusieurs autres quadrupèdes ovipares ; mais elle lui a donné une parure élégante : sa petite taille est svelte ; son mouvement agile ; sa course si prompte, qu'il échappe à l'œil aussi rapidement que l'oiseau qui vole. Il aime à recevoir la chaleur du soleil ; ayant besoin d'une température douce, il cherche les abris ; et, lorsque, dans un beau jour de printemps, une lumière pure éclaire vivement un gazon en pente, ou une muraille qui augmente la chaleur en la réfléchissant, on le voit s'étendre sur ce mur ou sur l'herbe nouvelle, avec une espèce de volupté. Il se pénètre avec délices de cette chaleur bienfaisante ; il marque son plaisir par de molles ondulations de sa queue déliée ; il fait briller ses yeux vifs et animés ; il se précipite comme un trait pour saisir une petite proie, ou pour trouver un abri plus commode. Bien loin de s'enfuir à l'approche de l'homme, il paraît le regarder avec complaisance : mais au moindre bruit qui l'effraie, à la chute seule d'une feuille, il se roule, tombe et demeure pendant quelques instants comme étourdi par sa chute. La couleur grise que présente le dessus de son corps est variée par un grand nombre de taches bleuâtres, et par trois bandes presque noires qui parcourent la longueur du dos ; celle du milieu est plus étroite que les deux autres. Son ventre est peint de vert changeant en bleu ; il n'est aucune de ses écailles dont le reflet ne soit agréable ; et pour ajouter à cette simple mais riante parure, le dessous du cou est garni d'un collier composé d'écailles, ordinairement au nombre de sept, un peu plus grandes que les voisines et qui réunissent l'éclat et la couleur de l'or. Il a ordinairement cinq ou six pouces de long, et un demi-pouce de large. On ne craint point ce lézard doux et paisible ; on l'observe de près. Il échappe communément avec rapidité, lorsqu'on veut le saisir : mais lorsqu'on l'a pris on le manie sans qu'il cherche à mordre ; les enfants en font un jouet, et, par une suite de la grande douceur de son caractère, il devient familier avec eux. Les anciens l'ont appelé *l'ami de l'homme*; il aurait fallu l'appeler *l'ami de l'enfance*. Sa queue, qui va toujours en diminuant de grosseur, et qui se termine en pointe, est à peu près deux fois aussi longue que le corps. Lorsqu'elle a été brisée par quelque accident, elle repousse quelquefois.

Le tabac en poudre est presque toujours mortel pour le lézard gris : si l'on en met dans sa bouche, il tombe en convulsion, et le plus souvent il meurt bientôt après. Utile autant qu'agréable, il se nourrit de mouches, de grillons, de sauterelles, de vers de terre, de presque tous les insectes qui détruisent nos fruits et nos grains.

Comme les autres quadrupèdes ovipares, il peut vivre beaucoup de temps sans manger, et on en a gardé pendant six mois dans une bouteille, sans leur donner aucune nourriture.

La femelle ne couve pas ses œufs ; mais, comme ils sont pondus dans le temps où la température commence à être très douce, ils éclosent par la seule chaleur de l'atmosphère, avec d'autant plus de facilité que la femelle a le soin de les déposer dans les abris les plus chauds.

Le lézard gris passe tristement l'hiver dans des trous d'arbre ou de muraille, ou dans quelque creux sous terre ; il y éprouve un engourdissement plus ou moins grand, suivant le climat qu'il habite et la rigueur de la saison ; et il ne quitte communément cette retraite que lorsque le printemps ramène la chaleur.

LE LÉZARD VERT

C'EST dans les premiers jours du printemps que le lézard vert brille de tout son éclat, lorsque, ayant quitté sa vieille peau, il expose au soleil son corps émaillé des plus vives couleurs. Les rayons qui rejaillissent de dessus ses écailles les dorent par reflets ondoyants : elles étincellent du feu de l'émeraude. C'est principalement dans les climats chauds qu'il se montre avec l'éclat de l'or et des pierreries ; c'est là qu'une lumière plus vive anime ses couleurs et les multiplie. Plus fort que le lézard gris, le vert se bat contre les serpents : il est rarement vainqueur. L'on a dit qu'il avertissait l'homme de la présence des serpents qui pouvaient lui nuire.

Il recherche les vers et les insectes. Il se nourrit aussi d'œufs de petits oiseaux, qu'il va chercher au haut des arbres, où il grimpe avec assez de vitesse.

Quoique plus bas sur ses pattes que le lézard gris, il court cependant avec agilité et part avec assez de promptitude pour donner un premier mouvement de surprise et d'effroi, lorsqu'il s'élance au milieu des broussailles ou des feuilles sèches.

Il saute très haut ; et comme il est très fort, il est aussi plus hardi que le lézard gris : il se défend contre les chiens qui l'attaquent.

Ses habitudes sont d'ailleurs assez semblables à celles du lézard gris, et ses œufs sont ordinairement plus gros que ceux de ce dernier.

Ce n'est pas seulement dans les pays chauds des deux continents qu'on trouve ces lézards ; ils habitent aussi des contrées très tempérées, et même un peu septentrionales, quoiqu'ils y soient moins nombreux et moins grands.

LE CAMÉLÉON

Le nom du caméléon est fameux. On l'emploie métaphoriquement, depuis longtemps, pour désigner la vile flatterie. Peu de gens savent cependant que le caméléon est un lézard ; et moins de personnes encore connaissent les traits qu'il présente et les qualités qui le distinguent. On a dit que le caméléon changeait souvent de forme, qu'il n'avait point de couleur en propre, qu'il prenait celle de tous les objets dont il approchait, qu'il en était par là une sorte de miroir fidèle, qu'il ne se nourrissait que d'air. Mais le caméléon des poètes n'a jamais existé pour la nature.

Lorsque, cependant, nous aurons écarté les qualités fabuleuses attribuées au caméléon, et lorsque nous l'aurons peint tel qu'il est, on devra le regarder encore comme un des animaux les plus intéressants, aux yeux des naturalistes, par la singulière conformation de ses diverses parties, par les habitudes remarquables qui en dépendent, et même des propriétés qui ne sont pas très différentes de celles qu'on lui a faussement attribuées.

On trouve des caméléons de plusieurs tailles assez différentes les unes des autres.

La peau du caméléon est parsemée de petites éminences comme le chagrin : elles sont très lisses, plus marquées sur la tête, et environnées de grains presque imperceptibles.

Non seulement le caméléon a les yeux enveloppés d'une manière qui lui est particulière, mais ils sont mobiles indépendamment l'un de l'autre : quelquefois il les tourne de manière que l'un regarde en arrière et l'autre en avant ; ou bien de l'un il voit les objets placés au-dessus de lui, tandis que de l'autre il aperçoit ceux qui sont situés au-dessous.

Sa langue, dont on a comparé la forme à celle d'un ver de terre, est ronde et longue communément de cinq ou six pouces, terminée par une espèce de gros nœud, creuse, et enduite d'une sorte de vernis visqueux qui sert au caméléon à retenir les mouches, les scarabées, les sauterelles, les fourmis et les autres insectes dont il se nourrit, et qui ne peuvent lui échapper, tant il la darde et la retire avec vitesse. Le caméléon est plus élevé sur ses jambes que le plus grand nombre des lézards ; il a moins l'air de ramper lorsqu'il marche.

Il habite de préférence sur les arbres, où il a d'autant plus de facilité à grimper et à se tenir, que sa queue est longue et douée d'une assez grande force. C'est toujours avec lenteur qu'il va d'un rameau à un autre, et il est plutôt dans les bois en embuscade sous les feuilles pour retenir les insectes ailés qui peuvent tomber sur sa langue gluante, qu'en mouvement de chasse pour aller les surprendre.

Il est si doux qu'on peut lui mettre le doigt dans la bouche, et l'enfoncer très avant sans qu'il cherche à mordre. Soit qu'il grimpe le long des arbres, soit que, caché sous les feuilles, il y attende paisiblement les insectes dont il se nourrit, soit enfin qu'il marche sur la terre, il paraît toujours assez laid ; mais la faculté qu'il a de présenter, suivant ses différents états, des couleurs plus ou moins variées, a toujours attiré sur lui l'attention. Ces diverses teintes changent, en effet, avec autant de fréquence que de rapidité; elles paraissent d'ailleurs dépendre du climat, de l'âge ou du sexe. Il est donc assez difficile d'assigner quelle est la couleur naturelle du caméléon.

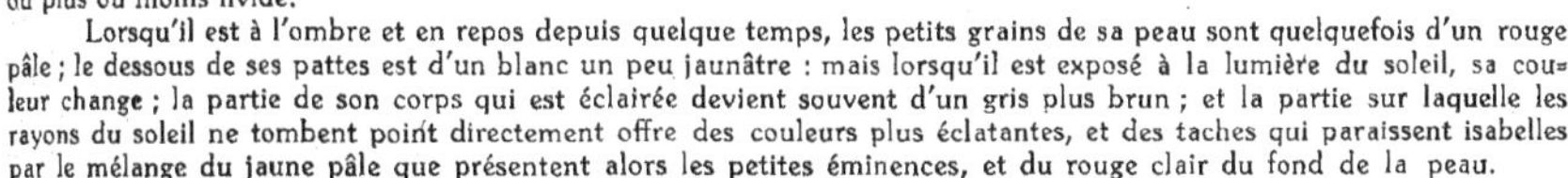

Il paraît cependant qu'en général ce lézard est d'un gris plus ou moins foncé, ou plus ou moins livide.

Lorsqu'il est à l'ombre et en repos depuis quelque temps, les petits grains de sa peau sont quelquefois d'un rouge pâle; le dessous de ses pattes est d'un blanc un peu jaunâtre : mais lorsqu'il est exposé à la lumière du soleil, sa couleur change ; la partie de son corps qui est éclairée devient souvent d'un gris plus brun ; et la partie sur laquelle les rayons du soleil ne tombent point directement offre des couleurs plus éclatantes, et des taches qui paraissent isabelles par le mélange du jaune pâle que présentent alors les petites éminences, et du rouge clair du fond de la peau.

Dans les intervalles des taches, les grains offrent du gris mêlé de verdâtre et de bleu, et le fond de la peau est rougeâtre.

D'autres fois le caméléon est d'un beau vert tacheté de jaune ; lorsqu'on le touche, il paraît souvent couvert tout d'un coup de taches noirâtres assez grandes, mêlées d'un peu de vert; lorsqu'on l'enveloppe dans un linge ou dans une étoffe, de quelque couleur qu'elle soit, il devient quelquefois plus blanc qu'à l'ordinaire : mais il est démontré, par les observations les plus exactes, qu'il ne prend pas la couleur des objets qui l'environnent, et que celles qu'il montre accidentellement ne sont point répandues sur tout son corps.

Il n'a reçu presque aucune arme pour se défendre : ne marchant que très lentement, ne pouvant point échapper par la fuite à la poursuite de ses ennemis, il est la proie de presque tous les animaux qui cherchent à le dévorer.

La crainte, la colère et la chaleur qu'éprouve le caméléon paraissent être les causes des diverses couleurs qu'il présente, et qui ont été le sujet de tant de fables.

Il jouit à un degré très éminent du pouvoir d'enfler les différentes parties de son corps et de leur donner par là un volume plus considérable.

Il peut aussi demeurer très longtemps désenflé : il paraît alors dans un état de maigreur extraordinaire.

Cet animal peut vivre près d'un an sans manger, et c'est vraisemblablement ce qui a fait dire qu'il ne se nourrissait que d'air. Sa conformation ne lui permet pas de pousser de véritables cris ; mais lorsqu'il est sur le point d'être surpris, il ouvre la gueule et siffle comme plusieurs autres quadrupèdes ovipares et les serpents.

Il se retire dans des trous de rochers, ou d'autres abris, où il se tient caché pendant l'hiver, au moins dans les pays un peu tempérés, et où il y a apparence qu'il s'engourdit.

La ponte de cet animal est de neuf à douze œufs.

Lorsqu'on transporte le caméléon en vie dans les pays un peu froids, il refuse presque toute nourriture ; il se tient immobile sur une branche, tournant seulement les yeux de temps en temps, et il périt bientôt.

On trouve le caméléon dans tous les climats chauds, tant de l'ancien que du nouveau continent.

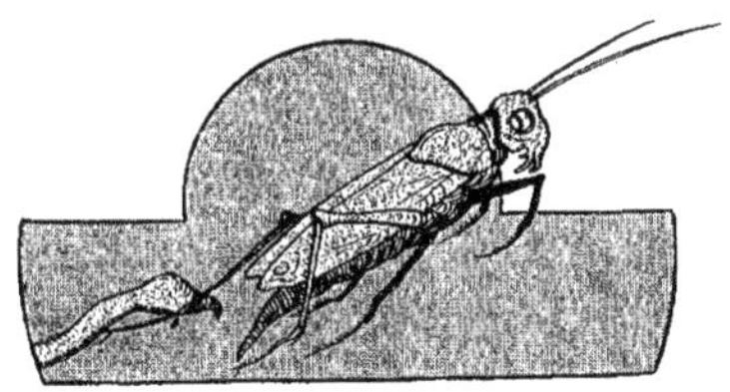

LE GECKO

Ce lézard funeste, et qui paraît renfermer un poison violent, a quelque ressemblance avec le caméléon : sa tête, presque triangulaire, est grande en comparaison du corps ; les yeux sont gros ; la langue est plate, revêtue de petites écailles, et le bout en est échancré.

Les dents sont aiguës et si fortes qu'elles peuvent faire impression sur des corps très durs, et même sur l'acier.

La couleur du gecko est d'un vert clair, tacheté d'un rouge très éclatant. On appelle *gecko* le lézard dont nous nous occupons, parce que ce mot imite le cri qu'il jette lorsqu'il doit pleuvoir, surtout, vers la fin du jour.

On le trouve en Égypte, dans l'Inde, à Amboine, aux autres îles Moluques, etc.

Il se tient de préférence dans le creux des arbres à demi pourris, ainsi que dans les endroits humides ; on le rencontre aussi quelquefois dans les maisons, où il inspire une grande frayeur, et où on s'empresse de le faire périr. Sa morsure est venimeuse, au point que, si la partie affectée n'est pas retranchée ou brûlée, on meurt avant peu d'heures. L'attouchement seul des pieds du gecko est même très dangereux, et empoisonne les viandes sur lesquelles il marche.

Son sang et sa salive, ou plutôt une sorte d'écume, une liqueur épaisse et jaune, qui s'épanche de sa bouche lorsqu'il est irrité ou lorsqu'il éprouve quelque affection violente, sont regardés de même comme des venins mortels.

Les habitants de Java s'en servaient pour empoisonner leurs flèches. Le gecko rend un son singulier, qui ressemble un peu à celui de la grenouille, et qu'il est surtout facile d'entendre pendant la nuit. Dès qu'il a plu, il sort de sa retraite ; sa démarche est assez lente : il va à la chasse des fourmis et des vers. C'est à tort qu'on a dit que les geckos ne pondaient point. Leurs œufs sont ovales, et communément de la grosseur d'une noisette. Les femelles ont soin de les couvrir d'un peu de terre, après les avoir déposés, et la chaleur du soleil les fait éclore.

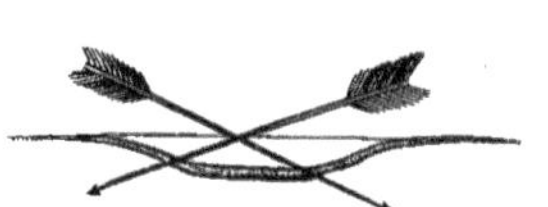

LE SEPS

Le seps doit être considéré de près, pour n'être pas confondu avec les serpents. Lorsqu'on le regarde, on croirait voir un serpent qui, par une espèce de monstruosité, serait né avec deux petites pattes auprès de la tête, et deux autres, très éloignées, situées auprès de l'origine de la queue. On le croirait d'autant plus, que le seps a le corps très long et très menu, et qu'il a l'habitude de se rouler sur lui-même comme les serpents. Sa queue finit par une pointe très aiguë ; elle est communément très courte. Le seps est couvert d'écailles. La couleur de ce lézard est en général moins foncée sous le ventre que sur le dos. La grandeur des seps varie suivant la température qu'ils éprouvent, la nourriture qu'ils trouvent, et la tranquillité dont ils jouissent. Les seps qui ne parviennent quelquefois, en Provence et dans les autres provinces méridionales de la France, qu'à la longueur de cinq ou six pouces, sont longs de douze ou quinze dans des pays plus conformes à leur nature. Les pattes du seps sont si courtes, qu'elles n'ont quelquefois que deux lignes de long. A peine paraissent-elles pouvoir toucher à terre, et cependant le seps les remue avec vitesse, et semble s'en servir avec beaucoup d'avantage lorsqu'il marche. Plusieurs naturalistes ont cru que le seps était une espèce de salamandre. On a accusé la salamandre d'être venimeuse ; on a dit que le seps l'était aussi ; mais il paraît prouvé qu'il n'est point venimeux dans les provinces méridionales de la France. Il semble craindre le froid ; il se cache dans la terre aux approches de l'hiver. Il disparaît dès le commencement d'octobre, et on ne le trouve plus que dans des creux souterrains ; il en sort au printemps pour aller dans les endroits garnis d'herbe, où il se tient encore pendant l'été quoique l'ardeur du soleil l'ait desséchée.

LA SALAMANDRE TERRESTRE

On a voulu qu'un petit lézard non seulement ne fût pas consumé par les flammes, mais parvînt même à les éteindre. Les anciens ont cru à cette propriété de la salamandre, et ils l'ont dite fille du feu, en lui donnant cependant un corps de glace. Les modernes ont adopté les fables ridicules des anciens, et l'on est allé jusqu'à penser que le feu le plus violent pouvait être éteint par la salamandre terrestre. Ce lézard, qui se trouve dans tous les pays de l'ancien monde, a été cependant très peu observé, parce qu'on le voit rarement hors de son trou, et parce qu'il a, pendant longtemps, inspiré une assez grande frayeur. Il est aisé à distinguer par la conformation particulière de ses pieds de devant, où il n'a que quatre doigts, tandis qu'il en a cinq à ceux de derrière. La salamandre terrestre n'a point de côtes, non plus que les grenouilles, auxquelles elle ressemble d'ailleurs par la forme générale de la partie antérieure du corps. Lorsqu'on la touche, elle se couvre promptement d'une espèce d'enduit, et elle peut également faire passer très rapidement sa peau de cet état humide à celui de la sécheresse. Le lait qui sort par les petits trous que l'on voit sur sa surface est très âcre ; lorsqu'on en a mis sur la langue, on croit sentir une sorte de cicatrice à l'endroit où il a touché. Quand on écrase, ou seulement quand on presse la salamandre, elle répand une mauvaise odeur qui lui est particulière. Les salamandres terrestres aiment les lieux humides et froids, les ombres épaisses, les bois touffus des hautes montagnes, les bords des fontaines qui coulent dans les prés ; elles se retirent quelquefois en grand nombre dans les creux des arbres, dans les haies, et elles passent l'hiver dans des espèces de terriers où on les trouve rassemblées et entortillées plusieurs ensemble.

La salamandre est très lente dans sa marche : bien loin de pouvoir grimper avec vitesse sur les arbres, elle paraît le plus souvent se traîner avec peine à la surface de la terre. Elle ne s'éloigne que peu des abris qu'elle a choisis ; elle passe sa vie sous terre, souvent au pied des vieilles murailles. Pendant l'été, elle craint l'ardeur du soleil, qui la dessécherait, et ce n'est ordinairement que lorsque la pluie est près de tomber, qu'elle sort de son asile secret, comme par une sorte de besoin de se baigner et de s'imbiber d'un élément qui lui est analogue. Peut-être aussi trouve-t-elle alors avec plus de facilité les insectes dont elle se nourrit. Elle vit de mouches, de scarabées, de limaçons et de vers de terre. Lorsqu'elle est en repos, elle se replie souvent sur elle-même comme les serpents. Elle peut rester quelque temps dans l'eau sans y périr ; on a même conservé des salamandres, pendant plus de six mois, dans de l'eau de puits : on ne leur donnait aucune nourriture ; on avait seulement le soin de changer souvent l'eau. On a regardé la froide salamandre comme un animal doué du pouvoir miraculeux de résister aux flammes, et même de les éteindre ; on a cru longtemps au poison de la salamandre ; on a dit que sa morsure était mortelle, comme celle de la vipère ; on a cherché et prescrit des remèdes contre son venin imaginaire.

On a cru longtemps que les salamandres n'avaient point de sexe, et que chaque individu était en état d'engendrer seul son semblable, comme dans plusieurs espèces de vers ; mais la salamandre met bas des petits venus d'un œuf éclos dans son ventre, ainsi que ceux des vipères. Les petites salamandres sont souvent d'une couleur noire, presque sans taches, qu'elles conservent quelquefois pendant toute leur vie.

LA TÊTE-PLATE

Cet animal paraît faire la nuance entre plusieurs espèces de lézards : il semble particulièrement tenir le milieu entre le caméléon, le gecko et la salamandre aquatique ; il a les principaux caractères de ces trois espèces. Sa tête, sa peau et la forme générale de son corps ressemblent à celles du caméléon, sa queue à celle de la salamandre aquatique, et ses pieds à ceux du gecko.

Ce lézard n'a encore été trouvé qu'en Afrique ; il paraît fort commun à Madagascar.

Les Madégasses ne regardent le lézard à tête plate qu'avec une espèce d'horreur ; dès qu'ils l'aperçoivent ils se détournent, se couvrent même les yeux, et fuient avec précipitation. On dit qu'il est très dangereux, qu'il s'élance sur les nègres, et qu'il s'attache si fortement à leur poitrine, qu'on ne peut l'en séparer qu'avec un rasoir. D'autres assurent que le lézard à tête plate n'est point venimeux. Il vit ordinairement sur les arbres, il s'y retire dans des trous d'où il ne sort que la nuit et dans les temps pluvieux : on le voit alors sauter de branche en branche avec agilité.

Sa queue lui sert à se soutenir, quoique courte ; il la replie autour des petits rameaux.

S'il tombe à terre, il se traîne jusqu'à l'arbre qui est le plus à sa portée ; il y grimpe et y recommence à sauter de branche en branche. Il marche avec peine ; il ne se nourrit que d'insectes : il a presque toujours la gueule ouverte pour les saisir ; et elle est intérieurement enduite d'une matière visqueuse qui les empêche de s'échapper.

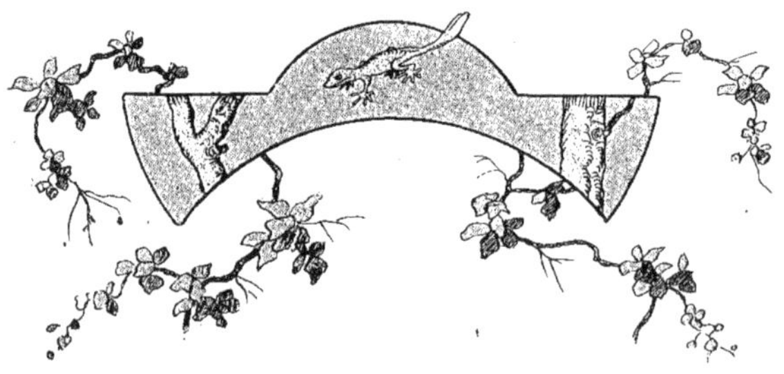

LE DRAGON

A ce nom de *dragon*, l'on conçoit toujours une idée extraordinaire. L'imagination s'enflamme par le souvenir des grandes images qu'il a présentées au génie poétique. Les anciens, les modernes, ont tous parlé du dragon. Mais à la place de cet être fantastique, que trouvons-nous dans la réalité ? Un animal aussi petit que faible, un lézard innocent et tranquille, un des moins armés de tous les quadrupèdes ovipares et qui, par une conformation particulière, a la facilité de se transporter avec agilité, et de voltiger de branche en branche dans les forêts qu'il habite. Les espèces d'ailes dont il a été pourvu, son corps de lézard, et tous ses rapports avec les serpents, ont fait trouver quelque sorte de ressemblance éloignée entre ce petit animal et le monstre imaginaire dont nous avons parlé, et lui ont fait donner le nom de *dragon* par les naturalistes. Si l'on ôtait au dragon ses ailes et les espèces de poches qu'il porte sous son gosier, il serait très semblable à la plupart des lézards. Bien différent du dragon de la fable, il passe innocemment sa vie sur les arbres, où il vole de branche en branche, cherchant les fourmis, les mouches, les papillons et les autres insectes dont il fait sa nourriture. Lorsqu'il s'élance d'un arbre à un autre, il frappe l'air avec ses ailes, de manière à produire un bruit assez sensible, et il franchit quelquefois un espace de trente pas. Il habite en Asie, en Afrique et en Amérique. Il peut varier, suivant les différents climats, par la teinte de ses écailles ; mais il présente souvent un agréable mélange de couleurs noire, brune, presque blanche ou légèrement bleuâtre, formant des taches ou des raies. Cet animal privilégié a reçu tout ce qui peut être nécessaire pour grimper sur les arbres, pour marcher avec facilité, pour voler avec vitesse, pour nager avec force : sa petite proie ne peut lui échapper. D'ailleurs aucun asile ne lui est fermé ; s'il est poursuivi sur la terre il s'enfuit au haut des branches, ou se réfugie au fond des rivières; il jouit donc d'un sort tranquille et d'une destinée heureuse ; car il peut encore, en s'élevant dans l'air, échapper aux animaux que l'eau n'arrête pas.

LA GRENOUILLE COMMUNE

Les grenouilles communes sont en apparence si conformes aux crapauds, qu'on ne peut aisément se représenter les unes sans penser aux autres. S'il n'avait point existé de crapauds, si l'on n'avait jamais eu devant les yeux ce vilain objet de comparaison, qui enlaidit par sa ressemblance autant qu'il salit par son approche, la grenouille nous paraîtrait aussi agréable par sa conformation que distinguée par ses qualités, et intéressante par les phénomènes qu'elle présente dans les diverses époques de sa vie.

Lorsque les grenouilles communes sont hors de l'eau, bien loin d'avoir la face contre terre, et d'être bassement accroupies dans la fange comme les crapauds, elles ne vont que par sauts très élevés.

On dirait qu'elles cherchent l'élément de l'air comme le plus pur ; et lorsqu'elles se reposent à terre, c'est toujours la tête haute, le corps élevé sur les pattes de devant et appuyé sur les pattes de derrière. La grenouille commune est si élastique et si sensible dans tous ses points, qu'on ne peut la toucher et surtout la prendre par ses pattes de derrière, sans que tout de suite son dos se courbe avec vitesse, et que toute sa surface montre, pour ainsi dire, les mouvements prompts d'un animal agile qui cherche à s'échapper. Les grenouilles communes varient par la grandeur, suivant les pays qu'elles habitent, la nourriture qu'elles trouvent, la chaleur qu'elles

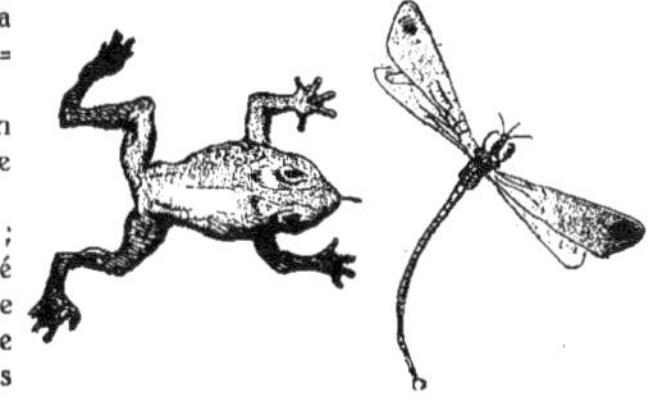

éprouvent, etc. Dans les zones tempérées, la longueur ordinaire de ces animaux est de deux à trois pouces. La grenouille est un des quadrupèdes ovipares les mieux partagés pour les sens extérieurs. Ses yeux sont, en effet, gros et saillants : sa peau molle, qui n'est recouverte ni d'écailles ni d'enveloppes osseuses, est sans cesse abreuvée et maintenue dans sa souplesse par une humeur visqueuse qui suinte au travers de ses pores : elle doit donc avoir la vue très bonne et le toucher très délicat ; et si ses oreilles sont recouvertes par une membrane, elle n'en a pas moins l'ouïe fine.

Cette supériorité dans la sensibilité des grenouilles les rend plus difficiles sur la nature de leur nourriture ; elles rejettent tout ce qui pourrait présenter un commencement de décomposition. Si elles se nourrissent de vers, de sangsues, de petits limaçons, de scarabées et d'autres insectes tant ailés que non ailés, elles n'en prennent aucun qu'elles ne l'aient vu remuer, comme si elles voulaient s'assurer qu'il vit encore : elles demeurent immobiles jusqu'à ce que l'insecte soit assez près d'elles ; elles fondent alors sur lui avec vivacité, s'élancent vers cette proie, quelquefois à la hauteur d'un ou deux pieds, et avancent, pour l'attraper, une langue enduite d'une mucosité si gluante, que les insectes qui y touchent y sont aisément empêtrés. La grenouille commune sort souvent de l'eau, non seulement pour chercher sa nourriture, mais encore pour s'imprégner des rayons du soleil. Bien loin d'être presque muette, comme plusieurs quadrupèdes ovipares, et particulièrement comme la salamandre terrestre, avec laquelle elle a plusieurs rapports, on l'entend de très loin, dès que la belle saison est arrivée, et qu'elle est pénétrée de la chaleur du printemps, jeter un cri qu'elle répète pendant assez longtemps, surtout lorsqu'il est nuit. On dirait qu'il y a quelque rapport de plaisir ou de peine entre la grenouille et l'humidité du serein ou de la rosée, et que c'est à cette cause que l'on doit attribuer ses longues clameurs. Ce rapport pourrait montrer pourquoi les cris des grenouilles sont, ainsi qu'on l'a prétendu, d'autant plus forts que le temps est plus disposé à la pluie, et pourquoi ils peuvent par conséquent annoncer ce météore.

Le coassement des grenouilles, qui n'est composé que de sons rauques, de tons discordants et peu distincts les uns des autres, serait très désagréable par lui-même, et quand on n'entendrait qu'une seule grenouille à la fois ; mais c'est toujours en grand nombre qu'elles coassent ; et c'est toujours de trop près qu'on entend ces sons confus, dont la monotonie fatigante est réunie à une rudesse propre à blesser l'oreille la moins délicate.

Quoique les grenouilles communes se plaisent à des latitudes très élevées, la chaleur leur est assez nécessaire pour qu'elles perdent leurs mouvements, que leur sensibilité soit très affaiblie et qu'elles s'engourdissent dès que les froids de l'hiver sont venus. C'est communément dans quelque asile caché très avant sous les eaux, dans les marais et dans les lacs, qu'elles tombent dans la torpeur à laquelle elles sont sujettes. Quelques-unes cependant passent la saison du froid dans des trous sous terre, soit que des circonstances locales les y déterminent, ou qu'elles soient surprises dans ces trous par le degré de froid qui les engourdit. Les grenouilles sont sujettes à quitter leur peau de même que les autres quadrupèdes ovipares ; mais cette peau est plus souple, plus constamment abreuvée par un élément qui la ramollit, plus sujette à être altérée par des causes extérieures. Les grenouilles se dépouillent très souvent de leur peau pendant la saison où elles ne sont pas engourdies et alors elles en produisent une nouvelle presque tous les huit jours. Les grenouilles étant accoutumées à demeurer un peu de temps sous l'eau sans respirer et leur cœur étant conformé de manière à pouvoir battre sans être mis en jeu par leurs poumons comme celui des animaux mieux organisés, il n'est pas surprenant qu'elles vivent aussi pendant un peu de temps dans un vase dont on a pompé l'air.

Elles sont dévorées par les serpents d'eau, les anguilles, les brochets, les taupes, les putois, les loups, les oiseaux d'eau et de rivage, etc. Comme elles fournissent un aliment utile, et que même certaines parties de leur corps forment un mets très agréable, on les recherche avec soin. On a plusieurs manières de les pêcher : on les prend avec des filets à la clarté des flambeaux, qui les effrayent et les rendent souvent comme immobiles ; ou bien on les pêche à la ligne, avec des hameçons qu'on garnit de vers, d'insectes ou simplement d'un morceau d'étoffe rouge ou couleur de chair : car les grenouilles sont goulues ; elles saisissent avidement et retiennent avec obstination tout ce qu'on leur présente.

La grenouille commune habite presque tous les pays. On la trouve très avant dans le Nord, et même dans la Laponie suédoise ; elle vit dans la Caroline et dans la Virginie, où elle est si agile, au rapport de plusieurs voyageurs, qu'elle peut, en sautant, franchir un intervalle de quinze à dix-huit pieds.

LA ROUSSE ET L'ÉCAILLE

Il est aisé de distinguer cette grenouille d'avec les autres, par une tache noire qu'elle a entre les yeux et les pattes de devant. Elle paraît, au premier coup d'œil, n'être qu'une variété de la grenouille commune. Elle a le dessus du corps d'un roux obscur, moins foncé quand elle a renouvelé sa peau, et qui devient comme marbré vers le milieu de l'été ; le ventre est blanc et tacheté de noir à mesure qu'elle vieillit ; les cuisses sont rayées de brun. Elle a au bout de la langue une petite échancrure dont les deux pointes lui servent à saisir les insectes, qu'elle retient en même temps par l'espèce de glu dont sa langue est enduite et sur lesquels elle s'élance comme un trait, dès qu'elle les voit à sa portée. On l'a appelée *la muette,* par comparaison avec la grenouille commune, dont les cris désagréables et souvent répétés se font entendre de très loin.

Les grenouilles rousses passent une grande partie de la belle saison à terre. Ce n'est que vers la fin de l'automne qu'elles regagnent les endroits marécageux ; et lorsque le froid devient plus vif, elles s'enfoncent dans le limon du fond des étangs, où elles demeurent engourdies jusqu'au retour du printemps. Mais lorsque la chaleur est revenue, elles sont rendues à la vie et au mouvement.

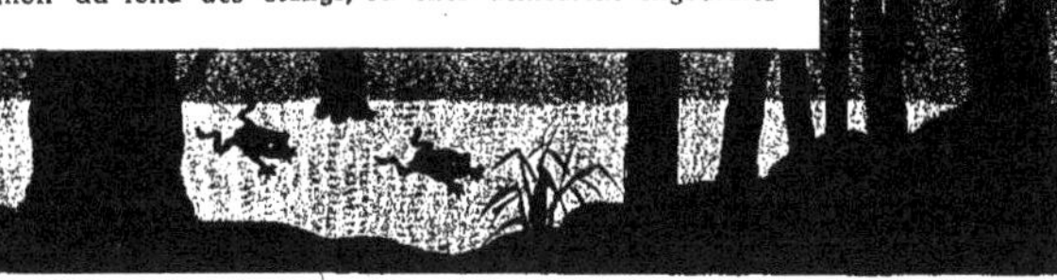

Vers la fin de juillet, lorsque les petites grenouilles sont entièrement écloses, elles vont rejoindre les autres grenouilles rousses dans les bois et dans les campagnes. Elles partent le soir, voyagent toute la nuit, et évitent d'être la proie des oiseaux voraces en passant le jour sous les pierres et sous les différents abris qu'elles rencontrent, et en ne se remettant en chemin que lorsque les ténèbres leur rendent la sûreté. Cependant, malgré cette espèce de prudence, pour peu qu'il vienne à pleuvoir, elles sortent de leurs retraites pour s'imbiber de l'eau qui tombe.

Comme elles sont très fécondes et qu'elles pondent ordinairement depuis six cents jusqu'à onze cents œufs, il n'est pas surprenant qu'elles se montrent quelquefois en si grand nombre, surtout dans les bois et les terrains humides, que la terre en paraît toute couverte. La multitude des grenouilles rousses, qu'on voit sortir de leurs trous lorsqu'il pleut, a donné lieu à deux fables : l'on a dit, non seulement qu'il pleuvait quelquefois des grenouilles, mais encore que le mélange de la pluie avec des grains de poussière pouvait les engendrer tout d'un coup ; l'on ajoutait que ces grenouilles ainsi tombées des nues, ou produites d'une manière si rapide par un mélange si bizarre, s'en allaient aussi promptement qu'elles étaient venues, et qu'elles disparaissaient aux premiers rayons du soleil.

On a prétendu que les grenouilles rousses étaient venimeuses : on les mange cependant dans quelques contrées d'Allemagne. Elles sont en très grand nombre dans l'île Sardaigne, ainsi que dans presque toute l'Europe ; il paraît qu'on les trouve dans l'Amérique septentrionale.

La grenouille écailleuse est à peu près de la grosseur et de la forme de la grenouille commune ; sa peau est comme plissée sur les côtés et sous la gorge ; les pieds de devant ont quatre doigts à demi réunis par une membrane, et les pieds de derrière cinq doigts entièrement palmés ; les ongles sont aplatis. Mais ce qu'il faut surtout remarquer, c'est une bande écailleuse qui, partant de l'endroit des reins et s'étendant obliquement de chaque côté au-dessus des épaules, entoure par-devant le dos de l'animal : cette bande est composée de très petites écailles à demi transparentes, présentant chacune un petit sillon longitudinal, placées sur quatre rangs, et se recouvrant les unes les autres, comme les ardoises des toits. Il est évident, par cette forme et cette position, que ces pièces sont de véritables écailles semblables à celles des lézards, et qu'elles ne peuvent pas être confondues avec les verrues ou tubercules que l'on a observés sur le dos des quadrupèdes ovipares sans queue.

LA RAINE VERTE OU COMMUNE

La raine verte saute avec plus d'agilité que les grenouilles, parce qu'elle a les pattes de derrière plus longues en proportion de la grandeur du corps. C'est au milieu des boues, c'est sur les branches des arbres qu'elle passe presque toute la belle saison. Sa peau est si gluante, que la raine n'a qu'à se poser sur la branche la plus unie, même sur la surface inférieure des feuilles, pour s'y attacher de manière à ne pas tomber.

Lorsque les beaux jours sont venus, on voit les raines vertes s'élancer sur les insectes qui sont à leur portée ; elles les saisissent et les retiennent avec leur langue, en sautant avec vitesse de rameau en rameau ; elles y représentent jusqu'à un certain point les jeux et les petits vols des oiseaux, ces légers habitants des arbres élevés.

Il en est des raines comme des grenouilles : leur entier développement ne s'effectue qu'avec lenteur ; et de même qu'elles demeurent longtemps dans leurs véritables œufs, elles ne deviennent qu'après un temps assez long en état de perpétuer leur espèce.

Elles ne vivent dans les bois que pendant le temps de leurs chasses ; car c'est aussi au fond des eaux et dans le limon des lieux marécageux qu'elles se cachent pour passer le temps de l'hiver et de leur engourdissement.

On les trouve donc dans les étangs dès la fin du mois d'avril, ou au commencement de mai ; mais, comme si elles ne pouvaient pas renoncer, même pour un temps très court, aux branches qu'elles ont habitées, peut-être parce qu'elles ont besoin d'y aller chercher l'aliment qui leur convient le plus lorsqu'elles sont entièrement développées, elles choisissent les endroits marécageux entourés d'arbres.

Ce n'est ordinairement qu'après deux mois que les jeunes raines ont la forme qu'elles doivent conserver toute leur vie ; mais dès qu'elles ont atteint leur développement, et qu'elles peuvent sauter et bondir avec facilité, elles quittent les eaux et gagnent les bois. On fait vivre la raine verte dans les maisons, en lui fournissant une température et une nourriture convenables.

On la rencontre en Europe, en Afrique et en Amérique.

LE CRAPAUD COMMUN

Depuis longtemps l'opinion a flétri cet animal dégoûtant, dont l'approche révolte tous les sens. L'espèce d'horreur avec laquelle on le découvre est produite même par l'image que le souvenir en retrace : beaucoup de gens ne se le représentent qu'en éprouvant une sorte de frémissement, et les personnes qui ont le tempérament faible et les nerfs délicats ne peuvent en fixer l'idée sans croire sentir dans leurs veines le froid glacial que l'on a dit accompagner l'attouchement du crapaud; tout en est vilain, jusqu'à son nom, qui est devenu le signe d'une basse difformité.

Cet être ignoble occupe cependant une assez grande place dans le plan de la nature.

Son corps, arrondi et ramassé, a plutôt l'air d'un amas informe et pétri au hasard, que d'un corps organisé arrangé avec ordre, et fait sur un modèle. Sa couleur est ordinairement d'un gris livide, tacheté de brun et de jaunâtre ; quelquefois, au commencement du printemps, elle est d'un roux sale, qui devient ensuite, tantôt presque noir, tantôt olivâtre et tantôt roussâtre. Il est encore enlaidi par un grand nombre de verrues ou plutôt de pustules d'un vert noirâtre ou d'un rouge clair.

Une peau épaisse, dure, et très difficile à percer, couvre son dos aplati : son large ventre paraît toujours enflé ; ses pieds de devant sont très peu allongés, et divisés en quatre doigts, tandis que ceux de derrière ont chacun six doigts réunis par une membrane. Au lieu de se servir de cette large patte pour sauter avec agilité, il ne l'emploie qu'à comprimer la vase humide sur laquelle il repose ; et au-devant de cette masse, qu'est-ce qu'on distingue ? une tête un peu plus grosse que le reste du corps, comme s'il manquait quelque chose à sa difformité ; une grande gueule garnie de mâchoires raboteuses, mais sans dents ; des paupières gonflées et des yeux assez gros, saillants, et qui révoltent par la colère qui paraît souvent les animer. Le crapaud s'irrite avec force pour peu qu'on le touche, il se gonfle, et tâche d'employer ainsi sa vaine puissance ; il résiste longtemps aux poids avec lesquels on cherche à l'écraser et il faut que toutes ses parties et ses vaisseaux soient bien peu liés entre eux, puisqu'on a vu des crapauds qui, percés d'outre en outre avec un pieu, ont cependant vécu plusieurs jours, étant fichés contre terre.

Tout se ressent de la grossièreté de l'atmosphère ordinairement répandue autour du crapaud, et de la disproportion de ses membres ; non seulement il ne peut point marcher, mais il ne saute qu'à une très petite hauteur ; lorsqu'il se sent pressé, il lance contre ceux qui le poursuivent les sucs fétides dont il est imbu ; il fait jaillir une liqueur limpide qui, dans certaines circonstances, est plus ou moins nuisible. Il transpire de tout son corps une humeur laiteuse, et il découle de sa bouche une bave qui peut infecter les herbes et les fruits sur lesquels il passe, de manière à incommoder ceux qui en mangent sans les laver. Cette bave et cette humeur laiteuse peuvent être un venin plus ou moins actif, ou un corrosif plus ou moins fort, suivant la température, la saison, et la nourriture des crapauds, l'espèce de l'animal sur lequel il agit, et la nature de la partie qu'il attaque. La trace du crapaud peut donc être, dans certaines circonstances, aussi funeste que son aspect est dégoûtant.

Le crapaud habite pour l'ordinaire dans les fossés, surtout dans ceux où une eau fétide croupit depuis longtemps ; on le trouve dans les fumiers, dans les caves, dans les antres profonds, dans les forêts où il peut se dérober aisément à la clarté qui le blesse en choisissant de préférence les endroits ombragés, sombres, solitaires, en s'enfonçant sous les décombres et sous les tas de pierres.

C'est dans ces divers asiles obscurs qu'il se tient enfermé pendant tout le jour, à moins que la pluie ne l'oblige à en sortir.

Il y a des pays où les crapauds sont si fort répandus, comme auprès de Carthage et de Porto-Bello en Amérique, que non seulement, lorsqu'il pleut, ils y couvrent les terres humides et marécageuses, mais encore les rues, les jardins et les cours, et que les habitants de ces provinces ont cru que chaque goutte de pluie était changée en crapaud. Ces animaux présentent même, dans ces contrées du Nouveau-Monde, un volume considérable ; les moins grands ont six pouces de longueur. Si c'est pendant la nuit que la pluie tombe, ils abandonnent presque tous leur retraite, et alors ils paraissent se toucher sur la surface de la terre, qu'on dirait qu'ils ont entièrement envahie. On ne peut sortir sans les fouler aux pieds ; et on prétend même qu'ils y font des morsures d'autant plus dangereuses, que, indépendamment de leur grosseur, ils sont, dit-on, très venimeux. Pendant l'hiver, ils se réunissent plusieurs ensemble, dans les pays où la température, devenant trop froide pour eux, les force à s'engourdir ; ils se ramassent dans le même trou apparemment pour augmenter et prolonger le peu de chaleur qui leur reste encore. Lorsqu'ils sont réveillés de leur long assoupissement, ils choisissent la nuit pour errer et chercher leur nourriture ; ils vivent d'insectes,

de scarabées, de limaçons ; on dit qu'ils mangent aussi de la sauge, dont ils aiment l'ombre, et qu'ils sont surtout avides de ciguë, que l'on a quelquefois appelée *le persil du crapaud*. Lorsque les premiers jours chauds du printemps sont arrivés, on les entend, vers le coucher du soleil, jeter un cri assez doux.

Ce n'est qu'au bout de quatre ans que le crapaud est en état de se reproduire. On a prétendu que sa vie ordinaire n'était que de quinze ou seize ans ; mais sur quoi l'a-t-on fondé? avait-on suivi avec soin le même crapaud dans ses retraites écartées ?

On a au contraire un fait bien constaté, par lequel il est prouvé qu'un crapaud a vécu plus de trente-six ans, et il aurait vécu plus de temps peut-être, si un corbeau, apprivoisé comme lui, ne l'eût attaqué à l'entrée de son trou, et ne lui eût crevé un œil, malgré tous les efforts qu'on fit pour le sauver. Il ne put plus attraper sa proie avec la même facilité, parce qu'il ne pouvait juger avec la même justesse de sa véritable place ; aussi périt-il de langueur au bout d'un an.

LE VERT

On trouve auprès de Vienne, dans les cavités des rochers ou dans les fentes obscures des murailles, un crapaud d'un blanc livide, dont le dessus du corps est marqué de taches vertes légèrement ponctuées, entourées d'une ligne noire, et, le plus souvent, réunies plusieurs ensemble.

Il paraît que les liqueurs corrosives que répand ce crapaud peuvent être plus nuisibles que celles du crapaud commun ; sa respiration est accompagnée d'un gonflement de la gueule. Dans la colère, ses yeux étincellent ; et son corps, enduit d'une humeur visqueuse, répand une odeur fétide. Il tourne toujours en dedans ses deux pieds de devant. Comme il habite le même pays que le crapaud commun, on ne peut décider que d'après quelques observations si les différences qu'il présente, quant à ses couleurs, doivent établir entre cet animal et le crapaud commun une diversité d'espèce ou une simple variété plus ou moins constante. Le crapaud vert se trouve en assez grand nombre aux environs de la mer Caspienne.

Il a la peau lisse, sans aucune verrue, et marquetée de grandes taches brunes qui se touchent ; les plus larges et les plus foncées sont sur le dos, au milieu et le long duquel s'étend une petite bande plus claire. Les yeux sont remarquables en ce que la fente que laisse la paupière en se contractant est située verticalement au lieu de l'être transversalement. Sous la plante des pieds de derrière qui sont palmés, on remarque un faux ongle qui a la dureté de la corne. La femelle est distinguée du mâle par les taches qu'elle a sous le ventre.

LE COULEUR-DE-FEU

On a découvert ce crapaud sur les bords du Danube ; c'est un des plus petits. Son dos, d'une couleur olivâtre très foncée, est tacheté d'un noir sale ; mais le ventre, la gueule, les pattes et la plante des pieds sont d'un blanc bleuâtre, tacheté d'un beau vermillon, et c'est de là que lui vient son nom.

On trouve le couleur-de-feu à terre pendant l'automne.

Lorsqu'on l'approche et dès qu'il est près de l'eau, il s'y élance avec légèreté; mais s'il ne voit aucun moyen d'échapper, il s'affaisse contre terre comme pour se cacher. Dès qu'on le touche, sa tête se contracte et se jette en arrière ; si on le tourmente, il exhale une odeur fétide.

Ce qu'il y a de remarquable dans les habitudes de ce petit animal, c'est qu'au lieu de craindre la lumière, il se plaît, sur le bord de l'eau, à s'imbiber des rayons du soleil. Le couleur-de-feu n'a d'autre propriété nuisible que celle d'assoupir les lézards gris, qui sont très sensibles à toute sorte de venin.

LE BRUN

Ce crapaud se trouve plus fréquemment dans les marais qu'au milieu des terres. Lorsqu'il est en colère, il exhale une odeur fétide semblable à celle de l'ail, ou de la poudre à canon qui brûle ; et cette odeur est assez forte pour faire pleurer.

Le mâle paraît prendre des soins particuliers pour faciliter la ponte des œufs de la femelle. On soupçonne qu'il est venimeux ; et l'on assure même qu'il peut donner la mort soit par son souffle empoisonné lorsqu'on l'approche de trop près, soit lorsqu'on mange des herbes imprégnées de son venin. Cette assertion peut être exagérée ; mais il restera toujours aux crapauds, et surtout au crapaud brun, assez de qualités malfaisantes pour justifier l'aversion qu'ils inspirent.

Il paraît que c'est le crapaud brun qui se trouve en grand nombre aux environs de la mer Caspienne, et dont le coassement, entendu de loin, imite un peu le bruit que l'on fait en riant.

Les Serpents.

A la suite des nombreuses espèces des quadrupèdes et des oiseaux, se présente l'ordre des serpents. Peu d'animaux ont les mouvements aussi prompts et se transportent avec autant de vitesse que le serpent ; il égale presque, par sa rapidité, une flèche tirée par un bras vigoureux, lorsqu'il s'élance sur sa proie ou qu'il fuit devant son ennemi ; chacune de ses parties devient alors comme un ressort qui se débande avec violence ; il semble ne toucher à la terre que pour en rejaillir, et, pour ainsi dire, sans cesse repoussé par les corps sur lesquels il s'appuie, on dirait qu'il nage

au milieu de l'air en rasant la surface du terrain qu'il parcourt. S'il veut s'élever encore davantage, il le dispute à plusieurs espèces d'oiseaux par la facilité avec laquelle il parvient jusqu'au plus haut des arbres, autour desquels il roule et déroule son corps avec tant de promptitude, que l'œil a de la peine à le suivre. Souvent même lorsqu'il ne change pas encore de place, mais qu'il est prêt à s'élancer, et qu'il est agité par quelque affection vive, comme la colère ou la crainte, il n'appuie contre terre que sa queue, qu'il replie en contours sinueux ; il redresse avec fierté sa tête ; il relève avec vitesse le devant de son corps, et, le retenant dans une attitude droite et perpendiculaire, bien loin de paraître uniquement destiné à ramper, il offre l'image de la force, du courage, et d'une sorte d'empire.

Placé par la nature à la suite des quadrupèdes ovipares, ressemblant à un lézard qui serait privé de pattes, et pouvant surtout être quelquefois confondu avec les espèces nommées *seps* et *chalcide*, ainsi qu'avec les reptiles bipèdes, le serpent réunit cet ordre des quadrupèdes ovipares à celui des poissons, avec plusieurs espèces desquels il a un grand nombre de rapports extérieurs.

Les espèces des serpents sont en grand nombre ; on en compte plus de cent quarante : quelques-unes parviennent à une grandeur très considérable ; elles ont plus de trente pieds, et souvent même plus de quarante pieds de longueur. Toutes sont couvertes d'écailles ou de tubercules écailleux qu'elles lient les uns avec les autres ; mais ces écailles varient beaucoup par leur forme et par leur grandeur.

Entre les limites assignées par la nature à la longueur des serpents, c'est-à-dire depuis celle de quarante ou même cinquante pieds jusqu'à celle de quelques pouces, on trouve presque tous les degrés intermédiaires occupés par quelque espèce ou quelque variété de ces reptiles : si l'on ajoute à la variété des longueurs des serpents celle des couleurs éclatantes dont ils sont peints, depuis le blanc et le rouge le plus vif jusqu'au violet le plus foncé, et même jusqu'au noir ; si l'on réunit encore à toutes ces différences celles que l'on doit tirer de la position, de la grandeur et de la forme des écailles, ne verra-t-on pas que l'ordre des serpents est un des plus variés de ceux qui peuplent et embellissent la surface du globe?

Toutes les espèces de ces animaux habitent de préférence les contrées chaudes ou tempérées ; on en trouve dans les deux mondes, où ils paraissent à peu près également répandus en raison de la chaleur, de l'humidité et de l'espace libre. Plusieurs de ces espèces sont communes aux deux continents ; mais il paraît qu'en général ce sont les plus grandes qui appartiennent à un plus grand nombre de contrées différentes.

Tous les serpents viennent d'un œuf ; mais, dans certaines espèces de ces reptiles, les œufs éclosent dans le ventre de la mère.

Les femelles ne couvent point leurs œufs ; elles les abandonnent après la ponte; elles les laissent quelquefois sur la terre nue, surtout dans les contrées très chaudes ; mais le plus souvent elles les couvrent avec plus ou moins de soin, suivant que l'ardeur du soleil et celle de l'atmosphère sont plus ou moins vives.

Lorsque les petits serpents sont éclos, ils traînent seuls leur frêle existence ; ils n'apprennent de leur mère, dont ils sont séparés, ni à distinguer leur proie, ni à trouver un abri ; ils sont réduits à leur seul instinct ; aussi doit-il en périr beaucoup avant qu'ils soient assez développés et qu'ils aient acquis assez d'expérience pour se garantir des dangers. Le sens de l'ouïe doit être très obtus dans ces animaux. Leur odorat ne doit pas être très fin, mais leurs yeux sont ordinairement brillants et animés, très mobiles, très saillants, placés de manière à recevoir l'image d'un espace étendu. Leur vue doit donc être, et est, en effet, très perçante. Leur goût peut être assez actif. Leur toucher même doit être assez fort. Plusieurs espèces de serpents vivent tranquillement auprès des habitations de l'homme, entrent familièrement dans ses demeures, s'y établissent même quelquefois et les délivrent d'animaux nuisibles, et particulièrement d'insectes malfaisants ; on a vu des serpents, réduits à une vraie domesticité, donner à leurs maîtres des signes d'attachement supérieurs à tous ceux qu'on a remarqués dans plusieurs espèces d'oiseaux et même de quadrupèdes.

Il en est des serpents comme de plusieurs autres ordres d'animaux : ceux qui sont très grands sont rarement plusieurs ensemble. Il leur faut trop de place pour se mouvoir, trop d'espace pour chasser ; doués de plus de force et d'armes plus puissantes, ils doivent s'inspirer mutuellement plus de crainte. Mais ceux qui ne parviennent pas à une longueur très considérable et qui n'excèdent pas sept ou huit pieds de long, habitent souvent en très grand nombre, non seulement sur le même rivage ou dans la même forêt, suivant qu'ils se nourrissent d'animaux aquatiques ou de ceux des bois, mais dans le même asile souterrain ; c'est dans des cavernes profondes qu'on les rencontre quelquefois entassés, pour ainsi dire, les uns contre les autres, repliés et entrelacés de telle sorte qu'on croirait voir des serpents à plusieurs têtes. Ils éprouvent, pendant l'hiver, un engourdissement plus ou moins profond et plus ou moins long, suivant la rigueur et la durée du froid ; ce ne sont guère que les petites espèces qui tombent dans cette torpeur, parce que les très grands serpents vivent dans la zone torride, où les saisons ne sont jamais assez froides pour diminuer leur mouvement vital au point de les engourdir.

Ils sortent de leur sommeil annuel lorsque les premiers jours chauds du printemps se font ressentir.

Quelque temps après qu'ils sont sortis de leur torpeur, ils se dépouillent et revêtent une peau nouvelle ; ils se tiennent plus ou moins cachés pendant que cette nouvelle peau n'est pas encore endurcie.

On ignore quelle est la longueur de la vie des serpents. On doit croire qu'elle varie suivant les espèces, et qu'elle est d'autant plus considérable qu'elles parviennent à de plus grandes dimensions. Les très grandes espèces doivent vivre très longtemps.

Lorsque les très grands serpents sont encore éloignés de leur courte vieillesse, lorsqu'ils jouissent de toute leur activité et de toutes leurs forces, ils doivent les entretenir par une grande quantité de nourriture substantielle ; aussi ne se contentent-ils pas de brouter l'herbe ou de manger des graines et des fruits, ils dévorent les animaux qu'ils peuvent saisir, et comme, dans la plupart des serpents, la digestion est très longue, et que leurs aliments demeurent très longtemps dans leur corps, les substances animales qu'ils avalent, et qui sont très susceptibles de putréfaction, s'y décomposent et s'y corrompent au point de répandre l'odeur la plus fétide.

La masse des aliments qu'ils avalent est quelquefois si grosse, relativement à l'ouverture de leur gosier, que, malgré tous leurs efforts, l'écartement de leurs mâchoires et l'extension de leur peau, leur proie ne peut entrer qu'à demi dans leur estomac. Étendus alors dans leur retraite, ils sont obligés d'attendre que la partie qu'ils ont déjà avalée soit digérée, et qu'ils puissent de nouveau écraser, broyer, enduire et préparer les portions trop grosses.

Lorsque leur digestion est achevée, ils reprennent une activité d'autant plus grande que leurs forces ont été renouvelées ; et pour peu surtout qu'ils ressentent alors de nouveau l'aiguillon de la faim, ils redeviennent très dangereux pour les animaux plus faibles qu'eux ou moins armés. Ils préludent presque toujours aux combats qu'ils livrent par des sifflements plus ou moins forts.

Si les sifflements des très grands serpents étaient entendus de loin comme les cris des tigres, des aigles, des vautours, etc., ils serviraient à garantir l'approche dangereuse de ces énormes reptiles ; mais ils sont bien moins forts que les rugissements des grands quadrupèdes carnassiers et des oiseaux de proie. La masse seule de ces grands serpents les trahit et les empêche de cacher leur poursuite ; on s'aperçoit facilement de leur approche, dans les endroits qui ne sont pas couverts de bois, par le mouvement des haubes herbes qui s'agitent et se courbent sous leur poids.

On a formé huit genres de serpents : le premier est composé des serpents qui ont un seul rang de grandes écailles sous le ventre et deux rangs de petites plaques sous la queue. On les appelle *couleuvres*. Ce genre comprend la vipère

commune, l'aspic, la couleuvre proprement dite, la couleuvre à collier, la quatre-raies, cinq serpents très communs en France, et qui forment avec l'orvet et peut-être la couleuvre d'Esculape, les seules espèces qu'on y ait observées.

On a placé dans le second genre les serpents qui n'ont qu'un seul rang de grandes plaques, tant au-dessous du corps qu'au-dessous de la queue ; et ce genre présente les plus grandes espèces, sous le nom générique de *boa*, par lequel elles ont été désignées en latin par Pline et les autres anciens auteurs, et en français, par le plus grand nombre des naturalistes et des voyageurs modernes, et qu'on a ainsi nommées, parce qu'on a dit d'elles qu'elles se nourrissent avec plaisir du lait des vaches.

Le troisième genre est composé des serpents qui ont de grandes plaques sous le ventre et sous la queue, dont l'extrémité est déterminée par des écailles articulées et mobiles, auxquelles on a donné le nom de *sonnettes :* nous leur conservons le nom générique de *serpents à sonnettes*.

Dans le quatrième genre, on trouvera les serpents qui n'ont au-dessous du corps et de la queue que des écailles semblables à celles du dos ; nous leur laissons le nom générique d'*anguis* ; et c'est dans ce genre qu'est placé l'orvet, serpent très commun dans quelques-unes de nos provinces méridionales.

On comprend dans le cinquième genre ceux qui sont entourés partout d'anneaux écailleux, et que les naturalistes ont appelés *amphisbènes*.

On compte dans le sixième les serpents dont les côtés du corps sont plissés, et que l'on a nommés *cœciles*.

Dans le septième genre doivent être mis ceux dont le dessous du corps présente, vers la tête, de grandes plaques, ne montre ensuite que des anneaux écailleux, et dont la queue, garnie de ces mêmes anneaux à son origine, n'est revêtue que de simples écailles à son extrémité. On les appelle *langaha*.

Et enfin on a placé, dans le huitième genre, le serpent qui a sa peau revêtue de petits tubercules, et que l'on nomme l'*acrochorde de Java*.

On a remarqué que toutes les espèces de serpents, dont les petits éclosent dans le ventre de leur mère, sont venimeuses, et par conséquent elles ont toutes des crochets ou dents mobiles semblables à celles de la vipère commune d'Europe.

Couleuvres et Vipères.

LA VIPÈRE COMMUNE

PARMI les espèces de serpents dont le venin est plus ou moins funeste, une des plus anciennement et des mieux connues est la vipère commune. Elle est, en effet, très multipliée en Europe ; elle habite autour de nous ; elle infeste nos bois et nos demeures ; elle est aussi petite, aussi faible, aussi innocente en apparence, que son venin est dangereux ; elle serait presque ignorée sans le poison funeste qu'elle distille. Sa longueur totale est communément de deux pieds. Sa couleur est d'un gris cendré, et le long de son dos, depuis la tête jusqu'à l'extrémité de la queue, s'étend une sorte de chaîne composée de taches noirâtres de forme irrégulière, et qui, en se réunissant en plusieurs endroits les unes aux autres, représentent fort bien une bande dentelée et située en zigzag. La tête va en diminuant de largeur du côté du museau, où elle se termine en s'arrondissant.

Le nombre des dents varie suivant les individus ; il est souvent de vingt-huit dans la mâchoire supérieure, et de vingt-quatre dans l'inférieure : mais toutes les vipères ont, de chaque côté de la mâchoire supérieure, une ou deux et quelquefois trois ou quatre dents longues d'environ trois lignes, blanches, diaphanes, crochues, et très aiguës ; on les a appelées les *dents canines de la vipère*. Ces dents longues et crochues sont très mobiles et creuses ; elle renferment une double cavité et sont elles-mêmes renfermées, jusqu'au tiers de leur longueur, dans une espèce de gaine composée de fibres très fortes et d'un tissu cellulaire. Cette gaine ou tunique est toujours ouverte vers la pointe de la dent.

Le poison de la vipère est contenu dans une vésicule placée de chaque côté de la tête, au-dessous du muscle de la mâchoire supérieure ; le mouvement du muscle pressant cette vésicule en fait sortir le venin, qui arrive par un conduit à la base de la dent, traverse la gaine qui l'enveloppe, entre dans la cavité de cette dent par le trou situé près de la base, en sort par celui qui est auprès de la pointe, et pénètre dans la blessure. Ce poison est la seule humeur malfaisante que renferme la vipère.

Quelque subtil que soit ce venin, il paraît qu'il n'a point d'effet sur les animaux qui n'ont pas de sang ; il paraît aussi qu'il ne peut pas donner la mort aux vipères elles-mêmes ; et à l'égard des animaux à sang chaud, la morsure de la vipère leur est d'autant moins funeste que leur grosseur est plus considérable, de telle sorte qu'on peut présumer qu'il n'est pas toujours mortel pour l'homme ni pour les grands quadrupèdes ou oiseaux.

La vipère a les yeux très vifs et garnis de paupières, et, comme si elle sentait la puissance redoutable du venin qu'elle recèle, son regard paraît hardi : ses yeux brillent, surtout lorsqu'on l'irrite ; et alors non seulement elle les anime, mais ouvrant sa gueule elle darde sa langue, qui est communément grise, fendue en deux ; l'animal l'agite avec tant de vitesse, qu'elle étincelle, pour ainsi dire, et que la lumière qu'elle réfléchit la fait paraître comme une sorte de petit phosphore. On a regardé pendant longtemps cette langue comme une sorte de dard dont la vipère se servait pour percer sa proie. Elle se nourrit de petits insectes qu'elle retient par le moyen de sa langue. Elle fait sa proie de petits lézards, de jeunes grenouilles, et quelquefois de petits rats, de petites taupes, et d'assez gros crapauds, dont l'odeur ne la rebute pas, et dont l'espèce de venin ne paraît pas lui nuire.

Elle peut passer un très long temps sans manger, et l'on a même écrit qu'elle pouvait vivre un an et plus sans rien prendre. Ce fait est peut-être exagéré ; mais du moins il est sûr qu'elle vit plusieurs mois privée de toute nourriture.

Les vipères communes ne fuient pas les animaux de leur espèce ; il paraît même que, dans certaines saisons de l'année, elles se recherchent mutuellement. Lorsque les grands froids sont arrivés, on les trouve ordinairement sous des tas de pierres ou dans des trous de vieux murs, réunies plusieurs ensemble et entortillées les unes autour des autres.

Elles ne parviennent à leur entier accroissement qu'au bout de six ou sept ans. La femelle porte ses petits trois ou quatre mois ; et si, lorsqu'elle a mis bas, le temps des grandes chaleurs n'est pas encore passé, elle produit deux fois dans la même année.

On ignore quel degré de température les vipères communes peuvent supporter sans s'engourdir ; mais, tout égal d'ailleurs, elles doivent tomber dans une torpeur plus grande que plusieurs espèces de serpents, ces derniers se renfermant pendant l'hiver dans des trous souterrains, et cherchant dans ces asiles cachés une température plus douce, tandis que les vipères ne se mettent communément à l'abri que sous des tas de pierres et dans des trous de murailles, où le froid peut pénétrer plus aisément.

Quelque chaleur qu'elles éprouvent, elles rampent toujours lentement ; elles ne se jettent communément que sur les petits animaux dont elles font leur nourriture : elles n'attaquent point l'homme ni les gros animaux ; mais cependant lorsqu'on les blesse, ou seulement lorsqu'on les agace et qu'on les irrite, elles deviennent furieuses et font alors des morsures assez profondes.

L'on ignore quelle est la durée de la vie des vipères ; mais comme ces animaux n'ont acquis leur entier accroissement qu'après six ou sept ans, on doit conjecturer qu'ils vivent, en général, d'autant plus de temps que leur vie est, pour ainsi dire, très tenace, et qu'ils résistent aux blessures et aux coups beaucoup plus peut-être qu'un grand nombre d'autres serpents. Plusieurs parties de leur corps, tant intérieures qu'extérieures, se meuvent, en effet, et, pour ainsi dire, exercent encore leurs fonctions lorsqu'elles sont séparées de l'animal.

L'ASPIC

C'est en France, et particulièrement dans nos provinces septentrionales, qu'on trouve ce serpent. Plusieurs grands naturalistes ont écrit qu'il n'était point venimeux ; mais les crochets mobiles, creux et percés, dont sa mâchoire supérieure est garnie, le font regarder comme contenant un poison très dangereux.

La mâchoire supérieure de l'aspic est armée de crochets ; les écailles qui revêtent le dessus de la tête sont semblables à celles du dos, ovales et relevées dans le milieu par une arête.

On voit s'étendre sur le dessus du corps trois rangées de taches rousses, bordées de noir, ce qui fait paraître la peau de l'aspic tigrée, et a fait donner à ce reptile le nom de *serpent tigré.*

Les trois rangées de taches se réunissent sur la queue, de manière à représenter une bande disposée en zigzag.

Et par là les couleurs de l'aspic ont quelque rapport avec celles de la vipère commune, à laquelle il ressemble aussi par les teintes du dessous de son corps, marbré de foncé et de jaunâtre.

Il paraît que les anciens n'ont point connu l'aspic de nos contrées.

Car il ne faut point les confondre avec une espèce de vipère appelée *vipère d'Egypte* que les anciens nommaient aussi *aspic,* et que la mort d'une grande reine a rendue fameuse.

LA VIPÈRE CHERSEA

Ce serpent a d'assez grands rapports avec la vipère commune : il habite également l'Europe ; mais il paraît qu'on le trouve principalement dans les contrées septentrionales ; il est répandu jusqu'en Suède, où il est même très venimeux. Cette vipère a communément au-dessus du corps cent cinquante plaques très longues, et trente-quatre paires de petites plaques au-dessous de la queue. Les écailles dont son dos est garni sont relevées par une petite arête ; sa couleur est d'un gris d'acier : on voit une tache noire en forme de cœur sur le sommet de sa tête, qui est blanchâtre. Elle se tient ordinairement dans les lieux garnis de broussailles.

LA VIPÈRE NOIRE

Voici encore une espèce de serpent venimeux, assez nombreuse dans plusieurs contrées de l'Europe ; c'est de toutes les vipères une de celles qu'on doit voir avec le plus de peine, puisqu'elle réunit une couleur lugubre aux traits sinistres de leur conformation, et qu'elle porte, pour ainsi dire, les livrées de la mort, dont elle est le ministre. Ses écailles sont quelquefois si luisantes, que leur éclat ressemble assez à celui de l'acier.

On se sert de la vipère noire dans les pharmacies d'Angleterre, au lieu de la vipère commune. Elle est en assez grand nombre dans les bois qui bordent l'*Oka*, rivière de l'empire de Russie qui se jette dans le Wolga ; elle y est très venimeuse et y présente quelques taches jaunes sur le cou et sur la queue. On la trouve aussi en Allemagne. Quelquefois elle menace, pour ainsi dire, son ennemi par des sifflements plusieurs fois répétés ; mais d'autres fois elle se jette tout à coup et avec fureur sur ceux qui l'attaquent, ou sur les animaux dont elle veut faire sa proie.

LA VIPÈRE D'ÉGYPTE

Le nom de Cléopâtre est devenu trop fameux pour que l'intérêt qu'il inspire ne se répande pas sur tous les objets qui peuvent rappeler le souvenir de cette grande souveraine de l'Égypte, et le simple reptile qui lui donna la mort pourra paraître digne de quelque attention. Cette vipère a la tête relevée en bosse des deux côtés derrière les yeux. Sa longueur est peu considérable ; les écailles qui recouvrent le dessus de son corps sont très petites ; son dos est d'un blanc livide, et présente des taches rousses ; les grandes plaques qui revêtent le dessous de son corps sont au nombre de cent dix-huit, et le dessous de la queue est garni de vingt-deux paires de petites plaques.

Les anciens ont écrit que son poison, quoique mortel, ne causait aucune douleur ; que les forces de ceux qu'elle avait mordus s'affaiblissaient insensiblement ; qu'ils tombaient dans une douce langueur et dans une sorte d'agréable repos, auquel succédait un sommeil tranquille qui se terminait par la mort, et voilà pourquoi on a cru que la reine d'Égypte, ne pouvant plus supporter la vie après la mort d'Antoine et la victoire d'Auguste, avait préféré mourir par l'effet du venin de cette vipère. Quoi qu'il en soit des suites plus ou moins douloureuses de sa morsure, il paraît que son poison est des plus actifs. C'est ce serpent dont on emploie diverses préparations en Égypte, comme nous employons en Europe celles de la vipère commune, c'est celui qu'on y vend dans des boutiques, et dont on se sert pour les remèdes connus sous les noms de *sel de vipère*, de *chair de vipère desséchée*, etc. On envoie tous les ans à Venise une grande quantité de vipères égyptiennes pour la composition de la thériaque. C'est cet usage, continué jusqu'à nos jours, qui nous a fait regarder la vipère d'Égypte comme celle dont Cléopâtre s'était servie.

L'AMMODYTE

Les anciens, et surtout les auteurs du moyen âge, ont beaucoup parlé de ce serpent très venimeux, qui habite plusieurs contrées orientales, et que l'on trouve dans certains endroits de l'Italie, ainsi que de l'Illyrie, autrement Esclavonie. Son nom lui vient de l'habitude qu'il a de se cacher dans le sable, dont la couleur est à peu près celle de son dos, varié d'ailleurs par un grand nombre de taches noires diposées souvent de manière à représenter une bande dentelée ; il est fort aisé de le distinguer de toutes les couleuvres connues, parce qu'il a sur le bout du museau une petite éminence, une sorte de corne, haute communément de deux lignes, mobile en arrière, d'une substance charnue, couverte de très petites écailles. Sa morsure est aussi dangereuse que celle du serpent venimeux nommé *aspic* par les anciens : et l'on a vu des gens mordus par l'ammodyte mourir trois heures après ; d'autres ont vécu cependant jusqu'au troisième jour, et d'autres même jusqu'au septième. Ce reptile est couvert, sous le ventre, de cent quarante-deux grandes plaques, et sous la queue, de trente-deux paires de petites ; le dessus de sa tête est garni de petites écailles ovales, unies et presque semblables à celles du dos. La queue est très courte à proportion du corps, qui n'a ordinairement qu'un demi-pied de long.

L'ammodyte se nourrit souvent de lézards et d'autres animaux aussi gros que lui, mais qu'il peut avaler avec facilité, à cause de l'extension dont son corps est susceptible.

Ces serpents ont pour arme offensive une fort petite corne, ou plutôt une dent qui sort de la mâchoire supérieure, auprès du nez ; elle est blanche, dure et très pointue. Il arrive souvent aux nègres, qui vont nu-pieds dans les champs, de marcher impunément sur ces animaux ; car ces reptiles avalent leur proie avec tant d'avidité, et tombent dans un sommeil si profond, qu'il faut un bruit assez fort, et même un mouvement assez grand, pour les réveiller.

LE CÉRASTE

Le serpent céraste a au-dessus de chaque œil un petit corps pointu et allongé, auquel le nom de *corne* paraît mieux convenir qu'aucun autre.

Chacune de ces cornes est placée précisément au-dessus de l'œil, et comme implantée parmi les petites écailles qui forment la partie supérieure de l'orbite.

La tête des cérastes est aplatie, le museau gros et court, l'iris des yeux d'un vert jaunâtre.

Le céraste supporte la faim pendant plus de temps que la plupart des autres serpents : mais il est si goulu, qu'il se jette avec avidité sur les petits oiseaux et les autres animaux dont il fait sa proie ; et comme sa peau peut se prêter à une très grande distension, et son volume augmenter par là du double, il n'est pas surprenant qu'il avale une quantité d'aliments si considérable, que, sa digestion devenant très difficile, il tombe dans une sorte de torpeur et dans un sommeil profond, pendant lequel il est fort aisé de le tuer.

De quelque manière et avec quelque vitesse qu'il rampe, il lui est difficile d'échapper aux aigles et aux grands oiseaux de proie qui fondent sur lui avec rapidité, et que les Égyptiens adoraient, parce qu'ils les délivraient de plusieurs bêtes venimeuses, et particulièrement des cérastes. Ces serpents cependant ont toujours été regardés comme très rusés, tant pour échapper à leurs ennemis que pour se saisir de leur proie ; on les a nommés *insidieux*, et l'on a même prétendu qu'ils se cachaient dans les trous voisins des grands chemins, et particulièrement dans les ornières, pour se jeter à l'improviste sur les voyageurs.

Les cérastes peuvent vivre très longtemps sans manger ; plusieurs auteurs l'ont écrit, et on a même beaucoup exagéré ce fait, puisqu'on a cru qu'ils pouvaient vivre cinq ans sans prendre aucune nourriture.

LA VIPÈRE FER DE LANCE

Le fer-de-lance parvient ordinairement à la longueur de cinq ou six pieds ; c'est un des plus grands serpents venimeux, et un de ceux dont le poison est le plus actif. Il n'est encore que très peu connu des naturalistes. On ne l'a observé jusqu'à présent qu'à la Martinique, et peut-être à la Dominique et à Cayenne. La vipère fer-de-lance a la tête plus grosse que le corps, et remarquable par un espace presque triangulaire, dont les trois angles sont occupés par le museau et les deux yeux. Cet espace, relevé par ses bords antérieurs, représente un fer de lance large à sa base, et un peu arrondi à son sommet. De chaque côté de la mâchoire supérieure, on aperçoit un et quelquefois deux ou même trois crochets, dont l'animal se sert pour faire les blessures dans lesquelles il répand son venin. Ces crochets, d'une substance très dure, de la forme d'un hameçon, et communément de la grosseur d'une forte alène, sont mobiles, creux depuis leur racine jusqu'à leur bord convexe, qui présente une petite fente, et revêtus d'une membrane qui se retire et les laisse paraître lorsque l'animal ouvre la gueule et les redresse pour s'en servir. Leur racine est couverte par un petit sac d'une membrane très forte qui renferme le venin de l'animal.

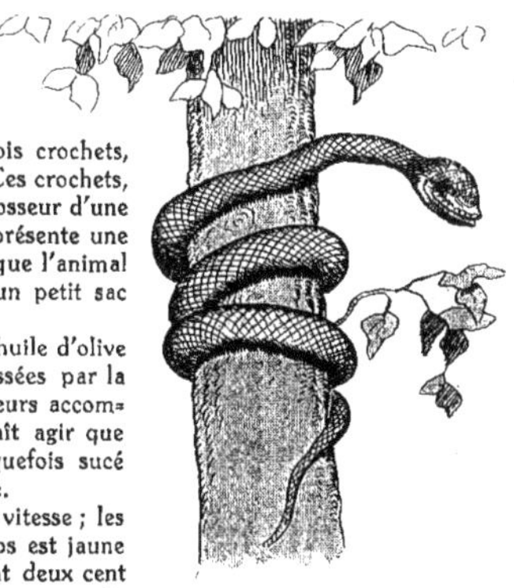

Ce venin est presque aussi liquide que de l'eau, et jaunâtre comme de l'huile d'olive qui commence à s'altérer. La douleur qu'excite ce poison dans les personnes blessées par la vipère est semblable à celle qui provient d'une chaleur brûlante ; elle est d'ailleurs accompagnée d'un grand accablement. Mais ce poison, qui n'a ni goût ni odeur, ne paraît agir que lorsqu'il est un peu abondant ou qu'il se mêle avec le sang, puisqu'on a quelquefois sucé impunément les plaies produites le plus récemment par la morsure du fer-de-lance.

Sa langue est très étroite, très allongée, et se meut avec beaucoup de vitesse ; les écailles du dos sont ovales et relevées par une arête ; la couleur générale du corps est jaune dans certains individus, grisâtre dans d'autres. Le fer-de-lance a communément deux cent vingt-huit grandes plaques sous le corps et soixante et une paires de petites plaques sous la queue. Lorsqu'il se jette sur l'animal qu'il veut mordre, il se replie en spirale, et, se servant de sa queue comme d'un point d'appui, il s'élance avec la vitesse d'une flèche ; mais l'espace qu'il parcourt est ordinairement peu étendu. Ne jouissant pas de l'agilité des autres serpents, presque toujours assoupi, surtout lorsque la température devient un peu fraîche, il se tient caché sous des tas de feuilles, dans des troncs d'arbres pourris, et même dans des trous creusés en terre. Il est très rare qu'il pénètre dans les maisons de la campagne, et on ne le trouve jamais dans celles des villes ; mais il se retire souvent dans les plantations de cannes à sucre, où il est attiré par des rats, dont il se nourrit. Il ne blesse ordinairement que lorsqu'on le touche et qu'on l'irrite, mais il ne mord jamais qu'avec une sorte de rage.

Suivant certains voyageurs, ses petits sortent tout formés du ventre de leur mère, qui ne cesse de ramper pendant qu'ils viennent à la lumière ; mais, suivant d'autres, ils se débarrassent de leur enveloppe au moment même où la femelle les dépose à terre. Chaque portée comprend depuis vingt jusqu'à soixante petits, et il paraît que le nombre en est toujours pair. Le fer-de-lance se nourrit de lézards améiva, et même de rats, de volaille, de gibier et de chats. Sa gueule peut s'ouvrir d'une manière démesurée, et se dilater si considérablement, qu'on lui a vu avaler un cochon de lait ; mais un serpent de cette espèce, ayant un jour dévoré un gros sarigue, enfla beaucoup et mourut.

Lorsque la proie qu'il a saisie lui échappe, il en suit les traces en se traînant avec peine; cependant, comme il a les yeux et l'odorat excellents, il parvient d'autant plus aisément à l'atteindre, qu'elle est bientôt abattue par la force du poison qu'il a distillé dans sa plaie.

Il l'avale toujours en commençant par la tête ; et lorsque cette proie est considérable, il reste souvent comme tendu et dans un état d'engourdissement qui le rend immobile jusqu'à ce que sa digestion soit avancée.

Il ne digère que lentement ; et lorsqu'on a tué un fer-de-lance quelque temps après qu'il a pris de la nourriture, il s'exhale de son corps une odeur fétide et insupportable.

Quelque dégoût que doive inspirer ce serpent, des nègres, et même des blancs ont osé en manger, et ont trouvé que sa chair était un mets agréable.

On a écrit que son poison était si funeste, qu'on ne connaissait personne qui eût été guéri de la morsure du fer-de-lance ; que ceux qui avaient été blessés par ses crochets envenimés mouraient quelquefois dans l'espace de six heures, et toujours dans des douleurs aiguës ; que le venin des jeunes serpents de cette espèce donnait aussi la mort, mais que la partie mordue par ces jeunes reptiles n'enflait point, et que le blessé n'éprouvait que des douleurs légères. Il est certain cependant qu'on peut guérir de la morsure de ce reptile.

LE SERPENT A LUNETTES DES INDES ORIENTALES

OU LE NAJA

La beauté des couleurs a été accordée à ce serpent, l'un des plus venimeux des contrées orientales. Bien loin que sa vue inspire de l'effroi à ceux qui ne connaissent pas l'activité de son poison, on le contemple avec une sorte de plaisir, on l'admire, et, pendant que le brillant de ses écailles, ainsi que la vivacité des couleurs dont elles sont parées, attache les regards, la forme singulière du reptile attire l'attention : on a même cru voir sur sa tête une ressemblance grossière avec les traits de l'homme.

Une raie de couleur différente de celle du corps du naja, et qui est placée sur son cou, s'y replie en avant des deux côtés, et se termine au dehors par deux espèces de crochets assez semblables à des lunettes : d'où est venu le nom de ce serpent.

Les najas adultes paraissent d'un jaune plus ou moins roux, ou plus ou moins cendré, suivant l'âge, la saison et la force de l'individu. Ils ont ordinairement trois ou quatre pieds de longueur totale.

Le naja est féroce, et pour peu qu'on diffère de prendre l'antidote de son venin, sa blessure est mortelle ; l'on expire dans des convulsions, ou la partie mordue contracte une gangrène qu'il est presque impossible de guérir.

Lorsque ce terrible reptile veut se jeter sur quelqu'un, il se redresse avec fierté, fait briller des yeux étincelants, étend ses membranes en signe de colère, ouvre la gueule, et s'élance avec rapidité en montrant la pointe acérée de ses crochets venimeux. Mais, malgré ses armes funestes, les jongleurs indiens sont parvenus à le dompter de manière à le faire servir de spectacle au peuple.

Ces Indiens, qui ont pu réduire les najas et se garantir de leur morsure, courent de ville en ville pour montrer leurs serpents à lunettes, qu'ils forcent, disent-ils, à danser.

LA COULEUVRE A COLLIER

C'est encore dans nos contrées que se trouve en très grand nombre ce serpent, aussi doux, aussi innocent, aussi familier que la couleuvre verte et jaune. Ses habitudes ne diffèrent pas, à beaucoup d'égards, de celles de cette couleuvre. Il paraît cependant qu'il se plaît davantage dans des lieux humides, ainsi qu'au milieu des eaux ; et c'est ce qui lui a fait donner par plusieurs naturalistes le nom de *serpent d'eau*, de *serpent nageur*, d'*anguille de haie*. Il parvient quelquefois à la longueur de trois ou quatre pieds. Sa gueule est très ouverte ; les deux mâchoires présentent, au lieu de crochets mobiles, un double rang de dents, mais immobiles, assez petites et tournées vers le gosier : dix-sept écailles revêtent à l'extérieur chacune de ces mâchoires, et celles qui recouvrent la mâchoire supérieure sont blanchâtres et marquées de cinq ou six petites raies d'une couleur très foncée. On voit sur le cou deux taches d'un jaune pâle ou blanchâtre, qui forment comme un demi-collier, d'où est venu le nom qu'on conserve à ce serpent ; et ces deux taches très semblables sont d'autant plus sensibles, qu'elles sont placées au-devant de deux autres triangulaires et très foncées.

Tout le dessous du corps est d'un gris plus ou moins foncé, marqueté de chaque côté de taches noires irrégulières et plus ou moins grandes, qui aboutissent aux plaques du ventre. Le dessous du ventre est varié de noir, de blanc et de bleuâtre.

La couleuvre à collier ne renfermant aucun venin, on la manie sans danger ; elle ne fait aucun effort pour mordre ; elle se défend seulement en agitant rapidement sa queue, et elle ne refuse pas plus que la couleuvre commune de jouer avec les enfants. On la nourrit dans les maisons, où elle s'accoutume si bien à ceux qui la soignent, qu'au moindre signe elle s'entortille autour de leurs doigts, de leurs bras, de leur cou, et les presse comme pour leur témoigner une sorte de tendresse et de reconnaissance.

Elle dépose ses œufs dans les trous exposés au midi, sur le bord des eaux croupissantes, ou plus communément sur des couches de fumier. Ces œufs, qui sont à peu près comme des œufs de pie, sont collés ensemble par une matière gluante en forme de grappe.

Ils sont ordinairement au nombre de dix-huit ou vingt : aussi l'espèce du serpent à collier serait-elle beaucoup plus nombreuse qu'elle ne l'est, s'il ne devenait pas la proie de plusieurs ennemis même très faibles, dans le temps qu'il est encore jeune et sans force pour se défendre ; les pies, les mésanges, les moineaux le dévorent, et les grenouilles même s'en nourrissent lorsqu'elles peuvent le saisir sur le bord des marais qu'elles habitent.

Il rampe sur la terre avec une très grande vitesse ; il nage aussi, mais avec plus de difficulté qu'on ne l'a cru. Pendant que l'été règne, il vit souvent dans les endroits humides ; mais on le trouve quelquefois dans les buissons : d'autres fois il se place sur les branches sèches et élevées des chênes, des saules, des érables, sur les saillies des vieux bâtiments, sur tous les endroits exposés au midi, et où le soleil donne avec plus de force. Mais, lorsque la fin de l'automne arrive, il se rapproche des lieux les moins froids ; il vient auprès des maisons, et se retire enfin dans les trous souterrains à quinze ou vingt pouces de profondeur, souvent au pied des haies, et presque toujours dans un endroit élevé au-dessus des plus fortes inondations. Il se nourrit non seulement d'herbes, de fourmis et d'autres insectes, mais même de lézards, de grenouilles et de petites souris; il dévore aussi quelquefois les jeunes oiseaux, qu'il surprend dans leurs nids au milieu des buissons, des haies, des branches de jeunes arbres, sur lesquels il grimpe avec facilité.

Son odeur est quelquefois assez sensible, surtout pour les chiens et les autres animaux dont l'odorat est très fin. Il aime beaucoup le lait ; les gens de la campagne prétendent qu'il entre dans les laiteries, et qu'il va boire celui qu'on y conserve. On assure même qu'on l'a trouvé quelquefois replié autour des jambes des vaches, suçant leurs mamelles avec avidité, et les épuisant de lait au point d'en faire couler du sang.

La couleuvre à collier se trouve dans presque toutes les contrées de l'Europe, et il paraît qu'elle peut supporter les climats très froids, puisqu'elle vit en Écosse et en Suède.

On a employé sa chair en médecine.

LA COULEUVRE VERTE ET JAUNE

Ce serpent est très commun dans plusieurs provinces de France, et surtout dans les méridionales ; il en peuple les bois, les divers endroits retirés et humides. Il paraît confiné dans les pays tempérés de l'ancien continent ; on ne l'a point encore trouvé dans les contrées très chaudes de l'ancien monde, non plus qu'en Amérique. Il est aussi innocent que la vipère est dangereuse : paré de couleurs plus vives que ce reptile funeste, doué d'une grandeur plus considérable, plus svelte dans ses proportions, plus agile dans ses mouvements, plus doux dans ses habitudes, n'ayant aucun venin à répandre, il devrait être vu avec autant de plaisir que la vipère avec effroi. Il n'a pas, comme les vipères, des dents crochues et mobiles ; il ne vient pas au jour tout formé ; et ce n'est que quelque temps après la ponte que les petits éclosent. Malgré toutes ces dissemblances qui le distinguent des vipères, le grand nombre de rapports extérieurs qui l'en approchent ont fait croire, pendant longtemps, qu'il était venimeux.

Cependant cet animal, aussi doux qu'agréable à la vue, peut être aisément distingué de tous les autres serpents, et particulièrement des dangereuses vipères, par les belles couleurs dont il est revêtu. La distribution de ces diverses couleurs est assez constante, et, pour commencer par celles de la tête, dont le dessus est un peu aplati, les yeux sont bordés d'écailles jaunes et presque couleur d'or, qui ajoutent à leur vivacité. Les mâchoires, dont le contour est arrondi, sont garnies de grandes écailles d'un jaune plus ou moins pâle, au nombre de dix-sept sur la mâchoire supérieure, et de vingt sur l'inférieure. Le dessus du corps, depuis le bout du museau jusqu'à l'extrémité de la queue, est noir, ou d'une couleur verdâtre très foncée, sur laquelle on voit s'étendre, d'un bout à l'autre, un grand nombre de raies composées de petites taches jaunâtres de diverses figures. Cette jolie couleuvre parvient ordinairement à la longueur de trois ou quatre pieds, et alors elle a deux ou trois pouces de circonférence dans l'endroit le plus gros du corps. On compte communément deux cent six grandes plaques sous son ventre, et cent sept paires de petites plaques sous sa queue.

Elle devient beaucoup plus grande lorsqu'elle parvient à un âge avancé, et elle peut d'autant plus aisément échapper aux divers accidents auxquels elle est exposée, et par conséquent atteindre à son entier développement, que non seulement elle peut recevoir des blessures considérables sans en périr, mais même vivre un très long temps, ainsi que les autres reptiles, sans prendre aucune nourriture. Elle se tient presque toujours cachée, comme si les mauvais traitements qu'elle a si souvent reçus l'avaient rendue timide ; elle cherche à fuir lorsqu'on la découvre ; et non seulement on peut la saisir sans redouter un poison dont elle n'est jamais infectée, mais même sans éprouver d'autre résistance que quelques efforts qu'elle fait pour s'échapper. Bien plus elle devient docile lorsqu'elle est prise ; elle subit une sorte de domesticité ; elle obéit aux divers mouvements qu'on veut lui faire suivre.

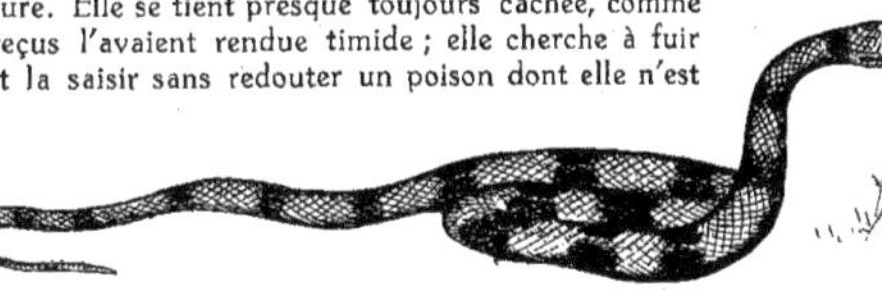

Il y a cependant certains moments, et même certaines saisons de l'année, où la couleuvre verte et jaune, sans être dangereuse, montre ce désir de se défendre ou de sauver ce qui lui est cher, si naturel à tous les animaux.

Dans tous les endroits où le froid est rigoureux, la couleuvre commune s'enfonce, dès la fin de l'automne, dans des trous souterrains ou dans d'autres creux, où elle s'engourdit plus ou moins complètement pendant l'hiver. Lorsque les beaux jours du printemps paraissent, ce reptile sort de sa torpeur et se dépouille comme les autres serpents.

LA COULEUVRE DES DAMES

VOICI un des plus jolis et des plus doux serpents. Sa petitesse, ses proportions, plus sveltes encore que celles de la plupart des autres espèces, ses mouvements agiles, quoique modérés, ajoutent au plaisir avec lequel on considère le mélange de ses belles teintes. Il ne présente cependant que deux couleurs, un beau noir et un blanc assez pur ; mais elles sont si agréablement contrastées ou réunies, et si animées par le luisant des écailles, que cette parure élégante et simple attire l'œil et charme d'autant plus les regards, qu'elle n'éblouit pas comme des couleurs plus riches et plus éclatantes. Des anneaux noirs traversent le dessus du corps et la queue, et en interrompent la blancheur. Le dessus de la petite tête de ce serpent présente un mélange gracieux de noir et de blanc, où cependant, le noir domine. Les yeux sont très petits, mais animés par la couleur noirâtre qui les entoure.

Comme plusieurs autres serpents, celui des dames est très familier ; il ne s'enfuit pas, et même il n'éprouve aucune crainte lorsqu'on l'approche : bien plus, il semble que, très sensible à la fraîcheur plus ou moins grande qu'il éprouve quelquefois, quoiqu'il habite des climats très chauds, il recherche des secours qui l'en garantissent, et sa petitesse, son peu de force, l'agrément de ses couleurs, la douceur de ses mouvements, l'innocence de ses habitudes, inspirent aux Indiens un tel intérêt pour ce délicat animal, que le sexe le plus timide, bien loin d'en avoir peur, le prend dans ses mains, le soigne, le caresse. Les dames de la côte de Malabar, où il est très commun, ainsi que dans la plupart des autres contrées des Grandes-Indes, cherchent à réchauffer ce petit animal lorsqu'il paraît languir et qu'il est exposé à une trop grande fraîcheur, produite par la saison des pluies, les orages ou d'autres accidents de l'atmosphère ; et le petit serpent, à qui tous ces soins paraissent plaire, ne leur rendant jamais que caresse pour caresse, justifie leur goût pour cet animal paisible.

LE BOA OU DEVIN

DANS le genre des *boas*, les plus grands et les plus forts des serpents, qui, ne contenant aucun venin, n'attaquent que par besoin, ne combattent qu'avec audace, ne domptent que par leur puissance, le devin occupe la première place. La nature l'en a fait roi par la supériorité des dons qu'elle lui a prodigués ; elle lui a accordé la beauté, la grandeur, l'agilité, la force, l'industrie ; elle lui a en quelque sorte tout donné, hors ce funeste poison départi à certaines espèces de serpents, presque toujours aux plus petites, et qui a fait regarder l'ordre entier de ces animaux comme des objets d'une grande terreur. Le devin est donc parmi les serpents, comme l'éléphant ou le lion parmi les quadrupèdes ; il surpasse les animaux de son ordre par sa grandeur comme le premier, et par sa force comme le second. Il parvient communément à la longueur de plus de vingt pieds, et il paraît que c'est à cette espèce qu'il faut rapporter les individus de quarante ou cinquante pieds de long qui habitent les déserts brûlants où l'homme ne pénètre qu'avec peine.

Le devin est remarquable par la forme de sa tête, qui annonce, pour ainsi dire, la supériorité de sa force. Le sommet en est élargi, le front élevé et divisé par un sillon longitudinal ; les orbites sont saillantes, et les yeux très gros ; le museau est allongé et terminé par une grande écaille blanchâtre, tachetée de jaune, placée presque verticalement, et échancrée par le bas pour laisser passer la langue ; l'ouverture de la gueule est très grande. Les dents sont très longues ; mais le devin n'a point de crochets mobiles. La queue est très courte en proportion du corps, qui est ordinairement neuf fois aussi long que cette partie ; mais elle est très dure et très forte.

Ce serpent énorme est d'ailleurs aussi distingué par la beauté des écailles qui le couvrent et la vivacité des couleurs dont il est peint, que par sa longueur prodigieuse. Il a communément sur la tête une grande tache d'une couleur noire ou rousse très foncée, qui représente une sorte de croix dont la traverse est quelquefois supprimée. Tout le dessus de son dos est parsemé de belles et grandes taches ovales, qui ont ordinairement deux ou trois pouces de longueur, qui sont très souvent échancrées à chaque bout en forme de demi-cercle, et autour desquelles l'on voit d'autres taches plus petites de différentes formes ; toutes sont placées avec beaucoup de symétrie. Toutes ces belles taches, tant celles qui sont ovales que les taches plus petites qui les environnent, présentent les couleurs les plus agréablement mariées.

Le dessous du corps du devin est d'un cendré jaunâtre, marbré ou tacheté de noir.

Lorsque l'on considère la taille démesurée de ce serpent, l'on ne doit pas être étonné de la force prodigieuse dont il jouit. Indépendamment de la roideur de ses muscles, il est aisé de concevoir comment un animal, qui a quelquefois trente pieds de long, peut, avec facilité, étouffer et écraser de très gros animaux dans les replis multipliés de son corps dont tous les points agissent, et dont tous les contours saisissent la proie.

Cette grande puissance, cette force redoutable, sa longueur gigantesque, l'éclat de ses écailles, la beauté de ses couleurs, ont inspiré une sorte d'admiration mêlée d'effroi à plusieurs peuples encore peu éloignés de l'état sauvage ; et comme tout ce qui produit la terreur et l'admiration, tout ce qui paraît avoir une grande supériorité sur les autres êtres, est bien près de faire naître dans des têtes peu éclairées l'idée d'un agent surnaturel, ce n'est qu'avec une crainte religieuse que les anciens habitants du Mexique ont vu le serpent devin.

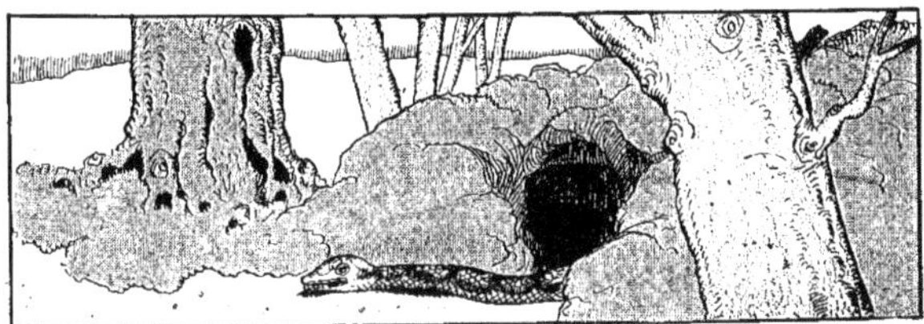

Mais ce n'est pas seulement un culte doux et pacifique qu'il a obtenu chez les plus anciens habitants du Nouveau-Monde ; son image y a été vénérée, non seulement au milieu des nuages d'encens, mais même de flots de sang humain, versé pour honorer le dieu auquel ils l'avaient consacré, et qu'ils avaient fait cruel. La superstition qui a, pour ainsi dire, divinisé le devin, n'a pas seulement régné en Amérique ; aussi grand, aussi puissant, aussi redoutable dans les contrées ardentes de l'Afrique, il y a inspiré la même terreur, y a paru aussi merveilleux, y a été également regardé, par des esprits encore trop peu élevés au-dessus de la brute, comme le souverain dispensateur des biens et des maux. On l'y a également adoré ; on en a fait un dieu sur les brûlantes côtes du Mozambique, comme auprès du lac de Mexico, et il paraît même que le Japonais s'est prosterné devant lui.

Mais si l'opinion religieuse ne l'a pas fait régner sur l'homme dans toutes les contrées équato..ales, tant de l'ancien que du nouveau continent, il n'en est presque aucune où il n'ait exercé sur les animaux l'empire de sa force. Il habite, en effet, presque tous les pays où il a trouvé assez de chaleur pour ne rien perdre de son activité, assez de proies pour se nourrir, et assez d'espace pour n'être pas trop souvent tourmenté par ses ennemis ; il vit dans les Indes orientales et dans les grandes îles de l'Asie ainsi que dans les parties de l'Amérique voisines des deux tropiques.

Mais c'est surtout dans les déserts brûlants de l'Afrique, qu'exerçant une domination moins troublée, il parvient à une longueur plus considérable. On frémit lorsqu'on lit, dans les relations des voyageurs qui ont pénétré dans l'intérieur de cette partie du monde, la manière dont l'énorme serpent devin s'avance au milieu des herbes hautes et des broussailles, ayant quelquefois plus de dix-huit pouces de diamètre, et semblable à une longue poutre qu'on remuerait avec vitesse. On aperçoit de loin, par le mouvement des plantes qui s'inclinent sous son passage, l'espèce de sillon que tracent les diverses ondulations de son corps ; on voit fuir devant lui les troupeaux de gazelles et d'autres animaux dont il fait sa proie ; et le seul parti qui reste à prendre dans ces solitudes immenses, pour se garantir de sa dent meurtrière et de sa force funeste, est de mettre le feu aux herbes déjà à demi brûlées par l'ardeur du soleil. Le fer ne suffit pas contre ce dangereux serpent, lorsqu'il est parvenu à toute sa longueur, et surtout lorsqu'il est irrité par la faim. L'on ne peut éviter la mort qu'en couvrant un pays immense de flammes qui se propagent avec vitesse au milieu des végétations presque entièrement desséchées, en excitant ainsi un vaste incendie, et en élevant, pour ainsi dire, un rempart de feu contre la poursuite de cet énorme animal. Il ne peut être, en effet, arrêté, ni par les fleuves qu'il rencontre, ni par les bras de mer dont il fréquente souvent les bords ; car il nage avec facilité, même au milieu des ondes agitées ; et c'est en vain, d'un autre côté, qu'on voudrait chercher un abri sur de grands arbres ; il se roule avec promptitude jusqu'à l'extrémité des cimes les plus hautes : aussi vit-il souvent dans les forêts. Enveloppant les tiges dans les divers replis de son corps, il se fixe sur les arbres à différentes hauteurs, et y demeure souvent en embuscade, attendant patiemment le passage de sa proie. Lorsque, pour l'atteindre ou pour sauter sur un arbre voisin, il a une trop grande distance à franchir, il entortille sa queue autour d'une branche, et suspendant alors son corps allongé à cette espèce d'anneau, se balançant, et tout d'un coup s'élançant avec force, il se jette comme un trait sur sa victime, ou contre l'arbre auquel il veut s'attacher.

Il se retire aussi quelquefois dans les cavernes des montagnes, et dans d'autres antres profonds où il a moins à craindre les attaques de ses ennemis, et où il cherche un asile contre les températures froides, les pluies trop abondantes, et les autres accidents de l'atmosphère qui lui sont contraires.

Lorsqu'il aperçoit un ennemi dangereux, ce n'est point avec ses dents qu'il commence un combat qui alors serait trop désavantageux pour lui : mais il se précipite avec tant de rapidité sur sa malheureuse victime, l'enveloppe dans tant de contours, la serre avec tant de force, fait craquer ses os avec tant de violence, que, ne pouvant ni s'échapper ni user de ses armes, et réduite à pousser de vains, mais d'affreux hurlements, elle est bientôt étouffée sous les efforts multipliés du monstrueux reptile.

Si le volume de l'animal expiré est trop considérable pour que le devin puisse l'avaler, malgré la grande ouverture de sa gueule et la facilité qu'il a de l'agrandir, il continue de presser sa proie mise à mort ; il en écrase les parties les plus compactes ; et lorsqu'il ne peut point les briser avec facilité, il l'entraîne en se roulant avec elle auprès d'un gros arbre, dont il renferme le tronc dans ses replis ; il place sa proie entre l'arbre et son corps ; il les environne l'un et l'autre dans ses nœuds vigoureux ; et, se servant de la tige noueuse comme d'une sorte de levier, il redouble ses efforts, et parvient bientôt à comprimer en tous sens, et à moudre, pour ainsi dire, le corps de l'animal qu'il a immolé.

Lorsqu'il a donné ainsi à sa proie toute la souplesse qui lui est nécessaire, il l'allonge en continuant de la presser, et diminue d'autant sa grosseur ; il l'imbibe de sa salive ou d'une sorte d'humeur analogue qu'il répand en abondance ; il pétrit, pour ainsi dire, à l'aide de ses replis, cette masse devenue informe : c'est alors qu'il l'avale, en la prenant par la tête, en l'attirant à lui, et en l'entraînant dans son ventre par de fortes aspirations plusieurs fois répétées. Mais, malgré cette préparation, sa proie est quelquefois si volumineuse qu'il ne peut l'engloutir qu'à demi : il faut qu'il ait digéré au moins en partie la portion qu'il a déjà fait entrer dans son corps, pour pouvoir y faire pénétrer l'autre ; et l'on a souvent vu le serpent devin, la gueule horriblement ouverte et remplie d'une proie à demi dévorée, étendu à terre, et dans une sorte d'inertie qui accompagne presque toujours sa digestion.

Lorsqu'en effet il a assouvi son appétit violent et rempli son ventre de la nourriture nécessaire à l'entretien de sa grande masse, il perd, pour un temps, son agilité et sa force ; il est plongé dans une espèce de sommeil ; il gît sans mouvement, comme un lourd fardeau, le corps prodigieusement enflé ; et cet engourdissement, qui dure quelquefois cinq ou six jours, doit être assez profond.

Les Indiens, les nègres de l'Afrique, les sauvages du Nouveau-Monde, se réunissent plusieurs autour de l'habitation du serpent devin. Ils attendent le moment où il a dévoré sa proie, et hâtent même quelquefois cet instant en attachant près de l'antre du serpent quelque gros animal qu'ils sacrifient, et sur lequel le devin ne manque pas de s'élancer. Lorsqu'il est repu, il tombe dans l'affaissement et l'insensibilité, et c'est alors qu'ils se jettent sur lui et lui donnent la mort sans crainte comme sans danger. Ils osent, armés d'un simple lacs, s'approcher de lui et l'étrangler, ou ils l'assomment à coups de branches d'arbres.

La femelle va seule, au bout d'un temps dont on ignore la durée, déposer ses œufs sur le sable ou sous des feuillages. C'est ici l'exemple le plus frappant d'une grande différence entre la grosseur de l'œuf et la grandeur à laquelle parvient l'animal qui en sort. Les œufs du devin n'ont, en effet, que deux ou trois pouces dans leur plus grand diamètre.

Ces œufs ne sont point couvés par la femelle ; la chaleur de l'atmosphère les fait seule éclore.

La grande différence qu'il y a entre la petitesse du serpent contenu dans son œuf, et la grandeur démesurée du serpent adulte, doit faire présumer que ce n'est qu'au bout d'un temps très long que le devin est entièrement développé ; et n'est-ce pas une preuve que ce serpent vit un assez grand nombre d'années? Le nombre de ces années doit, en effet, être d'autant plus considérable, que le devin est aussi vivace que la plupart des autres serpents.

LE LANGAHA DE MADAGASCAR

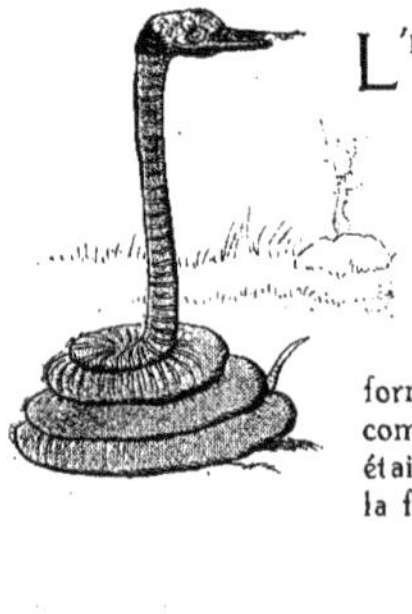

L'INDIVIDU de l'espèce du langaha de Madagascar, décrit par un auteur, avait deux pieds huit pouces de longueur totale, et sept lignes de diamètre dans la partie la plus grosse de son corps. Le dessus de sa tête était couvert de sept grandes écailles placées sur deux rangs ; la rangée la plus voisine du museau offrait trois pièces, et l'autre en présentait quatre. Sa mâchoire supérieure était terminée par un appendice long de neuf lignes, flexible, très pointu et revêtu de très petites écailles. Ce serpent avait des dents de même forme et de même nombre que celles de la vipère. Les écailles qui revêtaient le dos étaient rougeâtres, et l'on voyait à leur base un petit cercle gris avec un point jaune. On comptait sur la partie inférieure du corps cent quatre-vingt-quatre grandes plaques blanchâtres, luisantes, d'autant plus longues qu'elles étaient plus éloignées de la tête, et qui formaient enfin autour du corps des anneaux entiers au nombre de quarante-deux. Après ces anneaux commençait la queue apparente que recouvraient de très petites écailles, mais la véritable queue était beaucoup plus longue. Les habitants de Madagascar craignent beaucoup le langaha ; et, en effet, la forme de ses dents, semblables à celles de la vipère, doit faire présumer qu'il est venimeux.

LE SERPENT A SONNETTE OU LE BOIQUIRA

Ce terrible reptile renferme un poison mortel ; et il n'est peut-être aucune espèce de serpent qui contienne un venin plus actif. Le boiquira parvient quelquefois à la longueur de six pieds, et sa circonférence est alors de dix-huit pouces.

Sa tête aplatie est couverte, auprès du museau, de six écailles plus grandes que leurs voisines.

Les yeux paraissent étincelants, et luisent même dans les ténèbres, comme ceux de plusieurs autres reptiles, en laissant échapper la lumière dont ils ont été pénétrés pendant le jour ; et ils sont garnis d'une membrane clignotante.

La gueule présente une grande ouverture. La langue est noire, déliée, partagée en deux, renfermée en partie dans une gaine, et presque toujours l'animal l'étend et l'agite avec vitesse. Les deux os qui forment les deux côtés de la mâchoire inférieure ne sont pas réunis par-devant, mais séparés par un intervalle assez considérable, que le serpent peut agrandir lorsqu'il étend la peau de sa bouche pour avaler une proie volumineuse. Chacun de ces os est garni de plusieurs dents crochues, tournées en arrière. C'est, en effet, sous la peau qui recouvre cette mâchoire, et de chaque côté, que sont les vésicules où le poison se ramasse. Lorsque le serpent comprime ces vésicules, le venin se porte à la base de deux crochets très longs et très apparents, attachés au-devant de la mâchoire supérieure ; ces crochets, enveloppés en partie dans une espèce de gaine, d'où ils sortent lorsque l'animal les redresse, sont creux dans presque toute leur longueur ; le venin y pénètre par un trou dont ils sont percés à leur base, au-dessous de la gaine, et en sort par une fente longitudinale que l'on voit vers leur pointe.

La couleur du dos est d'un gris mêlé de jaunâtre, et sur ce fond on voit s'étendre une rangée de taches noires bordées de blanc.

La queue est terminée par un assemblage d'écailles sonores qui s'emboîtent les unes dans les autres, et qui forment la sonnette.

Toutes les parties des sonnettes étant très sèches, posées les unes au-dessus des autres, et ayant assez de jeu pour se frotter mutuellement lorsqu'elles sont secouées, il n'est pas surprenant qu'elles produisent un bruit assez sensible ; ce bruit, qui ressemble à celui du parchemin qu'on froisse, peut être entendu à plus de soixante pieds de distance. Il serait bien à désirer qu'on pût l'entendre de plus loin encore, afin que l'approche du boiquira, étant moins imprévue, fût aussi moins dangereuse. Ce serpent est, en effet, d'autant plus à craindre, que ses mouvements sont souvent très rapides ; en un clin d'œil, il se replie en cercle, s'appuie sur sa proie, la blesse et se retire pour échapper à la vengeance de son ennemi : aussi les Mexicains le désignent-ils par un nom qui signifie *le vent*.

Ce funeste reptile habite presque toutes les contrées du Nouveau-Monde. Il se nourrit de vers, de grenouilles, et même de lièvres : il fait aussi sa proie d'oiseaux et d'écureuils, car il monte avec facilité sur les arbres, et s'y élance avec vivacité de branche en branche, ainsi que sur les pointes de rochers qu'il habite, et ce n'est que dans la plaine qu'il court avec difficulté, et qu'il est plus aisé d'éviter sa poursuite.

Son haleine empestée, qui trouble quelquefois les petits animaux dont il veut se saisir, peut aussi empêcher qu'ils ne lui échappent. Les Indiens racontent qu'on voit souvent le serpent à sonnette entortillé à l'entour d'un arbre, lançant des regards terribles contre un écureuil, qui, après avoir manifesté sa frayeur par ses cris et son agitation, tombe au pied de l'arbre, où il est dévoré.

On a écrit que la pluie augmentait la fureur du boiquira ; mais il faut que ce soit une pluie d'orage ; car il ne craint point d'aller à l'eau. C'est lorsque le tonnerre gronde qu'il est le plus redoutable.

Il ne pond qu'un assez petit nombre d'œufs ; mais, comme il vit plusieurs années, l'espèce n'en est que trop multipliée.

Pendant l'hiver des contrées un peu éloignées de la ligne, les boiquiras se retirent en grand nombre dans les cavernes, où ils sont presque engourdis et dépourvus de force. C'est alors que les nègres et les Indiens osent pénétrer dans leurs repaires pour les détruire.

Lorsque le printemps est arrivé dans les pays habités par les boiquiras, que les neiges sont fondues et que l'air est réchauffé, ils sortent pendant le jour de leurs retraites, pour aller s'exposer aux rayons du soleil. Ils rentrent pendant la nuit dans leurs asiles, et ce n'est que lorsque les gelées ont entièrement cessé qu'ils abandonnent leurs cavernes, se répandent dans les campagnes, et pénètrent quelquefois dans les maisons.

Pendant l'été, ils habitent au milieu des montagnes élevées, composées de pierres calcaires, incultes et couvertes de bois, telles que celles qui sont voisines de la grande chute du Niagara.

Le boiquira nage avec la plus grande agilité ; il sillonne la surface des eaux avec la vitesse d'une flèche. Malheur à ceux qui naviguent sur de petits bâtiments auprès des plages qu'il fréquente !

Le premier effet du poison de ce reptile est une enflure générale ; bientôt la bouche s'enflamme et ne peut plus contenir la langue devenue trop gonflée ; une soif dévorante consume ; et si l'on cherche à l'étancher, on ne fait que redoubler les tourments de son agonie. Les crachats sont ensanglantés : les chairs qui environnent la plaie se corrompent et se dissolvent en pourriture, et surtout si c'est pendant l'ardeur de la canicule, on meurt quelquefois dans cinq ou dix minutes, suivant la partie où l'on a été mordu. On a écrit que les Américains se servaient, contre la morsure du boiquira, d'un emplâtre composé avec la tête même du serpent écrasé. On a prétendu aussi qu'il fuit les lieux où croît le dictame de Virginie, et l'on a essayé de se servir de ce dictame comme d'un remède contre son venin ; mis il paraît que le véritable antidote, que les Américains ne voulaient pas faire connaître, est le polygale de Virginie.

L'ORVET

L'orvet est très commun en beaucoup de pays : il se trouve dans presque toutes les contrées de l'ancien continent, depuis la Suède jusqu'au cap de Bonne-Espérance. Il ressemble beaucoup au *seps* ; il n'en diffère même en quelque sorte à l'extérieur que parce qu'il n'a pas les quatre petites pattes dont le seps est pourvu.

La partie supérieure de la tête de l'orvet est couverte de neuf écailles disposées sur quatre rangs. Les écailles qui garnissent le dessus et le dessous de son corps sont très petites, plates, brillantes, bordées d'une couleur blanchâtre et rousses dans leur milieu ; ce qui produit un grand nombre de très petites taches sur tout le corps de l'animal. Deux taches plus grandes paraissent l'une au-dessus du museau, et l'autre sur le derrière de la tête, et il en part deux raies brunes ou noires, qui s'étendent jusqu'à la queue, ainsi que deux autres raies d'un brun châtain qui partent des yeux. Le ventre est d'un brun très foncé, et la gorge marbrée de blanc, de noir et de jaunâtre. Ses dents sont courtes, menues, crochues, et tournées vers le gosier. La langue est comme échancrée en croissant. On a écrit que ses yeux étaient si petits, qu'on avait peine à les distinguer : cependant, quoiqu'ils soient moins grands à proportion que ceux de beaucoup d'autres serpents, ils sont très visibles, et d'ailleurs noirs et très brillants. L'orvet ne parvient guère à plus de trois pieds de longueur.

On a prétendu que sa morsure était très dangereuse : mais il n'a point de crochets mobiles, et d'après cela seul on aurait dû supposer qu'il n'avait point de venin. De quelque manière qu'on irrite cet animal, il ne mord point, mais se contracte avec force, et se roidit, au point d'avoir l'inflexibilité du bois.

Lorsque la crainte ou la colère contraignent l'orvet à tendre ainsi tous ses muscles et à roidir son corps, il n'est pas surprenant qu'on puisse aisément, en le frappant avec un bâton ou même une simple baguette, le diviser ou le casser, pour ainsi dire, en plusieurs petites parties : sa fragilité tient à cet état de roideur et de contraction. C'est cette propriété de l'orvet qui l'a fait appeler *serpent de verre*.

Les petits serpents de cette espèce n'éclosent pas hors du ventre de leur mère, comme la plupart des couleuvres non venimeuses ; mais ils viennent au monde tout formés.

C'est ordinairement après les premiers jours de juillet que l'orvet paraît revêtu d'une peau nouvelle dans les provinces septentrionales de France. Son dépouillement s'opère comme celui des couleuvres.

Il se nourrit de vers, de scarabées, de grenouilles, de petits rats, et même de crapauds ; il les avale le plus souvent sans les mâcher.

Malgré leur avidité naturelle, les orvets peuvent demeurer un très grand nombre de jours sans manger.

L'orvet habite ordinairement sous terre, dans des trous qu'il creuse ou qu'il agrandit avec son museau : mais, comme il a besoin de respirer l'air extérieur, il quitte souvent sa retraite ; l'hiver même il perce quelquefois la neige qui couvre les campagnes, et élève son museau au-dessus de sa surface, la température assez douce des trous souterrains qu'il choisit pour asile l'empêchant ordinairement de s'engourdir complètement pendant le froid. Lorsque les chaleurs sont revenues, il passe une grande partie du jour hors de sa retraite ; mais le plus souvent il s'en éloigne peu, et se tient toujours à portée de s'y mettre en sûreté.

Il se dresse fréquemment sur sa queue, qu'il roule en spirale, et qui lui sert de point d'appui, et il demeure quelquefois longtemps dans cette situation. Ses mouvements sont rapides. Il ne répand pas communément d'odeur désagréable.

L'ACROCHORDE DE JAVA

Le corps et la queue de ce serpent sont garnis de verrues ou tubercules relevés par trois arêtes, et qui, devant ressembler beaucoup à de petites écailles, rapprochent l'acrochorde de Java du genre des anguis ; mais il est beaucoup plus grand que la plupart des anguis ; il a à peu près huit pieds trois pouces de longueur totale ; sa queue est longue de onze pouces, et son plus grand diamètre excède trois pouces. Il a le dessus du corps noir, le dessous blanchâtre, les côtés blanchâtres tachetés de noir. Sa tête est aplatie et couverte de petites écailles ; l'ouverture de sa gueule est petite ; il n'a point de crochets à venin ; mais un double rang de dents garnit chaque mâchoire.

C'est au milieu d'une vaste forêt de poivriers, dans l'île de Java, que se trouve ce reptile, dont certains Chinois mangent la chair qu'ils regardent comme excellente.

POISSONS

Poissons Cartilagineux.

LA LAMPROIE

On dirait que la puissance créatrice a voulu, en produisant le pétromyzon, qu'un être des plus ressemblants au serpent peuplât aussi le sein des mers, qu'allongé de même, qu'arrondi également, qu'aussi souple, qu'aussi privé de toute partie correspondante à des pieds ou à des mains, il ne se mût au milieu des eaux qu'en se pliant en arcs plusieurs fois répétés, et ne pût que ramper au travers des ondes. On croirait que, pour faire naître cet être si analogue, pour donner le jour au pétromyzon, le plonger dans les eaux de l'océan, et le placer au milieu des rochers recouverts par les flots, elle n'a eu besoin que d'approprier le serpent à un nouveau fluide. On compte quatre espèces de pétromyzons ou suce-pierre : la plus remarquable est la lamproie.

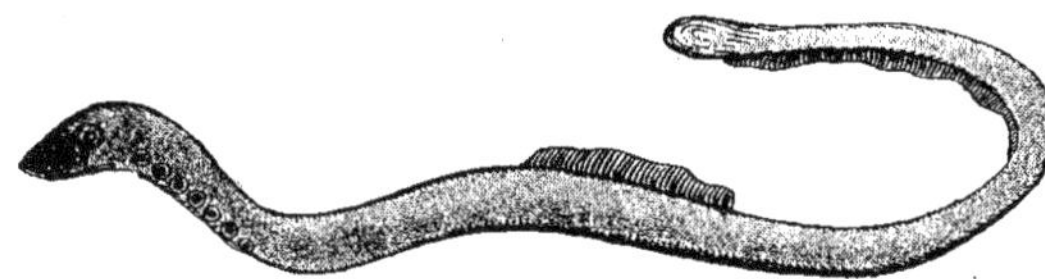

Au-devant d'un corps très long et cylindrique, est une tête droite et allongée. L'ouverture de la bouche, n'étant contenue par aucune partie dure et solide, ne présente pas toujours le même contour. Les dents un peu crochues, creuses, forment vingt rangées, et sont au nombre de cinq ou six dans chacune. Deux autres dents plus grosses sont d'ailleurs placées dans la partie antérieure de la bouche ; sept autres sont réunies ensemble dans la partie postérieure, et la langue, qui est courte et échancrée en croissant, est garnie sur ses bords de très petites dents.

Auprès de chaque œil sont deux rangées de petits trous, l'une de quatre et l'autre de cinq. Ces petites ouvertures paraissent être les orifices des canaux destinés à porter à la surface du corps cette humeur visqueuse, si nécessaire à presque tous les poissons pour entretenir la souplesse de leurs membres, et particulièrement à ceux qui, comme les pétromyzons, ne se meuvent que par des ondulations rapidement exécutées.

La peau qui recouvre le corps et la queue, qui est très courte, ne présente aucune écaille pendant la vie de la lamproie, et est toujours enduite d'une mucosité abondante qui augmente la facilité avec laquelle l'animal échappe à la main qui le presse.

La lamproie manque de nageoires pectorales et de nageoires ventrales ; elle a deux nageoires sur le dos, une nageoire plus bas, et une quatrième nageoire arrondie à l'extrémité de la queue ; mais ces quatre nageoires sont courtes et assez peu élevées ; et ce n'est presque que par la force des muscles de la queue et de la partie postérieure de son corps, qu'elle nage avec constance et avec vitesse.

La couleur générale de la lamproie est verdâtre, quelquefois marbrée de nuances plus ou moins vives : la nuque présente souvent une tache ronde et blanche ; les nageoires du dos sont orangées, et celle de la queue est bleuâtre.

Derrière chaque œil, on voit sept ouvertures moins petites, disposées en ligne droite comme celles de l'instrument à vent auquel on a donné le nom de *flûte* ; ce sont les orifices des branchies ou de l'organe de la respiration.

Les lamproies ont l'habitude de s'attacher, par le moyen de leurs lèvres souples et très mobiles, et de leurs cent ou cent vingt dents fortes et crochues, aux rochers des rivages, aux bas-fonds limoneux, aux bois submergés, et à plusieurs autres corps.

Les ovaires occupent dans les femelles une grande partie de la cavité du ventre, et se terminent par un petit canal cylindrique et saillant hors du corps de l'animal. Les œufs qu'ils renferment sont de la grosseur de graines de pavot, et de couleur orange. Leur nombre est très considérable. C'est pour s'en débarrasser, ou pour les féconder lorsqu'ils ont été pondus, que les lamproies remontent de la mer dans les grands fleuves, et des grands fleuves dans les rivières. Le retour du printemps est ordinairement le moment où elles quittent leurs retraites marines pour exécuter cette espèce de voyage périodique.

Elles se nourrissent de vers marins ou fluviatiles, de poissons très jeunes, et, par un appétit contraire à celui d'un grand nombre de poissons, mais qui est analogue à celui des serpents, elles se contentent aisément de chair morte.

Dénuées de fortes mâchoires, de dents meurtrières, d'aiguillons acérés, n'étant garanties ni par des écailles dures, ni par des tubercules solides, ni par une croûte osseuse, elles n'ont point d'armes pour attaquer, et ne peuvent opposer aux ennemis qui les poursuivent que les ressources des faibles, une retraite quelquefois assez constante dans des asiles plus ou moins ignorés, l'agilité des mouvements, et la vitesse de la fuite. Aussi sont-elles fréquemment la proie des grands poissons, tel que l'ésocebrochet et le silure mâle, de quadrupèdes tels que la loutre et le chien barbet, et de l'homme, qui les pêche non seulement avec les instruments connus sous le nom de *nasse* et de *louve*, mais encore avec les grands filets. Au reste, ce qui conserve un grand nombre de lamproies, malgré les ennemis dont elles sont environnées, c'est que des blessures graves, et même mortelles pour la plupart des poissons, ne sont point dangereuses pour les pétromyzons; et même, par une conformité remarquable d'organisation et de facultés avec les serpents, et particulièrement avec la vipère, ils peuvent perdre de très grandes portions de leur corps sans être à l'instant privés de la vie ; et l'on a vu des lamproies à qui il ne restait plus que la tête et la partie antérieure du corps, coller encore leur bouche avec force, et pendant plusieurs heures, à des substances dures qu'on leur présentait.

Elles sont d'autant plus recherchées par les pêcheurs, qu'elles parviennent à une grandeur assez considérable. On en a pris qui pesaient trois kilogrammes (six livres ou environ) ; et lorsqu'elles pèsent quinze hectogrammes (trois livres ou environ), elles ont déjà un mètre (trois pieds ou à peu près) de longueur. D'ailleurs leur chair, quoique un peu difficile à digérer dans certaines circonstances, est très délicate lorsqu'elles n'ont pas quitté depuis longtemps les eaux salées, mais elle devient dure et de mauvais goût lorsqu'elles ont fait un long séjour dans l'eau douce, et que la fin de la saison chaude ou tempérée ramène le temps où elles regagnent leur habitation marine, suivies, pour ainsi dire, des petits auxquels elles ont donné le jour.

On pêche quelquefois un si grand nombre de lamproies, qu'on les conserve pour des saisons plus reculées ou des pays plus éloignées, en les faisant griller et en les renfermant ensuite dans des barils avec du vinaigre et des épices.

Presque tous les climats paraissent convenir à la lamproie : on la rencontre dans la mer du Japon, aussi bien que dans celle qui baigne les côtes de l'Amérique méridionale ; elle habite la Méditerranée, et on la trouve dans l'Océan, ainsi que dans les fleuves qui s'y jettent.

LE LAMPROYON

Le pétromyzon des rivières est conformé à l'extérieur ainsi qu'à l'intérieur tout comme celui des mers : mais il est beaucoup plus petit que la lamproie, il ne parvient ordinairement qu'à la longueur de deux décimètres (un peu plus de sept pouces). D'ailleurs les muscles et les téguments de son corps sont disposés et conformés de manière à le faire paraître comme annelé ; ce qui lui donne une nouvelle ressemblance avec les serpents. De plus, ce n'est que dans l'intérieur et vers le fond de sa bouche que l'on peut voir cinq ou six dents et un osselet demi-circulaire ; ce qui a fait écrire par plusieurs naturalistes que le lamproyon était entièrement dénué de dents. Ses yeux, voilés par une membrane, sont d'ailleurs très petits ; et c'est ce qui a fait que quelques naturalistes lui ont donné l'épithète d'*aveugle*. Le corps très court et très menu du lamproyon est d'un diamètre plus étroit dans ses deux bouts que dans son milieu. Sa manière de vivre dans les rivières est semblable à celle de la lamproie dans les fleuves, dans les lacs ou dans la mer ; il s'attache à différents corps solides.

Il est très bon à manger ; et, comme il perd la vie peut-être plus difficilement encore que les autres pétromyzons qui le surpassent en grandeur, on le recherche pour le faire servir d'appât aux poissons qui n'aiment à faire leur proie que d'animaux encore vivants.

LA RAIE BATIS

C'est toujours au milieu des mers que les raies font leur séjour ; mais, suivant les différentes époques de l'année, elles changent d'habitation au milieu des flots de l'Océan. Lorsque le temps de la fécondation des œufs est encore éloigné, et par conséquent pendant que la mauvaise saison règne encore, c'est dans les profondeurs des mers qu'elles se cachent, pour ainsi dire. C'est là que souvent elles restent immobiles sur un fond de sable ou de vase, appliquant leur large corps sur le limon au fond des mers, se tenant en embuscade sous les algues et les autres plantes marines, dans les endroits assez voisins de la surface des eaux pour que la lumière du soleil puisse y parvenir et développer les germes de ces végétaux. Elles méritent le nom d'habitants de la haute mer, lorsque, pressées de plus en plus par la faim, ou effrayées par des troupes très nombreuses d'ennemis dangereux, ou agitées par quelque autre cause puissante, elles s'élèvent vers la surface des ondes, s'éloignent souvent de plus en plus des côtes, et, se livrant, au milieu des régions des tempêtes, à une fuite précipitée, mais le plus fréquemment à une poursuite obstinée et à une chasse terrible pour leur proie, elles affrontent les vents et les vagues en courroux, et, recourbant leur queue, remuant avec force leurs larges nageoires, relevant leur vaste corps au-dessus des ondes, et le laissant retomber de tout son poids, elles font jaillir au loin et avec bruit l'eau salée et écumante. Mais lorsque le temps de donner le jour à leurs petits est ramené par le printemps, ou par le commencement de l'été, les mâles ainsi que les femelles se pressent autour des rochers qui bordent les rivages, et elles pourraient alors être comptées passagèrement parmi les poissons littoraux. Les raies sont les aigles de la mer ; l'Océan est leur domaine ; elles se plongent, après leurs courses et leurs combats, dans un des abîmes de la mer, et trouvent dans cette retraite écartée un asile sûr et la tranquille possession de leurs conquêtes.

Il n'est donc pas surprenant qu'une espèce de raie ait reçu le nom *d'aigle marine*.

L'ensemble du corps de la raie batis présente un peu la forme d'un losange. La pointe du museau est placée à l'angle antérieur ; les rayons les plus longs de chaque nageoire pectorale occupent les deux angles latéraux, et l'origine de la queue se trouve au sommet de l'angle de derrière.

L'ouverture de la bouche, placée dans la partie inférieure de la tête, et même à une distance assez grande de l'extrémité du museau, est allongée et transversale, et ses bords sont cartilagineux et garnis de plusieurs rangs de dents très aiguës et crochues. La langue est très courte, large, et sans aspérités.

Les narines, placées au-devant de la bouche, sont situées également sur la partie inférieure de la tête. L'ouverture de cet organe peut être élargie ou rétrécie à la volonté de l'animal, qui, d'ailleurs, après avoir diminué le diamètre de cette ouverture, peut la fermer en totalité par une membrane particulière attachée au côté de l'orifice le plus voisin du milieu du museau, et laquelle, s'étendant avec facilité jusqu'au bord opposé, et s'y collant, pour ainsi dire, peut faire l'office d'une sorte de soupape, et empêcher que l'eau chargée des émanations odorantes ne parvienne jusqu'à un organe très délicat, dans les moments où la batis n'a pas besoin d'être avertie de la présence des objets extérieurs, et dans ceux où son système nerveux serait douloureusement affecté par une action trop vive et trop constante.

Les yeux sont situés sur la partie supérieure de la tête, et à peu près à la même distance du museau que l'ouverture de la bouche. Ils sont à demi saillants, et garantis en partie par une continuation de la peau qui recouvre la tête, et qui, s'étendant au-dessus du globe de l'œil, forme comme une sorte de petit toit.

Immédiatement derrière les yeux, mais un peu plus vers les bords de la tête, sont deux trous ou *évents* qui communiquent avec l'intérieur de la bouche. Ces trous, que l'animal a la faculté d'ouvrir ou de fermer, par le moyen d'une membrane très extensible, que l'on peut comparer à une paupière, ou, pour mieux dire, à une sorte de soupape, servent à la batis au même usage que l'évent de la lamproie à ce pétromyzon. C'est par ces deux orifices que cette raie admet ou rejette l'eau nécessaire ou surabondante à ses organes respiratoires.

Elle a deux nageoires ventrales placées à la suite des nageoires pectorales, que deux autres nageoires touchent de plus près, et entourent, pour ainsi dire.

Elle remue avec force et avec vitesse sa queue longue, souple et menue, qui peut se fléchir et se contourner en différents sens. Elle l'agite comme une sorte de fouet, non seulement lorsqu'elle se défend contre ses ennemis, mais encore lorsqu'elle attaque sa proie. Elle s'en sert particulièrement lorsqu'en embuscade dans le fond de la mer, cachée presque entièrement dans le limon, et voyant passer autour d'elle les animaux dont elle cherche à se nourrir, elle emploie alors sa queue, et, la fléchissant avec promptitude, elle atteint sa victime et la frappe souvent à mort. Elle lui fait du moins des blessures d'autant plus dangereuses, que cette queue, mue par des muscles puissants, présente de chaque côté et auprès de sa racine un piquant droit et fort, et que d'ailleurs elle est garnie, dans sa partie supérieure, d'une rangée d'aiguillons crochus.

La peau qui revêt et la tête, et le corps, et la queue, est forte, tenace et enduite d'une humeur gluante qui en entretient la souplesse, et la rend plus propre à résister sans altération aux attaques des ennemis des raies, et aux effets du fluide au milieu duquel vivent les batis.

La couleur générale de la batis est, sur le côté supérieur, d'un gris cendré, semé de taches noirâtres, sinueuses, irrégulières, les unes grandes, les autres petites, et toutes d'une teinte plus ou moins faible : le côté inférieur est blanc, et présente plusieurs rangées de points noirâtres.

L'on n'a pas assez observé les raies batis pour savoir dans quelle proportion elles croissent relativement à la durée de leur développement, ni pendant combien de temps elles continuent de grandir : mais il est bien prouvé qu'elles parviennent à une grandeur assez considérable pour peser plus de deux cents livres, et pour que leur chair suffise à rassasier plus de cent personnes. Cette chair blanche et délicate est regardée, dans toutes les circonstances, comme un mets excellent.

On pêche un très grand nombre de batis sur plusieurs côtes, et il est même des rivages où on en prend une si grande quantité, qu'on les y prépare pour les envoyer au loin, comme la morue et d'autres poissons sont préparés à Terre-Neuve ou dans d'autres endroits. Dans plusieurs pays du Nord, et particulièrement dans le Holstein et dans le Schleswig, on les fait sécher à l'air, et on les envoie ainsi desséchées dans plusieurs contrées de l'Europe, et particulièrement en l'Allemagne.

LA TORPILLE

La tête de la torpille est beaucoup moins distinguée du corps proprement dit et des nageoires pectorales que celle de presque toutes les raies ; et l'ensemble de son corps, si on en retranchait la queue, ressemblerait assez bien à un cercle. L'ouverture supérieure de ses évents est ordinairement entourée d'une membrane plissée, qui fait paraître cet orifice comme dentelé. Autour de la partie supérieure de son corps et auprès de l'épine dorsale, on voit une assez grande quantité de petits trous d'où suinte une liqueur muqueuse, plus ou moins abondante dans tous les poissons. Deux nageoires nommées *dorsales* sont placées sur la queue ; et l'extrémité de cette partie est garnie d'une nageoire divisée, pour ainsi dire, en deux lobes dont le supérieur est le plus grand.

La torpille est blanche par-dessous ; mais la couleur de son côté supérieur varie suivant l'âge, le sexe et le climat. Quelquefois cette couleur est d'un brun cendré, et quelquefois elle est rougeâtre ; quelques individus présentent une seule nuance, et d'autres ont un très grand nombre de taches.

L'odorat de la torpille semble être beaucoup moins parfait que celui de la plupart des raies ; aussi sa sensibilité paraît-elle beaucoup moindre : elle nage avec moins de vitesse ; elle s'agite avec moins d'impétuosité ; elle fuit plus difficilement ; elle poursuit plus faiblement ; elle combat avec moins d'ardeur ; et, avertie de bien moins loin de la présence de sa proie ou de celle de son ennemi, on dirait qu'elle est bien plus exposée à être prise par les pêcheurs, ou à succomber à la faim, ou à périr sous la dent meurtrière de très gros poissons. Elle ne parvient pas non plus à une grandeur aussi considérable que la batis et quelques autres raies ; on n'en trouve que très rarement et qu'un bien petit nombre d'un poids supérieur à vingt-cinq kilogrammes (cinquante livres ou environ) ; et ses muscles paraissent bien moins forts à proportion que ceux de la batis.

Ses dents sont très courtes ; la surface de son corps ne présente aucun piquant ni aiguillon. Petite, faible, indolente, sans armes, elle serait donc livrée sans défense aux voraces habitants des mers dont elle peuple les profondeurs ou dont elle habite les bords : mais indépendamment du soin qu'elle a de se tenir presque toujours cachée sous le sable ou sous la vase, elle a reçu de la nature une faculté particulière bien supérieure à la force des dents, des dards, et des autres armes dont elle aurait pu être pourvue : elle possède la puissance remarquable et redoutable de lancer, pour ainsi dire, la foudre ; elle accumule dans son corps et en fait jaillir le fluide électrique avec la rapidité de l'éclair ; elle imprime une commotion soudaine et paralysante au bras le plus robuste qui s'avance pour la saisir, à l'animal le plus terrible qui veut la dévorer; elle engourdit pour des instants assez longs les poissons les plus agiles dont elle cherche à se nourrir ; elle frappe quelquefois ses coups invisibles à une distance assez grande.

Un naturaliste voulut éprouver la vertu d'une torpille que l'on venait de pêcher. « A peine l'avais-je touchée et serrée avec la main, dit-il, que j'éprouvai dans cette partie un picotement qui se communiqua dans le bras et dans toute l'épaule, et qui fut suivi d'un tremblement désagréable et d'une douleur accablante et aiguë dans le coude, en sorte que je fus obligé de retirer aussitôt la main. »

Cet engourdissement a été aussi décrit par Réaumur, qui a fait plusieurs observations sur la raie torpille. « Il est très différent des engourdissements ordinaires, a écrit ce savant naturaliste ; on ressent dans toute l'étendue du bras une espèce d'étonnement qu'il n'est pas possible de bien peindre, mais lequel a quelque rapport avec la sensation douloureuse que l'on éprouve dans le bras lorsqu'on s'est frappé rudement le coude contre quelque corps dur. »

Ce n'est pas seulement dans la Méditerranée et dans la partie de l'Océan qui baigne les côtes de l'Europe, que l'on trouve la torpille ; on rencontre aussi cette raie dans le golfe Persique, dans la mer Pacifique, dans celle des Indes, auprès du cap de Bonne-Espérance, et dans plusieurs autres mers.

LA RAIE AIGLE

C'EST avec une sorte de fierté que ce grand animal agite sa large masse au milieu des eaux de la Méditerranée et des autres mers qu'il habite ; et cette habitude, jointe à la lenteur que cette raie met quelquefois dans ses mouvements, et à l'espèce de gravité avec laquelle on dirait alors qu'elle les exécute, lui a fait donner l'épithète de *glorieuse* sur plusieurs rivages. La forme et la disposition des nageoires pectorales, terminées de chaque côté par un angle aigu, et peu confondues avec le corps proprement dit, les ont d'ailleurs fait comparer à des ailes, et comme leur étendue est très grande, elles ont rappelé l'idée des oiseaux à la plus grande envergure. Ce qui a paru ajouter à la ressemblance entre l'aigle et le poisson dont nous traitons, c'est que cette raie a aussi la tête beaucoup plus distincte du corps que presque toutes les autres espèces du même genre, et que cette partie plus avancée est terminée par un museau allongé et très souvent peu arrondi. De plus, ses yeux sont assez gros et très saillants ; ce qui lui donne un nouveau trait de conformité avec le dominateur des airs, avec l'oiseau aux yeux les plus perçants.

La queue, souvent deux fois plus longue que la tête et le corps, est très mince, presque arrondie, très mobile, et terminée, pour ainsi dire, par un fil très délié. Cette queue ne présente qu'une petite nageoire dorsale placée au-dessus. Entre cette nageoire et le petit bout de la queue, on voit un gros et long piquant, ou plutôt un dard très fort, et dont la pointe est tournée vers l'extrémité la plus déliée de la queue. Ce dard est un peu aplati, et dentelé des deux côtés comme le fer de quelques espèces de lances : les pointes dont il est hérissé sont d'autant plus grandes qu'elles sont plus près de la racine de ce fort aiguillon ; et comme elles sont tournées vers cette même racine, elles le rendent une arme d'autant plus dangereuse qu'elle peut pénétrer facilement dans les chairs, et qu'elle ne peut en sortir qu'en tirant ces pointes à contre-sens, et en déchirant profondément les bords de la blessure. Ce dard parvient d'ailleurs à une longueur qui le rend encore plus redoutable.

Cette arme se détache du corps de la raie après un certain temps ; mais, avant qu'elle tombe, un nouvel aiguillon, et souvent deux, commencent à se former et paraissent comme deux piquants de remplacement auprès de la racine de l'ancien.

Lorsque cette arme particulière est introduite très avant dans la main, dans le bras, ou dans quelque autre endroit du corps de ceux qui cherchent à saisir la raie aigle ; lorsque surtout elle y est agitée en différents sens, et qu'elle en est à la fin violemment retirée par les efforts multipliés de l'animal, elle peut blesser de manière à produire des inflammations, des convulsions, et d'autres symptômes alarmants. Ces terribles effets ont été regardés, mais à tort, comme les signes de la présence d'un venin des plus actifs.

Les vibrations de la queue de la raie aigle peuvent être si rapides, que l'aiguillon qui y est attaché paraisse en quelque sorte lancé comme un javelot, ou décoché comme une flèche, et reçoive de cette vitesse, qui le fait pénétrer très avant dans les corps qu'il atteint, une action des plus délétères. C'est avec ce dard ainsi agité, et avec sa queue déliée et plusieurs fois contournée, que la raie aigle atteint, saisit, cramponne, retient et met à mort les animaux qu'elle poursuit pour en faire sa proie, ou ceux qui passent auprès de son asile, lorsqu'à demi couverte de vase, elle se tient en embuscade au fond des eaux salées.

La couleur de son dos est d'un brun plus ou moins foncé, qui se change en olivâtre vers les côtés ; et le dessous de l'animal est d'un blanc plus ou moins éclatant. Sa peau est épaisse, coriace, et enduite d'une liqueur gluante. Sa chair est presque toujours dure ; mais son foie, qui est très volumineux et très bon à manger, fournit une grande quantité d'huile.

On trouve les raies aigles beaucoup plus rarement dans les mers septentrionales que dans la Méditerranée et d'autres mers situées dans des climats chauds ou tempérés ; et c'est particulièrement dans ces mers moins éloignées des tropiques que l'on en a pêché du poids de plus de trois cents livres.

LE REQUIN

Le formidable squale parvient jusqu'à une longueur de plus de dix mètres (trente pieds ou environ) ; il pèse quelquefois près de mille livres. Mais la grandeur n'est pas son seul attribut : il a reçu aussi la force, et des armes meurtrières ; et, féroce autant que vorace, impétueux dans ses mouvements, avide de sang et insatiable de proie, il est véritablement le tigre de la mer. Recherchant sans crainte tout ennemi, poursuivant avec plus d'obstination, attaquant avec plus de rage, combattant avec plus d'acharnement que les autres habitants des eaux ; plus dangereux que plusieurs cétacés, qui presque toujours sont moins puissants que lui ; inspirant même plus d'effroi que les baleines, rapide dans sa course, répandu sous tous les climats, ayant envahi, pour ainsi dire, toutes les mers ; paraissant souvent au milieu des tempêtes ; aperçu facilement par l'éclat phosphorique dont il brille parmi les ombres des nuits les plus orageuses ; menaçant de sa gueule énorme et dévorante les infortunés navigateurs exposés aux horreurs du naufrage, leur fermant toute voie de salut, leur montrant en quelque sorte leur tombe ouverte, et plaçant sous leurs yeux le signal de la destruction, il n'est pas surprenant qu'il ait reçu le nom sinistre qu'il porte, et qui, réveillant tant d'idées lugubres, rappelle surtout la mort, dont il est le ministre. *Requin* est, en effet, une corruption de *requiem*, qui désigne depuis longtemps, en Europe, la mort et le repos éternel.

Le corps du requin est très allongé, et la peau qui le recouvre est garnie de petits tubercules très serrés les uns contre les autres. Comme cette peau tuberculée est très dure, on l'emploie, dans les arts, à polir différents ouvrages de bois et d'ivoire ; on s'en sert aussi pour couvrir des étuis et d'autres meubles.

La couleur de son dos et de ses côtés est d'un cendré brun ; et celle du dessous de son corps d'un blanc sale.

La tête est aplatie, et terminée par un museau un peu arrondi. Au-dessous de cette extrémité, on voit les narines qui, étant le siège d'un odorat très fin et très délicat, donnent au requin la facilité de reconnaître de loin sa proie, et de la distinguer au milieu des eaux les plus agitées par les vents, ou des ombres de la nuit la plus noire, ou de l'obscurité des abîmes les plus profonds de l'Océan.

L'ouverture de la bouche est en forme de demi-cercle, et placée transversalement au-dessous de la tête et derrière les narines. Elle est très grande ; et l'on pourra juger facilement de ses dimensions, en sachant que le contour d'un côté de la mâchoire supérieure, mesuré depuis l'angle des deux mâchoires jusqu'au sommet de la mâchoire d'en haut, égale à peu près le onzième de la longueur totale de l'animal. Le contour de la mâchoire supérieure d'un requin de trente pieds est donc environ de six pieds de longueur.

Lorsque cette gueule est ouverte, on voit au delà des lèvres, qui sont étroites et de la consistance du cuir, des dents plates, triangulaires, dentelées sur leurs bords, et blanches comme de l'ivoire. Chacun des bords de cette partie émaillée, qui sort des gencives, a communément près de deux pouces de longueur dans les requins de trente pieds. Le nombre des dents augmente avec l'âge de l'animal. Lorsque le requin est encore très jeune, il n'en montre qu'un rang, dans lequel on n'aperçoit même quelquefois que de bien faibles dentelures ; mais lorsqu'il est devenu adulte, sa gueule est armée, dans le haut, comme dans le bas, de six rangs de ces dents fortes dentelées et si propres à déchirer ses victimes.

Toute la partie antérieure du museau est criblée, par-dessus et par-dessous, d'une grande quantité de pores répandus sans ordre, très visibles, et qui, lorsqu'on comprime fortement le devant de la tête, répandent une espèce de gelée épaisse, cristalline et phosphorique.

Les yeux sont petits et presque ronds ; la cornée est très dure ; l'iris d'un vert foncé et doré ; et la prunelle, qui est bleue, consiste dans une fente transversale.

Toutes les nageoires sont fermes, roides et cartilagineuses. Les pectorales, triangulaires, et plus grandes que les autres, s'étendent au loin de chaque côté, et n'ajoutent pas peu à la rapidité avec laquelle nage le requin, et dont il doit la plus grande partie à la force et à la mobilité de sa queue. La première nageoire dorsale, plus élevée et plus étendue que la seconde, placée au delà du point auquel correspondent les nageoires pectorales, est terminée dans le haut par un bout un peu arrondi. Plus près de la queue, et au-dessous du corps, on voit les deux nageoires ventrales.

Les œufs du requin éclosent en assez grande quantité à différentes époques, dans le ventre de la mère ; et de ces développements commencés après des temps inégaux, il résulte que, même encore vers la fin de l'été, la femelle donne le jour à des petits. Ces petits sortent du ventre de leur mère au nombre de deux ou de trois à la fois : mais la longue durée de la saison pendant laquelle s'exécutent ces sorties successives de jeunes requins, a empêché de savoir avec précision quel nombre de petits une femelle pouvait mettre au jour pendant un printemps ou un été. Lorsque le requin est sorti de son œuf, et qu'il a étendu librement tous ses membres, il n'a encore que quelques pouces de longueur ; et l'on ignore quel nombre d'années doit s'écouler avant qu'il présente celle de plus de trente pieds. Mais à peine a-t-il atteint quelques degrés de cet immense développement, qu'il se montre avec toute sa voracité.

Quelquefois le défaut d'aliments plus substantiels l'oblige de se contenter de sépies, de mollusques, ou d'autres vers marins : mais ce sont les plus grands animaux qu'il recherche avec le plus d'ardeur ; il est surtout très empressé de courir partout où l'attirent des corps morts de poissons ou de quadrupèdes, et des cadavres humains. Il s'attache, par exemple, aux vaisseaux négriers. Digne compagnon de tant de cruels conducteurs de ces funestes embarcations, il les escorte avec constance, il les suit avec acharnement jusque dans les ports des colonies américaines, et, se montrant sans cesse autour des bâtiments, s'agitant à la surface de l'eau, et, pour ainsi dire, la gueule toujours ouverte, il y attend, pour les engloutir, les cadavres des noirs qui succombent sous le poids de l'esclavage, ou aux fatigues d'une dure traversée. On a vu un de ces cadavres de noirs pendre au bout d'une vergue élevée de plus de vingt pieds au-dessus de l'eau de la mer, et un requin s'élancer à plusieurs reprises vers cette dépouille, y atteindre enfin, et la dépecer sans crainte, membre par membre.

Il y a sur les côtes d'Afrique des nègres assez hardis pour s'avancer en nageant vers un requin, le harceler, prendre le moment où l'animal se retourne et lui fendre le ventre avec une arme tranchante. Ce n'est que difficilement qu'on lui ôte la vie; il résiste sans périr à de larges blessures; et lorsqu'il a expiré, on voit encore pendant longtemps les différentes parties de son corps donner tous les signes d'une grande irritabilité.

La chair du requin est dure, coriace, de mauvais goût, et difficile à digérer. Les nègres de Guinée, et particulièrement ceux de la Côte d'Or s'en nourrissent cependant, et ôtent à cet aliment presque toute sa dureté en le gardant très longtemps. Les Islandais font un grand usage de la graisse du requin : ils s'en servent à la place du lard du cochon, ou la font bouillir pour en tirer de l'huile.

Les requins sont très répandus dans toutes les mers. Il n'est donc pas surprenant que leurs dépouilles pétrifiées, et plus ou moins entières, se trouvent dans un si grand nombre de montagnes et d'autres endroits du globe autrefois recouverts par les eaux de l'Océan.

LA ROUSSETTE

La roussette femelle l'emporte sur le mâle par l'étendue de ses dimensions. Chez le mâle, la tête est grande, le museau plus transparent que dans quelques autres squales, l'iris blanc, et la prunelle noire. Les narines sont recouvertes, à la volonté de l'animal, par une membrane qui se termine en languette déliée. Les dents sont dentelées, et garnies, aux deux bouts de la base de la partie émaillée, d'une pointe ou d'un appendice dentelé ; ce qui donne à chaque dent trois pointes principales. Elles forment ordinairement quatre rangées, et celles du milieu de chaque rang sont les plus longues. Les nageoires ventrales se touchent de très près, la longueur de la queue surpasse celle du corps proprement dit.

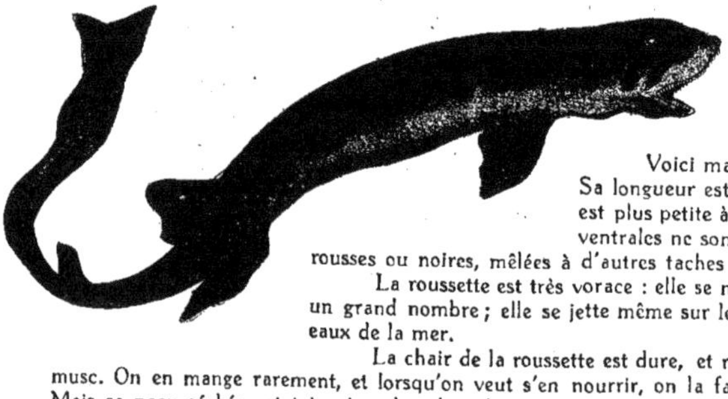

La partie supérieure de l'animal est d'un gris brunâtre, mêlé de nuances rousses ou rouges, et parsemé de taches plus ou moins grandes, dont les unes sont blanchâtres, et les autres d'une couleur très foncée.

Ce mâle a communément deux ou trois pieds de longueur.

Voici maintenant les différences que présente la femelle. Sa longueur est ordinairement de trois à quatre pieds ; sa tête est plus petite à proportion du volume du corps ; ses nageoires ventrales ne sont pas réunies ; les taches du corps sont souvent rousses ou noires, mêlées à d'autres taches cendrées.

La roussette est très vorace : elle se nourrit principalement de poissons, et en détruit un grand nombre ; elle se jette même sur les pêcheurs et sur ceux qui se baignent dans les eaux de la mer.

La chair de la roussette est dure, et répand une odeur forte qui approche de celle du musc. On en mange rarement, et lorsqu'on veut s'en nourrir, on la fait macérer pendant quelque temps dans l'eau. Mais sa peau séchée est très répandue dans le commerce ; elle y est connue sous le nom de *peau de chien de mer, peau de chagrin*. Les petits tubercules dont elle est revêtue la rendent très propre à polir des corps très durs, du bois, de l'ivoire, et même du fer. La roussette habite non seulement dans la Méditerranée, mais encore dans toute l'étendue de l'Océan, depuis un cercle polaire jusqu'à l'autre, et depuis les Indes occidentales jusqu'aux Grandes-Indes.

On retire par la cuisson une assez grande quantité d'huile du foie de la roussette. Mais il paraît qu'il est très dangereux de se nourrir de ce viscère, que les pêcheurs ont soin de rejeter avant de vendre l'animal. Le séjour de la roussette dans la fange, l'infériorité de sa force et la violence de son appétit, peuvent l'obliger souvent à se contenter d'une proie très corrompue, d'aliments fétides, et même de mollusques ou d'autres plus ou moins venimeux vers marins qui altèrent ses humeurs, vicient particulièrement sa bile, donnent à son foie une qualité très malfaisante.

La roussette est très féconde ; elle a plusieurs portées chaque année et chaque portée est de neuf à treize petits ; on a même écrit qu'il y avait quelquefois des portées de dix-neuf jeunes squales.

Les œufs qui éclosent dans le ventre de la mère, au moins le plus souvent, sont semblables à ceux du requin.

La roussette étant répandue dans toutes les mers, sa dépouille a dû se trouver et se trouve, en effet, fossile dans un grand nombre de contrées.

LA SCIE

Le nom que les anciens et les modernes ont donné à cet animal indique l'arme terrible dont sa tête est pourvue, et qui seule le séparerait de toutes les espèces de poissons connues jusqu'à présent. Cette arme forte et redoutable consiste dans une prolongation du museau, qui, au lieu d'être arrondi ou de finir en pointe, se termine par une extension très ferme, très longue, très aplatie de haut en bas, et très étroite. Cette extension est composée d'une matière osseuse et très dure. On peut la comparer à la lame d'une épée ; et elle est recouverte d'une peau dont la consistance est semblable à celle du cuir. Sa longueur est communément égale au tiers de la longueur totale de l'animal ; sa largeur augmente en allant vers la tête. Le bout de cette prolongation du museau ne présente cependant pas de pointe aiguë, mais un contour arrondi ; et les deux côtés de cette sorte de lame montrent un nombre plus ou moins considérable de dents, ou appendices dentiformes très forts, très durs, très grands et très allongés. Le nombre des dents de la scie varie dans les différents individus, et le plus souvent il y en a de vingt-cinq à trente de chaque côté.

La couleur de la partie supérieure de ce squale est grise et presque noire ; celle des côtés est plus claire, et la partie inférieure est blanchâtre. On voit sur la peau de très petits tubercules, dont l'extrémité est tournée vers la queue.

La tête et la partie antérieure du corps sont aplaties. L'ouverture de la bouche est demi-circulaire, et placée dans la partie inférieure de la tête. Les mâchoires sont garnies de dents aplaties de haut en bas, serrées les unes contre les autres, et formant une sorte de pavé.

Les nageoires pectorales présentent une grande étendue ; la première dorsale est située au-dessus des ventrales, et celle de la queue est très courte.

Les anciens naturalistes et quelques auteurs modernes ont placé la scie parmi les cétacés, que l'on a si souvent confondus avec les poissons, parce qu'ils habitent les uns et les autres au milieu des eaux.

L'on a écrit et répété que, dans les mers éloignées, la scie avait quelquefois jusqu'à deux cents coudées de long ; mais on n'en a vu guère au delà de quinze pieds de longueur. La scie ose se mesurer avec la grande baleine ; et, ce qui prouve quel pouvoir lui donne sa longue et dure épée, son audace va jusqu'à une sorte de haine implacable. Toutes les fois que ce squale rencontre une baleine, il lui livre un combat opiniâtre. La baleine tâche en vain de frapper son ennemi de sa queue, dont un seul coup suffirait pour le mettre à mort : le squale, réunissant l'agilité à la force, bondit, s'élance au-dessus de l'eau, échappe au coup, et retombant sur le cétacé, lui enfonce dans le dos sa lame dentelée. La baleine, irritée de sa blessure redouble ses efforts : mais souvent les dents de la lame du squale pénétrant très avant dans son corps, elle perd la vie avec son sang, avant d'avoir pu parvenir à frapper mortellement un ennemi qui se dérobe trop rapidement à sa redoutable queue.

Ce n'est pas seulement dans l'océan Septentrional que la scie donne, pour ainsi dire, la chasse aux baleines. Elle habite, en effet, dans les deux hémisphères, et on l'y trouve dans presque toutes les mers. On la rencontre particulièrement auprès des côtes d'Afrique, où la forme, la grandeur et la force de ses armes ont frappé l'imagination de plusieurs nations nègres, qui l'ont, pour ainsi dire, divinisée, et conservent les plus petits fragments de son museau dentelé, comme un fétiche précieux.

Quelquefois ce squale, jeté avec violence par la tempête contre la carène d'un vaisseau, ou précipité par sa rage contre le corps d'une baleine, y enfonce sa scie qui se brise ; et une portion de cette grande lame dentelée reste attachée au bâtiment, ou au corps du cétacé, pendant que l'animal s'éloigne avec son museau et son arme raccourcis.

LE MARTEAU

La conformation toute particulière de ce squale le fait aisément distinguer de presque tous les autres poissons ; et son souvenir est d'autant plus durable, que sa voracité l'entraîne souvent autour des bâtiments au milieu des rades, auprès des côtes, qu'il s'y montre fréquemment à la surface de l'eau et que sa vue est toujours accompagnée du danger d'être la victime de sa férocité.

Cette conformation singulière du squale marteau consiste principalement dans la très grande largeur de sa tête, qui s'étend de chaque côté, de manière à représenter un marteau, dont le corps serait le manche et de là vient le nom qu'on lui a donné.

Le devant de cette tête, très étendue à droite et à gauche, est un peu festonné, mais assez légèrement pour que cette partie, observée d'un peu loin, paraisse terminée par une ligne presque droite.

Les yeux sont placés au bout de ce même marteau. Ils sont gros, saillants, et présentent dans leur iris une couleur d'or, que les appétits violents de l'animal changent souvent en rouge de sang.

Pour peu que ce poisson s'irrite, il tourne et anime d'une manière effrayante ces yeux qui s'enflamment.

Au-dessous de la tête, et près de l'endroit où le tronc commence, l'on voit une ouverture demi-circulaire : c'est celle de la bouche, qui est garnie, dans chaque mâchoire, de trois ou quatre rangs de dents larges, aiguës et dentelées de deux côtés, et dans la cavité de laquelle on aperçoit un langue large, épaisse et assez semblable à la langue humaine.

Le corps est un peu étroit, ce qui rend la largeur de la tête plus sensible.

Les nageoires sont grises, noires à leur base, et un peu en croissant dans leur bord postérieur.

La première dorsale est grande et très près de la tête ; les ventrales sont séparées l'une de l'autre ; la nageoire de la queue est longue.

Ce squale, dont la femelle donne ordinairement le jour à dix ou douze petits à la fois, parvient communément à la longueur de sept ou huit pieds, et au poids de cinq cents livres, mais il peut atteindre à une dimension et à un poids plus considérables.

Sa hardiesse, sa voracité, son ardeur pour le sang sont encore bien au-dessus de sa taille ; et si, malgré la faim dévorante qui l'excite, et l'énergie qui l'anime, il cède en puissance aux grands requins, il les égale et peut-être les surpasse quelquefois en fureur.

L'ESTURGEON

L'on doit compter les acipensères parmi les plus grands poissons. Quelques-uns de ces animaux parviennent, en effet, à une longueur de plus de vingt-cinq pieds. Mais s'ils atteignent aux dimensions du plus grand nombre des squales, avec lesquels leur conformation extérieure leur donne d'ailleurs beaucoup de rapports ; s'ils voguent, au milieu des ondes, leurs égaux en grandeur, ils sont bien éloignés de partager leur puissance. Ayant reçu une chair plus délicate et des muscles moins fermes, ils ont été réduits à une force bien moindre ; et leur bouche, plus petite, ne présente que des cartilages plus ou moins endurcis, au lieu d'être armée de plusieurs rangs de dents aiguës, longues, et menaçantes. Aussi ne sont-ils le plus souvent dangereux que pour les poissons mal défendus par leur taille ou par leur conformation ; et, comme ils se nourrissent assez souvent de vers, ils ont même des appétits peu violents, des habitudes douces et des inclinations paisibles. Extrêmement féconds, ils sont répandus dans toutes les mers et dans presque tous les grands fleuves.

Parmi les différentes espèces de ces acipensères, qui attirent l'attention, non seulement par leurs formes, leurs dimensions, leurs affections, et leurs manières de vivre, mais encore par la nourriture saine, agréable, variée et abondante qu'elles fournissent à l'homme, ainsi que par les matières utiles dont elles enrichissent les arts, la mieux connue et la plus anciennement observée est celle de l'esturgeon, qui se trouve dans presque toutes les contrées de l'ancien continent.

Elle ressemble aux squales, comme les autres poissons de sa famille, par l'allongement de son corps, la forme de la nageoire caudale qui est divisée en deux lobes inégaux, et celle du museau, dont l'extrémité, plus ou moins prolongée en avant, est aussi plus ou moins arrondie.

L'ouverture de la bouche est placée, comme dans le plus grand nombre des squales, au-dessous de ce museau avancé. Des cartilages assez durs garnissent les deux mâchoires et tiennent lieu de dents.

Entre l'ouverture de la bouche et le bout du museau, on voit quatre filaments déliés, rangés sur une ligne transversale, aussi éloignés de cette ouverture que de l'extrémité de la tête, et même quelquefois plus rapprochés de cette dernière partie que de la première.

Ces barbillons, très menus, très mobiles, et un peu semblables à de petits vers, attirent souvent de petits poissons imprudents jusqu'auprès de la gueule de l'esturgeon, qui avait caché presque toute sa tête au milieu des plantes marines ou fluviales.

Des stries plus ou moins saillantes paraissent le plus souvent sur les plaques dures que l'on voit former plusieurs rangées sur le corps de l'esturgeon.

Ces plaques rayonnées et osseuses, que l'on a nommées *petits boucliers*, sont convexes par-dessus, concaves par-dessous, un peu arrondies dans leur contour, relevées dans leur centre et terminées, dans cette partie exhaussée, par une pointe recourbée et tournée vers la queue.

Elles forment cinq rangs, qui partent de la tête et qui s'étendent jusqu'auprès de la nageoire de la queue, excepté celui du milieu, qui se termine à la nageoire dorsale.

Ces cinq séries de petits boucliers sont assez élevées pour faire paraître l'ensemble de l'animal comme une sorte de prisme à cinq faces, et par conséquent à cinq arêtes.

La couleur de l'esturgeon est bleuâtre, avec de petites taches brunes sur le dos, et noires sur la partie inférieure du corps.

Sa grandeur est très considérable, et lorsqu'il a atteint tout son développement, il a plus de dix-huit pieds de longueur.

Cet énorme poisson habite non seulement dans l'Océan, mais encore dans la Méditerranée, dans la mer Rouge, dans le Pont-Euxin, dans la mer Caspienne. Mais au lieu de passer toute sa vie au milieu des eaux salées, comme les raies, les squales, les lophies, les balises et les chimères, il recherche les eaux douces comme le pétromyzon lamproie, lorsque le printemps arrive, qu'une chaleur nouvelle se fait sentir jusqu'au milieu des ondes, y ranime le sentiment le plus actif, et que le besoin de pondre et de féconder ses œufs le presse et l'aiguillonne. Il s'engage alors dans presque tous les grands fleuves.

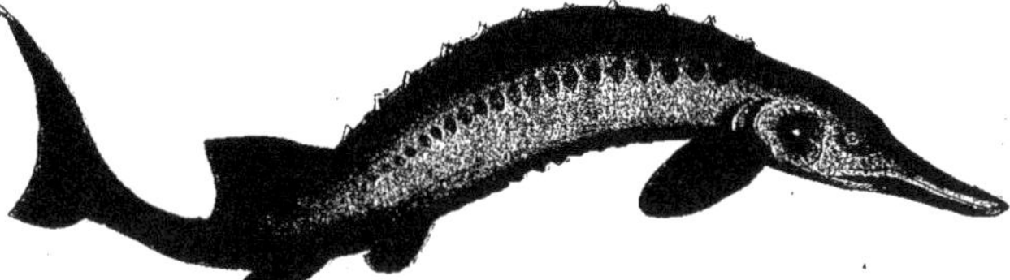

Il grandit et engraisse dans les rivières fortes et rapides, suivant qu'il y rencontre la tranquillité, la température et les aliments qui lui conviennent le mieux ; et il est de ces fleuves dans lesquels il est parvenu à un poids énorme, et jusqu'à celui de mille livres. Lorsqu'il est encore dans la mer, ou près de l'embouchure des grandes rivières, il se nourrit de harengs ou de maquereaux et de gades ; et lorsqu'il est engagé dans les fleuves, il attaque les saumons, qui les remontent à peu près dans le même temps que lui, et qui ne peuvent lui opposer qu'une faible résistance. Comme il paraît semblable à un géant au milieu de ces légions nombreuses, on l'a comparé à un chef et on l'a nommé le *conducteur des saumons*.

Lorsque le fond des mers ou des rivières qu'il fréquente est très limoneux, il préfère souvent les vers qui peuvent se trouver dans la vase dont le fond des eaux est recouvert, et qu'il trouve avec d'autant plus de facilité au milieu de la terre grasse et ramollie, que le bout de son museau est dur et un peu pointu, et qu'il sait fort bien s'en servir pour fouiller dans le limon et dans les sables mous.

Il dépose dans les fleuves une immense quantité d'œufs ; et sa chair y présente un degré de délicatesse très rare, surtout dans les poissons cartilagineux. Aussi cette chair a-t-elle été prise très souvent pour celle d'un jeune veau, et l'esturgeon a-t-il été, de tous les temps, très recherché. Non seulement on le mange frais, dans tous les pays où l'on en prend un grand nombre, mais on emploie plusieurs sortes de préparations pour le conserver et pouvoir l'envoyer au loin. On le fait sécher, ou on le marine, ou on le sale. La laite du mâle est la portion de cet animal que l'on préfère à toutes les autres.

L'esturgeon peut être gardé hors de l'eau pendant plusieurs jours, sans cependant périr.

Poissons Osseux.

L'ANGUILLE

Les nageoires pectorales de l'anguille sont assez petites, et ses autres nageoires assez étroites pour qu'on puisse la confondre de loin avec un véritable serpent : elle a de même le corps très allongé et presque cylindrique. Sa tête est menue le museau un peu pointu, et la mâchoire inférieure plus avancée que la supérieure.

Les lèvres sont garnies d'un grand nombre de petits orifices par lesquels se répand une liqueur onctueuse; une rangée de petites ouvertures analogues compose, de chaque côté de l'animal, la ligne que l'on a nommée *latérale* ; et c'est ainsi que l'anguille est perpétuellement arrosée de cette substance qui la rend si visqueuse. Sa peau est, sur tous les joints de son corps, enduite de cette humeur gluante qui la fait paraître comme vernie. Elle est pénétrée de cette sorte d'huile qui rend ses mouvements très souples; et l'on voit déjà pourquoi elle glisse si facilement au milieu des mains inexpérimentées qui, la serrant avec trop de force, augmentent le jeu de ses muscles, facilitent ses efforts, et, ne pouvant la saisir par aucune aspérité, la sentent couler et s'échapper comme un fluide. A la vérité, cette même peau est garnie d'écailles, mais si petites, que plusieurs physiciens en ont nié l'existence.

Les couleurs que l'anguille présente sont toujours agréables, mais elles varient assez fréquemment ; et il paraît que leurs nuances dépendent beaucoup de l'âge de l'animal, et de la qualité de l'eau au milieu de laquelle il vit. Lorsque cette eau est limoneuse, le dessus du corps est d'un beau noir, et le dessous, d'un jaune plus ou moins clair. Mais si l'eau est pure et limpide, si elle coule sur un fond de sable, les teintes qu'offre l'anguille sont plus vives et plus riantes : sa partie supérieure est d'un vert nuancé, quelquefois même rayé d'un brun qui le fait ressortir ; et le blanc de lait, ou la couleur de l'argent, brillent sur la partie inférieure du poisson.

Les murènes anguilles parviennent à une grandeur considérable : il n'est pas très rare d'en trouver en Angleterre, ainsi qu'en Italie, du poids de huit à dix kilogrammes. Dans l'Albanie, on en a vu dont on a comparé la grosseur à celle de la cuisse d'un homme, et des observateurs très dignes de foi ont assuré que, dans les lacs de la Prusse, on en avait pêché qui étaient longues de trois à quatre mètres. On a même écrit que le Gange en avait nourri de plus de dix mètres de longueur ; mais ce ne peut être qu'une erreur. La croissance de l'anguille se fait très lentement.

Avec de l'agilité, de la souplesse, de la force dans les muscles, de la grandeur dans les dimensions, il est facile à cette murène de parcourir des espaces étendus, de surmonter plusieurs obstacles, de faire de grands voyages, de remonter contre des courants rapides. Aussi va-t-elle périodiquement, tantôt des lacs ou des rivages voisins de la source des rivières vers les embouchures des fleuves, et tantôt de la mer vers les sources ou les lacs.

Pendant cette longue course, ainsi que pendant le retour des environs de la mer vers les eaux douces élevées, les anguilles se nourrissent aussi bien que pendant qu'elles sont stationnaires, d'insectes, de vers, d'œufs et de petites espèces de poissons. Elles attaquent quelquefois des animaux un peu plus gros. Dans certaines circonstances, elles se contentent de la chair de presque tous les animaux morts qu'elles rencontrent au milieu des eaux ; mais elles causent souvent de grands ravages dans les rivières.

Dans la basse Seine, elles détruisent beaucoup d'éperlans, de clupées feintes et de brèmes.

Ce n'est pas cependant sans danger qu'elles recherchent l'aliment qui leur convient le mieux : malgré leur souplesse, leur vivacité, la vitesse de leur fuite, elles ont des ennemis auxquels il leur est très difficile d'échapper. Les loutres, plusieurs oiseaux d'eau et les grands oiseaux de rivage, tels que les grues, les hérons et les cigognes, les pêchent avec habileté et les retiennent avec adresse ; le brochet, l'acipensère esturgeon, en font aussi leur proie ; et comme les esturgeons l'avalent tout entière, et souvent sans la blesser, il arrive que, déliée, visqueuse et flexible, elle parcourt toutes les sinuosités de leur canal intestinal, sort de leur corps et se dérobe, par une prompte natation, à une nouvelle poursuite.

Pendant le jour, la murène anguille, moins occupée de se procurer l'aliment qu'elle désire, se tient presque toujours dans un repos réparateur, et dérobée aux yeux de ses ennemis par un asile qu'elle prépare avec soin. Elle se creuse avec son museau une retraite plus ou moins grande dans la terre molle du fond des lacs et des rivières ; et par une attention particulière, cette espèce de terrier a deux ouvertures, de telle sorte que, si elle est attaquée d'un côté, elle peut s'échapper de l'autre.

Lorsqu'il fait très chaud, l'anguille quitte cependant quelquefois, même vers le milieu du jour, cet asile qu'elle sait se donner. On la voit très souvent alors s'approcher à la surface de l'eau, se placer au-dessous d'un amas de mousse flottante ou de plantes aquatiques, y demeurer immobile, et paraître se plaire dans cette sorte d'inaction et sous cet abri passager.

On sait depuis longtemps qu'elle peut devenir familière au point d'accourir vers la voix ou l'instrument qui l'appelle et qui lui annonce la nourriture qu'elle préfère.

Les murènes anguilles sont en très grand nombre partout où elles trouvent l'eau, la température, l'aliment qui leur conviennent, et où elles ne sont pas privées de toute sûreté. L'abondance des anguilles n'a pas empêché le goût le plus difficile en bonne chère, et le luxe même le plus somptueux, de les rechercher et de les servir dans leurs banquets. Cependant sa viscosité, le suc huileux dont elle est imprégnée, la difficulté avec laquelle les estomacs délicats en digèrent la chair, sa ressemblance avec un serpent, l'ont fait regarder dans certains pays par les médecins comme un aliment un peu malsain, et comme un être impur par les superstitieux.

Lorsque des maladies ne dérangent pas l'organisation intérieure de l'anguille, lorsque sa vie n'est attaquée que par des blessures, elle la perd assez difficilement ; le principe vital paraît disséminé d'une manière assez indépendante dans les diverses parties de cette murène, pour qu'il ne puisse être éteint que lorsqu'on cherche à l'anéantir dans plusieurs points à la fois ; et de même que dans plusieurs serpents, et particulièrement dans la vipère, une heure après la séparation du tronc et de la tête, l'une et l'autre de ces portions peuvent donner des signes d'un grande irritabilité.

Cette vitalité tenace est une des causes de la longue vie que l'on croit devoir attribuer aux anguilles, ainsi qu'à la plupart des autres poissons.

L'anguille vient d'un véritable œuf, comme tous les poissons. L'œuf éclôt le plus souvent dans le ventre de la mère, et la pression sur la partie inférieure du corps de la mère facilite la sortie des petits déjà éclos. Lorsque les anguilles mettent bas leurs petits, communément elles reposent sur la vase du fond des eaux ; c'est au milieu de cette terre ou de ce sable humecté qu'on voit frétiller les murènes qui viennent de paraître à la lumière.

Tous les climats peuvent convenir à l'anguille : on la pêche dans des contrées très chaudes, à la Jamaïque, dans d'autres portions de l'Amérique voisines des tropiques, dans les Indes orientales ; elle n'est point étrangère aux régions glacées, à l'Islande, au Groënland ; et on la trouve dans toutes les contrées tempérées, depuis la Chine jusqu'aux côtes occidentales de la France et à ses départements méridionaux, dans lesquels les murènes de cette espèce deviennent très belles et très bonnes, particulièrement celles qui vivent dans le bassin si célébré de la poétique fontaine de Vaucluse.

LE GYMNOTE ÉLECTRIQUE

Lorsqu'on touche cet animal avec une seule main, on n'éprouve pas de commotion, ou on n'en ressent qu'une extrêmement faible ; mais la secousse est très forte lorsqu'on applique les deux mains sur le poisson, et qu'elles sont séparées l'une de l'autre par une distance assez grande. Comme dans les expériences électriques, le coup reçu par le moyen des deux mains a pu être assez fort pour donner aux deux bras une paralysie de plusieurs années. Les métaux, l'eau, les corps mouillés, et toutes les autres substances conductrices de l'électricité, transmettent la vertu engourdissante du gymnote ; et voilà pourquoi l'on est frappé au milieu des fleuves, quoiqu'on soit encore à une assez grande distance du gymnote ; et voilà pourquoi encore les petits poissons, pour lesquels cette secousse est beaucoup plus dangereuse, éprouvent une commotion dont ils meurent à l'instant, quoiqu'ils soient éloignés de plus de cinq mètres de l'animal torporifique.

Mais pour que le gymnote jouisse de tout son pouvoir, il faut souvent qu'il se soit, pour ainsi dire, progressivement animé, et ordinairement les premières commotions qu'il fait éprouver ne sont pas les plus fortes ; elles deviennent plus vives à mesure qu'il s'agite et s'irrite ; elles sont terribles lorsqu'il est livré à une sorte de rage. Quand il a ainsi frappé à coups redoublés autour de lui, il s'écoule fréquemment un intervalle assez marqué avant qu'il fasse ressentir une nouvelle secousse, soit qu'il ait besoin de donner quelques moments de repos à des organes qui viennent d'être violemment exercés, soit qu'il emploie ce temps plus ou moins court à ramasser dans ces mêmes organes une nouvelle quantité d'un fluide foudroyant.

C'est auprès de Surinam que se trouve le gymnote électrique ; il parvient ordinairement à la longueur d'un peu plus d'un mètre.

LE LOUP DE MER

Le loup de mer parvient quelquefois, au moins dans les mers très profondes, jusqu'à la longueur de cinq mètres; et s'il n'est point armé d'un glaive, il a reçu des dents redoutables, et par leur nombre, et par leur forme, et par leur dureté. Son organisation intérieure lui donne une très grande voracité. Féroce comme les squales, terrible pour la plupart des habitants des mers, vrai loup de l'océan, il porte le ravage parmi le plus grand nombre des poissons, il montre, par l'usage constant qu'il fait de ses armes, tous les signes de la cruauté, et justifie le nom de *ravisseur* qui lui a été donné dans presque toutes les contrées. Son corps et sa queue sont allongés et comprimés : aussi nage-t-il en serpentant comme les murènes. Sa peau est forte, épaisse, gluante, ainsi que celle de l'anguille ; ce qui lui donne la facilité de s'échapper comme cette murène, lorsqu'on veut le saisir.

La tête du loup de mer est grosse, le museau arrondi, le front un peu élevé, l'ouverture de la bouche très grande ; les lèvres sont membraneuses, mais fortes, et les mâchoires d'autant plus puissantes, que chacune de ces deux parties de la tête est composée, de chaque côté, de deux os bien distincts, grands, durs et solides. C'est au-devant de ces doubles mâchoires qu'on voit, tant en haut qu'en bas, au moins six dents coniques propres à couper ou plutôt à déchirer. Il a d'ailleurs cinq rangs de dents molaires supérieures, plus ou moins irrégulières, plus ou moins convexes, et trois rangs de molaires inférieures semblables. La langue est courte, lisse, et un peu arrondie à son extrémité. Les yeux sont ovales.

L'anarrhique loup, condamné, par sa conformation et par ses habitudes, à rechercher presque sans cesse un nouvel aliment, est non seulement féroce, mais très vorace : il se jette goulûment sur ce qui peut apaiser ses appétits violents. Il dévore non seulement des poissons, mais des crabes et des coquillages.

C'est dans l'océan septentrional que se trouve le loup ; mais il se tient communément, pendant une grande partie de l'année, à des distances considérables de toute terre et dans les profondeurs des mers ; il ne se montre pas pendant l'hiver près des rivages septentrionaux de l'Europe et de l'Amérique, et c'est à la fin du printemps que sa femelle dépose ordinairement ses œufs sur les plantes marines qui croissent auprès des côtes.

Quoi qu'il en soit de la force de la queue du loup, celle de sa tête est si considérable, et ses dents sont si puissantes, qu'on ne le pêche dans beaucoup d'endroits qu'avec des précautions particulières. Mais on va avec d'autant plus de constance à la poursuite du loup, qu'il peut fournir une grande quantité d'aliment, et que sa chair est, dans certaines circonstances aussi bonne que celle de l'anguille. Le loup est d'un noir cendré par-dessus, et d'un blanc plus ou moins pur par-dessous ; ce qui lui donne un nouveau rapport extérieur avec plusieurs cétacés.

LE CONGRE

Le congre a beaucoup plus de rapports avec l'anguille ; mais il en diffère par les proportions de ses diverses parties, par la plus grande longueur des petits appendices cylindriques placés sur le museau, et que l'on a nommés *barbillons* ; par le diamètre de ses yeux, qui sont plus gros ; par sa couleur, qui sur sa partie supérieure est blanche, ou cendrée, ou noire, suivant les plages qu'il fréquente ; qui sur sa partie inférieure est blanche, et qui d'ailleurs offre fréquemment des teintes vertes sur la tête, des teintes bleues sur le dos, et des teintes jaunes sous le corps ainsi que sous la queue ; par ses dimensions supérieures à celles de l'anguille, puisqu'il n'est pas très rare de le voir parvenir à une longueur de près de six mètres ; et enfin par la nature de son habitation, qu'il choisit presque toujours au milieu des eaux salées. On le trouve dans toutes les grandes mers de l'ancien et du nouveau continent ; il est très répandu surtout dans l'Océan d'Europe, sur les côtes de l'Angleterre et de la France, et dans la Méditerranée. Ses œufs sont enveloppés d'une matière graisseuse très abondante.

Il est très vorace ; et comme il est grand et fort, il peut se procurer aisément ce qui lui est nécessaire.

Il vit presque toujours auprès de l'embouchure des grands fleuves, où il se tient comme en embuscade pour faire sa proie et des poissons qui descendent des rivières dans la mer, et de ceux qui remontent de la mer dans les rivières. Il se jette avec vitesse sur ces animaux ; il les empêche de s'échapper, en s'entortillant autour d'eux, comme un serpent autour de sa victime ; il les renferme, pour ainsi dire, dans un filet, et c'est de là que vient le nom *filat* (filet) qu'on lui a donné dans plusieurs départements méridionaux de la France.

LE MAQUEREAU

C'EST dans le sein même de l'océan Polaire, dont la surface présente l'effrayante image de la destruction et du chaos, que vivent, au moins pendant une saison assez longue, les troupes innombrables des maquereaux. Les diverses cohortes que forment leurs réunions renferment dans ces mers arctiques d'autant plus d'individus, que, moins grands que les thons et autres poissons de leur genre, n'atteignant guère qu'à une longueur de sept décimètres, et doués par conséquent d'une force moins considérable, ils sont moins excités à se livrer les uns aux autres des combats meurtriers. On les trouve également, et même plus nombreux, dans presque toutes les mers chaudes ou tempérées des quatre parties du monde, dans le Grand-Océan, auprès du pôle antarctique, dans l'Atlantique et dans la Méditerranée.

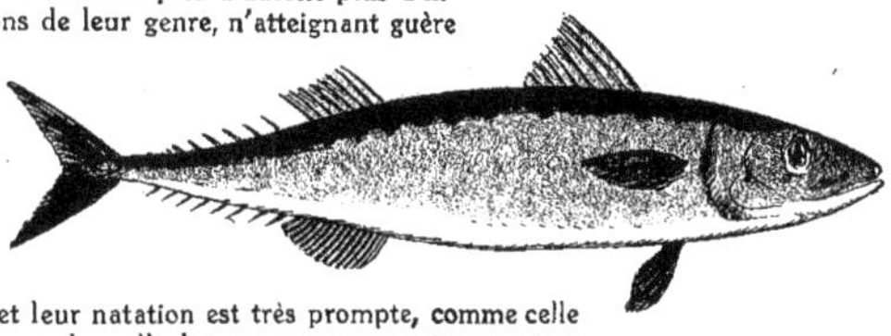

Le sévolutions de ces tribus marines sont rapides, et leur natation est très prompte, comme celle de presque tous les autres scombres. La grande vitesse avec laquelle les maquereaux se transportent d'une plage vers une autre n'a pas peu contribué à l'opinion adoptée presque universellement jusqu'à nos jours, au sujet de leurs changements périodiques d'habitation.

On a cru que le maquereau était soumis à des migrations régulières, et que les individus de cette espèce, qui passaient l'hiver dans un asile plus ou moins sûr auprès des glaces polaires, voyageaient pendant le printemps ou l'été jusque dans la Méditerranée.

Mais on sait aujourd'hui que les maquereaux passent l'hiver dans des fonds de la mer plus ou moins éloignés des côtes dont ils s'approchent vers le printemps ; qu'au commencement de la belle saison, ils s'avancent vers le rivage qui leur convient le mieux, se montrent souvent à la surface de la mer, parcourent des chemins plus ou moins directs, où plus ou moins sinueux, mais ne suivent point le cercle périodique auquel on a voulu les attacher, et n'obéissent pas à cet ordre de lieux et de temps auquel on les a dits assujettis.

Dans les régions polaires, ils restent une partie de l'année enfouis au fond de la mer, dans un état d'engourdissement complet. Ce n'est que vers la fin de juin qu'ils reprennent une partie de leur activité, sortent de leurs trous, s'élancent dans les flots, et parcourent les grands rivages. Il semble même que la stupeur ou l'engourdissement, dans lequel ils doivent avoir été plongés pendant les très grands froids, ne se dissipe que par degrés : leurs sens paraissent très affaiblis pendant une vingtaine de jours ; leur vue est alors si débile, qu'on les croit aveugles, et qu'on les prend facilement au filet. Après ce temps de faiblesse, on est souvent forcé de renoncer à cette manière de les pêcher ; les maquereaux, recouvrant entièrement l'usage de leurs yeux, ne peuvent plus en quelque sorte être pris qu'à l'hameçon ; mais comme ils sont encore très maigres, et qu'ils se ressentent beaucoup de la longue diète qu'ils ont éprouvée, ils sont très avides d'appâts, et on en fait une pêche très abondante.

C'est à peu près à la même époque qu'on recherche ces poissons sur un grand nombre de côtes plus ou moins tempérées de l'Europe occidentale. Les temps orageux sont très souvent ceux pendant lesquels on prend avec le plus de facilité les scombres maquereaux, qui, agités par la tempête, s'approchent beaucoup de la surface de la mer, et se jettent dans les filets tendus à une très petite profondeur ; mais lorsque le ciel est serein et que l'Océan est calme, il faut les chercher entre deux eaux, et la pêche en est beaucoup moins heureuse.

C'est parmi les rochers que les femelles aiment à déposer leurs œufs ; et comme chacune en renferme plusieurs centaines de mille, il n'est pas surprenant que les maquereaux forment des légions très nombreuses.

La chair des maquereaux étant grasse et abondante, les anciens l'exprimaient, pour ainsi dire, de manière à former une sorte de substance liquide ou de préparation particulière, à laquelle on donnait le nom de *garum*, et qui était recherchée non seulement comme un assaisonnement agréable de plusieurs mets, mais encore comme un remède efficace contre certaines maladies.

C'est par suite de cette nature de leur chair grasse et huileuse que les maquereaux sont comptés parmi les poissons qui jouissent le plus de la faculté de répandre de la lumière dans les ténèbres. Ils luisent dans l'obscurité, lors même qu'ils sont tirés de l'eau depuis très peu de temps.

Au reste, toutes ces couleurs ou nuances sont produites ou modifiées par des écailles, petites, minces ou molles.

Comme les appétits des maquereaux sont très violents, et que leur nombre leur inspire peut-être une sorte de confiance, ils sont voraces, même hardis : ils attaquent souvent des poissons plus gros et plus forts qu'eux ; et on les a même vus quelquefois se jeter avec une audace aveugle sur des pêcheurs qui voulaient les saisir, ou qui se baignaient dans les eaux de la mer. Mais s'ils cherchent à faire beaucoup de victimes, ils sont perpétuellement entourés de nombreux ennemis.

Les grands habitants des mers les dévorent ; et des poissons en apparence assez faibles, tels que les murènes et les murénophis, les combattent avec avantage.

LA LOTE

La lote mérite l'attention particulière des naturalistes. Elle présente tous les caractères génériques qui appartiennent aux gades, parmi lesquels elle a toujours été comprise : et cependant elle s'écarte des gades par des différences très frappantes dans les formes, dans les facultés, dans les habitudes et dans les goûts. La lote a le corps très allongé et serpentiforme. On voit sur son dos deux nageoires dorsales, mais très basses et très longues. Ses écailles sont très minces, molles, très petites, et quelquefois séparées les unes des autres ; et la peau à laquelle elles sont attachées est enduite d'une humeur visqueuse très abondante, comme celle de l'anguille : aussi échappe-t-elle facilement, de même que ce dernier poisson, à la main de ceux qui la serrent avec trop de force et veulent la retenir avec trop peu d'adresse ; elle glisse entre leurs doigts, parce qu'elle est perpétuellement arrosée d'une liqueur gluante, et elle se dérobe encore à ses ennemis, parce que son corps, très allongé et très mobile, se contourne avec promptitude en différents sens, et imite parfaitement toutes les positions et tous les mouvements d'un reptile.

La lote est, de plus, d'une couleur assez semblable à celle de plusieurs murènes ou de quelques murénophis. Elle est variée, dans sa partie supérieure, de jaune et de brun ; et le blanc règne dans sa partie inférieure.

Au lieu d'habiter dans les profondeurs de l'Océan ou près des rivages de la mer, elle passe sa vie dans les lacs, dans les rivières, au milieu de l'eau douce, à de très grandes distances de l'Océan.

On la trouve dans un très grand nombre de contrées, non seulement en Europe, mais encore dans l'Asie et dans les Indes. Elle préfère, le plus souvent, les eaux les plus claires ; elle s'y cache dans des creux ou sous des pierres ; elle cherche à attirer ses petites victimes par l'agitation des barbillons qui garnissent le bout de sa mâchoire inférieure, et qui ressemblent à de petits vers : elle y demeure patiemment en embuscade, ouvrant presque toujours sa bouche, qui est assez grande, et dont les mâchoires, hérissées de sept rangées de dents aiguës, peuvent aisément retenir les insectes aquatiques et les jeunes poissons dont elle se nourrit.

La lote croît beaucoup plus vite que plusieurs autres osseux : elle parvient jusqu'à la longueur d'un mètre.

Sa chair est blanche, agréable au goût, facile à cuire ; son foie, qui est très volumineux, est regardé comme un mets délicat. Ses œufs sont presque toujours difficiles à digérer, plus ou moins malfaisants ; et, par un dernier rapport avec l'anguille, elle ne perd que difficilement la vie.

LE MERLAN

De toutes les espèces de gades, le merlan est celle dont le nom et la forme extérieure sont le mieux connus dans une grande partie de l'Europe, et particulièrement dans la plupart des départements septentrionaux de la France. Les nuances qu'il présente sont très brillantes : presque tout son corps resplendit de la blancheur de l'argent ; et l'éclat de cette couleur est relevé, au lieu d'être affaibli, par l'olivâtre qui règne quelquefois sur le dos, par la teinte noirâtre qui distingue les nageoires pectorales, ainsi que celle de la queue.

Tout le monde sait d'ailleurs que le corps du merlan est allongé, et revêtu d'écailles petites, minces et arrondies ; que ses nageoires dorsales sont au nombre de trois ; qu'il n'a pas de barbillons ; que sa mâchoire supérieure est plus avancée que l'inférieure ; que cette même mâchoire d'en haut est armée de plusieurs rangs de dents, dont les antérieures sont les plus longues ; qu'on n'en voit qu'une rangée à la mâchoire d'en bas. Le merlan habite dans l'océan qui baigne les côtes européennes. Il se nourrit de vers, de mollusques, de crabes, de jeunes poissons. Il s'approche souvent des rivages, et voilà pourquoi on le prend pendant presque toute l'année : mais il abandonne particulièrement la haute mer, non seulement lorsqu'il va se débarrasser du poids de ses œufs ou les féconder ; mais encore lorsqu'il est attiré vers la terre par une nourriture plus agréable et plus abondante, et lorsqu'il cherche un asile contre les gros animaux marins qui en font leur proie.

Le plus souvent on pêche ce gade avec une vingtaine de lignes, dont chacune, garnie de deux cents hameçons, est longue de plus de cent mètres, et qu'on laisse au fond de l'eau environ pendant trois heures.

Non seulement la qualité de la chair du merlan varie suivant les saisons et les parages qu'il fréquente, mais encore ses caractères sont assez différents, selon les eaux qu'il habite, pour qu'on ait compté dans cette espèce plusieurs variétés remarquables et constantes.

LA MORUE

Dans toutes les contrées de l'Europe, et dans presque toutes celles de l'Amérique, il est bien peu de personnes qui ne connaissent le nom de la morue, la bonté de son goût, et les qualités qui distinguent sa chair. Comme tous les poissons de son genre, la morue a la tête comprimée ; les yeux, placés sur les côtés, sont très peu rapprochés l'un de l'autre, très gros, voilés par une membrane transparente ; et cette dernière conformation donne à l'animal la faculté de nager à la surface des mers septentrionales, sans être ébloui par la grande quantité de lumière réfléchie sur ces plages boréales ; mais hors de ces régions voisines du cercle polaire, la morue doit voir avec plus de difficulté que la plupart des poissons, dont les yeux ne sont pas ainsi recouverts par une pellicule diaphane ; et de là est venue l'expression *d'yeux de morue* dont on s'est servi pour désigner des yeux grands, à fleur de tête, et cependant mauvais. Le corps de la morue est allongé, légèrement comprimé et revêtu d'écailles plus grandes que celles des autres gades. Les morues parviennent très souvent à une grandeur assez considérable pour peser un myriagramme : mais ce n'est pas ce poids qui indique la dernière limite de leurs dimensions. On en a vu, auprès des côtes d'Angleterre, une qui pesait près de quatre myriagrammes.

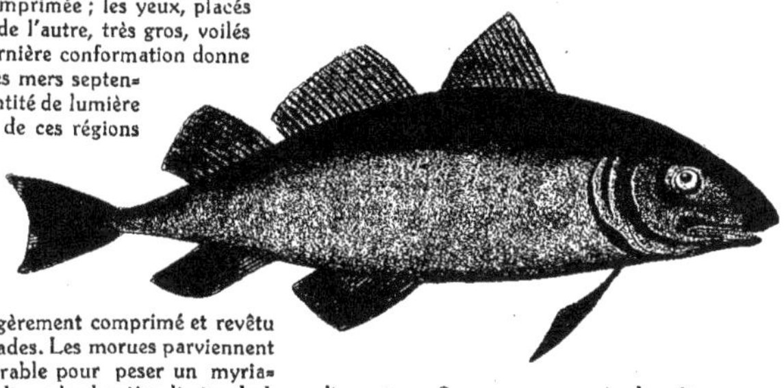

L'espèce ordinaire est d'un gris cendré, tacheté de jaunâtre sur le dos. La partie inférieure du corps est blanche et quelquefois rougeâtre, avec des taches de couleur d'or dans les jeunes individus. Les nageoires pectorales sont jaunâtres ; une teinte grise distingue les jugulaires. Toutes les autres nageoires présentent des taches jaunes.

La morue est si goulue, qu'elle avale souvent des morceaux de bois ou d'autres substances qui ne peuvent pas servir à sa nourriture : mais elle jouit de la faculté qu'ont reçue les squales et les oiseaux de proie ; elle peut rejeter facilement les corps qui l'incommodent.

L'eau douce ne paraît pas lui convenir ; on ne la voit jamais dans les fleuves ou les rivières : elle ne s'approche même des rivages que dans le temps du frai ; pendant le reste de l'année, elle se tient dans les profondeurs des mers. Elle habite particulièrement l'océan Septentrional.

Lorsque le besoin de se débarrasser de la laite ou des œufs, ou la nécessité de pourvoir à leur subsistance, chasse les morues vers les côtes, c'est principalement près des rives et des bancs couverts de crabes ou de moules qu'elles se rassemblent ; et elles déposent souvent leurs œufs sur des fonds rudes au milieu des rochers.

Ce temps du frai qui entraîne les morues vers les rivages, est très variable, suivant les contrées qu'elles habitent et à l'époque à laquelle le printemps ou l'été commence à régner dans ces mêmes contrées.

Depuis plusieurs siècles, les peuples industrieux et marins de l'Europe ont senti l'importance de la pêche des morues, et s'y sont livrés avec ardeur.

LE THON

Ce sont principalement les poissons auxquels on a donné le nom de *pélagiques*, qui animent par leurs mouvements rapides et multipliés la mer qui les nourrit. On les distingue par cette dénomination, parce qu'ils se tiennent pendant une grande partie de l'année à une grande distance des rivages. Et parmi ces habitants des parties de l'Océan les plus éloignées des côtes, on doit surtout remarquer les thons. Les divers attributs qu'ils ont reçus de la nature, leur donnent une grande prééminence sur le plus grand nombre des autres poissons. C'est presque toujours à la surface des eaux qu'ils se livrent au repos, ou qu'ils s'abandonnent à l'action des diverses causes qui peuvent les déterminer à se mouvoir. On les voit, réunis en troupes très nombreuses, bondir avec agilité, s'élancer avec force, cingler avec la vélocité d'une flèche. La vivacité est principalement produite par une queue très longue, et qui, frappant l'onde salée par une face très étendue, ainsi que par une nageoire très large, est animée par des muscles vigoureux, et soutenue de chaque côté par un cartilage qui accroît l'énergie de ses muscles puissants.

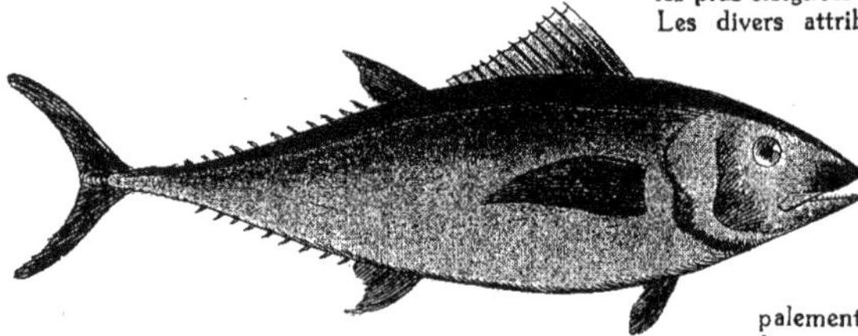

Lorsque, dans certaines saisons, et particulièrement dans celle de la ponte des œufs, une nécessité impérieuse les amène vers quelque plage, ils serrent leurs rangs nombreux, ils se pressent les uns contre les autres, et forment une sorte de grand parallélogramme animé, que l'on aperçoit naviguant sur la mer, ou qui, nageant au milieu des flots qui le couvrent encore et la dérobent à la vue, s'annonce cependant de loin par le bruit des ondes rapidement refoulées devant ces rapides voyageurs.

Malgré leur multitude, leur grandeur, leur force et leur vitesse, ces éléments de succès dans l'attaque ou dans la défense, un bruit soudain a souvent suspendu une tribu voyageuse de thons au milieu de sa course : on les a vus troublés, arrêtés et dispersés par une vive décharge d'artillerie, ou par un coup de tonnerre subit. Un objet d'une forme ou d'une couleur singulières suffit pour ébranler l'organe de leur vue, de manière à les effrayer et à interrompre les habitudes les plus constantes.

Ces scombres sont cependant très courageux dans la plupart des circonstances de leur vie. Les migrations régulières et périodiques des thons sont celles auxquelles ils s'abandonnent, lorsque, à l'approche de chaque printemps, ou dans une saison plus chaude, suivant le climat qu'ils habitent, ils s'avancent vers la température, l'aliment, l'eau, l'abri, la plage, qui conviennent le mieux au besoin qui les presse, pour y déposer leurs œufs. Dans leurs voyages réguliers, ils ne vont pas communément chercher bien loin, ni par de grands détours, la rive qui leur est nécessaire, ou la retraite qui remplace cette rive pendant le règne des hivers : mais, dans leurs migrations irrégulières, ils parviennent souvent à de très grandes distances ; ils traversent avec facilité, dans ces circonstances, non seulement des golfes et des mers intérieures, mais même l'antique Océan. Un intervalle de plusieurs centaines de lieues ne les arrête pas ; et, malgré leur mobilité naturelle, fidèles à la cause qui a déterminé leur départ, ils continuent avec constance leur course lointaine.

On a vu des thons accompagner pendant plus de quarante jours les vaisseaux auprès desquels ils trouvaient avec facilité une partie de l'aliment qu'ils aiment, au milieu des mers chaudes de l'Asie, de l'Afrique et de l'Amérique ; dans ces mers, dont la surface est inondée des rayons d'un soleil brûlant, les thons ne peuvent se livrer, auprès de cette même surface des eaux, aux différents mouvements qui leur sont nécessaires, sans être éblouis par une lumière trop vive, ou fatigués par une chaleur trop ardente : ils cherchent alors le voisinage des rivages escarpés, des rochers avancés, des promontoires élevés, de tout ce qui peut les dérober, pendant leurs jeux et leurs évolutions, aux feux de l'astre du jour. Ils interrompent leurs voyages, pour plusieurs mois, aux approches du froid.

Il ont besoin d'une assez grande quantité de nourriture, parçe qu'il présentent communément des dimensions considérables. Les observateurs modernes ont mesuré et pesé des thons de trois cent ving-cinq centimètres, et du poids de cinquante-cinq ou soixante kilogrammes, et cependant ces poissons, ainsi que tous ceux qui n'éclosent pas dans le ventre de leur mère, proviennent d'œufs très petits : on a comparé la grosseur de ceux du thon à celle des graines de pavot.

Le corps de ce scombre est très allongé, et semblable à une sorte de fuseau très étendu. La tête est petite, l'œil gros, l'ouverture de la bouche très large ; la mâchoire inférieure plus avancée que la supérieure, et garnie, comme cette dernière, de dents aiguës ; la langue courte et lisse. Les couleurs qui le distinguent ne sont pas très variées, mais agréables et brillantes.

On peut dire, en général, qu'on trouve le thon dans presque toutes les mers chaudes ou tempérées de l'Europe, de l'Asie, de l'Afrique et de l'Amérique ; mais on ne rencontre pas un égal nombre d'individus de cette espèce dans toutes les saisons, ni dans toutes les portions des mers qu'ils fréquentent. On s'occupe de la pêche de ces animaux sur plusieurs rivages de la France et de l'Espagne, depuis les premiers jours d'avril jusqu'en septembre ; et l'on assure que l'arrivée des maquereaux annonce celle des thons, qui les poursuivent pour les dévorer.

Les thons montrent, en effet, une si grande avidité pour les maquereaux, qu'il suffit, pour les attirer dans un piège, de leur présenter un leurre qui en imite grossièrement la forme. Ils se jettent avec la même voracité sur plusieurs autres poissons et particulièrement sur les sardines.

Très souvent, au lieu de se contenter de saler les thons par des moyens à peu près semblables à ceux qu'on emploie pour la morue, on les marine après les avoir coupés par tronçons, et en les préparant avec de l'huile et du sel. On renferme les thons marinés dans des barils et on distingue avec beaucoup de soin ceux qui contiennent la chair du ventre, préférée aujourd'hui par les Européens comme autrefois par les Romains, et nommée *panse de thon*, de ceux dans lesquels on a mis la chair du dos que l'on appelle *dos de thon*, ou simplement *thonnine*.

Comme ils sont ordinairement très gras, il se détache de ces poissons, lorsqu'on les lave pour les saler, une huile communément assez abondante, qui surnage promptement, et qui sert aux tanneurs.

LA DORADE

PLUSIEURS poissons présentent un vêtement plus magnifique que la dorade ; aucun n'a reçu de parure plus élégante. Elle ne réfléchit pas l'éclat éblouissant de l'or et de la pourpre, mais elle brille de la douce clarté de l'argent et de l'azur.

Le bleu céleste de son dos se fond avec d'autant plus de grâce dans les reflets argentins qui se jouent sur presque toute sa surface, que ces deux belles nuances sont relevées par le noir de la nageoire du dos, par celui de la nageoire de la queue, par les teintes foncées ou grises des autres nageoires et par des raies brunes qui s'étendent comme autant d'ornements de bon goût sur le corps argenté du poisson.

Un croissant d'or forme une sorte de sourcil remarquable au-dessus de chaque œil, une tache d'un noir luisant contraste, sur la queue, avec l'argent des écailles ; et une troisième tache d'un beau rouge se montre de chaque côté au-dessus de la pectorale, et, mêlant le ton et la vivacité du rubis à l'heureux mélange du bleu et du blanc éclatant, termine la réunion des couleurs les plus simples, et en même temps les mieux ménagées, les plus riches, et cependant les plus agréables.

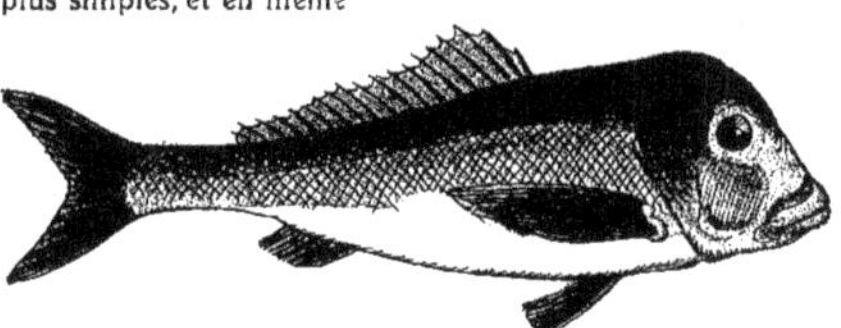

La dorade vit dans tous les climats. Toutes les eaux lui conviennent : les flots des rivières, les ondes de la mer, les lacs, les viviers, l'eau douce, l'eau salée, l'eau trouble et épaisse, l'eau claire et légère. La diversité de température paraît n'altérer non plus, ni ses qualités, ni ses formes : elle supporte le froid du voisinage des glaces flottantes ; elle résiste à la chaleur des mers des tropiques.

Sa grandeur est ordinairement considérable. Si elle ne pèse communément que cinq ou six kilogrammes dans certains parages, elle en pèse jusqu'à dix dans d'autres, particulièrement auprès des rivages de la Sardaigne. Elle nage avec facilité, et elle reçoit de la force de ses muscles, et de la vitesse avec laquelle elle agite ses nageoires, une grande légèreté dans ses mouvements et une grande rapidité dans ses évolutions : aussi peut-elle, dans un grand nombre de circonstances, satisfaire la voracité qui la distingue ; elle le peut d'autant plus, que la proie qu'elle préfère ne lui échappe ni par la fuite, ni par la nature de l'abri dans lequel elle se renferme. Elle aime à se nourrir de crustacés et d'animaux à coquille, dont les uns sont constamment attachés à la rive ou au banc de sable sur lequel ils sont nés, et dont les autres ne se meuvent qu'avec une lenteur assez grande.

Dans le temps du frai, et par conséquent dans le printemps, les dorades s'approchent, non seulement des rivages, mais encore des embouchures des rivières, dont l'eau douce paraît alors leur être au moins très agréable. Elles s'engagent souvent à cette époque, ainsi que vers d'autres mois, dans les étangs ou petits lacs salés qui communiquent avec la mer : elles s'y nourrissent des coquillages qui y abondent ; elles y grandissent au point qu'un seul été suffit pour que leur poids y devienne trois fois plus considérable qu'auparavant ; elles y parviennent à des dimensions telles, qu'elles pèsent neuf ou dix kilogrammes ; et en y engraissant, elles y acquièrent des qualités qui les ont toujours fait rechercher beaucoup plus que celles qui vivent dans la mer proprement dite.

L'ÉPINOCHE, L'ÉPINOCHETTE ET LA SPINACHIE

C'est dans les eaux douces de l'Europe que vit l'épinoche, l'un des plus petits poissons que l'on connaisse ; à peine parvient-il à la longueur d'un décimètre : aussi a-t-on voulu qu'il occupât dans l'échelle de la durée une place aussi éloignée des poissons les plus favorisés, que sur celle des grandeurs. On a écrit qu'il ne vivait tout au plus que trois ans ; mais on doit regarder comme bien peu vraisemblable une aussi grande brièveté dans la vie d'un animal qui, dans ses formes, dans ses qualités, dans son séjour, dans ses mouvements, dans ses autres actes, dans sa nourriture, ne présente aucune différence très marquée avec des poissons qui vivent pendant un très grand nombre d'années.

On peut exprimer de milliers d'épinoches une assez grande quantité d'huile bonne à brûler.

Les yeux de l'épinoche sont saillants, et ses mâchoires presque aussi avancées l'une que l'autre : chaque ligne latérale est marquée ou recouverte par des plaques osseuses placées transversalement, plus petites vers la tête, ainsi que vers la queue, et qui, au nombre de vingt-cinq, de vingt-six ou de vingt-sept, forment une sorte de cuirasse assez solide. Deux os allongés, durs, et affermis antérieurement par un troisième, couvrent le ventre comme un bouclier ; et de là vient le nom générique de *gastérostée* que porte l'épinoche.

L'iris et les côtés de l'épinoche brillent de l'éclat de l'argent, ses nageoires, de celui de l'or ; et sa gorge, ainsi que sa poitrine, montrent souvent celui du rubis.

L'épinochette vit en troupes nombreuses dans les lacs et dans les mers de l'Europe ; on la voit pendant le printemps auprès des embouchures des fleuves. La spinachie ne se trouve ordinairement que dans la mer. Elle est plus grande du double, ou environ, que l'épinoche, pendant que l'épinochette ne parvient communément qu'à la longueur d'un demi-décimètre.

LE ROUGET

Avec quelle magnificence la nature n'a-t-elle pas décoré ce poisson ! Quels souvenirs ne réveille pas ce mulle dont le nom se trouve dans les écrits de tant d'auteurs fameux de la Grèce et de Rome ! C'est à sa brillante parure qu'il a dû sa célébrité. Et, en effet, non seulement un rouge éclatant le colore en se mêlant à des teintes argentines sur ses côtés et sur son ventre ; non seulement ses nageoires resplendissent des divers reflets de l'or ; mais encore le rouge dont il est peint, appartenant au corps proprement dit du poisson, et paraissant au travers des écailles très transparentes qui revêtent l'animal, reçoit par sa transmission et le passage que lui livre une substance diaphane, polie et luisante, toute la vivacité que l'art peut donner aux nuances qu'il emploie, par le moyen d'un vernis préparé. Voilà pourquoi le rouget montre encore la teinte qui le distingue lorsqu'il est dépouillé de ses écailles ; et voilà pourquoi encore les Romains gardaient les rougets dans leurs viviers, comme un ornement qui devint bientôt si recherché, que Cicéron reproche à ses compatriotes l'orgueil insensé auquel ils se livraient, lorsqu'ils pouvaient montrer de beaux mulles dans les eaux de leurs habitations favorites.

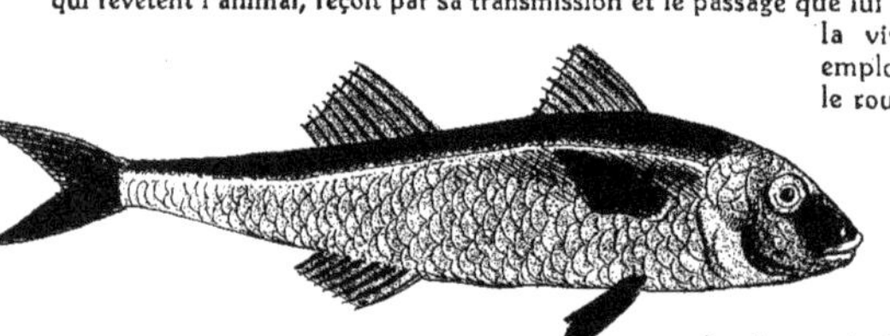

Le devant de la tête du rouget paraît comme tronqué, ou, pour mieux dire, le sommet de la tête de ce poisson est très élevé. Les deux mâchoires, également avancées, sont, de plus, garnies d'une grande quantité de petites dents.

Les écailles qui recouvrent la tête, le corps et la queue, se détachent facilement.

Le rouget vit souvent de crustacés. Il n'entre que rarement dans les rivières, et il est des contrées où on le prend dans toutes les saisons.

On le pêche non seulement à la ligne, mais encore au filet.

On le trouve dans plusieurs mers, auprès des côtes du Portugal, de l'Espagne, de la France, et particulièrement à une petite distance de l'embouchure de la Gironde, dans la Méditerranée, aux environs de la Sardaigne, de Malte, du Tibre et de l'Hellespont, et dans les eaux qui baignent les rivages des îles Moluques.

LA PERCHE

La perche habite parmi nous ; elle peuple nos lacs et nos rivières ; elle est servie sur toutes nos tables. Elle attire les regards par la nature et par la disposition de ses couleurs, surtout lorsqu'elle vit au milieu d'une onde pure. Elle brille d'une couleur d'or mêlée de jaune et de vert, que rendent plus agréable à voir, et le rouge répandu sur toutes les nageoires, excepté sur celle du dos, et des bandes transversales larges et noirâtres. Ces bandes sont inégales en longueur, ordinairement au nombre de six, et ressemblant le plus souvent à des reflets qui ne paraissent que sous certains aspects, plutôt qu'à des couleurs fortement prononcées, elles se fondent d'une manière très douce dans le vert doré du dos et des côtés de l'animal. L'iris est bleu à l'extérieur et jaune à l'intérieur. Les deux dorsales sont violettes; et la première de ces deux nageoires montre une tache noire à son extrémité postérieure.

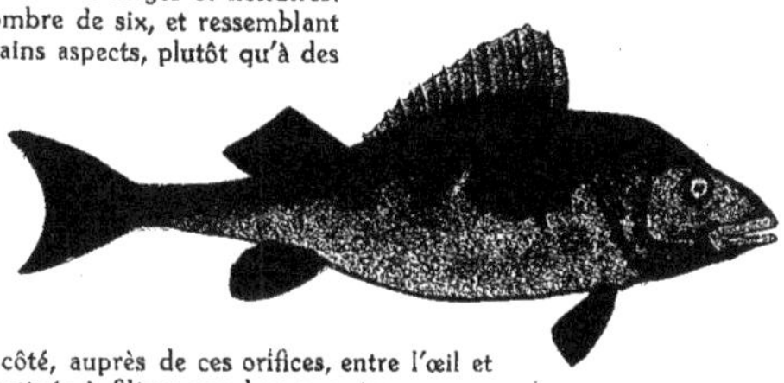

Les dents qui garnissent les deux mâchoires sont petites, mais pointues ; d'autres dents sont répandues sur le palais et autour du gosier; la langue seule est lisse. On compte deux orifices à chaque narine ; l'on voit de chaque côté, auprès de ces orifices, entre l'œil et le bout du museau, trois ou quatre pores assez grands, destinés à filtrer une humeur visqueuse.

La perche ne parvient guère dans les contrées tempérées qu'à la longueur de six ou sept décimètres, et elle pèse alors deux kilogrammes, ou à peu près : mais, dans les pays plus rapprochés du nord, elle présente des dimensions bien plus considérables. On en a pêché en Angleterre du poids de quatre ou cinq kilogrammes. On en trouve, en Sibérie et dans la Laponie, d'une grandeur telle, que plusieurs écrivains les ont nommées monstrueuses.

Elles se plaisent beaucoup dans les lacs ; elles les quittent néanmoins pour remonter dans les rivières et dans les ruisseaux, lorsqu'elles doivent frayer. On ne les voit guère que dans les eaux douces.

La perche habite dans presque toute l'Europe ; et si elle est assez rare vers l'embouchure des rivières, elle est commune auprès de leurs sources, dans les lacs d'où elle tire son origine.

Elle ne fraie qu'à l'âge de trois ans. C'est au printemps qu'elle cherche à déposer ou à féconder ses œufs ; mais ce temps est toujours retardé lorsqu'elle vit dans les eaux profondes qui ne reçoivent que lentement l'influence de la chaleur de l'atmosphère. Ces œufs sont souvent de la grosseur des graines des pavots ; mais lorsqu'ils sont encore renfermés dans le corps de la femelle, ils n'ont que le très petit volume de la poudre fine à tirer. Dans une perche d'une livre, on a compté neuf cent quatre-vingt-douze mille œufs. Communément, les œufs de perche éclosent quoique la chaleur du printemps soit encore très faible.

Ce poisson vit de proie. Il ne peut attaquer avec avantage que de petits animaux ; mais il se jette avec avidité non seulement sur des poissons très jeunes ou très faibles, mais encore sur des campagnols aquatiques, des salamandres, des grenouilles, des couleuvres encore peu développées. Il se nourrit aussi quelquefois d'insectes ; et lorsqu'il fait très chaud, on le voit s'élever à la surface des lacs ou des rivières, et s'élancer avec agilité pour saisir les cousins qui se pressent par milliers au-dessus de ces rivières ou de ces lacs.

La perche est même si vorace qu'elle se précipite fréquemment et sans précaution sur des ennemis dangereux pour elle par leurs armes, s'ils ne le sont pas par leur force. Elle veut souvent dévorer des épinoches ; mais ces derniers poissons, s'agitant avec vitesse, font pénétrer leurs piquants dans le palais de la perche, qui dès lors ne pouvant ni les avaler, ni les rejeter, ni fermer sa bouche, est contrainte de mourir de faim.

Lorsqu'elle peut se procurer facilement la nourriture qui lui est nécessaire, et qu'elle vit dans les eaux qui lui sont le plus favorables, elle est d'un goût exquis. Sa chair est d'ailleurs blanche, ferme et très salubre.

Les perches du Rhin sont particulièrement très estimées. Un ancien proverbe très répandu en Suisse prouve la bonne idée qu'on a toujours eue de leurs qualités agréables et salutaires ; et l'on a fait pendant longtemps à Genève un mets très délicat de très petites perches du lac Léman, que l'on appelait *mille-cantons* lorsqu'on les avait ainsi préparées. Les Lapons, dont le pays nourrit un très grand nombre de grandes perches, se servent de la peau de ces animaux pour faire une colle qui leur est très utile.

On prend les perches de plusieurs manières. Mais l'hameçon est l'instrument le plus favorable à la pêche de ces animaux : on le garnit ordinairement d'un très petit poisson, ou d'un lombric, ou d'une patte d'écrevisse.

Les pêcheurs cependant ne sont pas les seuls ennemis que la perche doive redouter ; elle est la proie, non seulement des grands poissons, et particulièrement des grosses anguilles, mais encore des canards, et d'autres oiseaux d'eau. De petits animaux, et notamment des cloportes, s'attachent quelquefois à ses branchies, et déchirant, malgré tous ses efforts, son organe respiratoire, lui donnent bientôt la mort. Elle peut résister avec plus de facilité que plusieurs autres poissons à beaucoup de maladies et d'ennemis. Elle a la vie dure ; et lorsque, dans un temps frais, on l'a mise dans l'herbe, on peut la transporter vivante à plusieurs kilomètres.

LE SURMULET

Des raies dorées longitudinales servent à distinguer ce poisson du rouget. Elles s'étendent non seulement sur le corps et sur la queue, mais encore sur la tête où elles se marient, d'une manière très agréable à l'œil, avec le rouget argentin qui fait le fond de la couleur de cette partie. Il paraît que ces nuances disposées en raies appartiennent aux écailles, et par conséquent s'évanouissent par la chute de ces lames, tandis que le rouge sur lequel elles sont dessinées, provenant de la distribution des vaisseaux sanguins près de la surface de l'animal, subsiste dans tout son éclat, lors même que le poisson est entièrement dépouillé de son tégument écailleux. Le brillant de l'or resplendit d'ailleurs sur les nageoires ; et c'est ainsi que les teintes les plus riches se réunissent sur le surmulet, comme sur le rouget, mais combinées dans d'autres proportions, et disposées d'après un dessin différent. L'ouverture de la bouche est petite, la mâchoire supérieure un peu plus avancée que l'inférieure ; et la ligne latérale parallèle au dos, excepté vers la nageoire caudale. Les deux barbillons sont un peu plus longs à proportion que ceux du rouget.

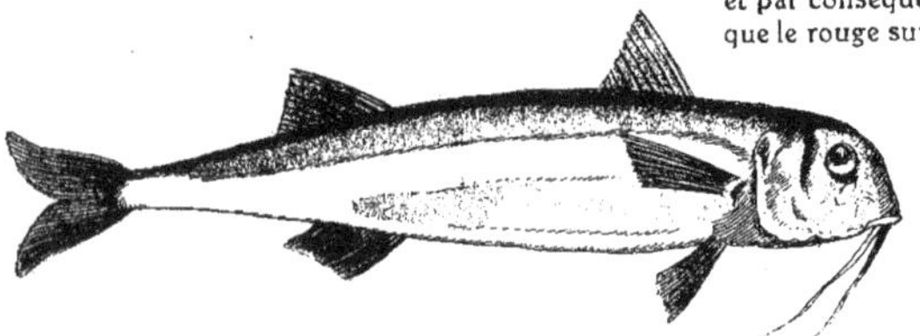

Le surmulet ne vit pas seulement dans la Méditerranée et dans l'océan Atlantique boréal, mais encore dans la Baltique, auprès des rivages des Antilles et dans les eaux de la Chine. Il y varie dans sa longueur depuis deux jusqu'à cinq décimètres.

Il a la chair blanche, un peu feuilletée, ferme, très agréable au goût, et, malgré l'autorité de Galien, facile à digérer quand elle n'est pas très grasse. Il était, comme le rouget, pour les Romains qui vivaient sous les premiers empereurs, un objet de recherche et de jouissances insensées. Aussi ce poisson avait-il donné lieu au proverbe : *Ne le mange pas qui le prend*. Les morceaux que l'on en estimait le plus étaient la tête et le foie.

Il se nourrit ordinairement de poissons très jeunes, de cancres et d'animaux à coquille, et, comme il est vorace, il se jette souvent sur des cadavres, soit d'hommes, soit d'animaux.

Les surmulets vont par troupes ; sortent, vers le commencement du printemps, des profondeurs de la mer ; font alors leur première ponte auprès des embouchures des rivières, et pondent trois fois dans la même année.

On les pêche avec des filets, des nasses, et surtout à l'hameçon ; et dans plusieurs contrées, lorsqu'on veut pouvoir les envoyer au loin sans qu'ils se gâtent, on les fait bouillir dans de l'eau de mer aussitôt après qu'ils ont été pris ; on les saupoudre de farine, et on les entoure d'une pâte qui les garantit de tout contact de l'air.

LES PLEURONECTES

Aucun animal, excepté les pleuronectes, ne présente dans ses yeux une position telle, que ces organes soient situés uniquement à droite ou à gauche de l'axe qui va de la tête à l'extrémité opposée.

Le côté tourné vers le fond de la mer est, dans tous les moments de leur existence, celui qui est dénué d'yeux : lorsque leurs yeux sont à droite, le côté gauche est l'inférieur ; et ils voguent ou s'arrêtent, le côté gauche tourné vers la surface de l'eau, lorsque leurs yeux sont à gauche.

C'est de cette manière de nager que leur est venu le nom de *pleuronectes* (qui nage de côté).

LA SOLE

Ce poisson est recherché, même pour les tables les plus somptueuses. Sa chair est si tendre, si délicate et si agréable au goût, qu'on l'a surnommé la *perdrix de mer*. On le trouve non seulement dans la Baltique et dans l'océan Atlantique boréal, mais encore dans les environs de Surinam et dans la mer Méditerranée, où l'on en fait particulièrement une pêche abondante. Il paraît que sa grandeur varie suivant les côtes qu'il fréquente, et vraisemblablement suivant la nourriture qu'il peut avoir à sa portée. On en prend quelquefois, auprès de l'embouchure de la Seine, qui ont cinq, six ou sept décimètres de longueur. Il se nourrit d'œufs, ou de très petits individus de quelques espèces de poissons ; mais lorsqu'il est encore très jeune, il est la proie des grands crabes, qui le déchirent, le dépècent et le dévorent. On le voit quelquefois entrer dans les rivières. Pendant l'hiver, il se tient dans les profondeurs de l'Océan. Il quitte le fond de la mer lorsque la belle saison arrive. Il va chercher alors les endroits voisins des rivages ou des embouchures des fleuves, où les rayons de soleil peuvent parvenir assez facilement pour faciliter l'accroissement de ses œufs. On le prend de plusieurs manières. On emploie des hameçons dormants auxquels on attache pour appât des fragments de petits poissons. Lorsqu'une lumière très vive est répandue dans l'atmosphère, on cherche, auprès des côtes et des bancs de sable, des fonds unis, sur lesquels rien ne dérobe les soles à la vue du pêcheur ; à peine ce dernier en a-t-il découvert une, qu'il lance contre ce pleuronecte un plomb attaché à l'extrémité d'une petite corde, et garni de plusieurs crochets, qui, pénétrant assez avant dans le dos de l'animal, servent à le retenir et à l'enlever, malgré les efforts qu'il fait pour échapper à la mort qui le menace. S'il n'y a même que deux ou trois brasses d'eau au-dessus du poisson, on le harponne par le moyen d'une perche dont le bout est armé de pointes recourbées.

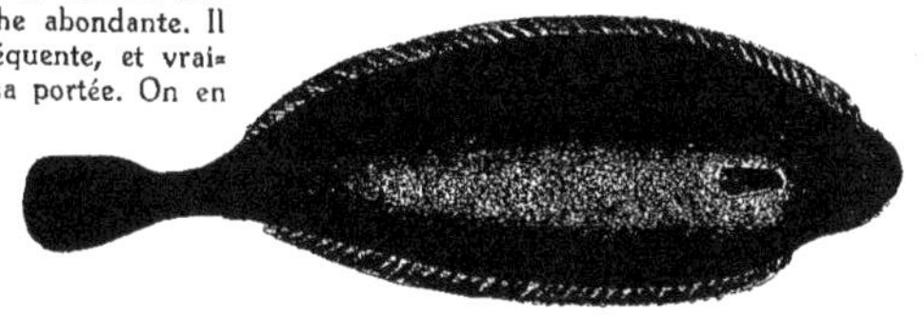

On a d'autant plus de motifs de pêcher la sole, qu'une saveur exquise n'est pas la seule qualité précieuse de la chair de ce poisson. Cette même chair présente aussi la propriété de pouvoir être gardée pendant plusieurs jours, non seulement sans se corrompre, mais encore sans cesser d'acquérir un goût plus fin. Voilà pourquoi les soles de l'Océan sont meilleures à Paris qu'auprès du Havre.

Les écailles de la sole sont dures, raboteuses, dentelées, et fortement attachées à la peau, sur le côté gauche comme sur le côté droit. L'ouverture de la bouche représente un croissant. On voit plusieurs rangs de dents petites et pointues à la mâchoire intérieure, et des barbillons blancs et très courts au côté gauche des deux mâchoires. Deux os arrondis et deux os allongés, tous les quatre hérissés de petites dents, sont placés autour du gosier. De petites écailles garnissent la base des longues nageoires du dos. Le côté droit est olivâtre ; et le gauche plus ou moins blanc.

LA LIMANDE

Ce poisson, très commun sur nos tables, se trouve non seulement dans l'océan Atlantique, mais encore dans la Baltique et dans la Méditerranée. Le temps de l'année où il est le plus agréable au goût, au moins dans les contrées du nord de l'Europe, est la fin de l'hiver ou le commencement du printemps. Il fraie ensuite, et sa chair est moins savoureuse et plus molle. Elle est cependant, dans les autres saisons, plus ferme que celle de plusieurs pleuronectes ; mais comme elle est aussi moins succulente et moins délicate, on la fait sécher sur plusieurs côtes de l'Angleterre et de la Hollande.

La limande vit de vers ou d'insectes marins, et très souvent de petits crabes.

Son épine dorsale ne comprend que cinquante et une vertèbres.

L'ouverture de sa bouche est étroite.

Les deux mâchoires sont d'égale longueur ; mais on compte plus de dents à la supérieure qu'à l'inférieure. L'œil supérieur est placé au sommet de la tête. Le côté droit est jaune ; le gauche blanc ; l'iris couleur d'or ; et la caudale brune.

LE CARRELET

Le carrelet est très commun. On le trouve dans l'océan Atlantique boréal, ainsi que dans la Méditerranée. Il se plaît particulièrement dans cette dernière mer, auprès des côtes de la Sardaigne. Il pénètre quelquefois dans les fleuves.

Il entre notamment dans l'Elbe. Le carrelet et le turbot sont les pleuronectes qui présentent le plus de largeur ou plutôt de hauteur.

On doit remarquer chez le carrelet sa mâchoire inférieure, un peu plus avancée que la supérieure, les différentes rangées de dents petites, inégales et pointues, qui arment les deux mâchoires, et la couleur blanche du côté droit de l'animal.

LE TURBOT

Ce poisson est très recherché et doit l'être. En effet, il réunit la grandeur à un goût exquis, ainsi qu'à une chair ferme ; et voilà pourquoi on l'a nommé *faisan d'eau*, ou *faisan de mer*. Le turbot habite non seulement dans la mer du Nord et dans la Baltique, mais encore dans la Méditerranée. On en prend quelquefois, sur les côtes de France et d'Angleterre, qui pèsent de dix à quinze kilogrammes.

Le turbot est très goulu ; sa voracité le porte souvent à se tenir auprès de l'embouchure des fleuves, ou de l'entrée des étangs qui communiquent avec la mer, pour trouver un plus grand nombre de jeunes poissons dont il se nourrit, et pour les saisir avec plus de facilité lorsqu'ils pénètrent dans ces étangs et dans ces fleuves, ou lorsqu'ils en sortent pour revenir dans la mer.

Quoique très grand, il ne se contente pas d'employer la force contre sa proie : il a recours à la ruse.

Il se précipite au fond de l'Océan ou des méditerranées, applique son large corps contre le sable, se couvre en partie de limon, trouble l'eau autour de lui, et se tenant en embuscade au milieu de cette eau agitée, vaseuse et peu transparente, il trompe ses victimes et les dévore.

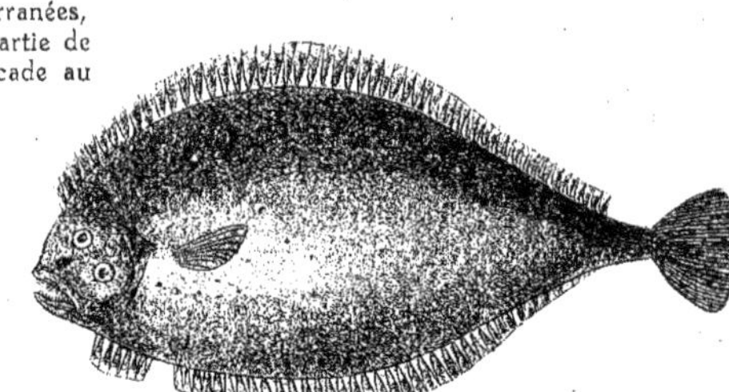

Au reste, les turbots sont très difficiles dans le choix de leur nourriture ; ils ne touchent guère qu'à des poissons vivants ou très frais.

Ils sont très abondants sur les côtes de Suède, d'Angleterre et de France.

On en trouve notamment un très grand nombre entre Honfleur et l'embouchure de l'Orne.

Les pêcheurs d'Angleterre vont à la recherche des turbots dans des canots qui portent trois hommes. Chacun d'eux a trois cordes ou lignes de trois *milles* de longueur ; on attache à chaque corde, de deux mètres en deux mètres, un crochet retenu par une ficelle de crin ; des plombs maintiennent les lignes dans le fond de la mer ; des morceaux de liège en indiquent la place ; et on se règle sur les marées pour jeter ou relever les cordes.

La forme générale du turbot est un losange ; et c'est de cette figure qu'est venu le nom de *rhombe*, que tant d'auteurs anciens et modernes lui ont donné.

La mâchoire inférieure, plus avancée que la supérieure, est garnie, comme cette dernière, de plusieurs rangées de petites dents.

Les nageoires sont jaunâtres avec des taches et des points bruns ; le côté gauche est marbré de brun et de jaune ; le côté droit, qui est l'inférieur, est blanc avec des taches brunes.

LA PLIE

La plie est bonne à manger ; mais moins agréable au goût, moins tendre et moins délicate que la sole, elle est moins recherchée. Elle habite dans la Baltique, dans l'océan Atlantique boréal, et dans plusieurs autres mers. Le côté gauche de cet animal est d'un blanc bleuâtre pendant la jeunesse du poisson, et rougeâtre lorsqu'il est plus âgé ; l'ouverture de la bouche petite; la mâchoire inférieure plus avancée que la supérieure, et garnie, comme cette dernière, d'une rangée de dents petites et mousses ; le gosier défendu, pour ainsi dire, par deux os très rudes ; la langue lisse ; le palais dénué de dents ; la ligne latérale presque droite ; la base des nageoires du dos et de la queue couverte de petites écailles; la hauteur de l'animal plus grande que celle de la sole, à proportion de la longueur totale ; l'estomac allongé ; le canal intestinal très sinueux, et l'épine dorsale composée de quarante-trois vertèbres.

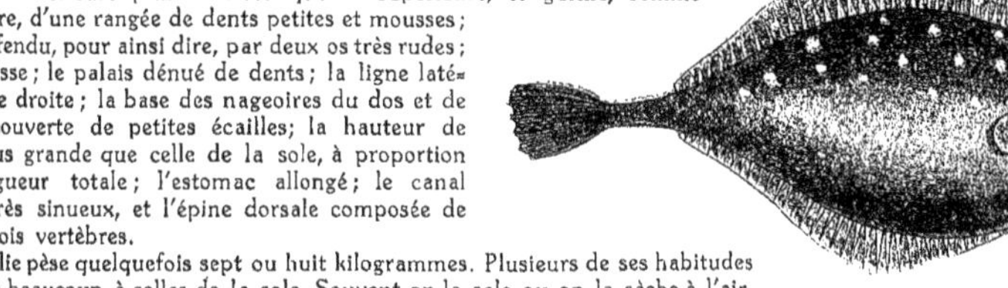

La plie pèse quelquefois sept ou huit kilogrammes. Plusieurs de ses habitudes ressemblent beaucoup à celles de la sole. Souvent on la sale ou on la sèche à l'air.

On a cru pendant longtemps, sur quelques côtes de France ou d'Angleterre, que la plie était engendrée par un petit crustacé nommé *chevrette*. Un physicien chercha, il y a déjà un très grand nombre d'années, à découvrir l'origine de cette opinion, qui maintenant serait absurde.

On connaît à Caen, sous le nom de *franquise*, une variété de la plie ou plie *franche*, qu'on appelle carrelet à Dieppe ainsi qu'à Fécamp, mais qu'il ne faut pas confondre avec le pleuronecte carrelet. Les individus de cette variété remontent jusque dans les guideaux du Tôt, lorsqu'ils sont portés avec violence dans la Seine par les eaux de la barre située à l'embouchure de cette rivière.

LA LOCHE

La loche est très petite ; elle ne parvient guère qu'à la longueur de dix ou douze centimètres ; mais le goût de sa chair est très agréable ; et dans plusieurs contrées de l'Europe on a donné beaucoup d'attention et des soins très multipliés à ce poisson. On le trouve le plus souvent dans les ruisseaux et dans les petites rivières qui coulent sur un fond de pierres ou de cailloux, et particulièrement dans ceux qui arrosent les pays montagneux. Il vit de vers et d'insectes aquatiques. Il se plaît dans l'eau courante et paraît éviter celle qui est tranquille ; il préfère les eaux profondes, et même quelquefois les eaux dormantes à celles qui sont très agitées et très battues. Il change rarement de place dans ces portions de rivière dont le courant est moins fort ; il s'y tient comme collé contre le sable ou le gravier, et semble s'y nourrir de ce que l'eau y dépose.

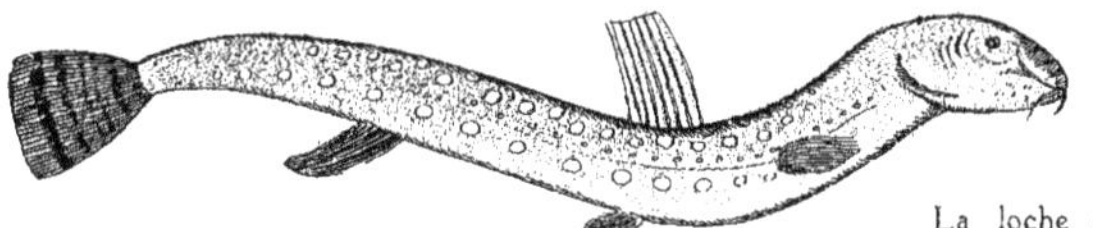

La loche est la victime d'un très grand nombre de poissons contre lesquels sa petitesse ne lui permet pas de se défendre ; et, malgré cette même petitesse, elle est la proie des pêcheurs. On la recherche surtout vers la fin de l'automne, et pendant le printemps, qui est la saison de sa ponte. A ces deux époques, sa chair est si délicate qu'on la préfère à celle de presque tous les autres habitants des eaux, surtout lorsqu'elle a expiré dans du vin ou dans du lait. Elle meurt très vite dès qu'elle est sortie de l'eau, et même dès qu'on l'a placée dans quelque vase dont l'eau est dans un repos absolu. On la conserve, au contraire, pendant longtemps en vie, en la renfermant dans une sorte de huche trouée que l'on met au milieu du courant d'une rivière. Lorsqu'on veut la transporter un peu loin, on a le soin d'agiter continuellement l'eau du vaisseau dans lequel on la fait entrer ; et l'on choisit un temps frais, comme, par exemple, la fin de l'automne. On peut conserver longtemps ces cobites et les envoyer au loin après leur mort, en les faisant mariner. La loche a la mâchoire supérieure plus avancée que l'inférieure ; l'ouverture de la bouche petite ; la ligne latérale droite ; la nageoire du dos très courte et placée à peu près au-dessus des ventrales ; le corps et la queue marbrés de gris et de blanc ; les nageoires grises ; la dorsale et la caudale pointillées et rayées.

LE SAUMON

Le saumon se plaît dans presque toutes les mers. Il préfère partout le voisinage des grands fleuves et des rivières dont les eaux douces et rapides lui servent d'habitation pendant une très grande partie de l'année. Il n'est point étranger aux lacs immenses ou aux mers intérieures qui ne paraissent avoir aucune communication avec l'Océan. Il tient le milieu entre les poissons marins et ceux des rivières. S'il croît dans la mer, il naît dans l'eau douce; si pendant l'hiver il se réfugie dans l'Océan, il passe la belle saison dans les fleuves. Il en recherche les eaux les plus pures ; il ne supporte qu'avec peine ce qui peut en troubler la limpidité.

Il parcourt avec facilité toute la longueur des plus grands fleuves. Il parvient jusqu'en Bohême par l'Elbe, en Suisse par le Rhin, et auprès des hautes Cordillères de l'Amérique méridionale, par l'immense Maragnon, dont le cours est de quatre cents myriamètres. Dans les contrées tempérées, les saumons quittent la mer vers le commencement du printemps.

Si les chaleurs de l'été deviennent trop fortes, ils se réfugient dans les endroits les plus profonds, où ils peuvent jouir de la fraîcheur qu'ils recherchent.

Ils redescendent dans la mer vers la fin de l'automne, pour remonter de nouveau dans les fleuves à l'approche du printemps.

Ils s'éloignent de la mer en troupes nombreuses, et présentent souvent dans l'arrangement de celles qu'ils forment autant de régularité qu'en offrent les époques de leurs grands voyages. Le plus gros de ces poissons, qui est ordinairement une femelle, s'avance le premier ; à sa suite viennent les autres femelles, deux à deux, et chacune à la distance d'un ou deux mètres de celle qui la précède; les mâles les plus grands paraissent ensuite, observent le même ordre que les femelles, et sont suivis des plus jeunes. S'ils donnent contre un filet, ils le déchirent, ou cherchent à s'échapper par dessous ou par les côtés de cet obstacle ; et dès qu'un de ces poissons a trouvé une issue, les autres le suivent, et leur premier ordre se rétablit. Lorsqu'ils nagent, ils se tiennent au milieu du fleuve et près de la surface de l'eau; et comme ils sont souvent très nombreux, qu'ils agitent l'eau violemment, et qu'ils font beaucoup de bruit, on les entend de loin comme le murmure sourd d'un orage lointain. Lorsque la tempête menace, que le soleil lance des rayons très ardents, et que l'atmosphère est très échauffée, ils remontent les fleuves sans s'éloigner du fond de la rivière.

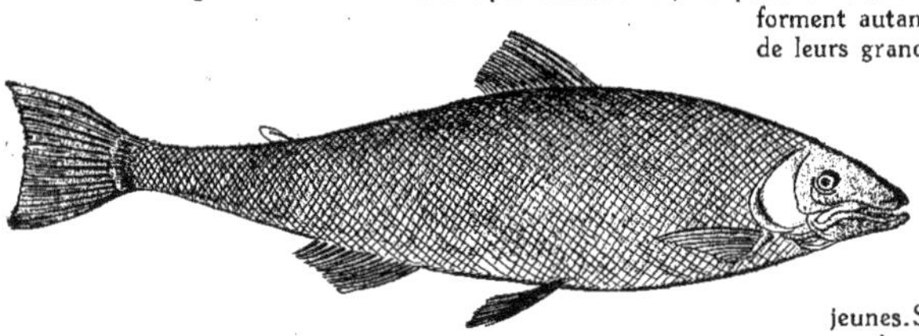

Si la température de la rivière, la nature de la lumière du soleil, la vitesse et les qualités de l'eau leur conviennent, ils voyagent lentement ; ils jouent à la surface du fleuve ; ils s'écartent de leur route. Mais s'ils veulent se dérober à quelque sensation incommode, éviter un danger, échapper à un piège, ils s'élancent avec tant de rapidité, que l'œil a de la peine à les suivre.

Ils ont dans leur queue une rame très puissante. Les muscles de cette partie de leur corps jouissent même d'une si grande énergie que des cataractes élevées ne sont pas pour ces poissons un obstacle insurmontable.

Indépendamment de leur queue longue, agile et vigoureuse, ils ont pour attaquer ou pour se défendre, des dents nombreuses et très pointues qui garnissent les deux mâchoires et le palais, sur chacun des côtés duquel elles forment une ou deux rangées.

Six ou huit dents semblables à ces dernières sont placées sur la langue ; et parmi celles que montrent les mâchoires il y en a de petites qui sont mobiles. Les écailles qui recouvrent le corps et la queue sont d'une grandeur moyenne.

Le front, la nuque, les joues et le dos, sont noirs ; les côtés bleuâtres ou verdâtres dans leur partie supérieure, et argentés dans l'inférieure ; la gorge et le ventre d'un rouge jaune ; les membranes branchiales jaunâtres ; les pectorales jaunes à leur base, et bleuâtres à leur extrémité ; les ventrales d'un jaune doré. La première nageoire du dos est grise et tachetée ; l'adipeuse noire, et la caudale bleue.

Le temps du frai commence à une époque plus ou moins avancée de chaque printemps ou de chaque été, suivant que les saumons habitent dans des eaux plus ou moins éloignées de la zone glaciale. Les femelles cherchent alors un endroit commode pour leur ponte. Quelquefois elles aiment mieux déposer leurs œufs dans de petits ruisseaux que dans les grandes rivières auxquelles ils se réunissent.

Les œufs pondus se développent plus ou moins vite, suivant la température du climat, la chaleur de la saison, les qualités de l'eau dans laquelle ils ont été déposés. Le jeune saumon ne conserve ordinairement que pendant un mois environ la bourse qui pend au-dessous de son estomac, et qui renferme la substance nécessaire à sa nourriture pendant les premiers jours de son existence. Il grandit ensuite assez rapidement, et parvient bientôt à la taille de dix ou douze centimètres, il jouit d'assez de force pour quitter le haut des rivières et pour en suivre le courant qui le conduit à la mer. Les jeunes saumons qui ont atteint une longueur de quatre ou cinq décimètres quittent la mer pour remonter dans les rivières ; mais ils partent le plus souvent beaucoup plus tard que les gros saumons ; ils attendent communément le commencement de l'été.

On les suppose âgés de deux ans lorsqu'ils pèsent de trois à quatre kilogrammes. A l'âge de cinq ou six ans, ils pèsent cinq ou six kilogrammes, et parviennent bientôt à un développement très considérable. Les saumons vivent d'insectes, de vers, et de jeunes poissons. Ils saisissent leur proie avec beaucoup d'agilité; et, par exemple, on les voit s'élancer avec la rapidité de l'éclair sur les moucherons, les papillons, les sauterelles, et les autres insectes que les courants charrient, ou qui voltigent à quelques centimètres au-dessus de la surface des eaux. Mais s'ils sont à craindre pour un grand nombre de petits animaux, ils ont à redouter des ennemis bien puissants et bien nombreux. Ils sont poursuivis par les grands habitants des mers et des rivages, par les squales, par les phoques, par les marsouins. Les gros oiseaux d'eau les attaquent aussi ; et les pêcheurs leur font surtout une guerre cruelle. Leur chair, surtout celle des mâles, est, à la vérité, un peu difficile à digérer, mais grasse, nourrissante, et agréable au goût. Elle plaît d'ailleurs à l'œil par sa belle couleur rougeâtre. Ses nuances et sa délicatesse ne sont cependant pas les mêmes dans toutes les eaux.

La pêche du saumon forme dans plusieurs contrées une branche d'industrie et de commerce dont les produits peuvent servir à la nourriture d'un grand nombre de personnes. A Berghen, par exemple, il n'est pas rare de voir les pêcheurs apporter deux mille saumons dans un jour. En 1750, on prit d'un seul coup, dans la Ribble, trois mille cinq cents saumons déjà parvenus à d'assez grandes dimensions.

Les saumons meurent bientôt, non seulement lorsqu'on les tient hors de l'eau, mais encore lorsqu'on les met dans une huche qui n'est pas placée au milieu d'une rivière. Des pêcheurs prétendent que, pour empêcher ces poissons de perdre leur goût, il faut se presser de les tuer dès le moment où on les tire de l'eau. Mais lorsque, après la mort de ces animaux, on veut les transporter à grandes distances, on les vide, on les coupe en morceaux, on les saupoudre de sel, on les renferme dans des tonnes, on les couvre de saumure.

Les grands avantages que procure la pêche du saumon doivent faire désirer d'acclimater cette espèce dans les pays où elle manque.

LA SARDINE

LA sardine a la tête pointue, assez grosse, souvent dorée ; le front noirâtre ; les yeux gros ; la ligne latérale droite, mais à peine visible ; les écailles tnedres, larges et faciles à détacher ; le ventre terminé par une carène aiguë, tranchante et recourbée ; quinze ou seize centimètres de longueur ; les nageoires petites et grises ; les côtés argentins ; le dos bleuâtre.

On la trouve non seulement dans l'océan Atlantique boréal et dans la Baltique, mais encore dans la Méditerranée, et particulièrement aux environs de la Sardaigne, dont elle tire son nom. Elle s'y tient dans les endroits très profonds ; mais pendant l'automne elle s'approche des côtes pour frayer. Les individus de cette espèce s'avancent alors vers les rivages en troupes si nombreuses, que la pêche en est très abondante. On les mange frais, ou salés, ou fumés. La branche de commerce qu'ils forment est importante dans plusieurs contrées de l'Europe.

L'EXOCET VOLANT

Ce genre ne renferme que des poissons volants, et c'est ce que désigne le nom qui le distingue.

L'exocet volant, comme les autres exocets, est bel à voir ; mais sa beauté, ou plutôt son éclat, ne lui sert qu'à le faire découvrir de plus loin par des ennemis contre lesquels il a été laissé sans défense. L'un des plus misérables des habitants des eaux, continuellement inquiété, agité, poursuivi par des scombres ou des coryphènes; s'il abandonne, pour leur échapper, l'élément dans lequel il est né; s'il s'élève dans l'atmosphère, il trouve, en retombant dans la mer, un nouvel ennemi, dont la dent meurtrière le saisit, le déchire et le dévore ; ou, pendant la durée de son court trajet, il devient la proie des frégates et des autres oiseaux carnassiers qui infestent la surface de l'Océan, le découvrent du haut des nues, et tombent sur lui avec la rapidité de l'éclair. Veut-il chercher sa sûreté sur le pont des vaisseaux dont il s'approche pendant son espèce de vol? le bon goût de sa chair lui ôte ce dernier asile ; le passager avide lui a bientôt donné la mort qu'il voulait éviter.

Sa parure brillante se compose de l'éclat argentin qui resplendit sur presque toute sa surface, dont l'agrément est augmenté par l'azur du sommet de la tête et des côtés, et dont les teintes sont relevées par le bleu plus foncé de la nageoire dorsale, ainsi que de celles de la poitrine et de la queue.

La tête du volant est un peu aplatie par-dessus, par les côtés et par-devant. La mâchoire d'en bas est plus avancée que la supérieure ; l'une et l'autre sont garnies de dents si petites, qu'elles échappent à l'œil, et ne sont guère sensibles qu'au tact. Le palais est lisse, ainsi que la langue. Les yeux sont ronds, très grands, mais peu saillants.

Les grandes nageoires pectorales, que l'on a comparées à des ailes, sont un peu rapprochées du dos. La membrane qui lie les rayons de ces pectorales est assez mince pour se prêter facilement à tous les mouvements que ces nageoires doivent faire pendant le vol du poisson. La longueur ordinaire des exocets est de deux ou trois décimètres. On les trouve dans presque toutes les mers chaudes et tempérées.

LE BROCHET

Le brochet est le requin des eaux douces ; il y règne en tyran dévastateur, comme le requin au milieu des mers. S'il a moins de puissance, il ne rencontre pas de rivaux aussi redoutables ; si son empire est moins étendu, il a moins d'espace à parcourir pour assouvir sa voracité ; si sa proie est moins variée, elle est souvent plus abondante ; et il n'est point obligé, comme le requin, de traverser d'immenses profondeurs pour l'arracher à ses asiles. Insatiable dans ses appétits, il ravage avec une promptitude effrayante les viviers et les étangs. Féroce sans discernement, il n'épargne pas son espèce ; il dévore ses propres petits. Goulu sans choix, il déchire et avale avec une sorte de fureur le reste même des cadavres putréfiés. Cet animal de sang est d'ailleurs un de ceux auxquels la nature a accordé le plus d'années.

L'ouverture de sa bouche s'étend jusqu'à ses yeux. Les dents qui garnissent ses mâchoires sont fortes, acérées, et inégales : les unes sont immobiles, fixes, et plantées dans les alvéoles ; les autres mobiles, et seulement attachées à la peau, donnent au brochet un nouveau rapport de conformation avec le requin. On a compté sur le palais sept cents dents de différentes grandeurs, et disposées sur plusieurs rangs longitudinaux, indépendamment de celles qui entourent le gosier. Le corps et la queue sont très allongés, très souples et très vigoureux.

Pendant la première année de la vie du brochet, sa couleur générale est verte ; elle devient, dans la seconde année,

grise et diversifiée par des taches pâles, qui l'année suivante présentent une nuance d'un beau jaune. Ces taches sont irrégulières, distribuées presque sans ordre, et quelquefois si nombreuses qu'elles se touchent et forment des bandes ou des raies. Elles acquièrent souvent l'éclat de l'or pendant le temps du frai, et alors le gris de la couleur générale se change en un beau vert. Lorsque le brochet séjourne dans des eaux d'une nature particulière, qu'il éprouve la disette, ou qu'il peut se procurer une nourriture trop abondante, ses nuances varient. On le voit, dans certaines circonstances, jaune avec des taches noires. Au reste, parvenu à une certaine grosseur, il a presque toujours le dos noirâtre et le ventre blanc avec des points noirs.

Le sens de l'ouïe du brochet est plus parfait que celui de presque tous les autres poissons osseux. Sous Charles IX, roi de France, des individus de cette espèce, réunis dans un bassin du Louvre, venaient, lorsqu'on les appelait, recevoir la nourriture qu'on leur avait préparée.

La vessie natatoire du brochet est simple, mais grande ; et sans cet instrument ce poisson ne parcourrait pas, avec la rapidité qu'il développe, les espaces qu'il franchit contre les courants des fleuves impétueux.

C'est dans les rivières, les fleuves, les lacs et les étangs, qu'il se plaît à séjourner. On ne le voit dans la mer que lorsqu'il est entraîné par des accidents passagers, et retenu par des causes extraordinaires qui ne l'empêchent pas d'y dépérir ; mais on l'a observé dans presque toutes les eaux douces de l'Europe.

Il parvient jusqu'à la longueur de deux ou trois mètres, et jusqu'au poids de quarante ou cinquante kilogrammes. Il croît très promptement. Dès sa première année, il est très souvent long de trois décimètres ; dès la seconde de quatre, la troisième de cinq ou six ; dès la sixième de près de vingt ; dès la douzième de vingt-cinq environ ; et cependant cet animal si destructeur arrive jusqu'à un âge très avancé. On parle d'un brochet de quatre-vingt-dix ans. En 1497, on prit à Kaiserslautern, près de Mannheim, un autre brochet qui avait plus de dix mètres de longueur, qui pesait cent quatre-vingts kilogrammes. Il portait un anneau de cuivre doré, attaché, par ordre de l'empereur Frédéric-Barberousse, deux cent soixante-sept ans auparavant. Ce monstrueux poisson avait donc vécu près de trois siècles.

Le brochet n'est pas seulement dangereux par la grandeur de ses dimensions, la force de ses muscles, le nombre de ses armes ; il l'est encore par les finesses de la ruse et les ressources de l'instinct.

Lorsqu'il s'est élancé sur de gros poissons, sur des serpents, des grenouilles, des oiseaux d'eau, des rats, des jeunes chats, ou même des petits chiens tombés ou jetés dans l'eau, et que l'animal qu'il veut dévorer lui oppose un trop grand volume, il le saisit par la tête, le retient avec ses dents nombreuses et recourbées, jusqu'à ce que la portion antérieure de sa proie soit ramollie dans son large gosier ; il en aspire ensuite le reste, et l'engloutit.

Tous les brochets ne frayent pas à la même époque : les uns pondent dès le milieu de février, d'autres en mars et d'autres en avril.

On les prend de diverses manières : en hiver, sous les glaces ; en été pendant les orages, qui, en éloignant d'eux leurs victimes ordinaires, les portent davantage vers les appâts ; dans toutes les saisons, au clair de la lune ; dans les nuits sombres, au feu des bois résineux.

Leur chair est agréable au goût. On les sale dans beaucoup d'endroits, après les avoir vidés, nettoyés et coupés par morceaux.

Sur les bords du Jaïck et du Volga, on les sèche ou on les fume après les avoir laissés pendant trois jours entourés de saumure.

LA TRUITE

La truite n'est pas seulement un des poissons les plus agréables au goût, elle est encore un des plus beaux. Ses écailles brillent de l'éclat de l'argent et de l'or ; un jaune doré mêlé de vert resplendit sur les côtés de la tête et du corps. Les pectorales sont d'un brun mêlé de violet ; les ventrales et la caudale dorées; la nageoire adipeuse est couleur d'or avec une bordure brune ; la dorsale parsemée de petites gouttes purpurines ; le dos relevé par des taches noires et d'autres taches rouges entourées d'un bleu clair réfléchissant sur les côtés de l'animal les nuances vives et agréables des rubis et des saphirs.

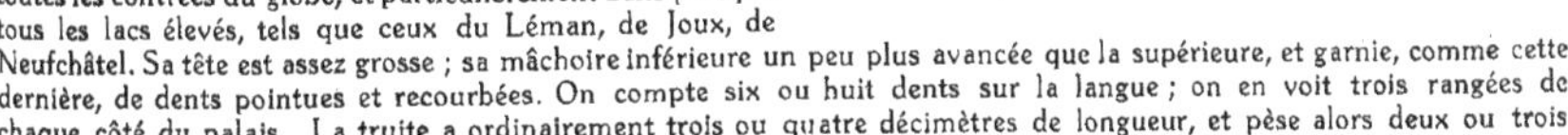

On trouve la truite dans presque toutes les contrées du globe, et particulièrement dans presque tous les lacs élevés, tels que ceux du Léman, de Joux, de Neufchâtel. Sa tête est assez grosse ; sa mâchoire inférieure un peu plus avancée que la supérieure, et garnie, comme cette dernière, de dents pointues et recourbées. On compte six ou huit dents sur la langue ; on en voit trois rangées de chaque côté du palais. La truite a ordinairement trois ou quatre décimètres de longueur, et pèse alors deux ou trois hectogrammes. On en pêche cependant, dans quelques rivières, du poids de deux ou trois kilogrammes ; on a parlé d'une truite qui pesait quatre kilogrammes et qu'on avait prise en Saxe.

Le salmone truite aime une eau claire, froide, qui descende de montagnes élevées, qui s'échappe avec rapidité, et qui coule sur un fond pierreux.

Les grandes chaleurs peuvent incommoder la truite au point de la faire périr. Aussi la voit-on vers le solstice d'été, lorsque les nuits sont très courtes et qu'un soleil ardent rend les eaux presque tièdes, quitter les bassins pour aller habiter au milieu d'un courant, ou chercher près du rivage l'eau fraîche d'un ruisseau ou celle d'une fontaine.

Elle peut d'autant plus aisément choisir entre ces divers asiles, qu'elle nage contre la direction des eaux les plus rapides avec une vitesse qui étonne l'observateur, et qu'elle s'élance au-dessus de digues ou de cascades de plus de deux mètres de haut.

Elle se nourrit de petits poissons très jeunes, de petits animaux à coquille, de vers, d'insectes, et particulièrement d'éphémères, qu'elle saisit avec adresse lorsqu'ils voltigent auprès de la surface de l'eau.

Il paraît que le temps du frai varie suivant le pays et peut-être suivant d'autres circonstances. Les truites quittent d'ordinaire, au commencement ou vers le milieu de l'automne, les grandes rivières, pour aller frayer dans les petits ruisseaux. Elles cherchent un gravier couvert par un léger courant, s'agitent, se frottent, pressent leur ventre contre le gravier ou le sable, et y déposent des œufs. On a trouvé dans les ovaires d'une truite des rangées d'œufs gros comme des pois. D'après cette grosseur des œufs de truites, il n'est pas surprenant qu'elles contiennent moins d'œufs que plusieurs autres poissons d'eau douce ; et cependant elles multiplient beaucoup, parce que la plupart des poissons voraces vivent loin des eaux froides, qu'elles préfèrent.

On marine la truite comme le saumon, et on la sale comme le hareng. Mais c'est surtout lorsqu'elle est fraîche que son goût est très agréable. Sa chair est tendre, particulièrement pendant l'hiver ; les personnes même dont l'estomac est faible la digèrent facilement. Pendant longtemps ce salmone a été nommé, dans plusieurs pays, le roi des poissons d'eau douce ; et dans quelques parties de l'Allemagne, les princes s'en étaient réservé la pêche.

Comme on ne voit guère la truite séjourner naturellement que dans les lacs élevés et dans les rivières ou ruisseaux des montagnes, elle est très chère dans un grand nombre d'endroits.

LA TRUITE SAUMONÉE

On a prétendu que la truite saumonée provenait d'un œuf de saumon fécondé par une truite, ou d'un œuf de truite fécondé par un saumon ; qu'elle ne pouvait pas se reproduire ; qu'elle ne formait pas une espèce particulière. Cette opinion est contraire aux résultats des observations les plus nombreuses et les plus exactes. Mais la truite saumonée n'en mérite pas moins le nom qu'on lui a donné : sa forme, ses couleurs et ses habitudes, la rapprochent beaucoup du saumon et de la truite ; elle montre même quelques-uns des traits qui caractérisent l'un ou l'autre de ces deux poissons.

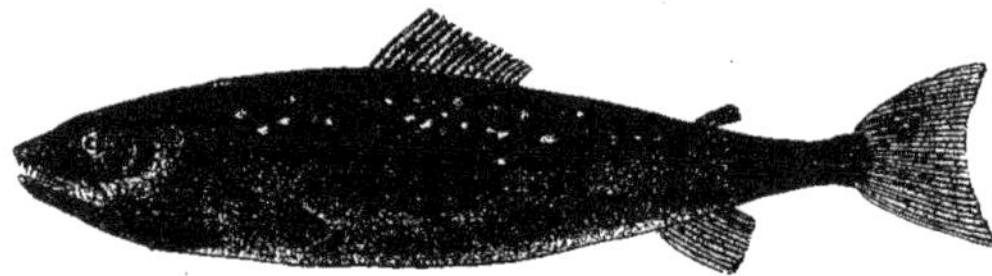

Elle habite dans un très grand nombre de contrées ; mais on la trouve principalement dans les lacs des hautes montagnes et dans les rivières froides qui en sortent ou qui s'y jettent. Elle se nourrit de vers, d'insectes aquatiques et de très petits poissons. Les eaux vives et courantes sont celles qui lui plaisent ; elle aime les fonds de sable ou de cailloux. Ce n'est ordinairement que vers le milieu du printemps qu'elle quitte la mer pour aller dans les fleuves, les rivières, les lacs et les ruisseaux, choisir l'endroit commode et abrité où elle dépose ses œufs. Elle parvient à une grandeur considérable. Quelques individus de cette espèce pèsent quatre ou cinq kilogrammes ; et ceux même qui n'en pèsent encore que trois ont déjà plus de six décimètres de longueur.

La tête de ce salmone est petite, et en forme de coin ; ses mâchoires sont presque également avancées ; les dents qui les garnissent sont pointues et recourbées, et celles d'une mâchoire s'emboîtent entre celles de la mâchoire opposée. On voit d'ailleurs trois rangées de dents sur le palais, et deux rangées sur la langue. Les yeux sont petits, ainsi que les écailles. Le nez et le front sont noirs ; les joues d'un jaune mêlé de violet, le dos et les côtés d'un noir plus ou moins mêlé de nuances violettes, la gorge et le ventre blancs ; la caudale et l'adipeuse noires ; les autres nageoires grises ; les taches noires répandues sur le poisson quelquefois angulaires, mais le plus souvent rondes.

La bonté de la chair de la truite saumonée dépend très souvent de la qualité des eaux où elle a séjourné ; mais en général, et surtout un peu avant le frai, cette chair est toujours tendre, exquise et facile à digérer. Elle perd beaucoup de son bon goût lorsque la rivière où se trouve ce poisson reçoit une grande quantité de saletés.

On pêche les truites saumonées avec des filets, des nasses et des lignes de fond, auxquelles on attache ordinairement des vers. Dans les endroits où l'on en prend un grand nombre, on les sale, on les fume, on les marine

LE HARENG

Le hareng est une de ces productions naturelles dont l'emploi décide de la destinée des empires. La graine du caféier, la feuille du thé, les épices de la zone torride, le ver qui file la soie ont moins influé sur les richesses des nations que le hareng de l'océan Atlantique. Le luxe ou le caprice demande les premiers : le besoin réclame le hareng. Le Batave en a porté la pêche au plus haut degré. Ce peuple, qui avait été forcé de créer un asile pour sa liberté, n'aurait trouvé que de faibles ressources sur son territoire factice ; mais la mer lui a ouvert ses trésors ; elle est devenue pour lui un champ fertile, où des myriades de harengs ont présenté à son activité courageuse une moisson abondante et assurée.

Ce poisson a la tête petite ; l'œil grand ; l'ouverture de la bouche courte ; la langue pointue et garnie de dents déliées ; le dos épais ; la partie supérieure noirâtre ; les côtés argentins ; les nageoires grises ; la laite ou l'ovaire double; la vessie natatoire simple et pointue à ses deux bouts ; l'estomac tapissé d'une peau mince.

Il a une caudale très haute et très longue ; il a reçu par conséquent une large rame, et voilà pourquoi il nage avec force et vitesse.

Sa chair est imprégnée d'une sorte de graisse qui lui donne un goût très agréable, et qui la rend aussi plus propre à répandre dans l'ombre une lueur phosphorique. La nourriture à laquelle il doit ses qualités consiste communément en œufs de poisson, en petits crabes et en vers.

On a cru longtemps que les harengs se retiraient périodiquement dans les régions du cercle polaire ; qu'ils y cherchaient annuellement, sous les glaces des mers hyperboréennes, un asile contre leurs ennemis, un abri contre les rigueurs de l'hiver ; que, n'y trouvant pas une nourriture proportionnée à leur nombre prodigieux, ils envoyaient, au commencement de chaque printemps, des colonies nombreuses vers des rivages plus méridionaux de l'Europe ou de l'Amérique. Mais il n'est plus permis de croire à ces grands et périodiques voyages, ou, pour continuer d'y croire, il faudrait rejeter les observations les plus sûres, d'après lesquelles il est hors de doute qu'il s'écoule souvent quelques années sans qu'on voie les harengs sur plusieurs des rivages principaux indiqués comme les endroits les plus remarquables de la route de ces poissons.

Chaque année cependant on les voit arriver vers les îles et les régions continentales de l'Amérique et de l'Europe qui leur conviennent le mieux, ou vers les rivages septentrionaux de l'Asie. Toutes les fois qu'ils ont besoin de chercher une nourriture nouvelle, et surtout lorsqu'ils doivent se débarrasser de leur laite ou de leurs œufs, ils abandonnent le fond de la mer, soit dans le printemps, soit dans l'été, soit dans l'automne, et s'approchent des embouchures des fleuves et des rivages propres à leur frai. Voilà pourquoi la pêche de ces poissons n'est jamais plus abondante que lorsque leurs laites sont liquides, ou leurs œufs près de s'échapper.

Les légions qu'ils composent dans ces temps remarquables couvrent une grande surface, et cependant elles offrent une image d'ordre. Les plus grands, les plus forts ou les plus hardis, se placent dans les premiers rangs, que l'on a comparés à une sorte d'avant-garde. Et que l'on ne croie pas qu'il ne faille compter que par milliers les individus renfermés dans ces rangées si longues et si pressées. Combien de ces animaux meurent victimes des cétacés, des squales, d'autres grands poissons, des différents oiseaux d'eau ! Et néanmoins combien de millions périssent dans les baies, où ils s'étouffent et s'écrasent, en se précipitant, se pressant et s'entassant mutuellement contre les bas-fonds et les rivages ! combien tombent dans les filets des pêcheurs ! Il est telle petite anse de la Norvège où plus de vingt millions de ces poissons ont été le produit d'une seule pêche : il est peu d'années où l'on n'en prenne, dans ce pays, plus de quatre cents millions.

Ces poissons ne forment, pour tant de peuples, une branche immense de commerce, que depuis le temps où l'on a employé, pour les préserver de la corruption, les différentes préparations que l'on a successivement inventées et perfectionnées. Avant la fin du quatorzième siècle, époque à laquelle Guillaume Deukelzoon, pêcheur célèbre de Flandre, trouva l'art de saler les harengs, ces animaux devaient être et étaient, en effet, moins recherchés ; mais dès le commencement du quinzième siècle, les Hollandais employèrent à la pêche de ces clupées de grands filets et des bâtiments considérables et allongés, auxquels ils donnent le nom de *buys* ; et depuis ce même siècle, il y a eu des années où ils ont mis en mer trois mille vaisseaux et occupé quatre cent cinquante mille hommes pour la pêche de ces poissons.

Les filets dont ces mêmes Hollandais se servent pour prendre les harengs ont de mille à douze cents mètres de longueur ; ils sont composés de cinquante ou soixante nappes, ou parties distinctes. On les fabrique avec une grosse soie que l'on fait venir de Perse, et qui dure deux ou trois fois plus que le chanvre. On les noircit à la fumée, pour que la couleur n'effraye pas les harengs. La partie supérieure de ces instruments est soutenue par des tonnes vides ou par des morceaux de liège ; et leur partie inférieure est maintenue, par des pierres ou par d'autres corps pesants, à la profondeur convenable.

On jette ces filets dans les endroits où une grande abondance de harengs est indiquée par la présence des oiseaux d'eau, des squales, et des autres ennemis de ces poissons, ainsi que par une quantité plus ou moins considérable de substance huileuse ou visqueuse que l'on nomme *graissin* dans plusieurs pays, qui s'étend sur la surface de l'eau au-dessus des grandes troupes de ces clupées, et que l'on reconnaît facilement lorsque le temps est calme. Les harengs, comme plusieurs autres poissons, se précipitent vers les feux qu'on leur présente ; et on les attire dans les filets en les trompant par le moyen des lumières que l'on place de la manière la plus convenable dans différents endroits des vaisseaux, ou qu'on élève sur des rivages voisins.

On prépare les harengs de différentes manières, dont les détails varient un peu, suivant les contrées où on les emploie, et dont les résultats sont plus ou moins agréables au goût et avantageux au commerce.

On sale en pleine mer les harengs que l'on trouve les plus gras et que l'on croit les plus succulents. On les nomme *harengs nouveaux* ou *harengs verts*, lorsqu'ils sont le produit de la pêche du printemps ou de l'été ; et *harengs pecs* ou *pekels*, lorsqu'ils ont été pris pendant l'automne ou l'hiver. Communément, ils sont fermes, de bon goût, très sains, surtout ceux du printemps : on les mange sans les faire cuire, et sans en relever la saveur par aucun assaisonnement. En Islande et dans le Groënland, on se contente, pour faire sécher les harengs, de les exposer à l'air et de les étendre sur des rochers. Dans d'autres contrées on les fume ou *saure* de deux manières : premièrement, en les salant très peu, en ne les exposant à la fumée que pendant peu de temps, et en ne leur donnant ainsi qu'une couleur dorée ; et secondement, en les salant beaucoup plus, en les mettant pendant un jour dans une saumure épaisse, en les enfilant par la tête à de menues branches qu'on appelle *aines*, en les suspendant dans des espèces de cheminées que l'on nomme *roussables*, en faisant au-dessous de ces animaux un feu de bois qu'on ménage de manière à ce qu'il donne beaucoup de fumée et peu de flamme. La préparation qui procure particulièrement au commerce d'immenses bénéfices est celle qui fait donner le nom de *harengs blancs* aux clupées harengs pour lesquelles on l'a employée.

Dès que les harengs dont on veut faire des *harengs blancs* sont hors de la mer, on les ouvre, on en ôte les intestins, on les met dans une saumure assez chargée pour que ces poissons y surnagent ; on les en tire au bout de quinze ou dix-huit heures ; on les met dans des tonnes ; on les transporte à terre ; on les y *encaque* de nouveau ; on les place par lits dans les *caques* ou tonnes qui doivent les conserver, et on sépare ces lits par des couches de sel.

On a soin de choisir du bois de chêne pour les tonnes ou caques, et de bien en réunir toutes les parties, de peur que la saumure ne se perde et que les harengs ne se gâtent.

Lorsque la pêche des harengs a été très abondante en Suède, et que le prix de ces poissons y baisse, on en extrait de l'huile qu'on retire en faisant bouillir les harengs dans de grandes chaudières ; on la purifie avec soin ; on s'en sert pour les lampes, et le résidu de l'opération qui l'a donnée est un des engrais les plus propres à augmenter la fertilité des terres.

L'ANCHOIS

Il n'est guère de poisson plus connu que l'anchois, de tous ceux qui aiment la bonne chère. Ce n'est pas pour son volume qu'il est recherché, car il n'a souvent qu'un décimètre ou moins de longueur ; il ne l'est pas non plus pour la saveur particulière qu'il présente lorsqu'il est frais ; mais on consomme une énorme quantité d'individus de cette espèce lorsque après avoir été salés, ils sont devenus un assaisonnement des plus agréables et des plus propres à ranimer l'appétit. On les prépare en leur ôtant la tête et les entrailles ; on les pénètre de sel ; on les renferme dans des barils avec des précautions particulières ; on les envoie à de très grandes distances sans qu'ils puissent se gâter. Ils sont employés, sur les tables modestes comme dans les festins somptueux, à relever la saveur des végétaux, et à donner aux sauces un piquant de très bon goût. Les Grecs et les Romains, dans le temps où ils attachaient le plus d'importance à l'art de préparer les aliments, faisaient avec ces clupées une liqueur que l'on nommait *garum*, et qu'ils regardaient comme une des plus précieuses. Au reste, ils pouvaient satisfaire aisément leurs désirs à cet égard, les anchois étant répandus dans la Méditerranée, ainsi que le long des côtes occidentales de l'Espagne et de la France, dans presque tout l'océan Atlantique septentrional et dans la Baltique. On préfère les pêcher pendant la nuit ; on les attire, comme les harengs, par le moyen de feux distribués avec soin. Le temps où on les prend est celui où ils quittent la haute mer pour venir frayer auprès des rivages ; et cette dernière époque varie suivant les pays.

Les anchois ont la tête longue ; le museau pointu ; l'ouverture de la bouche très grande ; la langue pointue et étroite ; le corps et la queue allongés ; la peau mince ; les écailles tendres et peu attachées ; la ligne latérale droite et cachée par les écailles ; les nageoires courtes et transparentes.

LE BARBEAU

Ce poisson a quelques rapports extérieurs avec le brochet, à cause de l'allongement de sa tête, de son corps et de sa queue. La partie supérieure du barbeau est olivâtre ; les côtés sont bleuâtres au-dessus de la ligne latérale, et blanchâtres au-dessous de cette même ligne, qui est droite et marquée par une série de points noirs ; le ventre et la gorge sont blancs ; une nuance rougeâtre est répandue sur les pectorales, sur la ventrale, et sur la caudale, qui d'ailleurs montre une bordure noire ; la dorsale est bleuâtre. La lèvre supérieure est rouge, forte, épaisse, et conformée de manière que l'animal peut l'étendre et la retirer facilement. Les écailles sont striées, dentelées et attachées fortement à la peau.

Le barbeau se plaît dans les eaux rapides qui coulent sur un fond de cailloux ; il aime à se cacher parmi les pierres et sous les rives avancées. Il se nourrit de plantes aquatiques, de limaçons, de vers et de petits poissons ; on l'a vu même rechercher des cadavres. Il parvient au poids de neuf ou dix kilogrammes. On le pêche dans les grands fleuves de l'Europe, et particulièrement dans ceux de l'Europe méridionale. Il ne produit que vers sa quatrième ou sa cinquième année.

Le printemps est la saison pendant laquelle il fraye : il remonte alors dans les rivières et dépose ses œufs sur des pierres, à l'endroit où la rapidité est la plus grande. On le pêche avec des filets ou à la ligne, et on l'attire avec de très petits poissons, des vers, des sangsues, du fromage, du jaune d'œuf ou du camphre. La chair est blanche et de bon goût. On assure cependant que ses œufs sont très malfaisants.

Les barbeaux cherchent les bassins profonds et pierreux. Au moindre bruit, ils se cachent sous les rochers saillants, et ils se tiennent sous cette sorte de toit avec tant de constance, que, lorsqu'on fouille leur asile, ils souffrent qu'on enlève leurs écailles, et reçoivent même souvent la mort, plutôt que de se jeter contre le filet qui entoure leur retraite, et dans les mailles duquel le rayon dentelé de leur dorsale ne contribuerait pas peu à le retenir.

Ils se réunissent en troupes de douze, de quinze et quelquefois de cent individus. Ils se renferment dans une grotte commune, à laquelle leur association doit le nom de *nichée* que leur donnent les pêcheurs. Lorsque les rivières qu'ils fréquentent charrient des glaçons, ils choisissent des graviers abrités contre le froid et exposés aux rayons du soleil.

Plusieurs barbeaux se trouvent-ils réunis dans un réservoir où ils manquent de nourriture, ils sucent la queue les uns des autres au point que les plus gros ont bientôt exténué les plus petits.

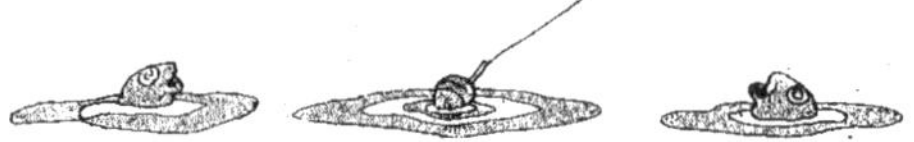

L'ALOSE

On doit remarquer dans l'alose la petitesse de la tête ; la grandeur de l'ouverture de la bouche ; les petites dents qui garnissent le bord de la mâchoire supérieure ; la surface unie de la langue, qui est un peu libre dans ses mouvements ; le double orifice de chaque narine ; le très grand aplatissement des côtés ; la facilité avec laquelle les écailles se détachent ; le peu d'étendue de presque toutes les nageoires ; les deux taches brunes de la caudale ; la couleur grise et la bordure bleue des autres ; les quatre ou cinq taches noires que l'on voit de chaque côté du poisson, au moins lorsqu'il est jeune ; les nuances argentées du corps et de la queue ; le jaune verdâtre du dos.

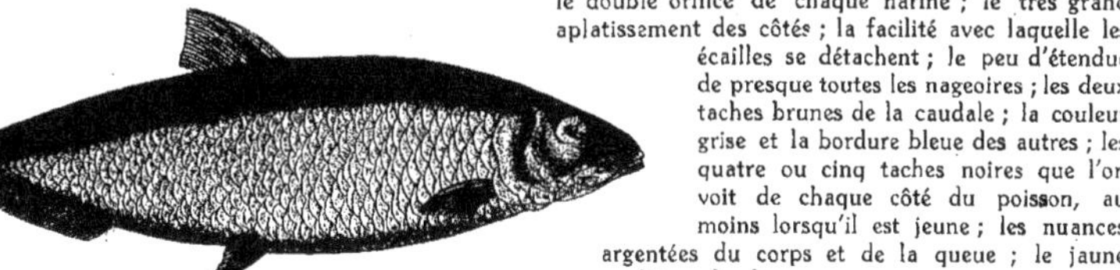

Les aloses habitent non seulement dans l'océan Atlantique septentrional, mais encore dans la Méditerranée et dans la mer Caspienne. Elles quittent leur séjour marin lorsque le temps du frai arrive ; elles remontent alors dans les grands fleuves ; et l'époque de ce voyage annuel est plus ou moins avancée dans le printemps, dans l'été, et même dans l'automne ou dans l'hiver, suivant le climat dans lequel coulent ces fleuves, les époques où la fonte des neiges et des pluies abondantes en remplissent le lit, et la saison où elles jouissent dans l'eau douce, avec le plus de facilité, du terrain qui convient à la ponte ainsi qu'à la fécondation de leurs œufs, de l'abri qu'elles recherchent, de l'aliment le plus analogue à leur nature, et des qualités qu'elles préfèrent dans le fluide sans lequel elles ne peuvent vivre.

Elle forment des troupes nombreuses, que les pêcheurs de la plupart des rivières où elles s'engagent voient arriver avec une grande satisfaction. Le nombre de ces clupées cependant varie beaucoup d'une année à l'autre. Dans la Seine-Inférieure, par exemple, on prend treize ou quatorze mille aloses dans certaines années, et, dans d'autres, on n'en prend que quinze cents ou deux mille.

Elles sont le plus souvent maigres et de mauvais goût en sortant de la mer ; mais le séjour dans l'eau douce les engraisse. Elles parviennent à la longueur d'un mètre ; néanmoins, comme elles sont très comprimées, et par conséquent très minces, leur poids ne répond pas à l'étendue de cette dimension. Les femelles sont plus grosses et moins délicates que les mâles. Dans plusieurs contrées de l'Europe, où on en pêche une très grande quantité, on en fume un grand nombre, que l'on envoie au loin ; et les Arabes les font sécher à l'air, pour les manger avec des dattes.

Les aloses vivent de vers, d'insectes et de petits poissons.

On a écrit qu'elles redoutaient le fracas d'un tonnerre violent, mais que des sons ou des bruits modérés ne leur déplaisaient pas, leur étaient même très agréables dans plusieurs circonstances, et que, dans certaines rivières, les pêcheurs attachaient à leurs filets des arcs de bois garnis de clochettes dont le tintement attirait les aloses.

LA CARPE

Les carpes se plaisent dans les étangs, dans les lacs, dans les rivières qui coulent doucement. Il y a même dans les qualités des eaux des différences qui sont si sensibles pour ces cyprins, qu'ils abondent quelquefois dans une partie d'un lac ou d'un fleuve, et sont très rares dans une autre partie peu éloignée cependant de la première. Ces poissons frayent en mai et même en avril, quand le printemps est chaud. Ils cherchent alors les places couvertes de verdure pour y déposer ou leur laite ou leurs œufs. A cette même époque, les carpes qui habitent dans les fleuves ou dans les rivières s'empressent de quitter leurs asiles pour remonter vers des eaux plus tranquilles. Si, dans cette sorte de voyage annuel, elles rencontrent une barrière, elles s'efforcent de la franchir. Elles peuvent, pour la surmonter, s'élancer à une hauteur de deux mètres. Elles montent à la surface de la rivière, se placent sur le côté, se plient vers le haut, rapprochent leur tête et l'extrémité de leur queue, forment un cercle, débandent tout d'un coup le ressort que ce cercle compose, s'étendent avec la rapidité de l'éclair, frappent l'eau vivement, et rejaillissent en un clin d'œil.

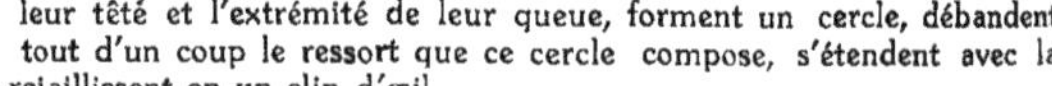

Leur conformation et la force de leurs muscles leur donnent une grande facilité pour cette manœuvre. Leurs proportions indiquent, en effet, la vigueur et la légèreté.

Leur tête est grosse ; leurs lèvres sont épaisses ; leur front est large ; leurs quatre barbillons sont attachés à leur mâchoire supérieure ; leurs écailles sont grandes et striées.

Ordinairement un bleu foncé paraît sur leur front et sur leurs joues ; un bleu verdâtre sur leur dos ; une série de petits points noirs le long de leur ligne latérale ; un jaune mêlé de bleu et de noir sur leurs côtés ; un jaune plus clair sur leurs lèvres, ainsi que sur leur queue ; une nuance blanchâtre sur leur ventre ; une teinte violette sur leurs ventrales et sur leur caudale, qui de plus est bordée de noirâtre ou de noir. Mais leurs couleurs peuvent varier suivant les eaux dans lesquelles elles séjournent : celles des grands lacs et des rivières sont, par exemple, plus jaunes ou plus dorées que celles qui vivent dans les étangs ; et l'on connaît sous le nom de *carpes saumonées* celles dont la chair doit à des circonstances locales une couleur rougeâtre.

Quand elles sont bien nourries, elles croissent vite et parviennent à une grosseur considérable.

On en pêche dans plusieurs lacs de l'Allemagne septentrionale qui pèsent plus de quinze kilogrammes. On en a pris une du poids de plus de dix-neuf kilogrammes à Dertz, dans la nouvelle Marche de Brandebourg, sur les frontières de la Poméranie. On en trouve près d'Angerbourg, en Prusse, qui pèsent jusqu'à vingt kilogrammes. On dit que le Volga en nourrit qui sont parvenues à une longueur de plus d'un mètre et demi. En 1711, on en pêcha une à Bichofshause, près de Francfort-sur-l'Oder, qui avait plus de trois mètres de long, plus d'un mètre de haut, des écailles très larges, et qui pesait trente-cinq kilogrammes. On assure qu'on en a pris du poids de quarante-cinq kilogrammes dans le lac de Zug, en Suisse ; et enfin il en habite dans le Dniester de si grosses que leurs arêtes peuvent servir à faire des manches de couteau.

Ces poissons deviennent très vieux ; Buffon a parlé de carpes de cent cinquante ans, vivant dans les fossés de Ponchartrain ; et dans les étangs de la Lusace, on a nourri des individus de la même espèce âgés de plus de deux cents ans.

Lorsque les carpes sont très vieilles, elles sont sujettes à une maladie qui souvent est mortelle, et qui se manifeste par des excroissances semblables à des mousses, et répandues sur la tête, ainsi que le long du dos. Elles peuvent, quoique jeunes, mourir de la même maladie, si des eaux de neige, ou des eaux corrompues, parviennent en trop grande quantité dans leur séjour.

C'est surtout dans leur patrie naturelle que les carpes jouissent des facultés qui les distinguent. Ce séjour que la nature leur a prescrit depuis tant de siècles, et sur lequel l'art ne paraît pas avoir influé, est l'Europe méridionale.

Elles ont été néanmoins transportées avec facilité dans des contrées plus septentrionales.

Elles se multiplient avec une facilité si grande que les possesseurs d'étangs sont souvent embarrassés pour restreindre une production qui ne peut accroître le nombre des individus qu'en diminuant la part d'aliments qui peut appartenir à chacun de ces poissons, et par conséquent en rapetissant leurs dimensions, en dénaturant leurs qualités, en altérant particulièrement la saveur de leur chair.

Les carpes élevées dans les étangs ne sont pas celles dont la chair est la plus agréable au goût ; on leur trouve une odeur de vase, qu'on ne fait passer qu'en les conservant près d'un mois dans une eau très claire, ou en les renfermant pendant quelques jours dans une *huche* placée au milieu d'un courant.

On leur préfère celles qui vivent dans un lac, encore plus celles qui séjournent dans une rivière, et surtout celles qui habitent dans un étang ou un lac traversé par les eaux fraîches et rapides d'un grand ruisseau, d'une rivière ou d'un fleuve.

Tous les fleuves et toutes les rivières ne communiquent pas d'ailleurs les mêmes qualités à la chair des carpes.

Il est des rivières dont les eaux donnent à ceux de ces cyprins qu'elles nourrissent une saveur bien supérieure à celle des autres carpes ; et parmi les rivières de France on peut citer particulièrement celle du Lot.

Dans les fleuves, les rivières et les grands lacs, on pêche les carpes avec la *seine* ; on emploie, pour les prendre dans les étangs, des *collerets*, des *louves* et des *nasses*, dans lesquels on met un appât. On peut aussi se servir de l'hameçon pour la pêche des carpes. Mais ces cyprins sont très souvent plus difficiles à prendre qu'on ne le croirait : ils se méfient des différentes substances avec lesquelles on cherche à les attirer. D'ailleurs, lorsqu'ils voient les filets s'approcher d'eux, ils savent enfoncer leur tête dans la vase, et les laisser passer par-dessus leur corps, ou s'élancer au delà de ces instruments par une impulsion qui les élève à deux mètres ou environ au-dessus de la surface de l'eau. Aussi les pêcheurs ont-ils quelquefois le soin d'employer deux *trubles*, dont la position est telle que lorsque les carpes sautent, pour échapper à l'un, elles retombent dans l'autre.

La fréquence de leurs tentatives à cet égard, et par conséquent l'étendue de leur instinct, sont augmentées par la facilité avec laquelle elles peuvent résister aux contusions, aux blessures, à un séjour prolongé dans l'atmosphère. C'est par une suite de cette faculté qu'on peut les transporter à de très grandes distances sans les faire périr, pourvu qu'on les renferme dans de la neige, et qu'on leur mette dans la bouche un petit morceau de pain trempé dans de l'alcool affaibli ; et c'est encore cette propriété qui fait que pendant l'hiver on peut les conserver en vie dans des caves humides et même les engraisser beaucoup en les tenant suspendues après les avoir entourées de mousse, en arrosant souvent leur enveloppe végétale, et en leur donnant du pain, des fragments de plantes et du lait.

LA MURÉNOPHIS HÉLÈNE

CETTE murénophis est la *murène* des anciens Romains, pour lesquels elle était un poisson de luxe, et qui l'élevaient dans d'immenses viviers. Dénuée de pectorales et de nageoires du ventre ; ayant sa dorsale et sa caudale non seulement très basses, mais recouvertes d'une peau épaisse qui empêche d'en distinguer les rayons et la forme ; semblable aux serpents par sa conformation presque cylindrique, ainsi que par ses proportions déliées ; douée d'une grande souplesse, flexible dans ses parties, agile dans ses mouvements, elle nage comme la couleuvre rampe ; elle ondule dans l'eau, comme ce reptile sur la terre, elle change de place par les contours sinueux qu'elle se donne, et, tendant et débandant avec énergie les ressorts produits par les diverses portions de sa queue ou de son corps, qu'elle plie, rapproche, déplie, étend en un clin d'œil, elle monte, descend, recule, avance, se roule et s'échappe avec la rapidité de l'éclair.

Les murénophis établissent des liens assez étroits entre la classe des poissons et celle des reptiles. Placées à la fin de la longue chaîne qui rassemble tous les poissons, comme les pétromyzons à son origine, elles rapprochent avec ces derniers les deux extrémités de cette immense réunion.

Les dents de la murénophis hélène étant fortes, nombreuses et pointues ou recourbées, sa morsure a été souvent assez dangereuse pour qu'on ait cru que ce poisson était venimeux.

Une humeur visqueuse et très abondante enduit la peau, et donne à l'animal la faculté de glisser facilement au milieu des obstacles, et de n'être retenu qu'avec beaucoup de peine.

Les femelles ont des couleurs plus variées que les mâles; leurs nuances ne sont pas toujours les mêmes, mais ordinairement leur museau est noirâtre.

Un brun rougeâtre et tacheté de jaune distingue le dessus de la tête ; la partie supérieure du corps et de la queue offre une teinte d'un brun également rougeâtre, et d'autant plus foncé qu'elle est plus près de la caudale ; des points noirs et des taches jaunes, larges et pointillées ou mouchetées de rougeâtre, sont distribuées sur ce fond brun ; la partie inférieure et les côtés de ces mêmes femelles sont d'une couleur fauve, relevée par de petites raies et par des taches brunes.

Sur quelques individus femelles ou mâles, le fond de la couleur est vert ou blanchâtre.

Lorsque les murénophis hélènes ont atteint une longueur d'un mètre, leur plus grand diamètre n'égale pas tout à fait le douzième de leur longueur.

Leur chair est grasse, blanche, très délicate ; et sans les arêtes courtes et recourbées dont elle est remplie, elle serait très agréable à manger.

Ces poissons vivent non seulement dans l'eau salée, mais encore dans l'eau douce. On les trouve dans les mers chaudes ou tempérées de l'Europe et de l'Amérique, particulièrement dans la Méditerranée, et surtout près des côtes de la Sardaigne. Ils se retirent au fond de l'eau pendant que l'hiver règne.

Dans toutes les saisons, ils aiment à se loger dans les creux des rochers. Quand le printemps commence, ils fré=quentent les rivages.

Ils dévorent une grande quantité de cancres et de poissons. Ils recherchent avec avidité les polypes.

On assure que le polype le plus grand et le plus fort fuit l'approche de la murénophis hélène ; que, cependant, lorsqu'il ne peut éviter son attaque, il s'efforce de la retenir au milieu des replis tortueux de ses bras longs et membreux, de la serrer, de la comprimer, de l'étouffer ; mais qu'elle glisse comme une colonne fluide, échappe à ses étreintes, et le déchire avec ses dent aiguës.

Ces poissons sont si voraces, que, lorsqu'ils manquent de nourriture, ils rongent la queue les uns des autres. Ils ne meurent pas pour avoir perdu une partie considérable de leur queue, non plus que lorsqu'ils sont longtemps hors de l'eau, dont ils peuvent se passer pendant quelques jours, si la sécheresse de l'atmosphère n'est pas trop grande, ou le froid n'est pas trop violent.

On pêche la murénophis hélène avec des nasses et avec des lignes de fond ; mais son instinct la fait souvent échap=per à la ruse.

Lorsqu'elle a mordu à l'hameçon, elle l'avale pour pouvoir couper la ligne avec ses dents, ou bien elle se renverse et se roule sur cette ligne, qui cède quelquefois à ses efforts. La renferme=t=on dans un filet, elle sait choisir les mailles dans l'intervalle desquelles son corps glissant peut en quelque sorte s'écouler.

LE GOUJON ET LA TANCHE

Le goujon se trouve dans les eaux de l'Europe dont le sel n'altère pas la pureté, et particulièrement dans celles qui reposent ou coulent mollement et sans mélange sur un fond sablonneux. Il préfère les lacs que la tempête n'agite pas. Il y passe l'hiver, et lorsque le printemps est arrivé, il remonte dans les rivières, où il dépose sur les pierres sa laite ou ses œufs, dont la couleur est bleuâtre et le volume très petit. Les femelles de l'espèce du goujon sont cinq ou six fois plus nombreuses que les mâles. Vers l'automne, les goujons reviennent dans les lacs. On les prend de plusieurs manières ; on les pêche avec des filets et avec l'hameçon. Ils sont d'ailleurs la proie des oiseaux d'eau, ainsi que des grands poissons, et cependant ils sont très multipliés. Ils vivent de plantes, de petits œufs, de vers, de débris de corps organisés. Ils paraissent se plaire plusieurs ensemble ; on les rencontre presque toujours réunis en troupes nombreuses. Ils perdent difficilement la vie. A peine parviennent-ils à la longueur d'un ou deux décimètres. Leurs couleurs varient avec leur âge, leur nourriture, et la nature de l'eau dans laquelle ils sont plongés; mais le plus souvent un bleu noirâtre règne sur leur dos; leurs côtés sont bleus dans leur partie supérieure; le bas de ces mêmes côtés et le dessous du corps offrent des teintes mêlées de blanc et de jaune; des taches bleues sont placées sur la ligne latérale; et l'on voit des taches noires sur la caudale et sur la dorsale, qui sont jaunâtres ou rougeâtres, comme les nageoires.

Les tanches sont aussi sujettes que les goujons à varier dans leurs nuances, suivant l'âge, le sexe, le climat, les aliments et les qualités de l'eau. Communément on remarque du jaune verdâtre sur leurs joues, du blanc sur leur gorge, du vert foncé sur leur front et sur leur dos, du vert clair sur la partie supérieure de leurs côtés, du jaune sur la partie inférieure de ces dernières portions, du blanchâtre sur le ventre, du violet sur les nageoires. Dans les femelles comme dans les mâles, la tête est grosse, le front large, l'œil petit, la lèvre épaisse, le dos un peu arqué.

On trouve des tanches dans presque toutes les parties du globe. Elles habitent dans les lacs et dans les marais ; les eaux stagnantes et vaseuses sont celles qu'elles recherchent. Elles ne craignent pas les rigueurs de l'hiver.

On peut mettre des tanches dans des viviers, dans des mares, même dans de simples abreuvoirs ; elles se contentent de peu d'espace. Lorsque l'été approche, elles cherchent des places couvertes d'herbe pour y déposer leurs œufs, qui sont verdâtres et très petits. On les pêche à l'hameçon, ainsi qu'avec des filets, mais fréquemment elles rendent vains les efforts des pêcheurs, ainsi que la ruse ou la force des poissons voraces, en se cachant dans la vase. La crainte, tout comme le besoin de céder à l'influence des changements de temps, les porte aussi quelquefois à s'élancer hors de l'eau, dont le défaut ne leur fait pas perdre la vie aussi vite qu'à beaucoup d'autres poissons.

Elles se nourrissent des mêmes substances que les carpes, et peuvent par conséquent nuire à leur multiplication. Leur poids peut être de trois ou quatre kilogrammes. Leur chair molle, et quelquefois imprégnée d'une odeur de limon et de boue, est difficile à digérer.

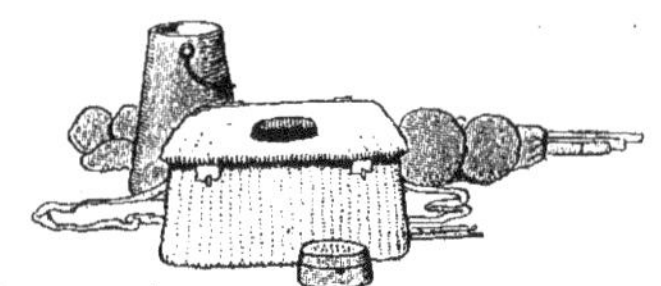

CÉTACÉS

Vue générale des Cétacés.

Ils vivent comme les poissons au milieu des mers ; et cependant ils respirent comme les espèces terrestres. Ils habitent le froid élément de l'eau ; et leur sang est chaud, leur sensibilité très vive, leur affection pour leurs semblables, très grande, leur attachement pour leurs petits très ardent et très courageux. Leurs femelles nourrissent du lait, que fournissent leurs mamelles, les jeunes cétacés qu'elles ont portés dans leurs flancs, et qui viennent tout formés à la lumière, comme l'homme et tous les quadrupèdes.

Ils sont immenses, ils se meuvent avec une grande vitesse ; et cependant ils sont dénués de pieds proprement dits ; ils n'ont que des bras.

De tous les animaux, aucun n'a reçu un aussi grand domaine : non seulement la surface des mers leur appartient, mais les abîmes de l'Océan sont des provinces de leur empire.

Comme il est des cétacés qui remontent dans les fleuves, on voit que, même sans en excepter l'homme aidé de la puissance de ses arts, aucune famille vivante sur la terre n'a régné sur un domaine aussi étendu que celui des cétacés.

Comme on peut croire que les grands cétacés ont vécu plus de mille ans, disons que le temps leur appartient comme l'espace.

Un très petit nombre de générations de cétacés remontent jusqu'aux époques terribles des grandes et dernières révolutions du globe. Les grandes espèces de cétacés sont contemporaines de ces catastrophes épouvantables qui ont bouleversé la surface de la terre ; elles restent seules de ces premiers âges du monde ; elles en sont, pour ainsi dire, les ruines vivantes.

Il est aisé de voir, d'après la longueur de la vie des plus grands cétacés, que, par exemple, deux baleines, l'une mâle et l'autre femelle, peuvent, avant de périr, voir se réunir autour d'elles soixante-douze millions de baleines auxquelles elles auront donné le jour, ou dont elles seront la souche.

La durée de la vie des cétacés, en multipliant, jusqu'à un terme qui effraye l'imagination, les causes du grand nombre d'individus qui peuvent être rassemblés dans la même bande, et former, pour ainsi dire, la même association, n'accroît-elle pas beaucoup aussi celles qui concourent au développement de la sensibilité, de l'instinct et de l'intelligence?

La vivacité de cette sensibilité et de cette intelligence est d'ailleurs prouvée par la force de l'odorat des cétacés qui reconnaissent de très loin et distinguent avec netteté les diverses impressions des substances odorantes.

Ils ont reçu l'organe de la vue le mieux adapté au fluide aqueux et salé, et à l'atmosphère humide, brumeuse et épaisse, au travers desquels ils doivent apercevoir les objets.

A la vérité, ils n'ont pas d'organe particulier conformé de manière à leur procurer un toucher bien sûr et bien délicat. Leurs doigts, en effet, quoique divisés en plusieurs osselets, sont tellement rapprochés, réunis et recouverts par une sorte de gant formé d'une peau dure et épaisse, qu'ils ne peuvent pas être mus indépendamment l'un de l'autre, pour palper, saisir et embrasser un objet, et qu'ils ne composent que l'extrémité d'une rame solide, plutôt qu'une véritable main. Mais cette même rame est aussi un bras, par le moyen duquel ils peuvent retenir et presser contre leur corps les différents objets.

L'organe de l'ouïe, qui leur a été accordé, est enfermé dans un os qui, au lieu de faire partie de la boîte osseuse, laquelle enveloppe le cerveau, est attaché à cette boîte osseuse par des ligaments, et comme suspendue dans une sorte de cavité. Cette espèce d'isolement de l'oreille, au milieu de substances molles qui amortissent les sons qu'elles transmettent, contribue peut-être à la netteté des impressions sonores, qui, sans ces intermédiaires, arriveraient trop multipliées, trop fortes et trop confuses, à un organe presque toujours placé au-dessous de la surface de l'Océan.

L'organe de la voix des cétacés ne paraît pas, au premier coup d'œil, conformé de manière à composer un instrument bien sonore et bien parfait ; cependant il est propre à produire de véritables sons, très distincts, et des sons variés non seulement par leur intensité, mais encore par leur durée et par le degré de leur élévation ou de leur gravité.

On pourrait même supposer, dans les cris des cétacés, des différences assez sensibles pour que le besoin et l'habitude aient fait de ces cris le rudiment bien imparfait, et néanmoins assez clair, d'un langage proprement dit. Mais les actes auxquels ce langage les détermine, que leur sensibilité commande, que leur intelligence dirige, par quel ressort puissant sont-ils principalement produits ?

Par leur queue longue, grosse, forte, flexible, rapide dans ses mouvements, et agrandie à son extrémité par une large nageoire placée horizontalement.

C'est cette queue, si puissante dans leur natation, si redoutable dans leurs combats, qui remplace les extrémités postérieures, lesquelles manquent absolument aux cétacés. Ce sont de véritables bipèdes ; ou plutôt ils sont sans pieds, et n'ont que deux bras dont ils se servent pour ramer, se battre et soigner leurs petits.

La substance huileuse, les fanons, les dents, les longues défenses que quelques cétacés ont reçues, la matière blanche qu'on nomme *adipocire*, et qui est si abondante dans plusieurs de leurs espèces, l'ambre gris qu'ils produisent, et jusqu'à la peau dont ils sont revêtus, tous ces dons de la nature sont devenus pour eux des présents bien funestes, lorsque l'art de la navigation a commencé à se perfectionner.

L'homme, attiré par les trésors que pouvait lui livrer la victoire sur les cétacés, a troublé la paix de leurs immenses solitudes, a violé leur retraite, a immolé tous ceux que les déserts glacés et inabordables des pôles n'ont pas dérobés à ses coups ; et il leur a fait une guerre d'autant plus cruelle, qu'il a vu que des grandes pêches dépendaient la prospérité de son commerce, l'activité de son industrie, le nombre de ses matelots, la hardiesse de ses navigateurs, l'expérience de ses pilotes, la force de sa marine, la grandeur de sa puissance.

Les cétacés ont été partagés en deux ordres, dont le premier forme deux genres, et le second dix.

LA BALEINE FRANCHE

Les individus de cette espèce, que l'on rencontre à une assez grande distance du pôle arctique, ont depuis vingt jusqu'à quarante mètres de longueur. Leur circonférence n'est pas toujours dans la même proportion avec leur longueur totale. La plus grande circonférence surpassait, en effet, la moitié de la longueur dans un individu de seize mètres de long ; elle n'égalait pas cette même longueur totale dans d'autres individus longs de plus de trente mètres. Le poids total de ces derniers individus surpassait cent cinquante mille kilogrammes. On a écrit que les femelles étaient plus grosses que les mâles. Quoi qu'il en soit de cette supériorité de la baleine femelle sur la baleine mâle, l'une et l'autre, vues de loin, paraissent une masse informe.

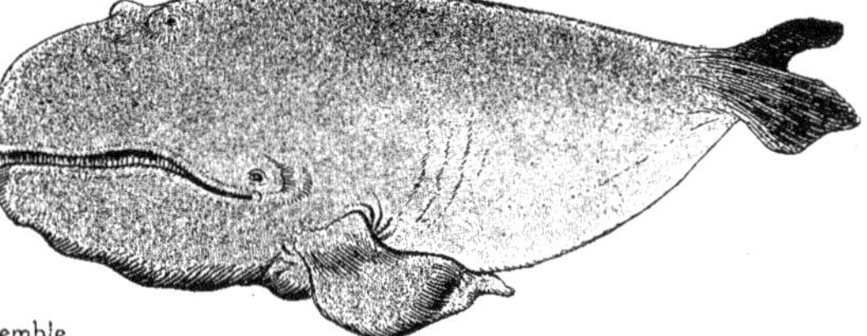

En s'approchant néanmoins de cette masse, on la voit en quelque sorte se changer en un tout mieux ordonné.

On peut comparer ce gigantesque ensemble à une espèce de cylindre immense et régulier.

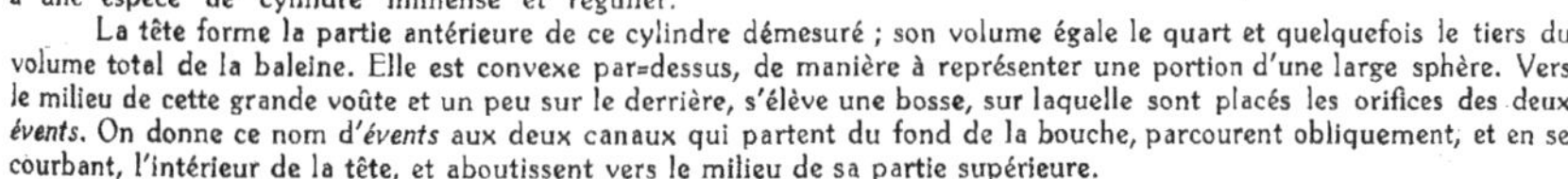

La tête forme la partie antérieure de ce cylindre démesuré ; son volume égale le quart et quelquefois le tiers du volume total de la baleine. Elle est convexe par-dessus, de manière à représenter une portion d'une large sphère. Vers le milieu de cette grande voûte et un peu sur le derrière, s'élève une bosse, sur laquelle sont placés les orifices des deux *évents*. On donne ce nom d'*évents* aux deux canaux qui partent du fond de la bouche, parcourent obliquement, et en se courbant, l'intérieur de la tête, et aboutissent vers le milieu de sa partie supérieure.

Ils servent à rejeter l'eau qui pénètre dans l'intérieur de la gueule de la baleine franche, ou à introduire jusqu'à son larynx, et par conséquent jusqu'à ses poumons, l'air nécessaire à la respiration de ce cétacé.

La baleine fait sortir par ces évents un assez grand volume d'eau pour qu'un canot puisse en être bientôt rempli. Elle lance ce fluide avec tant de rapidité, particulièrement quand elle est animée par des affections vives, tourmentée par des blessures et irritée par la douleur, que le bruit de l'eau qui s'élève et retombe en colonnes, ou se disperse en gouttes, effraye presque tous ceux qui l'entendent pour la première fois, et peut retentir fort loin, si la mer est très calme. On a comparé ce bruit, ainsi que celui que produit l'aspiration de la baleine, au bruissement sourd et terrible d'un orage éloigné. On a écrit qu'on le distinguait d'aussi loin que le coup d'un gros canon.

L'ouverture de la bouche de la baleine franche est très grande ; elle se prolonge jusqu'au-dessous des orifices supérieurs des évents ; elle s'étend même vers la base de la nageoire pectorale, et l'on pourrait dire par conséquent qu'elle va presque jusqu'à l'épaule.

L'intérieur de la gueule est si vaste dans la baleine franche que, dans un individu de cette espèce, qui n'était encore parvenu qu'à vingt-quatre mètres de longueur, la capacité de la bouche était assez grande pour que deux hommes aient pu y entrer sans se baisser.

La langue est molle, spongieuse, arrondie par-devant, blanche, tachetée de noir sur les côtés, adhérente à la mâchoire inférieure, mais susceptible de quelques mouvements. Sa longueur surpasse souvent neuf mètres; sa largeur est de trois ou quatre. Elle peut donner plus de six tonneaux d'huile ; et l'on assure que, lorsqu'elle est salée, elle peut être recherchée comme un mets délicat.

Elle n'a pas de dents ; mais tout le dessous de la mâchoire supérieure, ou, pour mieux dire, toute la voûte du palais est garnie de lames que l'on désigne par le nom de *fanons*. La surface d'un fanon est unie, polie, et semblable à celle de la corne. Il est composé de poils, ou plutôt de crins, placés à côté les uns des autres dans le sens de sa longueur, très rapprochés, réunis et comme collés par une substance gélatineuse, qui, lorsqu'elle est sèche, lui donne presque toutes les propriétés de la corne dont il a l'apparence.

Chacun de ces fanons est d'ailleurs très aplati, allongé et très semblable, par sa forme générale, à la lame d'une faux. Il se courbe un peu dans sa longueur comme cette lame, diminue graduellement de hauteur et d'épaisseur, se termine en pointe, et montre sur son bord inférieur ou concave un tranchant analogue à celui de la faux. Ce bord concave ou inférieur est garni, presque depuis son origine jusqu'à la pointe du fanon, de crins qu'aucune substance gélatineuse ne réunit, et qui représentent, le long de ce bord tranchant et aminci, une sorte de frange d'autant plus longue et d'autant plus touffue qu'elle est plus près de la pointe ou de l'extrémité du fanon.

La couleur de cette lame cornée est ordinairement noire, et marbrée de nuances moins foncées ; mais le fanon est souvent caché sous une espèce d'épiderme dont la teinte est grisâtre.

Il n'est pas rare de mesurer des fanons de cinq mètres de longueur. Ils ont alors, au bout qui pénètre dans la gencive, quatre ou cinq décimètres de hauteur, et deux ou trois centimètres d'épaisseur ; et l'on compte fréquemment trois ou quatre cents de ces lames cornées, grandes ou petites, de chaque côté de l'os longitudinal.

L'œil de la baleine est si petit qu'on a peine quelquefois à le découvrir. Son diamètre n'est souvent que la cent quatre-vingt-douzième partie de la longueur totale du cétacé. Il est garni de paupières, comme l'œil des autres mammifères ; mais ces paupières sont si gonflées par la graisse huileuse qui en occupe l'intérieur, qu'elles n'ont presque aucune mobilité ; elles sont d'ailleurs dénuées de cils.

La baleine paraît donc privée de presque tous les moyens de garantir l'intérieur de son œil des impressions douloureuses de la lumière très vive que répandent autour d'elle, pendant les longs jours de l'été, la surface des mers qu'elle fréquente, ou les montagnes de glaces dont elle est entourée.

La queue de la baleine a la figure d'un cône, dont la base s'applique au corps proprement dit. Une saillie longitudinale s'étend dans sa partie supérieure, depuis le milieu de sa longueur jusqu'à son extrémité. Elle est terminée par une grande nageoire, dont la position est remarquable. Cette nageoire est horizontale, au lieu d'être verticale comme la nageoire de la queue des poissons.

Ce grand instrument de natation est le plus puissant de ceux que la baleine a reçus ; mais il n'est pas le seul. Ses deux bras peuvent être comparés aux deux nageoires pectorales des poissons : au lieu d'être composés, ainsi que ces nageoires, de rayons soutenus et liés par une membrane, ils sont formés d'os, de muscles, et de chair tendineuse, recouverts par une peau épaisse ; mais l'ensemble que chacun de ses bras présente, consiste dans une sorte de sac aplati, arrondi dans la plus grande partie de sa circonférence, terminé en pointe, ayant une surface assez étendue, réunissant enfin tous les caractères d'une rame agile et forte.

La peau de la baleine est très forte, quoique percée de grands pores. Son épaisseur surpasse deux décimètres. Elle n'est pas garnie de poils, comme celle de la plupart des mammifères.

L'épiderme qui la recouvre est très lisse, très poreux, composé de plusieurs couches, dont la plus intérieure a le plus d'épaisseur et de dureté, luisant, et pénétré d'une humeur muqueuse ainsi que d'une sorte d'huile qui diminue sa rigidité, et le préserve des altérations que ferait subir à cette surpeau le séjour alternatif de la baleine dans l'eau et à la surface des mers.

Cette huile et cette substance visqueuse rendent même l'épiderme si brillant, que, lorsque la baleine franche est exposée aux rayons du soleil, sa surface est resplendissante comme celle du métal poli.

Le tissu muqueux qui sépare l'épiderme de la peau est plus épais que dans tous les autres mammifères. La couleur de la baleine varie beaucoup suivant la nourriture, l'âge, le sexe, et peut-être suivant la température du séjour habituel de ce cétacé. Elle est quelquefois d'un noir très pur, très foncé, et sans mélange ; d'autres fois, d'un noir nuancé ou mêlé de gris. Plusieurs baleines sont moitié blanches et moitié brunes. On en trouve d'autres jaspées ou rayées de noir et de jaunâtre. Souvent le dessous de la tête et du corps présente une blancheur éclatante. On a vu dans les mers du Japon, et, ce qui est moins surprenant, au Spitzberg, et par conséquent à dix degrés du pôle boréal, des baleines entièrement blanches.

La chair qui est au-dessous de l'épiderme et de la peau est rougeâtre, grossière, dure et sèche, excepté celle de la queue, qui est moins coriace et plus succulente, quoique peu agréable à un goût délicat, surtout dans certaines circonstances où elle répand une odeur rebutante.

Entre cette chair et la peau est un lard épais, dont une partie de la graisse est si liquide, qu'elle s'écoule et forme une huile, même sans être exprimée.

Le lard a moins d'épaisseur autour de la queue qu'autour du corps proprement dit ; mais il en a une très grande au-dessous de la mâchoire inférieure, où cette épaisseur est quelquefois de plus d'un mètre. Lorsqu'on la fait bouillir,

on en retire deux sortes d'huiles : l'une pure et légère ; l'autre un peu mêlée, onctueuse, gluante, d'une fluidité que le froid diminue beaucoup, moins légère que la première, mais cependant moins pesante que l'eau. Il n'est pas rare qu'une seule baleine franche donne jusqu'à quatre-vingt-dix tonneaux de ces différentes huiles.

La quantité de sang qui circule dans la baleine est plus grande à proportion que celle qui coule dans les quadrupèdes. Le diamètre de l'aorte surpasse souvent quatre décimètres. Le cœur est large et aplati.

Le gosier est très étroit, et beaucoup plus qu'on ne le croirait lorsqu'on voit toute l'étendue de la gueule de cet animal démesuré.

L'œsophage est beaucoup plus grand à proportion, long de plus de trois mètres, revêtu à l'intérieur d'une membrane très dense, glanduleuse et plissée, et cet organe a de très grands rapports avec l'estomac des animaux ruminants. Il est partagé en plusieurs cavités très distinctes ; et il en offre même cinq, au lieu de n'en montrer que quatre comme ces ruminants. Ces cinq estomacs sont renfermés dans une enveloppe commune.

On a attribué au mâle de la baleine une grande constance d'affection, et l'on a cru reconnaître pendant plusieurs années le même mâle assidu auprès de la même femelle, partager son repos et ses jeux, la suivre avec fidélité dans ses voyages, la défendre avec courage, et ne l'abandonner qu'à la mort.

On dit que la mère porte son fœtus pendant dix mois ou environ ; qu'alors elle est plus grasse qu'auparavant surtout lorsqu'elle approche du temps où elle doit mettre bas.

Quoi qu'il en soit, elle ne donne ordinairement le jour qu'à un baleineau à la fois, et jamais la même portée n'en a renfermé plus de deux. Le baleineau a presque toujours plus de sept ou huit mètres en venant à la lumière. Lorsque la mère veut lui donner à téter, elle s'approche de la surface de la mer, se retourne à demi, nage ou flotte sur un côté, et, par de légères mais fréquentes oscillations, se place tantôt au-dessous tantôt au-dessus de son baleineau, de manière que l'un et l'autre puissent alternativement rejeter par leurs évents l'eau salée trop abondante dans leur gueule et recevoir le nouvel air atmosphérique nécessaire à leur respiration.

Le lait ressemble beaucoup à celui de la vache, mais il contient plus de crème et de substance nutritive.

Le baleineau tette au moins pendant un an. Il est très gros, et peut donner environ cinquante tonneaux de graisse. Au bout de deux ans, il paraît, dit-on, comme hébété, et ne fournit qu'une trentaine de tonneaux de substance huileuse. Ensuite on ne connaît plus son âge que par la longueur des barbes ou extrémités de fanons qui bordent ses mâchoires.

Ce baleineau est, pendant le temps qui suit immédiatement sa naissance, l'objet d'une grande tendresse et d'une sollicitude qu'aucun obstacle ne lasse, qu'aucun danger n'intimide. La mère le soigne même quelquefois pendant trois ou quatre ans. Elle ne le perd pas un instant de vue. S'il ne nage encore qu'avec peine, elle le précède, lui ouvre la route au milieu des flots agités, ne souffre pas qu'il reste trop longtemps sous l'eau, l'instruit par son exemple, l'encourage, pour ainsi dire, par son attention, le soulage dans sa fatigue, le soutient lorsqu'il ne fait plus que de vains efforts, le prend entre sa nageoire pectorale et son corps, l'embrasse avec tendresse, le serre avec précaution, le met quelquefois sur son dos, l'emporte avec elle, modère ses mouvements pour ne pas laisser échapper son doux fardeau, pare les coups qui pourraient l'atteindre, attaque l'ennemi qui voudrait le lui ravir, et, lors même qu'elle trouverait aisément son salut dans la fuite, combat avec acharnement, brave les douleurs les plus vives, renverse et anéantit ce qui s'oppose à sa force, ou répand tout son sang et meurt plutôt que d'abandonner l'être qu'elle chérit plus que sa vie.

La baleine franche n'a vraisemblablement pour aliments que des crabes et des mollusques. Ces animaux dont elle fait sa proie sont bien petits ; mais leur nombre compense le peu de substance que présente chacun de ces mollusques ou insectes. Ils sont si multipliés dans les mers fréquentées par la baleine franche, que ce cétacé n'a souvent qu'à ouvrir la gueule pour en prendre plusieurs milliers à la fois.

A quelque distance que la baleine franche doive aller chercher l'aliment qui lui convient, elle peut la franchir avec une grande facilité ; sa vitesse est si grande, que ce cétacé laisse derrière lui une voie large et profonde comme celle d'un vaisseau qui vogue à pleines voiles. Elle parcourt onze mètres par seconde. Elle va plus vite que les vents alizés ; deux fois plus prompte, elle dépasserait les vents les plus impétueux ; trente fois plus rapide, elle aurait franchi l'espace aussitôt que le son. En supposant que douze heures de repos lui suffisent par jour, il ne lui faudrait que quarante-sept jours environ pour faire le tour du monde en suivant l'équateur, et vingt-quatre jours pour aller d'un pôle à l'autre, le long d'un méridien. Comment se donne-t-elle cette vitesse prodigieuse? Par sa caudale, mais surtout par sa queue.

Ses muscles étant non seulement très puissants, mais très souples, ses mouvements sont faciles et soudains. L'éclair n'est pas plus prompt qu'un coup de sa caudale, qui a quelquefois neuf ou dix mètres carrés, et qui est horizontale. La caudale cependant n'est pas pour la baleine le plus puissant instrument de natation.

La queue de ce cétacé exécute, vers la droite ou vers la gauche, à la volonté de l'animal, des mouvements analogues à ceux qu'il imprime à sa caudale ; et dès lors cette queue doit lui servir, non seulement à changer de direction et à tourner vers la gauche ou vers la droite, mais encore à s'avancer horizontalement. C'est dans cette queue que réside la véritable puissance de la baleine franche ; c'est le grand ressort de sa vitesse ; c'est le grand levier avec lequel elle ébranle, fracasse et anéantit ; ou, plutôt, toute la force du cétacé réside dans l'ensemble formé par sa queue et par la nageoire qui la termine.

Une baleine franche peut peser plus de cent cinquante mille kilogrammes. Sa masse est donc égale à celle de cent rhinocéros, ou de cent hippopotames, ou de cent éléphants. Il faut multiplier les nombres qui représentent cette masse par ceux qui désignent une vitesse suffisante pour faire parcourir à la baleine onze mètres par seconde. Il est évident que voilà une mesure de la force de la baleine. Quel choc ce cétacé doit produire !

Un boulet de quarante-huit a, sans doute, une vitesse cent fois plus grande ; mais comme sa masse est au moins six mille fois plus petite, sa force n'est que la soixantième de celle de la baleine. Le choc de ce cétacé est donc égal à celui de soixante boulets de quarante-huit. Quelle terrible batterie ! Et cependant, lorsqu'elle agite une grande partie de sa masse, lorsqu'elle fait vibrer sa queue, qu'elle lui imprime un mouvement bien supérieur à celui qui fait parcourir onze mètres par seconde, qu'elle lui donne, pour ainsi dire, la rapidité de l'éclair, quel violent coup de foudre elle doit frapper !

Est-on surpris maintenant que, lorsque des bâtiments l'assiègent dans une baie, elle n'ait besoin que de plonger et de se relever avec violence au-dessous de ces vaisseaux, pour les soulever, les culbuter, les couler à fond, disperser cette faible barrière, et cingler en vainqueur sur le vaste Océan?

A la force individuelle, les baleines franches peuvent réunir la puissance que donne le nombre. Quelque troublées qu'elles soient maintenant dans leurs retraites boréales, elles vont encore souvent par troupes. Ne se disputant pas une nourriture qu'elles trouvent ordinairement en très grande abondance, elles sont naturellement pacifiques, douces, et entraînées les unes vers les autres par une sorte d'affection quelquefois assez vive et même assez constante. Mais, si elles n'ont pas besoin de se défendre les unes contre les autres, elles peuvent être contraintes d'employer leur puissance pour repousser des ennemis dangereux. Un insecte de la famille des crustacés, et auquel on a donné le nom de *pou de baleine*, tourmente beaucoup la baleine franche. Il s'attache si fortement à la peau de ce cétacé, qu'on la déchire plutôt que de l'arracher.

D'autres insectes pullulent aussi sur son corps. Très souvent l'épaisseur de ses téguments la préserve de leur piqûre, et même du sentiment de leur présence ; mais, dans quelques circonstances, ils doivent l'agiter, s'il est vrai qu'ils se multiplient quelquefois sur la langue de ce cétacé, la rongent et la dévorent, au point de la détruire presque en entier, et de donner la mort à la baleine. Ces insectes et ces crustacés attirent fréquemment sur le dos de la baleine franche un grand nombre d'oiseaux de mer qui aiment à s'en nourrir, les cherchent sans crainte sur ce large dos, et débarrassent le cétacé de ces animaux incommodes.

Mais voici trois ennemis de la baleine, remarquables par leur grandeur, leur agilité, leur force et leurs armes. Ils la suivent avec acharnement, ils la combattent avec fureur. Ces trois ennemis sont : la scie, le dauphin gladiateur et le requin.

La scie rencontre-t-elle une baleine franche dont l'âge soit encore très peu avancé et la vigueur peu développée, elle ose, si la faim la dévore, se jeter sur ce cétacé. La jeune baleine, pour la repousser, enfonce sa tête dans l'eau, relève sa queue, l'agite et frappe des deux côtés.

Si elle atteint son ennemi, elle l'accable, le tue, l'écrase d'un seul coup. Mais le squale se précipite en arrière, l'évite, bondit, tourne et retourne autour de son adversaire, change à chaque instant son attaque, saisit le moment le plus favorable, s'élance sur la baleine, enfonce dans son dos la lame longue, osseuse et dentelée, dont son museau est garni, la retire avec violence, blesse profondément le jeune cétacé, le déchire, le suit dans les profondeurs de l'Océan, le force à remonter vers la surface de la mer, recommence un combat terrible, et, s'il ne peut lui donner la mort, expire en frémissant.

Les dauphins gladiateurs se réunissent, forment une grande troupe, s'avancent tous ensemble vers la baleine franche, l'attaquent de toutes parts, la mordent, la harcèlent, la fatiguent, la contraignent à ouvrir la gueule, et, se jetant sur sa langue, dont on dit qu'ils sont très avides, la mettant en pièces, et l'arrachant par lambeaux, causent des douleurs insupportables au cétacé vaincu par le nombre, et l'ensanglantent par des blessures mortelles.

Les énormes requins du Nord, que quelques navigateurs ont nommés *ours de mer* à cause de leur voracité, combattent la baleine sous l'eau ; ils ne cherchent pas à se jeter sur sa langue, mais ils parviennent à enfoncer dans son ventre les quintuples rangs de leurs dents pointues et dentelées, et lui enlèvent d'énormes morceaux de téguments et de muscles. Un mugissement sourd exprime, a-t-on dit, et les tourments et la rage de la baleine. Une sueur abondante manifeste l'excès de sa lassitude et le commencement de son épuisement.

Blessée, privée de presque tout son sang, harassée, excédée, accablée par ses propres efforts, elle n'a plus qu'un faible reste de sa vigueur et de sa puissance.

L'*ours blanc* ou plutôt l'*ours maritime*, ce vorace et redoutable animal que la faim rend si souvent plus terrible encore, quitte alors les bancs de glaces ou les rives gelées sur lesquelles il se tient en embuscade, se jette à la nage, arrive jusqu'à ce cétacé, ose l'attaquer. Mais la baleine, quoique expirante, montre encore qu'elle est le plus grand des animaux ; elle ranime ses forces défaillantes ; et peu d'instants même avant sa mort, un coup de sa queue immole l'ennemi trop audacieux qui a cru ne trouver en elle qu'une victime sans défense.

Le cadavre de la baleine flotte sur la mer. L'ours maritime, les squales, les oiseaux de mer, se précipitent alors sur cette proie facile, la déchirent et la dévorent.

La baleine franche habite tous les climats ; elle appartient aux deux hémisphères, ou plutôt les mers australes et boréales lui appartiennent.

Si elle abandonne certains parages, c'est principalement ou pour se procurer une nourriture plus abondante, ou pour chercher à se dérober à la poursuite de l'homme.

Dans le douzième, le treizième et le quatorzième siècles, les baleines franches étaient si répandues auprès des rivages français, que la pêche de ces animaux y était très lucrative ; mais harcelées avec acharnement, elles se retirèrent vers des latitudes septentrionales.

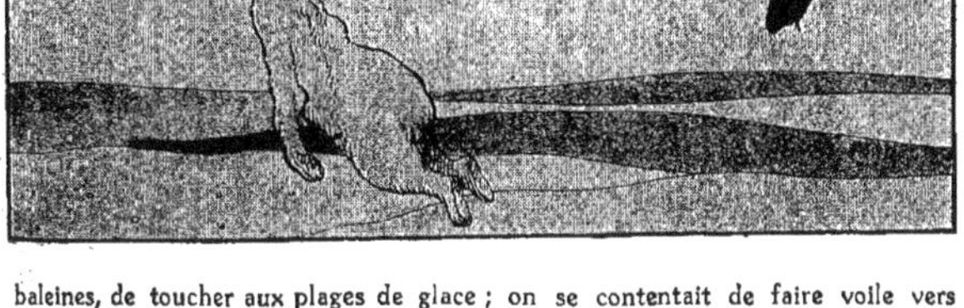

Il y a plus de deux ou trois siècles que les Basques, ces marins intrépides, les premiers qui aient osé affronter les dangers de l'océan Glacial et voguer vers le pôle arctique, animés par le succès avec lequel ils avaient pêché la baleine franche dans le golfe de Gascogne, s'avancèrent en haute mer, parvinrent, après différentes tentatives, jusqu'aux côtes d'Islande et à celles du Groënland, développèrent toutes les ressources d'un peuple entreprenant et laborieux, équipèrent des flottes de cinquante ou soixante navires, et, aidés par les Islandais, trouvèrent dans une pêche abondante le dédommagement de leurs peines et la récompense de leurs efforts. Pendant près d'un siècle on n'a pas besoin, pour trouver de grandes troupes de baleines, de toucher aux plages de glace ; on se contentait de faire voile vers le Spitzberg et les autres îles du Nord ; et l'on fondait dans les fourneaux de ces contrées boréales une si grande quantité d'huile de baleine, que les navires pêcheurs ne suffisaient pas pour la rapporter, et qu'on était obligé d'envoyer chercher une partie considérable de cette huile par d'autres bâtiments. Lorsque ensuite les baleines franches furent devenues si farouches dans les endroits fréquentés par les pêcheurs qu'on ne pouvait plus ni les approcher, ni les surprendre, ni les tromper et les retenir par des appâts, on redoubla de patience et d'efforts. On ne cessa de les suivre dans leurs retraites successives.

Fatiguées enfin d'une guerre si longue et si opiniâtre, elles disparurent de nouveau et s'enfoncèrent sous les glaces fixes. Les pêcheurs allèrent jusqu'à ces glaces immobiles, au travers de glaçons mouvants, de montagnes flottantes, et par conséquent de tous les périls ; ils les investirent ; et s'approchant dans leurs chaloupes de ces bords glacés, ils épièrent avec une constance merveilleuse les moments où les baleines étaient contraintes de sortir de dessous leur voûte gelée et protectrice, pour respirer l'air de l'atmosphère. En considérant les résultats et les bénéfices si importants que procure la pêche de la baleine, pourrait-on être étonné de l'attention, des soins, des précautions multipliées par lesquels on tâche d'assurer ou d'accroître les succès de cette pêche?

Les navires qu'on emploie pour cela ont ordinairement de trente-cinq à quarante mètres de longueur. On les double d'un bordage de chêne assez épais et assez fort pour résister au choc des glaces. On leur donne à chacun depuis six jusqu'à huit ou neuf chaloupes, d'un peu plus de huit mètres de longueur, de deux mètres ou environ de largeur, et d un mètre de profondeur, depuis le plat-bord jusqu'à la quille. Un ou deux harponneurs sont destinés pour chacune de ces chaloupes pêcheuses. On les choisit assez adroits pour percer la baleine, encore éloignée, dans l'endroit le plus convenable ; assez habiles pour diriger la chaloupe suivant la route de la baleine franche, même lorsqu'elle nage entre deux eaux ; et assez expérimentés pour juger de l'endroit où ce cétacé élèvera le sommet de sa tête au-dessus de la surface de la mer, afin de respirer, par ses évents, l'air de l'atmosphère.

Le harpon qu'ils lancent est un dard un peu pesant et triangulaire, dont le fer, long de près d'un mètre, doit être doux, bien corroyé, très affilé au bout, tranchant des deux côtés, et barbelé sur ses bords. Ce dard se termine par une douille de près d'un mètre de longueur, et dans laquelle on fait entrer un manche très gros, et long de deux ou trois mètres. On attache au dard même, ou à sa douille, la ligne, qui est faite du plus beau chanvre, et que l'on ne goudronne pas pour qu'elle conserve sa flexibilité ; malgré le froid extrême que l'on éprouve dans les parages où l'on fait la pêche de la baleine.

La lance dont on se sert pour cette pêche diffère du harpon, en ce que le fer n'a pas d'*ailes* ou *oreilles* qui empêchent qu'on ne la retire facilement du corps de la baleine, et qu'on n'en porte plusieurs coups de suite avec force et rapidité. Elle a souvent cinq mètres de long, et la longueur du fer est à peu près le tiers de la longueur totale de cet instrument.

Le printemps est la saison la plus favorable pour la pêche des baleines franches, aux degrés très voisins du pôle. L'été l'est beaucoup moins.

Dès que le matelot *guetteur*, qui est placé dans un point élevé du bâtiment, d'où sa vue peut s'étendre au loin, aperçoit une baleine, il donne le signal convenu ; les chaloupes partent ; et à force de rames on s'avance en silence vers l'endroit où on l'a vue. Le pêcheur le plus hardi et le plus vigoureux est debout sur l'avant de sa chaloupe, tenant le harpon de la main droite. Les Basques sont fameux par leur habileté à lancer cet instrument de mort.

Dans les premiers temps de la pêche de la baleine, on approchait le plus possible de cet animal avant de lui donner le premier coup de harpon. Quelquefois même le harponneur ne l'attaquait que lorsque la chaloupe était arrivée sur le dos de ce cétacé.

Mais le plus souvent, dès que la chaloupe est parvenue à dix mètres de la baleine franche, le harponneur jette avec force le harpon contre l'un des endroits les plus sensibles de l'animal, comme le dos, le dessous du ventre, les deux masses de chair mollasse qui sont à côté des évents. Le plus grand poids de l'instrument étant dans le fer triangulaire, de quelque manière qu'il soit lancé, sa pointe tombe et frappe la première. Une ligne de douze brasses ou environ est attachée à ce fer et prolongée par d'autres cordages.

A l'instant où la baleine se sent blessée, elle s'échappe avec vitesse ; sa fuite est si rapide, que, si la *corde*, formée par toutes les lignes qu'elle entraîne, lui résistait un instant, la chaloupe chavirerait et coulerait à fond : aussi a-t-on le plus grand soin d'empêcher que cette *corde* ou *ligne* générale ne s'accroche ; et, de plus, on ne cesse de la mouiller, afin que son frottement contre le bord de la chaloupe ne l'enflamme pas et n'allume pas le bois.

Cependant l'équipage, resté à bord du vaisseau, observe de loin les manœuvres de la chaloupe. Lorsqu'il croit que la baleine s'est assez éloignée pour avoir obligé de filer la plus grande partie des cordages, une seconde chaloupe force de rames vers la première, et attache successivement ses lignes à celles qu'emporte le cétacé.

Le secours se fait-il attendre, les matelots de la chaloupe l'appellent à grands cris. Ils se servent de grands *porte-voix* ; ils font entendre leurs *trompes* ou *cornets* de détresse. Ils ont recours aux deux lignes qu'ils nomment *lignes de réserve*; ils font deux tours de la dernière qui leur reste ; ils l'attachent au bord de leur nacelle ; ils se laissent remorquer par l'énorme animal ; ils relèvent de temps en temps la chaloupe, qui s'enfonce presque jusqu'à fleur d'eau, en laissant couler peu à peu cette seconde *ligne de réserve*, leur dernière ressource ; et, enfin, s'ils ne voient pas la corde extrêmement longue et violemment tendue se casser avec effort, ou le harpon se détacher de la baleine en déchirant les chairs du cétacé, ils sont forcés de couper eux-mêmes cette corde, et d'abandonner leur proie, le harpon et leurs lignes, pour éviter d'être précipités sous les glaces, ou engloutis dans les abîmes de l'Océan.

Mais lorsque le service se fait avec exactitude, la seconde chaloupe arrive au moment convenable ; les autres la suivent, et se placent autour de la première, à la distance d'une portée de canon l'une de l'autre, pour veiller sur un plus grand champ. Un pavillon particulier, nommé *gaillardet*, et élevé sur le vaisseau, indique ce que l'on reconnaît du haut des mâts de la route du cétacé. La baleine, tourmentée par la douleur que lui cause sa large blessure, fait les plus grands efforts pour se délivrer du harpon qui la déchire ; elle s'agite, se fatigue, s'échauffe ; elle vient à la surface de la mer chercher un air qui la rafraîchisse et lui donne des forces nouvelles. Toutes les chaloupes voguent alors vers elle ; le harponneur du second de ces bâtiments lui lance un second harpon ; on l'attaque avec la lance. L'animal plonge, et fuit de nouveau avec vitesse ; on le poursuit avec courage ; on le suit avec précaution. Mais quelques forces que la baleine conserve après la seconde attaque, elle reparaît à la surface de l'Océan beaucoup plus tôt qu'après sa première blessure. Si quelque coup de lance a pénétré jusqu'à ses poumons, le sang sort en abondance par ses deux évents. On ose alors s'approcher de plus près du colosse ; on le perce avec la lance ; on le frappe à coups redoublés ; on tâche de faire pénétrer l'arme meurtrière au défaut des côtes. La baleine, blessée mortellement, se réfugie quelquefois sous des glaces voisines ; mais la douleur insupportable que ses plaies profondes lui font éprouver, les harpons qu'elle emporte, qu'elle secoue, et dont le mouvement agrandit ses blessures, sa fatigue extrême, son affaiblissement que chaque instant accroît, tout l'oblige à sortir de cet asile. Elle ne suit plus dans sa fuite de direction déterminée. Bientôt elle s'arrête, et, réduite aux abois, elle ne peut plus que soulever son énorme masse, et chercher à parer avec ses nageoires les coups qu'on lui porte encore. Redoutable cependant lors même qu'elle expire, ses derniers moments sont ceux du plus grand des animaux. Tant qu'elle combat contre la mort, on évite avec effroi sa terrible queue, dont un seul coup ferait voler la chaloupe en éclats ; on ne manœuvre que pour l'empêcher d'aller terminer sa cruelle agonie dans des profondeurs recouvertes par des bancs de glace, qui ne permettraient d'en retirer son cadavre qu'avec beaucoup de peine.

Les Groënlandais attachent aux harpons qu'ils lancent, avec autant d'adresse que d'intrépidité, contre la baleine des espèces d'outres faites avec de la peau de phoque, et pleines d'air atmosphérique. Ces outres, très légères, non seulement font que les harpons qui se détachent flottent et ne sont pas perdus, mais encore empêchent le cétacé blessé de plonger dans la mer, et de disparaître aux yeux des pêcheurs.

Les habitants de plusieurs îles voisines du Kamtschatka vont, pendant l'automne, à la recherche des baleines franches, qui abondent alors près de leurs côtes. Lorsqu'ils en trouvent d'endormies, ils s'en approchent sans bruit, et les percent avec des dards empoisonnés. La blessure, d'abord légère, fait bientôt éprouver à l'animal des tourments insupportables : il pousse, a-t-on écrit, des mugissements horribles, s'enfle et périt.

Lorsqu'on s'est assuré que la baleine est morte, ou si affaiblie qu'on n'a plus à craindre qu'une blessure nouvelle lui redonne un accès de rage dont les pêcheurs seraient à l'instant les victimes, on la remet dans sa position naturelle, par le moyen de cordages fixés à deux chaloupes qui s'éloignent en sens contraire, si elle s'était tournée sur un des côtés ou sur son dos. On passe un nœud coulant par-dessus la nageoire de la queue, ou on perce cette queue pour y attacher une corde, et les chaloupes se préparent à entraîner la baleine vers le navire ou vers le rivage où l'on doit la dépecer. Si l'on tardait trop d'attacher une corde à l'animal expiré, son cadavre dériverait, et, entraîné par des courants ou par l'agitation des vagues, pourrait échapper aux matelots, ou, dénué d'une assez grande quantité de matière huileuse et légère, s'enfoncerait dans la mer.

Lorsqu'on a amarré au navire le cadavre d'une baleine franche, on prépare deux *palans,* l'un pour tourner le cétacé, et l'autre pour tenir sa gueule élevée au-dessus de l'eau, de manière qu'elle ne puisse pas se remplir. Les dépeceurs garnissent leurs bottes de crampons, afin de se tenir fermes ou de marcher en sûreté sur la baleine ; et les opérations du dépècement commencent.

Elles se font communément à bâbord. Avant tout, on tourne un peu l'animal sur lui-même par le moyen d'un *palan* fixé par un bout au mât de misaine, et attaché par l'autre à la queue de la baleine. Cette manœuvre fait que la tête du cétacé, laquelle se trouve du côté de la poupe, s'enfonce un peu dans l'eau. Deux dépeceurs se placent sur la tête et sur le cou de la baleine ; deux harponneurs se mettent sur son dos, et des aides, distribués dans deux chaloupes dont l'une est à l'avant et l'autre à l'arrière de l'animal, éloignent du cadavre les oiseaux d'eau, qui se précipiteraient hardiment et en grand nombre sur la chair et sur le lard du cétacé. Leur fonction est aussi de fournir aux travailleurs les instruments dont ces derniers peuvent avoir besoin. Les principaux de ces instruments consistent dans des couteaux de bon acier, nommés *tranchants,* dont la longueur est de deux tiers de mètre, dont le manche a deux mètres de long ; dans d'autres couteaux, dans des mains de fer, dans des crochets, etc.

Le dépècement commence derrière la tête, très près de l'œil. La pièce de lard qu'on enlève, et que l'on nomme *pièce de revirement,* a deux tiers de mètre de largeur ; on la lève dans toute la longueur de la baleine. On donne communément un demi-mètre de large aux autres bandes, qu'on coupe ensuite, et qu'on lève toujours de la tête à la queue, dans toute l'épaisseur de ce lard huileux. On tire ces différentes bandes de dessus le navire par le moyen de crochets ; on les traîne sur le tillac, et on les fait tomber dans la cale, où on les arrange. On continue alors de tourner la baleine, afin de mettre entièrement à découvert le côté par lequel on a commencé le dépècement, et de dépouiller la partie intérieure de ce même côté, sur laquelle on enlève les bandes huileuses avec plus de facilité que sur le dos, parce que le lard y est moins épais.

Quand cette dernière opération est terminée, on travaille au dépouillement de la tête. On coupe la langue très profondément, et avec d'autant plus de soin, que celle d'une baleine franche ordinaire donne communément six tonneaux d'huile. Ensuite les dépeceurs coupent les racines des fanons.

On s'occupe après cela du dépècement du second côté de la baleine franche. On achève de faire tourner le cétacé sur son axe longitudinal ; et on enlève le lard du second côté, comme on a enlevé celui du premier.

Lorsqu'on a fini d'enlever le lard, la langue et les fanons, on repousse et laisse aller à la dérive la carcasse gigantesque de la baleine franche. Les oiseaux d'eau s'attroupent sur ces restes immenses, quoiqu'ils soient beaucoup moins attirés par ces débris que par un cadavre qui n'est pas encore dénué de graisse. Les ours maritimes s'assemblent aussi autour de cette masse flottante et en font curée avec avidité.

Veut-on cependant arranger le lard dans les tonneaux, on le sépare de la *couenne*. On le coupe par morceaux de trois décimètres carrés de surface ou environ, et on entasse ces morceaux dans des tonnes.

Veut-on le faire fondre, soit à bord du navire, soit dans un atelier établi à terre, on se sert de chaudières de cuivre rouge, ou de fer fondu.

Trois heures après le commencement de l'opération, on puise l'huile toute bouillante avec de grandes cuillers de cuivre.

L'huile, encore bouillante, coule du premier baquet dans un second, que l'on a rempli aux deux tiers d'eau froide et auquel on a donné communément un mètre de profondeur, deux de large et cinq ou six de long.

L'huile surnage dans ce second baquet, se refroidit, et continue de se purifier en se séparant des matières étrangères qui tombent au fond du réservoir.

On la fait passer du second baquet dans un troisième, et du troisième dans un quatrième.

Ces deux derniers sont remplis, comme le second, d'eau froide, jusqu'aux deux tiers ; l'huile achève de s'y perfectionner ; et du dernier baquet on la fait entrer, par une longue gouttière, dans les tonneaux destinés à la conserver ou à la transporter au loin.

Les Groënlandais, et d'autres habitants des contrées du Nord, trouvent la peau et les nageoires de ce cétacé très agréables au goût.

Sa chair fraîche ou salée a souvent servi à la nourriture des équipages.

Les avantages que l'on tire de la pêche des baleines franches ont facilement engagé, dans nos temps modernes, les peuples entreprenants et déjà familiarisés avec les navigations lointaines, à chercher ces cétacés partout où ils ont espéré de les trouver.

On les poursuit maintenant dans l'hémisphère austral comme dans l'hémisphère arctique, et dans le grand océan Boréal comme dans l'océan Atlantique septentrional ; on les y pêche même, au moins très souvent, avec plus de facilité, avec moins de danger, avec moins de peine.

La multitude des baleines disparaîtra cependant dans l'hémisphère austral de même que dans le boréal ; la plus grande des espèces s'éteindra comme tant d'autres. Découverte dans ses retraites les plus cachées, atteinte dans ses asiles les plus reculés, vaincue par la force irrésistible de l'intelligence humaine, elle disparaîtra de dessus le globe ; il ne restera pas même l'espérance de la retrouver dans quelque partie de la terre non encore visitée par des voyageurs civilisés.

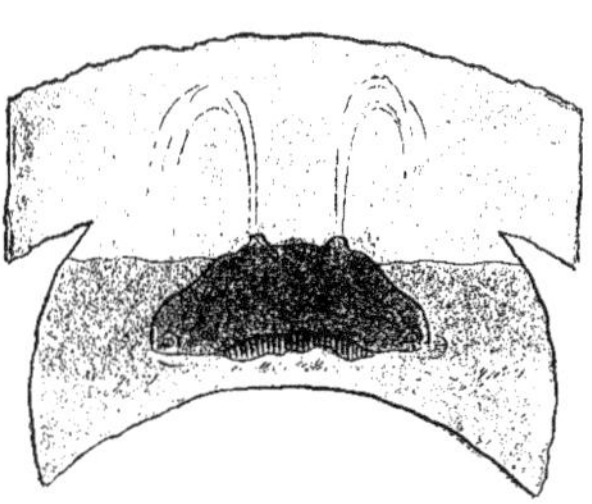

LE BALEINOPTÈRE JUBARTE

La jubarte se plaît dans les mers du Groënland ; on la trouve surtout entre cette contrée et l'Islande, mais on l'a vue dans plusieurs autres mers de l'un et de l'autre hémisphère. Il paraît qu'elle passe l'hiver en pleine mer, et qu'elle ne s'approche des côtes et n'entre dans les anses que pendant l'été ou pendant l'automne.

Elle a d'ordinaire dix-sept ou dix-huit mètres de longueur. Le corps, très épais vers les nageoires pectorales, se rétrécit ensuite, et prend la forme d'un cône très allongé, continué par la queue, dont la largeur à son extrémité n'est, dans plusieurs individus, que d'un demi-mètre.

Les orifices des deux évents sont rapprochés l'un de l'autre, au point de paraître ne former qu'une seule ouverture. Au-devant de ces orifices, on voit trois rangées de petites protubérances très arrondies.

La mâchoire inférieure est un peu plus courte et plus étroite que celle d'en haut. L'œil est situé au-dessus et très près de l'angle formé par la réunion des deux lèvres ; l'iris paraît blanc ou blanchâtre. Au delà de l'œil est un trou presque imperceptible : c'est l'orifice du conduit auditif. Les fanons sont noirs, et si courts qu'ils n'ont souvent qu'un tiers de mètre de longueur. La langue est grasse, spongieuse, et souvent hérissée d'aspérités.

Quelquefois la jubarte est toute blanche. Ordinairement, cependant, la partie supérieure de ce cétacé est noire ou noirâtre ; le dessous de la tête et des bras, très blanc ; le dessous du ventre et de la queue, marbré de blanc et de noir. La peau, qui est très lisse, recouvre une couche de graisse assez mince.

Depuis le dessous de la gorge jusqu'au bas du corps, la peau présente de longs plis longitudinaux qui, le plus souvent, se réunissent deux à deux vers les extrémités, et qui donnent au cétacé la faculté de dilater ce tégument assez profondément sillonné. Le dos de ces longs sillons est marbré de blanc et de noir ; mais les intervalles qui les séparent sont d'un beau rouge qui contraste, d'une manière très vive et très agréable à la vue, avec le noir de l'extrémité des fanons et avec le blanc éclatant du dessous de la gueule, lorsque l'animal gonfle sa peau, que les plis s'effacent, et que les intervalles de ces plis se relèvent et paraissent.

La jubarte lance de l'eau par ses évents avec moins de violence que les cétacés qu'elle égale en grandeur : elle ne paraît cependant leur céder ni en force ni en agilité, au moins relativement à ses dimensions. Vive et pétulante, gaie même et folâtre, elle aime à se jouer avec les flots. Impatiente, pour ainsi dire, de changer de place, elle disparaît souvent sous les ondes, et s'enfonce à des profondeurs d'autant plus considérables, qu'en plongeant, elle abaisse sa tête et relève sa caudale au point de se précipiter, en quelque sorte, dans une situation presque verticale. Si la mer est calme, elle flotte à la surface de l'Océan ; mais bientôt elle se réveille, s'anime, se livre à toute sa vivacité, exécute avec une rapidité étonnante des évolutions très variées, nage sur un côté, se couche sur son dos, se retourne, frappe l'eau avec force, bondit, s'élance au-dessus de la surface de la mer, pirouette, retombe, et disparaît comme l'éclair.

Elle aime beaucoup son petit, qui ne l'abandonne que lorsqu'elle a donné le jour à un nouveau cétacé. On l'a vue s'exposer à échouer sur des bas-fonds, pour l'empêcher de se heurter contre les roches. Naturellement douce et presque familière, elle devient néanmoins furieuse si elle craint pour lui : elle se jette contre la chaloupe qui le poursuit, la renverse, et emporte sous un de ses bras la jeune jubarte qui lui est si chère.

La plus petite blessure suffit quelquefois pour la faire périr, parce que ses plaies deviennent facilement gangréneuses ; mais alors la jubarte va très fréquemment expirer loin de l'endroit où elle a reçu le coup mortel. Pour lui donner une mort plus prompte, on cherche à la frapper avec une lance derrière la nageoire pectorale.

Le mâle et la femelle de cette espèce paraissent unis l'un à l'autre par une affection très forte.

Les Islandais ne harponnent presque jamais la jubarte ; ils la regardent comme l'amie de l'homme ; et mêlant avec leurs idées superstitieuses les inspirations du sentiment et les résultats de l'observation, ils se sont persuadés que la Divinité l'a créée pour défendre leurs frêles embarcations contre les cétacés féroces et dangereux. Ils se plaisent à raconter que, lorsque leurs bateaux sont entourés de ces animaux énormes et carnassiers, la jubarte s'approche d'eux au point qu'on peut la toucher, s'élance sous leurs rames, passe sous la quille de leurs bâtiments, et bien loin de leur nuire, cherche à éloigner les cétacés ennemis, et les accompagne jusqu'au moment où, arrivés près du rivage, ils sont à l'abri de tout danger. La jubarte se nourrit non seulement du testacé nommé *planorbe boréal*, mais encore de l'*ammodyte appât*, du *salmone arctique* et de plusieurs autres poissons.

LE NARVAL VULGAIRE

Le narval est, à beaucoup d'égards, l'éléphant de la mer. Parmi tous les animaux que nous connaissons, eux seuls ont reçu ces dents si longues, si dures, si pointues, si propres à la défense et à l'attaque. Tous deux ont une grande masse, un grand volume, des muscles vigoureux, une peau épaisse. Mais l'un, très doux par caractère, n'use de ses armes que pour se défendre ; l'autre, impatient, pour ainsi dire, de toute supériorité, se précipite sur tout ce qui lui fait ombrage.

De la mâchoire supérieure du narval vulgaire sort une dent très longue, étroite, conique dans sa forme générale et terminée en pointe : cette dent, séparée de la mâchoire, a été conservée pendant longtemps, dans les collections des curieux, sous le nom de *corne* ou de *défense de licorne.* On la regardait comme le reste de l'arme placée au milieu du front de cet animal fabuleux. Il n'est donc pas surprenant qu'à une époque déjà un peu reculée elle ait été vendue très cher. Cette dent est cannelée en spirale. Sa nature se rapproche beaucoup de celle de l'ivoire. Cette défense est creuse à la base comme celles de l'éléphant ; elle est cependant plus dure, plus compacte, plus pesante, moins altérable, moins sujette à perdre, en jaunissant, l'éclat et la couleur blanche qui lui sont propres. Si nous considérons la longueur de cette dent, relativement à la longueur totale de l'animal, nous trouverons qu'elle en est quelquefois le quart ou à peu près. Il ne faut donc pas être étonné qu'on ait trouvé des défenses de narval de plus de trois mètres, et même de quatre mètres et deux tiers.

Ce cétacé nage avec une si grande vitesse, que le plus souvent il échappe à toute poursuite ; et voilà pourquoi il est si rare de prendre un individu de cette espèce, quoiqu'elle soit assez nombreuse. Il n'est qu'un petit nombre de circonstances où les narvals n'usent pas de cette faculté remarquable. On ne les voit ordinairement s'avancer avec un peu de lenteur que lorsqu'ils forment une grande troupe. Ils ont depuis quatorze jusqu'à vingt mètres de longueur, et une épaisseur de plus de quatre mètres dans l'endroit le plus gros de leur corps : aussi a-t-on écrit depuis longtemps qu'ils pouvaient se précipiter, par exemple, contre une chaloupe, l'écarter, la briser, la faire voler en éclats, percer le bord des navires avec leurs défenses, les détruire ou les couler à fond. On a trouvé de leurs longues dents enfoncées très avant dans la carène d'un vaisseau par la violence du choc qui les avait ensuite cassées plus ou moins près de leur base. Ces mêmes armes ont été également vues profondément plantées dans le corps des baleines franches. Mais d'ordinaire, au lieu d'assouvir sa rage ou sa vengeance, au lieu de défendre sa vie contre les requins, les autres grands squales et les divers tyrans des mers, le narval, ne cédant qu'au besoin de la faim, ne cherche qu'une proie facile ; il se nourrit de mollusques et de poissons divers.

Tous les narvals n'ont pas les mêmes couleurs : les uns sont noirs, les autres gris, les autres nuancés de noir et de blanc. Le plus grand nombre est d'un blanc quelquefois éclatant, et quelquefois un peu grisâtre, parsemé de taches noires, petites, inégales, irrégulières. Presque tous ont le ventre blanc, luisant, et doux au toucher.

La forme générale de ce cétacé est celle d'un ovoïde. Il a le dos convexe et large ; la tête est très grosse, et assez volumineuse pour que sa longueur soit égale au quart ou à peu près de la longueur totale. La mâchoire supérieure est recouverte par une lèvre plus épaisse, et avance plus que celle d'en bas. L'ouverture de la bouche est très petite ; l'œil, assez éloigné de cette ouverture, forme un triangle presque équilatéral avec le bout du museau et l'orifice des évents. Les nageoires pectorales sont très courtes et très étroites ; les deux lobes de la caudale ont leurs extrémités arrondies ; une sorte de crête ou de saillie, plus ou moins sensible, s'étend depuis les évents jusque vers la nageoire de la queue, et diminue de hauteur à mesure qu'elle est plus voisine de cette nageoire.

On ne prendrait les narvals que très difficilement s'ils ne se rassemblaient pas en troupes très nombreuses dans les anses libres de glaçons, ou si on ne les rencontrait pas dans la haute mer, réunis en grandes bandes. Rapprochés les uns des autres, lorsqu'ils forment une sorte de légion au milieu du vaste Océan, ils ne nagent alors qu'avec lenteur. On s'approche avec précaution de leurs longues files. Ils serrent leurs rangs et se pressent tellement, que les défenses de plusieurs de ces cétacés portent sur le dos de ceux qui les précèdent. Embarrassés les uns par les autres, au point d'avoir les mouvements de leurs nageoires presque entièrement suspendus, ils ne peuvent ni se retourner, ni avancer, ni échapper, ni combattre, ni plonger, qu'avec peine ; et les plus voisins des chaloupes périssent sans défense sous les coups des pêcheurs.

On retire des narvals une huile qu'on a préférée à celle de la baleine franche. Les Groënlandais aiment beaucoup la chair de ces cétacés, qu'ils font sécher en l'exposant à la fumée. Ils regardent les intestins de ces animaux comme un mets délicieux. On emploie la défense du narval aux même usages que l'ivoire de l'éléphant, et même avec plus d'avantage, parce que, plus dure et plus compacte, elle reçoit un plus beau poli et ne jaunit pas aussi promptement. Les Groënlandais en font des flèches pour leurs chasses, et des pieux pour leurs cabanes.

LE CACHALOT MACROCÉPHALE

Moins fort que le premier des cétacés, il a reçu des armes formidables, que la nature n'a pas données à la baleine. Des dents terribles par leur force et par leur nombre garnissent les deux côtés de sa mâchoire inférieure. Son organisation intérieure, un peu différente de celle de la baleine, lui impose d'ailleurs le besoin d'une nourriture plus substantielle. Aussi ne règne-t-il pas sur les ondes en vainqueur pacifique comme la baleine; il y exerce un empire redouté : il ne se contente pas de repousser l'ennemi qui attaque, de briser l'obstacle qui l'arrête, d'immoler l'audacieux qui le blesse ; il cherche sa proie, il poursuit ses victimes, il provoque au combat.

Sa tête est une des plus volumineuses, si elle n'est pas la plus grande de toutes celles que l'on connaît. Sa longueur surpasse presque toujours le tiers de la longueur totale du cétacé. Elle paraît comme une grosse masse tronquée par-devant, presque cubique, et terminée par conséquent à l'extrémité du museau par une surface très étendue, presque carrée, et presque verticale. C'est dans la surface inférieure de ce cube immense, mais imparfait, que l'on voit l'ouverture de la bouche étroite, longue, un peu plus reculée que le bout du museau, et fermée à la volonté du cachalot par la mâchoire d'en bas, comme par un vaste couvercle renversé.

Cette mâchoire d'en bas est donc évidemment plus courte que celle d'en haut. Chaque branche de la mâchoire d'en bas a quelquefois, cependant, un tiers de mètre d'épaisseur. La chair des gencives est ordinairement très blanche, dure comme de la corne, revêtue d'une sorte d'écorce profondément ridée.

Le nombre des dents qui garnissent de chaque côté la mâchoire d'en bas est de vingt-trois. Ces dents sont fortes, coniques, un peu recourbées vers l'intérieur de la gueule. Les deux premières et les quatre dernières de chaque rangée sont quelquefois moins grosses et plus pointues que les autres. Elles ont à l'extérieur la couleur et la dureté de l'ivoire ; mais elles sont, à l'intérieur, plus tendres et plus grises.

La langue est charnue, un peu mobile, d'un rouge livide, et remplit presque tout le fond de la gueule.

L'œil est situé plus haut que dans plusieurs grands cétacés. Il est noirâtre, entouré de poils très ras et très difficiles à découvrir. Cet organe n'a d'ailleurs qu'un très petit diamètre.

Les deux évents aboutissent à une même ouverture, dont la largeur est souvent d'un sixième de mètre. L'animal lance avec force, et à une assez grande hauteur, l'eau qu'il fait jaillir par cet orifice. Mais ce fluide, au lieu de s'élever verticalement, décrit une courbe dirigée en avant.

Le macrocéphale n'est pas obligé de se servir d'évents pour respirer aussi souvent que la baleine franche : il reste beaucoup plus longtemps sous l'eau.

La graisse ou le lard que l'on trouve au-dessous de la peau a près de deux décimètres d'épaisseur. La chair est d'un rouge pâle. La nageoire de la queue se divise en deux lobes dont chacun est échancré en forme de faux. Le bout de ces lobes est souvent éloigné de l'extrémité de l'autre de près de cinq mètres.

Le dos du macrocéphale est noir ou noirâtre, quelquefois mêlé de reflets verdâtres ou de nuances grises ; on a vu aussi la partie supérieure d'individus de cette espèce teinte d'un bleu d'ardoise et tachetée de blanc.

Le ventre du macrocéphale est blanchâtre. Sa peau a la douceur de la soie.

Sa longueur peut être de plus de vingt-trois mètres : sa circonférence, à l'endroit le plus gros de son corps, est alors au moins de dix-sept mètres. La tête du cachalot macrocéphale, cette tête si grande, si élevée même dans celle de ses portions qui saille le plus avant, renferme, dans sa partie supérieure, une cavité très vaste et très distincte de celle qui contient le cerveau et qui est très petite.

La cavité est divisée en deux grandes portions par une membrane parsemée de nerfs et étendue horizontalement. Ces deux portions sont traversées obliquement par les évents ; elles sont d'ailleurs inégales. La supérieure est la moins grande; l'inférieure, qui est située au-dessus du palais, a quelquefois plus de deux mètres et demi de hauteur. Il n'est donc pas surprenant qu'on retire souvent de ces deux cavités, lesquelles ont été comparées à des *cavernes*, plus de dix-huit ou même vingt tonneaux de blanc liquide, appelé d'ordinaire *blanc de baleine*. Cette matière est liquide pendant la vie de l'animal ; elle est encore fluide lorsqu'on l'extrait peu de temps après la mort du cétacé. A mesure, néanmoins, qu'elle se refroidit, elle se coagule si elle est mêlée avec une certaine quantité d'huile : il faut un refroidissement plus considérable pour la fixer. Devenue concrète, elle est cristalline et brillante. C'est une matière huileuse que l'on trouve autour du cerveau, mais qui est très distincte par sa place et très différente par sa nature de la substance médullaire. Le blanc que l'on retire de la portion supérieure de la grande cavité est très souvent moins pur que celui de la portion inférieure ; mais on amène l'un et l'autre à un très haut degré de pureté, en le séparant, à l'aide de la presse, d'une certaine quantité d'huile qui l'altère, et en le soumettant à plusieurs fusions, cristallisations et pressions successives. Il est alors cristallisé en lames blanches, brillantes et argentines. On le fond à une température plus basse que la cire, mais à une température plus élevée que la graisse ordinaire. Mis en contact avec un corps incandescent, il s'enflamme, brûle sans pétillement, répand une flamme vive et claire, et peut être employé avec d'autant plus d'avantage à faire des bougies que, lorsqu'il est en fusion, il ne tache pas les étoffes sur lesquelles il tombe, mais s'en sépare par le frottement, sous la forme d'une poussière.

Le macrocéphale produit une seconde substance recherchée par le commerce : cette seconde substance est l'*ambre gris*. Elle est bien plus connue que l'adipocire, parce qu'elle a été consacrée au luxe, adoptée par la sensualité, célébrée par la mode, au lieu que l'adipocire n'a été regardée que comme utile.

L'ambre gris est un corps opaque et solide. Sa consistance varie suivant qu'il a été exposé à un air plus chaud ou plus froid. Ordinairement, néanmoins, il est assez dur pour être cassant. Une chaleur modérée le ramollit, le rend onctueux, le fait fondre en huile épaisse et noirâtre, fumer et se volatiliser par degrés, en entier, et sans produire du charbon, mais en laissant à sa place une tache noire, lorsqu'il se volatilise sur du métal. Si ce métal est rouge, l'ambre se fond, s'enflamme, se boursoufle, fume, et s'évapore avec rapidité sans former aucun résidu, sans laisser aucune trace de sa combustion. Approché d'une bougie allumée, cet ambre prend feu et se consume en répandant une flamme vive.

L'humidité, ou au moins l'eau de la mer, peut ramollir l'ambre gris, comme la chaleur. Cet ambre est communément d'une couleur grise, ainsi que son nom l'annonce ; il est d'ailleurs parsemé de taches noirâtres, jaunâtres ou blanchâtres. On trouve aussi quelquefois de l'ambre d'une seule couleur, soit blanchâtre, soit grise, soit jaune, soit brune, soit noirâtre.

Son goût est fade ; mais son odeur est forte, facile à reconnaître, agréable à certaines personnes, désagréable et même nuisible et insupportable à d'autres. Cette odeur se perfectionne, et, pour ainsi dire, se purifie, à mesure que l'ambre gris vieillit, se dessèche et se durcit ; elle devient plus pénétrante et cependant plus suave, lorsqu'on frotte et lorsqu'on chauffe le morceau qui la répand.

L'ambre gris est si léger, qu'il flotte non seulement sur la mer, mais encore sur l'eau douce. Il se présente en boules irrégulières. Le grand diamètre de ces boules varie ordinairement depuis un douzième jusqu'à un tiers de mètre, et leur poids, depuis un jusqu'à quinze kilogrammes. Mais on a des morceaux d'ambre d'une grosseur bien supérieure. Un pêcheur américain d'Antigoa a trouvé dans le ventre d'un cétacé un morceau d'ambre pesant soixante-cinq kilogrammes et qu'il a vendu 500 livres sterling.

On a publié différentes opinions sur la production de cet aromate. Plusieurs naturalistes l'ont regardé comme un bitume, comme une huile minérale, comme une sorte de pétrole. Épaissi par la chaleur du soleil et durci par un long séjour au milieu de l'eau salée, avalé par le cachalot macrocéphale ou par d'autres cétacés, et soumis aux forces ainsi qu'aux sucs digestifs de leur estomac, il éprouverait dans l'intérieur de ces animaux une altération plus ou moins grande.

Quelques physiciens n'ont considéré l'ambre gris que comme le produit d'une sorte d'écume rendue par les phoques.

Des physiciens plus rapprochés de la vérité ont dit que l'ambre gris était une substance animale produite dans l'estomac d'un cétacé comme une sorte de bézoard.

L'ambre gris est donc une portion des excréments du cachalot macrocéphale ou d'autres cétacés, endurcie par les suites d'une maladie, et mêlée avec quelques parties d'aliments non digérés.

Les pêcheurs exercés connaissent si le cachalot qu'ils ont sous les yeux contient de l'ambre gris.

Lorsqu'après l'avoir harponné, ils le voient rejeter tout ce qu'il a dans l'estomac, ils assurent qu'ils ne trouveront pas d'ambre gris dans son corps ; mais lorsqu'il leur présente des signes d'engourdissement et de maladie, ils sont sûrs que ses intestins contiennent l'ambre qu'ils cherchent.

L'ambre contenu dans le canal intestinal du macrocéphale n'a pas le même degré de dureté que celui qui flotte sur l'Océan, ou que les vagues ont rejeté sur le rivage : dans l'instant où on le retire du corps du cétacé, il a même encore la couleur et l'odeur des véritables excréments de l'animal à un si haut degré, qu'il n'en est distingué que par un peu moins de mollesse ; mais exposé à l'air, il acquiert bientôt la consistance et l'odeur forte et suave qui le caractérisent.

Le macrocéphale nage avec beaucoup de vitesse. Plus vif que plusieurs baleines, ne le cédant par sa masse qu'à la baleine franche, il n'est pas surprenant qu'il réunisse une grande force aux armes terribles qu'il a reçues. Il s'élance au-dessus de la surface de l'Océan avec plus de rapidité que les baleines, et par un élan plus élevé.

La Méditerranée n'est pas la seule mer intérieure dans laquelle pénètre le macrocéphale : il appartient même à presque toutes les mers. Il ne se nourrit pas seulement de mollusques : il est aussi très avide de poisson. On en a trouvé de deux mètres de longueur dans son estomac. Il poursuit les phoques, les baleinoptères, les dauphins vulgaires. Il chasse les requins avec acharnement ; et ces squales, si dangereux pour tant d'autres animaux, sont saisis d'une telle frayeur à la vue du terrible macrocéphale, qu'ils s'empressent de se cacher sous le sable ou sous la vase, qu'ils se précipitent au travers des écueils, qu'ils se jettent contre les rochers avec assez de violence pour se donner la mort, et qu'ils n'osent pas même approcher de son cadavre, malgré l'avidité avec laquelle ils dévorent les restes des autres cétacés. Le macrocéphale est assez vorace pour saisir un bateau pêcheur, le briser dans sa gueule, et engloutir les hommes qui le montent ; aussi les pêcheurs islandais redoutent-ils son approche.

La mère a pour son petit une affection plus grande encore que dans presque toutes les autres espèces de cétacés.

Ce sentiment de la mère pour le jeune cétacé auquel elle a donné le jour se retrouve même dans presque tous les macrocéphales avec lesquels ils ont l'habitude de vivre. Lorsqu'on attaque une troupe de macrocéphales, ceux qui sont déjà pris sont bien moins à craindre pour les pêcheurs que leurs compagnons encore libres, lesquels, au lieu de plonger dans la mer, ou de prendre la fuite, vont avec audace couper les cordes qui retiennent les premiers, repousser ou immoler leurs vainqueurs, et rendre la liberté aux captifs.

Les macrocéphales résistent plus longtemps que beaucoup d'autres cétacés aux blessures que leur font la lance et le harpon des pêcheurs. On ne leur arrache que difficilement la vie, et l'on assure que l'on a vu de ces cachalots respirer encore, quoique privés de parties considérables de leur corps, que le fer avait désorganisées au point de les faire tomber en putréfaction.

La peau, le lard, la chair, les intestins et les tendons du cachalot macrocéphale sont employés dans plusieurs contrées septentrionales aux mêmes usages que ceux du narval vulgaire. Ses dents et plusieurs de ses os servent à faire des instruments ou de pêche ou de chasse. Sa langue cuite y est recherchée comme un très bon mets. Son huile donne une flamme claire, sans exhaler de mauvaise odeur; et l'on peut faire une colle excellente avec les fibres de ses muscles.

LE DAUPHIN VULGAIRE

L'HOMME trouve le dauphin sur la surface de toutes les mers ; il le rencontre, et dans les climats heureux des zones tempérées, et sous le ciel brûlant des mers équatoriales. Partout il le voit, léger dans ses mouvements, rapide dans sa natation, étonnant dans ses bonds, se plaire autour de lui, disparaître comme l'éclair, s'échapper comme l'oiseau qui fend l'air, reparaître, s'enfuir et se montrer de nouveau.

Les formes générales du dauphin vulgaire sont plus agréables à la vue que celles de presque tous les autres cétacés : ses proportions sont moins éloignées de celles que nous regardons comme le type de la beauté. Sa tête, par exemple, montre avec les autres parties de ce cétacé, des rapports de dimension beaucoup plus analogues à ceux qui nous ont charmés dans les animaux que nous croyons les plus favorisés par la nature. Son ensemble est composé de deux cônes allongés presque égaux, et dont les bases sont appliquées l'une contre l'autre. La tête forme l'extrémité du cône antérieur ; aucun enfoncement ne la sépare du corps proprement dit et ne sert à la faire reconnaître ; mais elle se termine par un museau très distinct du crâne, très avancé, très aplati de haut en bas, arrondi dans son contour de manière à présenter l'image d'une portion ovale, et comparé par plusieurs auteurs à un énorme *bec d'oie* ou de *cygne*, dont ils lui ont même donné le nom.

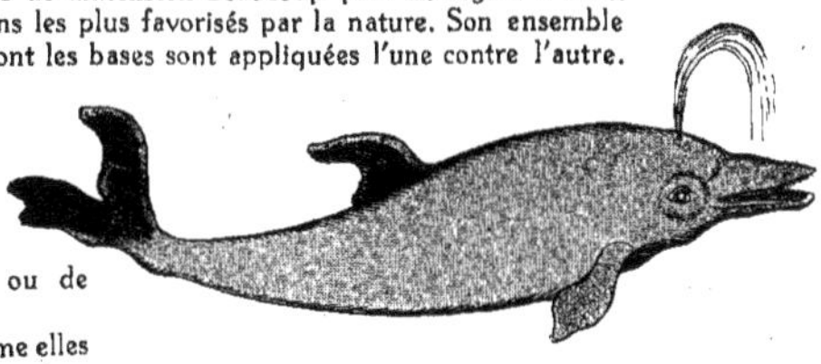

Les deux mâchoires composent ce museau ; et comme elles sont presque aussi avancées l'une que l'autre, l'ouverture de la bouche n'est pas placée au-dessous de la tête, comme dans les cachalots. Cette ouverture a d'ailleurs une longueur égale au neuvième ou même au huitième de la longueur totale du dauphin. On voit à chaque mâchoire une rangée de dents un peu renflées, pointues, et placées de manière que, lorsque la bouche se ferme, celles d'en bas entrent dans les interstices qui séparent celles d'en haut.

Le nombre de ces dents peut varier, suivant l'âge ou suivant le sexe. Des naturalistes n'en ont compté que quarante-deux à la mâchoire d'en haut, et trente-huit à celle d'en bas.

La langue du dauphin, un peu plus mobile que celle de quelques autres cétacés, est charnue, bonne à manger, et assez agréable au goût.

Les évents se réunissent dans une seule ouverture, située à peu près au-dessus des yeux, et qui présente un croissant dont les pointes sont tournées vers le museau. L'œil n'est guère plus élevé que la commissure des lèvres, et n'en est séparé que par un petit intervalle ; la forme de la pupille ressemble un peu à celle d'un cœur ; et si l'on examine l'intérieur de la vue, on est frappé par l'éclat que répand le fond de cette membrane revêtue d'une sorte de couche d'un jaune doré, comme dans l'ours, le chat et le lion.

Le dauphin nage très fréquemment et avec beaucoup de rapidité. L'instrument qui lui donne cette grande vitesse se compose de sa queue et de la nageoire qui la termine. Cette nageoire est divisée en deux lobes, dont chacun n'est que peu échancré, et dont la longueur est telle, que la largeur de cette caudale égale ordinairement deux neuvièmes de la longueur totale du cétacé. Cette nageoire et la queue elle-même peuvent être mues avec beaucoup de vigueur. C'est en agitant cette rame rapide que le dauphin cingle avec tant de célérité, que les marins l'ont nommé *la flèche de la mer*. Il se précipite sur le rivage, lorsque, poursuivant une proie qui lui échappe, il se livre à des élans trop impétueux qui l'emportent au delà du but, ou lorsque, tourmenté par des insectes qui pénètrent dans les replis de sa peau et s'y attachent aux endroits les plus sensibles, il devient furieux, se tourne, se retourne, bondit, et se précipite au hasard. Lorsqu'il s'est jeté sur le rivage à une trop grande distance de l'eau pour que ses efforts puissent l'y ramener, il meurt au bout d'un temps plus ou moins long, comme les autres cétacés repoussés de la mer, et lancés sur la côte par la tempête ou par toute autre puissance.

Il est d'autant moins gêné dans ses bonds et dans ses circonvolutions, que son plus grand diamètre n'est que le cinquième ou à peu près de sa longueur totale, et n'en est très souvent que le sixième pendant la jeunesse de l'animal.

Au reste, cette longueur n'excède guère trois mètres et un tiers.

Le plus souvent la femelle met bas pendant l'été ; elle ne donne le jour qu'à un ou deux petits ; elle les allaite avec soin, les porte sous ses bras pendant qu'ils sont encore languissants ou faibles, les exerce à nager, joue avec eux, les défend avec courage et ne s'en sépare pas même lorsqu'ils n'ont plus besoin de son secours.

Leur croissance est prompte : à dix ans, ils ont souvent atteint toute leur longueur. Le dauphin doit vivre très longtemps, et vraisemblablement plus d'un siècle.

Mais ce n'est pas seulement la mère et les dauphins auxquels elle a donné le jour, qui paraissent réunis par les liens d'une affection mutuelle et durable : le mâle passe, dit-on, la plus grande partie de sa vie auprès de sa femelle. On a même toujours pensé que tous les dauphins en général étaient retenus par un sentiment assez vif auprès de leurs compagnons.

Lorsqu'ils nagent en troupe nombreuse, ils présentent souvent une sorte d'ordre : ils forment des rangs réguliers ; ils s'avancent quelquefois sur une ligne, comme disposés en ordre de bataille ; et si quelqu'un d'eux l'emporte sur les autres par sa force ou par son audace, il précède ses compagnons parce qu'il nage avec moins de précaution et plus de vitesse ; il paraît comme leur conducteur.

Mais les animaux de leur espèce ne sont pas les seuls êtres sensibles pour lesquels ils paraissent concevoir de l'affection ; ils se familiarisent du moins avec l'homme. Ils se rassemblent autour des bâtiments, et avec tous les signes de la confiance et d'une sorte de satisfaction, ils s'agitent, se courbent, se replient, s'élancent au-dessus de l'eau, pirouettent, retombent, bondissent, et s'élancent de nouveau pour pirouetter, tomber, bondir et s'élever encore.

Ils se nourrissent de substances animales ; ils recherchent particulièrement les poissons ; ils préfèrent les morues, les églefins, les persèques, les pleuronectes ; ils poursuivent les troupes nombreuses de muges jusqu'auprès des filets des pêcheurs ; et à cause de cette sorte de familiarité hardie, ils ont été considérés comme les auxiliaires de ces marins, dont ils ne voulaient cependant qu'enlever ou partager la proie.

On les a vus non seulement dans l'océan Atlantique septentrional, mais encore dans le grand Océan équinoxal, auprès des côtes de la Chine, près des rivages de l'Amérique méridionale, dans les mers qui baignent l'Afrique, dans toutes les grandes méditerranées, dans celle particulièrement qui arrose et l'Afrique et l'Asie et l'Europe.

Les dauphins n'ayant pas besoin d'eau pour respirer, et ne pouvant même respirer que dans l'air, il n'est pas surprenant qu'on puisse les conserver très longtemps hors de l'eau sans leur faire perdre la vie.

On a distingué les dauphins d'un brun livide ; ceux qui ont le dos noirâtre, avec les côtés et le ventre d'un gris de perle moucheté de noir ; ceux dont la couleur est d'un gris plus ou moins foncé ; et enfin ceux dont toute la surface est d'un blanc éclatant comme celui de la neige.

Les peintres et les sculpteurs modernes ont représenté le dauphin, comme les artistes grecs du temps d'Homère, avec la queue relevée, la tête très grosse, la gueule très grande, etc. Mais, sous quelques traits qu'il ait été vu, les historiens l'ont célébré, les poètes l'ont chanté, les peuples l'ont consacré à la divinité qu'ils adoraient.

Toujours en mouvement, il a paru, parmi les habitants de l'Océan, non seulement le plus rapide, mais le plus ennemi du repos ; on l'a cru l'emblème du génie qui crée, développe et conserve, parce que son activité soumet le temps, comme son immensité domine l'espace ; on l'a proclamé *le roi de la mer.*

L'attention se portant de plus en plus vers lui, il a partagé avec le cygne l'honneur d'avoir suggéré la forme des premiers navires, par les proportions déliées de son corps si propre à fendre l'eau, et par la position ainsi que par la figure de ses rames si célèbres et si puissantes.

LE DAUPHIN MARSOUIN

Le marsouin ressemble beaucoup au dauphin vulgaire ; il présente presque les mêmes traits ; il est doué des mêmes qualités ; il offre les mêmes attributs ; il éprouve les mêmes affections : et cependant, quelle différence dans leur fortune ! le dauphin a été divinisé et le marsouin porte le nom de *pourceau de la mer.*

L'ensemble formé par le corps et la queue du marsouin représente un cône très allongé. Vers les deux tiers de la longueur du dos, s'élève une nageoire assez peu échancrée par derrière, et assez peu courbée dans le haut, pour paraître de loin former un triangle rectangle. La tête, un peu renflée au-dessus des yeux, ressemble d'ailleurs à un cône très court, à sommet obtus, et dont la base serait opposée à celle du cône allongé que forment le corps et la queue.

Les deux mâchoires, presque aussi avancées l'une que l'autre, sont dénuées de lèvres proprement dites, et garnies chacune de dents petites, un peu aplaties, tranchantes, et dont le nombre varie depuis quarante jusqu'à cinquante.

Les yeux sont petits et situés à la même hauteur que les lèvres. Une humeur muqueuse enduit la surface intérieure des paupières, qui sont très peu mobiles. L'iris est jaunâtre et la prunelle paraît souvent triangulaire.

Un bleu très foncé ou un noir luisant règne sur la partie supérieure du marsouin, et une teinte blanchâtre sur sa partie inférieure.

Un épiderme très doux au toucher, mais qui se détache facilement, et une peau très lisse, recouvrent une couche assez épaisse d'une graisse très blanche.

La longueur totale du marsouin peut aller à plus de trois mètres, et son poids à plus de dix myriagrammes.

La distance qui sépare l'orifice des évents de l'extrémité du museau est ordinairement égale aux trois vingt-sixièmes de la longueur de l'animal ; la longueur de la nageoire pectorale égale cette distance ; et la largeur de la nageoire de la queue atteint presque le quart de la longueur totale du cétacé. Cette grande largeur de la caudale, cette étendue de la rame principale du marsouin, ne contribuent pas peu à cette vitesse étonnante que les navigateurs ont remarquée dans la natation de ce dauphin, et à cette vivacité de mouvements qu'aucune fatigue ne paraît suspendre, et que l'œil a de la peine à suivre.

Le marsouin, devant lequel les flots s'ouvrent, pour ainsi dire, avec tant de docilité, paraît se plaire à surmonter l'action des courants et la violence des vagues que les grandes marées poussent vers les côtes ou ramènent vers la haute mer.

Lorsque la tempête bouleverse l'Océan, il en parcourt la surface avec facilité, non seulement parce que la puissance électrique, qui, pendant les orages, règne sur la mer comme dans l'atmosphère, le maîtrise, l'anime, l'agite, mais encore parce que la force de ses muscles peut aisément contrebalancer la résistance des ondes soulevées. Il joue avec la mer furieuse.

Les marsouins vont presque toujours en troupes.

La portée n'est le plus souvent que d'un petit, qui est déjà parvenu à une grosseur considérable lorsqu'il voit la lumière. Le marsouin nouveau-né ne cesse d'être auprès de sa mère pendant tout le temps où il a besoin de téter, ce temps est d'une année. Il se nourrit ensuite, comme son père et sa mère, de poissons qu'il saisit avec autant d'adresse qu'il les poursuit avec rapidité.

On trouve les marsouins dans la Baltique ; près des côtes du Groënland et du Labrador ; dans le golfe Saint-Laurent ; dans presque tout l'océan Atlantique : dans le grand Océan ; auprès du golfe de Panama ; ils appartiennent à presque toutes les mers. Ces cétacés paraissent plus fréquemment en hiver qu'en été dans certains parages ; et dans d'autres, au contraire, ils se montrent pendant l'été plus que pendant l'hiver.

Leurs courses et leurs jeux ne sont pas toujours paisibles. Plusieurs des tyrans de l'Océan sont assez forts pour troubler leur tranquillité. Ils ont d'ailleurs pour ennemis un grand nombre de pêcheurs, des coups desquels ils ne peuvent se préserver, malgré la promptitude avec laquelle ils disparaissent sous l'eau pour éviter les traits, les harpons ou les balles.

Les Hollandais, les Danois, et la plupart des marins de l'Europe ne recherchent les marsouins que pour l'huile de ces cétacés ; mais les Lapons et les Groënlandais se nourrissent de ces animaux. Les Groënlandais, par exemple, font bouillir ou rôtir la chair, après l'avoir laissée se corrompre en partie et perdre sa dureté ; ils en mangent aussi les entrailles, la graisse et même la peau. D'autres salent ou font fumer la chair des marsouins.

TABLE

PAR ORDRE DE MATIÈRES ET PAR ORDRE ALPHABÉTIQUE

L'HOMME

ANIMAUX DOMESTIQUES

ANIMAUX SAUVAGES

OISEAUX

REPTILES ET POISSONS

FIN DE LA TABLE

CLASSEMENT DES GRAVURES HORS-TEXTE

Sceaux. — Imp. Charaire. — 10-13.